VDE-Schriftenreihe 16

EMV nach VDE 0875

Elektromagnetische Verträglichkeit von:
- Elektrohaushaltsgeräten
- Elektrowerkzeugen
- Beleuchtungseinrichtungen
- industriellen, wissenschaftlichen und medizinischen elektrischen Geräten
- Audio-, Video- und audiovisuellen Einrichtungen und ähnlichen Elektrogeräten

Erläuterungen zur Normenreihe der Klassifikation „VDE 0875"

Dipl.-Phys. Ricardo Labastille
Dipl.-Ing. Jürgen Reimer
Professor Dr.-Ing. Alfred Warner

4., völlig überarbeitete und stark erweiterte Auflage 1997

VDE-VERLAG GMBH · Berlin · Offenbach

Die Deutsche Bibliothek – CIP-Einheitsaufnahme

Labastille, Ricardo M.:
EMV nach VDE 0875 : elektromagnetische Verträglichkeit von: Elektrohaushaltsgeräten, Elektrowerkzeugen, Beleuchtungseinrichtungen, industriellen, wissenschaftlichen und medizinischen elektrischen Geräten, Audio-, Video- und audiovisuellen Einrichtungen und ähnlichen Elektrogeräten ; Erläuterungen zur Normenreihe der Klassifikation „VDE 0875" / Ricardo Labastille ; Jürgen Reimer ; Alfred Warner. - 4., völlig überarb. und stark erw. Aufl. - Berlin ; Offenbach : VDE-VERLAG, 1997
  (VDE-Schriftenreihe ; 16)
  3. Aufl. u.d.T.: Labastille, Ricardo M.: Funk-Entstörung von elektrischen Betriebsmitteln und Anlagen
  ISBN 3-8007-2156-2

ISSN 0506-6719
ISBN 3-8007-2156-2

© 1997 VDE-VERLAG GMBH, Berlin und Offenbach
    Bismarckstraße 33, D-10625 Berlin

Alle Rechte vorbehalten

Druck: Druckerei Zach, Berlin   9711

Vorwort zur 4. Auflage

Seit dem 1. Januar 1996 müssen alle im europäischen Wirtschaftsraum vertriebenen elektrischen Geräte zum Nachweis der Einhaltung der Festlegungen zur Elektromagnetischen Verträglichkeit (EMV) die CE-Konformitätskennzeichnung führen. Die Forderung aus der EG-Richtlinie zur EMV von Geräten ist in Gesetzen der Mitgliedstaaten geregelt. Die EMV umfaßt hierbei sowohl den Komplex der Störaussendung (Emission) als auch den der Störfestigkeit (Immunität) im Frequenzbereich von 0 Hz bis 400 GHz, auch wenn in einigen Normen die Messungen zur Störaussendung und die Prüfungen zur Störfestigkeit nur in Teilbereichen gefordert wird.

Ein möglicher Weg zum Nachweis der Übereinstimmung mit den in den Europäischen Richtlinien formulierten Schutzzielen ist die Übereinstimmung mit gültigen Normen, die sogenannte Normenkonformität. Viele der für die hier behandelten Produktbereiche anzuwendenden Deutschen Normen finden sich im VDE-Vorschriftenwerk unter der Klassifikation „VDE 0875".

Bei den einschlägigen Normen führte diese Forderung der Richtlinie zu wichtigen Neuausgaben oder Ergänzungen. So erschienen in den Jahren 1995 und 1996 die Normen zur Störfestigkeit von Haushaltgeräten, Werkzeugen und ähnlichen Geräten sowie von Beleuchtungseinrichtungen, und die Norm für die Begrenzung der Störaussendung von Beleuchtungseinrichtungen wurde vollständig überarbeitet.

Daher schien es folgerichtig, auch die Erläuterungen zur VDE 0875 „Funk-Entstörung von elektrischen Betriebsmitteln und Anlagen" an den neuesten Stand der Normung und damit der Technik anzupassen, wobei die Autoren in der Lage waren, teilweise schon die noch in Druckvorbereitung befindlichen Neuausgaben zugrunde zu legen.

Zur Vervollständigung des Gesamtkomplexes wurde auch die Norm für die Störaussendung von industriellen, wissenschaftlichen und medizinischen Hochfrequenzgeräten (ISM-Geräte) als Teil 11 in die Klassifikation „VDE 0875" aufgenommen. Dieser Teil wurde kürzlich überarbeitet, liegt in den CISPR- und CENELEC-Versionen bereits vor und wird im Oktober 1997 als Deutsche Norm veröffentlicht werden.

Die Störfestigkeitsanforderungen für diese Produktfamilie finden sich in Normenreihen, die nicht unter die Klassifikation „VDE 0875" fallen, auf deren Festlegungen im Rahmen der Erläuterungen z. T. kurz, im Fall der EMV-Norm für „medizinische elektrische Geräte und Systeme" VDE 0750 Teil 1-2 auch ausführlicher eingegangen wird.

Zu dem im Rahmen der VDE 0875 neuen Themenbereich der „industriellen, wissenschaftlichen und medizinischen Geräte und Systeme" konnte Dipl.-Ing. *Jürgen Reimer*, Erlangen, als neuer Autor gewonnen werden.

Kurz vor der Fertigstellung der Manuskripte zu diesem Band verstarb, für die Mitautoren unerwartet, der Autor und Initiator diese Neuausgabe, Dipl.-Phys. *R. M. Labastille*, im Januar 1997. Durch seinen plötzlichen Tod wurde die Bearbeitung der Texte zu seinen Anteilen an diesem Buch, die im wesentlichen die Kapitel 2, 3, 4 und 5 und Teile des Kapitels 10 umfassen, erheblich erschwert und damit auch verzögert. An dieser Stelle sei dem Verstorbenen für sein zielgerichtetes Engagement, seine stetige und fundierte Arbeit zum Gelingen dieses Werkes und seine freundschaftlichen Ratschläge bei der Bearbeitung der Texte gedankt. Wir werden ihn stets in würdiger Erinnerung behalten.

Wir danken Herrn Dipl.-Ing. *U. Kampet* für seine besondere Hilfe beim Thema Störfestigkeit von Haushaltgeräten sowie den Herren Dipl.-Ing. *K.-P. Bretz*, Dipl.-Ing. *E. Lehl*, Dipl.-Ing. *D. Rahmes und* Dipl.-Ing. *N. Wittig* für ihre Unterstützung und ihre Anregungen zu einzelnen Themen. Außerdem danken wir allen Fachkollegen, insbesondere den Mitarbeitern des DKE UK 767.11, für die zahlreichen zweckdienlichen Diskussionen.

Erlangen und Darmstadt, im Juli 1997

J. Reimer und A. Warner

Aus den Vorworten zur 1. und zur 2. Auflage

Da DIN VDE 0875 „Funk-Entstörung von elektrischen Betriebsmitteln und Anlagen" in großem Umfang auch von solchen Personen angewandt wird, die zwar Kenntnisse auf dem Gebiet der Starkstromtechnik besitzen, jedoch der Nachrichtentechnik etwas fernstehen, soll mit diesen Erläuterungen eine Brücke zum besseren Verständnis dieser Bestimmungen geschlagen werden.
Für wertvolle Anregungen und Hinweise danke ich den Mitgliedern der VDE-Kommission 0875 „Funk-Entstörung von Geräten, Maschinen und Anlagen", besonders ihrem Vorsitzenden, Dipl.-Ing. W. *Mennerich*, und ihrem Schriftführer, Dr.-Ing. H. *Viehmann*.

Eschborn (Taunus), im November 1964

A. Warner

Mehr als ein Jahrzehnt lang hat die 1. Auflage der Erläuterungen zu VDE 0875 ihren Dienst geleistet. Seit der Wiedereinbeziehung von elektrischen Betriebsmitteln und Anlagen nach VDE 0875 in die Zuständigkeit des Hochfrequenzgerätegesetzes war der vorliegende Kommentar eine unerläßliche Arbeitsunterlage für alle Personen, die mit der Herstellung und dem Verkauf, Import und Betrieb dieser Erzeugnisse betraut sind.
Für die 2. Auflage wurden alle den Verfassern mitgeteilten Erfahrungen ausgewertet – sei es im Rahmen der technisch-wissenschaftlichen Gemeinschaftsarbeit innerhalb der zuständigen Arbeitsgremien der Deutschen Elektrotechnischen Kommission im DIN und VDE (DKE), sei es in den von der VDE-Prüfstelle veranstalteten Seminaren „Funk-Entstörung nach VDE 0875".
Wir freuen uns, den Herren Ing.(grad.) *G. W. Kirn*, Ing.(grad.) *H. Ritscher*, Ing.(grad.) *E. Schanne*, Dipl.-Ing. *W. Steinert* und Ing.(grad.) *G. Use* für ihre Unterstützung zu danken.

Darmstadt und Münnerstadt, im November 1980

A. Warner und R. M. Labastille

Aus dem Vorwort zur 3. Auflage

Im Zuge der Angleichung der Bestimmungen an die europäischen und internationalen Richtlinien, Normen und Empfehlungen auf dem Gebiet der Funk-Entstörung von elektromotorischen und anderen Hausgeräten, Werkzeugen und ähnlichen Geräten sowie der Leuchtstofflampen erwies sich eine Gliederung der DIN VDE 0875 in drei Teile bereits mit der Ausgabe von November 1984 als zweckmäßig. Dieses hätte auch eine Anpassung dieser Erläuterungen sinnvoll gemacht, aber die bereits 1984 bekannte Notwendigkeit, in Kürze eine voll harmonisierte Bestimmung auf der Basis der zu erwartenden Europäischen Normen EN 55014 und EN 55015 herauszugeben, ließ die Verfasser noch zögern.

So folgt jetzt zu der Neufassung der DIN VDE 0875 vom Dezember 1988 die 3. Auflage der Erläuterungen.

Berücksichtigt wurden aber auch Ergänzungen und Änderungen der Europäischen Normen sowie bereits vorgenommene oder – soweit zur Zeit bekannt – anstehende Entscheidungen des Unterkomitees CISPR F „Funkstörungen durch Motoren, Haushaltgeräte, Leuchten und ähnliche Geräte" und die neue Richtlinie der Europäischen Gemeinschaften 89/336/EWG vom 3. Mai 1989 zur Angleichung der Rechtsvorschriften der Mitgliedstaaten über die Elektromagnetische Verträglichkeit.

Die nach dem 1. Januar 1988 neben den Teilen 1, 2 und 3 der DIN VDE 0875 von Dezember 1988 unter Berücksichtigung der Weiterarbeit in CISPR und in CENELEC herausgegebenen Änderungen zu den Teilen 1 und 2 sowie bei CISPR vorliegende Schriftstücke mit Ergänzungen oder Änderungen, mit deren Annahme durch CISPR und Übernahme durch CENELEC gerechnet werden kann, werden in den Erläuterungen an der ihnen zugedachten Stelle angesprochen.

Wir danken den Herren Dipl.-Ing. *G. Lehning*, Dipl.-Ing. *F.-W. Müller*, *R. Schöner*, Dipl.-Ing. *W. Steinert* für ihre Unterstützung sowie den Mitarbeitern des DKE UK 761.6 für die zahlreichen Diskussionen.

Münnerstadt und Darmstadt, im November 1990

R. M. Labastille und A. Warner

Inhalt

0	Einführung in den Aufbau der Normenreihe „VDE 0875" und allgemeine Hinweise	15
0.1	Allgemeines.	15
0.2	Trägerschaft für die deutsche elektrotechnische Normung	15
0.3	Allgemeines zur Kennzeichnung der Abschnitte aus den Normen.	17
0.4	Normen der Klassifikation „VDE 0875"	19
0.5	Andere wichtige einschlägige Normen zur EMV von Betriebsmitteln	21
0.6	„Neue" Kennzeichnung der internationalen Normen	23
1	Erläuterungen zu DIN EN 55011 (VDE 0875 Teil 11)	25
1.1	Vorgeschichte der Norm	25
1.2	DIN VDE 0875 Teil 11 (VDE 0875 Teil 11):Oktober 1997	25
1.3	Die Europäische Norm EN 55011:März 1991 mit ihren Änderungen A1:1997 und A2:1996	31
1.4	Die Internationale Norm CISPR 11/Second edition:1990-09	33
1.5	Normativer Inhalt der DIN EN 55011 (VDE 0875 Teil 11)	34
	Zu Abschnitt 1 Anwendungsbereich und Zweck	34
	Zu Abschnitt 2 Definitionen	36
	Zu Abschnitt 3 Nationale Maßnahmen und für die Benutzung durch ISM-Geräte festgelegte Frequenzen	39
	Zu Abschnitt 4 Einteilung der ISM-Geräte	42
	Zu Abschnitt 5 Grenzwerte für Funkstörgrößen (fälschlich als „Funkstörungen" bezeichnet)	44
	Zu Abschnitt 6 Ermittlung der Konformität der Geräte	56
	Zu Abschnitt 7 Allgemeine Meßbedingungen	57
	Zu Abschnitt 8 Besondere Bedingungen für Messungen auf Meßplätzen.	71
	Zu Abschnitt 9 Messung der Störstrahlung von 1 GHz bis 18 GHz	74
	Zu Abschnitt 10 Messung am Aufstellungsort	75
	Zu Abschnitt 11 Sicherheitsvorkehrungen	75
	Zu den Bildern.	76
	Zu Anhang A (normativ) Beispiele für die Einteilung von Geräten	76

1.6	Informative Anhänge zu DIN EN 55011 (VDE 0875 Teil 11).......	77
	Zu Anhang B Erforderliche Vorkehrungen bei der Verwendung eines Spektrumanalysators	77
	Zu Anhang C Messung der Störstrahlung in Gegenwart von Fremdsignalen.........................	78
	Zu Anhang D Ausbreitung der Störaussendungen von industriellen HF-Geräten bei Frequenzen zwischen 30 MHz und 300 MHz......	78
	Zu Anhang E Bänder für Sicherheitsfunkdienste	78
	Zu Anhang F Bänder für empfindliche Funkdienste..............	78
	Zu Anhang ZA (informativ)	79
1.7	Auflistung der im Kapitel 1 berücksichtigten Normen und Normentwürfe	79
2	**Erläuterungen zu DIN EN 55014-1 (VDE 0875 Teil 14-1)**.....................................	**85**
2.1	Vorgeschichte der Norm...................................	85
2.2	DIN EN 55014 (VDE 0875 Teil 14):Dezember 1993	85
2.3	Die Europäische Norm EN 55014:April 1993	87
2.4	Die Internationale Norm CISPR 14/ Third edition:1993-01........	88
2.5	Normativer Inhalt der DIN EN 55014 (VDE 0875 Teil 14)........	89
	Zu Abschnitt 1 Anwendungsbereich........................	89
	Zu Abschnitt 2 Normative Verweisungen.....................	93
	Zu Abschnitt 3 Definitionen	93
	Zu Abschnitt 4 Grenzwerte für Funkstörgrößen................	97
	Zu Abschnitt 5 Messung der Störspannung von Geräten von 148,5 kHz bis 30 MHz..	125
	Zu Abschnitt 6 Messung der Störleistung von 30 MHz bis 300 MHz .	131
	Zu Abschnitt 7 Betriebsbedingungen und Auswertung der Meßergebnisse	134
	Zu Abschnitt 8 Interpretation der CISPR-Grenzwerte für Funkstörgrößen.........	153
2.6	Informative Anhänge zu DIN EN 55014 (VDE 0875 Teil 14)......	158
2.7	Auflistung der in den Kapiteln 2 und 3 berücksichtigten Normen und Normentwürfe...................	158
3	**Erläuterungen zu DIN EN 55015 (VDE 0875 Teil 15-1)**	**165**
3.1	Vorgeschichte der Norm...................................	165
3.2	DIN EN 55015 (VDE 0875 Teil 15-1):November 1996	168
3.3	Die Europäische Norm EN 55015:Mai 1996	169

3.4	Die Internationale Norm CISPR 15/Fifth edition:1996-03.........	170
3.5	Normativer Inhalt der DIN VDE 0875 Teil 15 (VDE 0875 Teil 15-1)..................................	170
	Zu Abschnitt 1 Anwendungsbereich.........................	170
	Zu Abschnitt 2 Normative Verweisungen.....................	172
	Zu Abschnitt 3 Definitionen..............................	172
	Zu Abschnitt 4 Grenzwerte...............................	174
	Zu Abschnitt 5 Anwendung der Grenzwerte	177
	Zu Abschnitt 6 Betriebsbedingungen für Beleuchtungseinrichtungen .	183
	Zu Abschnitt 7 Meßverfahren für die Einfügungsdämpfung	185
	Zu Abschnitt 8 Meßverfahren für die Störspannung..............	188
	Zu Abschnitt 9 Meßverfahren für die Störfeldstärke	191
	Zu Abschnitt 10 Interpretation der CISPR-Grenzwerte für Funkstörungen	194
	Normative Anhänge zu DIN EN 55015 (VDE 0875 Teil 15-1).....	195
3.6	Informative Anhänge zu DIN EN 55015 (VDE 0875 Teil 15-1)....	195
3.7	Im Kapitel 3 berücksichtigte Normen und Normentwürfe.........	196
4	**Erläuterungen zu DIN EN 55014-2 (VDE 0875 Teil 14-2)**.................................	197
4.1	Vorgeschichte der Norm.................................	197
4.2	DIN EN 55014-2 (VDE 0875 Teil 14-2):Oktober 1997..........	200
4.3	Die Europäische Norm EN 55014-2:Februar 1997	202
4.4	Die Internationale Norm CISPR 14-2/First edition:1997-02	202
4.5	Normativer Inhalt der DIN EN 55014-2 (VDE 0875 Teil 14-2)	203
	Zu Abschnitt 1 Anwendungsbereich und Zweck	203
	Zu Abschnitt 2 Normative Verweisungen.....................	205
	Zu Abschnitt 3 Definitionen..............................	205
	Zu Abschnitt 4 Einteilung der Betriebsmittel..................	205
	Zu Abschnitt 5 Prüfungen................................	208
	Zu Abschnitt 6 Bewertungskriterien für das Betriebsverhalten	214
	Zu Abschnitt 7 Anwendung der Prüfungen zur Störfestigkeit	217
	Zu Abschnitt 8 Prüfbedingungen	219
	Zu Abschnitt 9 Ermittlung der Konformität	221
	Zu Abschnitt 10 Produktdokumentation......................	222
	Zu Anhang ZA (normativ) Normative Verweise auf internationale Publikationen mit ihren entsprechenden europäischen Publikationen. .	222
4.6	Im Kapitel 4 berücksichtigte Normen und Normentwürfe.........	223

5	**Erläuterungen zu DIN EN 61547 (VDE 0875 Teil 15-2)**	225
5.1	Vorgeschichte der Norm	225
5.2	DIN EN 61547 (VDE 0875 Teil 15-2): April 1996	226
5.3	Die Europäische Norm EN 61547: Oktober 1995	227
5.4	Die Internationale Norm IEC (6)1547/First edition:1995-09	228
5.5	Normativer Inhalt der DIN EN 61547 (VDE 0875 Teil 15-2)	228
	Zu Abschnitt 1 Anwendungsbereich	228
	Zu Abschnitt 2 Normative Verweisungen	231
	Zu Abschnitt 3 Begriffe (Definitionen)	231
	Zu Abschnitt 4 Bewertungskriterien	232
	Zu Abschnitt 5 Prüfanforderungen	233
	Zu Abschnitt 6 Anwendung der Prüfanforderungen	236
	Zu Abschnitt 7 Prüfbedingungen	238
	Zu Abschnitt 8 Ermittlung der Konformität	238
5.6	Im Kapitel 5 berücksichtigte Normen	239
6	**Erläuterungen zu DIN EN 60601-1-2 (VDE 0750 Teil 1-2)**	241
6.1	Vorgeschichte der Norm	241
6.2	DIN EN 60601-1-2 (VDE 0750 Teil 1-2): September 1994	245
6.3	Die Europäische Norm EN 60601-1-2: Mai 1993	247
6.4	Die Internationale Norm IEC (60)601-1-2/First edition: April 1993	247
6.5	Normativer Inhalt der DIN EN 60601-1-2 (VDE 0750 Teil 1-2)	248
	Zu Abschnitt 1 Anwendungsbereich und Zweck	248
	Zu Abschnitt 2 Begriffe und Begriffsbestimmungen	248
	Zu Abschnitt 6 Bezeichnungen, Aufschriften und Begleitpapiere	249
	Zu Abschnitt 36 Elektromagnetische Verträglichkeit	250
	Zu Anhang ZA Andere in dieser Norm zitierte internationale Publikationen mit den Verweisungen auf die entsprechenden europäischen Publikationen	264
6.6	Informative Anhänge zu DIN EN 60601-1-2 (VDE 0750 Teil 1-2)	265
	Zu Anhang AAA Allgemeine Erklärungen und Begründungen	265
6.7	Übersicht über zusätzliche oder abweichende EMV-Anforderungen in den „besonderen Anforderungen" der Teile 2 der IEC (60)601	269
6.8	Im Kapitel 6 behandelte Normen und Normentwürfe	269

7	Erläuterungen zu DIN EN 55103-1 (VDE 0875 Teil 103-1)	279
7.1	Vorgeschichte der EN 55103-1 (und EN 55103-2)	279
7.2	DIN VDE 0875 Teil 103-1 (VDE 0875 Teil 103-1):Juni 1997	280
7.3	Die Europäische Norm EN 55103-1:November 1996	280
7.4	Normativer Inhalt der DIN EN 55103-1 (VDE 0875 Teil 103-1)	281
	Zu Abschnitt 1 Anwendungsbereich	281
	Zu Abschnitt 2 Normative Verweisungen	282
	Zu Abschnitt 3 Zweck	282
	Zu Abschnitt 4 Definitionen	282
	Zu Abschnitt 5 Elektromagnetische Umgebung	282
	Zu Abschnitt 6 Störaussendungen	283
	Zu Abschnitt 7 Meßbedingungen	283
	Zu Abschnitt 8 Unterlagen für den Käufer/Benutzer	284
	Zu Abschnitt 9 Grenzwerte für Störaussendungen	285
	Zu Anhang A (normativ) Verfahren zur Messung von Magnetfeldern von 50 Hz bis 50 kHz	285
	Zu Anhang B (normativ) Meßverfahren zur Ermittlung des Einschaltstroms	285
7.5	Informative Anhänge zu DIN EN 55103-1 (VDE 0875 Teil 103-1)	286
	Zu Anhang C Einrichtungen, die Aussendungen im Infrarotbereich für Signalübertragung oder Steuerzwecke verwenden	286
	Zu Anhang D Verwendung von Einrichtungen in der Nähe von Funkempfängern für drahtlose Mikrofone und deren Empfangsantennen	286
	Zu Anhang E Alternatives Meßverfahren zur Erfassung leitungsgeführter Störaussendungen von Signal-, Steuer- und Gleichspannungs-Netzanschlüssen von 0,15 MHz bis 30 MHz	286
	Zu Anhang F Begrenzung des Einschaltstroms (in Beratung)	286
	Zu Anhang G Hintergrundinformationen zur Norm und Begründung der in dieser Norm festgelegten Verfahren und Grenzwerte sowie zur entsprechenden Störfestigkeitsnorm EN 55103-2	287
7.6	Im Kapitel 7 behandelte Normen	287

8	Erläuterungen zu DIN EN 55103-2 (VDE 0875 Teil 103-2)	289
8.1	Vorgeschichte der EN 55103-2	289
8.2	DIN VDE 0875 Teil 103-2 (VDE 0875 Teil 103-2):Juni 1997	289
8.3	Die Europäische Norm EN 55103-2:November 1996	290
8.4	Normativer Inhalt der DIN EN 55103-2 (VDE 0875 Teil 103-2)	291
	Zu Abschnitt 1 Anwendungsbereich	291
	Zu Abschnitt 2 Normative Verweisungen	291
	Zu Abschnitt 3 Zweck	291
	Zu Abschnitt 4 Definitionen	291
	Zu Abschnitt 5 Elektromagnetische Umgebung	291
	Zu Abschnitt 6 Störgrößen	291
	Zu Abschnitt 7 Prüfungen	292
	Zu Abschnitt 8 Unterlagen für den Käufer/Benutzer	294
	Zu Abschnitt 9 Anforderungen zur Störfestigkeit	294
	Zu Anhang A (normativ) Verfahren für die Prüfung der Störfestigkeit gegen Magnetfelder von 50 Hz bis 50 kHz	295
	Zu Anhang B (normativ) Prüfverfahren zur Ermittlung der Störfestigkeit gegen Gleichtaktstörgrößen	295
8.5	Informative Anhänge zu DIN EN 55103-2 (VDE 0875 Teil 103-2)	296
	Zu Anhang C Einrichtungen, die Infrarotstrahlung zur Signalübertragung im Freien verwenden	296
	Zu Anhang D Hinweise für Prüfstellen zu den Störfestigkeitsprüfungen von Audio-, Video- und audiovisuellen Einrichtungen sowie Studio-Lichtsteuereinrichtungen für professionellen Einsatz	296
	Zu Anhang E Hintergrundinformationen zu dieser Norm	297
8.6	Im Kapitel 8 behandelte Normen	297
9	Überblick über weitere EMV-Normen, die hier behandelte Betriebsmittel betreffen	299
9.1	Rückblick	299
9.2	Die Normen zu Netzrückwirkungen	303
9.3	Auflistung weiterer Normen mit EMV-Anforderungen	309

10	**Zur Entwicklung der Normen für die Elektromagnetische Verträglichkeit in Deutschland, in Europa und in der Welt**	315
10.1	Funk-Entstörung und Elektromagnetische Verträglichkeit in Deutschland	315
10.1.1	Die Anfänge (vor 1934)	315
10.1.2	Die „VDE 0875" von 1934 bis 1977	316
10.1.3	Die „DIN VDE 0875" nach 1977	317
10.1.4	Die „VDE 0871" von ihren Anfängen bis 1992	320
10.1.5	Von der Funk-Entstörung zur umfassenden Elektromagnetischen Verträglichkeit (EMV)	328
10.2	Die Arbeiten des Spezialkomitees für die Funkentstörung (CISPR)	330
10.2.1	CISPR von 1930 bis 1939	330
10.2.2	CISPR nach 1950 bis heute	331
10.2.3	Die CISPR-Veröffentlichungen	332
10.3	Die EMV-Aktivitäten in der Internationalen Elektrotechnischen Kommission (IEC)	335
10.3.1	Das TC 77 „Elektromagnetische Verträglichkeit" und dessen Unterkomitees	336
10.3.2	Andere Komitees der IEC mit Aufgaben zur EMV-Normung	337
10.4	Die Europäischen EMV-Normen	340
10.4.1	Allgemeines zu den Harmonisierten Europäischen Normen	340
10.4.2	CENELEC-Normung zur EMV – das TC 210 und das SC 210A	342
10.4.3	Grundnormen zur EMV – die Normenreihe EN 61000-	343
10.4.4	Fachgrundnormen zur EMV	348
10.4.5	Andere Produktnormen zur EMV – als Beispiel: Die EMV-Normung im TC 62 für medizinische Geräte und Systeme	349
10.4.6	Die Parallelabstimmung bei IEC und CENELEC	350
10.5	Die Richtlinien des Rates der Europäischen Gemeinschaften	351
10.5.1	Richtlinie [89/336/EWG] – die EMV-Richtlinie (EMC Directive/EMCD)	353
10.5.2	Richtlinie [93/42/EWG] – die Medizinprodukte-Richtlinie (Medical Device Directive/MDD)	355
10.5.3	Weitere einschlägige Richtlinien mit EMV-Anforderungen	357
10.6	Die Gesetzgebung in Deutschland	357
10.6.1	Das Gesetz über die elektromagnetische Verträglichkeit von Geräten (EMVG)	357
10.6.2	Das Medizinproduktegesetz (MPG)	361

10.6.3	Rückblick auf das Hochfrequenzgerätegesetz (HfrGerG), das Durchführungsgesetz Funkstörungen (FunkStörG) und die dazu erlassenen Verwaltungsanweisungen	363
11	**Literatur**	371
12	**Normen und Vorschriften**	375
12.1	Behandelte Normen	375
12.2	Deutsche Gesetze	376
12.3	Europäische Richtlinien	376

Stichwortverzeichnis 377

0 Einführung in den Aufbau der Normenreihe „VDE 0875" und allgemeine Hinweise

0.1 Allgemeines

Die Klassifikation „VDE 0875" steht heute im VDE-Vorschriftenwerk als Synonym für eine ganze Reihe von EMV-Normen. Sie umfaßt sowohl Normen zur Störaussendung im Frequenzbereich oberhalb 9 kHz[*] – zur sogenannten Hochfrequenzemission – als auch Normen zur Störfestigkeit im gesamten zu betrachtenden Frequenzbereich, der theoretisch von 0 Hz bis 3 000 GHz reicht, im allgemeinen aber „oben" auf 400 GHz begrenzt wird, für die verschiedenartigen Betriebsmittel, wie sie zur Zeit vom Unterkomitee (UK) 767.11 der DKE betreut werden. Der Arbeitsbereich dieses Unterkomitees umfaßt die „EMV von Betriebsmitteln und Anlagen für häusliche, gewerbliche, industrielle, wissenschaftliche und medizinische Anwendungen, die beabsichtigt oder unbeabsichtigt Hochfrequenz erzeugen, und Beleuchtungseinrichtungen".

Damit ist der sehr umfangreich gewordene Produktbereich grob umrissen. Im Gegensatz zu früheren Zeiten, als die „VDE 0875" lediglich für die hochfrequente Störaussendung solcher Produkte galt, die Störquellen mit Wiederholfrequenzen von <10 kHz (und die dadurch nur „Breitbandstörgrößen" erzeugten) enthielten, müssen heute hier sehr viel mehr Aspekte der gesamten EMV behandelt werden.

In den folgenden Kapiteln wird versucht, ein wenig Licht in das „Dunkel" (das soll heißen: die kompliziert gewordenen Verflechtungen der deutschen, der europäischen und auch der internationalen Normen und Normungsaktivitäten auf diesem Gebiet) zu bringen und die Zusammenhänge zwischen den verschiedenen Normentypen, den Grundnormen (basic standards), den Fachgrundnormen (generic standards), den Produkt- und Produktfamiliennormen (product and product family standards) und den Ergänzungsnormen (collateral standards), zu beleuchten.

0.2 Trägerschaft für die deutsche elektrotechnische Normung

Seit Anfang der 70er Jahre – in diesem Zusammenhang mit der Ausgabe der DIN VDE 0875 vom Juli 1971 – gilt die „Deutsche Elektrotechnische Kommission, Fachnormausschuß Elektrotechnik im DNA, gemeinsam mit dem Vorschriftenausschuß des VDE (DKE)" als Träger dieser Normen. Durch Vertrag zwischen dem

---

[*] Anmerkung: Die Anforderungen hinsichtlich der niederfrequenten Störaussendung sind in der Normenreihe „DIN EN 61000-3-... (VDE 0838-...)" festgelegt (siehe hierzu Abschnitt 9.2).

Deutschen Normenausschuß (DNA) und dem VDE vom 13. Oktober 1970 wurde die Deutsche Elektrotechnische Kommission als gemeinsames Organ des DNA und des VDE gegründet. Diese übernahm als „Fachnormausschuß Elektrotechnik (FNE) im DNA", gemeinsam mit dem „Vorschriftenausschuß des VDE" die Normungs- und Vorschriftenarbeit, die bisher als elektrotechnische Normungsarbeit einerseits im FNE und als elektrotechnische Vorschriftenarbeit andererseits im Technischen Ausschuß und in der Vorschriftenstelle des VDE durchgeführt wurde.

Diese Kommission nimmt daneben bis heute auch die Interessen der deutschen Elektrotechnik auf dem Gebiet der internationalen elektrotechnischen Normungsarbeit wahr. Die Ergebnisse der Kommissionsarbeit werden in DIN-Normen niedergelegt, die als Deutsche Normen in das Deutsche Normenwerk des DNA und – soweit zutreffend – gleichzeitig als VDE-Bestimmungen in das VDE-Vorschriftenwerk aufgenommen werden.

Durch Satzungsänderung vom 25. Mai 1975 änderte der DNA seinen Namen in „DIN – Deutsches Institut für Normung e. V.". Die Kommission hat daraufhin ihren Namen folgendermaßen gekürzt: „Deutsche Elektrotechnische Kommission im DIN und VDE (DKE)".

Als VDE-Bestimmungen gekennzeichnete Normen werden also sowohl in das VDE-Vorschriftenwerk als auch gleichzeitig als Deutsche Normen in das DIN-Normenwerk aufgenommen. In den ersten Jahren wurden solche Normen mit einer DIN-Nummer und einer zusätzlichen VDE-Nummer gekennzeichnet (z. B. „DIN 57 875/VDE 0875"). Um das Zitieren zu erleichtern, erhielten dann – seit Januar 1985 – alle VDE-Bestimmungen eine neue Nummer, die aus dem Zeichen DIN und der VDE-Nummer bestand (z. B. „DIN VDE 0875").

Inzwischen wurde festgelegt, daß die in das VDE-Vorschriftenwerk übernommenen Europäischen Normen mit dem Zeichen „DIN" und der Nummer der Europäischen Norm gekennzeichnet werden müssen, also z. B. „DIN EN 55011", damit es auch für unsere europäischen Partner deutlich erkennbar wird, wenn eine Deutsche Norm die deutsche Fassung einer Europäischen Norm wiedergibt. Eine ähnliche Regelung ist auch in den anderen Mitgliedstaaten der EU wirksam.

Unterhalb der (neuen) Nummer der Norm wird jetzt der Zusammenhang innerhalb des bekannten und bewährten VDE-Benummerungssystems durch die sogenannte Klassifikation kenntlich gemacht. Es heißt bei den unter die hier behandelte Klassifikation fallenden Normen also: „Klassifikation VDE 0875 Teil xx". Beim Zitieren ist also zum Beispiel die komplette Bezeichnung DIN EN 55015 (VDE 0875 Teil 15-1):1996-11 anzugeben.

Weiterhin ist auch der Titel der Europäischen Normen unverändert in die deutschen Normen zu übernehmen. Der bisher einheitliche Haupttitel von DIN VDE 0875 „Funk-Entstörung von elektrischen Betriebsmitteln und Anlagen" ist bei den seit 1995 erschienenen Normen nicht mehr als verbindendes Element zu finden. Meist heißt es hier jetzt „Elektromagnetische Verträglichkeit" und nach dem eigentlichen Titel dann „Produktfamiliennorm".

In diesem Titelfeld findet sich zusätzlich auch der Hinweis, welche CISPR- oder IEC-Veröffentlichung (soweit gegeben) der Norm zugrunde liegt und daß es sich um die deutsche Fassung einer Internationalen oder Europäischen Norm handelt.
Auf der nationalen Titelseite sind weiterhin unter dem deutschen Titelfeld der englische und der französische Titel angegeben. Dann folgt eine Aussage wie: „Die Europäische Norm EN 55015:1996 hat den Status einer Deutschen Norm". Damit wird die Europäische Norm auch formell einer Deutschen Norm gleichgesetzt, obgleich sie z. T. in ihrem Aufbau nicht allen in DIN 820 (zuständige Norm für die Gestaltung von DIN-Normen) enthaltenen Festlegungen entsprechen mag.

0.3 Allgemeines zur Kennzeichnung der Abschnitte aus den Normen

Zur Erhöhung der Übersichtlichkeit und im Zusammenhang mit dem Sachverzeichnis wird in diesem Band allen Abschnitten der Erläuterungen eine Überschrift vorangestellt. Falls diese in der jeweils behandelten Norm fehlt, wurde sie zu diesem Zweck gebildet und ist in eckige Klammern gesetzt.
Wenn in einem Buch wie dem vorliegenden mehrere so nah miteinander verwandte Normen erläutert werden, wiederholen sich zwangsläufig viele Stichworte. Um sich jedoch andererseits in diesen Erläuterungen nicht ebenso zu wiederholen, wird in vielen Fällen auf hierzu bereits bei einer anderen Norm getroffene Aussagen verwiesen.
Da die Normenteile 11 und 14 die ältesten der hier betrachteten Festlegungen sind, zielen die meisten dieser Verweise auf einen dieser beiden Teile.
In den vorliegenden Erläuterungen, die sich am Stand der Normung zur Mitte 1997 orientieren, wird an allen entsprechenden Stellen auch auf die zur Zeit in den europäischen und internationalen Normungsgremien laufenden Verhandlungen eingegangen, damit die in absehbarer Zeit zu erwartenden Änderungen und Ergänzungen der Normen bereits vorgestellt werden können.

Beginn der Gültigkeit
Bisher wurde im VDE-Vorschriftenwerk der Beginn des zeitlichen Geltungsbereiches stets auf das Erscheinungsdatum einer Neufassung bezogen, das am oberen rechten Rand des Deckblattes erscheint. So heißt es auch noch in DIN EN 55014 (VDE 0875 Teil 14) von Dezember 1993:
"Diese Norm ... gilt ab 1. Dezember 1993."
Bei einer Europäischen Norm beginnt dagegen die Gültigkeit mit dem Tag der Annahme der Norm durch CENELEC (siehe z. B. im Vorwort auf Seite 2 der EN 55015), also hier am 1995-11-29 (das ist die genormte „europäische Schreibweise" für den 29. November 1995), unabhängig vom Tag ihrer Veröffentlichung in den einzelnen Ländern, die für diese Norm in Deutschland erst im November 1996 erfolgte.

[Ersatz für ... / Ende der Gültigkeit der früheren Fassungen]
Unter dem Stichwort: „Ersatz für ..." enthält das Titelblatt bei Normen, die nicht grundsätzlich neu sind, wie etwa bei der DIN EN 55015 (VDE 0875 Teil 15):1993-12, auch einen Hinweis, welche frühere(n) Fassung(en) ersetzt wird/werden, und nennt gegebenenfalls auch Übergangsfristen.

Auf diesen Tatbestand wird bei den einzelnen Normen genauer eingegangen.

Früher fand man auf dem Titelblatt der Normen zur Funk-Entstörung, z. B. bei DIN EN 55011 (erste Version vom Juli 1992), noch Hinweise zu zwei weiteren Stichwörtern, nämlich auf

– das Inverkehrbringen und

– die sogenannte Anpassungsklausel.

Schon seit langem wurde in der „VDE 0875" das Inverkehrbringen von Betriebsmitteln geregelt. Damit wurde dem Hersteller oder dem Importeur die Verantwortung übertragen, dafür einzutreten, daß durch seine Erzeugnisse die entsprechenden Funkstörgrenzwerte nicht überschritten werden. Ähnlich wie beim „Gesetz über technische Arbeitsmittel" (Gerätesicherheitsgesetz – GSG) wird auch hier der „Verursacher" angesprochen, von dem zu erwarten ist, alle Eigenschaften – sowohl positive als auch negative – seiner Erzeugnisse zu kennen. Der Betreiber erfährt von diesen Produkteigenschaften erst durch ein Lieferangebot und/oder durch seine Erfahrungen beim Gebrauch des Produkts.

Heute hat der Hersteller – im Zusammenhang mit der Herstellererklärung und der CE-Kennzeichnung – die volle Verantwortung dafür, daß sein Produkt (bei der Anwendung von Normen) die für dieses anzuwendenden EMV-Normen einhält; dies muß also nicht in den Normen noch einmal ausgesagt werden.

In früheren Fassungen war ausdrücklich ausgesagt, daß in Betrieb befindliche Betriebsmittel nur dann dem neusten Stand der Bestimmungen anzupassen sind, wenn Funk-Empfangsanlagen durch sie gestört werden. Die Verpflichtung des Betreibers, im Störungsfall Maßnahmen zur Beseitigung der Funkstörungen zu ergreifen, ergab sich aus dem Hochfrequenzgerätegesetz (HFrGerG) von 1949. Dieses Gesetz wurde inzwischen durch das EMV-Gesetz (EMVG) abgelöst (siehe auch Abschnitt 10.6); beide Aussagen – die zum Inverkehrbringen und die Anpassungsklausel – sind seit 1995 entfallen. Es handelte sich bei genauer Betrachtung auch nicht um normative Aussagen, sondern um verwaltungsrechtliche Informationen auf der Grundlage des HFrGerG, die heute keine Entsprechung mehr im Rahmen der Europäischen Richtlinien und damit auch keinen Platz mehr in den Normen haben.

Als Voraussetzung für das Inverkehrbringen fordert das EMVG in § 4 jetzt die Einhaltung der in seinem Anhang III formulierten Schutzanforderungen, die wörtlich die Schutzanforderungen der EMV-Richtlinie wiedergeben, und vermutet deren Einhaltung bei Übereinstimmung des Produkts mit den „einschlägigen harmonisierten europäischen Normen" (ohne konkreten Verweis auf bestimmte Normen), die der Hersteller oder Importeur (z. B. durch eine EG-Konformitätserklärung und die CE-Kennzeichnung der Produkte) zu erklären hat.

In den Übergangsvorschriften des EMVG ist im §13 geregelt, daß Geräte, die in Übereinstimmung mit früheren Regelungen betrieben werden durften, auch nach dem 31. Dezember 1995 ohne Änderungen weiter benutzt werden dürfen. Nur dann, wenn diese Geräte elektromagnetische Störungen verursachen, können nach § 7 des EMVG gegebenenfalls Abhilfemaßnahmen gefordert werden.

0.4 Normen der Klassifikation „VDE 0875"

Mit der Ausgabe der DIN VDE 0875 vom November 1984 wurde diese VDE-Bestimmung erstmalig in mehrere Teile gegliedert. Veranlassung dazu gaben einerseits der anwachsende Umfang der Norm, insbesondere der Festlegungen für Leuchtstofflampen und für mit diesen ausgestattete Leuchten sowie für sonstige Beleuchtungseinrichtungen und andererseits die Entwicklung der europäischen Normung.
Im Juli 1992 wurde die EN 55011:1991 in das Deutsche Normenwerk übernommen und dabei nicht mehr als „VDE 0871" gekennzeichnet (wie dies früher für die ISM-Geräte üblich war), sondern als Teil 11 in die Klassifikation „VDE 0875" eingereiht. Zwischenzeitlich haben sich die einzelnen Teile der Norm mehrfach (z. T. erheblich) geändert, wozu im Abschnitt 10.1. dieser Erläuterungen nähere Ausführungen gemacht werden.
Heute umfaßt die Klassifikation VDE 0875 die folgenden Teile:

DIN EN 55011	Grenzwerte und Meßverfahren für Funkstö-
(VDE 0875 Teil 11)	rungen von industriellen, wissenschaftli-
Oktober 1997	chen, medizinischen und häuslichen Hoch-
(CISPR 11: 1990-09	frequenzgeräten (ISM-Geräten). (EMV-
+ A1:1996 + A2:1996)	Produktfamiliennorm)
	Deutsche Fassung der EN 55011:1991 mit
	Änderung A1:1997 und Änderung A2:1996
veröffentlicht im Amtsblatt der EG:	C44/19.02.92

Dieser Teil 11 der Normenreihe wird in Kapitel 1 ausführlich behandelt.

DIN EN 55014	Funk-Entstörung von elektrischen Betriebs-
(VDE 0875 Teil 14)	mitteln und Anlagen –
Dezember 1993	Grenzwerte und Meßverfahren für Funkstö-
(CISPR 14:1993-01)	rungen von Geräten mit elektromotorischem
	Antrieb und Elektrowärmegeräten für den
	Hausgebrauch und ähnliche Zwecke, Elek-
	trowerkzeugen und ähnlichen Elektrogeräten
	Deutsche Fassung der EN 55014:1993.
veröffentlicht im Amtsblatt der EG:	C49/17.02.94

+ A1:1997 mit neuem Titel: *Elektromagnetische Verträglichkeit –*
Anforderungen für Haushaltgeräte,
Elektrowerkzeuge und ähnliche Geräte
Teil 1: Störaussendung – Produktfamiliennorm

Dieser Teil 14-1 der Normenreihe wird in Kapitel 2 ausführlich behandelt.

DIN EN 55015	Grenzwerte und Meßverfahren für Funkstö-
(VDE 0875 Teil 15-1)	rungen von elektrischen Beleuchtungsein-
November 1996	richtungen und ähnlichen Elektrogeräten
(CISPR 15:1996)	Deutsche Fassung der EN 55015:1996
veröffentlicht im Amtsblatt der EG:	C37/06.02.97

Dieser Teil 15-1 der Normenreihe wird in Kapitel 3 ausführlich behandelt.

DIN EN 55014-2	Elektromagnetische Verträglichkeit –
(VDE 0875 Teil 14-2)	Störfestigkeitsanforderungen für Haushalt-
Oktober 1997	geräte, Werkzeuge und ähnliche Geräte –
(CISPR 14-2:1997)	Produktfamiliennorm
	Deutsche Fassung der EN 55014-2:1997

technisch identische Vorläuferausgabe
EN 55104:1995-04
veröffentlicht im Amtsblatt der EG: C241/16.09.95

Dieser Teil 14-2 der Normenreihe wird in Kapitel 4 ausführlich behandelt.

DIN EN 61547	Einrichtungen für allgemeine
(VDE 0875 Teil 15-2):	Beleuchtungszwecke –
April 1996	EMV-Störfestigkeitsanforderungen
(IEC (6)1547:1995)	Deutsche Fassung der EN 61547:1995
veröffentlicht im Amtsblatt der EG:	C37/06.02.97

Dieser Teil 15-2 der Normenreihe wird in Kapitel 5 ausführlich behandelt.

Zwischenzeitlich wurden zusätzlich die beiden Normen für die Störaussendung einerseits und für die Störfestigkeit andererseits von Audio-, Video- und audiovisuellen Einrichtungen sowie Studio-Lichtsteuereinrichtungen für den professionellen Einsatz, die in den Europäischen Normen EN 55103-1:November 1996 und EN 55103-2:November 1996 behandelt werden, in diese Klassifikation als VDE 0875 Teil 103-1 und VDE 0875 Teil 103-2 eingereiht.

DIN EN 55103-1	Audio-, Video- und audiovisuelle Geräte
(VDE 0875 Teil 103-1)	sowie Studio-Lichtsteuergeräte für profes-
Juni 1997	sionellen Einsatz
	Teil 1: Störaussendung
	Deutsche Fassung der EN 55103-1:1996
veröffentlicht im Amtsblatt der EG:	C270/06.09.97

Dieser Teil 103-1 der Normenreihe wird in Kapitel 7 kurz[*] behandelt.

DIN EN 55103-2	Audio-, Video- und audiovisuelle Geräte
(VDE 0875 Teil 103-2)	sowie Studio-Lichtsteuergeräte für
Juni 1997	professionellen Einsatz
	Teil 2: Störfestigkeit
	Deutsche Fassung der EN 55103-2:1996
veröffentlicht im Amtsblatt der EG:	C270/06.09.97

Dieser Teil 103-2 der Normenreihe wird in Kapitel 8 kurz[**] behandelt.

0.5 Andere wichtige einschlägige Normen zur EMV von Betriebsmitteln

Auf die folgende Norm wird in diesen Erläuterungen (im Kapitel 6) deshalb näher eingegangen, weil sie für einen Teilbereich der Produkte, deren hochfrequente Störemission im Teil 11 geregelt ist – das sind die Medizinprodukte – den „Teil -2" bildet und die für diese Produktfamilie anzuwendenden Störfestigkeitsanforderungen enthält.

DIN EN 60601-1-2	Medizinische elektrische Geräte –
(VDE 0750 Teil 1-2)	Allgemeine Festlegungen für die Sicherheit
September 1994	2. Ergänzungsnorm:
(IEC 601-1-2:1993)	Elektromagnetische Verträglichkeit –
	Anforderungen und Prüfungen
	Deutsche Fassung der EN 60601-1-2:1993-05
veröffentlicht im Amtsblatt der EG:	C241/16.09.95

Leider gibt es für die anderen Produktgruppen, deren hochfrequente Störaussendung im Teil 11 behandelt wird – die wissenschaftlichen und die industriellen Geräte und Anlagen –, keine entsprechenden Teile, so daß für diese entweder die Fachgrundnormen (s. u.) oder spezifische Produktnormen zu Rate gezogen werden müssen. Im Abschnitt 9.3 wird eine tabellarische Übersicht über solche Normen und Normentwürfe gegeben. Sie spiegelt die Situation zur Mitte des Jahres 1997 wider.

Die Störfestigkeit der Geräte, die zwar als ISM-Geräte betrachtet werden, im Grunde genommen aber Haushaltgeräte sind, wie etwa die Mikrowellenherde und die Induktionskochgeräte, wird hingegen vom Teil 14-2 der VDE 0875 abgedeckt.

Die gültigen Fachgrundnormen sind:

---

[*] Anmerkung: Diese beiden Teile werden in diesem Band nicht so ausführlich behandelt wie die anderen Normen, sondern sie werden nur kurz vorgestellt und inhaltlich aufgelistet, da sie eigentlich nicht zu dieser Normenreihe gehören, sondern in eine der Normenreihen mit der Klassifikation „VDE 0872" oder „VDE 0878" eingereiht worden sein sollten.
[**] Siehe obige Anmerkung.

DIN EN 55081-1 (VDE 0839 Teil 81-1) März 1993	Elektromagnetische Verträglichkeit (EMV) Fachgrundnorm Störaussendung Teil 1: Wohnbereich, Geschäfts- und Gewerbebereich sowie Kleinbetriebe Deutsche Fassung der EN 50081-1:1992-03
veröffentlicht im Amtsblatt der EG:	C90/10.04.92
DIN EN 55081-2 (VDE 0839 Teil 81-2) März 1994	Elektromagnetische Verträglichkeit (EMV) Fachgrundnorm Störaussendung Teil 2: Industriebereich Deutsche Fassung der EN 50081-2:1993-08
veröffentlicht im Amtsblatt der EG:	C49/17.02.94
DIN EN 55082-1 (VDE 0839 Teil 82-1) März 1993[*]	Elektromagnetische Verträglichkeit (EMV) Fachgrundnorm Störfestigkeit Teil 1: Wohnbereich, Geschäfts- und Gewerbebereich sowie Kleinbetriebe Deutsche Fassung der EN 50082-1:1992-01
veröffentlicht im Amtsblatt der EG:	C90/10.04.92

[*] Eine Neuausgabe ist in Vorbereitung und liegt als Entwurf DIN EN 50082-1(VDE 0839 Teil 82-1): Februar 1997 vor. Die „neue" EN 55082-1 wurde im August 1997 veröffentlicht.

DIN EN 55082-2 (VDE 0839 Teil 82-2) Februar 1996[*]	Elektromagnetische Verträglichkeit (EMV) Fachgrundnorm Störfestigkeit Teil 2: Industriebereich Deutsche Fassung der EN 50082-2:1995-03
veröffentlicht im Amtsblatt der EG:	C241/16.09.95

[*] Eine Neuausgabe ist in Vorbereitung und liegt als Entwurf DIN EN 50082-2 (VDE 0839 Teil 82-2): Dezember 1996 vor.

Diese vier Fachgrundnormen werden im Abschnitt 10.4.4 kurz erklärt.
Da außer in der Norm zur Störaussendung für die professionellen Audio- und Videoeinrichtungen (Teil 103-1) in keinem „Teil -1" Aussagen zur niederfrequenten Störaussendung enthalten sind, wird im Abschnitt 10.2 kurz auf die Normen zu den Netzrückwirkungen eingegangen. Die wichtigsten sind:

DIN EN 61000-3-2 (VDE 0838 Teil 2) März 1996 (IEC (6)1000-3-2:1995)	Elektromagnetische Verträglichkeit (EMV) Teil 3: Grenzwerte Hauptabschnitt 2: Grenzwerte für Oberschwingungsströme (Geräte-Eingangsstrom < 16 A je Phase) Deutsche Fassung der EN 61000-3-2:1995-04 + A 12:1996
veröffentlicht im Amtsblatt der EG:	C241/16.09.95

DIN EN 61000-3-3	Elektromagnetische Verträglichkeit (EMV)
(VDE 0838 Teil 3)	Teil 3: Grenzwerte
März 1996	Hauptabschnitt 2: Grenzwerte für
(IEC (6)1000-3-3:1995)	Spannungsschwankungen und Flicker in
	Niederspannungsnetzen für Geräte mit
	einem Eingangsstrom <16 A
	Deutsche Fassung der EN 61000-3-3:1994
veröffentlicht im Amtsblatt der EG:	C241/16.09.95

0.6 „Neue" Kennzeichnung der internationalen Normen

Neue Kennzeichnung der IEC-Veröffentlichungen
Durch Beschluß in einer Gemeinschaftssitzung von IEC und ISO wurde 1997 festgelegt, alle zukünftigen IEC-Normen (einschließlich aller Änderungen bestehender Normen) mit einer fünfstelligen Nummer zu versehen. Dieser Beschluß wird ab sofort umgesetzt, und zu den alten Bezeichnungen der hier behandelten Normen wird die Zahl 60 000 hinzugezählt. Aus der „IEC 1000-..." wird damit die Reihe „IEC 61000-..." und aus „IEC 601-..." wird „IEC 60601-...". Somit ist eine Übereinstimmung mit der Numerierung der Europäischen Normen erreicht. Im vorliegenden Buch ist diese Änderung bereits durchgeführt; in den Fällen, in denen die angesprochenen Normen noch nicht mit den „neuen" Bezeichnungen versehen sind, werden die „Attribute" in Klammern gesetzt; z.B.: IEC (60)601-1-2. bzw. IEC (6)1547.
Lediglich in den umfangreichen Tabellen der Kapitel 6 und 9 wurde auf diese Änderung verzichtet.

Neue Bezeichnung von CISPR-Publikationen
Seit geraumer Zeit werden die Veröffentlichungen des CISPR (standards and reports) als „IEC-CISPR xx" gekennzeichnet, um damit auch für den nicht fachkundigen Leser zu dokumentieren, daß das Sonderkomitee CISPR ein integraler Bestandteil der IEC ist.

ID
1 Erläuterungen zu DIN EN 55011 (VDE 0875 Teil 11)

1.1 Vorgeschichte der Norm

Die in diesem Kapitel behandelte Norm DIN EN 55011 (VDE 0875 Teil 11) vom Oktober 1997 hat im Rahmen der kommentierten Normenreihe eine nur kurze „Geschichte", da die behandelte Ausgabe erst die zweite innerhalb der Reihe „VDE 0875" ist; die erste erschien im Juli 1992.
Die Entwicklung des Inhalts der Norm für die „Funk-Entstörung von ISM-Geräten" hat dagegen eine recht lange Vergangenheit, reichen ihre sachlichen Wurzeln doch bis in die späten 40er Jahre zurück. Damals wurde diese Norm unter der Bezeichnung „VDE 0871" bekannt und behielt diese Bezeichnung bis in das Jahr 1992. Die Entstehungsgeschichte der VDE 0871 ist zugleich die des heutigen Teiles 11 der VDE 0875. Der Entwicklungsgang dieser Norm ist im Abschnitt 10.1 ausführlich beschrieben.

1.2 DIN VDE 0875 Teil 11 (VDE 0875 Teil 11):Oktober 1997

Grenzwerte und Meßverfahren für Funkstörungen von industriellen, wissenschaftlichen und medizinischen Hochfrequenzgeräten (ISM-Geräten) – CISPR 11:1990, modifiziert – Deutsche Fassung der EN 55011:1991
unter Berücksichtigung der Änderungen 1:1997 und 2:1996

	DEUTSCHE NORM	Oktober 1997
	Grenzwerte und Meßverfahren für Funkstörungen von industriellen, wissenschaftlichen und medizinischen Hochfrequenzgeräten (ISM-Geräten) (IEC-CISPR 11:1990, modifiziert + A1:1996 + A2: 1996 + Corrigendum:1996) Deutsche Fassung EN 55011:1991 + A1:1996 + A2:1997	DIN EN 55011
VDE	Diese Norm ist zugleich eine VDE-Bestimmung im Sinne von VDE 0022. Sie ist nach Durchführung des vom VDE-Vorstand beschlossenen Genehmigungsverfahrens unter nebenstehenden Nummern in das VDE-Vorschriftenwerk aufgenommen und in der etz Elektrotechnischen Zeitschrift bekanntgegeben worden.	Klassifikation VDE 0875 Teil 11

Diese Norm enthielt in ihrer vorigen Fassung vom Juli 1992 die Europäische Norm EN 55011:1991 und unterschied sich von deren deutscher Fassung lediglich durch das Hinzufügen
– eines Deckblatts (Seite 1) und
– eines nationalen Vorworts (Seite 2) sowie
– einer Übersicht über die deutschen Fassungen der zitierten Normen und anderer Unterlagen (Seiten 3 und 4).

Diese zusätzlichen Angaben enthielten aber ausschließlich allgemeine Hinweise und Informationen zur Anwendung der Norm im nationalen Geltungsbereich, es waren jedoch keine weiteren normativen Festlegungen enthalten.

Die nun vorliegende überarbeitete Fassung vom Oktober 1997 wurde auf Beschluß des UK 767.11 unter Berücksichtigung der zwischenzeitlich sowohl international (im Unterkomitee B von CISPR) als auch auf europäischer Ebene (im Unterkomitee 210A von CENELEC) verabschiedeten zwei Änderungen (A1 und A2) erstellt, um so dem Benutzer die Bürde abzunehmen, jeweils in der Norm selbst und in zwei zusätzlichen Dokumenten mit Änderungen nach dem aktuell gültigen Text suchen zu müssen. Die Inhalte aus den beiden Änderungen sind im Normentext durch senkrechte Doppel- (A1) bzw. Dreifachstriche (A2) gekennzeichnet.

Das Deckblatt enthält sowohl den englischen als auch den französischen Titel und gibt an, daß es sich um eine Deutsche Norm im Range einer VDE-Bestimmung handelt.

Zum Beginn der Gültigkeit

Die VDE 0875 Teil 11 galt ab 1. Juli 1992 und löste die Bestimmung DIN 57871 (VDE 0871) vom Juni 1978 ab.

Um jedoch Hersteller in die Lage zu versetzen, ihre Produkte im Einklang mit den „alten" nationalen rechtlichen Vorschriften (z. B. gemäß Amtsblattverfügungen des BMPT nach dem damals noch gültigen Hochfrequenzgerätegesetz) in Verkehr bringen zu können, wurde die Gültigkeit der „alten" Norm noch bis zum 31. Dezember 1995 aufrecht erhalten.

Seit diesem Zeitpunkt ist es grundsätzlich untersagt, Produkte auf den Markt zu bringen, die nicht den europäischen Schutzzielen entsprechen und mit einer CE-Kennzeichnung (mindestens) gemäß EMV-Gesetz ausgestattet sind, so daß die Anwendung älterer nationaler Normen, für die es Ersatz durch Harmonisierte Europäische Normen gibt, nicht mehr in Frage kommt. Einzelheiten zur Anwendung der rechtlichen Vorschriften finden sich in den Abschnitten 10.5 und 10.6.

Die überarbeitete Norm enthält für den Teil, der aus der EN 55011 von 1991 stammt, einen Gültigkeitsbeginn, der dem Tag der Annahme bei CENELEC entspricht und mit dem 12. Juni 1989 angegeben wird, für den Teil aus A1 gilt der 15. Februar 1997 und für den Teil A2 der 1. Oktober 1996.

Zu den Stichworten „Beginn der Gültigkeit", „Inverkehrbringen" und „Störungsfall" wird auch auf die betreffenden Erläuterungen im Abschnitt 0.3 verwiesen.

Zum nationalen Vorwort

Im nationalen Vorwort wird die Aussage wiederholt, daß es sich um die deutsche Fassung der Europäischen Norm EN 55011:1991 handelt, deren Inhalt – abgesehen von einigen gemeinsamen (europäischen) Abänderungen – der zweiten Ausgabe der Internationalen Norm CISPR 11:1990 entspricht und in die die Änderungen A1:1997 und A2:1996 zur EN 55011 eingearbeitet sind.

Verantwortlich für die Erstellung der CISPR 11 ist das Unterkomitee B des Internationalen Sonderausschusses für Funkstörungen (CISPR) in der Internationalen Elektrotechnischen Kommission (IEC) (siehe auch Abschnitt 10.2).
In Europa ist das Unterkomitee (SC) 210A des CENELEC, „EMC products", für alle Produkt- und Produktfamiliennormen zur EMV zuständig (siehe auch Abschnitt 10.4).
In Deutschland obliegt die Bearbeitung dieser Norm dem Unterkomitee (UK) 767.11 der Deutschen Elektrotechnischen Kommission im DIN und VDE (DKE), dessen Arbeitsbereich mit „EMV von Betriebsmitteln und Anlagen für häusliche, gewerbliche, industrielle, wissenschaftliche und medizinische Anwendungen, die beabsichtigt oder unbeabsichtigt Hochfrequenz erzeugen, und Beleuchtungseinrichtungen" überschrieben ist und das neben der Zuständigkeit für diese Norm auch für die Umsetzung der Arbeitsergebnisse des Unterkomitees F von CISPR – das sind z. B. die Normen CISPR 14 und CISPR 15 – verantwortlich zeichnet.

Die hier behandelte Norm gilt für die Begrenzung der Aussendung hochfrequenter Störgrößen (das sind solche mit Frequenzen oberhalb 9 kHz) aller elektrischen Betriebsmittel (Baugruppen, Geräte, Systeme) und Anlagen (Installationen) für häusliche, gewerbliche, industrielle, wissenschaftliche, medizinische und ähnliche Zwecke, die (bestimmungsgemäß) Hochfrequenz erzeugen und/oder verwenden.

Die Norm ist eine Produktfamiliennorm mit einem sehr umfangreichen Anwendungsspektrum und gilt lediglich *nicht* für die Produktfamilien, die ausdrücklich aus ihrem Geltungsbereich ausgenommen sind.

Die Angaben in der Aufzählung der nicht behandelten Produkte sind zwischenzeitlich überholt. In der EN 55011 fehlen derartige Abgrenzungen vollständig.

Daher ist die folgende Auflistung als informativ zu betrachten, denn sie unterliegt einem ständigen Wandel.

Im einzelnen handelt es sich dabei um
– Geräte mit elektromotorischem Antrieb[*] und Elektrowärmegeräte für den Hausgebrauch und ähnliche Zwecke, Elektrowerkzeuge und ähnliche Elektrogeräte; für diese Produktfamile gilt DIN EN 55014-1 (VDE 0875 Teil 14-1).
– Beleuchtungseinrichtungen; für diese Einrichtungen gilt DIN EN 55015 (VDE 0875 Teil 15-1).
– Einrichtungen der Informationstechnik (ITE)[**]; für diese Einrichtungen gilt DIN EN 55022 (VDE 0878 Teil 22).

---

[*] Anmerkung: Das Wort „ähnlich" gilt hier sowohl für Geräte, die für derartige Zwecke Verwendung finden, die denen im Haushalt ähnlich sind, als auch für solche Geräte, die ähnliche Störgrößen aussenden, wie die hier genannten, wobei die Geräte für die medizinische Anwendung mit elektromotorischem Antrieb gemäß DIN EN 60601-1-2 (VDE 0750 Teil 1-2) doch wiederum „auf einem Umweg" unter die VDE 0875 Teil 11 gestellt werden.

[**] Anmerkung: Unter ITE versteht man alle Einrichtungen der Kommunikations- und Datentechnik, wobei Systemkomponenten und Baugruppen, die in medizinische Geräte, Systeme oder Anlagen integriert werden, gemäß DIN EN 60601-1-2 (VDE 0750 Teil 1-2) unter die EN 55011 fallen.

- Ton- und Fernseh-Rundfunkempfänger[*]; für diese Produktfamilie gilt DIN EN 55013 (VDE 0872 Teil 13).
- Anlagen der Elektrizitätsversorgung; für diese gilt DIN 57373 (VDE 0873) mit den Teilen 1 und 2.
- Elektrische Bahnen; für diese gilt die Normenreihe DIN V ENV 50121 (VDE V 0115 Teil 121).
- Fahrzeuge, Fahrzeugausrüstungen und Verbrennungsmotoren; für diese Produktfamilie gilt DIN VDE 0879-1 (VDE 0879-1).
- Audio-, Video- und audiovisuelle Einrichtungen sowie Studio-Lichtsteuereinrichtungen für den professionellen Einsatz; für diese Produktfamilie gilt DIN EN 55103-1 (VDE 0875 Teil 103-1).

Alle Betriebsmittel und Anlagen, die nicht unter eine dieser aufgeführten Rubriken einzuordnen sind, fallen automatisch erst einmal in den Geltungsbereich der hier behandelten Norm; es sei denn, sie werden ausdrücklich in spezifischen Produktnormen behandelt. Die meisten dieser Produktnormen verweisen jedoch für den Komplex der hochfrequenten Störaussendung mehr oder weniger verbindlich auf diese Norm.

Die Fachgrundnorm zur Störaussendung für den Industriebereich DIN EN 50081 Teil 2 (VDE 0839 Teil 81-2) nennt für die Begrenzung der Störaussendung für kontinuierliche Störgrößen die EN 55011 und für die der diskontinuierlichen Störgrößen (Knackstörgrößen) die EN 55014[**] als Grundnormen.

Die zweite Fachgrundnorm zur Störaussendung für Wohn-, Geschäfts- und Gewerbebereiche und Kleinbetriebe DIN EN 50081 Teil 1 (VDE 0839 Teil 81-1) fordert zum Nachweis der Übereinstimmung mit den Anforderungen zur hochfrequenten Aussendung – eigenartigerweise – die Einhaltung der Grenzwerte nach der für Einrichtungen der Informationstechnik gültigen DIN EN 55022 (VDE 0878 Teil 22) und enthält weder Hinweise auf den Teil 11 noch auf den Teil 14-1 der VDE 0875.

Beide Fachgrundnormen gelten jedoch ausschließlich für solche Produktfamilien oder -gruppen, für die es *keine* eigenen Produkt- oder Produktfamiliennormen gibt, sind also im Rahmen dieser Ausführungen von untergeordneter Bedeutung.

Wenn Produkte (wie etwa die sogenannten Multinormengeräte) unter verschiedene Abschnitte dieser Norm oder gleichzeitig unter den Geltungsbereich dieser und einer anderen Störaussendungsnorm fallen, so sind sämtliche Anforderungen aus allen zutreffenden Abschnitten und Normen zu erfüllen. Die Forderung nach kombinierter Anwendung mehrerer Normen ist in der vorliegenden Ausgabe zwar nicht ausdrücklich herausgestellt, doch finden sich derartige Angaben z. B. in der DIN EN 55014

---

[*] Anmerkung: Der Hinweis auf die Norm zur Störfestigkeit derartiger Geräte, die in DIN EN 55020 (VDE 0872 Teil 20) geregelt ist, ist an dieser Stelle eigentlich nicht gerechtfertigt und zudem irreführend, da einseitig. Anderenfalls müßten auch alle anderen spezifischen Störfestigkeitsnormen und ggf. ebenso die Normen zur Störaussendung im Frequenzbereich unterhalb 9 kHz (z. B. zu den Netzrückwirkungen) für die verschiedenen Produktgruppen hier zitiert werden.

[**] Anmerkung: Zwischenzeitlich enthält der geänderte Teil 11 ebenfalls Angaben zu diskontinuierlichen Störgrößen, so daß diese Differenzierung eigentlich nicht mehr notwendig wäre.

(VDE 0875 Teil 14-1). In den Fällen, in denen die Beurteilung von Produkten durch (deutsche) Prüfstellen erfolgt, wird diese Vorgehensweise üblicherweise angewandt.

Bei der Ermittlung der Übereinstimmung von industriellen, wissenschaftlichen oder medizinischen Systemen ist es allerdings in der Regel nicht sinnvoll, diejenigen Einheiten (z. B. Systemkomponenten), die motorische Antriebe oder andere unter die DIN EN 55014 (VDE 0875 Teil 14-1) fallende Betriebsmittel enthalten, nach beiden Normen zu prüfen. In diesem Fall ist die ausschließliche Anwendung des Teils 11 sinnvoll, da die Grenzwerte für die Störspannung in beiden Normen jetzt gleichwertig sind und sowohl für Schmalbandstörgrößen (bei Verwendung des Mittelwert-Gleichrichters) als auch für Breitbandstörgrößen (bei Verwendung des Quasispitzenwert-Gleichrichters) gelten. Darüber hinaus sollte der Messung der Störfeldstärke (nach Teil 11) in jedem Fall der Vorzug gegenüber der Messung der Störleistung (nach Teil 14-1) eingeräumt werden, da die erste die Emissionseigenschaften eines Prüflings weitaus besser widerspiegeln kann als die als eine Art „Substitutionsmethode" zur Umgehung der aufwendigeren Feldstärkemessung eingeführte Messung mit der Absorptionsmeßwandlerzange.

Produkte, die nach zwei Normen geprüft werden müssen, sind beispielsweise Kombinationsgeräte, wie sie vor allem im Haushalt Verwendung finden. Es sind unter anderem:

– Mikrowellenherde, die mit einem konventionellen Herd und/oder Grill kombiniert sind;
– Induktionskochmulden in Kombination mit einem angetriebenen Grill in einem Herd;
– Beleuchtungseinrichtungen (jedoch nicht solche, die mit Glühlampen bestückt sind) in Kombination mit Kücheneinrichtungen (z. B. in Dunstabzugshauben).

Dabei ist es zulässig, die Prüfungen jeweils auf die betroffene Teilfunktion zu beschränken. Der Mikrowellenherd muß also beispielsweise bei der Messung der Störleistung oberhalb 1 GHz nur den Mikrowellengenerator in Betrieb haben, nicht aber gleichzeitig den konventionellen Teil des Herdes.

Das zitierte Beiblatt 1 zu VDE 0875 „Funk-Entstörung von elektrischen Betriebsmitteln und Anlagen – Informationen zur Kennzeichnung und Sicherheit" ist nicht mehr aktuell und wurde bereits zurückgezogen.

Auch die Übersetzungstabelle für die Internationalen Normen in Deutsche Normen entspricht aus heutiger Sicht nicht mehr dem aktuellen Stand.

Der Inhalt der gültigen CISPR 16 ist nicht mit dem der zitierten Teile 1, 2 und 3 der DIN VDE 0876 sowie den Teilen 1 bis 3 der DIN VDE 0877 identisch, da die genannten Deutschen Normen früher erschienen sind als die zweite Ausgabe der CISPR 16 von 1987. Darüber hinaus ist diese hier zitierte CISPR 16 bereits wiederum durch eine zweiteilige Neuausgabe (CISPR 16-1 vom September 1993 und die CISPR 16-2 vom November 1996) ersetzt worden, die die Festlegungen zu Meßgeräten im Teil 1 und zu Meßverfahren im Teil 2 enthält, so daß die zitierten Teile

der VDE 0876 und VDE 0877 in Kürze[*] durch entsprechende deutsche Versionen der „neuen" Teile der CISPR 16 ersetzt werden (müssen).
Die in der Ausgabe vom September 1992 zitierten Teile der IEC 801 wurden zwischenzeitlich in ihren neuen Fassungen in die Normenreihe IEC (6)1000-4-... überführt. Zur Zeit gibt es zwölf verabschiedete gültige Teile dieser Reihe, und weitere (etwa zehn) Teile liegen in verschiedenen Reifegraden als Entwürfe vor. Im Deutschen Normenwerk werden sie nun in die Normenreihe „VDE 0847" (und nicht mehr in „VDE 0843", die für Einrichtungen der industriellen Meß-, Steuer- und Regeltechnik reserviert ist) eingereiht und erhalten als weitere Bezeichnung die Nummer des jeweiligen Teils der IEC (6)1000-4-... (z. B. VDE 0847 Teil 4-2 für die „Prüfung der Störfestigkeit gegen Entladung statischer Elektrizität" usw.).

Zum nationalen Anhang NA (informativ)

(früher: „Zu den zitierten Normen und anderen Unterlagen")
In diesem Abschnitt ist eine Übersicht über die im Wortlaut der Norm zitierten weiteren Normen wiedergegeben. Für diese Übersicht gilt teilweise das über den vorherigen Abschnitt Gesagte hinsichtlich ihrer nicht mehr gegebenen Aktualität.
Eine beträchtliche Schwierigkeit ergibt sich grundsätzlich daraus, daß der Zustand des Deutschen Normenwerks stets beträchtlich hinter der Entwicklung der internationalen und der europäischen Normen herhinkt, so daß Normen, die bereits international abgestimmt und publiziert sind und selbst solche, die in der EU ratifiziert sind und als Harmonisierte Europäische Normen vorliegen, als Deutsche Normen noch nicht zur Verfügung stehen.

Zur früheren Ausgabe

Hier ist der Hinweis auf die früher gültige Norm DIN 57871 (VDE 0871):06.78 und auf die Ausgabe der DIN VDE 0875-11 (VDE 0875 Teil 11) vom Juli 1992 wiederholt.[**]

Zu den Änderungen

Bei der Ausgabe vom Oktober 1997 handelt es sich um eine Überarbeitung der Vorgängerversion, die den Text der EN 55011:1991 (CISPR 11:1990 – modifiziert) in vollem Umfang übernimmt und in den die Änderungen A1:1997 und A2:1996 sowie eine Korrektur von 1996 eingearbeitet sind.
An dieser Stelle ist zu erwähnen, daß sich die VDE 0871 vom Juni 1978 im wesentlichen auf solche Betriebsmittel und Anlagen bezog, die die Hochfrequenz (deren untere Frequenzgrenze damals noch gemäß Hochfrequenzgerätegesetz bei 10 kHz

---

[*] Anmerkung: Die Deutschen Ausgaben werden voraussichtlich Anfang 1998 zur Verfügung stehen.
[**] Anmerkung: Der historischen Entwicklung der hier behandelten Norm ist ein eigener Teil im Abschnitt 10.1 dieses Buchs gewidmet.

lag) bestimmungsgemäß (d.h. beabsichtigt) erzeugten und/oder verwendeten. Daher enthielt die „alte" Norm auch nur Grenzwerte, die sich auf die sogenannten Schmalbandstörgrößen bezogen. Sollten Grenzwerterleichterungen für „Breitbandstörgrößen" angewandt werden, die das Resultat von Vorgängen mit Folgefrequenzen von weniger als 10 kHz waren (hervorgerufen z. B. durch Gleichrichter, Motoren, Lichtbögen, Schalteinrichtungen und dergleichen), so mußte zusätzlich die Bewertung nach den Anforderungen aus den Teilen 1 bis 3 der damals gültigen VDE 0875 durchgeführt werden.

Die neueren Fassungen der Norm (Juli 1992 und Oktober 1997) enthalten nun im Gegensatz dazu Anforderungen sowohl für Schmalband- als auch für Breitbandstörgrößen, so daß Produkte bezüglich ihrer Störaussendungscharakteristik im betrachteten Frequenzbereich vollständig beurteilt werden können. Die Unterscheidung von schmal- und breitbandigen Phänomenen wird jetzt durch unterschiedliche Bewertung mittels Quasispitzenwert- und Mittelwert-Gleichrichtern erreicht, wobei die gemessenen Größen mit unterschiedlichen Grenzwerten bewertet werden.

1.3 Die Europäische Norm EN 55011:März 1991 mit ihren Änderungen A1:1997 und A2:1996

Grenzwerte und Meßverfahren für Funkstörungen von industriellen, wissenschaftlichen und medizinischen Hochfrequenzgeräten (ISM-Geräten)

Deutsche Fassung

Das Deckblatt der deutschen Fassung der EN 55011 enthält neben dem deutschen Titel auch die Titel der englischen und der französischen Fassung und gibt das Datum der CENELEC-Ratifizierung mit dem 12. Juni 1989[*] an. Es dauerte dann noch bis zum März 1991, bis die Europäische Norm im Druck vorlag, und es vergingen weitere 16 Monate bis zur Herausgabe der Deutschen Norm im Juli 1992. Der Gültigkeitsbeginn für die Änderung A1 ist mit dem 15. Februar 1997 und der der Änderung A2 mit dem 1. Oktober 1996 angegeben.

Zum Vorwort zur EN 55011:1991

Im Vorwort ist der Hinweis enthalten, daß das Unterkomitee (SC) 110A (heute: SC 210A) der CENELEC (EMV Produkte) für den Inhalt der Norm verantwortlich ist. Weiterhin ist angegeben, daß die Freigabe der Norm auf der Basis eines zum damaligen Zeitpunkt vorliegenden Entwurfs der Internationalen Norm (CISPR 11) erfolgte, daß dann aber der endgültige Text dieser Publikation mit gemeinsamen (europäischen) Abänderungen als Ersatz für den Entwurf zur Veröffentlichung gelangte.

---

[*] Anmerkung: Die Internationale Norm wurde als zweite Ausgabe der CISPR 11 im September 1990 veröffentlicht.

Die nachstehenden Daten

– einer spätesten Veröffentlichung identischer nationaler Normen „dop" zum 1. September 1991 und

– einer Zurückziehung entgegenstehender nationaler Normen „dow" zum selben Zeitpunkt

waren damals wohl nur Wunschvorstellungen und in den meisten Mitgliedstaaten nicht realisierbar.

Das tatsächliche Datum der Veröffentlichung der Deutschen Norm zog sich doch bis zum Juli 1992 hinaus, und das Datum zur Zurückziehung der DIN VDE 0871:06.78 wurde auf den 31. Dezember 1995 (das war das Ende der Übergangsfrist für die Anwendung des EMV-Gesetzes und der letztmögliche Zeitpunkt für die Anwendung des Hochfrequenzgerätegesetzes) festgelegt.

Zum Vorwort zur Änderung 1:1997

Neben dem Zeitpunkt der CENELEC-Annahme dieser Änderung (am 15. Februar 1997) wird als „dop" der 1. September 1997 genannt. Auch dieser Zeitpunkt ließ sich bei der Herausgabe der Deutschen Fassung nicht einhalten, da zwar das Manuskript bereits im Mai 1997 vorlag, die Bearbeitungszeit nach der Freigabe durch den Obmann des zuständigen Unterkomitees (hier: UK 767.11) jedoch in der Regel 6 Monate beträgt.

Ein „dow" ist hier nicht angezogen, da keine Normen zurückgezogen werden müssen.

Zum Vorwort zur Änderung 2:1996

Der Inhalt der Änderung 2 war bei CISPR in zwei verschiedenen Entwürfen erarbeitet worden und lag zuletzt in Form der Dokumente CISPR/B/147/FDIS und CISPR/B/148/FDIS vor. Das zweite Papier wurde der Parallelabstimmung in IEC-CISPR und CENELEC unterzogen und CENELEC nahm es bereits am 5. Mai 1996 an, während es bis zur Annahme des ersten Dokuments (im Rahmen einer formellen Abstimmung) noch bis zum 1. Oktober 1996 dauerte. Für die Daten „dop" und „dow" gilt das für die Änderung 1 Gesagte.

Die darauf folgende Anmerkung gibt an, daß die in der Änderung 2 eingeführten Grenzwerte im Frequenzbereich unterhalb 150 kHz nicht unumstritten sind und daß die festgelegten Grenzwerte im Rahmen einer künftigen Überarbeitung (nach unten) korrigiert werden sollten. Dies gilt insbesondere für die Grenzwerte der vertikalen Komponente der magnetischen Feldstärke bei den Induktionskochgeräten, die z. Z. um 18 dB gegenüber denen für die horizontalen Komponenten erleichtert sind. Diese Erleichterung wurde von den Vertretern Japans durchgesetzt, ist aber aus Sicht der meisten Fachleute aus anderen Ländern beträchtlich zu hoch geraten.

Zur Anerkennungsnotiz zur CISPR 11:1990

Hier wird noch einmal betont, daß der Text der CISPR 11:1990 mit den vereinbarten gemeinsamen Abänderungen den Status einer Europäischen Norm hat und somit zur Umsetzung genehmigt wird.
Alle in der Anerkennungsnotiz genannten „vereinbarten gemeinsamen Abänderungen" gegenüber der CISPR 11 finden sich in den Abschnitten 1 bis 3, die aus diesem Grund in der Norm mit einer senkrechten Linie gekennzeichnet sind.

Zur Anerkennungsnotiz zur Änderung 1:1997

Der Text der Änderung 1 zur CISPR 11 vom März 1996 wurde von CENELEC mit einer Einschränkung angenommen. Diese Einschränkung steht in einer gemeinsamen (europäischen) Abänderung und bezieht sich auf eine Erleichterung im Abschnitt 5.2.2, der es einzelnen Ländern erlaubt, die Grenzwerte für Klasse-A-Geräte im Frequenzband von 53,91 MHz bis 54,56 MHz (das ist die 2. Harmonische der ISM-Frequenz um 27,12 MHz) auf nationaler Basis um 10 dB zu erleichtern. Dieser Erleichterung wollte man in Europa nicht folgen und hat somit die in der internationalen Fassung eingeräumte Möglichkeit nicht in die europäische Version übernommen.

Zur Anerkennungsnotiz zur Änderung 2:1996

Die Änderung 2 zur CISPR 11 vom März 1996 wurde *ohne* Abweichungen in die Europäische Norm übernommen.

1.4 Die Internationale Norm CISPR 11/Second edition:1990-09

Englisch: „*Limits and methods of measurement of electromagnetic disturbance characteristics of industrial, scientific and medical (ISM) radio frequency equipment*"

Französisch: „*Limites et méthodes de mesure des caractéristiques pertubations électromagnetiques des appareils industriel, scientifiques et médicaux (ISM) à fréquence radioélectrique*"

Der normative Text beginnt auf Seite 5 und endet auf Seite 27 mit dem normativen Anhang A. Es folgt auf weiteren 6 Seiten informativer Text (Anhänge B bis F).

1.5 Normativer Inhalt der DIN EN 55011 (VDE 0875 Teil 11)

Zu Abschnitt 1 Anwendungsbereich und Zweck

Zu Abschnitt 1.1 [Anwendungsbereich]
Es wird angegeben, für welche Produktgruppen die vorliegende Norm gilt. Die Aussage, daß industrielle, wissenschaftliche und medizinische Geräte, also die sogenannten ISM-Geräte, betroffen sind, ist unzureichend, werden doch von dieser Norm auch noch andere Produkte abgedeckt, z. B. eine Reihe von Haushaltgeräten mit beabsichtigter Hochfrequenzerzeugung, wie Mikrowellenherde und Induktionskochgeräte, sowie einige andere Einrichtungen, die früher vom „alten" Teil 3 der VDE 0875 abgedeckt wurden – für den es keine entsprechenden Normen auf internationaler oder europäischer Ebene gab und gibt und die keinen Platz in der DIN EN 55014 (VDE 0875 Teil 14-1) finden, weil sie nicht in den dort angegebenen Anwendungsbereich (die dort gültigen Umgebungsbedingungen) passen.
Ausdrücklich wird darauf hingewiesen, daß Funkenerosionsgeräte (das ist eine bestimmte Art von Werkzeugmaschinen zur Metallbearbeitung) ebenfalls – definitionsgemäß – unter die hier behandelte Norm fallen.

Zu Abschnitt 1.2 [Ermittlung der Konformität]
Grundsätzlich ist die Ermittlung der Konformität der Produkte auf einem Meßplatz (z. B. auf einem Freifeldmeßplatz zur Ermittlung von Störfeldstärke und Störleistung oder in einer (geschirmten) Meßkabine zur Ermittlung der Störspannung) durchzuführen.
Für seriengefertigte Geräte ist dabei gemäß dem im Abschnitt 6.3 angegebenen statistischen Verfahren eine hinreichende Anzahl von Prüflingen auszuwählen, um sicherzustellen, daß 80 % der gefertigten Produkte aus der Serienfertigung mit einer Sicherheit von mindestens 80 % die angegebenen Grenzwerte einhalten (gemäß der sogenannten 80/80-Regel).
Abweichend vom Text der CISPR 11 wurde aber in der EN 55011 bereits die Möglichkeit eingeräumt, bei Produkten, die nur in kleinen Stückzahlen hergestellt werden, von der Anwendung der 80/80-Regel abzuweichen und nach Abschnitt 6.2 zu verfahren, d. h. jedes einzelne Exemplar zu vermessen, wie dies im übrigen auch bei „nicht seriengefertigten" Einrichtungen der Fall ist.
Hier nicht ausdrücklich genehmigt ist das Verfahren einer Typprüfung an einem einzigen Exemplar eines in kleinen Stückzahlen gefertigten und ggf. auch in wechselnder Konfiguration vertriebenen Produkts (häufig anzutreffen bei Systemen). Eine entsprechende Änderung der CISPR 11 zur Einführung einer derartigen Erleichterung befindet sich aber zur Zeit in Abstimmung und hat gute Chancen, akzeptiert zu werden.
Die Messung an Einrichtungen an deren Aufstellungsort ist alternativ zu den Messungen auf einem Meßplatz nur für Geräte der Klasse A zulässig. Klasse-B-Geräte müs-

sen hingegen stets auf einem Meßplatz gemessen werden. Die bei den Messungen an einem einzelnen Gerät am Aufstellungsort ermittelten Ergebnisse dürfen ausdrücklich nicht als für die Serie repräsentativ[*] betrachtet werden und somit auch nicht zur statistischen Auswertung (z. B. nach der 80/80-Regel) herangezogen werden.

Zu Abschnitt 1.3 [Betrachteter Frequenzbereich]

Dieser Abschnitt trifft die Aussage, daß die vorliegende Norm mit ihren Anforderungen (Grenzwerten) und Meßverfahren den Frequenzbereich von 9 kHz bis zu 400 GHz[**] behandelt. Anforderungen und Meßverfahren zur niederfrequenten Emission sind in anderen Normen enthalten (z.b. in DIN EN 61000-3-2 (VDE 0838 Teil 2) für die Oberschwingungen der Netzfrequenz und in DIN EN 61000-3-3 (VDE 0838 Teil 3) für die Spannungsschwankungen/Flicker von Geräten mit einem Nennstrom von bis zu 16 A pro Phase (siehe auch Abschnitt 9.2).

Zu Abschnitt 1.4 [Ausdrücklicher Ausschluß von Beleuchtungseinrichtungen]

In diesem Abschnitt werden Anforderungen an Beleuchtungseinrichtungen ausdrücklich der DIN EN 55015 (VDE 0875 Teil 15) zugeordnet. Dies führt zu der Frage, ob neue Entwicklungen in der Beleuchtungstechnik, bei denen die Hochfrequenz bestimmungsgemäß erzeugt und verwendet wird, unter CISPR 11 und damit in den Arbeitsbereich von CISPR-Unterkomitee B fallen sollen, oder ob sie unter CISPR 15 fallen und damit in CISPR-Unterkomitee F behandelt werden sollen. Eine dieser neuentwickelten Beleuchtungseinrichtungen verwendet eine diskrete Frequenz im Frequenzband zwischen 2,51 MHz und 3,0 MHz. Für diese Produktgruppe wurde bereits in einem Entwurf zu einer Änderung der CISPR 15 eine Erleichterung der Störspannungsgrenzwerte um 17 dB im angegebenen Frequenzbereich vorgeschlagen.

Eine weitere Entwicklung auf diesem Gebiet, die ursprünglich insbesondere für professionelle (und somit nicht im häuslichen Umfeld angewendete) Beleuchtungseinrichtungen vorgesehen war, bedient sich eines (mit Magnetrons ausgestatteten) Mikrowellengenerators mit einer Arbeitsfrequenz im ISM-Band von 2,4 bis 2,5 GHz. Zwischenzeitlich hat man deren Nutzen auch für Beleuchtungszwecke im

---

[*] Anmerkung: In einigen Produktnormen (z. B. in der gültigen Fassung der DIN EN (60)601-1-2 (VDE 0750 Teil 1-2), die die EMV medizinischer elektrischer Geräte und Systeme regelt) ist als Alternative die Typprüfung eines Exemplars an einem typischen Aufstellungsort der Einrichtung, wie etwa in einem Krankenhaus (bei üblicher Konfiguration des Systems) zulässig. Diese Möglichkeit wird bei einer Neufassung dieser Norm – die z. Z. überarbeitet wird – aller Voraussicht nach nur noch in wenigen Ausnahmefällen zulässig sein.

[**] Anmerkung: Gemäß Hochfrequenzgerätegesetz reichte der Begriff „Hochfrequenz" bis zu 3 THz (3 000 000 MHz), in dieser Norm wird aber der Frequenzbereich nur bis zu einer oberen Grenze von 400 GHz angesprochen. Für den nach oben fehlenden Bereich sind z. Z. noch keine Festlegungen erforderlich, da hier noch keine wichtigen Funkdienste (Störsenken) angesiedelt sind und auch keine signifikanten Störquellen auftreten.

Wohnbereich oder in der Nähe davon erkannt und strebt eine Regelung an, die den Einsatz auch in dieser Umgebung erlaubt (Klasse-B-Anwendung).

Das Problem bei der Zuordnung derartiger Produkte liegt darin, daß die Normen sich in ihrer Struktur gewandelt haben und nun nicht mehr, wie früher üblich, phänomenorientiert sind (z. B. durch eine Unterteilung in Schmalbandstörquellen einerseits und Breitbandstörquellen andererseits), sondern jetzt eine Produktfamilienorientierung aufweisen. Eine Zuordnung der o. g. Neuentwicklungen auf dem Gebiet der Beleuchtungseinrichtungen zu CISPR 15 würde dann aber sinnvollerweise auch eine Ausgliederung der Mikrowellenherde und Induktionskochgeräte (die Haushaltgeräte sind) aus der CISPR 11 und ihre Integration in die CISPR 14 erfordern. Die Folge dieser Maßnahme wäre, daß sowohl CISPR 14 als auch CISPR 15 um Grenzwerte und Meßverfahren ergänzt werden müßten, die den Störcharakteristiken der genannten Produkte Rechnung tragen; d. h., eine Aufnahme von Anforderungen zur Störfeldstärke sowie Störstrahlungsleistung in diese Normen wäre unausweichlich.

Ein vernünftiger Ausweg aus dieser Misere ist nur zu erreichen, wenn es gelingt, alle Meßverfahren (in CISPR 16-2) und alle dazu benötigten Meßmittel und Meßhilfsmittel (in CISPR 16-1) in Grundnormen zu behandeln und zusätzlich eine weitere Grundnorm zu entwickeln, die für alle Produktgruppen (also auch die Einrichtungen der Informationstechnik und ähnliches) geeignete (möglichst einheitliche) Grenzwerte, gegebenenfalls mit einer erforderlichen Klassifizierung hinsichtlich des Einsatzortes (der Umgebungsbedingungen), anbieten würde.[*] In einem solchen Fall könnten sich dann die Produkt- und Produktfamiliennormen darauf beschränken, die für ihr Produktspektrum geeigneten Grenzwerte und Meßverfahren auszuwählen und lediglich die Betriebsarten und die Anordnung des Prüflings beim Messen und ähnliche produktspezifischen Anforderungen zu beschreiben.

Zu Abschnitt 2 Definitionen

Zu Abschnitt 2.1 [ISM-Geräte]
Als ISM-Geräte werden Betriebsmittel oder Geräte definiert, die bestimmungsgemäß für die Erzeugung und/oder lokale Nutzung von elektromagnetischer Hochfrequenzenergie in industrieller, wissenschaftlicher, medizinischer, häuslicher oder ähnlicher Anwendung entwickelt wurden. Ausgenommen werden hier solche Produkte, die auf dem Gebiet des Fernmeldewesens und der Informationstechnik angewandt werden, sowie Produkte, die ausdrücklich von anderen Europäischen EMV-Normen (gültig für die Emission in den hier behandelten Frequenzbereichen) erfaßt werden.

Diese Formulierung macht eine exakte Abgrenzung zu den Anwendungsbereichen anderer Normen zur Begrenzung der Störaussendung nicht ganz einfach, da sie die

---

[*] Anmerkung: Diese Lösung wurde vom Verfasser vor einigen Jahren bereits international vorgeschlagen, fand bislang bei CISPR jedoch noch keine hinreichende Zustimmung.

Kenntnis der Geltungsbereiche aller übrigen einschlägigen Normen erfordert. Es gilt das zu Abschnitt 1.1 und dem Nationalen Vorwort Gesagte. Weiterhin macht eine Klausel in Abschnitt 1.201 „Anwendungsbereich" der DIN EN 60601-1-2 (VDE 0750 Teil 1-2) (gültig für elektrische Geräte und Systeme in medizinischer Anwendung) den Ausschluß von Komponenten der Informationstechnik, die im Rahmen medizinischer Geräte und Systeme zur Anwendung kommen, teilweise wieder rückgängig.

Zu Abschnitt 2.2 [Hinweis auf die Quelle von Definitionen]

Unter der Bezeichnung IEC (600)50 findet sich im Internationalen Normenwerk eine große Anzahl von Publikationen, die sich mit Definitionen befassen. Diese Sammlung wird als IEV (Internationales Elektrotechnisches Wörterbuch; *international electrotechnical vocabulary*) bezeichnet. Der Teil 161 der genannten Normenreihe wurde zuletzt im Jahre 1990 veröffentlicht und betrifft die Definitionen zur Elektromagnetischen Verträglichkeit (EMV). Im Deutschen Normenwerk ist dieser Teil noch nicht als verabschiedete Norm („Weißdruck") erhältlich, jedoch gibt es eine deutsche Übersetzung des Textes als Entwurf zu DIN IEC 50-161:1995-07, die aber überarbeitungsbedürftig ist. Darüber hinaus sind im Jahre 1995 zwei Änderungs- und Ergänzungsvorschläge[*)] an die nationalen Komitees zur Abstimmung gegangen, deren Veröffentlichung als DIN-Entwürfe zu erwarten ist.

Im Deutschen Normenwerk findet sich dagegen noch immer eine weitgehend veraltete Norm zur Festlegung der Begriffe. Diese im Juli 1984 veröffentlichte Norm DIN 57 870 Teil 1 (VDE 0870 Teil 1) mit dem Titel „Elektromagnetische Beeinflussung[**)] (EMB) – Begriffe" wurde im August 1987 mit einem Änderungsvorschlag (Teil 1A1) versehen, der aber nie als gültige Norm herauskam.

Zu Abschnitt 2.3 Elektromagnetische Strahlung

Um klarzustellen, daß bei diesem Begriff nicht nur die im Fernfeld auftretenden elektromagnetischen Felder (die sogenannten ebenen Wellen) gemeint sind, sondern auch alle (elektrischen und magnetischen) Nahfeldphänomene eingeschlossen sind, wurde die erweiterte Begriffsbestimmung aus dem IEV herangezogen. Dies ist insbesondere bei der Messung von Strahlung in der Nähe von Prüflingen und bei niedrigen Frequenzen von Bedeutung.

[*)] Anmerkung: Der erste Vorschlag ist im Schriftstück IEC 1/1541/DIS:1995 enthalten, während der zweite Vorschlag im Schriftstück IEC 1/1570/CDV:1995 zu finden ist. Beide wurden Ende 1996 zusammen mit der Übersetzung des Teils 161 erneut diskutiert, und es wurden wichtige Korrekturen am deutschen Text vorgenommen.

[**)] Anmerkung: Unter Elektromagnetischer Beeinflussung versteht man den Oberbegriff zur EMV, der neben dieser auch die Wirkung elektromagnetischer Größen (insbesondere der Felder) auf Lebewesen (Menschen, Tiere und Pflanzen) umfaßt.

Zu Abschnitt 2.4 Begrenzung des Prüflings
Da es sich bei Prüflingen in der Regel nicht ausschließlich um geometrisch einfache Konfigurationen handelt, die z. B. die Form von Kugeln, Würfeln oder Quadern aufweisen, und da insbesondere bei der Kombination von Geräten zu Systemen kompliziertere Strukturen entstehen können, die durch die in solchen Systemen üblichen Verbindungsleitungen noch mannigfaltigere Gestalt annehmen können, wird hier die Festlegung getroffen, daß die eine einfache geometrische Form bildende Linie, die den Prüfling (d. h. alle seine Teile einschließlich der Verbindungsleitungen) umschließt, Anwendung finden soll. Die Begrenzung kann z. B. mit einem „Gummiband", das um den Prüfling gelegt wird, nachgebildet werden. Diese Festlegung ist besonders bei Messungen in geringer Entfernung zum Prüfling (z. B. in 3 m) von Bedeutung.

Zu Abschnitt 2.5 Knackstörgröße
Mit der Änderung 2 zur CISPR 11 (EN 55011) wurde der Begriff der Knackstörgröße übernommen, wie er in CISPR 14 (EN 55014 – siehe Abschnitt 2.5) seit langem bekannt ist.

Zu Abschnitt 2.6 Niederspannung
Die hier gewählte Begriffsbestimmung ist die allgemein – auch in anderen Normen (z. B. den einschlägigen Sicherheitsnormen) – übliche und umfaßt Wechselspannungen mit einem Effektivwert von bis zu 1 000 V und Gleichspannungen bis zu 1 500 V.

Zu Abschnitt 2.7 ISM-Frequenzen
Die Internationale Fernmeldeunion (ITU) hat eine Reihe von festgelegten Frequenzbändern der Nutzung als ISM-Frequenzen zugeordnet. Diese dürfen, ohne Begrenzung der Emissionspegel (abgesehen von den Begrenzungen hinsichtlich der Gefährdung von Personen), als Arbeitsfrequenzen (Grundfrequenzen) für ISM-Geräte und -Anlagen verwendet werden. Funkdienste, die diese Frequenzen nutzen, haben keinen Rechtsanspruch auf den Schutz ihrer Empfangsstationen.
Es wurde seit Jahren von verschiedenen Interessengruppen versucht, auch die ISM-Frequenzen mit Grenzwerten (z. B. für deren Feldstärke) zu belegen. Die Diskussion über dieses Thema fand aber im Herbst 1996 ein vorläufiges Ende, nachdem im zuständigen CISPR-Unterkomitee B der Beschluß gefaßt wurde, die in der Zwischenzeit bei Messungen an in Betrieb befindlichen ISM-Geräten (sowohl aus dem Bereich der medizinischen Anwendung als auch aus dem der industriellen Verwendung) ermittelten Werte in Form von „Erwartungswerten" zu veröffentlichen und von der Formulierung von Grenzwerten abzusehen. Da diese Erwartungswerte nicht den Charakter von Anforderungen haben, wurde beschlossen, sie nicht in die CISPR 11 zu integrieren, sondern sie als „Leitlinie" (guideline) in Form eines Technischen Berichts zu veröffentlichen. Dieser Beschluß wurde umgesetzt, und es erschien im April 1997 die CISPR 28 mit dem Titel „Industrial, scientific and medical

equipment (ISM) – Guidelines for emission levels within the bands designated by the ITU". Die hier angegebenen „Erwartungswerte" gehen bis zu 120 dB (µV/m), ermittelt in einem Abstand von 30 m von der Außenwand des Gebäudes, in dem das Gerät betrieben wird. Geht man von einer üblichen Gebäudedämpfung von etwa 10 dB in dem betrachteten Frequenzbereich aus, so kann man bis zu 3 V/m Feldstärke (das sind etwa 130 dB (µV/m)) in 30 m Abstand von der „Quelle" erwarten.
Der Inhalt dieses Berichts wird der deutschen Öffentlichkeit in Kürze in Form eines Beiblattes zur DIN EN 55011 (VDE 0875 Teil 11) zugänglich gemacht werden.

Zu Abschnitt 3 Nationale Maßnahmen und für die Benutzung durch ISM-Geräte festgelegte Frequenzen

Zu Abschnitt 3.1 [Festlegung der Grenzwerte auf statistischer Grundlage]
Hier wird ausgesagt, daß es selbst bei Einhaltung aller Grenzwerte nicht auszuschließen ist, daß es zu Störfällen kommen kann. Da die Grenzwerte auf Grund von Wahrscheinlichkeitsbetrachtungen und nicht unter den Bedingungen des schlimmsten Falles[*)] (worst case conditions) festgelegt wurden, müssen beim Auftreten von Störungen weitere Maßnahmen ergriffen werden, um diese zu beheben. Derartige Maßnahmen können in Nachbesserungen an der Störquelle (oder den verschiedenen Störquellen) bestehen, aber auch solche Maßnahmen, die zur Erhöhung der Störfestigkeit gestörter Betriebsmittel führen, können im Einzelfall geeignet sein.

Zu Abschnitt 3.2 [Befugnisse der zuständigen nationalen Stellen]
In Deutschland ist die zuständige nationale Stelle (Behörde) im Sinne dieses Abschnitts das Bundesamt für Post und Telekommunikation (BAPT) mit Sitz in Mainz mit seinen 55 Außenstellen, die über das gesamte Gebiet der Bundesrepublik verteilt sind. Einzelheiten zu Struktur und Aufgaben des BAPT sind in [33] – siehe Kapitel 11 – zu finden.
Die Aufstellung und der Betrieb von Geräten und Anlagen, die lediglich die Grenzwerte der Klasse A einhalten, weil sie z. B. für die Anwendung im kommerziellen oder industriellen Bereich konzipiert wurden, darf mit Zustimmung des BAPT auch in Wohnräumen oder in anderen Räumen, wie Geschäften, Banken, Werkstätten, Arztpraxen oder Kanzleien, die an ein öffentliches Niederspannungsnetz angeschlossen sind, erfolgen. Dabei kann die Behörde jedoch Zusatzmaßnahmen fordern, die dem Schutz der Funkdienste dienen.

[*)] Anmerkung: In den Jahren 1985/86 wurden von einer Ad-hoc-Arbeitsgruppe des Unterkomitees B von CISPR grundlegende Berechnungen durchgeführt, um zu ermitteln, welche Grenzwerte erforderlich wären, um mit Sicherheit auszuschließen, daß Funkdienste, die den allgemein anerkannten Regeln der Technik entsprechen und die erforderliche technische Ausstattung aufweisen (z. B. adäquate Antennenanlagen besitzen und im vorgesehenen Versorgungsgebiet liegen), gestört werden können. Das Ergebnis zeigte, daß die etablierten Grenzwerte um etwa 30 dB bis 40 dB reduziert werden müßten, um dieses Ziel zu erreichen. Eine derartige Absenkung wäre sowohl aus technischer Sicht, aber besonders aus ökonomischen Gründen völlig irrelevant.

Zu Abschnitt 3.3 [Für ISM-Geräte festgelegte Frequenzen]
Hier wird auf die Tabelle 1a hingewiesen, in der die für die Benutzung als Grundfrequenzen festgelegten Frequenzbänder enthalten sind. Weiterhin wird die Tabelle 1b genannt, in der solche Frequenzbänder aufgeführt sind, die nur in einigen Ländern[*] freigegeben sind.
Es wird ausgesagt, daß für die in den Tabellen genannten Frequenzbänder die Grenzwerte für die Störspannung, die Störfeldstärke und die Störstrahlungsleistung nicht gelten. Ausdrücklich wird hier darauf hingewiesen, daß bei der Verwendung anderer Arbeitsfrequenzen (z. B. auch als Grundschwingung) die Grenzwerte hingegen uneingeschränkt anzuwenden sind.

**Zu Abschnitt 3.4 [Zulassung von Geräten,
die die Grenzwerte nicht einhalten (können)]**
In den Fällen, in denen es nicht möglich ist, ein (einzelnes) Produkt derart zu entstören, daß es die einschlägigen Grenzwerte einhält, kann das BAPT dem Hersteller oder dem Importeur Sonderzulassungen erteilen. Der Antragsteller hat die Behörde *vor* Installation und Inbetriebnahme der betreffenden Einrichtung zu informieren (d. h. einen Antrag zu stellen). Wurde das Produkt bereits auf einem Meßplatz gemessen, so müssen die Meßergebnisse (in Form von Protokollen) beigefügt werden. Sollen die Messungen erst am Aufstellungsort erfolgen, so ist die Behörde vor der Inbetriebnahme zu informieren. In der Regel wird diese einen Vertreter schicken, der den Messungen am Aufstellungsort beiwohnt oder der sie selbst dort durchführt. Diese Tätigkeiten sind selbstverständlich – gemäß der jeweils gültigen Gebührenordnung – gebührenpflichtig.
Bei diesen Zulassungsverfahren darf die Behörde alle Maßnahmen fordern, die sie für den Schutz der Funkdienste als erforderlich erachtet.

Zu Tabelle 1a
Die Tabelle enthält die Frequenzbänder – unter Angabe der jeweiligen Mittenfrequenz des Bandes –, die für die Benutzung als Grundfrequenzen für ISM-Geräte festgelegt sind.
Die mit [2]) gekennzeichneten Frequenzen unterliegen besonderen Genehmigungen durch die betroffenen Verwaltungen (Behörden) ggf. in Abstimmung mit anderen Verwaltungen, deren Funkdienste gestört werden könnten.
Der Ausdruck „unbegrenzt" ist irreführend, da grundsätzlich die Grenzwerte für die „Gefährdung durch elektromagnetische Felder" gelten. Das bedeutet, daß sichergestellt werden muß, daß sich Personen bei der Anwendung dieser Frequenzen unter Berücksichtigung der Verweildauer in hinreichenden Abständen aufhalten. Dies

---

[*]) Anmerkung: Die Benutzung dieser Frequenzen eignet sich aber ausschließlich für besondere Produkte, die z. B. für industrielle Anwendung an einem spezifischen Ort fest installiert werden (z. B. in Form von Anlagen) und die nicht zum unbeschränkten Vertrieb in der EU (mit erforderlicher CE-Kennzeichnung) vorgesehen sind.

kann u. a. auch durch organisatorische Maßnahmen, wie Zutrittsbeschränkungen usw., geregelt werden.[*)]

In diesem Zusammenhang sei hier noch einmal auf den Inhalt der CISPR 28 vom April 1997 hingewiesen, in dem „Erwartungswerte" für die Feldstärken bei den ISM-Frequenzen – als Richtschnur für die Bemessung der Störfestigkeit anderer Geräte, die in der Umgebung solcher ISM-Geräte betrieben werden sollen – genannt werden.

Im gleichen Sinne ist auch der zweite Satz der Note zu verstehen. Er weist darauf hin, daß Produkte, die zwar den für ihre Gruppe zutreffenden Störfestigkeitsanforderungen entsprechen (die also z. B. jeweils 3 V/m vertragen, wie Ton- und Fernseh-Rundfunkempfänger nach DIN EN 55020, Geräte der Informationstechnik nach DIN EN 55024[**)] oder medizinische elektrische Geräte und Systeme nach DIN EN 60601-1-2), in der Nähe derartiger ISM-Geräte durchaus gestört werden können und daß in solchen Fällen Zusatzmaßnahmen (in der Regel durch den Betreiber) getroffen werden müssen.

Zu Tabelle 1b

Diese Tabelle enthält zusätzliche Frequenzbänder, die nur in den in der dritten Spalte aufgeführten Ländern zugelassen sind. Das erste Band von 9 kHz bis 10 kHz ist ein „Übrigbleibsel" aus der Zeit der Gültigkeit des Hochfrequenzgerätegesetzes. Dieses Gesetz bezog sich auf Störgrößen >10 kHz und hatte für solche Frequenzen, die darunter lagen, keine Gültigkeit.

Im Jahre 1985 wurde die bis dahin auch international festgelegte untere Frequenzgrenze von 10 kHz – auf Antrag der UdSSR – durch CISPR auf 9 kHz herabgesetzt, und so entstand im Rahmen der deutschen rechtlichen Vorschriften dieses „Niemandsland", das sich damit als zusätzliches „ISM-Band" anbot. Eine Nutzung ist aber nur für solche Produkte möglich, die ausschließlich für den Betrieb in Deutschland vorgesehen sind – und das sind in der Regel festinstallierte Anwendungen (Anlagen).

Das zweite Band ist eine „Subharmonische" von 13,56 MHz bzw. 27,12 MHz; ihre Anwendung ist nur auf die Niederlande beschränkt. Die weiteren Bänder sind – mit den angegebenen Grenzwerten – ausschließlich in Großbritannien erlaubt. Die Aussage, daß die Pegel im angegebenen Abstand zur Außenwand des Gebäudes gelten, in dem die Einrichtung betrieben wird, macht klar, daß auch hier nur industrielle Anwendungen in Frage kommen.

[*)] Anmerkung: Einschlägige Deutsche Festlegungen zum Personenschutz finden sich in DIN 57 848 Teil 2 (VDE 0848 Teil 2):1984-07 (veraltet und zwischenzeitlich zurückgezogen) bzw. dem Entwurf einer Neufassung DIN VDE 0848 Teil 2:1991-10. Die „alte" Norm umfaßt den Frequenzbereich von 10 kHz bis 3 000 GHz, während der Entwurf nur für Frequenzen von 30 kHz bis 300 GHz vorgesehen ist. Der niederfrequente Bereich (0 Hz bis 30 kHz) wurde durch die DIN VDE 0848 Teil 4:1989-10 abgedeckt. Diese Norm wurde zwischenzeitlich ebenfalls zurückgezogen, und es gilt nun bis auf weiteres der Entwurf Teil 4A3:1994-03. In Zukunft soll der Inhalt beider Teile in einer neuen Norm vereinigt werden.

[**)] Erscheint in Kürze.

Zu Abschnitt 4 Einteilung der ISM-Geräte

Die Forderung nach Kennzeichnung von ISM-Geräten hinsichtlich ihrer Klassifizierung und Eingruppierung ist im ersten Satz dieses Abschnitts verankert. Es wird keine Aussage getroffen, wie diese Kennzeichnung auszusehen hat. In der Praxis wird davon ausgegangen, daß Produkte, die allgemein im Handel (d. h. über den Ladentisch) erhältlich sind, diese Angaben auf dem Produkt selbst (z. B. auf dem Typenschild) tragen sollten. Für Produkte, die nicht allgemein erhältlich sind und für die vom Hersteller verlangt wird, Begleitdokumentation (für den Installateur und/oder für den Betreiber) beizufügen, kann diese Kennzeichnung auch in der Begleitdokumentation erfolgen (z. B. in der Montageanleitung und/oder in der Gebrauchsanweisung).

Die Anmerkung bezieht sich auf den Anhang A, der später ausführlich behandelt wird.

Zu Abschnitt 4.1 Aufteilung in Gruppen

ISM-Geräte der Gruppe 1 sind all diejenigen Geräte (Betriebsmittel und Anlagen), die hochfrequente Energie intern zur Gewährleistung ihrer Funktion absichtlich[*] erzeugen. Diese HF-Energie ist dabei in der Regel an Leiter gebunden, die jedoch bei hinreichender Länge und entsprechender Frequenz diese Energie auch abstrahlen können.

ISM-Geräte der Gruppe 2 sind dagegen solche Geräte (Betriebsmittel und Anlagen), in denen die hochfrequente elektromagnetische Energie zum Zwecke der Verrichtung von „Arbeit" und in Form elektromagnetischer (auch elektrischer oder magnetischer) Felder auf einen nicht zur eigentlichen Einrichtung gehörenden Gegenstand (z. B. zur Be- oder Verarbeitung von Material, wie etwa eines Werkstücks, einer Speise usw., zur Therapie oder Diagnose eines Patienten oder zu anderen Verrichtungen) übertragen wird.

Die Gruppe 2 umfaßt per Definition auch Funkenerosionseinrichtungen (spezieller Maschinen zur Bearbeitung metallischer Werkstoffe), und auch Geräte zur Hochfrequenz-Chirurgie können in diese Gruppe eingestuft werden, obwohl hier nicht die Feldeinwirkung im Vordergrund steht, sondern der hochfrequente Strom, der es dem Anwender erlaubt, Körpergewebe zu trennen und Blutgefäße zu koagulieren.

Nicht zur Gruppe 2 gehören all diejenigen Geräte, die die hochfrequente Energie vor ihrer Applikation auf irgend eine Materie in mechanische Energie (z. B. Schallenergie) oder andere Formen der Energie (z. B. Licht) umwandeln, denn die Erleichte-

---

[*] Anmerkung: Das Wort „absichtlich" darf hier nicht buchstäblich verstanden werden, geht man davon aus, daß die Anforderungen zur hochfrequenten Störemission der im Anwendungsbereich genannten Produkte vollständig in dieser Norm behandelt werden. Die Tatsache, daß in den Abschnitten der Norm, die Anforderungen formulieren, dieser Tatsache auch Rechnung getragen wird und sowohl Grenzwerte für die Schmalband- als auch für die Breitbandstörgrößen angegeben werden, deutet auf diese Absicht hin. Wäre es dagegen anders zu verstehen, hätte dies zur Folge, daß alle Störgrößen, die nicht beabsichtigt durch die behandelte Produktfamilie (d. h. z. B. durch Motoren, Schalter, gesteuerte und ungesteuerte Gleichrichter, Lichtbögen, Thermostaten usw.) erzeugt werden, zusätzlich nach einer anderen Norm zu beurteilen wären, z. B. nach DIN EN 55014 (VDE 0875 Teil 14-1). Dies ist aber gerade durch die neue Formulierung der CISPR 11 nicht gewollt.

rungen, die den Produkten der Gruppe 2 gewährt werden, sind dazu vorgesehen, die nicht durch Schirmmaßnahmen zu verhindernde Wechselwirkung zwischen der abgegebenen Hochfrequenzenergie einerseits und Leitungen oder anderen Strukturen in der Umgebung andererseits zu berücksichtigen. Geräte, bei denen die elektromagnetische Form der Hochfrequenz aber nicht „ins Freie" gelangen muß, sind von den Erleichterungen ausgeschlossen.

Mit der Änderung 2 wurde die zusätzliche Festlegung in diesen Abschnitt eingeführt, daß Bauteile und Baugruppen, die nicht dafür vorgesehen sind, eine eigenständige ISM-Funktion zu erfüllen, von den Anforderungen zur Prüfung ausgeschlossen sind. Diese Klausel erleichtert den Umgang mit derartigen Einheiten und läßt den ungehinderten Warenverkehr dieser Produkte zu, ohne eine unnötige zusätzliche Prüfung an solchen „Halbfertigprodukten" zu fordern, die sowieso später in einem Gerät oder System hinsichtlich ihres aktiven Störvermögens geprüft werden müssen.

Zu Abschnitt 4.2 Unterteilung in Klassen
Im Gegensatz zur VDE 0871:06.78 enthält die Norm nur noch zwei Klassen, die Klassen A und B. Die Klasse C ist nicht mehr besetzt, wird aber implizit durch die Festlegungen des Abschnitts 3.4 wieder (ohne Nennung einer Klassifizierung) eingeführt.

Geräte (Betriebsmittel und Anlagen) der Klasse A sind solche, die nicht für die Anwendung im Wohnbereich und damit zum Anschluß an das öffentliche Niederspannungs-Energieversorgungsnetz vorgesehen sind. Diese Definition schließt auch solche Geräte aus, die nicht bestimmungsgemäß in Haushalten betrieben werden, sondern die in Gewerbebetrieben, Kanzleien, Büros, Arztpraxen usw. üblicherweise an einem Versorgungsnetz betrieben werden, das zum öffentlichen Niederspannungsnetz gehört und das auch andere Nutzer versorgt und somit direkte Verbindung zu Haushalten hat. Sobald zwischen dem zu bewertenden Betriebsmittel oder der Anlage und dem öffentlichen Netz ein Transformator angeordnet ist, genügt im allgemeinen die Einhaltung der Grenzwerte der Klasse A für die Störspannung auf den Netzleitungen; für die Störfeldstärke muß zusätzlich gewährleistet sein, daß sich keine Empfangsantennen in unmittelbarer Nähe (näher als 30 m) befinden. Sind auf der Sekundärseite des Transformators auch andere (fremde) Verbraucher angeschlossen, so ist fallweise zu überprüfen, welche Grenzwertklasse anzuwenden ist.
Geräte der Klasse A müssen (natürlich unter Berücksichtigung ihrer Gruppenzuordnung) die Grenzwerte der Klasse A einhalten.
Die Anmerkung 1 führt noch einmal aus, was schon im Abschnitt 3.4 beschrieben wurde, daß nämlich die zuständige Behörde (hier das BAPT) in Einzelfällen den Betrieb von Geräten, die auch die Grenzwerte der Klasse A nicht einhalten, zulassen kann, wenn keine unannehmbare Verschlechterung des Funkempfangs zu erwarten ist. Erforderlich ist aber grundsätzlich eine vorherige Beurteilung des Einzelfalls.
Die Anmerkung 2 ist in Abschnitt 3.2 schon als Festlegung behandelt. Hier ist – im Originaltext der CISPR 11 – ausgesagt, daß sich die Grenzwerte der Klasse A auf

ein Störmodell beziehen, das auf Betriebsräume zugeschnitten ist, wie man sie in industriellen und kommerziellen Betrieben vorfindet.
Der „Schutzabstand", das ist der angenommene Mindestabstand zwischen einer Störquelle und der nächstgelegenen Stelle, an der sich eine Empfangsantenne befindet, wurde hierfür mit 30 m angenommen. Der „Schutzabstand" für die Klasse B ist hingegen mit 10 m festgelegt.
Geräte der Klasse A unterliegen somit bestimmten Anwendungsbeschränkungen und dürfen daher nicht „unkontrolliert" vertrieben werden.
Geräte der Klasse B sind alle anderen Geräte, die sich für den „unkontrollierten Vertrieb" (d. h. z. B. auch einen Verkauf über den Ladentisch oder im Versandhandel) eignen und damit ohne Einschränkungen von jedermann an jedem beliebigen öffentlichen Niederspannungsnetz betrieben werden dürfen. Sie müssen die (strengeren) Grenzwerte der Klasse B einhalten.
Sowohl Geräte der Klasse B als auch der Klasse A dürfen bei Einhaltung der einschlägigen Grenzwerte mit der CE-Kennzeichnung versehen werden und sind damit ohne Behinderungen in der Europäischen Union vertriebsfähig. Auf die Anforderung zur Kennzeichnung mit der zutreffenden Klasse ist hier noch einmal hinzuweisen.

Zu Abschnitt 5 Grenzwerte für Funkstörgrößen (fälschlich als „Funkstörungen" bezeichnet)

Die Überschrift enthält einen aus heutiger Sicht unkorrekten Begriff. Statt „Funkstörungen" muß es „Funkstörgrößen" heißen, denn gemäß dem Internationalen Elektrotechnischen Wörterbuch sind Funkstörungen (*radio frequency disturbances*) das Resultat einer zu großen hochfrequenten Störgröße (*radio frequency interference*). Die Störgröße ist also als die Ursache, die Störung hingegen als die Folge bzw. die Wirkung zu betrachten.

[Wahl des Meßplatzes]
Für Geräte der Klasse B wird grundsätzlich die Messung auf einem (normgerechten) Meßplatz gefordert.
Einzelheiten zu Meßplätzen und Meßgeräten sowie Meßhilfsmitteln für die Störspannung, die Störfeldstärke und die Störstrahlungsleistung sind in CISPR 16-1 zu finden. Meßverfahren wie etwa das Messen der magnetischen Störkomponenten (der durch die magnetische Feldstärkekomponenten induzierten Ströme mit der „großen Rahmenantenne", das ist eine Anordnung aus drei orthogonal zueinander angeordneten runden Rahmenantennen von z. B. jeweils 2 m Durchmesser) enthält CISPR 16-2, die im November 1996 erschienen ist.
Die heute in Deutschland noch gültigen Normen der Reihe VDE 0876 mit
– dem Teil 1: September 1978 „Geräte zur Messung von Funkstörungen – Funkstörmeßempfänger mit bewertender Anzeige und Zubehör"; Teil 1a: Juni 1980 „–, – Teiländerung a";

- dem Teil 2:April 1984 „-,- Analysator zur automatischen Erfassung von Knackstörungen" und
- dem Teil 3:Juni 1987 „-,- Funkstörmeßempfänger mit Mittelwertanzeige"

und der Reihe VDE 0877 mit
- dem Teil 1:März 1989 „Messen von Funkstörungen – Messen von Funkstörspannungen";
- dem Teil 2:Februar 1985 „-,- Messen von Funkstörfeldstärken" und
- dem Teil 3:April 1980 „-,- Das Messen von Funkstörleistungen auf Leitungen"

werden in Kürze durch deutsche Übersetzungen der Teile 1 und 2 der CISPR 16 ersetzt werden.

Geräte und insbesondere Anlagen der Klasse A dürfen nach Wahl des Herstellers sowohl auf einem Meßplatz als auch am Aufstellungsort gemessen werden.

Für viele komplexe Systeme (insbesondere diejenigen, die sich nicht in funktionsfähige Subsysteme zerteilen lassen) ist die Messung am Aufstellungsort die einzige Möglichkeit, ihre Übereinstimmung mit den Anforderungen nachweisen zu können. Im besonderen trifft dies auf solche Systeme oder Anlagen zu, die für ihren Betrieb zusätzliche Maßnahmen und Mittel erfordern, die auf einem Meßplatz üblicherweise nicht vorhanden sind. Das können z. B. Schutzmaßnahmen sein, wie sie als Abschirmungen gegen ionisierende Strahlung zum Personenschutz bei Einrichtungen der medizinischen Radiologie erforderlich sind, oder auch andere Maßnahmen wie bauliche Vorkehrungen (z. B. Deckenträger oder Boden- oder Wandbefestigungen) oder besondere Anforderungen zur Energieversorgung (Hochstrom-, Mittelspannungs- oder Hochspannungsanschlüsse), wie sie sich im allgemeinen auf einem Meßplatz nicht bewerkstelligen lassen.

[Grenzwerte, die für besondere Produktgruppen in Beratung sind]
Hier sind noch drei Gruppen genannt, für die zum Zeitpunkt der Verabschiedung der CISPR 11 Festlegungen noch in Beratung waren. Es sind dies:
- HF-erregte Lichtbogen-Schweißgeräte
- Radiologische Einrichtungen
- HF-Chirurgiegeräte

Für die erste Gruppe wurde auf europäischer Ebene zwischenzeitlich eine eigene Produktnorm (EN 50199) erstellt, die die Anforderungen hinsichtlich der Störaussendung dieser spezifischen Gruppe von Schweißgeräten enthält. International sind demgegenüber Bestrebungen zu erkennen, die CISPR 11 durch entsprechende (erleichterte) Grenzwerte für diese Produktgruppe zu ergänzen. Entsprechende Entwürfe liegen zur Zeit zur Abstimmung vor.

Für die radiologischen Einrichtungen enthält die 2. Änderung der CISPR 11 zwei Erleichterungen gegenüber den allgemein gültigen Anforderungen, so daß die Nennung dieser Produktgruppe an dieser Stelle (in der geänderten Ausgabe) nunmehr unrichtig ist. Die Änderungen sind:

1. eine Knackstörgrößen-Erleichterung um 20 dB bei der Störspannung für Röntgendiagnostik-Generatoren, die im Aussetzbetrieb (das ist der Betrieb zum Erzeugen von einzelnen Röntgenbildern auf einem Film oder ähnliche Betriebsarten) arbeiten;
2. eine Erleichterung von 12 dB bei der Störfeldstärke im Frequenzbereich von 30 MHz bis 1 GHz für solche Produkte, die grundsätzlich und ausschließlich nur in röntgenstrahlengeschirmten Räumen betrieben werden dürfen (aus Gründen des Schutzes der Umwelt vor ionisierender Strahlung), die beim Nachweis einer hinreichenden Schirmwirkung dieser Strahlenschutzmaßnahmen gewährt wird, wenn diese Produkte auf einem Meßplatz vermessen werden.

Für die Produktgruppe der Hochfrequenz-Chirurgiegeräte werden Festlegungen zu deren Störemission seit vielen Jahren diskutiert. Bislang müssen diese Geräte die allgemein gültigen Anforderungen zur Störaussendung (Störspannung und Störfeldstärke) nur in der Betriebsart „Bereitschaft" (Stand-by) erfüllen. Für die anderen Betriebsarten (z. B. „Schneiden" oder „Koagulieren"), die im allgemeinen nur für kurze Zeiträume (im Sekundenbereich) benutzt werden, wurden bislang noch keine brauchbaren Grenzwerte und Betriebsbedingungen bei der Messung entwickelt. Derzeit ist die internationale Arbeitsgruppe, die sich mit den spezifischen Festlegungen für medizinische elektrische Geräte und Systeme befaßt, dabei, entsprechende Daten zu erarbeiten und Grenzwerte festzulegen.

[Allgemeines zu den (folgenden) Grenzwerten]
Hier ist nochmals ausgesagt, daß die Grenzwerte für alle Arten von Störgrößen gelten, sowohl für diejenigen, die durch beabsichtigte Anregung mit Frequenzen oberhalb 9 kHz entstehen (z. B. durch Schaltregler, Oszillatoren, Taktgeneratoren usw.) als auch für die, die durch andere Funktionen entstehen und nur als „Abfallprodukte" zu betrachten sind (z. B. beim Gleich- und Wechselrichten, Schalten, Kommutieren, Zünden, Leuchten usw.).
Ausgenommen von den Forderungen werden lediglich die in den Tabellen 1a (und ggf. 1b) aufgeführten Frequenzbänder (ISM-Frequenzen).
An den Stellen, an denen „Unstetigkeiten" (Sprünge) im Verlauf der Grenzwertkurven auftreten, gilt grundsätzlich bei der jeweiligen „Eckfrequenz" der strengere (niedrigere) Wert.

Zu Abschnitt 5.1 Grenzwerte für die Störspannung
Im Gegensatz zur letzten Ausgabe der VDE 0871 vom Juni 1978, die nur Schmalband-Grenzwerte enthielt, sieht die vorliegende Norm sowohl Grenzwerte für Schmalband- als auch solche für Breitbandstörgrößen vor. Diese Tatsache erleichtert die Anwendung der Norm insofern ganz erheblich, als sie nun zur vollständigen Bewertung des aktiven Störvermögens der unter ihren Geltungsbereich fallenden Geräte oberhalb 9 kHz dienen kann. Bei der Anwendung der Vorgängernormen kam es stets zu der Frage, wie die Breitbandstörgrößen, die von den betroffenen Geräten

zusätzlich zu den schmalbandigen Störgrößen – z. B. durch Schaltvorgänge, Gleich- und Wechselrichter sowie in diesen Geräten ggf. ebenfalls vorhandene motorische Antriebe – hervorgerufen wurden, zu beurteilen waren. Es wurde in solchen Fällen in der Regel eine zusätzliche Beurteilung nach VDE 0875 Teil 1 oder Teil 3 unumgänglich, und diese Tatsache machte eine vollständige Beurteilung eines Prüflings äußerst kompliziert und die Nachweisdokumentation sehr unübersichtlich.

In der vorliegenden Norm werden die Begriffe „Breitband" und „Schmalband" gar nicht mehr benutzt und treten somit nicht mehr in Erscheinung. Dennoch wird eine unterschiedliche Bewertung getroffen, wie sie dem subjektiven Störvermögen dieser unterschiedlichen Störgrößen zukommt. Die Unterscheidung erfolgt jetzt durch die Anwendung verschiedener Meßgleichrichter (einerseits Quasispitzenwert-Gleichrichter, andererseits Mittelwert-Gleichrichter).

Der erste Absatz enthält nun die Forderungen zur Anwendung entweder der Messung mit einem Meßempfänger, der sowohl mit Mittelwert- als auch mit Quasispitzenwert-Gleichrichter ausgestattet ist, wobei dann jeweils der für die spezifischen Störgrößen festgelegte Grenzwert (Mittelwert für Schmalbandstörgrößen und Quasispitzenwert für Breitbandstörgrößen) einzuhalten ist, oder die ausschließliche Messung mit einem Empfänger mit Quasispitzenwert-Gleichrichter, wobei dann der (niedrigere) Mittelwert-Grenzwert eingehalten werden muß.

Der Hintergrund für diese Festlegung ist, daß der Meßwert bei der Messung mit dem Mittelwert-Gleichrichter stets niedriger ist oder höchstens gleich hoch liegt wie der mit dem Quasispitzenwert-Gleichrichter ermittelte. Der Unterschied zwischen den Meßwerten ist um so größer, je niedriger die Wiederholfrequenz der Störgröße ist. Die Differenz der zu messenden Pegel liegt hier z. B. bei einer Pulsfolgefrequenz von 1 Hz bei ca. 30 dB, während sie bei Folgefrequenzen, die der ZF-Bandbreite des Meßempfängers (im hier betrachteten Frequenzband 9 kHz) entsprechen oder diese überschreiten, gegen 0 dB geht. Die Folge ist, daß Breitbandstörgrößen, deren Folgefrequenzen in der Regel niedrig sind, einen hohen Meßwert bei der Quasispitzenwert-Messung ergeben, während ihr Mittelwert-Ergebnis sehr niedrig sein kann, während Schmalbandstörgrößen, die naturgemäß mit einer hohen Folgefrequenz ausgestattet sind, bei beiden Meßverfahren annähernd gleiche Meßwerte liefern. Bei reinen (unmodulierten) sinusförmigen Störgrößen (CW-Störgrößen) ergeben sich sogar identische Meßergebnisse (abgesehen von möglichen kleinen Kalibrierfehlern des Meßempfängers).[*)]

Die Messungen gemäß der ersten Alternative (sowohl Messung mit Mittelwert- als auch Quasispitzenwert-Gleichrichter) können gleichzeitig durchgeführt werden, wie dies mit modernen Meßempfängern möglich ist, oder aber sie können nacheinander erfolgen. Dabei muß jedoch berücksichtigt werden, daß die Messungen mit dem Quasispitzenwert-Gleichrichter eine wesentlich längere Zeit beanspruchen, als dies mit dem Mittelwert-Gleichrichter erforderlich wäre. Diese längere Meßzeit muß auf jeden Fall bei der kombinierten Messung gewährleistet werden.

Um alle Anteile des Störsignals erfassen zu können, muß „lückenlos" über den gesamten Frequenzbereich von 150 kHz bis 30 MHz gemessen werden. Bei der Verwendung automatisch ablaufender Meßempfänger ist daher die zu programmierende Schrittweite so zu wählen, daß sie kleiner ist als die verwendete Meßbandbreite (9 kHz bei der Messung der Störspannung >150 kHz). In der Praxis hat sich hier eine Schrittweite von etwa 7 kHz bis 8 kHz bewährt.

[Grenzwerte für die Störspannung auf Signalleitungen]
Festlegungen zu derartigen Anforderungen sind in Beratung. Das Ergebnis dieser Beratungen wird sich mit Sicherheit an den Ergebnissen orientieren, wie sie für informationstechnische Einrichtungen erzielt wurden. Es steht zu erwarten, daß die Grenzwerte über denen für die Netzleitungen liegen werden, da die Entkopplungsdämpfung der Signalleitungen zu den potentiellen „Störsenken" im allgemeinen größer ist als bei Netzleitungen.

Zu Abschnitt 5.1.1 Frequenzbereich von 9 kHz bis 150 kHz
Im Gegensatz zur Vorgängernorm (VDE 0871: 6.78 mit ihren Änderungen) enthielt die vorliegende Norm ursprünglich keine Grenzwerte für diesen Frequenzbereich. Mit der Änderung 2 wurden jedoch für die Produktgruppe der Induktionskochgeräte entsprechende Grenzwerte eingeführt.
Die früher in Deutschland gültigen niedrigen Grenzwerte, deren Einhaltung auch in den Verfügungen des Bundesamtes für Post und Telekommunikation zum Erlangen einer Allgemeingenehmigung nach dem Hochfrequenzgerätegesetz gefordert wurde (siehe hierzu auch Abschnitt 10.6.3), waren international nicht durchzusetzen. Viele Nationen waren der Meinung, daß es zum Schutz der Funkdienste in diesem Frequenzbereich überhaupt keiner Grenzwerte bedarf. Die Erkenntnis, daß bei einer „ganzheitlichen" Betrachtung der Elektromagnetischen Verträglichkeit dieser Frequenzbereich nicht ausgespart werden darf, hat sich jedoch zwischenzeitlich weitestgehend durchgesetzt, so daß eine breiter werdende Bereitschaft zum Einfügen von Grenzwerten auch an dieser Stelle zu erkennen ist.

[*)] Anmerkung: Wegen der beträchtlichen Meßzeiten bei der Ermittlung von Quasispitzenwerten, die auf die Eigenschaften des hierbei verwendeten Gleichrichters zurückzuführen sind, der lange Reaktionszeiten (beruhend auf langen Ein- und Ausschwingzeitkonstanten von ca. 200 ms bzw. 500 ms) im Sekundenbereich aufweist, ist man ständig auf der Suche nach Ersatzlösungen, die es erlauben, schneller aber dennoch „richtig" zu messen. Ein weitverbreitetes Verfahren ist es, im ersten „Anlauf" nicht den Quasispitzenwert zu ermitteln, sondern ersatzweise den Spitzenwert. Die meisten neueren Meßempfänger erlauben auch diese zusätzliche Betriebsart. Der Spitzenwert stellt den absolut höchsten erreichbaren Meßwert überhaupt dar und liegt in der Regel nahe am Quasispitzenwert. Der kann den Spitzenwert aber theoretisch nicht übersteigen. In der Praxis kann es dennoch zu höheren Meßwerten bei der Quasispitzen-Bewertung gegenüber der Spitzenbewertung kommen; der Grund dafür liegt darin, daß es sich dann um Störgrößen handelt, die zeitlich nicht stabil sind, so daß es bei der mit kurzer Meßzeit vorgenommen Spitzenbewertung vorkommen kann, daß nicht der Maximalwert der Störgröße ermittelt werden kann. Überschreitet der Spitzenwert den zulässigen Grenzwert für den Quasispitzenwert, so kann bei den betroffenen Frequenzen oder in den entsprechenden Frequenzbändern dann eine Nachmessung mit dem Quasispitzenwert-Gleichrichter erfolgen. Dieses Verfahren spart in der Regel erhebliche Meßzeit und hat sich in der Praxis weitestgehend durchgesetzt, zumal moderne Meßempfänger mit ihrer Steuereinrichtung mittels Rechner bereits so viel „Eigenintelligenz" besitzen, daß sie diese Bewertung automatisch durchführen können.

Die normgerechte Messung der Störspannung erfolgt in diesem Frequenzband mit einer ZF-Bandbreite von 200 Hz und grundsätzlich ausschließlich mit dem Quasispitzenwert-Gleichrichter.

Zu Abschnitt 5.1.2 Frequenzbereich von 150 kHz bis 30 MHz
Die Störspannung auf den Netzleitungen wird grundsätzlich auf einem geeigneten Meßplatz (z. B. in einer geschirmten Kabine) ermittelt. Üblicherweise wird bei diesen Messungen eine V-Netznachbildung mit einer Nachbildimpedanz von 50 Ω/ 50 µH + 5 Ω und entsprechender Leistungsfähigkeit, die der Stromaufnahme des Prüflings angepaßt sein muß, eingesetzt. Ersatzweise kann in verschiedenen Fällen auch ein CISPR-Tastkopf, wie er im Abschnitt 7.2.3 beschrieben ist, benutzt werden. Als Grenzwerte sind die Angaben aus Tabelle 2a (für die Klasse A, unterschiedlich für die Gruppe 1 und die Gruppe 2) oder aus Tabelle 2b (für die Klasse B, unabhängig von der Gruppe 1 oder 2) anzuwenden.

Mit der Änderung 2 wurde die Tatsache, daß es sich bei den angegebenen Grenzwerten um solche für Dauerstörgrößen – auch kontinuierliche Störgrößen genannt – handelt, ausdrücklich vermerkt.

Tabelle 2a, die für Geräte und Systeme der Klasse A gilt, die auf einem Meßplatz vermessen werden, wurde mit der ersten Änderung modifiziert, und es wurde eine neue Spalte für solche Betriebsmittel der Gruppe 2 eingeführt, die eine Nennstromaufnahme von über 100 A pro Phase haben. Als Grenzwerte werden Quasispitzenwerte von 130 dB (µV) für den Frequenzbereich von 0,15 MHz bis 0,5 MHz, von 125 dB für den Bereich von 0,5 MHz bis 5,0 MHz und schließlich von 115 dB für den restlichen Bereich bis 30 MHz angegeben, während die Mittelwerte entsprechend mit 120 dB, 115 dB und 105 dB um jeweils 10 dB niedriger festgelegt sind.

Die Fußnote weist darauf hin, daß die Messung bei derartig leistungsstarken Geräten mittels Tastkopf durchzuführen ist, da in der Regel keine Netznachbildungen zur Verfügung stehen, die derartig hohe Lastströme tragen können.[*]

Hinter Tabelle 2b wurde unter dem Untertitel „diskontinuierliche Störgrößen" eine Erleichterung um 20 dB gegenüber den Quasispitzenwerten in den Tabellen 2a und 2b eingeräumt, die für Röntgendiagnostik-Generatoren gilt, welche im Aussetzbetrieb (mit Lastzeiten gleich oder kleiner als 200 ms) arbeiten. Diese Klausel stellt eine Erleichterung für diese Gerätegruppe sicher, wie sie vergleichbar für andere Produkte aus dem Geltungsbereich der CISPR 14, die ebenfalls „Knackstörgrößen" erzeugen, seit langem eingeführt ist.

Die Anmerkung unter der Tabelle wurde dahingehend geändert, daß nicht mehr die Einhaltung der Ableitstrom-Grenzwerte im Vordergrund steht, sondern die Bestre-

---

[*] Anmerkung: In vielen Fällen übersteigt zudem bei diesen Betriebsmitteln – meist Anlagen – der (z. T. nur zeitweise fließende) tatsächliche Laststrom die Nennstromangabe erheblich, wobei häufig der Stromflußwinkel weit unter dem für rein ohmsche Verbraucher üblichen Wert von 180° liegt, was dann zu beträchtlichen Spitzenströmen führt.

bungen dahin gehen müssen, daß sowohl diese Forderung als auch die zur Begrenzung der Störemission[*] erfüllt sein müssen.
Die Messung der Störspannung erfolgt in diesem Frequenzband mit einer ZF-Bandbreite von 9 kHz.
Von den Anforderungen ausgeschlossen sind die Frequenzbänder (der ISM-Frequenzen), die in den Tabellen 1a und 1b genannt sind.
Die Beurteilung von Klasse-A-Geräten, die am Aufstellungsort gemessen werden, hinsichtlich ihrer Emission von Störspannungen an den Netzanschlüssen steht nach wie vor unter Beratung. Gegenwärtig ist jedoch nicht mit einer entsprechenden Anforderung zu rechnen, so daß hier nicht gemessen werden muß.

Zu Abschnitt 5.1.3 Induktionskochgeräte
für die Anwendung im Wohn- und Gewerbebereich
Die in der Änderung 2 enthaltenen Störspannungs-Grenzwerte im Frequenzbereich von 9 kHz bis 30 MHz für die spezifische Produktgruppe der Induktionskochgeräte (festgelegt in Tabelle 2c) entsprechen denen der CISPR 15, die für Beleuchtungseinrichtungen gilt. Sie liegen zwischen 9 kHz und 50 kHz bei konstant 110 dB (μV/m). Bei 50 kHz springt der Wert auf 90 dB und fällt dann linear mit dem Logarithmus der Frequenz auf 80 dB bei 150 kHz.
In diesem Frequenzband gelten auch hier grundsätzlich und ausschließlich nur Quasispitzenwert-Grenzwerte; Mittelwert-Grenzwerte sind nicht vorgesehen.
Diese Grenzwerte gelten nur für die Grenzwertklasse B; für die Klasse A sind vorerst keine Festlegungen zu erwarten. Die Einhaltung dieser Grenzwerte macht in der Regel keine großen Schwierigkeiten, wenn das Gerät so ausgelegt ist, daß es im darauf folgenden Frequenzbereich (>150 kHz) die Grenzwerte einhält.
Die für die Normung der „Signalübertragung auf elektrischen Niederspannungsnetzen" zuständigen Vertreter des TC 205 von CENELEC (DIN EN 50065-1 (VDE 0808-1)) haben bemängelt, daß diese „neuen" Grenzwerte aus ihrer Sicht zu hoch sind, da es zu Kollisionen mit den von ihnen vertretenen Geräten und Systemen kommen kann.
So sollen die Grenzwerte vorerst einmal als vorläufige Grenzwerte betrachtet werden, die dann in einigen Jahren, wenn Erfahrungen mit ihrer Anwendung gesammelt wurden, einer Korrektur nach erneuter Abstimmung zu unterziehen sind.
Im Frequenzbereich oberhalb 150 kHz entsprechen die Grenzwerte denen für „übliche" Klasse-B-Geräte.

---

[*] Anmerkung: In der Vergangenheit wurde häufig das Argument der erforderlichen Einhaltung der Ableitstrom-Grenzwerte ins Feld geführt, um eine Befreiung von den Funkstör-Anforderungen zu erlangen. Dies wurde auch zum Gegenstand von Mißbrauch. Eine Reihe von Herstellern erklärten sich außerstande, die Grenzwerte einhalten zu können, sobald es ihnen nicht gelang, mit einfachen Entstörmaßnahmen wie der Anwendung von (Y-)Kondensatoren zulässiger Größe zum gewünschten Erfolg zu gelangen. Diese „Ausrede" ist nun unzulässig, da es Lösungen gibt, wie geeignete (stromkompensierte) Drosseln in Kombination mit (in ihrer Kapazität wegen der Ableitströme begrenzten) Kondensatoren, um beide Ziele gleichzeitig erreichen zu können.

Die Fußnote der Tabelle 2c besagt, daß diese Grenzwerte vorerst nur für solche Geräte gelten, die an Versorgungsnetze mit höherer Netzspannung (z. B. 230/400 V) angeschlossen werden. Für Geräte zum Anschluß an 100-V- und 110-V-Netze (z. B. zur Anwendung in den USA oder Japan) sind entsprechende Grenzwerte in Beratung.

Zu Abschnitt 5.1.4 Frequenzbereich oberhalb 30 MHz
Da sich die Emission von Funkstörgrößen im Frequenzbereich oberhalb 30 MHz überwiegend durch die Messung der Störfeldstärke (in Ausnahmefällen auch durch die Messung der Störleistung) ermitteln läßt, macht es keinen Sinn, in diesem Frequenzbereich zusätzliche Messungen der Störspannung durchzuführen. Aus diesem Grund sind auch in Zukunft hier keine Festlegungen zu erwarten.

Zu Abschnitt 5.2 Grenzwerte für die Störstrahlung
Bei der Ermittlung der durch Strahlung emittierten Funkstörgrößen wird grundsätzlich nur ein Meßempfänger mit Quasispitzenwert-Gleichrichter verwendet. Das für die überschlägige Messung bei der Ermittlung der Störspannung mit dem Spitzenwert-Gleichrichter Gesagte gilt hier gleichermaßen. Die Meßbandbreite beträgt im unteren Frequenzband (unterhalb und bis zu 30 MHz) 9 kHz, während sie im Frequenzband von 30 MHz an aufwärts 120 kHz beträgt.
Der Hinweis auf die Abschnitte 7, 8 und 9 betrifft die Einhaltung der dort festgelegten Anforderungen.
Grundsätzlich wird bei der Ermittlung der Störfeldstärke im Frequenzbereich unterhalb 30 MHz nur die magnetische Komponente (üblicherweise mit einer Rahmenantenne) gemessen. Daß die Angabe der Grenzwerte früher dennoch in dB (µV/m) erfolgte, ist historisch bedingt und hat sich mit der Herausgabe der Änderungen zu CISPR 11 bzw. EN 55011 geändert; sie ist jetzt in dB (µA/m) angegeben.
Diese Tatsache lag darin begründet, daß ältere Meßempfänger nicht die Möglichkeit boten, die angezeigten Werte beliebig zu skalieren. Aus diesem Grund wurde das Wandlungsmaß der Antenne mit dem Wert 51,5 dB für die Umrechnung von magnetischer [dB (µA/m)] in elektrische [dB (µV/m)] Feldstärke (über den Feldwellenwiderstand des freien Raums von 377 Ω) korrigiert.
Heutige Meßempfänger verfügen demgegenüber über eine hinreichende „Intelligenz", um hier differenzieren zu können. Dieser Tatsache wurde Rechnung getragen, und die Grenzwerte werden jetzt in dB (µA/m) angegeben. Benutzer „alter" Meßempfänger müssen daher die Umrechnung selbst vornehmen, wobei der o. g. Korrekturwert von 51,5 dB angewandt werden muß.
Beispiel: Der „neue" Grenzwert gemäß Tabelle 3b bei 9 kHz bis 70 kHz von 69 dB (µA/m) entspricht einem „alten" Grenzwert von 119,5 dB (µV/m) bzw. gerundet von 120 dB.
Die Messungen der Störfeldstärke im Frequenzbereich von 30 MHz bis 1 GHz erfolgen normgerecht mit Dipolen bzw. dipolähnlichen Antennen und erfassen deshalb die elektrische Komponente des Felds.

Oberhalb von 1 GHz wird heute noch die Störleistung nach der Substitutionsmethode ermittelt. Die künftigen Grenzwerte, die sich zur Zeit bei CISPR/B in Beratung befinden, werden jedoch, wie in den Frequenzbereichen darunter, dann auch in dB (µV/m) angegeben werden. Auch hier kann die Umrechnung über den Feldwellenwiderstand von 377 Ω erfolgen.

Zu Abschnitt 5.2.1 Frequenzbereich von 9 kHz bis 148,5 kHz[*]

Auch hier waren in der ursprünglichen Fassung der Norm entsprechende Grenzwerte für die (magnetische) Störfeldstärke noch in Beratung. Mit der Einführung der Störspannungs-Grenzwerte für die Induktionskochgeräte mittels Änderung 2 werden in einer Tabelle 3a Grenzwerte für den durch das Magnetfeld induzierten Strom in einer um den Prüfling herum angeordneten „großen Rahmenantenne" angegeben. Diese Grenzwerte gelten für Geräte, die für die Anwendung im Wohnbereich vorgesehen sind und deren diagonale Ausdehnung in keiner Richtung 1,6 m überschreitet. Als Meßmittel kommen drei Rahmenantennen von jeweils 2 m Durchmesser zur Anwendung, die orthogonal zueinander angeordnet sind (in x-, y- und z-Richtung) und in deren Mittelpunkt der Prüfling angeordnet wird. Zur Meßwerterfassung dienen drei Stromwandler (mit einem Wandlungsmaß von 1 V pro 1 A), die jeweils auf den Rahmenantennen angebracht sind und die über einen Umschalter an den Eingang eines Meßempfängers (nach CISPR 16-1) angekoppelt werden. Die Methode wird in CISPR 16-2 (Abschnitt 7.5) genauer beschrieben (Einzelheiten siehe auch im Kapitel 3).

Die Grenzwerte werden unterschiedlich für die horizontalen Komponenten (in x- und y-Richtung) und für die vertikale Komponente (z-Richtung) des Magnetfelds angegeben, wobei die Werte in dB (µA) bei einer Bewertung mit dem Quasispitzenwert-Gleichrichter zu verstehen sind. Der Unterschied zwischen den horizontalen und der vertikalen Komponente beträgt 18 dB.

Für größere Geräte, die auf Grund ihrer Abmessungen nicht in die o.g. Meßeinrichtung passen, und für Geräte zur gewerblichen Nutzung sind in Tabelle 3b Grenzwerte für die magnetische Feldstärke festgelegt, die in einem Meßabstand von 3 m einzuhalten sind. Gemessen wird hier mit einer senkrecht angeordneten Rahmenantenne mit einem (üblichen) Durchmesser von 60 cm, wobei die untere Kante der Antenne 1 m über dem Boden anzuordnen ist. Diese Meßanordnung ist in CISPR 16-1 (Abschnitt 15.2) ausführlich beschrieben. Die Grenzwerte sind als Quasispitzenwerte in dB (µA/m) angegeben. Es können bei dieser Methode nur die x- und die y-Komponente (durch Drehen des Prüflings um 360°) ermittelt werden; die z-Komponente bleibt hier unberücksichtigt.

---

[*] Anmerkung: Die ursprünglich bei 150 kHz festgelegte untere Frequenzgrenze für das Langwellenband wird künftig auf 148,5 kHz geändert werden, da die erste verwendbare Trägerfrequenz dieses Bandes auf 153 kHz festgelegt wurde. Subtrahiert man von diesem Wert die Hälfte (4,5 kHz) der hier üblichen Zwischenfrequenz-Bandbreite von 9 kHz, so kommt man zu dem neuen Wert von 148,5 kHz.

Zu Abschnitt 5.2.2 Frequenzbereich von 150 kHz bis 1 GHz
Der untere Teil dieses Frequenzbereichs – das Band von 150 kHz bis 30 MHz – stand in der Ursprungsfassung der Norm von 1990 noch unter Beratung, und es galten bislang keine Grenzwerte.
Für Induktionskochgeräte hat die 2. Änderung nun verbindliche Grenzwerte gebracht, die in den Tabellen 3a und 3b Berücksichtigung gefunden haben.
Tabelle 3 enthält Grenzwerte für die Störstrahlung aller anderen Geräte der Gruppe 1 (Klassen A und B). Im Frequenzband unterhalb 30 MHz sind hier noch keine Werte genannt, da sich diese noch immer in Beratung befinden; im Frequenzband von 30 MHz bis 230 MHz ist hier ein Wert von 30 dB (µV/m) sowohl für Geräte der Klasse A als auch für solche der Klasse B zu finden. Bei der Messung auf einem Meßplatz gilt jedoch zur Unterscheidung der Klassen, daß für Geräte der Klasse B eine Meßentfernung von 10 m, für Klasse-A-Geräte immer noch eine solche von 30 m zu wählen ist.
Diese Tatsache wird sich voraussichtlich in absehbarer Zeit ändern. Es wird dann auch gemäß CISPR 11 die Messung von Klasse-A-Geräten der Gruppe 1 in einer Entfernung von 10 m erlaubt werden, wie dies bei den Einrichtungen der Informationstechnik gemäß der zweiten Ausgabe der CISPR 22 bereits zulässig ist. Der Grenzwert wird dann voraussichtlich hier um jeweils 10 dB, d. h. auf 40 dB (µV/m) für das o. g. Frequenzband erhöht werden.[*)]
Für das anschließende Frequenzband von 230 MHz bis 1 GHz gilt ein heutiger Grenzwert von 37 dB (µV/m) für beide Klassen, der zur Zeit wiederum für Klasse-B-Geräte in 10 m Entfernung zum Prüfling gilt, während er bei Klasse-A-Geräten in 30 m Meßentfernung zur Anwendung kommt. Auch dieser Wert wird voraussichtlich bei der Verkürzung der Meßentfernung auf 3 m bzw. 10 m auf 47 dB erhöht werden.
Tabelle 3 enthält in ihrer letzten Spalte nochmals die gleichen Grenzwerte (30 dB bzw. 37 dB), die hier für Messungen am Aufstellungsort gültig sind. Dabei ist eine feste Meßentfernung von 30 m von der jeweiligen Außenwand des Gebäudes vorgesehen, in dem das Gerät oder die Anlage betrieben wird.
Für den Schutz von Flugfunkdiensten können die nationalen Behörden (in Deutschland ist das das BAPT) jedoch besondere Grenzwerte fordern, die dann in 30 m Abstand zum Betriebsgebäude eingehalten werden müssen.
Hinter Tabelle 3 wurde mit der Änderung 2 eine Anmerkung eingefügt, die es erlaubt, Geräte der Gruppe 1, die zum ortsfesten Einsatz in röntgenstrahlengeschirmten Räumen vorgesehen sind, unter bestimmten Voraussetzungen eine Erleichterung um 12 dB gegenüber den Tabellenwerten zu gewähren. Voraussetzungen sind jedoch, daß diese Produkte mit der jeweiligen Grenzwertklasse und dem Maß der Erleichterung gekennzeichnet werden, z. B. „Klasse B+12", und daß in

---

[*)] Anmerkung: Für Geräte der Klasse B (Gruppe 1 und Gruppe 2) ist darüber hinaus eine Reduzierung der Meßentfernung auf 3 m bei entsprechender Anhebung des Grenzwerts in Diskussion.

ihrer Installationsanweisung ein Warnhinweis vorgesehen wird, der aussagt, daß das Produkt nur in einem solchen Raum installiert und betrieben werden darf, der eine hinreichende Schirmdämpfung im gesamten betrachteten Frequenzbereich von 30 MHz bis 1 GHz aufweist.[*)]

Tabelle 4 enthält Grenzwerte für die Störstrahlung von Geräten der Gruppe 2, Klasse B, die grundsätzlich auf einem Meßplatz gemessen werden müssen. Hier sind gegenüber den Geräten der Gruppe 1 einige Frequenzbänder mit einer Erleichterung von 20 dB ausgestattet. Die Bänder entsprechen der dritten und fünften Oberwelle des ISM-Bandes bei 27,12 MHz (von 26,957 MHz bis 27,283 MHz). Die bei CISPR festgelegte Erleichterung bei der zweiten Oberwelle (53,914 MHz bis 54,566 MHz), die auf individueller nationaler Basis eingeräumt werden darf, wurde nicht in die Änderung 1 zur EN 55011 übernommen und kommt somit für die Mitgliedstaaten der EU nicht zum Tragen.

Mit der Änderung 2 werden nun auch hier für Geräte der Gruppe 2, Klasse B, Grenzwerte (der magnetischen Störfeldstärke) im Frequenzbereich von 150 kHz (bzw. 148,5 kHz) bis 30 MHz festgelegt, die für alle anderen Geräte als die in den Tabellen 3a und 3b angesprochenen Induktionskochgeräte gelten. Der Grenzwert beträgt 39 dB (μA/m) bei 150 kHz und fällt linear mit dem Logarithmus der Frequenz auf 3 dB bei 30 MHz ab. Auch diese Grenzwerte sind Quasispitzenwerte, und die Meßwerte werden bei einer Meßbandbreite von 9 kHz mit einer senkrecht aufgestellten Rahmenantenne von 60 cm Durchmesser in einem Meßabstand von 3 m ermittelt. Dabei muß die Unterkante der Antenne 1 m über dem Boden angeordnet sein, wobei durch Drehen des Prüflings um jeweils 360° und der Antenne um ihre z-Achse das jeweilige Maximum der Meßwerte ermittelt werden muß.

Tabelle 5 gilt für die Grenzwerte der Störstrahlung von Geräten der Gruppe 2, Klasse A, und gab ursprünglich in zwei Spalten die Werte für die Messungen in einer festen Meßentfernung von 30 m am Aufstellungsort einerseits und auf dem Meßplatz andererseits an.

Mit der Änderung 2 wurde nun diese festgelegte Entfernung von 30 m bei der Messung am Aufstellungsort modifiziert.

Es ist nun vorgesehen, daß die Messung in einer Entfernung D zur Außenwand des Gebäudes zu erfolgen hat, die der Beziehung

$D = (30 + x/a)$ m oder 100 m (je nachdem, welcher Abstand der kleinere ist),

genügt.

Dabei ist x der kürzeste Abstand zwischen der Außenwand des Betriebsgebäudes und der Grenze der Betriebsstätte (z. B. des Industriegeländes, das dem Betreiber

---

[*)] Anmerkung: Diese Erleichterung wird in der Praxis wohl kaum häufig Anwendung finden, wird doch das Problem der Geräteentstörung auf die baulichen Maßnahmen verlagert und damit der Nachweis der Tauglichkeit der Installation auf den Errichter (Installateur) „abgewälzt", der in der Regel aber nicht in der Lage sein wird, die Einhaltung hinreichender Schirmdämpfungswerte nachweisen zu können.

gehört) in jedweder Richtung. Die Konstante a hat einen Zahlenwert von 2,5 für Frequenzen unterhalb 1 MHz und einen solchen von 4,5 für Frequenzen darüber und berücksichtigt das unterschiedliche Ausbreitungsverhalten der Wellen in Abhängigkeit von ihrer Wellenlänge.

Diese neue Festlegung bedeutet eine gewisse Erleichterung für solche Betriebsstätten, die eine große Ausdehnung haben und bei denen das Betriebsgebäude weit entfernt von den Begrenzungen dieser Betriebsstätte (z. B. dem Zaun oder der Mauer) liegt.

Es ist zu erkennen, daß zwischen Grenzwerten für die Messungen am Aufstellungsort und denen, die auf dem Meßplatz erfolgen, ein Abstand von 10 dB liegt. Dieser ist durch das zu erwartende Schirmdämpfungsmaß der Gebäudewände von etwa 10 dB in diesem Frequenzbereich begründet.

Zu Abschnitt 5.2.3 Frequenzbereich von 1 GHz bis 18 GHz
In der vorliegenden Fassung der Norm ist lediglich für den Teilbereich von 11,7 GHz bis 12,7 GHz ein verbindlicher Grenzwert von 57 dB (pW) festgelegt. Dieses Frequenzband dient der Nutzung diverser Satelliten-Funkdienste und ist daher besonders schützenswert. In dieses Band fällt aber gerade die fünfte Oberschwingung der ISM-Frequenz von 2,45 GHz. Daher wurde besonderer Wert darauf gelegt, die für die Erzeugung der „Mikrowellen" angewandten Magnetrons so zu gestalten, daß dieser Grenzwert eingehalten werden kann.

Zwischenzeitlich haben sich Experten verschiedener Länder zusammengefunden, um Grenzwerte für den gesamten Frequenzbereich zu erarbeiten. Die Beratungen hierzu sind noch nicht abgeschlossen.

Die Grenzwerte für Geräte der Gruppe 2 (Klasse B) – das sind z. B. die Mikrowellenherde für eine Anwendung im Wohnbereich – befinden sich in Beratung beim CISPR-Unterkomitee B, während die Grenzwerte für die Gruppe-1-Geräte – in Übereinstimmung mit den zu erwartenden Festlegungen für Einrichtungen der Informationstechnik (z. Z. in Beratung beim CISPR-Unterkomitee G zur Implementierung in die CISPR 22) – festgelegt werden sollen.

Für die Bewertung der charakteristischen Störemission von Mikrowellenherden, die in der Regel keine Dauerstörgrößen darstellen, werden ebenfalls Änderungen des Meßverfahrens z. B. durch Einschränkung der Bewertungsbandbreite in Erwägung gezogen.

Zu Abschnitt 5.2.4 Frequenzbereich von 18 GHz bis 400 GHz
Für diesen Frequenzbereich gibt es bislang in keiner der Arbeitsgruppen irgendwelche Vorschläge, so daß z. Z. mit keinen Festlegungen gerechnet werden kann. Die Beratungen zu diesem Komplex werden bei Bedarf wieder aufgenommen.

Zu Abschnitt 5.3 Maßnahmen zum Schutz von Sicherheitsfunkdiensten
Mit der 1. Änderung wurden Festlegungen zum Schutz von Sicherheitsfunkdiensten eingefügt, die mit Hinweis auf die Tabelle in Anhang E die Empfehlung ausspricht, ISM-Geräte so zu entwickeln, daß sie möglichst nicht mit ihren Arbeitsfrequenzen,

aber auch nicht mit deren Oberschwingungen oder anderen unbeabsichtigten Störsignalen in die Bänder der Sicherheits-Funkdienste fallen.

Tabelle 6 schließlich enthält Grenzwerte für den Schutz „besonderer" Sicherheits-Funkdienste in bestimmten Gebieten, die für Messungen gelten, die in einer Meßentfernung von 30 m bzw. 10 m von der Außenwand des Betriebsgebäudes (der „Störquelle") durchgeführt werden, d. h. nur am Aufstellungsort relevant sind. Sie betreffen den Schutz besonders schützenswerter Sicherheits-Funkdienste bis zu Frequenzen von 1,215 GHz. Die Anwendung dieser Grenzwerte wird von den nationalen Behörden auf einer fallweisen Grundlage angeordnet.

Die Anmerkung macht darauf aufmerksam, daß es ein schwerwiegendes Problem mit der Störstrahlung in vertikaler Richtung gibt, das besonders die Funkdienste für die Luftfahrt betrifft. Diese Komponente wird bei der Erfassung der Störfeldstärke üblicherweise heute weder bei der Messung auf dem Meßplatz noch bei der Messung am Aufstellungsort berücksichtigt. Derzeit laufen in den verschiedenen CISPR-Unterkomitees entsprechende Untersuchungen, die letztendlich zu künftigen Festlegungen führen sollen.

**Zu Abschnitt 5.4 Maßnahmen zum Schutz
von besonderen empfindlichen Funkdiensten**

Hier wird ein weiterer Anhang F[*] eingeführt, der die Frequenzbänder beispielhaft auflistet, in denen besonders empfindliche und schützenswerte Funkdienste angesiedelt sind. Auch in diesen Bändern sollten ISM-Geräte nicht absichtlich mit ihren Arbeitsfrequenzen oder deren Oberschwingungen angesiedelt werden.

Auch hier können die Behörden zusätzliche Maßnahmen zur Störunterdrückung fordern oder Bannbereiche für bestimmte Störquellen aussprechen.

Zu Abschnitt 6 Ermittlung der Konformität der Geräte

Zu Abschnitt 6.1 Seriengefertigte Geräte

Derzeitig enthält die Norm für seriengefertigte Geräte und Einrichtungen noch die strikte Forderung nach einer statistischen Ermittlung der Konformität nach Abschnitt 6.3.

Es wird ausdrücklich darauf verwiesen, daß Ergebnisse von Messungen am Aufstellungsort nicht zu einer statistischen Ermittlung der Konformität herangezogen werden dürfen.

Des weiteren wird darauf hingewiesen, daß bei der Ermittlung der Nichterfüllung der Anforderungen grundsätzlich die statistische Ermittlung herangezogen werden muß.

---

[*] Anmerkung: Dieser Anhang F wurde in der 2. Änderung zur CISPR 11 irrtümlich als (weiterer) Anhang E angegeben, zwischenzeitlich aber durch ein Corrigendum umbenannt.

Die Forderung des ersten Absatzes erweist sich in den Fällen, in denen es sich um umfangreiche Prüflinge handelt, die in verschiedenen Konfigurationen angeboten werden und/oder die eine Reihe verschiedener Betriebsarten aufweisen und die jeweils nur in kleinen Stückzahlen produziert werden, als (wirtschaftlich) nicht handhabbar. Aus diesem Grund wird eine Änderung angestrebt, die in Anlehnung an die Festlegungen in anderen Produktfamiliennormen (z. B. der DIN EN 55014 (VDE 0875 Teil 14-1)) auch die Prüfung an nur einem Prüfling aus der Serie in Form einer Typprüfung zuläßt. Diese Methode wird vielfach bereits angewandt und ist allgemein (auch bei den Prüfstellen und Behörden) akzeptiert.

Die Typprüfung eines Systems am Aufstellungsort[*] ist eine weitere Variante, die allgemein nicht akzeptiert wird. In einzelnen Produktnormen, wie etwa der DIN EN 60601-1-2 (VDE 0750 Teil 1-2) – siehe Kapitel 6 – ist dies jedoch für große festinstallierte Systeme, z. B. Einrichtungen zur Röntgendiagnostik, Computertomographie oder Magnetresonanz-Bildgebung und Linearbeschleunigern zur Strahlentherapie, eine zulässige Alternative zur Messung auf einem Meßplatz.

Zu Abschnitt 6.2 Einzeln gefertigte Geräte

Die Messung einzeln gefertigter Geräte, die im Zusammenhang mit Anlagen (Installationen) zu sehen sind, erfolgt in der Regel zweckmäßigerweise an der jeweiligen Anlage am Aufstellungsort.

Die Abgrenzung dieser Gruppe „einzeln gefertigter Produkte" zu den im vorigen Abschnitt genannten „in kleinen Stückzahlen gefertigten und flexibel konfigurierbaren Systemen" ist oft sehr schwierig. Es sollte daher sorgfältig geprüft werden, welches Verfahren zur Ermittlung der Übereinstimmung mit den Anforderungen im Einzelfall zu wählen ist. In Zweifelsfällen sollte eine zuständige Stelle oder die zuständige Behörde (das BAPT) um Rat gefragt werden.

**Zu Abschnitt 6.3 Statistische Ermittlung
der Übereinstimmung seriengefertigter Geräte**

Die statistische Ermittlung der Übereinstimmung erfolgt nach den gleichen Kriterien, wie dies unter Abschnitt 8.3 zu DIN EN 55014 (VDE 0875 Teil 14-1) im Abschnitt 2.5 dieses Buchs beschrieben ist. Einzelheiten siehe dort.

Zu Abschnitt 7 Allgemeine Meßbedingungen

Bei Geräten der Klasse A kann der Hersteller selbst entscheiden, ob er sein Produkt den erforderlichen Messungen im Rahmen einer Typprüfung auf einem Meßplatz unterziehen (lassen) will, oder ob er es vorzieht, die Messungen (für jedes einzelne

---

[*] Anmerkung: In den amerikanischen „FCC-Regulations" ist die Messung an drei typischen Vertretern einer Serie bei typischen Anwendern bereits als zulässige Typprüfung verankert. Bei CISPR wird derzeit über eine Lösung dieses Problems diskutiert.

Exemplar) am Aufstellungsort beim Betreiber durchzuführen bzw. von Dritten durchführen zu lassen.
Demgegenüber dürfen Geräte der Klasse B nach dieser Norm grundsätzlich nur auf einem Meßplatz gemessen werden.
Es folgt der Hinweis auf die Abschnitte 8 und 9, die die Details für die Messungen auf einem Meßplatz enthalten, und auf den Abschnitt 10, in dem die Einzelheiten zur Messung am Aufstellungsort beschrieben sind.
Die in den folgenden Ausführungen dieses Abschnitts 7 formulierten Bedingungen gelten für beides, sowohl für die Messungen auf einem Meßplatz als auch für solche am Aufstellungsort.

Zu Abschnitt 7.1 Störpegel der Umgebung
Die im ersten Absatz dieses Abschnitts aufgestellte Forderung, daß die Störpegel (bei abgeschaltetem Prüfling) um mindestens 6 dB unter dem anzuwendenden Grenzwert liegen müssen, ist über das gesamte Frequenzband auf üblichen Freifeldmeßplätzen in Mitteleuropa kaum zu erfüllen. Der Grund dafür sind die diversen stationären und beweglichen Funkdienste, die an den meisten der hier zu betrachtenden Orte zu Feldstärkewerten führen, die z. T. ganz erheblich über den einschlägigen Grenzwerten liegen. Aus diesem Grund wird seit geraumer Zeit versucht, die Messung der Störaussendung in Form gestrahlter Störgrößen in geeignete Absorberräume zu verlegen, um so die Störpegel aus der Umgebung drastisch verringern bzw. gänzlich eliminieren zu können. Voraussetzung für diese Methode (zur Ermittlung der Störfeldstärke oberhalb von 30 MHz) ist es jedoch, daß die verwendeten Absorberräume die in der einschlägigen Norm (z. B. CISPR 16-1; wird künftig voraussichtlich VDE 0876 Teil 16-1) geforderte Genauigkeit hinsichtlich der Meßplatzdämpfung erfüllen und groß genug sind, um den jeweils vorgeschriebenen Abstand zwischen Prüfling und Antenne einhalten zu können. Diese Eignung schließt auch die Forderung nach der Höhenvariation der Meßantenne ein und führt dadurch zu sehr großen und mit langen Absorbern ausgestatteten Meßräumen, die hohe Investitions- und auch Betriebskosten erfordern.
In diesem Zusammenhang sind auch die Bestrebungen zu sehen, die Meßentfernung für Geräte der Klasse A auf 10 m zu verringern. Diese Möglichkeit wird seit geraumer Zeit im CISPR-Unterkomitee B diskutiert; ein Vorschlag zur Verkürzung der Distanz wurde jüngst (während der Sitzung des Unterkomitees in *La Napoule/* Frankreich im Oktober 1996) für Geräte der Gruppe 1 formuliert, während die Meßentfernung für Geräte der Gruppe 2 (Klasse A) vorerst bei 30 m bleiben soll. Für Klasse-B-Geräte (der Gruppen 1 und 2) soll gleichzeitig auch eine Meßentfernung von 3 m (in Übereinstimmung mit den Anforderungen an Informationstechnische Einrichtungen (ITE) nach CISPR 22) erlaubt werden.
Die im zweiten Absatz formulierte Einschränkung der im ersten Absatz erhobenen Forderung ist nicht sehr hilfreich, da sie dazu führt, daß der Prüfling mit seiner Störaussendung deutlich unter dem Grenzwert bleiben muß, um der Anforderung bei einem Störpegel zu genügen, der dem Grenzwert entspricht.

Im Anhang C ist ein Verfahren angegeben, das es erlaubt, bei Prüflingen, die eine hohe Konstanz der emittierten Frequenzen aufweisen, eine Korrektur der Meßwerte vorzunehmen, wenn gleichzeitig eine fremde Störquelle (die auch eine „Nutzquelle" sein kann, z. B. ein Ton- oder Fernsehrundfunksender) kofrequent „sendet" und damit einen beträchtlichen Anteil zum Meßwert beisteuert.

Auch der erste Vorschlag des dritten Abschnitts, Schwierigkeiten mit durch örtliche Sendefunkstellen hervorgerufenen eingekoppelten Störspannungen auf Leitungen durch Einfügen eines geeigneten (selektiven) HF-Filters in die Zuleitung der Netznachbildung zu begegnen, ist kein besonders glücklicher, wird doch bei jeder Frequenzänderung bei den Sendern eine Überarbeitung dieser Lösung erforderlich.

Eine weitaus bessere Lösung bietet hier die Messung in einem geschlossenen Schirmraum, der über Netzfilter (Tiefpaßfilter) versorgt wird. Bei der Bemessung dieser Filter ist sorgfältig zu verfahren, um Überlastungen zu vermeiden. Dabei ist zu beachten, daß nicht nur die thermische Dimensionierung (wegen der Erwärmung und des Spannungsabfalls an den Induktivitäten unter Last) zu berücksichtigen ist, sondern auch die korrekte Bemessung der magnetischen Kreise in den verwendeten Funk-Entstördrosseln eine große Rolle spielt. Dies gilt insbesondere bei Prüflingen, die einen kleinen Stromflußwinkel auf Grund von Lasten aufweisen, die z. B. durch Gleichrichter mit Glättungskondensatoren gebildet werden. In diesen Fällen sind die magnetischen Kreise derart zu dimensionieren, daß sie auch den Scheitelwerten des Stroms, die ein Vielfaches des (effektiven) Nennstroms betragen können, ohne nennenswerte Sättigungserscheinungen widerstehen können.

Der Hinweis auf metallische Gehäuse und möglichst großflächige Verbindungen der Filtergehäuse mit der Bezugsmasse unter Vermeidung von längeren Masseleitungen gibt hier eine grundsätzliche Anforderung wieder, die für alle Anwendungen von Entstörfiltern gilt.

Die Möglichkeit, die Antenne beim Vorliegen hoher Umgebungspegel auf einem Freifeldmeßplatz näher an den Prüfling heranbringen zu dürfen, ergibt in dieser Form auch nur in sehr wenigen Fällen eine spürbare Erleichterung, da der jeweils anzuwendende Grenzwert nicht korrigiert – d. h. gemäß der veränderten Abstandsverhältnisse erhöht – werden darf. Die Anmerkung unter Abschnitt 8.1.3 gibt eine Begründung für dieses Verbot, das sich jedoch durch jüngere Beschlüsse in den Normungsgremien nicht mehr grundsätzlich aufrechterhalten und durchsetzen läßt.

Eine Neufassung der Internationalen Norm für die Meßverfahren (CISPR 16-2:1996-11), die als Neufassung der VDE 0877 voraussichtlich als Teil 16-2 in das Deutsche Normenwerk übernommen wird, erlaubt nämlich im Gegensatz zur CISPR 11 eine Korrektur des Grenzwerts um einen Betrag, der aus der aktuell ermittelten Meßplatzdämpfung bei der jeweiligen Frequenz abgeleitet werden kann.

Für die Anwendung einer derartigen Korrektur spricht auch die Tatsache, daß die zur Zeit diskutierten Vorschläge für eine Änderung der Meßentfernung (in CISPR 11) auf 10 m für Geräte der Klasse A Gruppe 1 und die künftig zu erwartende Erlaubnis, Geräte der Klasse B in 3 m Entfernung messen zu dürfen, von einer Anpassung des

Grenzwerts ausgehen, die 20 dB pro Dekade (bzw. 6 dB bei Halbierung der Meßentfernung) ausmacht, also der linearen Degression ($n = 1$) entspricht.[*]

Zu Abschnitt 7.2 Meßeinrichtung

Zu Abschnitt 7.2.1 Meßgeräte
[Messung der Störspannung und der Störfeldstärke]
Die Forderung erhebt Anspruch auf Anwendung normgerechter Meßempfänger, die sowohl mit einem Quasispitzenwert-Gleichrichter als auch einem Mittelwert-Gleichrichter ausgestattet sind. In Umkehrung der Anmerkung ist es selbstverständlich auch zulässig, die Ermittlung der Meßwerte mit zwei getrennten Empfängern durchzuführen, einem mit einem Quasispitzenwert-Gleichrichter und einem mit einem Mittelwert-Gleichrichter. Viele moderne Meßempfänger gestatten es, mit beiden Gleichrichtern gleichzeitig zu messen. Bei einer solchen Betriebsart muß dann aber darauf geachtet werden, daß die Meßzeit pro Meßwert so gewählt wird, daß sie dem erforderlichen Zeitraum für die „langsamere" Meßwerterfassung (das ist die Ermittlung des Quasispitzenwertes) entspricht.[**]
Insbesondere bei stark schwankender Frequenz des Störsignals sind Vorsichtsmaßnahmen hinsichtlich der Vermeidung von Fehlmessungen erforderlich. Eine Möglichkeit ist hier die Verwendung von (modernen) Panorama-Meßempfängern oder von Panoramazusätzen zu den Meßempfängern älterer Bauart. Auch durch geeignete Zusatzfunktionen erweiterte Spektrumanalysatoren (mit Einrichtungen zur HF-Vorselektion und geeigneten Meßgleichrichtern unter Berücksichtigung der in der Norm vorgeschriebenen Bandbreiten) eignen sich für diesen Zweck.
Die Beschränkung der Verpflichtung, nur in den Frequenzbändern messen zu müssen, die mindestens um die halbe 6-dB-ZF-Bandbreite von den Grenzen der ISM-Bänder entfernt liegen, hat den Zweck, Fehlanzeigen durch Übersteuerung des Meßempfängers zu verhindern, die ein „Nichteinhalten" der Grenzwerte durch den Prüfling vortäuschen würden.
Die Anmerkung zielt dahin, Fehlmessungen (z. B. bei der Ermittlung der Störspannung) zu vermeiden, die darauf zurückzuführen sind, daß ein Meßempfänger, der

---

[*] Anmerkung: Jüngst erschienene Ergebnisse von Messungen an verschiedenen Prüflingen aus der Familie der informationstechnischen Einrichtungen (ITE) haben allerdings die Fragwürdigkeit derartig geringer Meßentfernungen (z. B. 3 m) wieder in die Diskussion gebracht, zeigten doch etliche Prüflinge annähernd gleiche Meßergebnisse sowohl bei 3 m als auch bei 10 m, so daß eine Korrektur der Meßwerte, wie heute in der Praxis bereits geübt, nicht gerechtfertigt erscheint.

[**] Anmerkung: Der Beschleunigung der Ermittlung der Störemission von Prüflingen kommt ein hoher Stellenwert zu. Daher versuchen die Hersteller derartiger Meßempfänger – auch unter Zuhilfenahme von Rechnerprogrammen – den Ablauf der Messungen so zu optimieren, daß einerseits die geforderte Genauigkeit bei der Erfassung der einzelnen Störparameter erfüllt wird, andererseits aber dort, wo die ermittelten Meßwerte deutlich unter den jeweiligen Grenzwerten liegen – ggf. unter Anwendung anderer Gleichrichter (z. B. des Spitzenwert-Gleichrichters) oder anderer Verfahren (z. B. unter Verwendung von Spektrumanalysatoren) –, die erforderliche Meßzeit zu reduzieren. Nützliche Anregungen hierzu sind in der einschlägigen Literatur [*Stecher* – siehe Anhang 1] zu finden.

nur eine begrenzte Störfestigkeit gegenüber gestrahlten Feldern (z. B. gegenüber deren magnetischer Komponente) besitzt, gegenüber solchen Feldern empfindlich sein kann und das Meßergebnis dadurch verfälscht wird. Das gleiche gilt selbstverständlich auch für Frequenzen, bei denen der Empfänger eine nur begrenzte Nebensprechdämpfung aufweist.

[Messung der Störstrahlungsleistung]
Nach dieser Norm muß die Messung bei Frequenzen oberhalb 1 GHz mit einem Spektrumanalysator mit definierten Eigenschaften erfolgen, jedoch sind neuerdings auch Meßempfänger erhältlich, die diese Spezifikationen einhalten und somit ebenfalls für derartige Messungen geeignet sind.
Die geforderten Eigenschaften sind im einzelnen:
– Die Unterdrückung von Fremdsignalen (das sind Signale, die nicht in das jeweils betrachtete Frequenzfenster fallen) muß mindestens 40 dB betragen, das heißt, es ist eine Vorselektion dieser Größenordnung z. B. durch einen vorgeschalteten Bandpaß erforderlich.
– Die Bandbreite muß der eines Meßempfängers entsprechen und bei 120 kHz ± 25 kHz liegen.
– Ein Quasispitzenwert-Gleichrichter (zur CISPR-Bewertung) muß zur Verfügung stehen.
– Zur Anpassung an den Pegel der Störgröße sind veränderbare Dämpfungsglieder sowohl im HF- als auch im ZF-Teil des Meßgeräts erforderlich.
– Die Schirmdämpfung des Gehäuses muß über den gesamten betrachteten Frequenzbereich mindestens 60 dB betragen.
– Die Ablenkzeit, das ist die Zeit, in der der Analysator über den jeweils eingestellten Frequenzbereich streicht (wobbelt), muß einstellbar sein und mindestens von 100 ms bis zu 10 s gewählt werden können.
– Weiterhin ist eine Einrichtung erforderlich, die die Meßergebnisse bei allen Ablenkzeiten „verfolgbar" macht, d. h. das Signal z. B. zwischenspeichert, um es dann als „eingefrorenes" Bild darstellen zu können.
In der Anmerkung wird auf den Anhang B zur Anwendung derartiger Spektrumanalysatoren und der damit verbundenen erforderlichen Vorkehrungen hingewiesen.

Zu Abschnitt 7.2.2 Netznachbildung
Überwiegend wird die Störspannung am Netzanschluß unter Verwendung einer CISPR-V-Netznachbildung (gemäß CISPR 16-1; wird voraussichtlich VDE 0876 Teil 16-1) mit einer Nachbild-Impedanz von 50 Ω/50 µH + 5 Ω gemessen. Mit der Änderung 1 wurden zusätzliche Grenzwerte für solche Geräte eingeführt, die einen Nennstrom von 100 A pro Phase überschreiten. Da es in der Regel keine geeigneten Netznachbildungen gibt, die für derartig hohe Ströme ausgelegt sind, schon weil der Spannungsabfall der Netzwechselspannung an den üblicherweise enthaltenen Längsinduktivitäten von 50 µH (+ 250 µH für die Entkopplung gegenüber dem speisenden Versorgungsnetz) in diesen Fällen zu groß wird, läßt man bei derartigen

Messungen auch die Verwendung eines in CISPR 16-1 genormten Tastkopfes mit einem Gesamtwiderstand von >1500 Ω zu. Besser reproduzierbare Ergebnisse erhält man allerdings mit einer geeigneten Netznachbildung.

Die Netznachbildung[*] hat mehrere Funktionen zu erfüllen:
– Sie bietet dem Prüfling eine (hochfrequenzmäßig) definierte Quellimpedanz und ermöglicht damit reproduzierbare Messungen an verschiedenartigen Versorgungsnetzen.
– Sie unterdrückt (durch den integrierten Entkopplungsteil – ein Tiefpaßfilter) die von der Seite des Versorgungsnetzes kommenden Fremdstörgrößen.
– Sie bietet die Möglichkeit der Auswahl der zu messenden Leitung durch einen Wahlschalter oder durch Fernsteuerung (z. B. über einen Steuerrechner).

Zu Abschnitt 7.2.3 Tastkopf
Wie im vorigen Abschnitt bereits ausgeführt, gibt es Fälle, in denen die Anwendung einer Netznachbildung nicht sinnvoll oder gar unmöglich ist. Verwendung findet hier ein Tastkopf, der der Spezifikation nach CISPR 16-1 entsprechen muß (z. B. einen Belastungswiderstand >1500 Ω zwischen der zu messenden Leitung und Bezugsmasse aufweisen muß), wie er auch bei Messungen an Ausgangsleitungen (z. B. von Stelleinrichtungen und ähnlichen Betriebsmitteln) und auf Verbindungsleitungen verwendet wird.

Zu Abschnitt 7.2.4 Antennen

[Frequenzen bis zu 30 MHz]
Bei den Messungen der Störfeldstärke unterhalb 30 MHz wird grundsätzlich die magnetische Komponente der Feldstärke ermittelt. Dies geschieht in der Regel mit einer Rahmenantenne, wie sie in CISPR 16-1 beschrieben ist. Der Durchmesser einer solchen Rahmenantenne, die um ihre z-Achse drehbar auf einem Stativ angebracht wird, das den tiefsten Punkt des Rahmens in einer Höhe von 1 m über dem Boden (der Bezugsmassefläche) hält, ist in der Regel 60 cm. Die Drehbarkeit dient der Ermittlung des jeweils maximalen Meßwerts.

[Frequenzen über 30 MHz bis 1 GHz]
Bei den Messungen oberhalb 30 MHz wird dagegen grundsätzlich die elektrische Komponente der Feldstärke mit symmetrischen Dipolantennen gemessen, wie sie ebenfalls in CISPR 16-1 beschrieben sind. Im Frequenzbereich von 30 MHz bis 80 MHz verwendet man gewöhnlich einen auf 80 MHz abgestimmten Dipol, im Frequenzbereich darüber eine logarithmisch-periodische Antenne, das ist eine Anordnung diverser Dipole auf einem gemeinsamen Träger, die entweder galvanisch oder über die Strahlung miteinander verkoppelt sind. Wie der Anmerkung zu

---

[*] Anmerkung: Es gibt sowohl Netznachbildungen für Einphasennetze (2- bzw. 3-Leiter-Netze) als auch solche für Drehstromnetze (4- und 5-Leiter-Netze).

entnehmen ist, dürfen alternativ auch andere Antennen Verwendung finden, wenn der Nachweis erbracht werden kann, daß das mit diesen Antennen erzielte Meßergebnis um nicht mehr als +2 dB von dem mit einem beschriebenen Dipol ermittelten abweicht.

So kann etwa der Frequenzbereich von 30 MHz bis 200 MHz (oder sogar bis 500 MHz) alternativ auch mit einer bikonischen Dipolantenne überstrichen werden, so daß dann bei der Verwendung einer logarithmisch-periodischen Antenne im Frequenzbereich darüber wegen der höheren unteren Frequenzgrenze geometrisch kleinere (und damit leichtere) Anordnungen zur Anwendung kommen können.

Zwischenzeitlich gibt es auch eine Reihe anderer „kombinierter" Antennenformen, die teilweise den gesamten Frequenzbereich von 30 MHz bis 1 GHz (und gegebenenfalls auch weiter) überstreichen können. Die unterschiedlichen technischen Daten der Antennen (z. B. deren Antennenfaktoren in Abhängigkeit von der Frequenz) können bei modernen Meßempfängern durch programmierbare Kalibrierkurven berücksichtigt werden, so daß eine Korrektur der jeweiligen Meßwerte automatisch erfolgen kann.

Es gibt auch eine Reihe speziell für diese Art der Meßtechnik geeignete aktive (d. h. mit Vorverstärkern und Entzerrern ausgestattete) Antennen, deren Abmessungen kleiner sind als die der üblichen passiven Dipole. Diese eignen sich besonders für orientierende Messungen (pre-compliance tests) in den Labors der Entwicklung.

Allen hier für die Erfassung der elektrischen Feldstärke vorgesehenen Antennen ist die Eigenschaft gemein, daß sie richtungsabhängig nur eine Komponente der Störstrahlung erfassen können. Um das jeweilige Maximum der Störfeldstärke ermitteln zu können, müssen diese Antennen zweimal, sowohl in horizontaler als auch in vertikaler Richtung orientiert, angewandt werden. Es ist jeweils der höhere der beiden ermittelten Meßwerte zu registrieren. Diese Forderung bedeutet, daß die Antennen an ihrem Mast bzw. auf dem verwendeten Stativ drehbar gelagert und durch geeignete Mittel, die das Meßergebnis nicht beeinflussen dürfen, gedreht werden können müssen. Die Steuerung dieser Funktion erfolgt heute in der Regel automatisch über ein für diese Messungen ausgelegtes Steuerprogramm.

Der für die Messungen verwendete Meßplatz erfordert grundsätzlich eine leitfähige Bodenbelegung (reference ground plane), die in der Lage ist, die einfallenden elektromagnetischen Wellen möglichst gut zu reflektieren. Aus diesem Grund ergeben sich auf einem normgerechten Meßplatz mehrere die Meßantenne treffende Feldkomponenten, die neben der vom Prüfling direkt auf die Meßantenne gerichteten Komponente auch mindestens eine an der Bezugsebene reflektierte Komponente umfassen. Je nach Phasenlage addieren oder subtrahieren sich die direkten und die reflektierten Komponenten, so daß es erforderlich ist, bei jeder Frequenz durch geeignete Variation der Antennenhöhe den Punkt zu finden, wo sich die Komponenten addieren (Maximum der gemessenen Störfeldstärke). Im allgemeinen wird die Antenne (bei einem Meßabstand von 10 m) mit ihrem Mittelpunkt über einen Bereich von 1 m bis 4 m über dem Boden variiert. Dabei ist darauf zu achten, daß der tiefste Punkt der Antenne sich noch mindestens 0,2 m über dem Boden befindet, was bei einem 80-MHz-$\lambda/2$-Breitbanddipol, der vertikal ausgerichtet ist und eine Ausdehnung von ca. 1,9 m hat, bereits Schwierigkeiten bereitet. Auch bei der Höhenvariation darf durch die Antriebskomponenten des Mastes keine Beeinträchtigung der Meßergebnisse erfolgen.

[Frequenzen oberhalb 1 GHz]

Die Messungen oberhalb 1 GHz erfolgen in der Regel mit Hornantennen. Dabei sind die Eigenschaften der jeweilig verwendeten Antenne nicht sehr kritisch, da sich Abweichungen durch die Anwendung der Substitutionsmethode von selbst eliminieren. Die Meßmethode zur Ermittlung der Mikrowellenstrahlung ist in CISPR 19 „Guidance on the use of the substitution method for measurements of radiation from microwave ovens for frequencies above 1 GHz"[*] beschrieben. Bei der Durchführung derartiger Messungen sollte diese Publikation als Leitfaden zu Rate gezogen werden, um sicherzustellen, daß die Meßergebnisse in Übereinstimmung mit dem tatsächlichen Störvermögen des Prüflings im Einklang stehen. Wichtig ist hierbei, daß ein hinreichender Abstand zwischen Prüfling und Meßantenne gewählt wird, um sicherzustellen, daß die Messungen auch tatsächlich im Fernfeld erfolgen.

Zu Abschnitt 7.3 Frequenzmessungen

In diesem Abschnitt wird gefordert, daß bei der Ermittlung und Überprüfung der Arbeitsfrequenzen (Grundfrequenzen) von ISM-Geräten (Geräten der Gruppe 2, Klasse A oder Klasse B), wie sie in den Tabellen 1a und 1b angegeben sind, die Meßgenauigkeit des verwendeten Meßgeräts nicht schlechter sein darf als 10 % der im jeweiligen Frequenzband zugelassenen Abweichung von der Mittenfrequenz des Bands.

Das bedeutet für das relativ breite Band um die ISM-Mittenfrequenz von 27,120 MHz – das von 26,957 MHz bis 27,283 MHz reicht und damit 0,6 % oberhalb und unterhalb der Mittenfrequenz endet – eine Genauigkeit von 0,06 % oder – in Absolutwerten der Frequenz – eine zulässige Abweichung vom tatsächlichen Wert von 0,016 MHz bzw. 16 kHz.

Für das wesentlich schmalere Band um die ISM-Frequenz von 40,68 MHz, das nur von 40,66 MHz bis 40,70 MHz reicht, bedeutet diese Anforderung bei einer Breite des Bandes von nur 0,04 MHz bzw. ±0,05 % eine Genauigkeitsforderung von 0,005 % oder 0,002 MHz bzw. 2 kHz !

Die Forderung nach Messungen unter unterschiedlichen Belastungsbedingungen des Prüflings dient der Ermittlung von Frequenzänderungen, die durch Variation der Lastverhältnisse hervorgerufen werden können. Die Grenzen der angegebenen Bänder sind unter allen Lastbedingungen mindestens einzuhalten.

---

[*] Anmerkung: Eine deutsche Version gibt es von dieser Norm nicht.

Zu Abschnitt 7.4 Anordnung des Prüflings
Die Forderung, den Prüfling so anzuordnen, daß diese Anordnung einerseits eine für den Betrieb des Prüflings übliche ist und andererseits bei der Messung das Maximum der Störemission erfaßt werden kann, ist in der Praxis häufig nur schwer realisierbar. Insbesondere dann, wenn es sich bei dem Prüfling um ein Gerät handelt, das eine Vielzahl von Betriebsarten aufweist und den Anschluß mannigfaltiger Zubehöreinrichtungen gestattet, kann die Suche nach dem jeweiligen Maximum bei der Ermittlung von Störspannung und Störfeldstärke mit einem unverhältnismäßig großen Zeit- und damit Kostenaufwand verbunden sein. Noch mehr Aufwand entsteht, wenn Systeme, die aus mehreren Geräten oder Systemkomponenten zusammengesetzt sind, beurteilt werden sollen. Ein Grund für Schwierigkeiten kann hierbei die unterschiedliche räumliche Anordnung der Komponenten sein, abhängig von den räumlichen Gegebenheiten am Anwendungsort entsprechend den Wünschen des jeweiligen Kunden. Auch die Anordnung und Ausrichtung der zugehörigen Verbindungsleitungen erhöht die Anzahl der möglichen Varianten erheblich. Ein weiterer Grund kann darin liegen, daß in der Praxis die Zahl der Kombinationsmöglichkeiten der einzelnen (z. T. optionalen) Systemkomponenten oder Subsysteme sehr vielseitig sein kann und daß mit einem realisierbaren Aufwand nicht alle in der Praxis möglichen Varianten gemessen werden können. Aus diesem Grund ist es unabdingbar, vor der Durchführung der Messungen einen Prüfplan auszuarbeiten, um so bereits durch Vorüberlegung die Kombinationen auswählen zu können, die das Maximum der Störaussendung wiedergeben.

Der für die jeweilige Messung gewählte Meßaufbau ist darum grundsätzlich im Meßbericht zu beschreiben, wobei die realisierten Abstände der Geräte, Systemkomponenten und Verbindungsleitungen zur Massebezugsebene (sowohl horizontal als auch vertikal) von großer Bedeutung sind.

Bei der Feststellung der für eine bestimmte Störgröße jeweils wichtigsten Kenngröße des Prüflings ist die Berücksichtigung der in der Gebrauchsanleitung des Produkts beschriebenen Betriebsarten und anderer angegebener Parameter dringend erforderlich. Auch können die statistische Bewertung der in der Praxis genutzten Betriebsarten und die Dauer der in den einzelnen Funktionen enthaltenen Abläufe von Bedeutung sein und das Meßprogramm beeinflussen.

Auch die Umweltparameter wie Temperatur, Luftfeuchte und/oder Luftdruck können die Meßergebnisse beeinflussen, wie einige Studien in jüngster Vergangenheit deutlich gezeigt haben.

Laut Anmerkung muß auch bei der Messung am Aufstellungsort diejenige Anordnungsvariante (aus den für diesen Ort möglichen) gefunden werden, die das maximale Störvermögen repräsentiert.

Zu Abschnitt 7.4.1 Verbindungsleitungen
Da die Verbindungsleitungen zwischen Geräten oder Systemkomponenten einschließlich deren Zubehör (wie etwa Steckverbindern) die Störstrahlung eines Prüflings entscheidend beeinflussen können, ist die korrekte Behandlung dieser Leitun-

gen bei der Prüfung von besonderer Bedeutung. Dies gilt auch für am Aufstellungsort installierte Anlagen.

Die Verwendung von Leitungstypen und -längen, wie sie in der Begleitdokumentation des Produkts angegeben sind, ist eine legitime Forderung. Dagegen ist die Vorgabe, bei einer möglichen oder erforderlichen Längenauswahl der Leitungen oder bei zulässiger variabler Leitungslängengestaltung die jeweils die maximale Störaussendung repräsentierende Länge bei der Messung anwenden zu müssen, eine mehr theoretische, d. h. praxisfremde. Häufig treten nämlich Fälle auf, in denen eine direkte oder indirekte Abhängigkeit der Störemission von der Leitungslänge bei den verschiedenen Frequenzen zu erkennen ist. Hier hat die Praxis gezeigt, daß die Messung bei einigen verschiedenen Leitungslängen (z. B. bei der kürzesten, der längsten und der am häufigsten verwendeten) hinreichende Ergebnisse erbringt.

Die Angaben zu den Leitungstypen können allgemeiner Art sein (z. B. „geschirmte Leitung mit einer Schirmdämpfung von mindestens 50 dB über den gesamten betrachteten Frequenzbereich") oder auch spezifische Angaben enthalten (z. B. „Typ RG 58 U" oder eine bestimmte Modellnummer „xyz"). Einen großen Einfluß auf das Störvermögen derartiger Verbindungsleitungen hat auch die Art der verwendeten Steck-, Löt-, Quetsch-, Schraub- oder sonstigen Verbindung und die Gestaltung der Übergänge von der Leitung auf die Verbinder. Auch hier sind die Spezifikationen des Herstellers – soweit vorhanden – strikt zu befolgen, oder es sind die gängigen Bearbeitungsregeln zu beachten.[*)]

Nur an den Stellen, an denen der Hersteller ausdrücklich die Verwendung geschirmter oder anderer besonders beschriebener Leitungen vorschreibt, darf bei der Messung eine derartige Leitung eingesetzt werden. Sonst sind die Verbindungen durch gewöhnliche ungeschirmte Leitungen und ohne Einsatz von Sondermaßnahmen zu realisieren.

Die Forderung nach Bündelung überschüssiger Leitungslängen bei der Messung der Störfeldstärke dient der Erhöhung der Reproduzierbarkeit der Meßergebnisse. In den Fällen, in denen sich die Leitungen nicht in der gewünschten Form anbringen lassen (z. B. weil sie zu dick und damit zu steif sind), muß die tatsächliche, bei der Messung verwendete Anordnung der Leitung(en) im Meßbericht dargestellt werden.

Bei Geräten, die zum Anschluß mehrerer gleichartiger Zubehörartikel mit mehreren gleichartigen Anschlußstellen (z. B. für Ein- und/oder Ausgangsleitungen) versehen sind, muß bei der Messung nur eine dieser Anschlußstellen beschaltet werden, wenn der Nachweis erbracht werden kann, daß das Hinzufügen weiterer Leitungen das Störvermögen nicht wesentlich erhöht. Allein diese Zusatzforderung macht es erforderlich, mehr als eine Leitung anzuschließen, um diesen Einfluß ermitteln zu können. Auch das Wort „wesentlich" macht die Bewertung dieser Erleichterung schwierig und die Anwendbarkeit dieser Klausel ungewiß und unbrauchbar für eine

---

[*)] Anmerkung: Hilfestellung können hier die Verteidigungsgeräte-Normen (VG Normen) zur EMV geben.

Typprüfung, gilt es doch im Einzelfall zu entscheiden, ob eine Änderung der Störfeldstärke „wesentlich" oder „unwesentlich" ist. Als Faustwert für eine zulässige Änderung sei hier eine Wert von 1 dB für eine noch tolerierbare Änderung genannt.

Mit der Begründung der Reproduzierbarkeit der Meßergebnisse wird hier nochmals gefordert, die Leitungs- und Geräteanordnungen und -ausrichtungen vollständig im Meßbericht zu dokumentieren.

Wenn es besondere Betriebsbedingungen für den Prüfling gibt, müssen diese festgelegt und beschrieben sowie in den Begleitpapieren (z. B. in der Gebrauchsanweisung) angegeben sein.

Bei Geräten und Systemen mit mehreren Funktionen, die getrennt voneinander in Anspruch genommen werden können (z. B. durch verschiedene Betriebsarten), muß die Messung in jeder dieser Betriebsarten durchgeführt werden, um das Maximum der Störaussendung zu ermitteln.

Die Forderung hinsichtlich der Berücksichtigung aller möglichen verschiedenartigen Systemkomponenten, die in einem System zur Anwendung kommen könnten, bezieht sich auf die Typprüfung auf einem Meßplatz. Diese Anforderung ist also nicht auf Anlagen zu beziehen, die ja voraussetzen, daß die sie bildenden Geräte, Systemkomponenten und/oder Systeme an einem bestimmten, für ihre Anwendung vorgesehenen Ort verbracht wurden und mit den zu ihrem Betrieb notwendigen Versorgungs- und sonstigen Einrichtungen (Transport-, Klima-, Beleuchtungs-, Kommunikationseinrichtungen usw.) verbunden und in Betrieb genommen wurden.[*]

Bei der Messung von Anlagen am Aufstellungsort ist grundsätzlich nur die jeweils vorliegende Anlagenkonfiguration zu messen.

Auch der nächste Satz bezieht sich auf Systeme (und nicht auf Anlagen). Hier wird zugestanden, daß es bei Systemen, die eine Mehrzahl gleichartiger Systemkomponenten enthalten oder die mit solchen gleichartigen Systemkomponenten ergänzt werden können, nicht erforderlich ist, die Prüfung mit mehr als einer derartigen Systemkomponente durchzuführen. Die Begründung für diese Erleichterung steht in der Anmerkung und basiert auf der Tatsache, daß selbst bei gleichartigen Geräten oder Systemkomponenten eine (arithmetische) Addition der emittierten Störgrößen kaum vorkommt. Physikalisch läßt sich diese Tatsache damit begründen, daß selbst bei kofrequenten Signalgeneratoren (egal, ob es sich um „Nutz-" oder „Störgeneratoren" handelt) geringfügige Frequenzunterschiede, Unterschiede in der Phasenlage des Signals und unterschiedliche Laufzeiten dazu führen, daß der Fall der Addition der Störgrößen in aller Regel nicht vorkommt.

---

[*] Anmerkung: In früheren Zeiten wurde die Unterscheidung zwischen den Begriffen „System" und „Anlage" nicht konsequent durchgeführt, so daß es im ursprünglichen Normentext zu einer fälschlichen Übersetzung des englischen Begriffs „system" in „Anlage" kam. Gemeint ist hier aber ein der Typprüfung zugängliches System, das sich aus einer Anzahl verschiedenartig (z. B. nach einem Baukastenprinzip) konfigurierbarer Systemkomponenten zusammensetzen läßt. In der deutschen Neufassung wurde der Text nun entsprechend korrigiert.

Der folgende (letzte) Absatz dieses Abschnitts enthält die Erlaubnis, Geräte und insbesondere Systemkomponenten entweder zusammen mit anderen funktionell mit diesen Geräten oder Systemkomponenten zusammenwirkenden Geräten oder Systemkomponenten zu messen oder das Verhalten und die Funktionen dieser anderen Geräte oder Systemkomponenten durch geeignete Simulatoren nachzubilden. In beiden Fällen muß, um das Störvermögen des Prüflings ermitteln zu können, gewährleistet sein, daß diese anderen Geräte oder Systemkomponenten sowie die verwendeten Simulatoren die Anforderungen hinsichtlich der von ihnen ausgehenden Störgrößen einhalten, d. h. z. B. um mindestens 6 dB unter dem jeweils zulässigen Grenzwert liegen.

Die für die Simulation der Eigenschaften derartiger Schnittstellen verwendeten Einrichtungen müssen grundsätzlich elektrisch vergleichbare Daten haben, wie die durch sie ersetzten Geräte oder Systemkomponenten. Diese Forderung bezieht sich nicht nur auf das Verhalten gegenüber den Nutzsignalen (z. B. zur Energie-, Meßwert- oder Informationsübertragung), sondern gilt auch für die hochfrequenten Störsignale und die Impedanzen im betrachteten Frequenzbereich.

In manchen Fällen kann es erforderlich sein, daß auch ihre mechanischen und/oder geometrischen Eigenschaften die der ersetzten Geräte oder Systemkomponenten nachbilden. Dies ist insbesondere dann der Fall, wenn die Strahlungscharakteristik des Prüflings dadurch beeinflußt werden kann oder wenn Anordnung und Ausrichtung der Verbindungsleitungen eine wichtige Rolle spielen.

Die Anmerkung macht noch einmal deutlich, daß eine derartige Vorgehensweise insbesondere für solche Schnittstellen von Geräten oder Systemkomponenten wichtig ist, die mit Geräten oder Systemkomponenten anderer Hersteller im Rahmen von Systemen oder Anlagen zusammengeschaltet werden.

Zu Abschnitt 7.4.2 Verbindung mit dem
Stromversorgungsnetz auf einem Meßplatz
Bei Störspannungsmessungen auf Netzleitungen ist auf einem Meßplatz grundsätzlich die CISPR-V-Netznachbildung mit 50 Ω/50 µH + 5 Ω zu verwenden (siehe CISPR 16-1).[*)]

Dabei ist zu beachten, daß die Verbindung mit der Referenzmasse (z. B. Wand des Schirmraums) möglichst induktivitätsarm, d. h. möglichst kurz und möglichst breit, ausgeführt sein muß.

Als Versorgungsspannung gilt die Nennspannung des Prüflings, d. h., daß die Messungen nicht mit abweichenden Netzspannungen (z. B. dem niedrigsten und/oder den höchsten Wert eines zulässigen Versorgungsspannungsbereichs) wiederholt werden müssen. Bei Geräten mit verschiedenen Nennspannungen ist es in der Regel hinreichend, die Messungen bei der Spannung durchzuführen, die in der Mehrzahl der Anwendungen vorkommt (z. B. bei 230 V). Lediglich wenn besondere Betriebs-

---

[*)] Anmerkung: Eine Ausnahme bilden nur Einrichtungen mit einer Nennstromaufnahme von > 100 A.

mittel vorgesehen sind, die eine Anpassung an andere Versorgungsspannungen zulassen und die das Verhalten des Prüflings hinsichtlich seiner leitungsgebundenen Störaussendungseigenschaften beeinflussen (können), ist zusätzlich die Messung unter Einbeziehung dieser Anpaßmittel zu wiederholen. Das gilt besonders, wenn die Anpassung mittels Transformator (Trenn- oder Spartransformator) erfolgt. Die weiteren Angaben dieses Abschnitts zur Geometrie des Meßaufbaus und zu den Betriebsdaten sind hinreichend spezifiziert und selbsterklärend. Die Bündelungsvorschrift für Überlängen der Netzleitung dient der Gewährleistung einer möglichst geringen Leitungsinduktivität.

Zu Abschnitt 7.5 Betriebsarten beim Messen
Die Aussage, daß solche Geräte, die hier nicht ausdrücklich beschrieben werden – von denen es eine Vielzahl gibt, nachdem fast alle einschlägigen Geräte mindestens irgend einen Kreis (eine Funktion) oder eine Baugruppe enthalten, die mit Frequenzen oberhalb 9 kHz arbeitet und damit unter diese Norm fällt – unter den Betriebsbedingungen zu prüfen sind, die sich aus der Betriebsanleitung ergeben, wirft bei solchen Geräten, die eine Vielzahl von Betriebsarten und -abläufen haben, eine Reihe von Fragen auf. Oft ist es nicht eine einzige Betriebsart, die zu einer Maximierung der Störemission führt, sondern es ist eine ganze Reihe von „Vorprüfungen" durchzuführen, um zu ermitteln, welche Betriebsart in welchem Frequenzband die höchsten Emissionswerte ergibt. Dabei kommt erschwerend hinzu, daß häufig auch noch die Unterscheidung zwischen Breit- und Schmalbandstörgrößen getroffen werden muß.[*]
Für die in den folgenden Abschnitten genannten Geräteraten sind hingegen die bei der Messung zu wählenden Betriebsbedingungen ausdrücklich festgelegt.

Zu Abschnitt 7.5.1 Medizinische Geräte
Die Angaben in diesem Abschnitt sind aus heutiger Sicht als relativ dürftig zu betrachten, da sie sich auf nur drei Gruppen der „klassischen medizinischen Geräte" beziehen, die hochfrequente Energie zum Zwecke der Behandlung von Patienten

---

[*] Anmerkung: Mit der vorliegenden Ausgabe dieser Norm ist die Unterscheidung zwischen Schmalbandstörgrößen (früher behandelt in VDE 0871) und Breitbandstörgrößen (früher behandelt in VDE 0875) in der damals üblichen Form fortgefallen. Die Berücksichtigung ihres unterschiedlichen subjektiven Störvermögens wird heute durch die Bewertung mit sowohl dem Quasispitzenwert-Gleichrichter als auch dem Mittelwert-Gleichrichter erreicht. Dieser Tatbestand führte dazu, daß nun nicht mehr nur die „klassischen" ISM-Geräte vollständig, d. h. ohne zusätzliche Anwendung weiterer Normen (z. B. der VDE 0875 Teil 14-1 für enthaltene Antriebe, Netzteile und Schalteinrichtungen) in dem hier betrachteten Frequenzbereich beurteilt werden können, sondern auch alle anderen Geräte, die die hochfrequente Energie sowohl beabsichtigt zu ihrer internen Funktion erzeugen (z. B. mittels Taktgeneratoren) als auch solche, bei denen die Hochfrequenz nur ein Abfallprodukt ist (z. B. beim Gleich-, Wechsel- und Umrichten der Energie) oder durch transiente Vorgänge (z. B. beim Schalten) hervorgerufen wird und die unter den sachlichen Geltungsbereich dieser Norm fallen, vollständig zu behandeln sind. Dadurch wurde die Normenanwendung in diesem Bereich beträchtlich erleichtert und die Bedeutung der VDE 0875 Teil 11 erheblich erhöht.

applizieren. Dabei sind die ersten beiden Kategorien, die sogenannten Kurzwellen-Therapiegeräte und die Dezimeter- und Mikrowellen-Therapiegeräte Geräte der Gruppe 2 (gemäß Definition nach Abschnitt 4.1) zuzuordnen, weil sie hochfrequente elektromagnetische Energie auf den Patienten anwenden. Die dritte Kategorie der Ultraschall-Therapiegeräte gehört aus heutiger Sicht hingegen zur Gruppe 1, denn in ihr wird die hochfrequente elektromagnetische Energie durch einen Wandler, den „Schallkopf", in mechanische (Ultraschall-)Energie umgewandelt, bevor sie dem Patienten appliziert wird.

Die wesentlich wichtigere Gruppe der Ultraschall-Diagnostikgeräte, die weitverbreitet sowohl in Arztpraxen als auch in Krankenhäusern verwendet werden, ist hier noch nicht genannt. Ebenso fehlen Einrichtungen zur extrakorporalen Lithotripsie und alle medizinischen elektrischen Geräte und Systeme, die die hochfrequente Energie nur zu ihrer internen Funktion benötigen und damit ebenfalls unter die Gruppe 1 (z. B. die bildgebenden Systeme in der Radiologie sowie die Einrichtungen zur Strahlentherapie) fallen, sowie die Einrichtungen zur Magnetresonanz-Bildgebung, die wiederum der Gruppe 2 zuzuordnen sind, da sie hochfrequente Signale in den Patienten einkoppeln, um dessen Reaktion in Form eines „Echos" zu ermitteln.

Zu Abschnitt 7.5.2 Industrielle Geräte
Auch die Beschreibung der für industrielle Geräte anzuwählenden Betriebsarten ist relativ dürftig. Sie beschränkt sich ebenfalls nur auf die kleine Gruppe der „klassischen industriellen Hochfrequenzgeräte", die die HF-Energie zum Zwecke der „Arbeit" auf irgendwelche Materie einwirken lassen. Zwischenzeitlich ist aber die Anzahl der Geräte, die nach dieser Norm zu beurteilen ist, stetig gewachsen, so daß auch hier die Kenntnis der Betriebsanleitung für die Festlegung der Betriebsarten und Funktionsabläufe unabdingbar ist. Die jeweils benutzten Betriebsarten sollten daher grundsätzlich im Meßbericht genannt werden.

Zu Abschnitt 7.5.3 Wissenschaftliche Geräte, Labor- und Meßgeräte
Auch diese stark angewachsene Gerätegruppe ist entsprechend zu behandeln, wie unter 7.5.1 und 7.5.2 ausgeführt.

Zu Abschnitt 7.5.4 Mikrowellenherde
Die Anzahl der weltweit benutzten Mikrowellenherde ist in den letzten Jahren beträchtlich angestiegen. Gab man sich in der Anfangszeit der Mikrowellenerwärmung im Wohnbereich noch damit zufrieden, die Geräte nach Grenzwertklasse A zu entstören und eine Einzelgenehmigung durch den Betreiber bei „der Post" zu erwirken (Anmeldung mittels „Doppelkarte" – siehe auch Kapitel 10.6.3), so ist dieses Verfahren auf Grund der großen Stückzahlen (und übrigens auch wegen der geänderten Rechtslage) heute nicht mehr geeignet. Aus diesem Grund ist man zur Zeit mit einem erheblichen Arbeitsaufwand dabei, geeignete Grenzwerte und Meßverfahren für Mikrowellenherde festzulegen, die jetzt grundsätzlich in die Klasse B fal-

len, da sie im Wohnbereich und in Verbindung mit öffentlichen Niederspannungsnetzen angewandt werden.
Eine Gemeinschaftsarbeitsgruppe mit Teilnehmern aus den Unterkomitees A (Meßtechnik), B (ISM-Geräte) und G (Informationstechnologie) ist gegenwärtig dabei, entsprechende Vorschläge für den Frequenzbereich von 1 GHz bis 18 GHz zu erarbeiten, die dem Schutz der Funkdienste einerseits und den technologischen Erfordernissen und Möglichkeiten der einschlägigen Industrie andererseits Rechnung tragen.
Die in diesem Abschnitt beschriebenen Betriebsarten bei der Messung der Störaussendung von Mikrowellenherden haben sich jedoch bewährt und werden weiter verwendet.

Zu Abschnitt 7.5.5 Andere Geräte mit Arbeitsfrequenzen
im Frequenzbereich 1 GHz bis 18 GHz
Auch hier sind die Angaben zur Auswahl der Betriebsbedingungen eher vage. Es wurden nur die „klassischen HF-Geräte" zugrunde gelegt, die in die Gruppe 2 fallen.
In allen Fällen muß die Betriebsanleitung zu Rate gezogen werden, um die individuellen Betriebsparameter für die Messung festzulegen. Auch hierbei ist eine sorgfältige Dokumentation im Meßbericht von hoher Wichtigkeit.

Zu Abschnitt 7.5.6 Induktionskochgeräte
In der 2. Änderung sind dezidierte Angaben enthalten, wie Einfach- oder Mehrfachkochzonen meßtechnisch zu behandeln sind.
Dabei sind sowohl das Gefäßmaterial (emaillierter Stahl), die Abmessungen des Gefäßes (in Abhängigkeit von der Größe der Kochzone) und die Beschaffenheit seines Bodens als auch das Kochgut (Leitungswasser bis zu 80 % des Fassungsvermögens) festgelegt. Die Position der Gefäße auf der Platte und die Einstellung der Energieregeleinrichtungen sind ebenfalls vorgegeben.

**Zu Abschnitt 8 Besondere Bedingungen
für Messungen auf Meßplätzen**

In diesem Abschnitt werden einige Einzelheiten für die Messungen auf einem Meßplatz genannt, wie sie in der Regel am Aufstellungsort nicht zu gewährleisten sind. Alle Angaben zielen auf eine möglichst gute Reproduzierbarkeit der Meßergebnisse hin und sind bei Messungen auf Meßplätzen zu erfüllen.
Die erste Forderung nach einer leitfähigen reflektierenden Grundfläche (*reference ground plane*) gilt sowohl für Meßplätze zur Ermittlung der Störspannung (geschirmte Räume und dergleichen) als auch für solche zur Ermittlung der Störfeldstärke (Freifeldmeßplätze, Absorberhallen usw.).
Bei den Angaben zur Anordnung des Prüflings auf dem Meßplatz ergeben sich einige Fragen bezüglich der erforderlichen Abstände zur Bezugsfläche, die sich insbesondere auf die Ergebnisse der Störspannungsmessungen auswirken. Während im Hauptabschnitt 8 die Forderung erhoben wird, Tischgeräte und tragbare Geräte bei

der Messung auf einem nichtmetallischen Tisch mit einer Höhe von 0,8 m anzuordnen, ohne dabei weitere Angaben zu machen, welche Abstände z. B. zu einer eventuell vorhandenen Wand des geschirmten Raums einzuhalten sind, fordert Abschnitt 8.2 für die gleichen Gerätegruppen (Tischgeräte usw.) einen Abstand von lediglich 0,4 m zur leitfähigen Grundfläche, erwähnt dabei allerdings die Mindestabstände zu anderen Metallflächen von 0,8 m.

Auch der hier geforderte, sehr geringe Abstand der Standgeräte zur Bezugsfläche – ein dünner isolierender Belag ohne nähere Spezifikation der Dicke und der Dielektrizitätskonstanten – ist ungewöhnlich. Andere Normen (z. B. eine Ergänzung der CISPR 14-1 für die Anwendung auf Standgeräte und alle Normen zum Nachweis der Störfestigkeit) enthalten Angaben dergestalt, daß der Prüfling z. B. auf einer Holzpalette, wie sie zum Transport von Standgeräten üblicherweise angewandt wird, verbleiben darf, wenn diese eine Höhe von etwa 10 cm nicht überschreitet. Aus diesem Grund erscheint es auch hier zweckmäßig, dieses Verfahren anzuwenden und im Meßbericht ausdrücklich auf diesen Tatbestand hinzuweisen. Das ist auch im Hinblick auf eine gemeinsam gültige Anordnung des Prüflings sowohl für die Messungen zur Störaussendung als auch zur Ermittlung der Störfestigkeit von Bedeutung, um den Ablauf der EMV-Prüfungen so ökonomisch wie möglich gestalten zu können.

Die Anmerkung zielt auf den gleichen Sachverhalt ab, wie er auch schon im Abschnitt 7.2.4 behandelt wurde.

Zu Abschnitt 8.1 Strahlungsmeßplatz für 9 kHz bis 1 GHz
Die hier wiederholten Forderungen an die Beschaffenheit eines Meßplatzes für Feldstärkemessungen sind identisch mit den Anforderungen aus der einschlägigen Grundnorm CISPR 16-1. Seine Mindestabmessungen sind in Bild 1 dargestellt. Auch die Mindestmaße der leitfähigen Bezugsfläche sind eindeutig festgelegt, um zu gewährleisten, daß sowohl der Prüfling als auch die Meßantenne(n) mit einem Überstand von jeweils 1 m „bedeckt" sind. Auch die Beschaffenheit des leitfähigen Belags ist definiert.

Zu Abschnitt 8.1.1 Überprüfung des Strahlungsmeßplatzes von 9 kHz bis 1 GHz
Bereits die zwischenzeitlich erschienene Grundnorm CISPR 16-1:1993-08 (deren Inhalt als Neuausgabe der VDE 0876 Teil 16-1 veröffentlicht wird) enthält in ihrem (normativen) Anhang G eine Prozedur zur Überprüfung von Freifeldmeßplätzen mit Bezugsfläche (für den Frequenzbereich von 30 MHz bis 1 GHz) und die Forderung. daß die ermittelten Abweichungen des überprüften Meßplatzes einen Wert von ±4 dB gegenüber der normierten Meßplatzdämpfung[*] nicht übersteigen dürfen. Dieser Validierungsvorgang ist sowohl mit horizontaler als auch mit vertikaler Antennenpolarisation durchzuführen.

---

[*] Anmerkung: Die normierte Meßplatzdämpfung ist in mehreren Tabellen für verschiedene Polarisation der Antennen und Meßentfernungen wiedergegeben.

Zu Abschnitt 8.1.2 Anordnung des Prüflings (9 kHz bis 1 GHz)
Hier findet sich die Forderung, den Prüfling nach Möglichkeit auf einem Drehtisch anzuordnen, um die Ermittlung der Hauptstrahlungsrichtung zu ermöglichen. Für größere Prüflinge – und hier insbesondere für Standgeräte – hat diese Forderung dazu geführt, daß die Prüfungen in der Regel mit auf einer Drehscheibe angeordneten Prüflingen erfolgen. Hier ist die Anwendung der Forderung nach Anordnung des Strahlungsmittelpunkts nahe dem Drehpunkt nicht grundsätzlich möglich. Auch die Forderung, daß sich die Meßentfernung auf diese Drehachse beziehen soll, kann hier vielfach nicht verwirklicht werden, denn diese Drehscheiben haben üblicherweise Durchmesser von 4 m bis 6 m und werden durch große Prüflinge weitgehend „bedeckt", so daß sich in diesen Fällen die nominale Meßentfernung von z. B. 10 m auf bis zu etwa 7 m reduzieren würde, ohne daß der Grenzwert angepaßt (erleichtert) werden darf. Bei einer Meßentfernung von lediglich 3 m tritt diese Schwierigkeit natürlich noch deutlicher zutage, während sie bei 30 m nicht so sehr ins Gewicht fällt. Daher ist also auch bei Drehscheiben (und sinnvollerweise auch bei Drehtischen) die äußere Kontur des Prüflings (gegebenenfalls durch die den Umfang umspannende einfache geometrische Figur, wie sie z. B. durch ein „Gummiband" gebildet wird) als Bezugslinie zu verwenden. Bei weitgehend vollständig bedeckten Drehscheiben kommt u. U. auch der Rand der Drehscheibe selbst dafür in Frage.
Die tatsächlich verwendete Meßanordnung sollte deshalb im Meßprotokoll genau beschrieben werden.

Zu Abschnitt 8.1.3 Strahlungsmessung von 9 kHz bis 1 GHz
Die in den Abschnitten 5 und 7.1 gemachten Angaben zur Meßentfernung müssen eingehalten werden. Für abweichende Entfernungen gilt das unter 7.1 Gesagte entsprechend.
Die Rotation des Prüflings auf einem Drehtisch oder einer Drehscheibe erleichtert die Ermittlung der maximalen Störfeldstärkewerte eines Prüflings erheblich. Anderenfalls muß die Antenne um den Prüfling herumgeführt werden, was in der Regel nur sehr schwer zu bewerkstelligen ist und zu größeren Meßwertabweichungen führt als bei der erstgenannten Methode. Grundsätzlich muß sowohl mit horizontaler als auch mit vertikaler Antennenpolarisation gemessen werden, wobei zusätzlich die Höhenvariation der Antenne durchzuführen ist. Zur wirtschaftlichen Durchführung derartiger Messungen hat die Meßgeräteindustrie zwischenzeitlich eine Reihe von Programmen zur Optimierung und Beschleunigung der Messungen erarbeitet, die dem jeweiligen Anwendungsfall angepaßt werden können und meist auch werden müssen.

Zu Abschnitt 8.2 Messung der Störspannung
Zu diesem Abschnitt siehe auch die Kommentare zu Abschnitt 8.
Hier wird deutlich, daß die zu erwartenden Ergebnisse der Messungen doch sehr stark voneinander abweichen können, abhängig davon, ob sie mit dem Prüfling auf einem Tisch mit 0,4 m Höhe und einem Mindestabstand von 0,8 m zu anderen geer-

deten Metallteilen (z. B. zur Wand des geschirmten Raums) oder auf dem Freifeldmeßplatz auf einem Tisch von 0,8 m Höhe und keinen weiteren Metallteilen in der Nähe durchgeführt werden. Als Referenzmethode sollte daher die Messung in einem geschirmten Raum dienen.
Daß eine Störspannungsmessung natürlich nicht auf einem Meßplatz ohne Bezugsfläche durchgeführt werden darf, versteht sich von ganz allein, denn hier wären die Ergebnisse nicht reproduzierbar, und es ließe sich bei der Anwendung der V-Netznachbildung auch keine geeignete (induktivitätsarme) Verbindung mit der Bezugsmasse erreichen. Die Forderung nach einer derartigen kurzen Verbindung wird hier jedoch wiederholt.
Weiterhin sind hier Angaben über die Behandlung etwaiger Schutzleiterverbindungen, wie sie insbesondere bei fest zu installierenden Geräten und Systemen anzutreffen sind, zu finden.

Zu Abschnitt 9 Messung der Störstrahlung von 1 GHz bis 18 GHz

Zu Abschnitt 9.1 Meßanordnung
Neben der Forderung hinsichtlich der Anordnung auf einem Drehtisch und der Versorgung mit der Netznennspannung (Erläuterungen hierzu siehe auch unter Abschnitt 7.4.2) gibt es hier keine Angaben.
Für Standgeräte gilt das unter 8.1.3 Gesagte entsprechend. Auch hier kann eine größere Drehscheibe nützliche Dienste leisten.

Zu Abschnitt 9.2 Meßantenne
Wichtig hierbei ist die Anordnung der Antenne (meist werden hier Hornantennen benutzt, die einen kleinen Öffnungswinkel (Apertur) aufweisen), die so angeordnet werden muß, daß ihre Öffnung mit der Höhe des Strahlungsschwerpunkts des Prüflings übereinstimmt. Da derartige Antennen stets eine Polarisation aufweisen – ähnlich wie die Dipolantennen –, muß sowohl die horizontale als auch die vertikale Komponente getrennt ermittelt werden. Der jeweils größere Wert ist zu registrieren und im Meßbericht zu notieren.
Ist der Strahlungsschwerpunkt der Quelle (z. B. bei Standgeräten) jedoch sehr nahe am Boden (der Bezugsfläche) zu finden, kann es zu gewissen Problemen bei der Ermittlung der Störstrahlungsleistung kommen. In diesen Fällen empfiehlt sich eine Höhenvariation der Meßantenne, um so das Maximum der tatsächlichen Emission zu ermitteln.

Zu Abschnitt 9.3 Überprüfung des Meßplatzes
In diesem Abschnitt ist das Substitutionsverfahren in Kurzform beschrieben, das darauf abzielt, die Messungen mit nicht kalibrierten Meßantennen vornehmen zu können. Der für diese Messungen benötigte Umrechnungsfaktor wird individuell für jede verwendete Antenne bei jeder Meßfrequenz an jedem Meßort neu bestimmt und für die Umrechnung der für den jeweiligen Prüfling ermittelten Ablesewerte benutzt.

Zu Abschnitt 9.4 Durchführung der Messungen

Nochmals wird die Verpflichtung zur Messung in beiden Polarisationsrichtungen der Meßantenne ausdrücklich erwähnt. Die Maximalwerte werden bei jeder Meßfrequenz durch Drehung des Tischs ermittelt.
Während es früher als hinreichend erachtet wurde, ausschließlich bei den Harmonischen der Arbeitsfrequenz (z. B. bei den Vielfachen von 2,45 GHz) zu messen, ist es heute üblich, die Messungen über den gesamten Frequenzbereich mit einer auch für die Messungen unterhalb 1 GHz üblichen Schrittweite durchzuführen, um auch „Nebenschwingungen" der Mikrowellengeneratoren und ähnliche „Schmutzeffekte" ermitteln zu können.

Zu Abschnitt 10 Messung am Aufstellungsort

Die Erlaubnis, Messungen am Aufstellungsort durchführen zu dürfen, sind beschränkt auf Geräte – und insbesondere Systeme und Anlagen – der Klasse A, die nicht oder nur mit einem wirtschaftlich nicht vertretbaren Aufwand auf einem Meßplatz vermessen werden können.

Außerdem kann eine Messung dieser Art auch sinnvoll sein, wenn ermittelt werden soll, wie sich das aktive Störverhalten (also die Störaussendung) auf andere Geräte und/oder Systeme in der Umgebung des Prüflings auswirkt. Dies kann z. B. nach Beschwerden anderer Betreiber sinnvoll sein. Die Meßabstände für die Ermittlung der Übereinstimmung mit den Anforderungen dieser Norm werden nach Abschnitt 5 gewählt. In bestimmten Fällen, in denen die geforderten Abstände nicht eingehalten werden können, kann auch bei abweichenden Entfernungen gemessen werden. Eine Korrektur der Grenzwerte bei geringeren Meßabständen ist aber hier aus heutiger Sicht nicht vertretbar, es sei denn, es kann durch Ergebnisse aus Messungen in verschiedenen Entfernungen nachgewiesen werden, daß eine bestimmte Entfernungsabhängigkeit der Meßwerte (ein sogenanntes Abstandsgesetz) vorliegt. Dieses Verfahren ist in CISPR 16-2 beschrieben.

Um die Richtungsabhängigkeit der Störstrahlung mindestens annähernd ermitteln zu können, ist – nachdem eine Messung bei Anwendung eines Drehtisches oder einer Drehscheibe aus Praktikabilitätsgründen grundsätzlich auszuschließen ist – an möglichst vielen Positionen auf dem Umkreis um den Prüfling herum zu messen. Es muß jedoch mindestens in vier Positionen (z. B. 0°, 90°, 180° und 270° zu einer fiktiven Bezugsrichtung) gemessen werden. Zusätzlich sollte noch in Richtung der zu erwartenden nahegelegenen Funkstellen (hier besser: Funkempfangsstellen) gemessen werden, um spätere Beschwerden möglichst ausschließen zu können.

Zu Abschnitt 11 Sicherheitsvorkehrungen

Der Hinweis in diesem Abschnitt gilt in der Regel nur für Geräte der Gruppe 2, die die hochfrequente Energie auf irgendwelche Gegenstände oder auch auf Patienten anwenden.

Für diese Gerätearten ist es notwendig, die Strahlungseigenschaften (hier hinsichtlich der nichtionisierenden Strahlung) zu ermitteln und gegebenenfalls Zutrittsbeschränkungen für die Anwendungsorte festzulegen. Grenzwerte für den Frequenzbereich von 0 Hz bis 300 GHz sind in VDE 0848 enthalten. Die in diesen Normen festgelegten Grenzwerte gelten aber nicht für die Anwendung der Hochfrequenzenergie auf den Menschen zu diagnostischen und therapeutischen Zwecken (im Rahmen der Heilkunde). Hier gelten im allgemeinen die Forderungen von Strahlenschutzkommissionen oder ähnlichen Institutionen.

Zu den Bildern

Bild 1 zeigt die Dimensionen eines Freifeldmeßplatzes, wie er in CISPR 16-1 spezifiziert ist.
Bild 2 gibt die erforderlichen Abmessungen der (leitfähigen) Bezugsfläche wieder.
Bild 3 beschreibt die Anordnung von HF-Therapiegeräten und ihrer Belastungsphantome bei der Messung nach Abschnitt 7.5.1.1
Bild 4 zeigt die Schaltung (Ersatzschaltbild) eines passiven Tastkopfes bei der Verwendung zur Störspannungsmessung nach Abschnitt 7.2.2.

Zu Anhang A (normativ) Beispiele für die Einteilung von Geräten

Der Anhang A enthält den Versuch, in Form von Beispielen die Zuordnung der einzelnen Geräte zu den Gruppen 1 und 2 zu erklären.
Die erste Aussage, daß ein Gerät grundsätzlich gemäß seinem bestimmungsgemäßen Gebrauch einzuordnen ist, hat große Bedeutung für das praktische Vorgehen bei der Einordnung in eine der beiden Gruppen. Sie ist aber auch insofern wichtig, als bei der Einstufung von Geräten in Gruppe 2 im allgemeinen auch Zusatzeinrichtungen, die nicht vorrangig zur Applikation der Felder (elektrisches, magnetisches oder elektromagnetisches Feld) herangezogen werden, die höheren Grenzwerte dieser Gruppe ausnutzen dürfen.
Dieser Auffassung wird in jüngster Zeit zunehmend widersprochen, und es wird die Forderung erhoben, daß die Betriebsmittel in Bereitschaftsstellung (*idle* oder *stand-by mode*) nicht als Geräte der Gruppe 2 zu betrachten sind und dann die schärferen Grenzwerte der Gruppe 1 erfüllen sollten.
Es folgen zwei Listen mit jeweils einer allgemeinen Rubrik und einer Rubrik mit Beispielen.
Für Gruppe 1 werden Laborgeräte, medizinische (elektrische) Geräte und wissenschaftliche Geräte ausdrücklich genannt. In der Liste fehlen alle industriellen Geräte, die nicht in Gruppe 2 fallen und die z. B. zum Messen, Steuern oder Regeln in der weitverbreiteten industriellen Prozeßtechnik verwendet werden. Auch diese gehören hier dazu.
Als Beispiele sind neben einer Reihe von Meß- und Analysegeräten lediglich die Schaltnetzteile genannt. Es fehlen aber alle herkömmlichen Netzteile mit Gleichrichtern, unterbrechungsfreie Spannungsversorgungen, geregelte Antriebe sowie

das große Heer der Medizingeräte zur Diagnose, Therapie und Patientenüberwachung (Röntgeneinrichtungen einschließlich ihrer Generatoren, Computertomographen, Ultraschall-Diagnostikgeräte, Lithotripsie-Einrichtungen, Linearbeschleuniger zur Strahlentherapie, Monitoring-Systeme, Dental-Einrichtungen usw.).

Die Aufzählung der Geräte, die unter Gruppe 2 fallen, ist an einigen Stellen nicht ganz eindeutig. Während die ersten fünf Begriffe (bis zu den Mikrowellenherden) klar sind, gibt es bei medizinischen Geräten häufig Probleme, da nicht ausdrücklich ausgeführt ist, daß es sich bei den hier gemeinten Geräten ausschließlich um solche handelt, die die hochfrequente Energie bestimmungsgemäß dem Patienten zum Zwecke der Diagnose oder Therapie applizieren. Wenn man dagegen die Beispiele zu dieser Gruppe liest, findet man leicht heraus, daß nur diese unter dieser Rubrik gemeint sind und sich die Gruppenzuordnung auf HF-(Kurzwellen-, Dezimeterwellen- und Mikrowellen-)Therapiegeräte, Einrichtungen zur Hyperthermie und auf Einrichtungen zur Magnetresonanz-Bildgebung beschränkt. Alle anderen medizinischen Geräte und Systeme fallen dagegen unter Gruppe 1. Eine Ausnahme können hier nur noch die Hochfrequenz-Chirurgiegeräte bilden, die ähnlich wie die Funkenerosionseinrichtungen per Definition in die Gruppe 2 fallen (sollten). Eine entsprechende Änderung der CISPR 11 wird angestrebt.

Eine im Entwurf befindliche zweite Ausgabe der EMV-Norm für medizinische elektrische Geräte und/oder Systeme (IEC 60601-1-2 bzw. VDE 0750 Teil 1-2) wird sich in einem Anhang ausführlich mit der Klassifizierung und Gruppeneinteilung dieser großen Gerätefamilie beschäftigen.

Ein weiterer Fehler liegt hier in der Nennung „thyristorgesteuerter Geräte", die eindeutig (wegen der Definition der Gruppen) zur Gruppe 1 gezählt werden müßten, da sie, wie alle anderen „halbleitergesteuerten Geräte" und auch die Schaltnetzteile, die Hochfrequenz nur als „Abfallprodukt" erzeugen und sie nicht zur eigentlichen Ausübung ihrer „Arbeit" benötigen.

Die Aufzählung von Beispielen unter dieser Gruppe macht ganz eindeutig klar, wie die Abgrenzungskriterien zur Gruppe 1 aussehen.

1.6 Informative Anhänge zu DIN EN 55011 (VDE 0875 Teil 11)

Zu Anhang B Erforderliche Vorkehrungen bei der Verwendung eines Spektrumanalysators

Der Anhang B gibt eine Reihe nützlicher Hinweise zur Verwendung von Spektrumanalysatoren bei der Messung der Störstrahlungsleistung nach Unterabschnitt 7.2.1. Er dient der Vermeidung von Meßfehlern, die sich bei ungenügender Kenntnis der Funktion derartiger Geräte ergeben können.

Bei Beachtung dieser Hinweise ist das Meßverfahren in der Lage, Meßwerte mit hinreichender Reproduzierbarkeit zu ermitteln.

Zu Anhang C Messung der Störstrahlung in Gegenwart von Fremdsignalen

Die Anwendung der hier angegebenen Beziehung ist in den meisten Fällen problematisch und bei Prüflingen mit einer stark zeitvariablen Emission selbst bei stabiler Grundfrequenz sehr aufwendig. Hinzu kommt noch die Tatsache, daß sich auch die Feldstärke des Funksendesignals (d. h. der fremden Quelle) oft sehr stark ändert, so daß die Ergebnisse auch durch diese Tatsache stark schwanken können, was zu einer ständig neuen Bewertung von Eigen- und Fremdstörgröße führen muß.

Zu Anhang D Ausbreitung der Störaussendungen von industriellen HF-Geräten bei Frequenzen zwischen 30 MHz und 300 MHz

Die Ausführungen in diesem Anhang sind für die praktische Störmeßtechnik von nur untergeordneter Bedeutung. Die in diesem Abschnitt enthaltene Information ist dennoch sehr nützlich für die Abschätzung der „Reichweite" der von industriellen, aber auch von medizinischen Einrichtungen ähnlicher Art abgestrahlten Felder.

Wichtig ist die Aussage, daß ein Gebäude relativ unabhängig von seiner Konstruktion auf Grund seiner normalerweise vorhandenen Öffnungen (Fenster, Türen usw.) im allgemeinen keine größere Gebäudedämpfung als 10 dB im Frequenzbereich oberhalb von etwa 30 MHz erwarten läßt. Im Frequenzbereich darunter ist die Gebäudedämpfung meist noch geringer und daher kaum zu berücksichtigen. Lediglich solche Gebäude, bei deren Planung eine (erhöhte) Schirmdämpfung angestrebt wurde und bei deren Ausführung entsprechende Maßnahmen ergriffen wurden (z. B. definierte Stahlarmierungen ohne Lücken, reflektierende Ferritabsorber in Form von „Kacheln" usw.) machen hier eine Ausnahme.

Zu Anhang E Bänder für Sicherheitsfunkdienste

Dieser Anhang enthält die Auflistung der gegenwärtig benutzten Bänder für spezifische Sicherheits-Funkdienste, in die möglichst keine Arbeitsfrequenzen von ISM-Geräten oder von diesen erzeugte Oberschwingungen fallen sollten. Dabei ist zu berücksichtigen, daß das unterste Band schon bei 10 kHz beginnt und das oberste bei 13,4 GHz endet.

Zu Anhang F Bänder für empfindliche Funkdienste

Diese Tabelle enthält die Frequenzbänder, in denen empfindliche Funkdienste angesiedelt sein können.

Auch diese Bänder sollten nach Möglichkeit freigehalten werden von Arbeitsfrequenzen und deren Oberschwingungen, die von ISM-Geräten herrühren. Das unterste Band beginnt bei 13,36 MHz, und das oberste endet oberhalb von 400 GHz.

Zu Anhang ZA (informativ)
Die hier genannten Internationalen Normen entsprechen mit einigen Ausnahmen (z. B. der CISPR 19) nicht mehr dem gegenwärtigen Stand. Aus diesem Grund ist es zweckmäßig, sich den aktuellen Stand der einschlägigen Normung bei CISPR, IEC, CENELEC und auch bei der DKE zugänglich zu machen.

1.7 Auflistung der im Kapitel 1 berücksichtigten Normen und Normentwürfe

Nationale Normen:
- **DIN VDE 0875 Teil 11:** Oktober 1997
  „Grenzwerte und Meßverfahren für Funkstörungen von industriellen, wissenschaftlichen und medizinischen Hochfrequenzgeräten (ISM-Geräten)"
  CISPR 11:1990, modifiziert, mit Änderungen A1:1996-03 und A2:1996-03 – Deutsche Fassung der EN 55011:1991 mit Änderungen A1:1997 und A2:1996

Nationale Normentwürfe:
- z. Z. sind keine nationalen Normentwürfe veröffentlicht!
  In Kürze wird der Entwurf zu einer dritten Ausgabe der CISPR 11 als nationaler Normentwurf mit der Übersetzung von **CISPR/B/189/FDIS** erscheinen.

Regionale Normen:
- **EN 55011:** März 1991
  „Grenzwerte und Meßverfahren für Funkstörungen von industriellen, wissenschaftlichen und medizinischen Hochfrequenzgeräten (ISM-Geräten)"
- sowie **Änderungen A1:**1997 und **A2:**1996

Internationale Normen:
- **CISPR 11/ Second edition:** 1990-09
  „Limits and methods of measurement of electromagnetic disturbance characteristics of industrial, scientific and medical (ISM) radio-frequency equipment"
  mit:
- **CISPR 11:1990/Amendment 1:** 1996-03
- **CISPR 11:1990/Amendment 2:** 1996-03
- **CISPR 28/First edition:** 1997-04
  „Industrial, scientific and medical equipment (ISM) – Guidelines for emission levels within the bands designated by the ITU"

Zur Zeit bei CISPR in Beratung befindliche Normentwürfe und Gegenstand der Modifikation
- CISPR/B/156/CDV:1995-09 „Antenna height variation and polarization"

- CISPR/B/166/CD:1996-04 „Emission measurement in closer distances"
- CISPR/B/170/CDV:1996-06 „Assessment of conformity for small production lots"
- CISPR/B/175/CD:1996-08 „Emission limits from 1 GHz to 18 GHz"
- CISPR/B/187/CDV:1997-04 „Arc welding equipment"
- CISPR/B/188/CD:1997-04 „Portable test and measuring equipment"
- **CISPR/B/189/FDIS:**1997-06 „draft CISPR 11/3rd edition"
  „Limits and methods of measurement of electromagnetic disturbance characteristics of industrial, scientific and medical (ISM) radio-frequency equipment"

Überblick über alte (nicht mehr gültige) Normen für den betroffenen Geltungsbereich:

Nationale Normen:

1. Ausgabe
- VDE 0871 Teil 1: September 1952
  „Regeln für medizinische Hochfrequenzgeräte und Anlagen"
- VDE 0871 Teil 1a: Dezember 1953 – Änderung 1
- VDE 0871 Teil 1b: Dezember 1954 – Änderung 2
- VDE 0871 Teil 1c: Januar 1956
  „Regeln für medizinische Hochfrequenzgeräte und -anlagen"
- VDE 0871 Teil 2: November 1954
  „Leitsätze für Hochfrequenzgeräte und -anlagen zur Wärmeerzeugung für andere als medizinische Zwecke"
- VDE 0871 Teil 2a: Dezember 1955 – Änderung 1
- VDE 0871 Teil 3: Dezember 1955
  „Leitsätze für Hochfrequenzgeräte und -anlagen für Sonderzwecke"

2. Ausgabe
- VDE 0871: November 1960
  „Funkstör-Grenzwerte für Hochfrequenzgeräte und -anlagen (Vorschriften)"
- VDE 0871a: Mai 1963 – Änderung 1
- VDE 0871b: März 1968
  „Bestimmungen für die Funk-Entstörung von Hochfrequenzgeräten und -anlagen"

3. Ausgabe
- VDE 0871: Juni 1978
  „Funk-Entstörung von Hochfrequenzgeräten für industrielle, wissenschaftliche, medizinische ISM) und ähnliche Zwecke"
  Gültigkeit endete am 31. Dezember 1995!

4. Ausgabe der Norm für ISM-Geräte (1. Ausgabe des Teils 11 der VDE 0875)
- DIN VDE 0875 Teil 11 (VDE 0875 Teil 11): Juli 1992

„Funk-Entstörung von elektrischen Betriebsmitteln und Anlagen – Grenzwerte und Meßverfahren für Funkstörungen von industriellen, wissenschaftlichen und medizinischen Hochfrequenzgeräten (ISM-Geräten)"
CISPR 11:1990, modifiziert – Deutsche Fassung der EN 55011:1991

Nationaler Normentwurf, der ursprünglich zu einer 4. Ausgabe der VDE 0871 führen sollte

– E DIN VDE 0871 Teil 1: Aug. 1985
„Funk-Entstörung von Hochfrequenzgeräten für industrielle, wissenschaftliche und ähnliche Zwecke – ISM-Geräte"

Anmerkung: Dieses Projekt wurde durch die Verpflichtung der DKE zur Übernahme Europäischer Normen abgebrochen und es folgten:

Zwei nationale Normentwürfe, die zur ersten Ausgabe der DIN VDE 0875 Teil 11:1992 führten:

– E DIN VDE 0871 Teil 11: November 1986
„Funk-Entstörung von Hochfrequenzgeräten – Einrichtungen für industrielle, wissenschaftliche, medizinische (ISM) und ähnliche Zwecke"
identisch mit CISPR/B(CO)19
– E DIN VDE 0871 Teil 11: September 1987
„Funkstörgrenzwerte und Meßverfahren für industrielle, wissenschaftliche und medizinische Hochfrequenzgeräte (ISM-Geräte)
Deutsche Fassung prEN 55011:1987

Weitere Normen bzw. Normentwürfe, die unter der Klassifikation VDE 0871 verteilt wurden:

– E DIN 57871 Teil 100 – VDE 0871 Teil 100: April 1984
„Funk-Entstörung von Datenverarbeitungseinrichtungen und elektronischen Büromaschinen"
identisch mit CISPR/B(Sec)30
– DIN VDE 0871 Teil 2: März 1987
„Funk-Entstörung von Hochfrequenzgeräten – Informationstechnische Einrichtungen (ITE)"
identisch mit CISPR 22:1985
– E DIN VDE 0871 Teil 20: März 1987
„Funk-Entstörung von Hochfrequenzgeräten – Informationstechnische Einrichtungen (ITE)"
– E DIN VDE 0871 Teil 2A1: März 1987
„Funk-Entstörung von Hochfrequenzgeräten – Funk-Entstörung von informationstechnischen Einrichtungen (ITE)"
identisch mit CISPR/G(CO)2
– E DIN VDE 0871 Teil 2A2: Juni 1988

„Funk-Entstörung von Hochfrequenzgeräten – Grenzwerte und Meßverfahren für Funkstörungen von Informationstechnischen Einrichtungen – Änderung 2"
Deutsche Fassung prAM zu EN 55022:1987

Anmerkung: Dieses Projekt wurde danach durch die Verlagerung der Aktivitäten in ein anderes Unterkomitee in die Klassifikation VDE 0878 übertragen, die für Einrichtungen der Informationstechnik gilt.

Normenentwürfe, die zu den Änderungen der DIN EN 55011 (VDE 0875 Teil 11): Juli 1992 und zur Herausgabe der neuen Ausgabe vom Oktober 1997 führten:

- E DIN VDE 0875 Teil 210:Jan. 1993

„ – "

Änderung der CISPR 11:1990, Abschnitt 5.1.2 und Tabelle 2a – identisch mit CISPR/B (CO) 28
1. Ergänzung der Störspannungsgrenzwerte um solche für Geräte mit >100 A usw.
- E DIN VDE 0875 Teil 211 (VDE 0875 Teil 211): Juni 1993

„ – "

Änderung der CISPR 11:1990, identisch mit CISPR/B (Sec) 82 + 84 + 85 + 86 + 87 + 90A + 91 + 92 + 93 + 95:1992
2. CISPR/B (Sec) 82: Erleichterung der Grenzwerte für die Funkstörstrahlung von ISM-Geräten der Gruppe 2/Klasse A zwischen 53,91 MHz und 54,56 MHz.
3. CISPR/B (Sec) 84: Vorschlag für Grenzwerte zwischen 1 GHz und 18 GHz.
4. CISPR/B (Sec) 85: Vorschlag für Erleichterung der Störspannungsgrenzwerte für Röntgengeneratoren, die im Aussetzbetrieb arbeiten.
5. CISPR/B (Sec) 86: Vorschlag für Erleichterung der Störfeldstärkegrenzwerte für Geräte der Klassen A und B/Gruppe 1, die an röntgengeschirmten Standorten festinstalliert werden.
6. CISPR/B (Sec) 87: Vorschlag für modifizierte Meßentfernung für Geräte, die am Aufstellungsort gemessen werden.
7. CISPR/B (Sec) 90A: Vorschlag für Grenzwerte (Funkstörspannung und durch das magnetische Feld induzierte Ströme bzw. magnetische Feldstärke von 9 kHz bis 30 MHz) und Meßverfahren für Induktionskochgeräte.
8. CISPR/B (Sec) 91: Schutz von Sicherheits-Funkdiensten.
9. CISPR/B (Sec) 92: Vorschlag, für ISM-Geräte der Klasse A/Gruppe 2, die nicht auf einem Meßplatz gemessen werden, keine Störspannungsgrenzwerte festzulegen.
10. CISPR/B (Sec) 93: Vorschlag zur Ausnahme von Bauteilen und Baugruppen, die keine eigenständige ISM-Funktion erfüllen, von der Prüfpflicht.
11. CISPR/B (Sec) 95: Vorschlag für Störfeldstärkegrenzwerte zwischen 150 kHz und 30 MHz.
- E DIN VDE 0875 Teil 111 (VDE 0875 Teil 111): März 1994
Änderung der CISPR 11:1990, identisch mit CISPR/B (Sec) 98:1992 und CISPR/B (Sec) 105 + 109 + 110 + 111 + 115:1993

12. CISPR/B (Sec) 98: Vorschlag zu Anwendungsregeln für den Gebrauch von Schweiß- und Schneid-Stromquellen, die hochfrequente Spannungen zum Starten oder Stabilisieren des Lichtbogens benutzen.
13. CISPR/B (Sec) 105: Vorschlag für einen Leitfaden zu den Aussendungspegeln in den Frequenzbändern, die von der ITU für ISM-Anwendungen festgelegt wurden.
14. CISPR/B (Sec) 109: Vorschlag zur Erleichterung der Grenzwerte für die Funkstörspannung am Netzanschluß von Röntgengeneratoren, die im Aussetzbetrieb arbeiten.
15. CISPR/B (Sec) 110: Vorschlag zur Erleichterung der Grenzwerte für die Funkstörstrahlung von Geräten der Gruppe 1, Klasse A und Klasse B, die an röntgenstrahlengeschirmten Standorten festinstalliert werden.
16. CISPR/B (Sec) 111: Vorschlag für den Schutz empfindlicher Funkdienste.
17. CISPR/B (Sec) 115: Vorschlag für Grenzwerte für die Störaussendung von Schweißeinrichtungen.
- E DIN VDE 0875-147 (VDE 0875 Teil 147): Dez. 1995

„ –"

Änderung 1 der CISPR 11:1990, identisch mit CISPR/B/147/DIS
18. Einführung von Knackstörgrößen einschließlich Definition (diskontinuierliche Störgrößen).
19. Erleichterung der Störspannungsgrenzwerte für Röntgengeneratoren im Kurzzeitbetrieb.
20. Erleichterung der Störfeldstärkegrenzwerte für Geräte, die an einem röntgenstrahlengeschirmten Standort fest installiert werden.
21. Ausnahme von Baugruppen von der Meßverpflichtung.
22. Nichtanwendung der Störspannungsgrenzwerte für ISM-Geräte der Gruppe 2/ Klasse A, die am Aufstellungsort gemessen werden.
23. Einführung von Grenzwerten für die magnetische Feldstärke im Frequenzbereich von 150 kHz bis 30 MHz für ISM-Geräte der Gruppe 2/Klasse B, die auf einem Meßplatz gemessen werden.
24. Hinzufügen eines informativen Anhangs mit der Auflistung empfindlicher Funkdienste.
- E DIN EN 55011/A2 (VDE 0875 Teil 148): März 1996

„ –"

Änderung 2 der CISPR 11:1990, identisch mit CISPR/B/148/DIS
25. Einführung von Störspannungsgrenzwerten im Frequenzbereich von 9 kHz bis 150 kHz für Induktionskochgeräte.
26. Einführung von Grenzwerten für die Emission magnetischer Felder im Frequenzbereich von 9 kHz bis 30 MHz für Induktionskochgeräte. Geräte mit einer diagonalen Ausdehnung <1,6 m werden mit der großen Rahmenantenne gemessen; Geräte mit größerer Ausdehnung mit einer 60-cm-Rahmenantenne in 3 m Entfernung.
27. Einführung von Meßbedingungen für Induktionskochgeräte.

28. Modifikation der Meßentfernung bei ISM-Geräten der Klasse A/Gruppe 2, die am Aufstellungsort gemessen werden.

Regionale Normen (ungültige Ausgaben):
- HD 344 S1:1975

Internationale Normen (ungültige Ausgaben):
- CISPR 11/ First edition:1975
  „Limits and methods of measurement of radio interference characteristics of industrial, scientific and medical (ISM) radio-frequency equipment (excluding surgical diathermy apparatus)"
- CISPR 11:1975/Amendment No. 1: Dec. 1976

2 Erläuterungen zu DIN EN 55014-1 (VDE 0875 Teil 14-1)

2.1 Vorgeschichte der Norm

Die Entstehungsgeschichte der VDE 0875 ist zugleich die des Teils 14-1, wie aus dem Entwicklungsgang zur VDE 0875 im Abschnitt 10.1 hervorgeht.

2.2 DIN EN 55014 (VDE 0875 Teil 14):Dezember 1993

Funk-Entstörung von elektrischen Betriebsmitteln und Anlagen – Grenzwerte und Meßverfahren für Funkstörungen von Geräten mit elektromotorischem Antrieb und Elektrowärmegeräten für den Hausgebrauch und ähnliche Zwecke, Elektrowerkzeugen und ähnlichen Elektrogeräten

DEUTSCHE NORM		Dezember 1993
	Funk-Entstörung von elektrischen Betriebsmitteln und Anlagen Grenzwerte und Meßverfahren für Funkstörungen von Geräten mit elektromotorischem Antrieb und Elektrowärmegeräten für den Hausgebrauch und ähnliche Zwecke, Elektrowerkzeugen und ähnlichen Elektrogeräten (CISPR 14:1993) Deutsche Fassung EN 55014:1993	<u>DIN</u> EN 55014
VDE	Diese Norm ist zugleich eine VDE-Bestimmung im Sinne von VDE 0022. Sie ist nach Durchführung des vom VDE-Vorstand beschlossenen Genehmigungsverfahrens unter nebenstehenden Nummern in das VDE-Vorschriftenwerk aufgenommen und in der etz Elektrotechnischen Zeitschrift bekanntgegeben worden.	Klassifikation **VDE 0875** Teil 14

Das Titelblatt der Deutschen Norm DIN EN 55014 (Klassifikation VDE 0875 Teil 14(-1)) entspricht in der Ausgabe von Dezember 1993 noch nicht dem einheitlich für alle Normen der Klassifikation 0875 vorgesehenen Erscheinungsbild. Aber die entscheidenden Elemente stimmen bereits überein und sollen kurz betrachtet werden.

„Deutsche Fassung der Europäischen Norm EN 55014" bringt zum Ausdruck, daß es sich bei dieser Deutschen Norm um die unveränderte Übernahme der ab Seite 4 abgedruckten Europäischen Norm handelt. Nur ein deutsches Titelblatt und ein nationales Vorwort sowie eine Übersicht über die zitierten Normen in ihrer deutschen Entsprechung sind hinzugefügt; diese enthalten aber keine zusätzlichen Festlegungen, sondern nur Informationen für die Anwendung im nationalen Geltungsbereich der Norm.

Dann sind der englische und der französische Titel angegeben und eine Aufstellung, welche Normen durch die vorliegende Ausgabe von Dezember 1993 ersetzt werden. Es folgt die Aussage „Die Europäische Norm EN 55014:1993 hat den Status einer Deutschen Norm"; damit wird die Europäische Norm auch formell einer Deutschen Norm gleichgesetzt, obgleich sie z. B. in ihrem Aufbau nicht allen in DIN 820 enthaltenen Festlegungen entspricht.

Zum Beginn der Gültigkeit

Im VDE-Vorschriftenwerk wurde bisher der Beginn des zeitlichen Geltungsbereiches auf das Erscheinungsdatum einer Neufassung bezogen, das am rechten oberen Rand ersichtlich ist, hier also auf die Ausgabe vom Dezember 1993, d. h. den 1. Dezember 1993. Traten in der Folgezeit Änderungen in Kraft, so wurde der Geltungsbeginn der jeweils geänderten Fassung vom Erscheinungsdatum der betreffenden Änderung bestimmt.

Bei den neueren Normen (wie etwa den Teilen 14-2 und 15-2) ist der Beginn der Gültigkeit das Datum der Annahme der Norm durch CENELEC.

Die Angaben über die weitere Gültigkeit älterer Ausgaben (hier noch ein Hinweis auf 12.88 und 10.90) ist bei den neueren Normen (mit dem 1. Januar 1996) entfallen.

Zu den Aussagen über das Inverkehrbringen von Betriebsmitteln und über in Betrieb befindliche Betriebsmittel, die ebenfalls als nach dem 31. Dezember 1995 nicht mehr als wirksam angesehen werden dürfen, siehe die Ausführungen in der Einführung (Abschnitt 0.1 dieses Buchs).

Zu Ersatz für ...

Hier sind die älteren Normen aufgeführt, die vollständig oder auch nur teilweise durch die vorliegende Norm ersetzt werden.

Zum nationalen Vorwort

Es wird erwähnt, daß diese Norm die deutsche Fassung der Europäischen Norm EN 55014:1993 darstellt, die ihrerseits der Internationalen Norm CISPR 14:1993 entspricht, welche vom Unterkomitee F des CISPR ausgearbeitet wurde (siehe auch das Vorwort der EN). In Deutschland ist für diese Norm das Unterkomitee 767.11 des DKE zuständig; dieses hat auch zu dieser Norm erhebliche Beiträge geleistet.

In der hiermit ersetzten Ausgabe von 12.88 (und deren Änderung A2) gab es noch eine Kennzeichnung der Abweichungen zwischen dem Text der EN 55014 von 1987 und dem der Internationalen Publikation CISPR 14 von 1985, da einige der bei CISPR erst später gefaßten Beschlüsse in der EN bereits umgesetzt worden waren.

Die folgende Aufzählung der Betriebsmittel, für die diese Norm *nicht* gilt, mit den statt dessen für diese geltenden Deutschen Normen, entspricht sachlich der im Anwendungsbereich der EN 55014, wo nur die zutreffenden CISPR-Normen

genannt sind. Die Bezüge zwischen den CISPR-Normen, den Europäischen Normen und den Deutschen Normen finden sich am Ende der Seite.
Das zitierte Beiblatt 1 zu DIN EN 55014 (Beiblatt 1 zu VDE 0875) wurde zum 31. Dezember 1995 zurückgezogen.
Im Abschnitt „Zitierte Normen" findet man den vollständigen deutschen Titel aller im Text vorkommenden Normen.

Zu den Änderungen

Dieser Abschnitt nennt in Kurzform die gegenüber der Vorgängerausgabe eingeführten Änderungen.

2.3 Die Europäische Norm EN 55014:April 1993

Grenzwerte und Meßverfahren für Funkstörungen von Geräten mit elektromotorischem Antrieb und Elektrowärmegeräten für den Hausgebrauch und ähnliche Zwecke, Elektrowerkzeugen und ähnlichen Elektrogeräten

Der Titel ist in den zwei anderen CENELEC-Sprachen Englisch und Französisch wiederholt. Es folgt die Angabe, daß diese vorliegende Norm am 9. März 1993 angenommen wurde und daß die Mitgliedstaaten diese ohne nationale Änderungen zu übernehmen haben.

Es liegt eine erste Änderung dieser Norm mit der Bezeichnung EN 55014-1/A1 vom Februar 1997[*] vor, mit der der Titel der deutschen Fassung geändert wird in:

Elektromagnetische Verträglichkeit – Anforderungen an Haushaltgeräte, Elektrowerkzeuge und ähnliche Elektrogeräte – Teil 1: Störaussendung – Produktfamiliennorm (CISPR 14-1:1993/A1:1996 + Corrigendum 1997)

Diese Änderung wurde bei CENELEC am 1. Oktober 1996 angenommen und verpflichtet die Mitglieder, sie bis zum 1. Oktober 1997 ohne nationale Abänderungen in ihr nationales Normenwerk zu übernehmen.

In der Anerkennungsnotiz wird ausgesagt, daß die Änderung 1 von 1996 einschließlich des Corrigendums vom Januar 1997 zur Internationalen Norm CISPR 14(-1):1993 ohne irgendeine Abänderung in die Europäische Norm übernommen wurde.

Zum Vorwort

Im Vorwort wird, ähnlich wie im deutschen nationalen Vorwort, die Herkunft des Textes dieser Norm erläutert, die Daten der Abstimmung und der Genehmigung bei CENELEC (März 1993) werden angegeben und die Daten der spätesten Veröffentlichung einer identischen nationalen Norm „dop" (1. November 1993) sowie der Zurückziehung dieser Norm entgegenstehender nationaler Normen „dow" (31. Dezember 1995) genannt.

---

[*] Im September 1997 wurde diese Änderung auch unter der Bezeichnung DIN EN 55014-1/A1 (VDE 0875 Teil 14-1/A1) in das Deutsche Normenwerk übernommen.

Zur Anerkennungsnotiz

Die Anerkennungsnotiz weist darauf hin, daß zwischen der Europäischen Norm und der Internationalen Norm keine Abweichungen bestehen; Unterschiede zwischen den europäischen und den weltweiten Festlegungen sind schon seit längerer Zeit ausdrücklich nicht erwünscht (zur IEC-CENELEC-Parallelabstimmung siehe Abschnitt 10.4.6 dieses Buchs).

Zum Inhalt

Hier ist kein Kommentar erforderlich.

Zur Einführung

Dieser Abschnitt findet seine Entsprechung in CISPR 14 vor dem eigentlichen Normentext. Er betont in beiden Fällen die Notwendigkeit einheitlicher Anforderungen zur Funk-Entstörung für die im Anwendungsbereich erfaßten Betriebsmittel und für Meßverfahren, Betriebsbedingungen sowie Auswertung und Dokumentation der Meßergebnisse.

2.4 Die Internationale Norm CISPR 14/ Third edition:1993-01

Englisch: „*Limits and methods of measurement of radio disturbance characteristics of electrical motor-operated and thermal appliances for household and similar purposes, electric tools and (similar*[*]*) electric apparatus*"

Französisch: „*Limites et méthodes de mesure des pertubations radioélectriques produites par les appareils électrodomestiques ou analogues comportant des moteurs ou des dispositifs thermiques, par les outils électriques et par les appareils électriques analogues*"

Der normative (englische) Text beginnt auf der Seite 11 und endet auf der Seite 111. Es folgt auf weiteren 7 Seiten informativer Text.

Mit der Änderung 1 von 1996 und dem Corrigendum vom Januar 1997 wurden auch der englische und der französische Titel geändert in:

Englisch: „*Electromagnetic compatibility – Requirements for household appliances, electric tools and similar apparatus – Part 1: Emission – Product family standard*"

Französisch: „*Compatibilité électromagnétic – Exigences pour les appareils électrodomestiques, outillages électriques et appareils analogues – Partie 1: Emission – Norme de famille de produits*"

---

[*] Anmerkung: Das Wort „similar" fehlt im englischen Text auf dem Titelblatt der Norm, ist aber auf den Seiten 7 und 9 eingefügt und wurde daher auch in die europäische Version übernommen.

2.5 Normativer Inhalt der DIN EN 55014 (VDE 0875 Teil 14)

Zu Abschnitt 1 Anwendungsbereich

Zu Abschnitt 1.1 [Betroffene Betriebsmittel und Ausnahmen]
Hier wird ausgesagt, daß diese Norm für die „Weiterleitung und Abstrahlung" hochfrequenter Störgrößen gewisser Geräte gilt. Die leitungsgebundene „Weiterleitung" und die „Abstrahlung" von Gerät und angeschlossenen Leitungen werden im Gesamtgebiet EMV unter dem Oberbegriff „hochfrequente Störaussendung" behandelt. Die betroffenen Geräte werden dadurch gekennzeichnet, daß „deren Hauptfunktionen durch Motoren und Schalt- oder Regeleinrichtungen ausgeführt werden". Der zweite Absatz nennt als Beispiele die Geräte, die bisher meist als für den Anwendungsbereich definierend angesehen wurden, nämlich Elektrohaushaltgeräte und Elektrowerkzeuge, aber auch einige der bisher als „ähnliche Geräte" benannten, wie elektromedizinische Geräte mit motorischem Antrieb, elektrisches Spielzeug, Automaten und Projektoren, aber ausdrücklich auch Halbleiterstellglieder, die unter dem Begriff „Schalt- oder Regeleinrichtungen" erfaßt werden.
Dann folgt die Aufzählung einiger in den Anwendungsbereich der Norm eingeschlossener Teile von Geräten, für die aber „keine Anforderungen zur Störaussendung" bestehen; das bedeutet – im Zusammenhang mit der im Abschnitt 10.4.4 dieses Buchs besprochenen Fachgrundnorm EN 55081-1 –, daß für sie nicht etwa in jener Fachgrundnorm oder einer anderen Norm Grenzwerte oder sonstige Festlegungen vorgesehen sind, sondern daß (zur Zeit) keine Anforderungen gelten.
Im Zusammenhang mit der Erteilung des Funkschutzzeichens wurde schon in VDE 0875:06.77, Abschnitt 3.4.2.1, zweiter Absatz, darauf hingewiesen, daß „für Baueinheiten, wie Elektromotoren, Steuereinrichtungen, Schütze u. ä., die für sich allein keinen Verwendungszweck erfüllen können ... kein Funkschutzzeichen erteilt" wird. Auch in der ersten EG-Richtlinie 76/889/EWG und in EN 55014:1987 waren „nicht selbständige Motoren" bzw. „einzelne Motoren, die als solche verkauft werden", ausgenommen. Zu den Betriebsmitteln, die, da sie nicht als selbständige Baueinheiten zu sehen sind, also nicht typprüffähig sind (und nach damaliger Formel kein Funkschutzzeichen erhalten konnten), gehören vor allem Universalmotoren, die für den Einbau in Hausgeräte oder ähnliches vorgesehen sind. Ihr Störverhalten wird stark von der Art des Geräts und ihres Einbaus in dieses beeinflußt.
Offen sind noch Festlegungen für Geräte, die nicht auf einem Meßplatz gemessen werden können und daher am Einsatzort gemessen werden müssen.
Ein neuer Europäischer Normentwurf zur Messung am Aufstellungsort (z. Z. prEN 50217, Entwurf Mai 1995) lehnt sich eng an EN 55011 (CISPR 11) an.
Die Erwähnung von Festlegungen für die Störfestigkeit der hier behandelten Geräte könnte (und müßte) jetzt mit einem Hinweis auf die Norm VDE 0875 Teil 14-2 (EN 55014-2 als Ersatz für EN 55104) aktualisiert werden.
Die folgende Aufzählung der Ausnahmen entspricht einem damaligen deutschen Antrag, in einer anstehenden Neuausgabe der CISPR 14 von 1985 eine ähnliche

Aufstellung der von anderen Bestimmungen betroffenen und deshalb hier ausgenommenen elektrischen Betriebsmittel aufzunehmen, wie sie in Abschnitt 1.2 von DIN VDE 0875 Teil 1:11.84 enthalten war.
Siehe hierzu auch die Erläuterungen zu Teil 14-2 (im Kapitel 4).
Aus der Sicht der früheren Fassungen der DIN VDE 0875 und der eines Anwenders war die bislang in EN 55014 gegebene Beschreibung des Anwendungsbereichs und die Abgrenzung gegenüber anderen Normen für die Funk-Entstörung unbefriedigend, da keine Aussage über die Art der hier betrachteten Störgrößen vorgenommen wurde und es daher seinerzeit nicht ohne weiteres ersichtlich war, daß z. B. Rundfunkgeräte und Leuchtstofflampen nicht erfaßt sind. Auch die Frage, wo Festlegungen über Mikrowellenkochgeräte zu finden sind, wurde nicht beantwortet.
Auf die jetzt klar ausgesprochene Ausnahme für Halbleiterstellglieder mit Strömen von mehr als 25 A und selbständige Stromversorgungsgeräte wird besonders hingewiesen; die Ausnahme für die Halbleiterstellglieder über 25 A war in Ausgabe 12.88 in Abschnitt 4.1.3 schon „versteckt".[*)]
Die früher hier enthaltenen Ausnahmen für Elektrowerkzeuge mit mehr als 2 kW Nennleistung waren bereits 1990 mit der Änderung 3 gestrichen worden.
Der hier beschriebene Anwendungsbereich sollte von Herstellern oder anderweitig Betroffenen sorgfältig gelesen werden; für die elektrischen Betriebsmittel, die vom Anwendungsbereich dieser Norm erfaßt sind, gilt für das Gebiet der hochfrequenten Störaussendung im Deutschen Vorschriftenwerk des VDE keine andere oder weitere Norm oder sonstige Festlegung.

Zu Abschnitt 1.2 [Frequenzbereich]
Ein bei CISPR im Sommer 1988 vorgelegtes Schriftstück mit der Aussage, den ähnlich wie in anderen EMV-Normen auch in der CISPR 14 genannten Frequenzbereich in Anpassung an den gesamten von der Internationalen Fernmeldeunion (*International Telecommunication Union, ITU*) definierten Rundfunkbereich einheitlich in allen EMV-Normen auf 9 kHz bis 400 GHz zu erweitern, führte zu einer entsprechenden Änderung.
„Diese Norm umfaßt den Frequenzbereich 9 kHz bis 400 GHz" bedeutet in Zusammenhang mit der Aussage in Abschnitt 4, daß für den Bereich „unterhalb 148,5 kHz" und für den Bereich „oberhalb 300 MHz – solange nicht für bestimmte Geräte etwas anderes festgelegt ist – keine Messungen durchgeführt zu werden brauchen", daß – trotz der Tatsache, daß in Abschnitt 4 nur für die Bereiche 148,5 kHz bis 30 MHz und 30 MHz bis 300 MHz Grenzwerte genannt werden – der gesamte oben genannte Frequenzbereich von 9 kHz bis 400 GHz für die vom Anwendungsbereich dieser Norm erfaßten Geräte abgedeckt wird.

[*)] Anmerkung: Auf eine Besonderheit bei der Anwendung dieser Norm auf solche Halbleiterstellglieder mit Strömen <25 A, die als Lichtsteuergerät (Helligkeitssteuergerät, Dimmer) eingesetzt werden, wird zu Abschnitt 7.2.5 eingegangen.

Es darf in diesem Zusammenhang aber nicht übersehen werden, daß es entsprechend dem Anwendungsbereich der EMV-Richtlinie auch für die Störaussendung im Bereich unterhalb 9 kHz Begrenzungen gibt. Hierzu sind die Normen der Reihe EN 61000-3-x /DIN VDE 0838 Teil x gültig für „Rückwirkungen in Stromversorgungsnetzen, die durch Haushaltgeräte und durch ähnliche elektrische Einrichtungen verursacht werden", zu beachten, wo „Oberschwingungen" und „Spannungsschwankungen" erfaßt sind. Ein Hinweis auf diese Normen ist (leider) weder in der EN 55014 noch in der EN 55015 enthalten. Einzelheiten hierzu finden sich im Abschnitt 9.2 dieses Buchs.

Bis zur Ausgabe 12.88 wurde in VDE 0875 als untere Grenze die Frequenz 150 kHz genannt; diese bildete seinerzeit den Anfang des Langwellen-Rundfunkbandes. VDE 0878 VIII.43 galt wegen der militärischen Verwendung im Frequenzbereich von 100 kHz bis 300 MHz. In VDE 0875:11.51 ist dann der Bereich 150 kHz bis 10 MHz gewählt worden, weil die damals vorhandenen Funkstör-Meßgeräte nur diesen Frequenzbereich erfaßten. Erst wegen des Fernsehens in den Bereichen I (47 MHz bis 68 MHz) und III (174 MHz bis 230 MHz), wegen des UKW-Tonrundfunks im Bereich II (87,5 MHz bis 108 MHz) sowie wegen der beweglichen Funkdienste, z. B. Polizeifunk, im Anschluß an diese Bereiche begann man, Funkstör-Meßverfahren und Meßgeräte für höhere Frequenzen zu entwickeln, so daß mit der Fassung VDE 0875: 12.59 der Frequenzbereich 150 kHz bis 300 MHz eingeführt wurde.

Die Entwicklung bei CISPR verlief ähnlich, wenn auch verzögert; sehr lange galten hier und in einigen europäischen Ländern die Grenzwerte sogar nur bis 1605 kHz. Mit der Recommendation No 29 (*Stockholm*, 1964) wurden für Geräte mit Elektromotoren Grenzwerte bis 30 MHz aufgenommen, mit Recommendation No 40 (*Leningrad*, 1970) – für die Messung mit der damals als „MDS-Zange" bezeichneten Absorptionsmeßwandlerzange – Grenzwerte von 30 MHz bis 300 MHz.

Im September 1987 wies das Französische Nationale Komitee darauf hin, daß 1979 auf der weltweiten Funkverwaltungs-Konferenz (*World Administrative Radiocommunication Conferenc*e) als untere Grenzfrequenz für den Tonrundfunk 148,5 kHz festgesetzt wurde; daraufhin wurde der für die Messung der Störspannung in Abschnitt 4.1.1 genannte Frequenzbereich angepaßt, jedoch wurden deswegen für das schmale Band von 148,5 kHz bis 150 kHz keine zusätzlichen Grenzwerte angegeben: Die Erweiterung um 1 % der Frequenz liegt im Bereich der Meßgenauigkeit und die Frequenz 148,5 kHz bei Einstellung des Meßempfängers auf 150 kHz innerhalb der Bandbreite (±4,5 kHz) des Empfängers.

Der Frequenzbereich unter 150 kHz dürfte aber in absehbarer Zukunft doch an Bedeutung gewinnen. Die bislang bei den elektrischen Betriebsmitteln nach DIN VDE 0875 dominierenden mechanischen Kontakte, die beim Schalten mit sehr steilen Impulsflanken arbeiten, erzeugen durch Prellen mitunter bis in den Gigahertz-Bereich reichende breitbandige Störspektren. Ähnlich verhalten sich auch die Kollektorstörungen von Universalmotoren. Die in neuer Zeit in zunehmendem Umfang eingesetzten elektronischen Schalter erzeugen aber auf Grund ihrer relativ flachen

Anstiegsflanken und deren exakter zeitlicher Folge ein mit zunehmender Frequenz wesentlich schneller abfallendes Störspektrum.

So wirkt sich – wie auch die Praxis bestätigt – im Falle der mechanischen Kontakte eine Funk-Entstörung für den Frequenzbereich oberhalb 150 kHz ebenfalls in einem im allgemeinen ausreichenden Maß auf den Bereich unterhalb 150 kHz aus. Bei elektronischen Schaltern dagegen führt, auf Grund der mit abnehmender Frequenz stark steigenden Charakteristik des Amplitudenspektrums, die Entstörung oberhalb 150 kHz nicht zwangsläufig genügend niedrige Störpegel unterhalb 150 kHz herbei. Es kommt die Tatsache hinzu, daß durch die stärkere Verbreitung von Betriebsmitteln mit eingebauten Mikroprozessoren – der durch die Einführung der Grenzwerte für „Schmalbandstörgrößen" (siehe Erläuterungen zu Abschnitt 4.1) schon in gewissem Umfang Rechnung getragen wird, die aber in Deutschland bis Dezember 1989 mit dem Inkrafttreten der EN 55014 als DIN VDE 0875 Teil 1 zusätzlich auch nach DIN VDE 0871 entstört werden mußten – auch verstärkt Störungen in diesem Bereich beobachtet werden können (siehe auch zu Teil 11 im Abschnitt 1.5 dieses Buchs).

Wenn auch bisher in CISPR Anträge für die Erstellung von Grenzwerten unterhalb 150 kHz als im allgemeinen bei Haushaltgeräten nicht erforderlich abgelehnt wurden, muß doch auf längere Sicht damit gerechnet werden, daß Grenzwerte für den Bereich 9 kHz bis 150 kHz festgelegt werden. Wegen der sehr kleinen Bandbreite (0,2 kHz) wird es dann aber nicht notwendig sein, verschiedene Grenzwerte für die Messungen mit dem Quasispitzenwert-Gleichrichter und mit dem Mittelwert-Gleichrichter (für die differenzierte Beurteilung von Schmalband- und von Breitband-Störgrößen) zu finden, es kann eventuell auf eine der Messungen verzichtet werden (siehe hierzu auch die Erläuterungen zu Teil 15-1 im Kapitel 3).

Auch für den Frequenzbereich oberhalb 300 MHz brauchten bisher Grenzwerte für Funkstörgrößen nicht festgelegt zu werden, weil die beim Empfang im Fernsehbereich IV/V (470 MHz bis 790 MHz) gesammelten Erfahrungen dies für solche Betriebsmittel nicht erforderlich machten, die die Grenzwerte unterhalb 300 MHz einhielten. Der Wandel in den verwendeten Technologien macht aber eine Überprüfung dieser Entscheidung von Zeit zu Zeit erforderlich, da die Entwicklung im Bereich der digitalen Bauelemente immer höhere Schaltgeschwindigkeiten herbeiführt.

Zu Abschnitt 1.3 [Mehrnormengerät]
Schon in der 2. Ausgabe (1985) der CISPR 14 fand man (in Abschnitt 1.3 des Anwendungsbereichs) einen besonderen Begriff, das „*multifunction equipment*". Dieser schwer zu übersetzende Ausdruck meint Geräte, die als Ganzes oder in Teilen gleichzeitig „verschiedenen Abschnitten dieser Norm und/oder anderer Normen unterliegen". Diese Geräte sollen, wenn solches möglich ist, in jeder Funktion einzeln geprüft werden. Dabei müssen alle zutreffenden Festlegungen der jeweils anzuwendenden Norm erfüllt werden. Für weitere Einzelheiten zu den Betriebsbedingungen bei der Messung wird auf Abschnitt 7.2.1 verwiesen.

Siehe auch zu den Abschnitten 7.2.3 und 7.3.4.

Zu Abschnitt 1.4 [Zusätzliche Maßnahmen]
Hier wird nicht nur darauf hingewiesen, daß eine Entstörung nach den Festlegungen dieser Norm nicht unter allen denkbaren Umständen eine Sicherheit vor Störungen gibt, sondern daß bei eventuell doch auftretenden Störungen zusätzliche Maßnahmen erforderlich werden können.

Zu Abschnitt 2 Normative Verweisungen

Durch Verweisungen werden die Festlegungen in den Normen, auf die verwiesen wird – soweit sie sachlich zutreffen –, zu Bestandteilen dieser Norm. Es ist aber von Fall zu Fall prüfen, ob die jeweilige Verweisung als „gleitend" oder als „fest" anzusehen ist, d. h., ob Änderungen in der zitierten Norm zeitgleich in dieser Norm wirksam werden oder ob deren Anwendung erst mit einer Neuausgabe oder Änderung der vorliegenden Norm wirksam wird. Diesen Tatbestand muß der Anwender von Fall zu Fall prüfen.
Eine Aufstellung der in Frage kommenden Normen findet man im nationalen Vorwort (Seite 2) und in den „Zitierten Normen und anderen Unterlagen" (Seite 3) in dieser Norm.
Inzwischen wurde CISPR 16-1:1993 veröffentlicht; deren deutsche Fassung soll als VDE 0976 Teil 16-1 in Kürze erscheinen. Die internationale Norm IEC-CISPR 16-2 erschien im November 1996. Auch sie wird in das Deutsche Normenwerk übernommen, voraussichtlich als VDE 0877 Teil 16-2.
Die Titel dieser beiden Normen lauten jetzt:
– IEC CISPR 16-1: Anforderungen an Einrichtungen und Verfahren zur Messung der hochfrequenten Störaussendung und Störfestigkeit – Teil 1: Anforderungen an Einrichtungen zur Messung der hochfrequenten Störaussendung und Störfestigkeit
– IEC CISPR 16-2: Anforderungen an Einrichtungen und Verfahren zur Messung der hochfrequenten Störaussendung und Störfestigkeit – Teil 2: Anforderungen an Verfahren zur Messung der hochfrequenten Störaussendung und Störfestigkeit

Zu Abschnitt 3 Definitionen

Zu Abschnitt 3.1.1 [Hinweis auf die Definitionen im IEV]
In Abschnitt 3 der EN 55014 wird zu den Begriffen, wie in der zugrunde liegenden CISPR 14, auf das Internationale Elektrotechnische Wörterbuch in IEC (600) 50 „IEV – Kapitel 161 mit dem Titel: „Elektromagnetische Verträglichkeit (*Electromagnetic Compatibility*)" verwiesen. Der Entwurf einer Deutschen Norm zu diesem Thema, DIN IEC 50-161 wurde im Juli 1995 veröffentlicht.
Kapitel 161 enthält eine bedeutsame Änderung bei den englischen Begriffen „*disturbance*" und „*interference*" und ihren deutschen Entsprechungen.
Unter Nummer 161-01-05 heißt es zu dem englischen „*electromagnetic disturbance*" in der deutschen Version „elektromagnetische Störgröße" mit der Erläuterung: „jede elektromagnetische Erscheinung, welche die Güte einer Schaltung,

eines Gerätes oder eines Systems herabsetzen oder lebende oder tote Materie ungünstig beeinflussen kann".

Unter Nummer 161-01-06 wird dagegen das englische *„electromagnetic interference"* in der deutschen Version mit „elektromagnetische Störung" wiedergegeben mit der Erläuterung: „Verminderung der Funktionsfähigkeit eines Gerätes, Übertragungskanals oder Systems, die durch eine elektromagnetische Störgröße verursacht ist."

Mit anderen Worten: eine (Funk-)störgröße als Ursache kann als Folge (Funk-)störungen hervorrufen.

So müßte also z. B. in der nächsten Ausgabe dieser Norm die Überschrift zu Abschnitt 4, englisch *„Limits of disturbance"*, in der deutschen Version lauten: „Grenzwerte für Funkstörgrößen".*)

Eine Definition des Begriffes „Anschluß" (englisch *„terminal"*) findet sich in Abschnitt 4.1.1.

Zu Abschnitt 3.1.2 [Spezielle Definitionen aus CISPR 16]

Der Hinweis auf einige Definitionen in der Neufassung der CISPR 16 ergänzt die im IEV aufgeführten. Die Entladezeitkonstante tritt z. B. im folgenden Abschnitt 3.2 auf.

Allgemeines zu den Abschnitten 3.2 bis 3.7
[Begriffe für diskontinuierliche Störgrößen]

Die bei diskontinuierlichen Störgrößen auftretenden Begriffe waren in den früheren Ausgaben der Publikation CISPR 14 und dementsprechend auch in EN 55014 bis zur Ausgabe 12.88 nicht im Abschnitt 3 „Begriffe", sondern im Abschnitt 4.2.2, also bei den Grenzwerten für diskontinuierliche Störgrößen aufgeführt, ohne daß in Abschnitt 3 ein Hinweis darauf zu finden gewesen wäre. Sie wurden mit der Überarbeitung für die Ausgabe 1993 an den ihnen angemessenen Platz übertragen.

Zu Abschnitt 3.2 [Knackstörgrößen, Kriterien]

Begriff und Benennung „Knackstörung" (heute: Knackstörgröße) wurden in VDE 0875: 01.65 erstmals eingefügt, um kurz und bündig solche Geräte, Maschinen und Anlagen beschreiben zu können, „die selten, unregelmäßig und kurzzeitig Funkstörungen verursachen" – so in VDE 0875:11.51 § 7b) – oder die „Funkstörungen durch Schaltknacke – so in VDE 0875:12.59 § 4i) – erzeugen".

Seit Beginn der 60er Jahre wurden die Erscheinungsformen der Knackstörgrößen gründlich untersucht und stärker als bisher in Beziehung zum Funkstörmeßgerät

---

*) Anmerkung: Zur Vorsilbe „Funk-" hieß es in einer Anmerkung zu den Begriffen in DIN 57875 Teil 1 (VDE 0875 Teil 1): 11.84 noch: „Im folgenden wird das Wort „Funk-" fortgelassen, wenn die betreffende Benennung auch ohne dieses Bestimmungswort eindeutig ist." Angesprochen waren damit u. a. die Begriffe „Funkstörspannung" und „Funkstörleistung". Da diese im Sprachgebrauch der Leser dieses Buchs vielfach noch gebraucht werden, wird hier darauf hingewiesen, daß die Autoren, wo immer es möglich ist, die Begriffe „Störspannung", „Störleistung" usw. verwenden.

nach VDE 0876 bzw. CISPR 16 gebracht. Wenn also ein Ausschlag am Anzeigeinstrument des Funkstör-Meßgeräts ein Maß für die Dauer einer Knackstörgröße bilden sollte, dann mußte folgerichtig die elektrische Entladezeitkonstante herangezogen werden, die hier 160 ms beträgt. Somit wurde die Dauer einer Knackstörgröße auf 200 ms begrenzt.
Aber auch für den Abstand eventuell zeitlich kurz aufeinander folgender Störgrößen ist ein Wert von mindestens 200 ms festgesetzt, um zwei solche Störgrößen noch voneinander unterscheiden zu können.
Eine weitere Einschränkung ist in Abschnitt 4.2.2.1 enthalten; die genannten Störgrößen dürfen nicht öfter als 2mal innerhalb einer Sekunde auftreten (siehe Erläuterung zu Abschnitt 4.2.2.1).
Zur Erläuterung dessen, was als Knackstörgröße anzusehen ist, wird auf Bild 3 verwiesen, wo diese in unterschiedlicher Form, je nach der Zusammensetzung der Knackstörgröße aus fortlaufenden Folgen von Störimpulsen oder aus mehreren einzelnen Störimpulsen, dargestellt sind. Dieses Bild wurde seinerzeit in CISPR 14 deutlich an die Darstellung in VDE 0875:06.77 angepaßt.
Während in DIN VDE 0875 mit dem Begriff „Knackstörung" zugleich die Überschreitung des für Dauerstörgrößen geltenden Grenzwerts gekoppelt war, wurde der englischsprachige Begriff „*click*" zunächst auch auf Störgrößen unter dem Grenzwert, also auch auf solche Störgrößen angewendet, die einen so niedrigen Pegel haben, daß sie praktisch nicht einmal mehr meßbar sind.
Knackstörgrößen, die unterhalb des jeweiligen Grenzwerts für Dauerstörgrößen liegen, können, da sie diesen Grenzwert einhalten, aber unberücksichtigt bleiben. Außerdem ist ihre meßtechnische Erfassung zusammen mit solchen Knackstörgrößen, die das übliche Niveau oberhalb des Grenzwerts erreichen, schwierig. So hat man 1967 in *Stresa* beschlossen, nur „die Knackstörgrößen zu zählen und zu berücksichtigen, die über dem für Dauerstörgrößen geltenden Grenzwert liegen", wie es ausdrücklich schon in DIN VDE 0875:07.71 hieß. In CISPR 14 wurde daraufhin für die Störgrößen, die den Grenzwert überschreiten und also zu zählen sind, der Begriff „*counted click*" („gezählte Knackstörung") eingeführt.
Seitdem in CISPR F, einem deutschen Vorschlag vom Mai 1989 in der Arbeitsgruppe 1 folgend, der Begriff „*counted click*" durch den Begriff „*click*" ersetzt wurde, wird in der CISPR 14 wieder die alte „deutsche Lesart" gefunden.

Zu Abschnitt 3.3 [Schaltvorgang]
Der Begriff wurde aus ClSPR 14 erstmals in DIN VDE 0875:11.84 Teil 1 übernommen, weil er in jener enthalten ist und für gewisse Geräte gebraucht wird. Bei diesen wird die Knackrate (s. u.) nicht mit dem Störmeßempfänger anhand der auftretenden Knackstörgrößen ermittelt, sondern von der Anzahl der Schaltvorgänge beim Betrieb entsprechend den in Abschnitt 7 (damals Abschnitt 5) niedergelegten Bedingungen abgeleitet. Es muß betont werden, daß es bei der Auswertung (nach den Abschnitten 4.2.3.7 und 7.4.2.5) keine Rolle spielt, ob bei einem Schaltvorgang eine Knackstörgröße beobachtet wird oder nicht (siehe auch Tabelle A.2).

Zu Abschnitt 3.4 [Mindestbeobachtungszeit T]
Hier ist die Definition zugleich eine Erklärung des Zwecks. Auf die über die Begriffsfestlegung hinausgehende Aussage zur Ermittlung der Mindestbeobachtungszeit wird in den Erläuterungen zu Abschnitt 7.4.2.1 näher eingegangen.

Zu Abschnitt 3.5 [Knackrate N]
Als mit der Fassung VDE 0875:01.65 die Messung und Beurteilung von Knackstörgrößen auf eine feste Grundlage gestellt wurde, erwies es sich als zweckmäßig, der Formelgröße „Anzahl der auf die Zeit bezogenen Knackstörungen" eine kurze Benennung zuzuordnen, und zwar „Knackrate" in Fortführung von DIN 5485 „Verwendung der Wörter Konstante, Koeffizient, Zahl, Faktor, Grad und Maß". Diese von A. Warner vorgeschlagene Benennung ist in der Praxis und in das Fachschrifttum aufgenommen worden, so daß sie in DIN VDE 0875:06.77 mit einer Definition eingefügt werden konnte.
In wörtlicher Übersetzung von „Knackrate" wird in den englischsprachigen CISPR-Texten der Fachausdruck „*click rate*" benutzt.
Bei der Auswertung der Störgrößen von Schaltvorgängen ist die Knackrate definiert als die Anzahl der Schaltvorgänge je Zeiteinheit; außerdem ist eventuell ein reduzierender Faktor nach Tabelle A.2 (in Anhang A) zu beachten (siehe Abschnitt 7.4.2.3).
Während CISPR 14 und EN 55014 als Formelzeichen für die Knackrate schon immer den Buchstaben N verwenden, mußte in DIN VDE 0875 seinerzeit auf ihn verzichtet werden, da N bereits den Funkstörgrad N bezeichnete; statt dessen wurde Q mit der Merkhilfe „Quantität" gewählt.
Mit der wörtlichen Übernahme der EN 55014 heißt es nun auch in VDE 0875 Teil 14-1 „Knackrate N".

Zu Abschnitt 3.6 [Grenzwert für Knackstörgrößen , L_q]
Wenn auch der Grenzwert für Dauerstörgrößen im Bereich 0,15 MHz bis 30 MHz eine frequenzabhängige Größe ist und für jede Frequenz berechnet (oder aus Bild 1 geschätzt) werden muß, ergibt sich doch bei jeder einzelnen Frequenz aus Abschnitt 4.1.1 mit Tabelle 1 ein ganz bestimmter Wert, der allgemein mit L (von „Limes" oder „*limit*") bezeichnet werden könnte. Abhängig von diesem und von der Knackrate errechnen sich für Knackstörgrößen höhere Grenzwerte, die zur Unterscheidung schon in DIN VDE 0875 Teil 1:11.84 mit L_q bezeichnet wurden.
In Publikation CISPR 14 (und daher auch EN 55014) trat die Kurzbezeichnung „L" gar nicht, sondern nur als „L_q" auf. Für diesen Grenzwert wurde damals der fast unübersetzbare Ausdruck „*permitted limit*" gebraucht. Nach den Diskussionen in der Arbeitsgruppe wurde im Unterkomitee vereinbart, in Zukunft den Begriff „*click limit*", also etwa „Knackstör-Grenzwert" oder „Grenzwert für Knackstörgrößen" – wie schon seit längerem in DIN VDE 0875 Teil 1 benutzt – anzuwenden.
Der erhöhte Grenzwert L_q bezieht sich auf den jeweiligen Grenzwert für die Messung mit dem Quasispitzenwert-Gleichrichter (zur Bestimmung siehe zu Abschnitt 4.2.2.2).

Zu Abschnitt 3.7 [Methode des oberen Viertels]
Der Grenzwert für Knackstörgrößen ist nur statistisch zu betrachten: 25 % der in Frage kommenden Knackstörgrößen dürfen den errechneten Grenzwert L_q überschreiten. Dieses bezeichnet man – aus der englischsprachigen Literatur übersetzt – als die „Methode des oberen Viertels" (*upper quartile method*): Das obere Viertel aller beobachteten Knackstörgrößen wird bei der Auswertung nicht berücksichtigt (zur Durchführung siehe zu Abschnitt 7.4.2.6). Beispiele für diese Methode sind in Anhang B der Bestimmungen aufgeführt.
Der nach dem Abschneiden dieses höchsten Viertels aller Störgrößen bleibende Störpegel – also gewissermaßen die 26. bei der Auswertung von 100 nach der Höhe geordneter Knackstörgrößen – wurde früher in den englischsprachigen Vorschriften auch als „*typical level*", in der EG-Richtlinie als „typischer Wert" bezeichnet. Mit der Überarbeitung der Publikation CISPR 14 zur 2. Ausgabe (1985) wurde der Titel dieses Abschnitts, der ursprünglich „*typical value*" lautete, geändert, und der Begriff „*typical value*" entfiel hier – d. h. auch im Rahmen der Begriffe – vollständig.
Die auf eine Mindestbeobachtungszeit bezogene Methode des oberen Viertels wird in DIN VDE 0875 zur Bewertung von Knackstörgrößen seit der Ausgabe 0875:07.71 angewandt (siehe auch zu Abschnitt 7.4.2). Die Begriffe wurden seinerzeit in Anlehnung an Publikation CISPR 14 neu in DIN VDE 0875:11.84 übernommen.

Zu Abschnitt 4 Grenzwerte für Funkstörgrößen

Beim Festlegen von Grenzwerten für die Störspannung, die Störleistung oder die Störfeldstärke ging man ursprünglich von dem Bemühen um einen ungestörten Empfang des „Radios", also des Tonrundfunks, aus. Somit waren zu berücksichtigen:
– die Nutzfeldstärke der Tonrundfunksender im Versorgungsgebiet;
– die Entkopplungsdämpfung zwischen Funkstörquelle und Funkempfangsanlage;
– der Störabstand, d. h. das Verhältnis der Nutzspannung an der Empfangsanlage zur Störspannung an der Empfangsanlage;
– die Störspannung, die Störleistung oder die Störfeldstärke, die mit wirtschaftlich vertretbaren Mitteln am Durchschnitt der Funkstörquellen durch Funk-Entstörmittel erreicht werden kann.

Ein ungestörter Empfang ist sichergestellt, sobald am Aufstellungsort der Antenne die Mindest-Nutzfeldstärken nach DIN VDE 0855 Teil 2 vorhanden sind. Früher wurden diese Werte auch in DIN VDE 0875 Teil 3:12.88 (Abschnitt 7.1.1.2.2) genannt. Diese Grundüberlegungen galten dann natürlich auch für den Fernsehrundfunk.

Zu Abschnitt 4.1 Dauerstörgrößen (kontinuierliche Störgrößen)
Sobald man sich eingehend mit dem physiologischen Eindruck von Funkstörgrößen auf Ohr und Auge des Menschen beschäftigt, stellt man deutliche Unterschiede in der Wirkung von Dauerstörgrößen und diskontinuierlichen Störgrößen fest. Dem-

entsprechend werden beide Arten von Funkstörgrößen in den Bestimmungen getrennt behandelt. Hier wird zunächst auf die Herkunft der Dauerstörgrößen eingegangen, die bei den elektromotorischen Geräten die typische Erscheinungsform darstellen (vgl. auch die Herkunft der diskontinuierlichen Störgrößen bei temperaturgeregelten Geräten in Abschnitt 4.2).

Bis zur Ausgabe DIN VDE 0875 Teil 1:11.84 wurden in Teil 1 nur Grenzwerte für Breitbandstörgrößen angegeben. Mit den unten aufgeführten Änderungen wurden neben den bisherigen Grenzwerten bei den bisher ausschließlich gebrauchten Meßempfängern mit Quasispitzenwert-Gleichrichter auch Grenzwerte für die Messung mit einem Mittelwert-Gleichrichter aufgenommen. Damit sollen die sogenannten Schmalbandstörgrößen erfaßt und beurteilt werden, wozu es jetzt im Text heißt: „Dauerstörgrößen können entweder Breitbandstörgrößen sein, verursacht durch Schaltvorgänge, wie sie an mechanischen Schaltern, Kommutatoren, Halbleiterstellgliedern und ähnlichem auftreten, oder Schmalbandstörgrößen, hervorgerufen von elektronischen Regeleinrichtungen, wie etwa Mikroprozessoren".

Ob eine Störgröße als breit- oder schmalbandig zu bezeichnen ist, bedeutet zunächst eine relative Aussage, die primär von der Art des verwendeten Meßempfängers – genauer gesagt, von seiner ZF-Bandbreite – abhängt.

Die im Jahre 1984 noch gegebene „klassische" Auffassung unterstellte, daß Hausgeräte (nur) motorische und Knackstörgrößen mit Folgefrequenzen unterhalb 10 kHz und daher solche Harmonische erzeugen, daß jeweils mehrere von ihnen in den für den Frequenzbereich 150 kHz bis 30 MHz vorgeschriebenen 9 kHz breiten Empfangskanal des Meßempfängers fallen. Dagegen wird bei einem typischen HF-Gerät (sei es mit beabsichtigter, sei es mit unbeabsichtigter HF-Erzeugung) mit einer mehr oder weniger festen Grundfrequenz oberhalb 10 kHz hier jeweils nur eine Harmonische erfaßt.

Die genannte Bandbreite von 9 kHz wurde aus der Tonrundfunk-Empfangstechnik in die Funkstör-Meßtechnik übernommen.

Da der physiologische Störeindruck einer schmalbandigen Störgröße, bezogen auf den gemessenen Störspannungswert, wesentlich unangenehmer ist als der einer breitbandigen, waren die Grenzwerte für Schmalbandstörgrößen schon immer um 12 dB strenger. Die Bewertung des bei der Messung verwendeten Störspannungs-Meßgeräts ist für breitbandige Funkstörgrößen ausgelegt, bei denen also in den Durchlaßbereich des Empfängers (9 kHz) mehrere Teilschwingungen fallen. Wird die Funkstörung nur durch eine einzige diskrete Frequenz verursacht, so ergibt sich etwa der gleiche Störeindruck wie bei der „breitbandigen" Störung, wenn die Anzeige des Meßempfängers um 12 dB unterhalb der Anzeige der breitbandigen Störgröße liegt.[*)]

[*)] Anmerkung: VDE 0875 Teil 14 enthält hier einen Druckfehler: es muß in der Klammer in der Überschrift – im Gegensatz zu der von Abschnitt 4.2 – natürlich „kontinuierliche Störgrößen" heißen.

Probleme entstanden, seitdem Haushaltgeräte der in VDE 0875 behandelten Art neben den breitbandigen Störgrößen (von Motoren oder Schaltern), jetzt z. B. infolge eingebauter Mikroprozessoren gleichzeitig Schmalbandstörgrößen erzeugen, so daß dementsprechend verschiedene Grenzwerte anzuwenden sind.

So war man 1984 noch in einer Übergangssituation: Formell mußten nach den VDE-Bestimmungen bei einem solchen Gerät die Breitbandstörgröße nach DIN VDE 0875 und die Schmalbandstörgröße nach DIN VDE 0871 behandelt werden, womit in manchen Fällen sogar meßtechnische Probleme verbunden waren. Entsprechend der seinerzeit geltenden EG-Richtlinie wurden aber in den meisten anderen europäischen Ländern bei diesen Geräten nur die Breitbandstörgrößen berücksichtigt, was zu einer Ungleichbehandlung auf dem deutschen Markt führte.

Da es bisher nicht gelungen ist, in der Praxis anwendbare Definitionen für die Begriffe „Schmalband" und „Breitband" zu finden, wird die Unterscheidung nun meßtechnisch vorgenommen, und zwar mit Hilfe des Bewertungskreises im Meßempfänger:

Je nach der Art der Bewertung der Störgrößen durch den im Funkstörmeßempfänger eingeschalteten Gleichrichter verhält sich der Meßkreis empfindlicher gegenüber Breitband- oder gegenüber Schmalbandstörgrößen. Bei Anwendung eines Meßempfängers mit Quasispitzenwert-Gleichrichter nach Abschnitt 2 der CISPR 16-1 (VDE 0976 Teil 16-1) (das entspricht den Festlegungen in Abschnitt 3 von DIN VDE 0876 Teil 1:09.78) werden bevorzugt die Breitbandstörgrößen erfaßt und angezeigt. Bei der Messung mit einem CISPR-Meßempfänger, in dem der Quasispitzenwert-Gleichrichter durch einen Mittelwert-Gleichrichter nach CISPR 16-1, Abschnitt 4, (siehe auch zu Abschnitt 5.1.1) ersetzt ist, werden die Schmalbandstörgrößen bevorzugt. Das unterschiedliche Anzeigeverhalten der Gleichrichter wird also mit den Grenzwerten verglichen und nicht die Frage gestellt, ob es sich wirklich um Breitband- oder Schmalbandstörgrößen handelt.

Für die Festlegung der Grenzwerte war neben der frequenzabhängigen anderen Bewertung die höhere Lästigkeit von Schmalbandstörgrößen zu berücksichtigen. Aufgrund theoretischer Überlegungen und wegen der erwähnten höheren Lästigkeit sollte der Grenzwert für die Messung mit dem Mittelwert-Gleichrichter etwa 10 dB niedriger liegen als der für die Messung mit dem Quasispitzenwert-Gleichrichter. Es lagen auch noch keine praktischen Erfahrungen bei „Mischstörern" vor, also bei Geräten, in denen beide Störgrößenarten gleichzeitig auftreten. Wie Mischstörer verhalten sich meßtechnisch aber auch z. B. hochtourig laufende Universalmotoren in Staubsaugern und Elektrowerkzeugen (bei 24 Lamellen und etwa 20 000 U/min ergibt sich eine „Lamellenfrequenz" von etwa 8 kHz, bei etwa 30 000 U/min sind es etwa 12 kHz), die vom Mittelwert-Gleichrichter als „Schmalbandstörgrößen" erkannt werden.

Ohne einen gewissen „Mut zur Entscheidung" hätten sich die Diskussionen bei CISPR wahrscheinlich noch jahrelang hingezogen, ohne daß die Entscheidung durch das Sammeln von Erfahrung leichter geworden wäre. Inzwischen haben umfangreiche Messungen an verschiedenen Stellen gezeigt, daß die Unterschiede der gewählten Grenzwerte in etwa richtig sind (siehe auch Bild 2-2).

Bei CISPR 14 wurde mit der ersten Änderung der zweiten Ausgabe (Juni 1987) die Anwendung der Grenzwerte für „Schmalbandstörgrößen" noch auf Haushaltgeräte beschränkt; bald wurde aber auch beschlossen, mit der Änderung 2:1989 die handgeführten Elektrowerkzeuge in diese Regelung einzubeziehen.

Die Änderung 2 zu EN 55014 von Januar 1990 enthielt – unter gleichzeitiger Zurückziehung der Änderung 1 – die neuen Bestimmungen, wie Haushaltgeräte mit Breitband- und Schmalbandstörgrößen zu messen und zu beurteilen sind. Diese wurden zunächst mit der 1. Änderung (A1), Entwurf März 1988, und dann mit der 2. Änderung (A2), Oktober 1990, in DIN VDE 0875 übernommen; die Grenzwerte für die Messung mit dem Mittelwert-Gleichrichter gelten seitdem also für alle in EN 55014 erfaßten Geräte einschließlich der Halbleiterstellglieder neben den bisherigen Grenzwerten für die Messung mit dem Quasispitzenwert-Gleichrichter.

Ein Vorschlag, „Geräte, die nur Breitbandstörgrößen erzeugen", zur Reduzierung des Meßaufwands von der – eigentlich überflüssigen – Messung mit dem Mittelwert-Gleichrichter zu befreien, konnte in CISPR nicht durchgesetzt werden, weil die Definition des Begriffs „Breitbandstörgröße" bisher noch nicht gelang. Aber in Abschnitt 7.4.1.7 konnte die Erleichterung aufgenommen werden, daß an einem Gerät, das als Störquelle nur einen Kommutatormotor (Universalmotor) enthält, keine Messungen mit dem Mittelwert-Gleichrichter durchgeführt zu werden brauchen (siehe Abschnitt 7.4.1.7).

Die jetzt in den Tabellen I und II aufgeführten Grenzwerte für die Messung mit dem Quasispitzenwert-Gleichrichter werden als vorläufige bezeichnet und sollen gegebenenfalls – wie seinerzeit ausdrücklich gesagt – nach Vorliegen ausreichender Erfahrungen erleichtert oder verschärft werden; nach dem jetzigen Stand der Erfahrungen ist damit allerdings nicht mehr zu rechnen.

Zu Abschnitt 4.1.1 Frequenzbereich von 148,5 kHz bis 30 MHz (Funkstörspannung)
Die im Frequenzbereich unterhalb 30 MHz gültigen Grenzwerte der Störspannung leiten sich aus der Nutzspannung des Langwellen- und Mittelwellen-Rundfunkbereichs her. Für VDE 0875:11.51 war der Funkstörgrad N – so wurde bis zur Ausgabe DIN VDE 0875:06.77 der später so genannte Grenzwert für „Betriebsmittel zur allgemeinen Anwendung" bezeichnet – bei 500 kHz auf 1 mV festgelegt worden. Dieser Wert ergibt sich bei Zugrundelegen einer Nutzspannung von 1 mV, einer Entkopplungsdämpfung von 40 dB (Verhältnis 1:100) und einem Störabstand von ebenfalls 40 dB.

In **Bild 2-1** sind zunächst die verschiedenen Grenzen der Funkstörspannung gegenübergestellt, die sich im Laufe der Zeit – bis zur Ausgabe VDE 0875:08.66 – durch Wandel der Anforderungen ergeben hatten.

Im Bild sind neben dem Funkstörgrad N auch die jeweiligen Kurven für die Funkstörgrade G und K gezeigt, deren Anwendung ab November 1984 auf Teil 3 von DIN

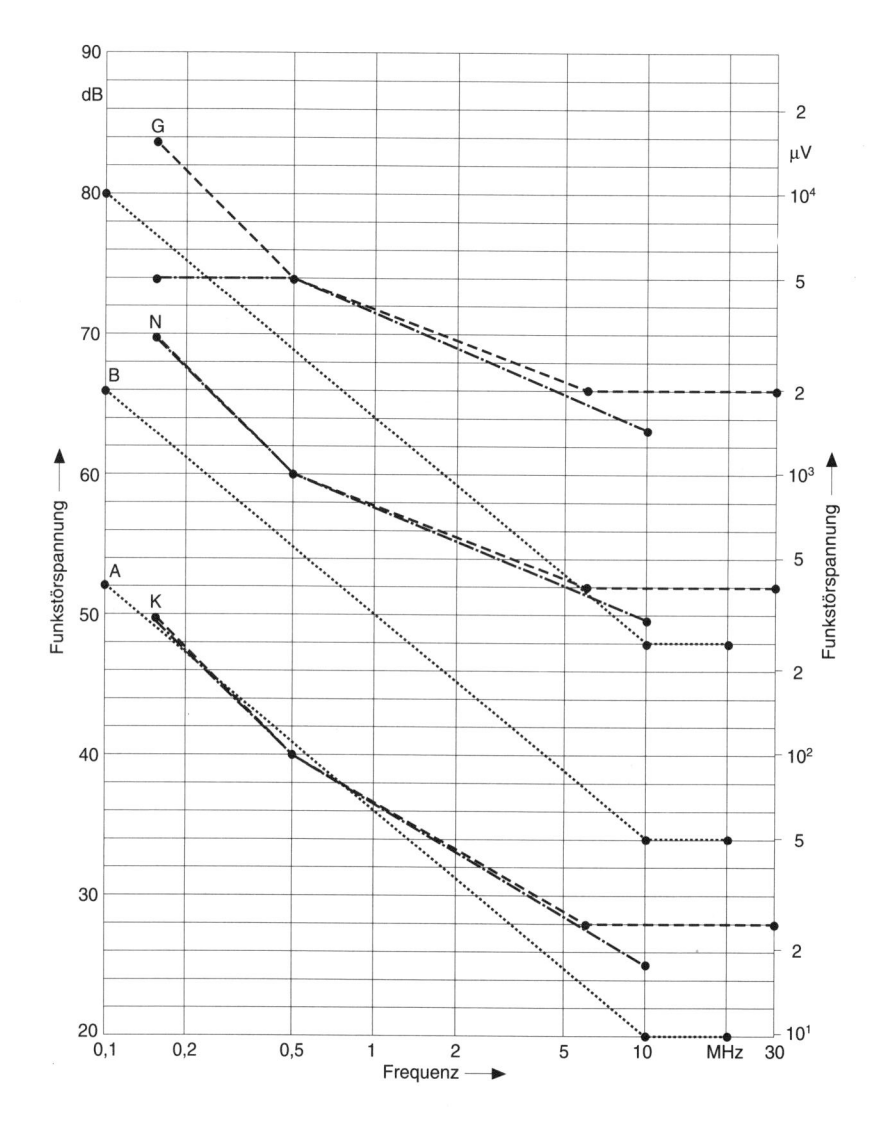

Bild 2-1. Grenzen der Funkstörspannung für Dauerstörungen für die Funkstörgrade G, N und K sowie für die Funk-Entstörgrade A, B und C.
.... VDE 0878/VIII.43
-·-·-·-·-·-·-·-·-·-. VDE 0875/11.51
– – – – – – – VDE 0875/12.59 bis VDE 0875/8.66

101

VDE 0875 beschränkt wurde und die inzwischen – für VDE 0875 Teil 14-1 – ganz entfallen sind.
Für den Funkstörgrad G (Einsatz im Industriebereich) war eine um den Faktor 5 (= 14 dB) nach oben verschobene Grenze gewählt worden, weil Funkstörquellen im Industriegebiet meistens in größeren Entfernungen von im Wohngebiet befindlichen Empfangsantennenanlagen betrieben werden. Die heute in der Industrie vorhandenen, auf elektromagnetische Störgrößen empfindlich wirkenden Einrichtungen spielten seinerzeit noch keine Rolle, die Funk-Entstörung war ganz auf den Schutz des privaten (Ton-)Rundfunkempfangs ausgerichtet.
Diese Differenz von 14 dB ist jetzt aber wieder in den CENELEC-Normen zu finden; die in den Fachgrundnormen EN 50081-1 und EN 50081-2 genannten Grenzwerte für die Störspannung differieren um 13 dB bis 17 dB, ähnlich wie die Grenzwerte für die Klassen B und A in EN 55011 (siehe Abschnitt 1.5 dieses Buchs).
Der Funkstörgrad K stellte eine technische Empfehlung für den Fall dar, daß Störquelle und Empfangsantenne besonders eng beieinander liegen, wie in Gebäuden mit hochempfindlichen Fernempfangsanlagen.
Im Labor läßt sich zeigen, daß an einem idealen Schalter (z. B. einem Vakuumschalter) in Verbindung mit einer rein ohmschen Belastung die gemessene Störspannung exakt mit $1/f$, also mit dem Kehrwert der Frequenz, fällt. Hierbei liegt die elektrische Schaltgeschwindigkeit in der Größenordnung von Mikrosekunden; die geschaltete Spannung und der geschaltete Strom haben keinen wesentlichen Einfluß auf die Höhe der Störspannung.
Wie aus Bild 2-1 ersichtlich, entsprach bis zur Ausgabe VDE 0875:08.66 die Grenze der Störspannung für den damaligen Störgrad N im Langwellenbereich ab 3 mV bei 150 kHz dem Scheinwiderstandsverlauf eines Kondensators, d. h., sie verlief proportional dem Kehrwert der Frequenz. Oberhalb 500 kHz verlief die Gerade bis 6 MHz proportional dem Kehrwert der Wurzel aus der Frequenz.
Im Gegensatz zu diesem „natürlichen" Verlauf der Grenzwerte waren in den anderen europäischen Ländern Grenzwerte entstanden, die als Gerade konstanter Größe oder mit einer Stufe bei 1000 µV oder 500 µV lagen. Es gab übrigens überall nur einen (dem Störgrad N entsprechenden) Grenzwert, da man meist nur an Haushaltgeräte und ähnliches dachte und auch nicht an Empfehlungen für besondere Bedingungen. Außerdem galten die Grenzwerte im allgemeinen zunächst nur für den Frequenzbereich von 150 kHz bis 1605 kHz. So lagen – um einige unserer Handelspartner zu nennen – die Grenzwerte in der Schweiz und in Norwegen durchgehend bei 1000 µV; in Schweden verlief die Grenze bis 525 kHz bei 1000 µV, dann bei 500 µV. Belgien und die Niederlande erlaubten unterhalb 200 kHz 1500 µV, später auch Großbritannien.
Die Verhandlungen bei CISPR mit dem Ziel, neben einheitlichen Meßverfahren auch einheitliche Grenzwerte empfehlen zu können, ergaben nach langen Verhandlungen als Kompromiß und zunächst nur für elektromotorische Haushaltgeräte einen Verlauf mit 2 mV (= 66 dB) von 0,15 MHz bis 0,5 MHz und 1 mV (= 60 dB) von 0,5 MHz bis 30 MHz (1964 in Stockholm). Für Elektrowerkzeuge wurde unter-

halb 0,2 MHz eine Erleichterung auf 3 mV gegeben. Dieser Stand wurde in VDE 0875:07.71 übernommen: § 4a) 1.2 enthielt diese erste Anpassung an die CISPR-Grenzwerte im Bereich 0,15 MHz bis 30 MHz. Dabei wurde schon berücksichtigt, daß bei den Verhandlungen im Rahmen der EG Elektrowerkzeuge mit einer Leistung bis 700 W als elektromotorische Haushaltgeräte angesehen wurden – die hauptsächliche Benutzung der „Heimwerker"-Geräte in den Abendstunden mag der Anlaß dazu gewesen sein.

Für die übrigen Betriebsmittel und Anlagen galten im Bereich 0,15 MHz bis 0,2 MHz weiterhin 3 mV (= 69,5 dB) als Grenzwert.

Da man in Deutschland diese Herabsetzung von 3 mV auf 2 mV im langwelligen Bereich – die entsprechend dem charakteristischen Verlauf der Störspannung zu nicht unerheblichem Mehraufwand bei der Entstörung führen kann – nicht für technisch unbedingt erforderlich hielt, sondern nur der Harmonisierung im europäischen Raum wegen vornahm, wurde sie in § 4 a) 1.1 von VDE 0875:07.71 als „Ausnahme" bezeichnet, auch wenn, von der Stückzahl der betroffenen Geräte her gesehen, das Wort Ausnahme vielleicht nicht angemessen erscheinen mag. Daher wurde auch zunächst der damals noch gegebene Störgrad G im Bereich 0,15 MHz bis 0,2 MHz nicht auf 66 dB + 14 dB = 80 dB herabgesetzt, sondern bei 83,5 dB belassen; man nahm an, daß für die betreffenden Geräte der Störgrad G sowieso nicht in Frage kam.

Mit der Festlegung von strengeren ClSPR-Grenzwerten für die Störleistung, wie sie in Bild 3 von DIN VDE 0875:06.77 als Vollinien angegeben waren, fand man, daß die Beschaltung mit sogenannten UKW-Drosseln häufig zu Resonanzspitzen im Bereich zwischen 3 MHz und 30 MHz Anlaß gab. Man suchte zunächst eine Formel für „erlaubte Überschreitungen des Grenzwertes in einzelnen Resonanzen", erkannte aber die Schwierigkeit bei Definition und Abgrenzung und hob schließlich den Grenzwert von 5 MHz bis 30 MHz um 6 dB an. Man war sich dabei bewußt, daß eine gezielte Ausnutzung dieser „Erleichterung" bei gleichzeitiger Einhaltung der Störleistungsgrenzwerte ab 30 MHz nicht möglich ist (*West Long Branch* 1973). Diese Grenzwerte wurden schon in die erste EG-Richtlinie übernommen und galten daher auch in DIN VDE 0875:06.77.

So wurde in dieser Ausgabe vom Juni 1977 bei den Grenzwerten also unterschieden zwischen
– Betriebsmitteln, die in den Anwendungsbereich der EG-Richtlinie fallen, und
– den übrigen Betriebsmitteln und Anlagen.

Seit der Ausgabe DIN VDE 0875 Teil 1:11.84 und der Gliederung in drei Teile galt Teil 1 nur noch für die Betriebsmittel nach der EG-Richtlinie, nämlich für Elektrohaushaltgeräte, handgeführte Elektrowerkzeuge und ähnliche Geräte. Die Aufzählung der Betriebsmittel in den Abschnitten 3.1.1.1, 3.1.1.2 und 3.1.1.3 entsprach genau dem Anwendungsbereich der EG-Richtlinie (ergänzt um die Einschränkungen für Halbleiterstellglieder) sowie dem Anwendungsbereich der CISPR 14.

Die „übrigen Betriebsmittel und Anlagen" wurden 1984 in den neu geschaffenen Teil 3 (Entwurf) von DIN VDE 0875 überführt.
Bei der Ausgabe DIN VDE 0875 Teil 1:12.88 ist die Gliederung noch die gleiche, da ja die CISPR 14 und die CISPR 15, auf denen EN 55014 und EN 55015 aufgebaut sind, auch Grundlage der beiden EG-Richtlinien waren.
Dementsprechend stimmen auch die Grenzwerte vollständig überein mit den Grenzwerten der EG-Richtlinie, der CISPR 14 und der EN 55014.
Mit der Ausgabe DIN VDE 0875 Teil 1:11.84 wurde entsprechend den Entscheidungen in CISPR für die Messung der Störspannung anstelle der bis dahin seit Jahrzehnten üblichen 150-Ω-Netznachbildung die sogenannte 50-Ω/50-µH-V-Netznachbildung eingeführt (siehe zu Abschnitt 5.1.2). Damit wird die Tatsache berücksichtigt, daß sich die Impedanz der Versorgungsnetze deutlich dem Wert 50 Ω genähert hatte, der bei den Geräten der Hochfrequenz-Meßtechnik als Eingangs- und/oder Ausgangs-Impedanz immer schon bevorzugt angewendet wurde. Die Ursache dafür dürfte sowohl in der erheblichen Verdichtung der Netze im typischen Wohnbereich als auch in der starken Vermehrung der angeschlossenen Verbraucher zu finden sein.
Da die gemessenen Störspannungswerte von der Eingangsimpedanz der verwendeten Netznachbildung abhängen, mußten bei der Einführung einer anderen Netznachbildung auch die Grenzwerte geändert werden, wenn man davon ausgeht, daß die bisher als „hinreichend entstört" zu bezeichnenden Geräte auch nach der Umstellung als entstört anzusehen sein sollten. Und da sich die bisherigen Grenzwerte in der Praxis als „richtig" erwiesen hatten, mußten also nun die Grenzwerte angepaßt werden. Aufgrund von im Rahmen der Arbeitsgruppe 1 von Unterkomitee CISPR F auf internationaler Breite durchgeführten Vergleichsmessungen großen Umfangs wurden die neuen Grenzwerte so angesetzt, daß im statistischen Mittel die oben formulierte Forderung erfüllt wurde. Dabei ergaben sich allerdings gewisse charakteristische Unterschiede zwischen den Haushaltgeräten und den Elektrowerkzeugen, die zu einer Differenzierung im Bereich 0,35 MHz bis 5 MHz führten (siehe auch die Bilder 1 und 2 in VDE 0875 Teil 1:11.84 und Erläuterungen zu Abschnitt 4.1.1.3).
In der Praxis zeigen die Störgrößen von hochtourigen Motoren in Haushaltgeräten und Elektrowerkzeugen bei 150 kHz bei der Messung mit dem Mittelwert-Gleichrichter Meßwerte, die weniger als 10 dB – oft sogar nur 7 dB bis 8 dB – niedriger liegen als jene bei der Messung mit dem Quasispitzenwert-Gleichrichter. Da andererseits die gemessenen Werte (bei der Quasispitzenwert-Messung) bei 150 kHz meist nur 1 dB oder 2 dB unter dem Grenzwert liegen, wurde der Grenzwert für die Messung mit dem Mittelwert-Gleichrichter bei 150 kHz um 3 dB gegenüber dem oben besprochenen theoretischen Abstand von 10 dB angehoben, so daß sich nun ein von 7 dB (bei 150 kHz) auf 10 dB (bei 500 kHz) zunehmender Abstand zwischen beiden Grenzwerten ergibt. Sonst wären häufig die genannten rein motorischen Störer, also „klassische Breitbandstörer", gemäß der „Definition durch die Meßmethode" als „Schmalbandstörer" zu betrachten gewesen.

Die Kurven in den Bildern 1 und 2 von DIN VDE 0875:06.77 enthielten bei 0,2 MHz, 0,5 MHz und 5 MHz Stufen, die entsprechenden Bilder von DIN VDE 0875:11.84 und 12.88 nur noch bei 5 MHz; VDE 0875 Teil 14:12.93 zeigt mehrere solche Stufen. Dazu wurde gelegentlich die Frage laut, welcher Grenzwert jeweils bei diesen Eckfrequenzen gültig sei, der schärfere oder der leichtere. Die Fragesteller übersehen dabei, daß es müßig ist, eine so genaue Aussage zu machen, wenn man die bei der Funk-Entstörung übliche Genauigkeit bei der Einstellung der Meßfrequenz und die Streuung der Störpegel berücksichtigt: Man messe nur einmal je einige Kilohertz oberhalb und unterhalb der genannten Eckfrequenz.
In DIN VDE 0875 Teil 1:11.84 hieß es noch in Abschnitt 4.1.7, daß „die Störspannungen ... an den Anschlußpunkten aller ankommenden und abgehenden Leitungen der Störquelle" zu messen sind. Dagegen steht jetzt – in VDE 0875 Teil 14:12.93 – im 2. Absatz von Abschnitt 4.1.1: „Die Störspannung wird ... an jedem Anschluß gegen Bezugsmasse gemessen", wobei die in Abschnitt 4.1.1.2 vorliegende Aussage über die „zusätzlichen Anschlüsse" – bei erleichterten Grenzwerten – den gleichen Effekt hat.

Zu Abschnitt 4.1.1.1 [Haushaltgeräte und ähnliche Geräte]
Hier findet man die „Standard"-Grenzwerte für den Bereich 148,5 kHz bis 30 MHz. Vergleicht man Bild 1 von VDE 0875 Teil 1:12.93 mit Bild 2-1 dieser Erläuterungen, so sieht man übrigens deutlich, daß sich in CISPR jetzt der physikalisch richtige schräge Verlauf der Grenzwerte mit dem Kehrwert der Frequenz zumindest im Bereich 150 kHz bis 500 kHz durchgesetzt hat. Der entsprechende Grenzwert wurde zusätzlich eingetragen.
Bild 2-2 zeigt im Vergleich mit den genannten Grenzwerten auch die Meßergebnisse bei der Messung mit dem Quasispitzenwert-Gleichrichter und der Messung mit dem Mittelwert-Gleichrichter an einem typischen Haushaltgerät, einem Staubsauger. Im unteren Teil von Bild 2-2 ist die Differenz zwischen den Meßwerten als punktierte Linie eingezeichnet.

Zu Abschnitt 4.1.1.2 [Zusätzliche Anschlüsse]
Für alle Leitungen an Geräten, die nicht Netzleitungen sind, können wegen der entsprechend wesentlich geringeren Einkopplung der Störgrößen auf das Stromversorgungsnetz (und damit indirekt auch auf die Empfangsanlage) höhere Störspannungspegel zugelassen werden.
Dieser Gedanke schlug sich erstmals in CISPR 14 mit der Aufnahme der Halbleiterstellglieder (in Abschnitt 5.2) nieder. Hierzu gehören einmal die Lastleitungen, zum anderen aber auch die Leitungen zu Regel- und Steuerelementen, die von CISPR erst im Mai 1975 ergänzt wurden.
Diese Erleichterung gilt nicht, wenn die entsprechenden Anschlüsse an den Stellgliedern auch „als Netzanschlüsse ... verwendet werden können". Auch für die „zusätzlichen Anschlüsse" von Geräten sind – das wurde später ergänzt – unter den

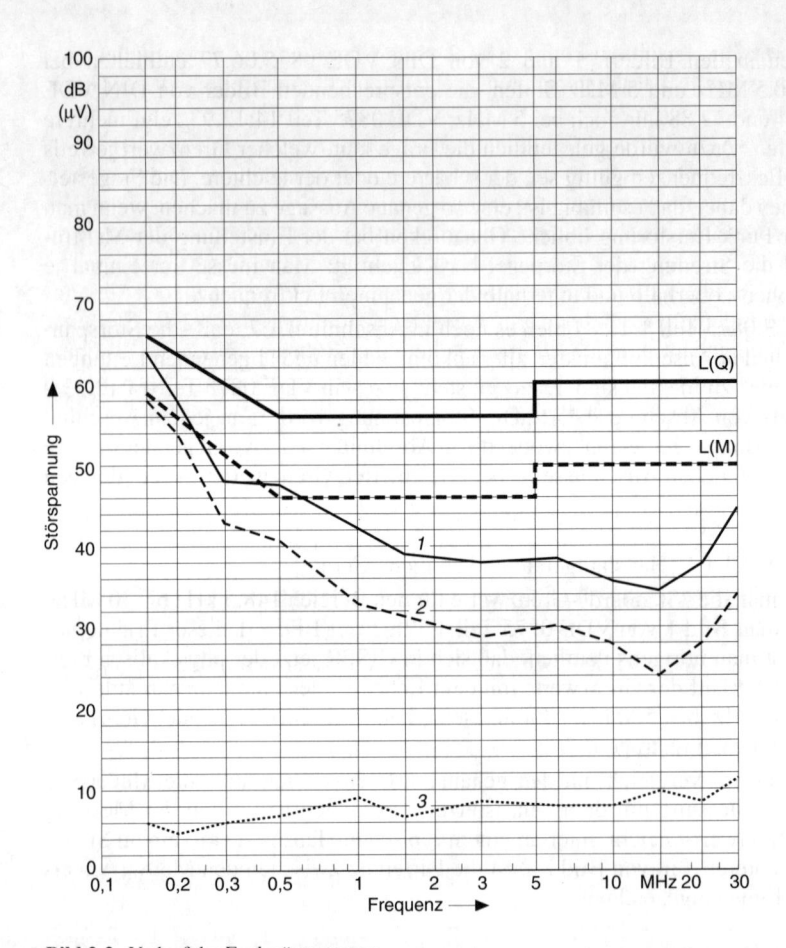

Bild 2-2. Verlauf der Funkstörspannung
$L(Q)$ Grenzwert für die Messung mit dem Quasispitzenwert-Gleichrichter
$L(M)$ Grenzwert für die Messung mit dem Mittelwert-Gleichrichter
1   Meßwerte bei der Messung mit dem Quasispitzenwert-Gleichrichter
2   Meßwerte bei der Messung mit dem Mittelwert-Gleichrichter
3   Differenz der Meßwerte

oben beschriebenen Einschränkungen die Grenzwerte für die „Verbraucher" anzuwenden.

In DIN VDE 0875:06.77 war ausdrücklich die Erleichterung für „Stellglieder, die innerhalb eines Installationsnetzes betrieben" werden, nicht zugelassen; das träfe zum Beispiel auch zu bei Einbaudimmern sowie bei Tischdimmern, wenn sie nicht mit getrennt verlegten Lastleitungen ausgestattet sind. Diese Einschränkung ist in EN 55014 nur indirekt ausgedrückt.

Ebenfalls entfällt – nach Abschnitt 4.1.1.2 – die Messung, wenn der Steller zwar außerhalb des Geräts ist, die genannten, nichtaustauschbaren Leitungen aber höchstens 2 m lang sind.
EN 55014:1987 enthielt noch im damaligen Abschnitt 5.2, der in EN 55014:1993 etwas überarbeitet als Abschnitt 7.2.5 erscheint, eine Anmerkung: „Wenn das Halbleiterstellglied ... in das zu regelnde Gerät eingebaut ist, wird die Störung an den Anschlüssen, die mit den zugehörigen eingebauten Teilen verbunden sind und an die keine nach außen gehenden Leitungen angeschlossen werden können, nicht gemessen." Diese Aussage ist bei der Neufassung untergegangen, weil man der Meinung war, sie sei aus dem in Abschnitt 4.1.1.2 Gesagten abzuleiten. Also: Ist das Stellglied in ein Gerät eingebaut, z. B. als Drehzahlsteller einer Bohrmaschine oder als Saugleistungssteller eines Staubsaugers, entfällt sinnvollerweise die Messung auf der Lastseite und auf den Steuerleitungen.

Achtung: Für Halbleiterstellglieder, die als Lichtsteuergerät (Helligkeitssteuergerät, Dimmer) eingesetzt werden können, gelten nach DIN EN 55015:1996 (VDE 0875 Teil 15), Abschnitt 5.4.2 in Verbindung mit Tabelle 2a, auch Grenzwerte für die Störspannung an den Netzanschlüssen im Frequenzbereich unterhalb 150 kHz.

Zu Abschnitt 4.1.1.3 [Elektrowerkzeuge]
Für handgeführte Elektrowerkzeuge mit mehr als 700 W aufgenommener Leistung wurden in DIN VDE 0875:06.77 Erleichterungen durch Erhöhung der Grenzwerte um 4 dB (bis 1 000 W) bzw. um 10 dB (über 1 000 W) eingeführt, da diese Betriebsmittel wohl selten zur Hauptempfangszeit und dann bevorzugt nur in Werkstätten und auf Baustellen benutzt werden. Andererseits lagen die Leistungen typischer „Bastlergeräte" unter 700 W, die daher ebenso wie Haushaltgeräte zu entstören sind. Die Erleichterungen gelten für den gesamten Frequenzbereich von 150 kHz bis 300 MHz.
Die Leistungswerte 700 W und 1 000 W beziehen sich auf die Nennaufnahme des Motors. Etwa im Werkzeug vorhandene sonstige Energieverbraucher, z. B. Heizelemente bei Geräten zur Behandlung von Kunststoffteilen, werden also nicht berücksichtigt; ebenso wird bei Eintreibgeräten nicht die dort oft angegebene, aber nicht definierte sogenannte Impulsleistung zugrunde gelegt (siehe Erläuterungen zu Abschnitt 7.3.2.7).
Eine Unterscheidung zwischen „handgeführten" und anderen „tragbaren" motorgetriebenen Elektrowerkzeugen wird in CISPR 14 und EN 55014 und natürlich ebenso in VDE 0875 Teil 14-1 seit 1990 nicht mehr gemacht (siehe auch zu Abschnitt 1.1 und die Abschnitte 7.3.2.2 bzw. 7.3.2.3).
DIN VDE 0875 Teil 1:11.84 galt schon – bei Elektrowerkzeugen – auch oberhalb 2 000 W mit den gleichen erleichterten Grenzwerten, während in DIN VDE 0875 Teil 1:12.88 (entsprechend EN 55014 und der alten CISPR 14) die Erleichterung nur bis 2 000 W ausgesprochen wurde, da diese – nach deren Anwendungsbereichen für Elektrowerkzeuge – nur bis 2 kW zutrafen. Elektrowerkzeuge mit mehr als 2 kW

wurden aber während der Gültigkeit der Ausgabe 12.88 in Deutschland von Teil 3:12.88 zu den gleichen Bedingungen erfaßt. Auch in Österreich war die ÖVE-FE/EN 55014 nach Abschnitt 1.2 ihres nationalen Vorworts ebenso für handgeführte Elektrowerkzeuge mit einer Nennleistung über 2 kW anzuwenden.
Einem deutschen Antrag (Sommer 1988, *Campinas/Brasilien*), die Begrenzung des Anwendungsbereichs bei handgeführten Elektrowerkzeugen auf solche bis 2 kW aufzuheben, da einerseits wesentlich größere Leistungen aus Gründen der Handhabbarkeit sowieso nicht in Frage kommen und andererseits durch diese Begrenzung ein Hersteller nur dazu verleitet werden könnte, sein Werkzeug unberechtigterweise mit einer entsprechend großen Leistung zu stempeln, wurde mit Änderung 3:1990-03 zu CISPR 14 zugestimmt.
Bei der Umstellung auf die 50-Ω/50-μH-V-Netznachbildung wurden die genannten Erleichterungen für Elektrowerkzeuge mit größeren Leistungen beibehalten; zusätzlich wurde der Grenzwert im Bereich 0,35 MHz bis 5 MHz um 3 dB höher angesetzt als bei den Haushaltgeräten.
Diese leistungsabhängigen Erleichterungen gelten jedoch nicht für die Last- und zusätzlichen Anschlüsse.

Zu Abschnitt 4.1.1.4 [Batteriebetriebene Geräte]
Können die batteriebetriebenen Geräte mit dem Versorgungsnetz verbunden werden, gelten an diesen Anschlüssen die gleichen Grenzwerte wie bei anderen Elektrogeräten; die Erleichterung für Elektrowerkzeuge höherer Leistung ist durch die explizite Nennung der Spalten 2 und 3 von Tafel 1 nicht vorgesehen; solche Leistungen treten bei batteriebetriebenen Geräten auch nicht auf. Es spielt keine Rolle, ob dabei die Batterien eingebaut sind oder z. B. am Gürtel getragen werden.
Bei Geräten mit eingebauten Batterien, die nicht mit dem Versorgungsnetz verbunden werden können, entfällt die Messung, auch die auf zusätzlichen Leitungen z. B. zu Reglern (siehe hierzu aber zu Abschnitt 4.1.2.2).
Der Anwendungsbereich der EG-Richtlinie 76/889/EWG schloß „Geräte mit eingebauten Batterien" vollständig aus; und in DIN VDE 0875 Teil 1:12.88 Abschnitt 4.3 fand man daher – wie in EN 55014:1987 bzw. CISPR 14:1985 – nur die Aussage „Grenzwerte in Vorbereitung". Wie unten ausgeführt wird, wurden Grenzwerte (und Meßverfahren) für batteriebetriebene Geräte erst mit Änderung 2 zu CISPR 14 im Juni 1989 eingeführt.
In DIN VDE 0875 waren batteriebetriebene Geräte nie ausgenommen, z. B. in Teil 1:11.84 ausdrücklich in den Festlegungen der Abschnitte 3.1.1.4 und 3.1.2.4 enthalten; es wurde einfach davon ausgegangen, daß auch bei diesen Geräten die Funkstörgrößen begrenzt werden müssen, vor allem, da sie (z. B. als Elektrowerkzeuge) in zunehmendem Umfang im Wohnbereich benutzt wurden.
Im Vorgriff auf die Ergebnisse der Diskussionen in CISPR wurde 1984 allerdings als eine Übergangslösung auf die Messung der Störspannung bei Geräten verzichtet, an die – während des Betriebs – keine Leitungen angeschlossen werden können. Bei Betrieb aus externer Batterie hätte – in bestimmten Fällen – die Störspannung auf

der Batterieleitung mit dem Tastkopf nach DIN VDE 0876 Teil 1:09.78, Abschnitt 4.2 gemessen werden müssen. Im Bereich oberhalb 30 MHz war damals übrigens die Messung der Störfeldstärke (in 10 m Entfernung) vorgeschrieben.
Mit Änderung 2 zu CISPR 14:1985 vom Juni 1989 und dementsprechend in DIN VDE 0875 Teil 1A2:10.90, Abschnitt 4.3, unterschied man zwischen Geräten, die aus eingebauten Batterien und solchen, die aus externen Batterien betrieben wurden. Andererseits folgte die neue Lösung weitgehend dem oben erwähnten Gedanken: Geräte, die an das Netz angeschlossen werden können, werden wie netzbetriebene Geräte behandelt; für solche, die nicht an das Netz angeschlossen werden können, entfiel die Messung der Störspannung bei Geräten mit eingebauter Batterie vollständig und bei Geräten mit externer Batterie so lange, wie die Verbindungsleitung zur Batterie kürzer als 2 m und nicht ohne besonderes Werkzeug austauschbar war. Oft haben solche Geräte spezielle Leitungen, für die diese Voraussetzungen als gegeben angenommen werden können, wenn es sich nicht z. B. um Autostaubsauger oder ähnliche Geräte zum Betrieb „an Bord" von Fahrzeugen handelt. Daneben sind aber auch die „sonstigen Leitungen" zu beachten, wie sie z. B. bei Spielzeug-Fernlenkung gegeben sein können.
In Abschnitt 4.3.1 der zitierten DIN VDE 0875 Teil 1A2:10.90 wurde ausdrücklich eine Selbstverständlichkeit ausgesagt: daß das Gerät in jeder erlaubten Betriebsart gemessen werden muß. Dazu gehört gegebenenfalls auch die Messung der Störaussendung an einem Gerät mit eingebauten Batterien, wenn das Gerät während des Ladevorgangs (am Netz) betrieben werden kann. Daneben ist – für den Ladevorgang selbst – Abschnitt 7.3.7.7 zu beachten.
Zusammenfassend kann man festhalten, daß es – jeweils für die Messung mit dem Quasispitzenwert- und mit dem Mittelwertgleichrichter – drei Grenzen für die Funkstörspannung gibt:
– für die Netzleitungen bzw. -anschlüsse aller in Frage kommenden Geräte außer den Elektrowerkzeugen;
– für die zusätzlichen Anschlüsse aller Geräte sowie die Lastanschlüsse der Halbleiterstellglieder;
– für die Elektrowerkzeuge – mit gewissen Erleichterungen für höhere Leistungen.

Zu Abschnitt 4.1.1.5 [Elektrozaungeräte]
Im Jahre 1995 wurde von Neuseeland vorgeschlagen, die Festlegungen für Elektrozaungeräte zu überarbeiten; die Verhältnisse auf neuseeländischen Viehweiden weichen von den europäischen in verschiedener Hinsicht ab (siehe unten und zu Abschnitt 7.3.7.2). Da zur Zeit der Drucklegung mit der Annahme der daraus folgenden – im wesentlichen nur redaktionellen – Änderungen gerechnet werden kann, gehen wir von entsprechenden neuen bzw. geänderten Texten aus. Die neuen Texte finden sich zur Zeit noch im Entwurf DIN VDE 0875-14-198 (VDE 0875 Teil 14-198):Oktober 1996.
Die bisher in Abschnitt 4.2.3.8 (siehe auch dort) stehenden Festlegungen, wo, d. h. an welchen Anschlüssen, welche Grenzwerte einzuhalten sind, wurden hierher, in

einen neuen Abschnitt 4.1.1.5, übernommen. Ergänzt wird aber, daß an den Zaunanschlüssen und an den Batterieanschlüssen der Elektrozaungeräte, die für einen Betrieb aus Batterien vorgesehen sind, die Grenzwerte aus den Spalten 4 und 5 von Tabelle 1 gelten. Für die Batterieanschlüsse gelten, je nach der möglichen Verbindung der Geräte mit dem Versorgungsnetz, zusätzliche Bedingungen.
Ein wichtiger Grund für den neuseeländischen Vorstoß war aber wohl der praktische Zustand der Zaundrähte: Es wurde eine Anmerkung über die Pflege der Zäune und die Behandlung der umgebenden Vegetation aufgenommen.

Zu Abschnitt 4.1.2 Frequenzbereich 30 MHz bis 300 MHz (Funkstörleistung)
Mit der Einführung des Fernsehens und des UKW-Tonrundfunks im Bereich oberhalb 30 MHz ergab sich die Notwendigkeit der Funk-Entstörung und damit auch der Messung der Funkstörgrößen in diesem Frequenzbereich. Zunächst versuchte man, die Störspannungsmessung zu höheren Frequenzen hin fortzusetzen (z. B. Großbritannien in BS 800:1954), mußte aber bald feststellen, daß die Meßergebnisse nicht mehr dem Störvermögen der Geräte entsprachen. Außerdem ergaben sich zunehmend meßtechnische Schwierigkeiten (Verhalten der Anschlußleitungen, Widerstand der Netznachbildung usw.). So wurden verschiedene Meßmethoden entwickelt und erprobt, auf die aber hier nicht näher eingegangen werden kann.
In Deutschland konnten in VDE 0875:12.59 die Messung der Störfeldstärke und deren Grenzwerte – theoretisch und auch praktisch das geeignetste Verfahren zur Feststellung des Störvermögens für alle Arten von Geräten – aufgenommen werden. International wurden jedoch bald Bestrebungen stärker, eine Messung im Freien, wie sie bei der Störfeldstärke in der Regel notwendig ist, wegen der damit verbundenen Unannehmlichkeiten und Kosten sowie vor allem der Abhängigkeit vom Wetter zu vermeiden. So konnte sich 1967 in CISPR die von *J. Meyer de Stadelhofen* vorgeschlagene Methode der Messung der Störleistung mit einer Absorptionsmeßwandlerzange durchsetzen (siehe auch Report 38 des CISPR).
1970 wurden dann in CISPR (*Leningrad*, Recommendation 40) Grenzwerte für die Störleistung festgelegt, die in noch stärkerem Maße als diejenigen für die Störspannung ein Kompromiß waren zwischen recht weit divergierenden Vorstellungen, beeinflußt von den sehr unterschiedlichen geographischen und versorgungstechnischen Gegebenheiten in den einzelnen Ländern. Diese Grenzwerte gelten trotzdem im Prinzip noch heute.
Mit VDE 0875:07.71 wurde in Deutschland für netzbetriebene, kleine ortsveränderliche Geräte die Messung der Störleistung eingeführt. In den Vorbemerkungen hieß es, daß die zunächst hier angegebenen, im unteren Bereich bis 10 dB höheren Grenzwerte noch bis zur Harmonisierung mit den von CISPR festgelegten schärferen Werten gelten und daß im Schiedsfall die Störfeldstärke-Grenzwerte vorrangig anzuwenden seien.
Inzwischen hat sich – nicht nur aus den oben geschilderten Gründen – die Messung mit der Absorptionsmeßwandlerzange bei elektromotorischen Haushaltgeräten durchgesetzt; die EG-Richtlinie von 1976 enthielt bereits ausschließlich dieses Verfahren

(für den Frequenzbereich oberhalb 30 MHz). Damit wurden nach dem Inkrafttreten der EG-Richtlinie die Meßmethode und die zugehörigen Grenzwerte mit DIN VDE 0875 Teil 1:11.84 (Tabelle 3 und Bild 3) auch für Deutschland verbindlich. Auch in der EN 55014 und damit in DIN VDE 0875 Teil 1:12.88 wird (für die genannten Geräte) keine andere Methode angewendet.
Die Frage des Verzichts auf eine Messung der Störfeldstärke dürfte aber noch nicht endgültig entschieden sein (siehe zu Abschnitt 4.1.2.2).
Während aber in Ausgabe 11.84 (und 12.88) die Abhängigkeit der Grenzwerte als „mit der Frequenz linear ansteigend" festgelegt worden war, steht in Ausgabe 12.93: „linear mit dem Logarithmus der Frequenz"; eine Kontrolle in CISPR 14:1993-01 zeigt, daß es dort unverändert heißt *„increasing linearly with the frequency"*. Man kann also vermuten, daß in der deutschen Fassung von EN 55014 versehentlich der entsprechende Satz von Tabelle 1 eingesetzt wurde; dieser Druckfehler muß mit der nächsten Ausgabe korrigiert werden.
Die Grenze der Störleistung (für die Messung mit dem Quasispitzenwert-Gleichrichter) kann in der linearen Abhängigkeit übrigens durch folgende Beziehung dargestellt werden:

$P_S = 45$ dB $+ [(f - 30)/27]$ dB.

In der logarithmischen Abhängigkeit würde sie lauten:

$P_S = 45$ dB $+ [10 \cdot (\log f - \log 30)]$ dB.

In beiden Fällen ist die Frequenz f in MHz einzusetzen. Aus der neuen logarithmischen Abhängigkeit ergibt sich eine Erleichterung um bis zu 3 dB im mittleren Frequenzbereich, ein leichter „Buckel". Einige errechnete Werte sind in **Tabelle 2-1** zusammengefaßt.

Tabelle 2-1

MHz	30	60	90	120	150	180	240	300
dB	45,0	48,0	49,8	51,0	52,0	52,8	54,0	55,0
statt dB	45,0	46,1	47,2	48,3	49,4	50,6	52,8	55,0

Diese Grenzwerte sind – soweit ein Vergleich mit denen der Störfeldstärkemessung möglich ist –, im Effekt schärfer als jene. Dabei ist zu berücksichtigen, daß die seinerzeit auf die wohl besonders günstigen Verhältnisse in Deutschland abgestimmten Grenzen für den UKW-Bereich auch hier nicht immer zu voll befriedigenden Entstörungen führten. Während die Störleistungsmessung infolge der Abstimmung auf Maximum der Anzeige einen guten Maßstab für das Störvermögen eines Geräts darstellt, wird bei der Störfeldstärkemessung eine solche Abstimmung nicht vorgenommen, die – wie Versuche gezeigt haben – eine Erhöhung der gemessenen Feldstärke um bis zu 10 dB bringen kann.
Eine Umrechnung zwischen den Meßergebnissen (oder auch den Grenzwerten) für die Störleistung und denen für die Störfeldstärke ist nur theoretisch möglich (siehe

u. a. *Warner, A*: Taschenbuch der Funk-Entstörung), in der Praxis führt sie jedoch wegen vieler Annahmen und der Fehlanpassung der bei der Leistungsmessung benutzten Leitungen an die Störquelle nicht zu aussagefähigen Werten.

Die Grenzwerte für die Messung mit dem Mittelwert-Gleichrichter liegen im gesamten Frequenzbereich um 10 dB niedriger als diejenigen für die Messung mit dem Quasispitzenwert-Gleichrichter; das entspricht den Ausführungen in den Erläuterungen zu Abschnitt 4.1. In der Praxis ist bei rein motorischen Störern der Abstand zwischen den gemessenen Werten größer, meist größer als 12 dB, er kann aber auch bei etwa 16 dB bis 20 dB liegen.

Bild 2-3 zeigt – ähnlich wie Bild 2-2 – Grenzwerte und Meßergebnisse für die Störleistung an demselben Gerät, an dem die Funkstörspannung (gemäß Bild 2-2) gemessen wurde; wieder ist im unteren Teil des Bilds die Differenz zwischen den Meßwerten als punktierte Linie eingezeichnet.

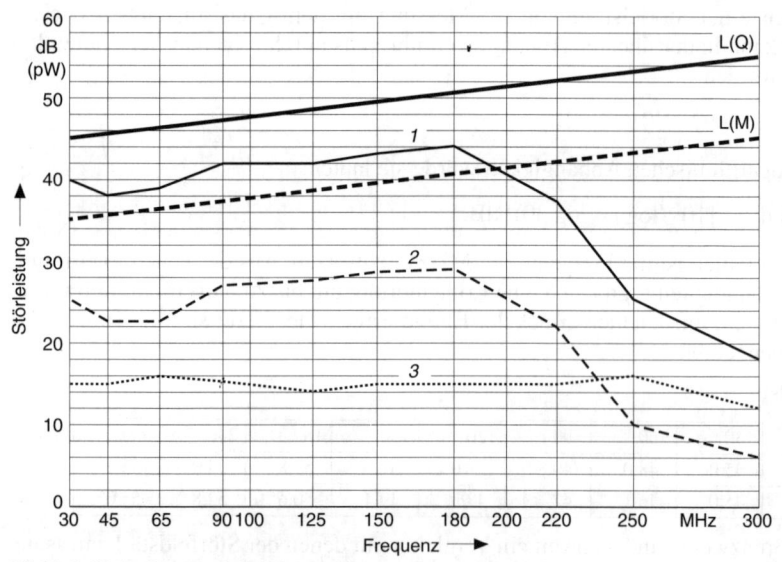

Bild 2-3. Verlauf der Funkstörleistung
$L(Q)$ Grenzwert für die Messung mit dem Quasispitzenwert-Gleichrichter
$L(M)$ Grenzwert für die Messung mit dem Mittelwert-Gleichrichter
1 Meßwerte bei der Messung mit dem Quasispitzenwert-Gleichrichter
2 Meßwerte bei der Messung mit dem Mittelwert-Gleichrichter
3 Differenz der Meßwerte

Für gewisse bevorzugte Frequenzen waren früher die errechneten und gerundeten Werte in einer Tabelle IIa aufgeführt; diese wurde allerdings mit der Änderung 1 – in DIN VDE 0875 Teil 1A2:Oktober 1990 – gestrichen und ist mit der Ausgabe 12.93 ganz entfallen.

Oberhalb 300 MHz wurden bisher keine wesentlichen Funkstörungen durch Betriebsmittel und Anlagen des Anwendungsbereichs von DIN VDE 0875 beobachtet, obgleich hier schon seit längerer Zeit die Fernsehbänder IV und V benutzt werden, so daß für diesen Frequenzbereich bisher keine Grenzwerte vorgesehen zu werden brauchten.

Die Störleistung ist übrigens auf allen Leitungen (mit einer oder mehreren, meist zwei oder drei Leitern) zu messen, also nicht auf den einzelnen Leitern einer Leitung (oder eines Kabels).

Auch bei der Störleistung gelten für die einzelnen Gerätegruppen besondere ergänzende Festlegungen:

Zu Abschnitt 4.1.2.1 [Elektrohaushaltgeräte und ähnliche Geräte]
Zur „Standard"-Grenze sind über das oben ausgeführte hinaus keine besonderen Erläuterungen notwendig.

Zu Abschnitt 4.1.2.2 [Batteriebetriebene Geräte]
Wie bei der Störspannung (siehe zu Abschnitt 4.1.1.4) findet sich auch zu Grenzwerten im Bereich oberhalb 30 MHz erst seit kurzem eine Aussage für diese Geräte in EN 55014 (und CISPR 14).

Die Freistellung aller batteriebetriebenen Geräte, die nicht mit dem Versorgungsnetz verbunden werden können, von jeder Begrenzung der Störaussendung (Störspannung und Störleistung) ist allerdings nicht befriedigend. Es wurde dabei nicht an das eventuelle Vorhandensein „sonstiger Leitungen" gedacht. Auch gibt es z. B. Elektrorasierer, bei denen der Antrieb des schwingenden Systems mittels eines sogenannten Wagnerschen Hammers erfolgt, d. h., der Strom in einer Magnetspule wird durch einen Kontakt geschaltet, der mit dem in diese Spule mehr oder weniger weit eintauchenden Kern verbunden ist. Die dabei erzeugten Störgrößen können – gerade im Frequenzbereich oberhalb 30 MHz – erhebliche Werte erreichen. So wurde im Herbst 1995 von deutscher Seite ein Vorstoß unternommen, auch für batteriebetriebene Geräte eine Bewertungsmethode für den Frequenzbereich oberhalb 30 MHz zu entwickeln. Einzelheiten dazu stehen aber zum gegenwärtigen Zeitpunkt noch nicht zur Verfügung.

Eigentlicher Grund für diese insofern unverständliche Erleichterung ist wohl die Tatsache, daß es in CISPR 14 z. Z. keine Messung der Störfeldstärke gibt; die früher in Abschnitt 8 von CISPR 14 und EN 55014 enthaltenen Festlegungen zur „Messung der Störfeldstärke von Geräten mit eingebauten Batterien (30 MHz bis 300 MHz)", die grob mit den seinerzeit in VDE 0875 Teil 1:11.84, Abschnitt 4.1.9, enthaltenen übereinstimmten, sind ersatzlos entfallen.

Zu Abschnitt 4.1.2.3 [Elektrowerkzeuge]
Es gelten die gleichen Erleichterungen (4 dB bei 700 W bis 1000 W und 10 dB ab 1000 W) wie bei der Störspannung (siehe Erläuterungen zu Abschnitt 4.1.1.3).

Zu Abschnitt 4.1.2.4 [Halbleiterstellglieder] und
[Gleichrichter, Batterieladegeräte und Umrichter]

Die Störgrößen von Halbleiterstellgliedern zeigen bei höheren Frequenzen ein deutlich anderes Verhalten als die der „klassischen Dauerstörer", z. B. der Universalmotoren. Die wesentlich kürzeren „Umschaltzeiten" führen – nach Fourier – zu einem schnelleren Abfall der über der Frequenz aufgetragenen Störamplitude. Dieser Abfall setzt sich zugleich auch bei den Frequenzen oberhalb 3 MHz bis 10 MHz fort, wo ja motorische Störer im allgemeinen eine wieder ansteigende Störamplitude zeigen. Die Störamplitude verhält sich also ähnlich wie die von Schaltkontakten, d. h. von Knackstörgrößen, und Knackstörgrößen werden aus den genannten Gründen nur bis 30 MHz gemessen (siehe auch zu Abschnitt 4.2.1).

Diese Beobachtungen und theoretische Überlegungen führten dazu, daß bei der Einführung der speziellen Bestimmungen für Halbleiterstellglieder für diese und später auch für Gleichrichter, Batterieladegeräte und Umrichter im Frequenzbereich oberhalb 30 MHz keine Störgrenzwerte festgelegt wurden.

Bei den genannten Geräten ging man allerdings von den seinerzeit bekannten Gerätearten aus; in letzter Zeit werden diese Erzeugnisse jedoch vermehrt mit Mikroprozessoren ausgestattet, um neue Funktionen zu realisieren oder auch den Wirkungsgrad günstiger zu gestalten. Als Beispiele seien hier genannt

– Halbleiterstellglieder für Drehzahlsteuerungen, geführt über Fernsteuerungen;
– Batterieschnelladegeräte mit Schaltnetzteil, bei denen zum Schutz des Akkus der Ladezustand elektronisch überwacht und nach Programm geführt wird;
– elektronische Umrichter, bei denen die Leistungsschalter im Ausgangskreis mit Frequenzen oberhalb 10 kHz getaktet werden.

Bei all diesen Geräten wird das Störverhalten zusätzlich durch die Harmonischen der Taktfrequenzen beeinflußt. Als Folge treten also Störgrößen im Frequenzbereich oberhalb 30 MHz auf, die nicht vernachlässigt werden dürfen. Das deutsche Komitee hat daher den Antrag gestellt, diese Umstände durch eine entsprechende Änderung zu berücksichtigen. In Zukunft könnte der Abschnitt 4.1.2.4 etwa folgenden Wortlaut haben:

Für Halbleiterstellglieder und Gleichrichter, Batterieladegeräte, Elektrozaungeräte und Umrichter, die keinen internen Takt- oder Oszillatorfrequenz-Generator mit Arbeitsfrequenzen oberhalb 9 kHz enthalten, gelten keine Grenzwerte für die Störleistung im Frequenzbereich 30 MHz bis 300 MHz.

[Zusätzliche Anschlüsse]

Im Frequenzbereich oberhalb 30 MHz gelten keine Erleichterungen bei der Messung an „zusätzlichen Anschlüssen" von Geräten, weil hier die Kopplungsbedingungen dieser „sonstigen Leitungen" auf die Empfangsanlage nicht wesentlich anders als die der Netzleitungen sind.

Zu Abschnitt 4.2 Diskontinuierliche Störgrößen [Knackstörgrößen]
Hier wird zunächst kurz auf die Herkunft und den Störeindruck von diskontinuierlichen Störgrößen von temperaturgeregelten Geräten eingegangen (vgl. auch mit den von motorischen Geräten erzeugten Dauerstörgrößen in Abschnitt 4.1).
Seit der Fassung VDE 0875:01.65 wird in Deutschland in starkem Umfang die Messung und Beurteilung von Knackstörgrößen berücksichtigt. In den früheren Fassungen, d. h. in VDE 0878:VII.43 § 5a) und VDE 0875:11.51 § 7b), konnte man noch mit knappen Aussagen auskommen, etwa derart, daß von der Funk-Entstörung „ausgenommen sind Geräte, Maschinen und Anlagen, die selten, unregelmäßig und kurzzeitig Funkstörungen verursachen". Als Richtwerte galten „höchstens fünf Schaltknacke je Minute und höchstens 10 Sekunden Gesamtstörungsdauer je Stunde". Danach durfte die durchschnittliche Dauer einer Knackstörgröße je nach Knackrate die in **Tabelle 2-2** genannten Werte annehmen.

Tabelle 2-2

Knackrate	Dauer einer Knackstörung
1/min	ms
5	33
4	42
3	56
2	83
1	167

Ein temperaturgeregeltes Bügeleisen üblicher Bauart mit Momentschalter (Sprungschalter) erreichte z. B. bei einer Knackrate von 1,8/min und einer durchschnittlichen Dauer von 8 ms eine Gesamtstörungsdauer von rund 1 s je Stunde. Es entsprach somit VDE 0875, ohne daß die Höhe der Funkstörgrößen gemessen zu werden brauchte.
Da jedoch die Zahl der durch Knackstörgrößen verursachten Störungsmeldungen wuchs, setzte sich in VDE 0875:12.59 § 4i) die Betrachtungsweise durch, daß Geräte, Maschinen und Anlagen, die Knackstörgrößen erzeugen, grundsätzlich den Funkstörgrad N einzuhalten haben. Die einzige Erleichterung allgemeiner Art war, daß bei „nicht mehr als drei Störungen innerhalb einer Minute" anstelle des Funkstörgrades N der Funkstörgrad G (also ein um 14 dB höherer Grenzwert) in Anspruch genommen werden konnte. Darüber hinaus wurde für diesen Fall die höchstzulässige Dauer einer Störgröße auf 20 ms begrenzt, d. h. auf die Periodendauer einer 50-Hz-Schwingung.
Nachdem in den 60er Jahren die Erscheinungsformen der diskontinuierlichen Störgrößen gründlicher untersucht worden waren, wurde die zulässige Dauer von Knackstörgrößen auf 200 ms begrenzt und für den minimalen Abstand eventuell nahe aufeinander folgender Störgrößen ein Wert von mindestens 200 ms festgesetzt (siehe zu Abschnitt 3.2).

Knackstörgrößen sind – nach der Zerlegung nach Fourier – als „breitbandige" Störgrößen anzusehen und werden daher nur mit dem Quasispitzenwert-Gleichrichter bewertet.

Anhang C enthält einige praktische Hinweise zur Durchführung der Messung; siehe zu Anhang C im Abschnitt 2.6 dieses Buchs.

Zu Abschnitt 4.2.1 [Einführung]
Die Abhängigkeit der Grenzwerte vom Charakter der Störgrößen bezieht sich in erster Linie auf die Entscheidung, welche diskontinuierlichen Störgrößen als „Knackstörgrößen" anzusehen sind und damit gewisse Erleichterungen in Anspruch nehmen können, die dann im einzelnen wiederum von der erwähnten Knackrate N abhängen.

Die bei Knackstörgrößen auftretenden Begriffe – z. B. die Knackrate – sind jetzt im Abschnitt 3.2 aufgeführt.

Knackstörgrößen werden nur im Frequenzbereich unterhalb 30 MHz gemessen, denn oberhalb 30 MHz gelten für Knackstörgrößen keine Grenzwerte.

Zu Abschnitt 4.2.2 Frequenzbereich 148,5 kHz bis 30 MHz (Störspannung)
Da Knackstörgrößen nur im Frequenzbereich unterhalb 30 MHz zu messen sind, fehlt ein analoger Abschnitt für den Frequenzbereich oberhalb 30 MHz.

Zu Abschnitt 4.2.2.1 [Knackstörgrößen, Kriterien]
Dieser Abschnitt zählt indirekt die Bedingungen auf, die erfüllt sein müssen, damit eine mit dem Funkstörmeßempfänger ermittelte Störgröße als Knackstörgröße bezeichnet und betrachtet werden darf:
– Die in der Definition nach Abschnitt 3.2 enthaltenen Beschränkungen von Dauer und Mindestabstand müssen eingehalten werden;
– es dürfen nicht mehr als 2 Knackstörgrößen in einem beliebigen Zeitraum von 2 Sekunden auftreten;
– die Knackrate N (siehe Definition in Abschnitt 3.5) muß kleiner als 30 sein.

Wichtig ist der Hinweis auf die Ausnahmen im Abschnitt 4.2.3, die nicht nur Erleichterungen darstellen (siehe z. B. zum Abschnitt 4.2.3.1).

Zur weiteren Erläuterung dessen, was als Knackstörgröße anzusehen ist und was nicht, dienen die Bilder 3a, 3b und 3c bzw. die Bilder 4a, 4b und 4c.

Zu den Bildern 3 und 4
Beispiele für diskontinuierliche Störgrößen: Knackstörgrößen und Dauerstörgrößen
Die Bilder 3 und 4 geben Beispiele für Knack- und Dauerstörgrößen, wie sie am ZF-Ausgang eines Störmeßgeräts beobachtet werden können. Solche Bilder wurden mit VDE 0875:01.65 eingeführt und im Prinzip von CISPR (Recommendation 50:1973) übernommen. Bei fortschreitender Erfahrung mit Knackstörgrößen zeigte es sich allerdings, daß diese, wenn sie sich über eine Zeit von z. B. 200 ms hinziehen (wie

in Bild 3a) in VDE 0875:07.71), nicht so aussehen, wie damals dargestellt, und nur selten als ununterbrochene Folge von Störgrößen zu beobachten sind (selbst beim Prellen von Kontakten sind im oszilloskopischen Bild deutliche Unterbrechungen erkennbar).
So hatte man seit DIN VDE 0875:06.77 eine neue Darstellungsform gefunden: Bild 3a stellt eine fortlaufenden Folge von Störimpulsen, Bild 3b die häufiger auftretenden Einzelimpulse als Gruppe von hier knapp 200 ms Dauer dar. Diese Darstellungen wurden übrigens – aufgrund eines deutschen Änderungsantrags – im Mai 1976 auch in CISPR 14 für die gleichbedeutenden Bilder übernommen; die übrigen Bilder wurden dann angepaßt.
Allerdings war in DIN VDE 0875:06.77 noch eine Besonderheit enthalten, die in CISPR in dieser Form nicht durchgesetzt werden konnte: nach Abschnitt 3.1.2.1.2 galten damals „Störungen über 200 ms bis 400 ms Dauer als zwei Knackstörungen" (mit einer Erscheinungsform wie heute in Bild 4.1c). Man dachte dabei an einen den jetzigen Bildern 3c und 4c ähnlichen Fall, wenn zwei Einzelstörgrößen (Bild 3c) so nahe zusammenrücken (Bild 4c), daß der Abstand gegen 0 geht und die Gesamtdauer größer als 200 ms, aber nicht größer als 400 ms ist, wie es bei programmgesteuerten Geräten gelegentlich – aber meist nicht reproduzierbar – auftreten kann. Vergleicht man also jetzt (in Ausgabe 12.93) die Bilder 3c und 4c, so erkennt man, daß der Unterschied zwischen „zwei Knackstörungen" und einer aus „zwei Störungen bestehenden Dauerstörung", darin besteht, ob der Zeitabschnitt zwischen den beiden Knackstörgrößen größer oder kleiner als 200 ms ist. Dieser Unterschied kann in der Praxis recht teuer werden.
Meßtechnisch tritt ein gewisses Problem auf, wenn der Abstand zwischen den beiden Knackstörgrößen kleiner als 200 ms ist, weil der Bewertungskreis und der Zeiger des Anzeigegeräts auf Grund ihrer Zeitkonstanten von 160 ms noch nicht wieder in ihrer Ausgangsposition sind. So wird der zweite Störimpuls auf einem Restwert des ersten aufgebaut, er wird also höher bewertet als bei einem größeren Abstand. Dieses Meßproblem ist einer der wichtigsten Gründe dafür, daß in CISPR ein Abstand von 200 ms zwischen zwei aufeinander folgenden Störgrößen als fast unabdingbare Normalforderung gesehen wird.
Aber auch in CISPR hat man erkannt, daß damit das Problem von zwei gelegentlich und meist unreproduzierbar kurz hintereinander folgenden Störgrößen nicht aus der Welt geschafft wurde, und fügte den Abschnitt 4.2.3.2 ein (siehe weiter unten).

Zu Abschnitt 4.2.2.2 [Grenzwert für Knackstörgrößen, L_q]
Etwa gleichzeitig mit den Gremien in Deutschland beschäftigte sich auch CISPR mit der Frage der Knackstörgrößen, weil ein Antrag vorlag, die in der britischen Norm B.S.800:1954 *„Limits of Radio Interference"* festgelegte Beziehung (hier in der Schreibweise von DIN VDE 0875:01.65 § 4b), aber mit dem aus CISPR 14 übernommenen N statt Q – siehe Erläuterungen zu Abschnitt 3.5) für den „Grenzwert L_q",

$$L_q = L + 20 \lg[(30/\text{min})/N] \text{ dB}$$

117

in einer ClSPR-Empfehlung zu verankern. Diese Gleichung besagt, daß der Grenzwert L_q für Knackstörgrößen sich aus dem Grenzwert L für Dauerstörgrößen und einem Zuschlag, der von der Knackrate N abhängt, ergibt.

Dem Glied (30/min)/N liegt die Eigenart der menschlichen Sinnesorgane zugrunde, daß Knackstörgrößen, die weniger als 30mal in der Minute auftreten, entsprechend ihrer geringeren Häufigkeit als weniger störend empfunden werden. Nach mehrjährigen Verhandlungen – es gab grundsätzliche Gegner jeder Erleichterung für Knackstörgrößen – wurde diese Formel auf der ClSPR-Vollversammlung 1961 in *Philadelphia* in der CISPR-Empfehlung Nr. 21 angenommen. Damit war auch der Weg geebnet, diese Beziehung für L_q in VDE 0875: 01.65 zu übernehmen.

Zu größeren Knackhäufigkeiten hin ist der Geltungsbereich der Gleichung eingeschränkt durch die Aussage, daß nach Abschnitt 4.2.2.1 nicht mehr als 30 Knackstörvorgänge in der Minute auftreten dürfen. Aber für $N = 30$ wird auch mathematisch in der allgemeingültigen Formel der Unterschied zwischen L_q und L zu 0. Und auch zu größeren Erleichterungen hin wird, um den Störpegel bei Knackstörgrößen nicht unbeschränkt hoch steigen zu lassen – einzelne Knackstörgrößen würden sich dann eventuell infolge ihres hohen Pegels besonders bei Fernsehempfängern als länger andauernde Störung („Verstopfen" der Eingangskreise) bemerkbar machen –, die Wirkung der Gleichung eingeschränkt: für $n < 0{,}2$ wird die Erhöhung des Grenzwerts konstant auf 44 dB festgesetzt, die Erleichterung wird also ausdrücklich auf 44 dB begrenzt.

Den grafischen Zusammenhang zwischen der Knackrate N, dem Faktor (30/min)/N und dem Summanden 20 lg[(30/min)/N] zeigt **Bild 2-4**, das ursprünglich aus VDE 0875:06.77 stammt.

Da Knackstörgrößen nur mit dem Quasispitzenwert-Gleichrichter zu messen sind, bezieht sich der erhöhte Grenzwert auf den jeweiligen Grenzwert für die Messung mit diesem (also z. B. Spalte 2 in Tabelle 1).

Zu Abschnitt 4.2.2.3
[Betriebsbedingungen und Auswertung der Meßergebnisse]

Hier wird auf die Abschnitte 7.1.1 „Allgemeine Betriebsbedingungen" und 7.3 „Betriebsarten" sowie zu Einzelheiten der Auswertung auf Abschnitt 7.4 verwiesen.

Besonders zu beachten ist in Abschnitt 7.4.2.2 der Hinweis auf die Ermittlung der Knackrate unter den „ungünstigsten üblichen" Betriebsbedingungen.

Die in Abschnitt 4.2.2 formulierten Festlegungen sind die Grundlagen für den in Abschnitt 5.1.5 beschriebenen Störanalysator für Knackstörgrößen. Die im folgenden Abschnitt 4.2.3 stehenden Sonderregelungen für spezielle Knackstörgrößen – meist bei bestimmten Geräten – sind allerdings teilweise nicht mehr zu „automatisieren".

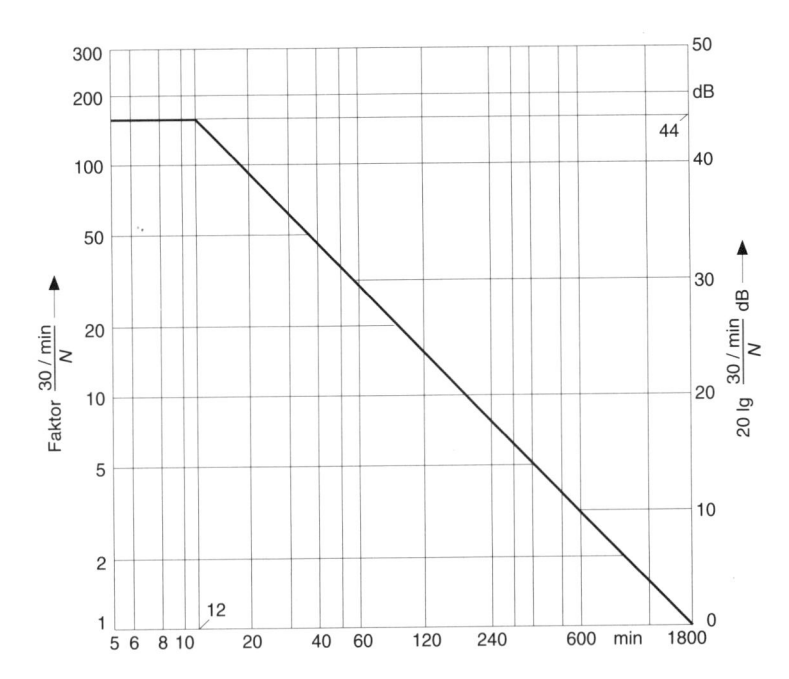

Bild 2-4. Faktor $(30/\text{min})/N$ und Summand $20\lg[(30/\text{min})/N]$ in Abhängigkeit von der Knackrate N

Zu Abschnitt 4.2.3
[Ausnahmen für spezielle Geräte und bestimmte Knackstörgrößen]
Die Erfahrung zeigte bald, daß die uneingeschränkte Anwendung der in Abschnitt 4.2.2 angegebenen Bedingungen in einigen Fällen zu auch volkswirtschaftlich nicht vertretbaren Härten führen würde, in anderen aber auch technisch nicht sinnvoll wäre.

Der Warenaustausch über die Ländergrenzen und der durch die Allgemeine Genehmigung nach dem Hochfrequenzgerätegesetz gegebene Zwang zum Erlangen des Funkschutzzeichens führte dazu, daß in zunehmendem Umfang Probleme bei der Prüfung bestimmter Betriebsmittel entstanden, für die Lösungen gesucht wurden.

Obgleich – wie bei jeder wirtschaftlich noch vertretbaren Entstörung – sicher auch hier in besonders ungünstig gelagerten Fällen Störungen des Funkempfangs beobachtet werden können, wurden diese durch gerätespezifische Bestimmungen, wie die Begrenzung der (statistischen) Dauer von Knackstörgrößen auf 10 ms, auf ein Maß reduziert, das mit demjenigen der nach Abschnitt 4.1 entstörten Betriebsmittel gleichzusetzen ist.

Und gerade der Fall der auf 10 ms begrenzten Störgröße entwickelte sich – durch den Anstoß, schleichende Schalter durch Sprungschalter zu ersetzen – zu einer besonders wirksamen Lösung vieler Störprobleme (siehe zu Abschnitt 4.2.3.4).

Zu Abschnitt 4.2.3.1 [Temperaturregler für Raumheizgeräte]
Als erstes werden die zur festen Installation vorgesehenen Temperaturregler für Raumheizgeräte und in Raumheizgeräten genannt. In Wohnhäusern, die mit elektrischen Heizungen mit derartigen, thermostatisch einzeln geregelten Geräten teils großer Leistung und eventuell mit langen durch die Wohnräume führenden Leitungen ausgestattet sind, machen sich die dadurch hervorgerufenen Knackstörgrößen gehäuft bemerkbar. Daher war hier eine Herabsetzung der Störhäufigkeit bzw. des Störpegels des einzelnen Geräts durch rechnerische Erhöhung der in Übereinstimmung mit Abschnitt 7.2.4 ermittelten Knackrate um den Faktor 5 notwendig. Ergänzend wird die Erleichterung für Sprungschalter nach Abschnitt 4.2.3.4 hier nicht zugestanden.

Zu Abschnitt 4.2.3.2
[Zulässige Abweichungen bei programmgesteuerten Geräten]
Da auch bei sorgfältigster Auslegung der Programme und der Programmschaltwerke unvorhersehbare Effekte durch eine gelegentliche Fehlfunktion oder ein zufälliges Zusammentreffen von Schaltvorgängen zu einer unbilligen Härte führen würden, hat man für solche Fälle gewisse Abweichungen zugelassen.
Eine ähnliche Ausnahmesituation kann beim Arbeiten mehrerer, meist unabhängiger Kontakte entstehen. Auch hier darf in bestimmten Fällen die Grundforderung „nicht mehr als 2 Störungen in 2 s" durchbrochen werden. Daß diese „Großzügigkeit" auf sehr wenige Fälle beschränkt ist, erkennt man bei genauer Betrachtung der Nebenbedingungen.
Ähnliche Toleranzangaben enthielt DIN VDE 0875 schon in den Ausgaben 01.65 und 07.71. Es hat aber erheblicher Anstrengungen bedurft, auch die Partner in den CISPR-Gremien zu überzeugen, daß die Angabe von zulässigen Abweichungen nicht nur physikalisch notwendig ist, sondern auch und gerade den Prüfstellen die Arbeit erleichtern soll. Sie konnte – wenn diese Art der zufälligen Störung tatsächlich bei einem Prüflauf aufgetreten ist – auch bisher daraus nur schwer eine Ablehnung des Geräts ableiten: sie müßte im Fall eines sicher zu erwartenden Einspruchs des Herstellers das Auftreten dieser Ausreißer „vorführen". Das bleibt ihr nun erspart.
Diese Ausnahme von den Festlegungen in Abschnitt 4.2.2 ist natürlich nicht von einem automatischen Gerät zur Beurteilung von Knackstörgrößen zu bewerten (siehe auch zu Abschnitt 5.1.5).

Zu Abschnitt 4.2.3.3 [Ein- und Ausschalter, Netzschalter]
Wie schon zu Abschnitt 4.2 ausgeführt, wurden bereits in VDE 0875:01.65 Erleichterungen für selten auftretende Knackstörgrößen geschaffen. Mit der Ausgabe DIN

VDE 0875:07.71 wurden dann „von Hand ausgelöste" Schaltvorgänge, die dem In- oder Außerbetriebsetzen von Betriebsmitteln dienen, soweit sie „kurzzeitig und gelegentlich" auftreten, von gezielten Entstörmaßnahmen ausgenommen. Man dachte dabei vor allem an die zahlreichen Lichtschalter. Auch CISPR griff diese Überlegungen auf. Unter Verzicht auf die schwer genauer zu definierenden Begriffe „kurzzeitig" und „gelegentlich" galt diese Erleichterung zunächst für die von Hand („*manual*") betätigte Schalter und Steller. Mit einer der letzten Überarbeitungen wurden zu den Ein-/Ausschaltern auch Schalter, die einer Programmauswahl dienen, und Umschalter „zwischen einer begrenzten Anzahl von festen Stellungen" hinzugenommen. Die in der Norm angeführten Beispiele verdeutlichen die Absicht. In den deutschen Bestimmungen waren lange die Worte „unmittelbar oder mittelbar" enthalten, in der ClSPR 14 findet man statt dessen „direkt oder indirekt"; beide Formulierungen sollen – dem Sinn, der hinter dieser Festlegung steht, entsprechend – zum Ausdruck bringen, daß z. B. auch ein Durchflußerwärmer, der durch das Öffnen eines Wasserhahns „von Hand" eingeschaltet wird, von dieser Regelung profitiert.
Ähnlich wie die von Hand betätigten Ein-/Ausschalter müssen aber dann auch Fußschalter (z. B. bei Lampen oder Händetrocknern) und der Schalter, der beim Öffnen der Tür eines Kühlgeräts (indirekt) betätigt wird, beurteilt werden. Diese sind mit „ähnliche Vorgänge" (siehe die Beispiele im 2. Absatz) beschrieben.
Auf einen deutschen Antrag auf eine entsprechende Klarstellung oder Ergänzung hin wurden Tastschalter einbezogen. Sie werden zwar erfahrungsgemäß öfter betätigt als z. B. ein Lichtschalter – für die Dauer der Schaltstörgröße und die Häufigkeit ihrer Benutzung wurden daher jedoch einschränkende Bedingungen festgelegt (z. B. in Abschnitt 7.3.2.4 für Lötgeräte). Als weitere Beispiele waren in DIN VDE 0875:06.77 Allesschneider, Kaffeemahlwerke und Zitruspressen sowie Jalousieantriebe genannt.
Für Geräte, deren Schalter beim normalen Betrieb wiederholt betätigt werden, auch wenn sie z. B. im gewerblichen Einsatz sind, gelten die Erleichterungen nicht; für diese ist gegebenenfalls im praktischen Einsatz eine Knackrate zu ermitteln, außer natürlich, die Dauer der einzelnen Knackstörgrößen ist nicht länger als 10 ms (siehe 4.2.3.4); dann ist wiederum kein Grenzwert für die Amplitude der Störgröße gegeben.
In DIN VDE 0875 Teil 1:11.84, Abschnitt 4.3.1.1 c) war außerdem der sogenannte Funktionsschalter ausdrücklich von dieser Erleichterung ausgenommen. Darunter ist jeder Schalter zu verstehen, der bei bestimmungsgemäßem Gebrauch des Geräts mehrmals nacheinander betätigt wird und meist weitere Schaltvorgänge (Schaltfolge als „Betriebsspiel") auslöst. Diese Einschränkung gilt sicher weiterhin, auch wenn der Begriff hier – in Angleichung an die Texte von EG-Richtlinie und CISPR 14 – nicht mehr benutzt wird.

Zu Abschnitt 4.2.3.4 [Sprungschalter]
Wie schon erwähnt, wurde mit der spezifischen Vorschrift einer Begrenzung der Dauer von Knackstörgrößen auf 10 ms sehr früh eine Sonderregelung für bestimmte Geräte festgelegt. In erster Linie dachte man dabei an Schalteinrichtungen in Heiz-

121

kreisen, bei denen die Schwierigkeit bestand, daß hochwarmfeste Funk-Entstörmittel nicht zu annehmbaren Preisen geliefert werden konnten. Andererseits wird durch den Einbau von Sprung- oder Momentschaltern die Dauer von Knackstörgrößen in der Nähe von 10 ms gehalten. Diese beiden Gesichtspunkte führten dazu, daß Elektrowärmegeräten – wenn eben auch mit gewissen Erleichterungen – bereits in VDE 0875:12.59 § 4i) 3 dennoch Grenzwerte zugeordnet werden konnten.

Bald wurden mit dieser Festlegung so gute Erfahrungen gemacht, daß ihre Übernahme in die Fassung VDE 0875:01.65 gerechtfertigt, aber auch notwendig war, weil die Gleichungen für Knackstörgrößen für die mit Momentschaltern versehenen Elektrowärmegeräte eine nicht vertretbare Erschwernis bedeuteten. Es zeigte sich sogar im Laufe der Jahre, daß die durch diese Festlegungen angeregte Entwicklung von leistungsfähigen Sprungschaltern zu guten und auch bezahlbaren Konstruktionen führte und damit zugleich ein wirksames Mittel der Funk-Entstörung entstanden war; „schleichende" Schalter sind in diesen Geräten heute nicht mehr anzutreffen.

Die im allgemeinen guten Erfahrungen gaben Anlaß, daß die besonderen Bestimmungen für Sprungschalter 1970 so weit in CISPR 14 übernommen wurden, daß zunächst bei besonders gekennzeichneten Geräten – mit einem Stern (*) in den damaligen Tabellen des Anhangs A zu CISPR 14 – die Amplitude der Störgröße nicht begrenzt war, wenn die Knackstörgrößen kürzer als 10 ms und die Knackrate kleiner als 5 blieben.

Bei der Auswahl dieser Geräte wurde allerdings seinerzeit etwas willkürlich vorgegangen. Man dachte eben gerade an bestimmte Geräte und „vergaß" andere, ähnliche, ohne zunächst bereit zu sein, die Liste zu ergänzen. Nachdem dann die Erfahrung gezeigt hatte, daß die Anwendung von Sprungschaltern die Dauer der noch auftretenden Knackstörgrößen im Mittel unter 10 ms brachte, hatte ein dringlicher deutscher Antrag Erfolg, alle reinen Elektrowärmegeräte nach dem gleichen Schema zu beurteilen und zugleich davon auszugehen, daß die Anwendung von Sprungschaltern praktisch gleichbedeutend mit der Einhaltung der Knackdauer von 10 ms ist. Diese Regelung wurde – mit Amendment No. 2:Juni 1989, zu CISPR 14 – international angenommen, in CENELEC jedoch erst nach der Formulierung der Verschärfung um den Faktor 5 bei Raumheizgeräten in Abschnitt 4.2.3.1 nachgezogen. So entstand der jetzige Abschnitt 4.2.3.4 für diejenigen Geräte, die die beiden genannten Bedingungen einhalten.

In der Übersetzung des deutschen Begriffs „Sprungschalter" für die englische und die französische Fassung ergaben sich allerdings die Formulierungen *„instantaneous switching"* bzw. *„interrupteurs à fonctionnement instantané"*, wodurch nicht ein Schaltelement, sondern ein Schaltvorgang beschrieben wird. Um die in der englischsprachigen Formulierung gegebene Möglichkeit auszuschöpfen, diese Erleichterung auch dann anzuwenden, wenn nicht durch einen „Sprungschalter", sondern mit einer anderen technischen Lösung die verlangte kurze Schaltdauer erreicht wird, wird wahrscheinlich in einer Neuausgabe dieser Norm hier ein der englischen Fassung näher angepaßter Wortlaut zu finden sein. Andererseits wird wohl bei CISPR ein

Antrag vorgelegt werden, die Aussage „*duration of each click*" durch eine statistische Aussage zu ersetzen.

Wichtig ist es weiterhin, darauf zu achten, daß beide Bedingungen – Knackrate und Dauer – erfüllt sein müssen, damit auf eine Messung (auch der Dauer der Störgröße) verzichtet werden kann: eine getriggerte Beobachtung am Oszilloskop müßte genügen.[*]

Zu Abschnitt 4.2.3.5
[Knackrate unter 5, Abstand der Störgrößen kleiner als 200 ms]

Diese Regelung wurde in VDE 0875 schon 1965 eingeführt und in CISPR im Jahre 1970 übernommen. Sie war die erste echte Ausnahme von den Grunddefinitionen der Knackstörgrößen und ergab sich bei der Betrachtung des für Kühlschränke typischen Verlaufs des Einschaltvorgangs. Die Schaltfolge Thermostat, Anlauf mit Hilfsphase, Abschalten der Hilfsphase nach wenigen 100 ms konnte nicht grundsätzlich geändert werden; und meist lag die Zeitdauer vom ersten Störimpuls bis zum Abschalten der Hilfsphase bei 400 ms bis 600 ms, d. h., der Abstand von 200 ms wurde in der Regel nicht eingehalten. Bild 4c zeigt beispielhaft diesen Ablauf. Die Betrachtung als zwei Knackstörgrößen erhöht bei der Auswertung die Knackrate – ein gewisser Ausgleich für die Erleichterung.

Bei Kühlgeräten und im Sinne dieser Ausnahme ähnlichen Geräten eine automatische Auswertung im oben beschriebenen Sinne vorzunehmen, dürfte wohl kaum interessant sein, da die wichtigste Voraussetzung in der konstruktiven Auslegung der Geräte liegt.

Zu Abschnitt 4.2.3.6 [Temperaturgeregelte dreiphasige Schalter]

Wärmegeräte größerer Leistung, insbesondere Durchflußwärmer, werden in zunehmendem Umfang auch außerhalb Deutschlands dreiphasig ausgelegt. Die hierbei auftretenden Schaltstörgrößen dauern zwar im Normalfall nur 10 ms, wenn man die Schaltknacke einzeln betrachtet. Es ist aber nicht möglich, die Schalter so zu fertigen, daß die drei Störgrößen, die bei einem Schaltvorgang an den drei Schaltstrecken auftreten, über die normale Lebensdauer eines solchen Schalters in ihrem Ablauf mit ausreichender Zuverlässigkeit in den in Abschnitt 4.2.2.1 geforderten zeitlichen Rahmen fallen; auch die besonderen Festlegungen in den Abschnitten 4.2.3.2 und 4.2.3.5 würden nicht immer helfen. Daher wurde hierfür schon im Mai 1976 eine Ausnahmeregelung als Ergänzung zu CISPR 14 beschlossen und auch in die EG-Richtlinie und in die EN 55014 übernommen.

---

[*] Anmerkung: Zur Zeit wird im Unterkomitee F von CISPR diskutiert, den Wert von 10 ms auf 20 ms zu erhöhen, da durch Sprungschalter verursachte Störgrößen den heute festgelegten Wert von 10 ms zwar meist unterschreiten, in einigen „ungünstigen" Fällen jedoch, wenn der Schaltvorgang kurz vor dem Nulldurchgang der Netzspannung ausgelöst wird, es zu Überschreitungen dieser Zeitgrenze kommen kann.

Ähnlich wie bei Abschnitt 4.2.3.5 liegt die wichtigste Voraussetzung für die Anwendung dieser Ausnahme in der Auslegung der Geräte.

Zu Abschnitt 4.2.3.7 [Schaltvorgänge und Tabelle A.2]
Wenn bei den in Tabelle A.2 genannten Geräten die Knackrate nicht aus den beobachteten Knackstörgrößen abgeleitet wird, sondern aus der Zahl der Schaltvorgänge, wird, zum Ausgleich für die Wahrscheinlichkeit, daß eine meßbare Knackstörgröße nicht bei jedem Schaltvorgang auftritt, die Anzahl der Schaltvorgänge mit einem Faktor f multipliziert, der bei einigen Geräten kleiner als 1 ist. Einzelheiten hierzu finden sich z. B. in den Abschnitten 7.3.1.9, 7.3.4.1 und 7.3.4.11. Die Zahl der Schaltvorgänge kann übrigens bei vielen der genannten Geräte über die Stromaufnahme ermittelt werden.

Zu Abschnitt 4.2.3.8 [Elektrozaungeräte]
Hier werden nur insofern besondere Bedingungen festgelegt, als bei Elektrozaungeräten die Grenzwerte auf den Netzleitungen und auf der Zaunleitung einzuhalten sind; bei letztgenannten ist wegen der Spannungsteilung zwischen der Nachbildung des Zauns und der Netznachbildung der gemessene Wert um 16 dB zu korrigieren (siehe auch Bild 6 und zu Abschnitt 7.3.7.2). Da der Störpegel – wie bei allen Impulsstörgrößen – oberhalb 30 MHz mit zunehmender Frequenz stark abfällt, sind auch bei Elektrozaungeräten nur die Grenzwerte für die Störspannungen unterhalb 30 MHz anzuwenden.

Wie schon zu einem neuen Abschnitt 4.1.1.4 ausgeführt wurde, führte ein Vorstoß Neuseelands zu redaktionellen Änderungen im Zusammenhang mit allen Festlegungen über Elektrozaungeräte. Der Inhalt des Abschnitts 4.2.3.8, soweit er nicht in Abschnitt 4.1.1.5 übernommen oder in Abschnitt 7.3.7.2 überführt wurde (siehe dort), wird wahrscheinlich hier entfallen – er war aus heute nicht mehr nachvollziehbaren Gründen unter die „Ausnahmen bei Knackstörgrößen" geraten.

Zu Abschnitt 4.2.4 [Hinweis auf Anhang A]
In Anhang A sind einige Festlegungen dieses Abschnitts noch einmal in tabellarischer Form dargestellt. Dabei ist zu beachten, daß es sich bei den aufgeführten Geräten um Beispiele handelt. Schon ein Vergleich dieser Tabellen mit denselben in der englischen oder der französischen Fassung der EN 55014 läßt erkennen, daß es sich um Beispiele handeln muß; trotz eines angestrebten „gemeinsamen Markts" gibt es gewisse Geräte (noch) nicht in gleicher Form in allen Ländern.

Der Unterschied, der sich meist aus der Frage der Einhaltung der maximalen Störzeitdauer von 200 ms oder aus einem gehäuften Auftreten (mehr als 2 Störungen in 2 s) ableitet, kann ins Geld gehen, d. h. gerade bei Impulsstörgrößen in den Aufwand für Entstörbauelemente; eine sorgfältige Auslegung der Programmschalter ist daher eine wichtige Entstörmaßnahme.

Zu Abschnitt 5
Messung der Störspannung von Geräten von 148,5 kHz bis 30 MHz

Zu Abschnitt 5.1 Meßgeräte
In diesem Abschnitt werden die verschiedenen bei der Messung der Störspannung erforderlichen Meßgeräte genannt, zum Teil wird auch ihr Zweck beschrieben. Aber die in CISPR 16 festgelegten Forderungen an ihre Eigenschaften werden hier nicht – wie etwa für die Netznachbildung noch in der 2. Ausgabe von CISPR 14 – wiederholt, sondern es werden nur jeweils deren Fundstellen angegeben. Da wohl ein Eigenbau der einzelnen genannten Geräte kaum in Frage kommt, ist beim Kauf auf die vom Hersteller anzugebenden, entsprechenden Spezifikationen zu achten. Die hier noch mit dem Zusatz „Entwurf 1989" versehene CISPR 16-1:1993 ist veröffentlicht, die deutsche Version VDE 0876 Teil 16-1 ist in Vorbereitung.

Zu Abschnitt 5.1.1 Meßempfänger
Es wird nur gesagt, wo die technischen Spezifikationen für die zu verwendenden Empfänger – je nachdem, ob sie mit einem Quasispitzenwert- oder einem Mittelwert-Gleichrichter ausgestattet sind – in Teil 1 der CISPR 16 zu finden sind: der Quasispitzenwert-Meßempfänger im Abschnitt 2, der Mittelwert-Meßempfänger im Abschnitt 4.
In der Anmerkung wird hinzugefügt, daß die beiden Gleichrichter in einem einzigen Empfänger eingebaut und mit einem Schalter anwählbar sein dürfen. Moderne Meßempfänger erlauben aber auch den simultanen Betrieb mehrerer Meßgleichrichter und die gleichzeitige Anzeige der entsprechenden Meßergebnisse.

Zu Abschnitt 5.1.2 Netznachbildung
Im Text der Norm wird der Eindeutigkeit wegen grundsätzlich von der „V-Netznachbildung" gesprochen, und der Zweck der V-Netznachbildung wird ausführlich erläutert. In früheren Ausgaben von CISPR 14 wurden ihre Eigenschaften noch sehr detailliert beschrieben.
Sie hatte früher in der Regel einen Widerstand von 50 Ω und eine Induktivität von 50 µH und wurde daher auch als 50-Ω/50-µH-V-Netznachbildung bezeichnet. Zu praktisch den gleichen Meßergebnissen führt in dem in dieser Norm betrachteten Frequenzbereich oberhalb 150 kHz die als (50 Ω/50 µH + 5 Ω)-V-Netznachbildung bezeichnete „neue" Nachbildung, die für einen nach unten bis 9 kHz erweiterten Meßbereich entwickelt wurde und die jetzt in CISPR 16-1 (VDE 0976 Teil 16-1), Abschnitt 11.2, aufgeführt ist.
Die „ältere" 50-Ω/50-µH-V-Netznachbildung ist in der Regel nicht mehr käuflich zu erwerben.

Zu Abschnitt 5.1.3 Tastkopf
Immer, wenn die Verwendung einer Netznachbildung mit ihrem Nachbildwiderstand von 50 Ω z. B. wegen Rückwirkungen auf die Funktion des Betriebsmittels

nicht möglich ist, sind die Störspannungen unter Betriebsbedingungen zu messen. Das heißt hier, der Eingangswiderstand der Meßanordnung ist entsprechend zu vergrößern.
Früher wurden die Verwendung eines sogenannten Tastkopfes statt der Netznachbildung und seine Eigenschaften in verschiedenen Abschnitten der Norm beschrieben, bei den Halbleiterstellgliedern, bei elektrischem Spielzeug, bei „zusätzlichen Leitungen" und bei batteriebetriebenen Geräten. Diese Festlegungen wurden auf Grund eines deutschen Antrags zusammengefaßt und – richtigerweise – hier, in Abschnitt 5.1.3, formuliert.
Bei der Anwendung des Tastkopfs ist – worauf ausdrücklich hingewiesen wird – die Spannungsteilung zwischen Tastkopf (1500 Ω) und Meßempfänger (50 Ω) durch eine Korrektur, nämlich die Addition von 30 dB zum Meßwert, zu berücksichtigen. Moderne Empfänger bewerkstelligen diese Korrektur aber bereits automatisch. In der Regel wird der 1500-Ω-Tastkopf genügen, wie er jetzt in CISPR 16-1 (VDE 0876 Teil 16-1), Abschnitt 12.2, beschrieben ist. Wird aber die Funktion des zu prüfenden Geräts durch einen für die Anwendung zu niedrigen Widerstand des Tastkopfes beeinflußt, ist dessen Widerstand für die Netz- und für die Meßfrequenz entsprechend zu erhöhen, z. B. auf 15 kΩ in Reihe mit 500 pF.

Zu Abschnitt 5.1.4 Handnachbildung
Wegen des kapazitiven Einflusses des Menschen bzw. seiner Hand auf die Ausbreitung der Funkstörgrößen, besonders im mittleren Frequenzbereich, muß bei der Messung der Störspannung bei Geräten, die in der Hand gehalten werden und die nicht geerdet sind, eine Nachbildung benutzt werden.
Die Anwendung der Handnachbildung – gelegentlich nach dem englischen Vorbild „artificial hand" auch unschön „künstliche Hand" genannt – wird im einzelnen in Abschnitt 5.2.2.2 beschrieben. Der Aufbau der Handnachbildung ist nicht nur hier, sondern auch in Abschnitt 4.4 von DIN VDE 0876 Teil 1:09.78 und in CISPR 16 Teil 1 beschrieben, wobei erwähnt wird, daß diese auch in den Meßempfänger eingebaut sein kann.

Zu Abschnitt 5.1.5 Störanalysator für Knackstörgrößen
Das „Meßgerät für die Messung von diskontinuierlichen Störungen", wie es hier genannt wird, mißt nicht die Höhe der Störpegel, sondern vor allem deren Charakter; d. h., es soll automatisch entscheiden, ob die auftretenden Knackstörgrößen den Einzelfestlegungen in Abschnitt 4.2 bzw. 4.2.2 entsprechen. Bei einigen der in Abschnitt 4.2.3 genannten Ausnahmen ist das Gerät allerdings überfordert.
Man kann ihm also die Frage stellen, ob ein Prüfling nur Knackstörgrößen – und damit keine als Dauerstörgrößen zu betrachtenden diskontinuierlichen Störgrößen – erzeugt, und es beantwortet diese nur dann richtig mit „Ja", wenn keine Störgrößen auftreten, die nach Abschnitt 4.2.2 als Dauerstörgrößen zu bezeichnen sind, *und* wenn keine Störgrößen auftreten, die von den besonderen Bedingungen in Abschnitt 4.2.3 erfaßt sind.

Seine Eigenschaften sind jetzt in CISPR 16-1 (VDE 0876 Teil 16-1) Abschnitt 14 beschrieben.
Zur Messung der Dauer einer Störgröße enthielt die Ausgabe 12.88 noch den Abschnitt 5.1.3, der weder hier noch in 7.1 oder 7.4 übernommen wurde; er ist jetzt gekürzt im Anhang C.2.3 zu finden.
Bereits in Abschnitt 3.2.4.1.3 von DIN VDE 0875:06.77 wurden Verfahren angegeben, wie Art und Dauer einer Störgröße meßtechnisch ermittelt werden können. Wichtig ist der Hinweis, daß die genannten Geräte am Zwischenfrequenzausgang des Störmeßempfängers anzuschließen sind (alle Störmeßgeräte nach DIN VDE 0876 Teil 1 sind mit einem solchen Ausgang versehen). Auch die Bilder 2 und 3 zeigen am ZF-Ausgang gemessene Knackstörgrößen. Bei der Ermittlung der Dauer der Knackstörgrößen geht der am Störmeßgerät eingestellte Pegel in die Messung ein; daher sollte beachtet werden, daß die Empfindlichkeit, d. h. der HF-Eingangsteiler des Funkstörmeßempfängers, so einzustellen ist, daß der jeweilige Grenzwert für Dauerstörgrößen, die „Bezugsebene", der Anzeige „0 dB" entspricht. Ist das nicht genau möglich, sollte der Grenzwert im Bereich 0 dB bis 5 dB der Anzeige liegen.

Zu Abschnitt 5.2 Meßverfahren und Meßanordnung

Zu Abschnitt 5.2.1 Anordnung der Leitungen des Prüflings
Da auch bei der Messung der Störspannung die Länge und die Anordnung der Netzleitungen sowie die der anderen Leitungen die Ausbreitung der Störgrößen und daher auch die gemessenen Werte (Meßergebnisse) stark beeinflussen, muß der gesamten Leitungsanordnung große Aufmerksamkeit geschenkt werden.
Die Anforderungen zur Verbindung des Prüflings mit der V-Netznachbildung sind ausführlich in CISPR 16-2 behandelt, und es werden in einem informativen Anhang A zusätzliche Leitlinien für deren praktische Durchführung gegeben.

Zu Abschnitt 5.2.1.1 Netzleitung
Hier werden die Bedingungen zu Länge, Anordnung und Anschluß von Netzleitungen einschließlich der Erd- oder Schutzleiterverbindung in großer Ausführlichkeit beschrieben, so daß keine zusätzlichen Anmerkungen erforderlich scheinen. Die Präzision dieser Angaben dient einer hohen Reproduzierbarkeit der Meßergebnisse.

Zu Abschnitt 5.2.1.2 Andere Leitungen
Es gilt das gleiche wie unter Abschnitt 5.2.1.1 ausgesagt.

Zu Abschnitt 5.2.2 Aufstellung (Anordnung) der Prüflinge
und ihr Anschluß an die V-Netznachbildung
Die Abschnitte 5.2.2.1 bis 5.2.2.3 beschreiben die Anordnung der Geräte bei der Messung der Störspannung und berücksichtigen die Auswirkungen eines eventuellen Schutzleiteranschlusses und des Abstands von leitenden geerdeten Flächen sowie

den Einfluß der menschlichen Hand bei der Benutzung der Geräte. **Tabelle 2-3** soll die Übersicht erleichtern.

Tabelle 2-3

	nicht in der Hand	in der Hand
ohne Schutzleiter	siehe 5.2.2.1	siehe 5.2.2.2
mit Schutzleiter	siehe 5.2.2.3	

Zu Abschnitt 5.2.2.1 Geräte, die üblicherweise ohne Schutzleiteranschluß betrieben und nicht in der Hand gehalten werden

Hier wird die Grundanordnung beschrieben; der Abstand des Prüflings von geerdeten leitenden Flächen geht als kapazitive Größe in den Ausbreitungskreis des hochfrequenten Störstroms und damit in die Meßergebnisse ein, er muß also definiert sein. Die Netzleitung andererseits wirkt mindestens in ihrem ersten, gerätenahen Abschnitt als Antenne für vom Gerät abgegebene Störgrößen. Sie sollte möglichst knapp ausreichen, den vorgegebenen Abstand zwischen Prüfling und Netznachbildung zu überbrücken. Ist sie länger, bei Staubsaugern z. B. meist etwa 6 m, beobachtet man im Bereich oberhalb 10 MHz mehr oder weniger ausgeprägte Resonanzspitzen. Bei der Entwicklung einer Entstörbeschaltung und bei einer Schiedsmessung sollte man daher die Leitung auf maximal 1 m kürzen.[*]

Im Text ist die Rede von einer Anordnung „0,4 m über einer geerdeten leitenden Fläche..." und „einem Abstand von mindestens 0,8 m von jeder anderen geerdeten leitenden Fläche". In der Praxis mißt man unter umgekehrten Verhältnissen (0,8 m über und 0,4 m vor den leitenden Flächen), was durch den letzten Satz des ersten Absatzes nahegelegt wird. Hier sollte aber darauf hingewiesen werden, daß weder ein Tisch – auf dem gemessen werden soll – erwähnt, noch der geschirmte Raum empfohlen oder gar vorgeschrieben wird. Die Höhe von 0,4 m über einer geerdeten leitenden Fläche gilt aber auf jeden Fall z. B. nach 7.3.6.3.1 für die Messung von Spielzeuganlagen.

Bisher fehlte hier – nach der Meinung bestimmter Kreise – eine besondere Aussage über die Anordnung von Standgeräten. Größe und Gewicht solcher Geräte machen die übliche Messung auf dem Labortisch schwierig, wenn nicht gar unmöglich, abgesehen davon, daß sie nicht anwendungsgerecht ist. Daher wurden mit Änderung 1:1996-08 zur CISPR 14 neue Festlegungen für diese Geräte aufgenommen. Zunächst wird für Geräte nach Abschnitt 5.2.2.1, also solche ohne Schutzleiteranschluß, eine isolierte Aufstellung in einem gewissen Abstand von einer auf dem Boden liegenden leitenden Fläche vorgeschrieben. Besonders zu beachten ist, daß auch die V-Netznachbildung auf dieser Unterlage aufzustellen und mit der metallischen Grundfläche ... „hochfrequenzmäßig" zu verbinden ist.

---

[*] Anmerkung: Wegen einer zusätzliche Festlegung für Leitungen auf (automatischen) Kabelaufrollern innerhalb von Geräten siehe Erläuterungen zu Abschnitt 7.3.1.1.

Solche Standgeräte, wie gegebenenfalls Waschmaschinen, Kühlschränke und ähnliche Geräte mit Gehäusen aus nichtleitendem Material und ohne Schutzleiteranschluß, sind allerdings bisher – zumindest in Europa – kaum auf dem Markt bekannt. Die Übernahme dieser neuen Festlegungen in EN 55014 bzw. VDE 0875 Teil 14-1 ist nur noch eine Frage der Zeit. Für die gleiche Meßanordnung bei Geräten mit Schutzleiteranschluß (Abschnitt 5.2.2.3) liegt bereits ein Antrag vor.
Es mag zunächst bedenklich erscheinen, anstelle des Küchenbodens (oder einer ähnlichen „Unterlage") eine leitende Fläche vorzuschreiben; es hat sich aber gezeigt, daß die Reproduzierbarkeit der Meßergebnisse dadurch bedeutend verbessert werden kann.

Zu Abschnitt 5.2.2.2 Handgeführte Geräte, die üblicherweise
ohne Schutzleiteranschluß betrieben werden
Hier werden – neben der Messung entsprechend Abschnitt 5.2.2.1 – zusätzliche Messungen unter Verwendung einer Handnachbildung zur Berücksichtigung des kapazitiven Einflusses des Menschen bzw. seiner Hand auf die Ausbreitung der Funkstörgrößen vorgeschrieben; siehe auch Erläuterungen zu Abschnitt 5.1.4, Handnachbildung.
Im allgemeinen wird durch das Anlegen der Handnachbildung – insbesondere am Gerätegehäuse bzw. als Folie um das Statorpaket bei Gehäusen aus Isolierstoff – eine höhere Störspannung gemessen. Frühere deutsche Anträge, eine Folie um das Gehäuse nicht anzuwenden, wenn „der Benutzer durch das Vorhandensein eines zweiten Handgriffs davon abgehalten wird, z. B. die Bohrmaschine am Gehäuse zu fassen", wurden in ClSPR nicht akzeptiert, weil – wie dort ausgeführt wurde – diese zweiten Handgriffe meist nicht fest montiert seien und der Benutzer dazu neige, die Bohrmaschine mit der Hand am Gehäuse zu führen.
Im übrigen erscheinen die in den Abschnitten 5.2.2.2.1 bis 5.2.2.2.4 angegebenen Einzelheiten zur Anwendung der Handnachbildung eindeutig.
Am Ende wird auf die Definitionen der Schutzklassen in IEC 536 verwiesen.

Zu Abschnitt 5.2.2.3 Geräte, die üblicherweise
mit einem Schutzleiteranschluß betrieben werden müssen
Bei Geräten mit Schutzleiteranschluß wird davon ausgegangen, daß sie auch bei der Benutzung – schon aus Gründen der Sicherheit – mit einem Schutzleiter betrieben werden. In DIN VDE 0875:06.77 wurde durch den Verweis auf VDE 0877 Teil 1:12.59 § 9a) noch vorgeschrieben, daß Störquellen, deren Gehäuse betriebsmäßig geerdet oder „genullt" werden können, bei der Messung der Funkstörspannung einmal im geerdeten, zum anderen im ungeerdeten Zustand betrieben werden müssen. Da heute bei den hier in Frage kommenden Geräten diese Alternative kaum mehr besteht, wurde die Messung in CISPR auf den Zustand mit angeschlossenem Schutz- bzw. Erdleiter ausgerichtet.
Im übrigen stimmt diese Meßanordnung mit der in Abschnitt 5.2.2.1 beschriebenen überein – nur daß auf den definierten Abstand zu geerdeten Flächen verzichtet wer-

den kann, da das Gerät selbst geerdet ist. Daher wird auch – im letzten Satz – gefordert, daß bei Geräten, deren Gehäuse aus nichtleitendem Material besteht, die Festlegungen aus 5.2.1.1 anzuwenden sind.

Eine Messung in einem geschirmten Raum kann andererseits, sowohl bei Geräten mit Schutzleiteranschluß als auch bei solchen ohne diesen, dazu führen, daß nahe angeordnete geerdete Flächen (der Boden oder die Wände) einen unzulässigen Einfluß auf das Meßergebnis haben.

Zu Abschnitt 5.2.3 Geräte mit Zusatzgeräten,
die über andere Leitungen als Netzleitungen angeschlossen sind

In DIN VDE 08757:06.77 war ein neuer Abschnitt über „bewegliche Leitungen" aufgenommen worden. Dabei wurde zunächst an Leitungen gedacht, wie sie z. B. für die Fernbedienung von Diaprojektoren benutzt werden. Aber in solchen Fällen ist die Entkopplung der genannten Leitungen zum Versorgungsnetz unterhalb 30 MHz um etwa 10 dB bis 15 dB besser als die der Netzleitung dieser Betriebsmittel. Daher kann für diesen Frequenzbereich eine entsprechende Erleichterung gewährt werden. Gemessen wird mit einem hochohmigen Meßwertaufnehmer (siehe auch zu Abschnitt 5.1.3, „Tastkopf"), um keine Rückwirkungen auf den Störpegel auszuüben.

Der gleiche Gedanke wurde – unabhängig, wenn auch später – in CISPR aufgegriffen und führte zu sehr detaillierten Festlegungen, denen nichts hinzuzufügen sein dürfte. Hier sind gemäß Abschnitt 4.1.1.2 die erleichterten Grenzwerte für „zusätzliche Anschlüsse" aus Tabelle 1 anzuwenden.

Zu Abschnitt 5.2.4 Halbleiterstellglieder

Zu Abschnitt 5.2.4.1 [Anordnung der Halbleiterstellglieder]

Die in Bild 5 gezeigte Anordnung wird hier mit einigen Details zu den Leitungslängen und den zu verwendenden Lasten erklärt.

Zu Abschnitt 5.2.4.2 [Erd- und Schutzleiteranschluß bei Halbleiterstellgliedern]

Hier werden für die Gruppe der Stellglieder, die nach Schutzklasse 1 ausgelegt sind, der Anschluß und die Anordnung der Schutzleitungen geregelt. Die Betriebsbedingungen der Stellglieder bei der Messung sind in Abschnitt 7.2.5 behandelt.

Zu Abschnitt 5.2.4.3 [Ablauf der Störspannungsmessungen
bei Halbleiterstellgliedern]

Hier wird deutlich darauf hingewiesen, daß zuerst die Messungen der Störspannung auf den Leitungen durchzuführen sind, die das Stellglied mit dem Versorgungsnetz verbinden.

Zu Abschnitt 5.2.4.4 [wie zu Abschnitt 5.2.4.3]
Erst nach erfolgter Messung auf der Netzseite soll dann – mit einem Tastkopf, und nicht, wie unter Abschnitt 5.2.4.3 gefordert, mit einer V-Netznachbildung – die Störspannung auf der Lastseite gemessen werden.

Zu Abschnitt 5.2.4.5 [Zusätzliche Messungen an „zusätzlichen Anschlüssen" des Halbleiterstellgliedes]
Hier werden Angaben über die Behandlung etwaig vorhandener zusätzlicher Anschlüsse an Halbleiterstellgliedern, wie sie z. B. zur automatischen Steuerung oder auch manuellen Fernsteuerung herangezogen werden können, gemacht. Auch auf diesen Leitungen muß mit einem Tastkopf die Störspannung ermittelt werden. Nach VDE 0875 war schon seit der Ausgabe 01.65 die Messung der Störspannung „an den Anschlußpunkten aller ankommenden und abgehenden Leitungen" vorzunehmen. Ebenso lange gibt es aber auch Ausnahmen; in DIN VDE 0875 Teil 1:11.84 waren diese in Abschnitt 4.1.7.3 aufgeführt. Eine ähnliche Zusammenstellung gibt es in EN 55014 leider nicht.
Hier soll der Hinweis auf folgende Abschnitte Hilfe leisten:
– Leitungen, die kürzer als 2 m sind, und
– geschirmte Leitungen, deren Schirm an beiden Enden angeschlossen ist, nach 5.2.3, letzter Absatz;
– Staubsaugerschläuche mit integrierten Leitungen mit weniger als 2 m Länge nach 7.3.1.1.2;
– Leitungen zu Halbleiterstellgliedern mit weniger als 2 m Länge nach 4.1.1.2;
– Verbindungsleitungen zwischen Gerät und Batterie bei batteriebetriebenen Geräten nach 4.1.1.4.

Zu Abschnitt 5.3 Verringerung der Störgrößen, die nicht vom Prüfling erzeugt werden
Hierzu sind keine zusätzlichen Erläuterungen erforderlich.

Zu Abschnitt 6 Messung der Störleistung von 30 MHz bis 300 MHz

Die Zusammenhänge zwischen der Störfähigkeit eines Betriebsmittels im Bereich von 30 MHz bis 300 MHz und der auf den angeschlossenen Leitungen gemessenen Störleistung sind in Abschnitt 13.1 von CISPR 16-1 (VDE 0876 Teil 16-1) ausführlich beschrieben.

Zu Abschnitt 6.1 Meßgeräte

Zu Abschnitt 6.1.1 Meßempfänger
Dieser Abschnitt entspricht wörtlich dem Abschnitt 5.1.1; siehe daher die Ausführungen zu Abschnitt 5.1.1.

Zu Abschnitt 6.1.2 Absorptionsmeßwandlerzange
Im Rahmen von DIN VDE 0877 „Das Messen von Funkstörungen" behandelt der Teil 3: 04.80 „Das Messen von Funkstörleistungen auf Leitungen". Für diese Messung wird eine Absorptionsmeßwandlerzange benutzt, deren Aufbau in Abschnitt 13.2 und Anhang K und deren Kalibrierung in Anhang H der CISPR 16-1 (VDE 0876 Teil 16-1) beschrieben sind.
Früher wurde in einem Anhang C von CISPR 14 beschrieben, wie die Kalibrierung der Meßzange und die Ermittlung der Kalibrierkurve vorzunehmen sind. Da diese Tätigkeiten inzwischen ausführlich in CISPR 16-1 beschrieben werden und der Käufer einer Zange vom Hersteller eine in dessen entsprechend ausgerüstetem Labor ermittelte Kalibrierkurve für die erworbene Zange erhält, konnten sie jetzt hier entfallen.

Zu Abschnitt 6.2 Meßverfahren auf der Netzleitung

Zu Abschnitt 6.2.1 [Anordnung des zu messenden Geräts]
Die Beschreibung des Meßverfahrens entspricht dem in DIN VDE 0877 Teil 3:04.80 festgelegten. Einzelheiten dazu sind aber in den Anmerkungen 1, 2 und 3 von Anhang O enthalten.
Die früher hier beschriebene Einstellung auf das 2. Maximum wird nicht mehr erwähnt, da heute die meisten Zangen aufgeklappt werden können. Auch wurde die Streichung dieser Festlegung möglich, nachdem in Abschnitt 6.2.3 ein Ersatz der Originalleitung durch eine Leitung ähnlicher Qualität erlaubt wurde.
Das gerade Stück der Leitung, auf der gemessen wird, sollte eine Länge von etwa $\lambda_{max}/2 + 60$ cm haben, damit man auch noch bei der niedrigsten Meßfrequenz entsprechend $\lambda_{max}/2$ das möglicherweise hier auftretende Maximum finden kann. Siehe auch Abschnitt 6.2.3 wegen der Länge der Meßstrecke.
Beispiele eines praktischen Verlaufs der Meßwerte sind in Bild 2-3 aufgezeichnet.
Vergleichsmessungen in unterschiedlichen Labors haben übrigens gezeigt, daß die Meßergebnisse am besten reproduzierbar waren bei einer Messung in „normalen" Büroräumen; auf keinen Fall sollte wegen des kapazitiven Einflusses der Wände in geschirmten Räumen, möglichst auch nicht in Kellerräumen (Stahlarmierungen, Rohre) gemessen werden. Beeinflussungen durch Rundfunksender lassen sich durch eine (erlaubte) Variation der Meßfrequenz vermeiden (siehe auch zu Abschnitt 6.2.3).

Zu Abschnitt 6.2.2 [Suche nach der maximalen Anzeige]
Besonders zu beachten ist die Anweisung, daß bei *jeder* Frequenz bei der Messung durch Verschieben der Zange entlang der Leitung das Maximum gesucht werden muß. Da das Maximum gelegentlich auch unmittelbar am Prüfling gefunden wird, muß die Anzeige der von der Zange aufgenommenen Störleistung also „zwischen einer Stelle unmittelbar am Gerät" und der Entfernung der halben Wellenlänge beobachtet werden.

Zu Abschnitt 6.2.3 [Anordnung der zu messenden Leitung]
Aus der Notwendigkeit einer Messung entlang der Leitung bis zu einer Länge von 6 m ergibt sich der Hinweis in Abschnitt 6.2.1 auf die Anordnung von Gerät und Leitung; in der Praxis hat sich – statt eines entsprechend langen Tischs – auch ein an die Wand klappbares Brett als hilfreich erwiesen. Die Wand darf natürlich nicht metallisch oder mit Metall „verseucht" sein.
Bei einer eventuelle Verlängerung (oder einem Ersatz) der Netzleitung ist die „Ähnlichkeit" nicht kritisch.

Zu Abschnitt 6.2.4 [Zusätzliche Dämpfung]
Anstelle der hier beschriebenen Anordnung von Ferritringen kann auch eine zweite Zange eingesetzt werden (siehe auch Abschnitt 6.2.3). Der Hinweis auf CISPR 16 ist nach der Herausgabe der Neufassung zu lesen als: „siehe CISPR 16-1, Anhang H".

Zu Abschnitt 6.3 Besondere Festlegungen für Geräte mit Zusatzgeräten, die an anderen Leitungen als der Netzleitung angeschlossen sind

Zu Abschnitt 6.3.1 Meßanordnung
Ähnlich wie in Abschnitt 5.2.3 finden sich hier besondere Festlegungen für die Messung der Störgrößen an „anderen Leitungen".
Während aber in 5.2.3 für die Messung der Störspannung eine Anzahl von Leitungen (z. B. kürzere als 2 m) ausgenommen sind, beschränken sich diese Ausnahmen hier ausschließlich auf Leitungen, die kürzer als 25 cm und an beiden Enden fest angeschlossen sind; die Zange würde nicht zwischen Gerät und Zusatzgerät passen.
Dieser Unterschied ist verständlich, wenn man bedenkt, daß gerade der Teil der Leitung, der sich nahe an der Störquelle, also am Gerät befindet, die Störgröße in diesem Frequenzbereich am stärksten abstrahlen wird. Die Leitungslänge entspricht ja oft der Wellenlänge bzw. einem Viertel davon.
Auch auf geschirmten Leitungen muß gemessen werden.

Zu Abschnitt 6.3.2 Durchführung der Messung
Besonders zu beachten ist, daß nach der Messung auf der Netzleitung des Hauptgeräts gemäß Abschnitt 6.2, auch bei der Messung auf den anderen Leitungen bei jeder Frequenz durch Verschieben der Zange entlang der Leitung, die gegebenenfalls zu verlängern ist, das Maximum gesucht werden muß – das übrigens wieder gelegentlich auch unmittelbar am Prüfling gefunden wird –, und daß bei eventuell angeschlossenen Zusatzgeräten (die eine Störquelle enthalten) die Zange einmal umzudrehen ist, so daß der Stromwandler zur „anderen" Störquelle zeigt.

Zu Abschnitt 6.4 Auswertung der Meßergebnisse
In Ergänzung zu Abschnitt 6.2.2 wird hier auf die Ableitung des mit dem Grenzwert zu vergleichenden Meßergebnisses aus der maximalen Anzeige und der Kalibrierkurve hingewiesen.[*)]

Zu Abschnitt 7
Betriebsbedingungen und Auswertung der Meßergebnisse

Da das Ergebnis der Messung von Funkstörgrößen stark von der Art des Betriebs während der Messung abhängen kann, ist es unerläßlich, die beim Messen anzuwendende Betriebsart und die Betriebsbedingungen festzulegen. Ein allgemeiner Hinweis auf den „normalen Betrieb nach Angabe der jeweiligen VDE-Bestimmung", wie noch in VDE 0875: 12.59, Abschnitt 4d), erwies sich nicht immer als sinnvoll, da die meisten VDE-Bestimmungen unter erschwerten Bedingungen die Wärmefestigkeit der Betriebsmittel oder andere kritische Werte erfassen und damit die Gebrauchstauglichkeit für alle bestimmungsgemäßen Anwendungsfälle sicherstellen wollen.

Aus diesem Grund wurde zum ersten Mal in VDE 0875:01.65 ein Abschnitt 11 mit den „Betriebsarten beim Messen" geschaffen, die inzwischen einen erheblichen Umfang angenommen haben. Zunächst noch wurden nur die Abweichungen von den entsprechenden Gerätebestimmungen aufgeführt und – sozusagen als Arbeitshilfe – Hinweise auf solche Bestimmungen gegeben, aber schon in VDE 0875:07.71 wird ausdrücklich darauf hingewiesen, daß die Einzelbestimmungen des Abschnitts 11 unabhängig von der jeweils gültigen Ausgabe der (sicherheitstechnischen) Gerätebestimmungen gelten.

Parallel dazu entstanden auch in CISPR besondere Empfehlungen (Recommendations 22/1:1967 und 23/1:1970, 1973 zusammengefaßt zu Recommendation 50), die demselben Zweck dienten. Es gelang übrigens im Laufe der Jahre gerade hier, die deutschen Erfahrungen in den jeweils neueren Ausgaben der genannten Empfehlungen zu „internationalisieren", so daß hier die deutschen und die entsprechenden CISPR-Empfehlungen schon lange in größtem Umfang übereinstimmten.

In Abschnitt 5 der CISPR 14 von 1975 wurden dann die allgemeinen Betriebsbedingungen (jetzt Abschnitt 7.1) sowie die Festlegungen für die Auswertung der Meßergebnisse (jetzt Abschnitt 7.4) mit den normierten Betriebsarten (jetzt die Abschnitte 7.2 und 7.3) zusammengefaßt. Auch die besonderen Festlegungen über die Durchführung der Messung an Halbleiterstellgliedern (siehe Abschnitt 7.2.5) sind jetzt hier zu finden.

Zu Abschnitt 7.1 Allgemeines

Hier werden die Grundanforderungen für die Durchführung der Messungen festgelegt. Ähnliche allgemeine Hinweise für den Betrieb beim Messen standen in VDE 0875:07.71 noch in 5e) und wurden in DIN VDE 0875:11.84 zusammen mit den Festlegungen über die Ablesung von Dauerstörgrößen und die Auswertung von Knackstörgrößen in Abschnitt 4 „Durchführung der Messung" niedergelegt, damit der Benutzer alle diese Angaben an einem Platz findet.

---

[*]) Anmerkung: Der Anhang I ist in der endgültigen Fassung der CISPR 16-1:1993-08 nicht mehr enthalten. Statt dessen ist das Kalibrierverfahren in Anhang H beschrieben.

Es empfiehlt sich, die tatsächlichen Bedingungen bei der Durchführung von Messungen sorgfältig im Protokoll festzuhalten.

Zu Abschnitt 7.1.1 [Belastung]
Es wird auf die schon erwähnten speziellen normierten Betriebsbedingungen in den Abschnitten 7.2 und 7.3 verwiesen. Betriebsmittel, die ihrem Anwendungsbereich und der Art ihrer Störgrößen nach in den Geltungsbereich von DIN EN 55014 fallen, aber hier (noch) nicht genannt sind – wer kann vorhersehen, was alles noch auf diesem Markt erscheinen wird –, sind entsprechend den üblichen Betriebsbedingungen nach „den Benutzungsanweisungen des Herstellers" zu betreiben, wobei vergleichbare, hier genannte Betriebsmittel als Anhalt dienen sollen.
In diesem Zusammenhang ist es sicher von Interesse, daß das EMVG (siehe auch Kapitel 10.6.1) von „bestimmungsgemäßem Betrieb gemäß den Angaben des Herstellers in seiner Gebrauchsanweisung" spricht.
Eine messende Stelle sollte vom „worst case" im bestimmungsgemäßen Gebrauch eines Geräts ausgehen und die in Abschnitt 7.3 aufgeführten, oft bewußt vereinfachten Betriebsarten zugrunde legen.

Zu Abschnitt 7.1.2 [Betriebsdauer]
Diese Aussage soll verhindern, daß Geräte „totgeprüft" werden, wenn die Betriebsdauer bei den Messungen länger ist als die zulässige (bei Geräten mit KB-Angabe, wie bei Kaffeemühlen, Rasierapparaten, Handrührern oder Eintreibgeräten). Auch die Spieldauer ist zu beachten (z. B. die ED-Angabe bei Folienschweißgeräten).

Zu Abschnitt 7.1.3 [Einlaufen der Geräte, Anlieferungszustand, Beharrungszustand]
Das Einlaufen hat nicht nur bei motorischen Störern Einfluß auf den Störpegel (er nimmt im allgemeinen mit der Dauer des Einlaufens ab), sondern in manchen Fällen auch bei Schaltstörern. Die messende Stelle kann aber nicht mit einer Ermittlung des Einlaufzustands oder mit einem zeitaufwendigen Einlaufprozeß belastet werden.
Hiervon zu unterscheiden ist die Aussage über das Erreichen des Beharrungszustands, wie es z. B. in Abschnitt 7.3.4 für Elektrowärmegeräte verlangt wird.
Es kann auch nicht die Aufgabe einer messenden Stelle sein, den Zustand des Prüflings – sei er bewußt herbeigeführt, sei er zufällig entstanden – zu beurteilen oder bei der Prüfung besonders zu berücksichtigen, wenn nicht eine erkennbare Absicht damit verbunden ist. In der Regel werden die Messungen im Anlieferungszustand, d. h. ohne weitere Manipulationen, durchgeführt.

Zu Abschnitt 7.1.4 [Nennspannung, Nennfrequenz]
Um den Meßaufwand nicht zu groß werden zu lassen, wird nur in kritischen Fällen die Spannung variiert. Bei spannungsumschaltbaren Geräten (Angabe z. B. „110/ 230 V") sind bei jeder einstellbaren Nennspannung die Anforderungen einzuhalten.

Als „wesentlich" dürfte die Abhängigkeit von der Nennspannung zu bezeichnen sein, wenn die Unterschiede der bei verschiedenen Spannungen – nicht unbedingt der kleinsten und der größten – gemessenen Werte das Maß der Streuung bei der Auswertung mehrerer gleicher Geräte (nach Abschnitt 8.3.1) überschreiten. Bei Störgrößen von Kommutatormotoren ist das selten der Fall, bei Störgrößen von Geräten mit Halbleiterstellgliedern ist oft eine deutliche Abhängigkeit von der Betriebsspannung gegeben.

Die Anweisung, auch die Nennfrequenz zu beachten, wurde – auf deutschen Vorschlag in Anlehnung an DIN VDE 0875 Teil 1:11.84, Abschnitt 4.1.1 – erst mit der dritten Ausgabe von CISPR 14 (1993) aufgenommen.

Zu Abschnitt 7.1.5 [Drehzahlsteller, Halbleiterstellglieder]

Die Aussagen zur Einstellung von Drehzahlstufenschaltern (bzw. Drehzahlstellern und Stufenschaltern) waren noch in CISPR 14:1985 an verschiedenen Stellen zu finden, u. a. auch in Abschnitt 5.3.1.7 die Anweisung „auf etwa mittlere und höchste Drehzahl" zu stellen. Spezielle Angaben findet man jetzt in Abschnitt 7.2.3.

Bei Drehzahlstufenschaltern ist der Störpegel im allgemeinen von der Lage der Anzapfungen an der Ständerwicklung abhängig.

Die Geräte mit eingebauten Halbleiterstellgliedern waren bisher in der Einleitung zu Abschnitt 5.3 (das wäre jetzt Abschnitt 7.3) enthalten, wonach sie analog unter Verweis auf Abschnitt 5.2.2.2 auf höchste Anzeige einzustellen waren. Für eingebaute Halbleiterstellglieder sind zur Einstellung auf maximalen Störpegel dieselben Anweisungen gültig wie für die selbständigen in Abschnitt 7.2.5.1.

Zu Abschnitt 7.1.6 [Umgebungstemperatur]

Schon seit längerer Zeit wurde in CISPR 15 gefordert, die Messungen bei einer Umgebungstemperatur im Bereich 15°C bis 25°C durchzuführen; das wurde jetzt auch in CISPR 14 übernommen. Eine obere Temperaturgrenze von 35°C wäre aus der Sicht der wärmeren Länder hier zweckmäßiger; der Einfluß der Temperatur auf die Meßergebnisse ist aber in der Regel nicht sehr ausgeprägt.

Die Notwendigkeit, hier auch eine Aussage über die Luftfeuchtigkeit aufzunehmen, wurde schon des öfteren diskutiert; da diese eher die Meßgeräte als die Störgrößen selbst beeinflussen dürfte und die zusätzliche Messung und Protokollierung in den gemäßigten Klimazonen eine überflüssige Arbeit darstellen würde, wurden entsprechende Anträge bisher abgelehnt.

Zu Abschnitt 7.2 Betriebsbedingungen für besondere Geräte und eingebaute Teile

Zu Abschnitt 7.2.1 Mehrnormengeräte

Seit der 2. Ausgabe von 1985 findet man in CISPR 14 einen neuen Begriff, das „*multifunction equipment*".

Der in den deutschen Fassungen benutzte Ausdruck „Mehrnormengerät" ist in gewisser Weise irreführend: man denkt leicht an Fernsehempfänger, die sowohl für den Empfang von Sendungen nach dem PAL- als auch nach dem SECAM-System geeignet sind. Als erläuternde Beispiele seien hier aber der Küchenherd mit eingebautem Mikrowellenteil und die Dunstabzugshaube mit Leuchtstofflampe genannt. Diese Mehrnormengeräte müssen, wenn solches möglich ist, in jeder Funktion einzeln geprüft werden, und jede Teilfunktion muß die auf sie zutreffenden Anforderungen erfüllen. Ausdrücklich dargestellt ist das im folgenden Abschnitt 7.2.3 für einige Geräte, die Dauerstörgrößen und Knackstörgrößen erzeugen.

Aber nicht nur diese Beispiele gelten als Mehrnormengeräte, auch bei einem üblichen Küchenherd sind z. B. die Abschnitte 7.3.4.1 und 7.3.4.8 getrennt anzuwenden. Und ein Mikrowellengerät erzeugt im allgemeinen nicht nur Hochfrequenz im Bereich oberhalb 1 GHz, für die VDE 0875 Teil 11 anzuwenden ist, sondern im allgemeinen auch Störgrößen durch Schaltvorgänge.

Nur wenn die normale Funktion eines Geräts bei getrenntem Betreiben nicht mehr erfüllt ist, sind bei der Messung alle jeweils notwendigen Teile in Betrieb zu setzen. In der Regel wird man z. B. davon ausgehen müssen, daß Teile, die nur durch Manipulation im Gerät stillgesetzt werden können, nicht stillgesetzt werden sollten.

Zu Abschnitt 7.2.2 Batteriebetriebene Geräte
Hier werden eigentlich nur solche Forderungen formuliert, die sich bereits aus anderen Abschnitten dieser Norm ergeben, auch die Handnachbildung ist anzuwenden; batteriebetriebene Geräte sind aus dieser Sicht nichts Besonderes. Die Messung mit dem Tastkopf nach Abschnitt 5.1.3 bezieht sich gegebenenfalls auf die Leitung zu einer externen Batterie (z. B. einem „Power Pack" am Gürtel).

Zu Abschnitt 7.2.3 Eingebaute Anlasser, Drehzahlsteller und ähnliches
Ein Teil der hier zu findenden Aussagen stand bis zur Ausgabe DIN VDE 0875 Teil 1:11.84 noch bei den einzelnen Geräten, z. B. den Nähmaschinen und den Büromaschinen. Mit der Ausgabe von Dezember 1988 wurden sie in Abschnitt 5.3.8 zusammengefaßt.

Während für Dauerstörgrößen die in den Tabellen I und II aufgeführten Grenzen gelten, erhöhen sich gemäß Abschnitt 4.2.2.2 für Knackstörgrößen diese Grenzen gemäß ihrer Knackrate. Wegen dieser unterschiedlichen Beurteilung und wegen der Schwierigkeit, die Messungen gleichzeitig auszuführen, sollten sie – soweit möglich im Sinne von Abschnitt 7.2.1 – getrennt gemessen und beurteilt werden. Schon als mit VDE 0875: 01.65 die Bestimmungen über Knackstörgrößen von Elektrowärmegeräten ausführlicher behandelt wurden, wurde dieses ausdrücklich festgelegt (zuletzt in DIN VDE 0875 Teil 1:11.84, Abschnitt 4.1.6.1).

In der CISPR 14 und EN 55014 ist eine ähnliche allgemeine Anweisung nicht enthalten, sondern nur bei bestimmten Gerätearten die getrennte Messung hier noch einmal ausdrücklich vorgeschrieben. Dabei handelt es sich um:

- Nähmaschinen nach 7.3.1.15: Dauerstörgrößen des Motors; Knackrate N der Störgrößen von Schaltern nach 7.2.3.1
- Zahnbohrmaschinen nach 7.3.3.1: Dauerstörgrößen des Motors; Knackrate N der Störgrößen von Schaltern nach 7.2.3.1
- Diaprojektoren nach 7.3.1.17.2: Dauerstörgrößen; Ermittlung der Knackrate nach 7.2.3.3

Die früher unter Abschnitt 5.1.16.2 (der jetzt 7.3.1.16 entspricht) aufgeführten elektromechanischen Addier- und Rechenmaschinen sowie Registrierkassen sind in der Norm nicht mehr in Abschnitt 7.3.1.16 aufgeführt – man ging davon aus, daß sie vollständig durch elektronische Rechenmaschinen abgelöst wurden –, es wurde aber übersehen, sie auch in 7.2.3.2 zu streichen.

Erst mit der zu Abschnitt 1.3 erläuterten Einführung des Mehrnormengeräts in CISPR 14, das in gleicher Form auch in der EN 55014 erscheint, ist jetzt eine eventuelle Unsicherheit über die Übertragbarkeit der oben aufgeführten Festlegungen für einzelne Gerätearten auf andere, ähnliche Geräte beseitigt worden.

Eigentlich sollten hier auch Aussagen zur Einstellung von Stufenschaltern und Drehzahlstellern zu finden sein, diese sind aber verstreut und z. B. in der Einleitung zu Abschnitt 5.3 enthalten, wonach sie unter Verweis auf Abschnitt 5.2.2.2 auf höchste Anzeige einzustellen sind, und in Abschnitt 5.3.1.7 „auf etwa mittlere und höchste Drehzahl". Spezielle Angaben findet man weiterhin in Abschnitt 5.3.8.

Nicht betroffen von diesem Abschnitt sind Halbleiterstellglieder, diese werden in 7.2.5 behandelt.

Zu Abschnitt 7.2.4 Temperaturregler (Thermostate)

Die in den Erläuterungen zu Abschnitt 4.2.4.2 geschilderte Problematik der fast ohne Belastung schaltenden Raumthermostate – auch in der Funkstörstatistik der früheren Deutschen Bundespost stand die Anzahl dieser Störfälle an der Spitze – gab Anlaß zu einer dort angesprochenen Änderung dieses Abschnitts. Wie in DIN VDE 0875 Teil 206, Entwurf 10.88, bei den aus prAM3 zu EN 55014 (entsprechend ClSPR/F(CO)45) bzw. Änderung 2 zu CISPR 14:Juni 1989 kommenden Änderungen der Abschnitte 4.2.4.2; 4.2.4.5; 5.3.5.11 und den Tabellen III und IV nachlesbar, sind bei Thermostaten für Raumheizgeräte für den stationären Einsatz die Grenzwerte für Dauerstörgrößen, allerdings unter Anwendung der Methode des oberen Viertels auf die Zahl der Schaltvorgänge, d. h. statistisch, einzuhalten. Diese Verschärfung wurde bei CISPR akzeptiert, bei CENELEC jedoch abgelehnt, sie ist daher also in DIN VDE 0875 Teil 1, Änderung 2 vom Oktober 1990, nicht enthalten.

Zwei Eigenschaften solcher Thermostate und ähnlicher Schalter dürfen nämlich nicht übersehen werden:

- Je kleiner die zu schaltende Last, d. h. je kleiner der geschaltete Strom ist, desto eher können an ihnen Funkstörgrößen auftreten und

– die Alterung hat, gerade bei niedriger Belastung, wegen einer Veränderung der Kontaktoberflächen (z. B. bei Raumthermostaten) ebenfalls einen negativen Einfluß auf den Störpegel.

Der zuletzt genannte Effekt tritt jedoch erst nach einer gewissen Betriebsdauer auf (typisch sind 1 bis 2 Jahre) und ist bei neuen Thermostaten nicht zu beobachten; die eigentliche Funktion wird nicht beeinträchtigt, aber die meisten dieser Thermostate werden früher oder später zu „Funkstörquellen". Das Problem läßt sich möglicherweise durch die Wahl besser geeigneter Kontaktmaterialien oder durch Verkleinern des zu schaltenden Stroms verringern.

Zu Abschnitt 7.2.5 Halbleiterstellglieder
Für Halbleiterstellglieder, die als Lichtsteuergerät (Helligkeitssteuergerät, Dimmer) eingesetzt werden können, gelten nach DIN EN 55015 (VDE 0875 Teil 15):1996, Abschnitt 5.4.2 in Verbindung mit Tabelle 2a auch Grenzwerte für die Störspannung an den Netzanschlüssen im Frequenzbereich unterhalb 150 kHz.
Die Messung an Halbleiterstellgliedern kann, da der Störpegel stark von der Einstellung der Steller abhängt, recht zeitaufwendig werden, vor allem, wenn in einem Gerät mehrere Steller zusammengefaßt sind.
Bei Halbleiterstellern, die in andere, z. B. in motorisch betriebene Geräte, eingebaut sind, entfällt die Störspannungsmessung auf den Leitungen innerhalb des Geräts (siehe Anmerkung).
Da nach Abschnitt 4.1.3 im Frequenzbereich 30 MHz bis 300 MHz keine Grenzwerte gelten, entfällt hier die Messung mit der Absorberzange.

Zu Abschnitt 7.2.5.1 Einstellung auf maximalen Störpegel
Bei Geräten mit elektronischer Variation der Drehzahl muß drehzahlabhängig der höchste Störeindruck gesucht werden. Bei phasenanschnittgesteuerter Drehzahlbeeinflussung tritt der höchste Pegel meist bei einem Phasenwinkel von etwa 90° auf.

Zu Abschnitt 7.2.5.2 Geräte mit mehreren Stellgliedern
Hierzu sind keine Erläuterungen erforderlich, da der Text eindeutig die Anforderungen wiedergibt.

Zu Abschnitt 7.2.5.2.1 [Geräte mit getrennten Stellern]
Befindet sich der Halbleitersteller oder auch nur das Stellglied (getrennt vom eigentlichen Steller) außerhalb des Geräts und ist mit diesem über eine weniger als 2 m lange Leitung verbunden, entfällt eine besondere Messung am Steller oder an dieser Leitung, wenn diese Leitung nicht austauschbar ist.

Zu Abschnitt 7.2.5.2.2 [Durchführung der Messung]
Die Ausführungen dieses Abschnitts sind selbsterklärend und erfordern keine weiteren Erläuterungen.

Zu Abschnitt 7.3 Normierte Betriebsarten und Belastungen
Mit der zunehmenden Prüfpraxis in anderen Ländern wurde auch dort erkannt, welche Bedeutung gerade dieser Abschnitt für eine einheitliche Anwendung der Funk-Entstörbestimmungen auf einem gemeinsamen Markt mit gegenseitiger Anerkennung der Prüfergebnisse hat, so daß in den vergangenen Jahren manches noch verfeinert wurde und weitere Gerätegruppen hinzukamen.
Die meisten Angaben dürften ohne weitere Erläuterungen verständlich und eindeutig sein. Im folgenden sind also nur ergänzende Hinweise und Beispiele gegeben.
Betriebsmittel, die ihrem Anwendungsbereich und der Art ihrer Störgrößen nach in den Geltungsbereich der EN 55014 fallen, aber hier (noch) nicht genannt sind – wer kann vorhersehen, was alles noch auf diesem Markt erscheinen wird –, sind entsprechend den normalen Betriebsbedingungen nach Herstellerangaben zu betreiben. Dabei können vergleichbare, hier genannte Betriebsmittel als Anhalt dienen. Im übrigen gibt z. B. auch das VDE-Prüf- und Zertifizierungsinstitut – in Abstimmung mit dem verantwortlichen Komitee der DKE – Auskunft.

Zu Abschnitt 7.3.1 Geräte mit elektromotorischem Antrieb
für den Hausgebrauch und ähnliche Zwecke
In dieser Gruppe und in einer nächsten, der der Elektrowerkzeuge, dürfte der größte Teil der unter VDE 0875 Teil 14-1 fallenden Geräte mit Dauerstörgrößen zu finden sein. Einige der Haushaltgeräte, z. B. die Waschmaschinen und die Geschirrspülmaschinen, sind programmgesteuert; sie erzeugen also typische Knackstörgrößen und müssen – wenn sie z. B. mit Mikroprozessoren ausgerüstet sind – auch auf Schmalbandstörgrößen untersucht werden.
Auf eine Festlegung für Leitungen auf (automatischen) Kabelaufrollern in Staubsaugern muß besonders hingewiesen werden, da sie leicht übersehen wird: in Abschnitt 7 3.1.1 ist vorgeschrieben, daß die Netzleitung ganz herauszuziehen und zu dem schon an anderer Stelle erwähnten Bündel zusammenzulegen ist.

Zu Abschnitt 7.3.1.16.2 Elektromechanische Büromaschinen
(hier: Aktenvernichter)
Mit Änderung 1:1996-08 zu CISPR 14 wurden Festlegungen für die bisher als in Beratung befindlichen Aktenvernichter unter 7.3.1.16.2 aufgenommen; die Übernahme in EN 55014 bzw. VDE 0875 Teil 14-1 ist zwischenzeitlich als „A1" erfolgt.
Bei Aktenvernichtern hängt die Knackrate von der Arbeitsgeschwindigkeit ab; im Sinne des „ungünstigsten Falls" und zur Erreichung eindeutiger Bedingungen wurde in dieser Änderung festgelegt, daß einzelne Blätter in der schnellstmöglichen Folge eingelegt werden müssen, die erreicht werden kann, wenn das Abschalten des Antriebs gerade abgewartet wird.

Zu Abschnitt 7.3.1.20 Klimageräte
Neu wurden mit der Änderung 1:1996-08 zu CISPR 14 – auf einen japanischen Antrag hin – die Betriebsbedingungen beim Messen von Klimageräten festgelegt;

auch hier ist die Übernahme in die EN 55014 bzw. VDE 0875 Teil 14-1 mit „A1" erfolgt.

Es geht dabei vor allem um die Anordnung der Geräteteile – besonders bei Splitgeräten – und der verbindenden Kühlmittelleitungen. Es ist nicht erforderlich, mit zwei getrennten Räumen zu arbeiten, aber bei der Umgebungstemperatur muß natürlich zwischen Kühlbetrieb und Heizbetrieb unterschieden werden.

Zu Abschnitt 7.3.2 Elektrowerkzeuge

Zu den Elektrowerkzeugen gehören – neben den motorischen – seit CISPR 14:1993 auch die Elektrowärme-Werkzeuge, wie Lötgeräte, Heißklebepistolen und Heißluftgebläse, bei denen (auch) Knackstörgrößen auftreten können.

Die in Tabelle I aufgeführten, in Abschnitt 4.1.1.3 formulierten Erleichterungen für Elektrowerkzeuge mit mehr als 700 W bzw. mit mehr als 1000 W gelten – wie dort ausdrücklich gesagt – nur bei einer entsprechenden Aufnahmeleistung des motorischen Teils. Sie gelten insbesondere nicht für die in Abschnitt 7.3.2.7 aufgeführten Eintreibgeräte, bei denen manchmal auf den Geräten eine – meßtechnisch nicht definierte – hohe Impulsleistung angegeben ist.

Zu Abschnitt 7.3.2.1.1 [Werkzeuge mit zwei Drehrichtungen]

Da das Verhalten der Bürsten eines Motors in den beiden Drehrichtungen üblicherweise unterschiedlich ist, muß mit beiden Drehrichtungen gemessen werden und der höhere Wert den Grenzwert einhalten. Andererseits ist jedoch in jeder Drehrichtung eine Einlaufzeit von etwa 15 min vorgegeben.

Zu Abschnitt 7.3.2.1.2 [Werkzeuge mit vibrierenden oder schwingenden Massen]

Als auch schwere Werkzeuge mit großen schwingenden Massen auf die Meßplätze kamen, stellte man fest, daß sowohl die Geräusche als auch die Vibrationen die Messungen erschwerten, teilweise fast unmöglich machten. So wurde auf Antrag in die Norm aufgenommen, die schwingenden Massen auszubauen oder auf andere Art stillzulegen. Auch für den Fall einer unzulässigen Erhöhung der Drehzahl wurde eine Lösung formuliert.

Inzwischen ergeben sich aber Auslegungsschwierigkeiten bei der Anwendung auf kleinere Werkzeuge und ähnliche Geräte, wie Heckenscheren, Schwingschleifer oder gar elektrische Tranchiermesser für die Küche; die Begründungen für den ursprünglichen Antrag treffen zwar nicht mehr zu, aber der Wortlaut der Norm schreibt die Anwendung der Stillegung oder des Ausbaus praktisch vor. Der damit verbundene Aufwand ist auch nicht immer klein.

So wurde im Sommer 1996 von deutscher Seite bei CISPR der Antrag vorgetragen, diese Maßnahme nur bei Geräten mit abschaltbaren Schlagwerken und bei solchen mit einer Aufnahmeleistung von mehr als 700 W anzuwenden, wobei der Wert von 700 W aus Abschnitt 4.1.1.3 übernommen wurde.

Zu Abschnitt 7.3.2.1.3 [Werkzeuge mit Netztransformator]
Gewisse Werkzeuge werden, z. B. im Kesselbau oder Schiffbau, aus Sicherheitsgründen über Trenntransformatoren betrieben. Die hierfür gegebenen Meßbedingungen bedürfen keiner weiteren Erläuterung.

Zu Abschnitt 7.3.2.2 [Handgeführte motorgetriebene Elektrowerkzeuge]
Alle hier aufgeführten (und eventuell auch nicht genannte, aber ähnliche) Werkzeuge sind im Dauerbetrieb ohne Belastung zu betreiben. Die Erfahrung hat gezeigt, daß eine Belastung den Störpegel nur wenig beeinflußt und dabei nicht unbedingt erhöht.
Die Benennung „handgeführt" gilt auch dann, wenn Werkzeuge gelegentlich in eine Vorrichtung eingespannt werden, z. B. Bohrmaschinen in einen Bohrständer. Der ursprünglich in der CISPR 14 und in der englischen Fassung der EG-Richtlinie sowie jetzt auch der in EN 55014 gebrauchte Ausdruck *„portable"* – wörtlich „tragbar" – war nicht eindeutig; seit DIN VDE 0875:06.77 wird die Benennung „handgeführt" verwendet.

Zu Abschnitt 7.3.2.3 [Tragbare motorgetriebene Elektrowerkzeuge]
Während früher die Festlegungen in CISPR 14 nur für handgeführte Elektrowerkzeuge galten, wurden inzwischen – nach einem entsprechenden deutschen Antrag (vom März 1989) – auch die nicht handgeführten Werkzeuge, also tragbare motorgetriebene Elektrowerkzeuge (z. B. Kreissägen und Schleif- und Poliermaschinen), in den Geltungsbereich der CISPR 14 aufgenommen; es wäre wohl auch kein Grund für eine andere Betrachtung zu finden.
In IEC TC 61 werden hierfür die Ausdrücke *„transportable motor-operated electric tools"* oder auch *„semi stationary tools"* gebraucht.

Zu Abschnitt 7.3.2.4 bis Abschnitt 7.3.2.6 [Elektrowärme-Werkzeuge]
Die Notwendigkeit, auch für Elektrowärme-Werkzeuge, bei denen (auch) Knackstörgrößen auftreten können, Betriebsbedingungen festzulegen, wurde erst recht spät erkannt.

Zu Abschnitt 7.3.2.7 bis Abschnitt 7.3.2.9 [Sonstige Elektrowerkzeuge]
Die Eintreibgeräte (im Deutschen auch „Tacker" genannt, im Englischen *power staplers*) – siehe auch oben die Erläuterungen zu Abschnitt 7.3.2 – wurden erst im Oktober 1990 in die Norm aufgenommen, und es wird für sie eine Leistung von weniger als 700 W angenommen. Die Betriebsbedingungen für Spritzpistolen und Innenrüttler bedürfen keiner Erläuterung.

Zu Abschnitt 7.3.2.10 [Lichtbogenschweißgeräte]
Immer noch diskutiert wird in Arbeitsgruppe 1 von Unterkomitee CISPR F die Festlegung von Betriebsbedingungen von kleineren Elektroschweißgeräten. Dabei wird hier an die einfachen Geräte ohne HF-Zündhilfe gedacht; diese sind bisher – wahr-

scheinlich darum, weil man sie kaum als tragbare Elektrowerkzeuge ansah – nicht ausdrücklich genannt, müßten aber wohl nach diesen Bestimmungen zu behandeln sein. Enthalten sie eine HF-Zündhilfe, gehören sie nach DIN EN 55011 (VDE 0875 Teil 11)!

Inzwischen ist die DIN EN 50199 erschienen, die die deutsche Fassung der von CENELEC/TC 26A „Lichtbogenschweißen" ausgearbeiteten EN 50199:1995 – EMV-Produktnorm für Lichtbogenschweißeinrichtungen – beinhaltet.

Ein weiterer Entwurf für „Widerstandsschweißgeräte" liegt als CENELEC/TC 26B(Sec)36 (Febr. 1996) vor und soll zu einer EN 50240 „EMC – *Product standard for resistance welding equipment*" führen.

Zu Abschnitt 7.3.3 Elektromedizinische Geräte mit elektromotorischem Antrieb

Statt der allgemeinen Formel „Geräte mit elektromotorischem Antrieb", auf die sich noch DIN VDE 0875 Teil 1:06.77 beschränkte, werden hier einige typische Geräte genannt.

Für medizinische elektrische Geräte und insbesondere Systeme gelten heute im übrigen die Festlegungen der DIN EN 60601-1-2 (VDE 0750 Teil 1-2) – siehe Kapitel 6.

Zu Abschnitt 7.3.4 Elektrowärmegeräte

Die größte Gruppe von Geräten mit Knackstörgrößen ist wohl die der häuslichen Elektrowärmegeräte. Für alle gilt, daß sie im thermischen Beharrungszustand, also nicht im Anlauf, zu messen sind. Bei der Messung und Beurteilung der Störgrößen ist besonders auf die Festlegungen in Abschnitt 4.2 mit den Ausnahmen in 4.2.3 und die Einzelangaben zur Ermittlung der Knackraten zu achten.

Schon als mit VDE 0875:01.65 detailliertere Bestimmungen über Knackstörgrößen von Elektrowärmegeräten aufgenommen wurden, hat man ausdrücklich verankert, daß beim Beurteilen der Grenzwerte jeder einzeln willkürlich schaltbare Stromkreis für sich zu betrachten ist, z. B. bei Elektroherden. In der Folgezeit wurde diese Anweisung auch auf andere kombinierte Geräte übertragen (zuletzt in DIN VDE 0875:11.84, Abschnitt 4.1.6.1). Wenn auch diese Formulierung in EN 55014 nicht enthalten ist, muß derselbe Schluß aus Abschnitt 7.2.1 gezogen werden. Ein gutes Gegenbeispiel ist bei den Bügelgeräten in Abschnitt 7.3.4.10 gegeben: Der Temperaturregler ist nicht willkürlich und unabhängig vom Motorschalter zu betreiben, die Knackraten werden also addiert, jede der beiden Störquellen muß dann den errechneten Grenzwert einhalten.

Während in der Ausgabe 1987 der EN 55014 die Durchflußerwärmer noch zusammen mit den Speichern und Boilern (im damaligen Abschnitt 5.3.5.14) behandelt wurden, erhielt – auf britischen Antrag hin – die Ausgabe 1993 von EN 55014 (entsprechend CISPR 14:1993) einen gesonderten Abschnitt (7.3.4.4 gegenüber 7.3.4.5); man glaubte, diese Geräte würden bei reduzierter Durchlaufmenge takten.

143

Bei Abschnitt 7.3.4.8 wird in einer Anmerkung auf die Störgrößen von Mikrowellenherden im Bereich oberhalb 1 GHz hingewiesen; für diese und für Induktionskochgeräte gilt DIN EN 55011 (VDE 0875 Teil 11).

Zu Abschnitt 7.3.5 Warenverkaufsautomaten, Unterhaltungsautomaten und ähnliche Geräte

Die Betriebsbedingungen wurden anhand eingehender Studien der Benutzungsgewohnheiten und der Häufigkeit der Verkaufs- oder Spieloperationen zunächst in Deutschland festgelegt, als infolge des Inkrafttretens der ersten EG-Richtlinie auch eine Aussage über diese Art von Geräten notwendig wurde. Dann wurde ein darauf beruhender Vorschlag in CISPR eingebracht und fast unverändert akzeptiert.

Das Auslösen von Ausgabeoperationen oder ähnlichen Vorgängen durch das Einwerfen von Münzen wird als handbetätigtes Schalten im Sinne von Abschnitt 4.2.3.3 betrachtet; bei Einhaltung der entsprechenden sonstigen Bedingungen sind die dadurch erzeugten Knackstörgrößen nicht zu beachten.

Die früher so häufig als Störer in Erscheinung getretenen sogenannten Flipper wurden übrigens durch Umstellung von Relaistechnik auf Elektronik weitaus besser entstört, als es durch Entstörbauelemente je möglich gewesen wäre.

Zu Abschnitt 7.3.6 Schienengebundene elektrische Spielzeuge

Im Entwurf VDE 0875a:..74 wurden erstmalig Festlegungen für die Funk-Entstörung von netz- und batteriebetriebenen Spielzeugen und Spielzeuganlagen getroffen; der Inhalt dieses Abschnitts konnte dann in die internationalen Gremien eingebracht werden, wenn auch zunächst in CISPR 14 für batteriebetriebene Geräte keine Grenzwerte genannt wurden.

Batteriespielzeug ist nicht besonders erwähnt; mit Abschnitt 4.3 in Änderung 2 wird indirekt eine ähnliche Festlegung wie in Abschnitt 5.13.4 von DIN VDE 0875:11.84 eingeführt.

Zu Abschnitt 7.3.7 Verschiedene Geräte

Zu Abschnitt 7.3.7.1 Nicht in Geräte eingebaute Zeitschalter

Die Betriebsbedingungen für die selbständigen Zeitschalter wurden neu in CISPR 14:1985 aufgenommen. Zeitschalter, die nicht als selbständiges Gerät, sondern zum Einbau in andere Geräte gedacht sind, fallen gemäß dem 3. Absatz von Abschnitt 1.1 nicht unter diese Festlegungen; für sie wäre eine solche Messung auch nicht sinnvoll. Dagegen könnte dieser Passus auf Zeitschalter angewendet werden, die in ein Gerät eingebaut sind, soweit nicht durch eine Betriebsanleitung oder eine Aussage an anderer Stelle in Abschnitt 7.3 (z. B. in 7.3.4.9.1) die Benutzungshäufigkeit oder -dauer bestimmt ist oder gleichzeitig im Gerät andere Störgrößen auftreten.

Zu Abschnitt 7.3.7.2 Elektrozaungeräte

Durch die Darstellung im zugehörigen Bild 6 (es enthält zwei V-Netznachbildungen) wird – wie auch in Abschnitt 4.2.3.8 – darauf hingewiesen, daß an allen Anschlüssen des Zaungeräts die Grenzwerte der Störspannung einzuhalten sind, also auch am eigentlichen Zaunanschluß. Die Spannungsteilung durch die Zaunnachbildung, die als Korrektur von 16 dB zu dem in dB abgelesenen Wert addiert werden muß (siehe Abschnitt 4.2.3.8), wird hier nicht noch einmal erwähnt. Seit der DIN VDE 0875 Teil 1:11.84 enthält Bild 8, jetzt Bild 6, eine Position 6, einen Widerstand von 1 MΩ (20 kV!) zur definierten Nachbildung des Leckstroms. Der schon bei Abschnitt 4.1.1.5 erwähnte Vorstoß Neuseelands führte dazu, daß jetzt die Spannungsteilung durch die Zaunnachbildung nicht mehr in Abschnitt 4.2.3.8, sondern hier erwähnt wird. Die Nachbildung des Leckstroms wird in Zukunft statt mit 1 MΩ mit 500 Ω vorgenommen – ein wichtiger Punkt des neuseeländischen Vorschlags. Der neue Text befindet sich zur Zeit noch in Beratung (DIN VDE 0875-14-198 (VDE 0875 Teil 14-198) vom Oktober 1996).

Zu Abschnitt 7.3.7.3 Elektronische Gaszündgeräte

Bei Gaszündgeräten war es vor allem notwendig, eine einheitliche Beantwortung der Frage sicherzustellen, ob es sich im Einzelfall um Dauerstörgrößen oder um Knackstörgrößen handelt. Für den zweiten Fall wird eine ausführliche Anweisung zur Ermittlung der Knackrate gegeben.

Zu Abschnitt 7.3.7.4 Insektenvernichter

Dieser Abschnitt ist erst mit einer Änderung im Oktober 1990 aufgenommen worden. Bei einer Gruppe dieser Geräte können immer dann Störgrößen auftreten, wenn der Körper eines Insekts die Entladungsstrecke (z. B. zwischen den Drahtelektroden) überbrückt; der genannte Widerstand von 2 kΩ bildet diesen Zustand nach. Bei Geräten, die nach dem System elektrostatischer Luftreiniger arbeiten, ist Abschnitt 7.3.7.6 zu beachten.

Zu Abschnitt 7.3.7.5 [Bestrahlungsgeräte für die Körperpflege]

Soweit solche Geräte mit Leuchtstofflampen oder Ultraviolett- und Infrarotstrahlern betrieben werden, ist VDE 0875 Teil 15-1 zu beachten (siehe hier Abschnitt 5.7 in Kapitel 3.5). Eventuell kann auch Abschnitt 1.3 der hier behandelten Norm zutreffen.

Zu Abschnitt 7.3.7.6 [Elektrostatische Luftreiniger]

Elektrostatische Luftreiniger haben üblicherweise ein Vorfilter (z. B. aus Kohlenstoff) als Schutz gegen größere Schmutzpartikel für das empfindliche Hauptfilter. Letzteres ist elektrisch geladen und kann kleinste Schmutzpartikel (bis 0,01 µm) herausfiltern; die Raumluft des Meßraums ist daher als ausreichende Belastung anzusehen.

Zu Abschnitt 7.3.7.7 Batterieladegeräte
Zu Abschnitt 7.3.7.8 Gleichrichter und
Zu Abschnitt 7.3.7.9 Umrichter
Der Inhalt dieser drei Abschnitte wurde mit EN 55014:1987 als gemeinsamer Abschnitt 5.3.13 eingeführt; es zeigte sich, daß eine Aufgliederung in drei Abschnitte zu eindeutigeren Aussagen führt.
Eine Messung der Störgrößen im Bereich oberhalb 30 MHz entfällt nach Abschnitt 4.1.2.4 vorläufig noch; es wird aber hier auf eine zu Abschnitt 4.1.2.4 erwähnte, in Kürze zu erwartende Änderung hingewiesen.
Abschnitt 7.3.7.7 enthält zwei neuere Festlegungen für die Messung von Batterieladegeräten:
- wenn die Ausgangsanschlüsse nicht zugänglich sind, entfällt die Messung an diesen und
- bei Ladegeräten, die bei voll aufgeladener Batterie automatisch abschalten oder bei Widerstandslast gar nicht laden, ist eine teilgeladene Batterie anzuschließen.

Zu Abschnitt 7.3.7.10 Hebezeuge (Elektrozüge)
Auch hier – infolge eine Druckfehlers mit 7.3.8 bezeichnet – werden für die Bestimmung der Knackraten vereinfachte Betriebsbedingungen festgelegt. Eventuelle Dauerstörgrößen müssen während der dazwischen liegenden „Fahr"-Abschnitte gemessen werden.
Der Inhalt dieses Abschnitts war bisher nicht in CISPR 14, aber in DIN VDE 0875 Teil 3:12.88 enthalten; er wurde dann als deutscher Vorschlag in CISPR eingebracht und in die Ausgabe 1993 fast unverändert übernommen.
Die bisher ebenfalls in VDE 0875 Teil 3, Abschnitt 5.3.3, aufgeführten Aufzüge fanden noch keine europäische oder internationale Lösung. Bei diesen dachte man in Deutschland sowohl an die Personenaufzüge als auch an die kleinen, gewerblichen Lastenaufzüge, bei denen die Beförderung von Personen unzulässig ist. Zur Zeit existieren die Entwürfe zu Produktnormen EN 12015 (für die Störaussendung) und EN 12016 (für die Störfestigkeit), wobei die Störaussendung bei Aufzügen im Wohnbereich aber auch die Störfestigkeit gegenüber Funktelefonen („Handys") besonders zu berücksichtigen sind.
Die früher auch hier behandelten Tonaufnahme- und -wiedergabe-Geräte (NF-Geräte) sind mit der letzten Ausgabe von EN 55014 aus dieser herausgenommen worden, nachdem geklärt worden war, daß sie von der EN 55013 „Funkstörungen durch Ton- und Fernsehrundfunkempfänger und angeschlossene Geräte" erfaßt werden.

Zu Abschnitt 7.4 Auswertung der Meßergebnisse
Zu Abschnitt 7.4.1 Dauerstörgrößen
Zu Abschnitt 7.4.1.1 und 7.4.1.2 [Beobachtung der Anzeige]
Für Dauerstörgrößen ist der während einer begrenzten Ablesezeit auftretende Höchstwert als Meßergebnis anzusehen, da Dauerstörgrößen, z. B. bei Kollektormo-

toren, in der Höhe nur wenig schwanken und daher – anders als Knackstörgrößen – einen festen, unveränderlichen Störeindruck hinterlassen.
In der empfohlenen Beobachtungszeit von 15 s läßt sich erkennen, ob die Störquelle stabil ist, wobei ein Schwanken der Anzeige um ±1 dB noch als stabiles Verhalten zu bezeichnen ist. Andernfalls sollte die Beobachtungszeit verlängert oder die Ursache für die Unregelmäßigkeiten (z. B. im Kollektor- oder Bürstenzustand) gesucht werden.
Diese Festlegungen sind nur bei der Kontrolle einzelner Geräte von Bedeutung. Eine derartige instabile Anzeige zur Grundlage von Aussagen bei seriengefertigten Betriebsmitteln zu machen, ist jedenfalls nicht zu empfehlen.
Mit der Festlegung unter 7.4.1.2 a) und b) wird berücksichtigt, daß gewisse Geräte während der Benutzung häufiger ein- und ausgeschaltet werden als andere; Bohrmaschine und Haartrockner sind jeweils typische Beispiele.

Zu Abschnitt 7.4.1.3 und 7.4.1.4 [Bedeutung der Grenzwerte]
„Die Grenzwerte gelten lückenlos", hieß es noch wörtlich in DIN VDE 0875 Teil 1:11.84 (siehe dort unter Abschnitt 4.2.2), jetzt: „Es ist eine erste orientierende Messung des gesamten Bereiches durchzuführen" und „die gemessenen Werte sind mindestens für die nachstehenden bevorzugten Frequenzen sowie für alle Frequenzen ... aufzunehmen, bei denen die Meßwerte ein Maximum zeigen."
Das bedeutet, daß bei keiner Frequenz zwischen 0,15 MHz und 300 MHz die Grenzwerte überschritten werden dürfen, auch wenn es mit dem Ausdruck „orientierende Messung" dem erfahrenen Prüfer überlassen wird, die Abstände der Meßpunkte auf der Frequenzskala selbst zu bestimmen; die genannten „bevorzugten Frequenzen" sollen und können nur eine Hilfe für die Durchführung der Messung und die Anlage der Protokolle sein, damit diese eine gewisse Einheitlichkeit zeigen. Durch sie werden Frequenzintervalle festgelegt, in denen nach dem höchsten Pegel zu suchen ist, für den dann gegebenenfalls die tatsächliche Frequenz anzugeben ist.
Die zugestandenen Grenzabweichungen erlauben das Ausweichen beim Auftreten fremder, störender Signale, wenn z. B. die Messung nicht in einem ausreichend geschirmten Raum erfolgt.

Zu Abschnitt 7.4.1.5 [Messung an nur einem Gerät,
Beschränkung des Meßaufwands]
Um bei der Messung an einem einzelnen Gerät – sei es bei der Untersuchung einer Serie, sei es bei der Nachmessung – nicht zu sehr dem zufälligen Ergebnis dieser einen Messung zu folgen, sollte man (insbesondere im Bereich oberhalb 30 MHz) die Messung in gewissem Umfang wiederholen; hier werden entsprechende, aufgrund der Erfahrung ausgesuchte Frequenzen empfohlen.
Wichtig ist aber auch die Anmerkung am Ende dieses Abschnitts:
Ist der charakteristische Verlauf des Störpegels eines bestimmten Betriebsmittels bekannt, kann sich – besonders bei der Fertigungsüberwachung – die Messung auf wenige Meßpunkte, nämlich auf die Frequenzen beschränken, bei denen der Stör-

pegel dem Grenzwert am nächsten kommt. So hieß es auch schon in DIN VDE 0875 Teil1:11.84, Abschnitt 4.2.2: „Zur Überwachung der Fertigung reicht es aus, bei kritischen Frequenzen zu messen, gegebenenfalls bei *der* kritischen Frequenz."

Hier soll in diesem Zusammenhang noch erwähnt werden, daß dem erfahrenen Fachmann bekannt ist, daß typische und kritische Maxima (Resonanzspitzen) oft zwischen 10 MHz und 20 MHz (bei der Spannungsmessung) sowie bei 70 MHz bis 80 MHz (bei der Leistungsmessung) auftreten.

Auch an eine andere Möglichkeit der Reduzierung des Meßaufwands bei der Überwachung einer Serienfertigung durch die Messung im eigenen Labor mit geeigneten Mitarbeitern sollte man gerade bei der Messung der Störleistung denken: Die Suche nach dem Maximum durch Verschieben der Meßwandlerzange kann z. B. durch das Messen in immer derselben Entfernung vom Prüfling – etwa in der Entfernung „0", also unmittelbar am Prüfling – ersetzt werden, wenn eine genügend große Zahl von Vergleichsmessungen gezeigt hat, daß zwischen den beiden zu betrachtenden Meßergebnissen eine genügend sichere zahlenmäßige Beziehung besteht und der Abstand zum Grenzwert eventuelle Unsicherheiten ausgleicht.

Im Zusammenhang mit der Eigenverantwortung des Herstellers soll der Hinweis erlaubt sein, daß er allein zu entscheiden hat, wie er die Einhaltung der Funk-Entstörbestimmungen und der Grenzwerte bei seinen Geräten sicherstellt. Hier wird ihm ein Hinweis gegeben, den Meßaufwand auf das Notwendige zu beschränken.

Zu Abschnitt 7.4.1.6 [Schmalbandstörquellen]

Seit Änderung 2 vom Oktober 1990 wird für „Störungen, die durch elektronische Einrichtungen ... verursacht werden" (Schmalbandstörgrößen) ergänzt, daß bei diesen einzelne Spektrallinien auftreten können und bei der Messung mit dem Mittelwert-Gleichrichter gegebenenfalls zu suchen und entsprechende Grenzwertüberschreitungen zu notieren sind.

Zu Abschnitt 7.4.1.7 [Breitbandstörquellen]

Mit der Änderung 2 vom Oktober 1990 wurde aber auch eine gewisse Erleichterung für solche Geräte eingeführt, die nur Breitbandstörquellen enthalten. Da es bisher nicht gelang, „Breitbandstörung", „Schmalbandstörung" oder „Breitbandstörquelle" auf die EN 55014 anwendbar zu definieren, wird hier die Ausnahme zugestanden, daß es bei „Geräten, die nur Kommutatormotoren als Störquelle enthalten", nicht notwendig ist, eine Messung mit dem Mittelwert-Gleichrichter durchzuführen.

Zu Abschnitt 7.4.2 Diskontinuierliche Störgrößen [Knackstörgrößen]

Die Angaben dieses Abschnitts erscheinen sehr ausführlich. Das hat jedoch den Zweck, gerade bei der Messung der Knackstörgrößen zu einheitlichen Ergebnissen zu kommen, ohne den Aufwand zu hoch zu treiben. Zum Verständnis einiger Aussagen ist es hilfreich, vorher noch einmal einen Blick in die Definitionen in den Abschnitten 3.2 bis 3.7 zu werfen.

Zu Abschnitt 7.4.2.1 [Mindestbeobachtungszeit T]
Bei der Ermittlung der Knackrate ist die Beobachtungszeit von besonderer Bedeutung: Ist sie zu kurz, können z. B. Häufungen innerhalb eines Programms übersehen werden; ist sie sehr lang, wird die Messung entsprechend zeitaufwendig. Aus der anzuwendenden Statistik ergibt es sich, daß im Normalfall von mindestens 40 Knackstörvorgängen ausgegangen werden sollte: ein Viertel davon (siehe unten) sind dann zehn Störvorgänge. Andererseits wird die Zeit auf zwei Stunden beschränkt. Die Anweisungen in 7.4.2.1 berücksichtigen diese Gesichtspunkte, sie dürften eindeutig sein.

Eigentlich sind drei Gerätegruppen zu unterscheiden, je nachdem, ob
– sie beliebig lange in Betrieb bleiben (bis sie – meist von Hand – wieder abgeschaltet werden) oder ob
– die Geräte programmgesteuert sind und sich nach Ablauf des Programms selbst (automatisch) abschalten oder ob
– von Hand – mehr oder weniger bewußt – eine Folge von Schaltvorgängen ausgelöst wird.

Als Beispiel für die dritte Gruppe seien hier Büromaschinen, Brotröster, Automaten und Gaszündgeräte und auch die Hebezeuge genannt. Soweit in Abschnitt 7.3 keine näheren Angaben zu einzelnen Geräten gemacht werden, ist von der üblichen Betriebsweise auszugehen; siehe aber die Abschnitte 7.2.3, 7.3.5 und 7.3.7.3.
In VDE 0875:01.65 wurde die Knackrate übrigens noch aus den zehn aufeinanderfolgenden Knackstörvorgängen während eines Programmablaufs bestimmt, bei denen sich die relativ höchste spezifische Knackrate innerhalb des Programms ergab.

Zu Abschnitt 7.4.2.2 [Frequenzen zur Ermittlung der Knackrate]
Der Auswahl der Frequenzen – sowohl bei der Ermittlung der Knackrate als auch bei der späteren Messung der Knackstörgrößen – liegen folgende Überlegungen zugrunde: Im unteren Bereich des gesamten zu untersuchenden Meßbereichs liegt erfahrungsgemäß die Funkstörspannung am weitesten über dem Grenzwert für Dauerstörgrößen, solange keine Funk-Entstörmittel eingebaut sind. Die Hüllkurve der Amplituden pulsförmiger Störgrößen fällt entsprechend einer Geraden, die dem Kehrwert der Frequenz proportional ist, mit zunehmender Frequenz steil ab, bei (kohärenten) pulsförmigen Störgrößen nach der Funktion $(\sin x)/x$. Die hier enthaltenen Nullstellen werden durch den Kehrwert der Pulsdauer bestimmt und sollten beim Messen möglichst vermieden werden.
Der Abfall mit $1/x$ ergibt sich als Hüllkurve aus der Fourier-Reihe für eine periodische Funktion, hier den Puls. Knackstörvorgänge sind normalerweise nicht periodisch; sie sind eher wie isolierte Impulse zu betrachten, bei denen der Abfall des Spektrums von der Flankensteilheit abhängt.
Bei Schaltvorgängen durch mechanische Schaltkontakte mit großer Flankensteilheit oder kurzer Pulsdauer fällt das Amplitudenspektrum nach Fourier innerhalb des Meßfrequenzbereichs kaum oder nur geringfügig ab.

Etwas anders sind die Verhältnisse allerdings bei den Schaltvorgängen mit elektronischen Schaltern. Hier fällt das Amplitudenspektrum innerhalb des Meßfrequenzbereichs bei höheren Frequenzen (infolge der geringeren Flankensteilheit) bereits merklich ab, so daß schon eine geringe Meßfrequenzänderung eine große Pegeländerung zur Folge haben kann. Aus diesem Grund ist hier bereits die Festlegung der Frequenzen zur Bestimmung der Knackrate kritisch.

Mit dem Entwurf DIN VDE 0875 Teil 208:Mai 1989 wurden die in Abschnitt 4.2.3.2 genannten Frequenzen um einen scheinbar geringfügigen, aber, wie oben ausgeführt, nicht unbedeutenden Betrag geändert: die Knackrate für den Frequenzbereich 150 kHz bis 500 kHz soll seitdem bei 150 kHz – statt bei 160 kHz – und die Knackrate für den Bereich 500 kHz bis 30 MHz bei 500 kHz – statt 550 kHz – bestimmt werden. So ist eher gewährleistet, daß die Kriterien für Knackstörgrößen ($N < 30/min$) im gesamten Frequenzbereich eingehalten werden, daß keine Dauerstörgrößen übersehen werden (mehr als zwei Störungen in 2 s oder mehr als 30 Störungen je min) oder daß die Knackrate zu niedrig angesetzt wird, also die Zuschläge zu den Grenzwerten zu groß (d. h. nicht dem Störeindruck entsprechend) ausfallen.

Für den Bereich oberhalb 30 MHz wird keine Frequenz genannt, da gemäß Abschnitt 4.2.1 dort keine Messungen vorzunehmen sind.

Es ist jedoch möglich, daß bei keiner der in Abschnitt 7.4.2.2 genannten Frequenzen eine Knackrate ermittelt werden kann (siehe unten), weil eingebaute Funk-Entstörmittel bei diesen Frequenzen voll wirksam sind. Dann war bisher (gemäß DIN VDE 0875 Teil 1:11.84) nach Abschnitt 4.3.1.2 zu versuchen, die Knackrate bei einer anderen, also beliebigen Frequenz, aber bei einer solchen zu ermitteln, bei der die Knackstörgrößen – relativ zu den Grenzwerten für Dauerstörgrößen – am höchsten sind. EN 55 014 und damit auch VDE 0875 Teil 14-1 enthalten bisher keine derartige Angabe.

Da ja nur solche Störgrößen als Knackstörgrößen zu zählen (und zu bewerten) sind, die den Grenzwert für Dauerstörgrößen überschreiten (siehe zu Abschnitt 3.2), empfiehlt es sich, bei der Ermittlung der Knackrate die Empfindlichkeit des Empfängers so einzustellen, daß ein Dauersignal mit dem Pegel des jeweiligen Grenzwerts für Dauerstörgrößen einen Ausschlag möglichst in der Mitte des Anzeigebereichs ergibt; dann sind Störgrößen, die den Grenzwert überschreiten, leichter und eindeutig von den kleineren – nicht mehr als Knackstörgrößen zu zählenden – Störgrößen zu unterscheiden.

Da es in vielen Fällen ausreicht, bei einer einzigen – der „ungünstigsten" – Frequenz zu messen, wurde in DIN VDE 0875 Teil 1 von November 1984 in Abschnitt 4.3.3 noch auf die Ermittlung dieser ungünstigsten Frequenz besonders eingegangen. Ein genaues Studium dieses Abschnitts könnte erhebliche Zeit im Funk-Entstörlaboratorium ersparen, auch wenn in EN 55014 solche Erfahrungen keinen Niederschlag fanden.

Zu Abschnitt 7.4.2.3 [Ermitteln der Knackrate N]
Nach Abschnitt 3.6 ergeben sich die Grenzwerte für Knackstörgrößen aus den Werten für Dauerstörgrößen in Abhängigkeit von der Knackrate N. Da Knackstörgrö-

ßen, die unterhalb der Grenzwerte für Dauerstörgrößen bleiben, als „nichtstörend" angesehen werden können und da außerdem die gleichzeitige Erfassung von Knackstörgrößen mit hohen, störenden Amplituden und von solchen mit sehr niedrigen Amplituden schwierig ist, wird in Abschnitt 3.2 definiert, daß als Knackstörgrößen (nur) solche betrachtet werden, die über dem für Dauerstörgrößen geltenden Grenzwert liegen.
Die Ermittlung wird so sorgfältig beschrieben, daß weitere Erklärungen überflüssig sind.
Nach Abschnitt 4.2.3.7 entfällt bei bestimmten Geräten die eben geschilderte Ermittlung der Knackrate. Mechanisch oder z. B. auch mit Hilfe eines Strommessers wird hier die Anzahl der Schaltvorgänge (siehe Abschnitte 3.3 und 3.5) pro Zeiteinheit ermittelt und, eventuell um einen Faktor <1 reduziert, der weiteren Durchführung der Messung als Knackrate zugrunde gelegt.

Zu Abschnitt 7.4.2.4 [Berechnen des Grenzwerts für Knackstörgrößen]
Siehe die Erläuterungen zu Abschnitt 4.2.2.2

Zu Abschnitt 7.4.2.5 [Messen der Knackstörgrößen]
Nach der Ermittlung der Knackrate N und der Berechnung des zugehörigen Grenzwerts ist bei den vier hier genannten Meßfrequenzen der Pegel der Störgrößen zu finden. Wegen des großen Zeitaufwands, der für die Messung von Knackstörgrößen erforderlich ist, wurde auf eine vollständige Messung über den ganzen Meßbereich verzichtet. Die beiden niedrigsten stimmen mit den in Abschnitt 7.4.2.2 festgelegten Frequenzen für die Ermittlung der Knackrate N überein. Die beiden weiteren Frequenzen sollen das Auffinden eventueller Maxima im Bereich zwischen 1 MHz und 30 MHz unterstützen. Die Frequenz 30 MHz wurde übrigens eingefügt, als die Messungen oberhalb 30 MHz entfielen (siehe Abschnitt 4.2.1). Eine weitere Beschränkung in der laufenden Produktion auf ein oder zwei kritische Frequenzen entspricht in ihrem Zweck den Aussagen über die Messung zur Fertigungsüberwachung in der Anmerkung zu Abschnitt 7.4.1.5.
Schon in Abschnitt 4.3.3 von DIN VDE 0875 Teil 1:11.84 war unter anderem die Festlegung enthalten, daß bei der Messung der Knackstörgrößen dasselbe Programm wie bei der Ermittlung der Knackrate zugrunde zu legen ist; diese Aussage fehlte lange in CISPR 14.
Auch hier empfiehlt es sich wieder, die Empfindlichkeit des Meßempfängers so einzustellen, daß jeweils der errechnete Grenzwert noch im gut beobachtbaren Bereich des Instruments liegt, um zu zählen, wie viele Knackstörgrößen über dem errechneten Grenzwert liegen.

Zu Abschnitt 7.4.2.6 [Beurteilung der Meßergebnisse, Methode des oberen Viertels]
Als in VDE 0875:01.65 zum ersten Mal ausführliche Bestimmungen für die Messung und Beurteilung von Knackstörgrößen festgelegt wurden, durften von zehn aufeinanderfolgenden Knackstörgrößen – allerdings in einem Programmabschnitt

mit bestimmten Häufungsmerkmalen – nicht mehr als fünf den mit Hilfe der Knackrate errechneten Grenzwert für Knackstörgrößen überschreiten. Seit VDE 0875:07.71 wird gemäß § 5 d) 1.1 das gesamte Programm (bzw. mindestens 40 Knackstörvorgänge) für die Auswertung zugrunde gelegt. In der Regel ergibt sich dadurch eine wesentlich niedrigere Knackrate. Hierbei dürfen dann gemäß Abschnitt 4.2.2.7 nur noch 25 % aller Knackstörvorgänge über dem Grenzwert für Knackstörgrößen liegen.

Hiermit wird eine statistische Aussage vorgenommen, die der sogenannten Methode des oberen Viertels, wie in den Erläuterungen zu Abschnitt 4.2.2.7 ausgeführt ist.

Am Ende des Abschnitts wird in Anmerkung 1 auf das „Beispiel" in Anhang B und in Anmerkung 2 auf den „Leitfaden für die Messung von diskontinuierlichen Störungen" in Anhang C verwiesen.

Ergänzung zu den Erläuterungen zu Abschnitt 7.4.2
Automatisierung der Messung von Knackstörgrößen

Die Beurteilung und Auswertung von Knackstörvorgängen kann ein langwieriges Unterfangen sein. Dabei ist in der Regel zunächst (nach 7.4.2.2 und 7.4.2.3) die Knackrate zu bestimmen und dann (nach 7.4.2.5) die Messung der auftretenden Störspannung vorzunehmen.

In 7.4.2.1 ist eine mögliche Beobachtungszeit von 2 Stunden genannt. Bei zwei Meßreihen können sich also vier Stunden ergeben, und während der ganzen Zeit soll – wenn auch unter Zuhilfenahme des Lautsprechers im Empfänger – die Anzeige des Meßempfängers beobachtet werden.

So entstand bald der Wunsch, die Messung von Prüflingen mit zu erwartenden Knackstörgrößen zu automatisieren. Ein erster Schritt war die Definition eines Störanalysators (siehe zu Abschnitt 5.1.5). In DIN VDE 0876 Teil 2:1984-04 wird dieser eingehend beschrieben.

Mit diesem Analysator war aber nur eine teilweise Erleichterung gegeben, so daß seit Jahren immer wieder neue Vorschläge zur Anpassung der Bedingungen (in Abschnitt 4.2) an einen denkbaren Automaten oder zur Änderung des Verfahrens gemacht werden.

Dabei sind zwei Möglichkeiten zu unterscheiden:

– Änderung der Bedingungen

Wenn es nicht die Ausnahmen in Abschnitt 4.2.3 geben würde, wäre in dem in Abschnitt 5.1.5 beschriebenen Störanalysator für Knackstörungen schon ein gewisser Ansatz gegeben. Aber gerade diese Besonderheiten sind typisch für die betroffenen Geräte, wie unten ausgeführt wird.

Bei allen Überlegungen und Vorschlägen zur automatischen Beurteilung von Knackstörgrößen wird immer wieder übersehen, daß deren Auftreten eine Kombination aus zwei als statistisch anzusehenden Ereignissen darstellt:

1. Es ist zwar zu schätzen, wann etwa – z. B. in einem Programmablauf – Schaltvorgänge auftreten. Man kann meist auch noch in der Geräteentwicklung dafür sorgen, daß die zeitlichen Abstände zwischen solchen Schaltvorgängen nicht zu klein (im Sinne der Festlegungen in 4.2.2) werden, aber die Dauer für das Erreichen eines Wasserstands oder einer Temperatur sind nur grob vorhersehbar.
2. Wichtiger im Sinne der Wahrscheinlichkeit ist die Frage, welcher Schaltvorgang eine Schaltstörgröße mit welchem Pegel erzeugt; das zufällige Zusammentreffen im Sinusverlauf der geschalteten Netzspannung (mit Spannungsmaxima und -nulldurchgängen) mit dem Öffnen oder Schließen des Schalters verursacht statistisch wechselnde Störspannungspegel und häufig sogar das völlige Ausbleiben der Schaltstörgröße.

Die Folge ist, daß fast zwangsläufig keine Wiederholbarkeit oder Reproduzierbarkeit solcher Messungen gegeben ist, woraus wiederum gefolgert werden kann, daß auch ein „idealer Automat", der alle Bedingungen von 4.2.2 *und* z. B. 4.2.3.2 umsetzt, bei einem programmgesteuerten Gerät nur das Ergebnis eines bestimmten – einmaligen – Meßablaufs anzeigen (oder ausdrucken) kann. Probleme bereiten nicht solche Geräte, bei denen die Aussage „die Bedingungen werden (nicht) erfüllt" schon nach relativ kurzem Studium von Programmablauf oder technischem Aufbau und einem „Probelauf" abgegeben werden können, sondern eben solche, die im Grenzbereich der Festlegungen liegen.

– Änderung des Verfahrens

Mehr könnte man sich von der Idee versprechen, sich von den bisherigen Festlegungen in 4.2.2 (und 4.2.3) weitgehend zu lösen und die wirkliche „Lästigkeit" der Störgrößen zum Maßstab werden zu lassen. Ein schon vor etwa 25 Jahren (von *G. Schwarzbeck*) vorgeschlagenes Verfahren ließe sich technisch einfach realisieren: eine fortlaufende Aufsummierung (Integration) von Impulsflächen durch einen Integrator. Langdauernde Impulspakete würden ebenso größere Zusatzausschläge einer Anzeige ergeben wie höhere Impulsspannungen. Eine Dauerstörung von nennenswertem Pegel würde zu einem „vorzeitigen Vollausschlag" führen. Bei geeigneter Integration würden die Elemente Impulspaketlänge und -spannung subjektiv richtig – und ohne abrupte Bewertungsänderung – aufgezeichnet. Natürlich müßten noch manche Einzelheiten, wie ein „Normimpulspaket", die zu beachtende Programmlaufzeit, angepaßte Grenzwerte usw. diskutiert werden, aber leider fand dieser Vorschlag bisher noch keine Resonanz.

Zu Abschnitt 8
Interpretation der CISPR-Grenzwerte für Funkstörgrößen

Zu Abschnitt 8.1 Bedeutung eines CISPR-Grenzwertes
Welche Bedeutung hat ein Grenzwert für die Funk-Entstörung?
Kann verlangt werden, daß jedes einzelne Gerät einer typ-approbierten Serie die Grenzwerte einhält?

Wenn man in der Praxis erfahren hat, wie stark die Meßergebnisse an einer größeren Gruppe von „gleichen" Geräten – nicht nur bei der Messung der Störleistung, sondern auch bei der Messung der Störspannungen im höheren Frequenzbereich – streuen und welche Abweichungen bei einer Wiederholung der Messung an einem bestimmten Gerät auftreten können, wird man nicht erwarten, daß alle Geräte ohne Ausnahme die Grenzwerte einhalten. Außerdem scheidet wohl auch eine Messung aller Geräte in einer Serienfertigung wegen des damit verbundenen Zeitaufwands und der anfallenden Kosten aus.

Andererseits ist die Einhaltung der Grenzwerte als Maximalwerte der Funkstörgrößen nicht von derselben kritischen Bedeutung wie etwa die in der Endprüfung bei der Serienfertigung übliche Messung der Stromaufnahme oder sicherheitsrelevanter Größen. Die Situation am Einsatzort wird in erheblichem Umfang auch von anderen, die Wahrscheinlichkeit des Auftretens einer Störgröße beeinflussenden Größen (Nutzfeldstärke und Kopplungsdämpfung) beschrieben.

Um also eine Aussage im Sinne dieser Bestimmungen über einen Gerätetyp machen zu können, müßten entweder alle Geräte ausnahmslos unter dem relevanten Grenzwert liegen, oder sie brauchen „nur" mit einer bestimmten statistischen Wahrscheinlichkeit diesen Grenzwert einzuhalten.

Bei der hier beschriebenen statistischen Methode mit dem Ziel, daß mindestens 80 % der Geräte einer geprüften Serie mit einer Sicherheit von mindestens 80 % die Grenzwerte einhalten, muß nur eine definiert begrenzte Anzahl von Geräten gemessen werden.

Diese Erkenntnis wurde 1961 in Recommendation 19 erstmals in CISPR dargestellt und 1970 mit der Recommendation Nr. 46/1 in der im Prinzip noch heute gültigen Form niedergelegt; dazu wurden neben den in Abschnitt 8.3 beschriebenen statistischen Methoden auch die in Abschnitt 8.2 aufgeführten Einzelheiten zur Durchführung der Typprüfungen erarbeitet.

Es soll aber hier darauf hingewiesen werden, daß diese statistische Betrachtung (der in einer Serienfertigung hergestellten Geräte) nicht Meßfehler der Meßeinrichtung aufdeckt; ob der benutzte Meßempfänger – z. B. auch aufgrund eines Kalibrierfehlers – grundsätzlich eine zu niedrige Spannung anzeigt, ist noch am einfachsten durch Vergleichsmessungen einiger Geräte auf mehreren Meßplätzen, in verschiedenen Labors zu erkennen. Die Meßgenauigkeit der Meßgeräte – oft mit ±2 dB angegeben – ist keine statistische Aussage, sondern eine zugesagte Eigenschaft für das einzelne Meßgerät.

Zu Abschnitt 8.2 Typprüfung

Um den Aufwand bei der Typprüfung zu begrenzen, wird diese im Normalfall an einem einzelnen Betriebsmittel vorgenommen. Stichprobenprüfungen sollen die Aussage unterstützen, und nur in Zweifelsfällen wird eine statistische Auswertung notwendig.

Die Tatsache, daß bei der Typprüfung von der Messung an einem einzigen Gerät ausgegangen wird, kann von Außenstehenden als eine zu große Erleichterung für den

Hersteller gesehen werden. Die Prüfung soll aber einerseits zeigen, daß der Hersteller in der Lage ist, das vorgestellte Gerät nach Auslegung, Aufbau und Entstörmaßnahmen den Bestimmungen entsprechend zu fertigen, während andererseits ein Qualitätssicherungssystem oder die Fertigungsüberwachung durch Stichproben, die jederzeit am Markt – oder, mit einer Zeichengenehmigung verbunden, auch in der Fabrik – genommen werden können, die Einhaltung in der Serie sicherstellt. Und auch die Mitbewerber haben natürlich ein Auge auf die Produkte anderer Hersteller.

Bei der Messung von Störgrößen kann eine Meßunsicherheit von ±2 dB (etwa ±25 %) angenommen werden (siehe oben). Dazu kommt die große Streuung der Meßergebnisse, weil das einzelne Gerät in seinem Störpegel nicht konstant ist und in einer Gruppe von gleichen Geräten noch eine zusätzliche Streuung auftreten kann.

Werden mehrere Geräte (Betriebsmittel) gleichzeitig zur Typprüfung vorgelegt, soll eine der in Abschnitt 8.3 beschriebenen statistischen Methoden angewendet werden, besonders, wenn die Messung an nur einem der Geräte zur Ablehnung der Serie führen könnte.

Abschnitt 8.2 gibt Anweisungen für die Fertigungsüberwachung. Im Fall der Überschreitung eines Grenzwerts wird die statistische Auswertung entsprechend Abschnitt 8.3 gefordert. Zeigen einzelne Betriebsmittel z. B. bei Stichproben im Markt oder bei Störmeldungen Werte, die höher als die jeweiligen Grenzwerte liegen, so kann die Serie erst beanstandet werden, wenn eine statistische Bewertung der Messungen an einer größeren Anzahl von Geräten vorgenommen wurde (siehe auch zu Abschnitt 8.4).

Zur Anwendung der nichtzentralen t-Verteilung bei Geräten, die Dauerstörgrößen verursachen, und der Binomial-Verteilung bei Geräten mit Knackstörgrößen siehe Erläuterungen zu Abschnitt 8.3.1 und zu Abschnitt 8.3.2.

Bis zur Ausgabe DIN VDE 0875:06.77 war – wegen der oben erwähnten Meßunsicherheit von ±2 dB – für den Fall der Überschreitung der Grenzwerte bei der Nachprüfung an einzelnen Betriebsmitteln noch eine Toleranz von 2 dB zugunsten des Herstellers angenommen worden. Ebenso wurde aber bei der Typprüfung an einem einzelnen Betriebsmittel eine „Sicherheit" von 2 dB zu Lasten des Herstellers verlangt. Diese in Absolutwerten angegebene und nicht von Meßfrequenz oder Art der Messung (Spannung oder Feldstärke) abhängige Toleranz stand in einem gewissen Widerspruch zu der „statistischen Toleranz", die sich aus Abschnitt 8.3 ergibt; sie wurde daher später schon in CISPR 14 fallengelassen. Außerdem läßt eine gute „Pflege" der Meßgeräte (siehe auch die oben erwähnten Vergleichsmessungen) diese zusätzliche Belastung als willkürlich erscheinen.

Zu Abschnitt 8.3 Erfüllung der Grenzwerte in der Serienfertigung

Zu Abschnitt 8.3.1 Prüfung auf der Basis der nichtzentralen t-Verteilung
Für die statistische Auswertung der Ergebnisse von Störmessungen (der Störspannung, Störleistung und Störfeldstärke, bei Leuchtstofflampen auch der Dämpfung) wird nicht die Normalverteilung, sondern eine spezielle Wahrscheinlichkeitsvertei-

155

lung, die sogenannte nichtzentrale t-Verteilung (auch „Student-Verteilung" genannt) zugrunde gelegt (siehe auch DIN 13303 Teil 1 und DIN 55350 Teil 22).

Stichprobenprüfungen mit Mittelwertbildung sind in VDE-Bestimmungen zugelassen, häufig sogar vorgeschrieben; zum Teil unter Hinweis auf DIN- oder ASQ-Blätter, meist jedoch ohne nähere Angaben zur Auswertung oder der zulässigen Standardabweichung (siehe auch DIN 55302 und DIN 55303).

DIN VDE 0875 Teil 1:11.84 enthielt (in Anhang C) zwei Beispiele für die statistische Auswertung. Sie wurden für die Fassung VDE 0875: 07.71 aus tatsächlich vorliegenden Meßergebnissen so ausgewählt, daß – bei scheinbar sehr ähnlichen Ergebnissen – der Grenzwert im Beispiel 1 eingehalten, im Beispiel 2 überschritten wird, weil die Streuung der Meßwerte im zweiten Fall größer ist.

Neben der Streuung ist aber auch der Umfang der Stichprobe von Bedeutung: Mit zunehmendem Umfang verbessert sich der Vertrauensbereich für S_n und x. Das errechnete Ergebnis kann – gleiche Verteilung vorausgesetzt – an zehn Exemplaren im Grenzfall um etwa 0,6 dB besser sein als bei fünf Exemplaren; nicht nur k ist von der Anzahl n der geprüften Geräte abhängig, auch S_n wird kleiner.

Daraus darf nun aber nicht der Schluß gezogen werden, daß es empfehlenswert ist, eine möglichst große Anzahl von Geräten zu messen, um näher an den Grenzwert herangehen zu können. Zum einen wird der Meß- und Auswertungsaufwand damit auch immer größer – DIN VDE 0875 geht, wie EN 55014, deswegen von einer Stichprobengröße von drei bis zehn Geräten aus –, zum anderen „lohnt" sich dieser Aufwand in den wenigsten Fällen. Er birgt außerdem eine größere Gefahr für den Hersteller: Je näher dieser mit seiner Fertigung dem Grenzwert rückt, um so größer wird bei der Nachprüfung an kleineren Stichproben – k wird ja größer – und erst recht bei einzelnen Geräten auf dem Markt die Wahrscheinlichkeit, daß der Grenzwert überschritten wird.

Das beschriebene Verfahren für die Bedingung, daß 80 % der Geräte den Grenzwert mit 80%iger Sicherheit einhalten, bedeutet zugleich. daß ein Los mit genau 20 % Schlechtanteil nur mit 20 % Wahrscheinlichkeit angenommen wird. Im Prinzip wird also eine bessere Qualität gefordert.

Zu Abschnitt 8.3.2 Prüfung auf der Basis der Binomial-Verteilung

Die in Abschnitt 8.3.1 beschriebene Methode basiert – wie erwähnt – auf der nichtzentralen t-Verteilung; sie setzt streuende Zahlenwerte voraus. Da sie auf Knackstörgrößen – wegen der hier gegebenen Ja/Nein-Aussagen – nicht anwendbar ist, enthält EN 55014 in Abschnitt 8.3.2 (wie auch CISPR 14) daneben noch eine weitere Auswertungsmethode, die auf der Binomial-Verteilung, einer diskreten Wahrscheinlichkeitsverteilung, beruht (siehe Nr. 2.1 in DIN 55350 Teil 22). Diese geht von einer wesentlich größeren Zahl von Prüflingen aus und führt zu einem entsprechend hohen Prüfaufwand, wenn auch der Abstand von den Grenzwerten – rein theoretisch – kleiner gehalten werden kann, da die Streuung zwischen den einzelnen Geräten nicht in die Statistik eingeht.

Es muß also ausdrücklich darauf hingewiesen werden, daß bei Geräten mit Programmschaltwerken die statistische Auswertung außerordentlich aufwendig ist. Hierbei ist besonders darauf zu achten, daß durch einen ausreichend großen Abstand von den Grenzwerten eventuelle Nachprüfungen vermieden werden.

Zu Abschnitt 8.3.3 [Ergänzung der Prüfung im Falle der Nichterfüllung]
Bei Nichterfüllung der Bedingungen von Abschnitt 8.2.1 oder 8.2.2 ist *eine* Wiederholung erlaubt, wobei aber beide Lose gemeinsam ausgewertet werden müssen. Die statistischen Methoden haben die Voraussetzungen für die volle Verantwortung des Herstellers für die Einhaltung der Grenzwerte in der Serie geschaffen, während die Prüfung am einzelnen Gerät nur beweist, daß dieses als Typ die Grenzwerte einhalten kann.

Zu Abschnitt 8.4 Verkaufsverbot
Im Falle von Meinungsverschiedenheiten, d. h. also wohl, wenn eine prüfende Stelle nach Messungen an einem einzelnen Gerät (z. B. bei einer Marktuntersuchung) Ergebnisse vorlegt, die – ihrer Meinung nach – zu einem Verkaufsverbot führen müßten, muß die Prüfung an einer echten Stichprobe vorgenommen werden. Es geht dann also nicht mehr nur um ein Gerät. Diese Stichprobe soll nach Möglichkeit aus mindestens fünf Geräten bestehen; damit aber keine Willkür herrscht, wird die Größe der Stichprobe auf zwölf Geräte begrenzt.

Zu Anhang A (normativ)
Grenzwerte für Funkstörungen durch Schaltvorgänge bestimmter Geräte
In den Tabellen A.1 und A.2 dieses Anhangs werden Beispiele für Geräte genannt, für die in Abschnitt 4.2 Festlegungen für die Anwendung der Störgrenzwerte und in Abschnitt 7.3 für die Betriebsbedingungen aufgeführt sind. Die genannten Betriebsmittel werden als Beispiele bezeichnet; exportorientierte Hersteller sollten diese Tabellen auch in den fremdsprachigen Fassungen der EN 55014 zu Rate ziehen, da bestimmte Arten von Geräten nicht in allen EG-Ländern vorkommen.
Gegenüber der Ausgabe 12.88 haben sich wichtige Änderungen ergeben:
- Der Anhang wird als normativ bezeichnet, d. h., seine Aussagen sind verbindliche Festlegungen;
- einige Geräte waren bisher durch einen Stern (*) gekennzeichnet, weil für diese gewisse Erleichterungen galten; dieser Stern ist jetzt entfallen, die Erleichterungen nach Abschnitt 4.2.3.4 gelten jetzt für alle dort definierten Geräte (siehe auch zu Abschnitt 4.2.3.4);
- die entsprechende Fußzeile zum Stern ist also entfallen;
- bestimmte Elektrowärmegeräte haben einen (neuen) Stern bekommen; dieser Stern folgt aus Abschnitt 4.2.3.1 und bedeutet eine Verschärfung;
- die Angaben zu den Grenzwerten, die bisher in der letzten Spalte der Tabelle standen, sind in neuer Form in die Fußzeile gesetzt und insofern geändert worden, als
- gemäß Abschnitt 4.2.1 – im Bereich oberhalb 30 MHz keine Grenzwerte gelten.

2.6 Informative Anhänge zu DIN EN 55014 (VDE 0875 Teil 14)

Zu Anhang B Beispiel für die Anwendung der Methode des oberen Viertels zur Feststellung der Einhaltung der Funkstörgrenzwerte

Hier wird an einem Beispiel die in Abschnitt 3.6 definierte und in Abschnitt 7.4.2.6 beschriebene Methode des oberen Viertels vorgeführt.

Zu Anhang C
Leitfaden für die Messung von diskontinuierlichen Störgrößen

Dieser sehr umfangreiche Leitfaden soll, wie es in der Einleitung heißt, dem Benutzer helfen, die Anweisungen für das Messen von Knackstörgrößen besser zu verstehen und richtig auszulegen und enthält weitere nützliche Hinweise. Verbindlich sind natürlich die Festlegungen in den Abschnitten 4.2 und 7.4.2. Für einen „Einsteiger" empfiehlt es sich daher, jeweils auch den dort abgedruckten Wortlaut sorgfältig zu lesen.

Während Anhang A als „normativ" bezeichnet ist, sind die Anhänge B und C „informativ"; ihre Aussagen haben erläuternden Charakter, verbindlich sind nur die jeweils genannten Abschnitte der Norm, also z. B. Abschnitt 7.4.2.6 oder 4.2.2 und 4.2.3.

2.7 Auflistung der in den Kapiteln 2 und 3 berücksichtigten Normen und Normentwürfe

Nationale Normen:

- **DIN VDE 0875 Teil 14:** Dezember 1993

  „Funkentstörung von elektrischen Betriebsmitteln und Anlagen – Grenzwerte und Meßverfahren für Funkstörungen von Geräten mit elektromotorischem Antrieb und Elektrowärmegeräte für den Hausgebrauch und ähnliche Zwecke, Elektrowerkzeugen und ähnlichen Elektrogeräten"[*]

- **DIN EN 55015 (VDE 0875 Teil 15-1):** November 1996

  „Grenzwerte und Meßverfahren für Funkstörungen von elektrischen Beleuchtungseinrichtungen und ähnlichen Elektrogeräten"

  CISPR 15:1996 – EN 55015:1996

---

[*] Anmerkung: Die Änderung 1 zum Teil 14-1, die sowohl bei CISPR als auch bei CENELEC bereits publiziert sind, wurde nach Redaktionsschluß im September noch nicht als Deutsche Norm veröffentlicht.

Regionale Normen:
- **EN 55014:** April 1993
  „Grenzwerte und Meßverfahren für Funkstörungen von Geräten mit elektromotorischem Antrieb und Elektrowärmegeräte für den Hausgebrauch und ähnliche Zwecke, Elektrowerkzeugen und ähnlichen Elektrogeräten"
- **EN 55014:** 1993-04/**A1:** 1997-02
  Änderung 1
- **EN 55015:** Mai 1996
  „Grenzwerte und Meßverfahren für Funkstörungen von elektrischen Beleuchtungseinrichtungen und ähnlichen Elektrogeräten"

Internationale Normen:
- **CISPR 14/Third edition:** 1993-01
  „Limits and methods of measurement of electromagnetic disturbance characteristics of electrical motor-operated and thermal appliances for household and similar purposes, electric tools and similar electric apparatus"
  mit:
- **CISPR 14/1993/Amendment 1:** 1996-08
  mit Ergänzungen für Standgeräte, Aktenvernichter und Klimageräte
- **CISPR 15/Fifth edition:** 1996-03
  „Limits and methods of measurement of radio disturbance characteristics of electrical lighting and similar equipment"

Nationale Normentwürfe:
- E DIN VDE 0875-14-198 (VDE 0875 Teil 14-198):1996-10
  „Ergänzungen für Elektrozaungeräte" nach CISPR/F/198/CD
- E DIN EN 55015/A1 (VDE 0875 Teil 15-1/A1):1997-05
  Einführung einer neuen Tabelle 2a „Grenzwerte der Störspannung an den Stromversorgungsanschlüssen"
- IEC-CISPR/F/211/FDIS:1997 – EN 55015:1996/prA1:1997

Regionale Normentwürfe:
- EN 55015 prA1:1997-02
  Grenzwerte der Störspannung

Zur Zeit bei CISPR in Beratung befindliche Normentwürfe
mit Gegenstand der Modifikation
- CISPR/F/198/CD:1996-03 – Ergänzung der CISPR 14 um Elektrozaungeräte
- CISPR/F/211/FDIS:1997-02 – Erleichterung der CISPR 15 im Frequenzbereich von 2,51 MHz bis 3,0 MHz

- CISPR/F/220/CDV:1997-04 – Ergänzung der CISPR 15 um Notleuchten
- CISPR/F/221/CD:1997-05 – Änderung der Messung von Knackstörgrößen in CISPR 14

Ältere (nicht mehr gültige) Normen für den betroffenen Geltungsbereich

Nationale Normen:

1. Ausgabe

- VDE 0875:XII.40
  „Regeln für Hochfrequenzstörung von elektrischen Maschinen und Geräten für Nennleistungen bis 500 W"
- VDE 0875 a:VI.41 – Änderung 1

2. Ausgabe

- VDE 0875:11.51
  „Regeln für die Funk-Entstörung von Geräten, Maschinen und Anlagen (ausgenommen Hochfrequenzgeräte)"

3. Ausgabe

- VDE 0875:12.59
  „Regeln für Funk-Entstörung von Geräten, Maschinen und Anlagen (ausgenommen Hochfrequenzgeräte sowie Fahrzeuge und Aggregate mit Verbrennungsmotoren)"

4. Ausgabe

- VDE 0875:01.65
  „Bestimmungen für die Funk-Entstörung von Geräten, Maschinen und Anlagen für Nennfrequenzen von 0 bis 10 kHz"
- VDE 0875 a:08.66 – Änderung 1

5. Ausgabe

- VD 0875:07.71
  „Bestimmungen für die Funk-Entstörung von Geräten, Maschinen und Anlagen für Nennfrequenzen von 0 bis 10 kHz"

6. Ausgabe

- DIN 57875 (VDE 0875):06.77
  VDE-Bestimmung für die Funk-Entstörung von elektrischen Betriebsmitteln und Anlagen"

7. Ausgabe

- DIN 57875 Teil 1 (VDE 0875 Teil 1):November 1984
  „Funk-Entstörung von elektrischen Betriebsmitteln und Anlagen – Funk-Entstörung von elektrischen Geräten für den Hausgebrauch und ähnliche Zwecke"

- DIN 57875 Teil 2 (VDE 0875 Teil 2):November 1984
  „Funk-Entstörung von elektrischen Betriebsmitteln und Anlagen – Funk-Entstörung von Leuchten mit Entladungslampen"
- E DIN 57875 Teil 3 (VDE 0875 Teil 3):November 1984
  – mit Prüfstellenermächtigung
  „Funk-Entstörung von elektrischen Betriebsmitteln und Anlagen – Funk-Entstörung von besonderen elektrischen Betriebsmitteln und von elektrischen Anlagen"

8. Ausgabe

- DIN VDE 0875 Teil 1:Dezember 1988
  „Funk-Entstörung von elektrischen Betriebsmitteln und Anlagen – Grenzwerte und Meßverfahren für Funkstörungen von Elektro-Haushaltgeräten, handgeführten Elektrowerkzeugen und ähnlichen Elektrogeräten"
  CISPR 14:1985, 2. Ausg. modifiziert – Deutsche Fassung der EN 55014:1987
- DIN VDE 0875 Teil 1:Dezember 1988
  „Funk-Entstörung von elektrischen Betriebsmitteln und Anlagen – Grenzwerte und Meßverfahren für Funkstörungen von Leuchtstofflampen und Leuchtstofflampenleuchten"
  CISPR 15:1985, 3. Ausg. modifiziert – Deutsche Fassung der EN 55015:1987
- DIN VDE 0875 Teil 3:Dezember 1988
  „Funk-Entstörung von elektrischen Betriebsmitteln und Anlagen – Funk-Entstörung von besonderen elektrischen Betriebsmitteln und von elektrischen Anlagen"
- DIN VDE 0875 Teil 1 A2:Oktober 1990 (schließt A1 ein)
  CISPR 14:1985/AM2:1989, modifiziert – EN 55014:1987/A2:1990
- DIN VDE 0875 Teil 2 A1:Oktober 1990
  CISPR 15:1985/AM1:1989, modifiziert – EN 55015:1987/A2:1990

9. Ausgabe

- DIN EN 55015 (VDE 0875 Teil 15):Dezember 1993
  „Funk-Entstörung von elektrischen Betriebsmitteln und Anlagen – Grenzwerte und Meßverfahren für Funkstörungen von elektrischen Beleuchtungseinrichtungen und ähnlichen Elektrogeräten"
  CISPR 15:1992 – EN 55015:1993
  Die neunte Ausgabe des Teil 1(4) ist ebenfalls die (noch gültige) vom Dezember 1993

Regionale Normen (ungültige Ausgaben):
- HD 344 S1:1975
- EN 55015:1992

Internationale Normen (ungültige Ausgaben):
- CISPR 14/First edition:1975
  „Limits and methods of measurement of radio interference characteristics of household appliances, portable tools and similar electrical apparatus"
- CISPR 14/ 1st ed. 1975/ AM 1:1980-10 – first amendment
- CISPR 14/ Second edition:1985
  „Limits and methods of measurement of radio interference characteristics of household appliances, portable tools and similar electrical apparatus"
- CISPR 14/2nd ed. 1985/AM1:1987-06
- CISPR 14/2nd ed. 1985/AM2:1989-06
- CISPR 14/2nd ed. 1985/AM3:1990-03
- CISPR 15/First edition:1975
- CISPR 15/Second edition:1982
- CISPR 15/Third edition:1985
- CISPR 15/3rd ed. 1985/AM1:1989-06
- CISPR 15/ Fourth edition:1992-05
  „Limits and methods of measurement of radio disturbance characteristics of electrical lighting and similar equipment"

Weitere ältere Normen, die hier genannt werden sollen
Zum Beispiel in DIN EN 55015 (VDE 0875 Teil 15 -1) sind unter der Rubrik „frühere Ausgaben" auch noch einige Versionen der „VDE 0874" genannt, die hier der Vollständigkeit halber erwähnt werden sollen. Die Normenreihe beschäftigte sich schon sehr frühzeitig (seit 1934) mit Maßnahmen zur Reduzierung von Funkstörungen.

Es wurden folgende Ausgaben veröffentlicht:

1. Ausgabe:

- VDE 0874: 01.35
"Leitsätze für Maßnahmen an Maschinen und Geräten zur Vermeidung von Rundfunkstörungen"

VDE 0874a: 03.35 – Änderung 1

VDE 0875b: 01.37 – Änderung 2[*)]

[*)] Anmerkung: Diese Bestimmungen waren gültig bis November 1951 und wurden in die VDE 0875:11.51 eingearbeitet.

2. Ausgabe:
- VDE 0874: 03.59
  „Richtlinien und Maßnahmen zur Funk-Entstörung"

3. Ausgabe:
- VDE 0874: 10.73
  „VDE-Leitsätze für Maßnahmen zur Funk-Entstörung"
  (Anmerkung: Diese „letzte" Ausgabe wurde im März 1985 ohne Ersatz zurückgezogen.)

3 Erläuterungen zu DIN EN 55015 (VDE 0875 Teil 15-1)

3.1 Vorgeschichte der Norm

Ohne daß man sich zunächst darüber besondere Gedanken gemacht hatte, waren in VDE 0875 unter dem Titel „Funk-Entstörung von Geräten, Maschinen und Anlagen" schon immer Beleuchtungseinrichtungen jeder Art eingeschlossen; bis zur Ausgabe VDE 0875:01.65 wurden sie jedoch noch nicht einmal eigens erwähnt.

Zunächst traten als lästige Störquelle vielfach die Straßenbeleuchtungen deshalb in Erscheinung, weil sie oft mit langen Leitungen, die gute Sendeantennen bildeten, in einer solchen Höhe zwischen den Wohnhäusern hingen, daß ihre Störgrößen gut auf die Empfangsantennenanlagen eingekoppelt wurden.

Als dann – von den 50er Jahren an – die „Neonröhren", also die heute meist als Leuchtstofflampen bezeichneten Gasentladungslampen eine schnell zunehmende Verbreitung fanden, zeigte es sich bald, daß bei diesen die Anwendung der z. B. für motorische Störer festgelegten Meßmethoden und Grenzwerte für die Störspannung technisch nicht sinnvoll war, denn bei der Entstörung von Leuchtstofflampen treten besonders drei Tatsachen in Erscheinung:

1. Die Störspannungspegel der Leuchtstofflampen streuen und schwanken stark;
2. Leuchten mit Leuchtstofflampen stören oberhalb etwa 1,5 MHz nicht mehr signifikant;
3. Entstörmittel können nicht in oder unmittelbar an der Störquelle, der Lampe, untergebracht werden, sondern nur in den Leuchten, die aber meist von anderen Herstellern geliefert werden als die Leuchtstofflampen selbst. Dabei hat die Leuchte aber immer einen dämpfenden Einfluß auf den Störpegel, also eine „Entstörwirkung".

Die Überlegungen der beteiligten Kreise – neben Deutschland waren in CISPR besonders die Niederlande aktiv an der Lösung dieses Problems beteiligt – führten schließlich (CISPR-Recommendation 47:1970) dazu, die Störquelle Leuchtstofflampe mit ihrer Leuchte als Einheit anzusehen und für die dämpfende Wirkung der Leuchten Mindestanforderungen zu stellen. Dazu war bereits 1964 – um die erwähnten Streuungen und Schwankungen während der Messung auszuschalten – eine Meßanordnung (Recommendation 32:1964 bzw. 32/1:1967) festgelegt worden, bei der in eine in die Leuchte eingesetzte „Lampennachbildung" ein hochfrequentes Signal aus einem Meßsender eingespeist wird. Wird nun diese eingespeiste HF-Spannung mit der an den Netzklemmen der Leuchte auftretenden verglichen, erhält man ein Spannungsverhältnis, das – in dB ausgedrückt – als Einfügungsdämpfung der Leuchte bezeichnet wird.

Weitere Untersuchungen ergaben dann, welche Mindestdämpfung unter Berücksichtigung der unvermeidlichen Streuungen und Schwankungen notwendig ist, um an den Leuchtstofflampen-Leuchten Störspannungen zu messen, die (statistisch) nicht höher sind als die damals in Deutschland in Störgrad N festgelegten Werte für die anderen elektrischen Betriebsmittel. So wurde von deutscher Seite wie auch von Österreich eine Mindestdämpfung von 20 dB für den Bereich 150 kHz bis 1600 kHz vorgeschlagen. Die Schweiz und Norwegen setzten sich aber mit den von ihnen geforderten 28 dB bei der niedrigsten Frequenz mit der Begründung durch, daß die beim Einschalten von den Startern verursachten Störgrößen berücksichtigt werden müßten.

Es zeigte sich dabei auch, daß oberhalb etwa 1,5 MHz die in jeder Leuchte gegebene Dämpfung ausreichend ist, wenn bei 1,4 MHz der geforderte Mindestwert von 20 dB eingehalten wird (CISPR-Recommendation 47:1970).

Mit VDE 0875:07.71 wurden das verbesserte, in Recommendation 32/2:1970 enthaltene Meßverfahren für die Dämpfungsmessung und die notwendigen Meßgeräte wörtlich in einen besonderen Paragraphen (Abschnitt 14) aufgenommen (siehe auch Erläuterungen zu Abschnitt 7). Außerdem wurden Mindestwerte für die Einfügungsdämpfung (siehe auch Erläuterungen zu Abschnitt 4) in die Bestimmungen für die Funk-Entstörung übernommen. Vorläufig wurde dieses Verfahren allerdings nur als zweites neben der weiterhin zulässigen Messung der Störspannung betrachtet. Seit der Ausgabe DIN VDE 0875:06.77 jedoch ist die Dämpfungsmessung das einzige genormte Verfahren zur Beurteilung des Störvermögens von Leuchtstofflampen mit ihren Leuchten und zum Erlangen des Funkschutzzeichens für die Leuchten. Zugleich wurde hier übrigens festgelegt, daß die durch die Glimmstarter verursachten Störgrößen nicht zu berücksichtigen sind (siehe oben).

Als dann mit der „Richtlinie 82/500/EWG der Kommission vom 7. Juni 1982 zur Anpassung der Richtlinie 76/890/EWG des Rates zur Angleichung der Rechtsvorschriften der Mitgliedstaaten über Funk-Entstörung bei Leuchten mit Starter für Leuchtstofflampen an den technischen Fortschritt" eine brauchbare Basis vorlag, wurde mit der Ausgabe DIN VDE 0875 Teil 2:11.84 für die Leuchten mit Entladungslampen ein eigener Teil geschaffen. Dies hatte mehrere Gründe:

– Die Aussagen zur Entstörung von Leuchtstofflampen waren in den bisherigen Ausgaben nur schwer zu finden und hatten – für sich betrachtet – dabei einen geringen Umfang;

– die Messung der Dämpfung (statt der Störspannung bzw. Störfeldstärke) und die Angabe besonderer „Grenzwerte" (nämlich einer minimalen Dämpfung) stellten immer schon einen „Sonderfall" dar;

– die entsprechende EG-Richtlinie stand ebenfalls getrennt neben derjenigen für elektrische Geräte für den Hausgebrauch und ähnliche Zwecke;

– ein besonderer Teil für Leuchtstoff- bzw. Entladungslampen kann schneller an die technische Entwicklung auf diesem Gebiet angepaßt werden.

In diesen Teil 2 von DIN VDE 0875:11.84 wurden dann nicht nur die ursprünglichen technischen Aussagen, die schon in der Ausgabe DIN VDE 0875:04.77 mit dem technischen Anhang der seinerzeit gültigen EG-Richtlinie 76/890/EWG übereinstimmten, übernommen und im Sinne der EG-Richtlinie 82/500/EWG aktualisiert. Es bestand nun auch die Möglichkeit, den Geltungsbereich auf alle Entladungslampen auszudehnen.
DIN VDE 0875 Teil 2:11.84 enthielt also – wie in ihrem Abschnitt 1.1 ausgeführt – neben den dort in Abschnitt 1.1 unter a) genannten „Leuchtstofflampen für den Betrieb mit und ohne Starter" auch andere Entladungslampen, z. B. solche mit eingebautem Betriebsgerät sowie Nieder- und Hochdrucklampen.
Dabei wurden aber auch – und das zum ersten Mal in einer „VDE 0875" – in diese VDE-Bestimmung Aussagen und Grenzwerte für Schmalbandstörgrößen aufgenommen, die infolge der modernen Technik bei Start- und Vorschaltgeräten verstärkt auftreten (siehe Erläuterungen zu Abschnitt 3).
Die Europäische Norm EN 55015 vom Februar 1987 und damit auch DIN EN 0875 Teil 2 vom Dezember 1988, die sich inhaltlich auf die 3. Fassung der CISPR 15:1985 abstützten, enthielt immer noch nur einen Teil aller Lampen und Leuchten (siehe Erläuterungen zu Abschnitt 1). Nicht nur nach deutscher Auffassung sollte aber eine Europäische Norm für die Funk-Entstörung von Leuchten und Lampen *alle* elektrischen Betriebsmittel umfassen, die nach allgemeinem Verständnis zu den Beleuchtungseinrichtungen gehören. Trotzdem bedurfte es in den folgenden Jahren noch einiger Diskussionen im zuständigen Unterkomitee F des CISPR, auch hier – auf internationaler Ebene – den Gedanken einer umfassenderen Regelung durchzusetzen, d. h. über einen neuen „scope", also Anwendungsbereich zu sprechen, der alle Arten von Lampen und Leuchten, auch Leuchten für Geschäfts- und Industrieräume, Außenleuchten und batteriebetriebene Leuchten sowie typisches Leuchtenzubehör enthält.
Als Ergebnis dieser Diskussionen erschien im September 1992 die 4. Ausgabe der Internationalen Norm CISPR 15 unter dem Titel *„Limits and methods of measurement of radio disturbance characteristics of electrical lighting and similar equipment"* und im Februar 1993 die EN 55015 „Grenzwerte und Meßverfahren für Funkstörungen von elektrischen Beleuchtungseinrichtungen und ähnlichen Elektrogeräten". Diese wurde in Deutschland im Dezember 1993 als DIN EN 55015 (VDE 0875 Teil 15) veröffentlicht.
Diesem ersten Schritt folgte – nachdem sich der Grundgedanke durchgesetzt hatte – bald der zweite: die verschiedenen Grenzwerte und ihre Anwendung auf alle Arten von Beleuchtungseinrichtungen wurden – durch getrennte Aufführung in den neuen Abschnitten 4 und 5 – strenger systematisiert, die Betriebsbedingungen in Abschnitt 6 zusammengeführt und das Meßverfahren für die Einfügungsdämpfung überarbeitet. Es entstand damit die 5. Ausgabe der Internationalen Norm CISPR 15 *„Limits and methods of measurement of radio disturbance characteristics of electrical lighting and similar equipment"* vom März 1996, die unverändert als Europäische Norm EN 55015 von 1996 und dementsprechend als deutsche Fassung in DIN EN

55015 (VDE 0875 Teil 15-1) vom November 1996 übernommen wurde (siehe auch dort das nationale Vorwort).

Dem Kenner der Ausgaben von 1988 (und früherer Ausgaben) dürfte schon bei einer flüchtigen Durchsicht der Neufassung auffallen, daß den Leuchtstofflampen (und ihren Leuchten), mit denen alles anfing, nur noch ein recht bescheidener Teil der Norm gewidmet ist; sogar das Wort „Leuchtstofflampen" ist vielfach durch „Entladungslampen (einschließlich Leuchtstofflampen)" abgelöst worden.

3.2 DIN EN 55015 (VDE 0875 Teil 15-1):November 1996

Grenzwerte und Meßverfahren für Funkstörungen von elektrischen Beleuchtungseinrichtungen und ähnlichen Elektrogeräten

DIN EN 55015 (VDE 0875 Teil 15-1):1996-11 besteht – wie alle vergleichbaren Normen – aus dem Abdruck der Europäischen Norm EN 55015:1996 und einem „Deutschen Umschlag".

	DEUTSCHE NORM	November 1996
	Grenzwerte und Meßverfahren für Funkstörungen von elektrischen Beleuchtungseinrichtungen und ähnlichen Elektrogeräten (CISPR 15:1996) Deutsche Fassung EN 55015:1996	**DIN** **EN 55015**
VDE	Diese Norm ist zugleich eine VDE-Bestimmung im Sinne von VDE 0022. Sie ist nach Durchführung des vom VDE-Vorstand beschlossenen Genehmigungsverfahrens unter nebenstehenden Nummern in das VDE-Vorschriftenwerk aufgenommen und in der etz Elektrotechnischen Zeitschrift bekanntgegeben worden.	Klassifikation **VDE 0875** Teil 15-1

„Diese Norm enthält die deutsche Übersetzung der Internationalen Norm CISPR 15" bringt zum Ausdruck, daß es sich bei dieser Deutschen Norm um die unveränderte Übernahme der nach Seite 3 abgedruckten Europäischen Norm handelt, die ihrerseits mit der Internationalen Norm CISPR 15:1996 gleichlautend ist. Nur ein deutsches Titelblatt und ein nationales Vorwort sowie eine Übersicht über die zitierten Normen in ihren europäischen, internationalen und deutschen Entsprechungen sind hinzugefügt; diese enthalten aber keine zusätzlichen Festlegungen, sondern nur Informationen für die Anwendung im nationalen Geltungsbereich der Norm.

Dann sind der englische und der französische Titel angegeben und ein Hinweis, welche Norm durch die vorliegende Ausgabe ersetzt wird: Diese Norm ist ein Ersatz für DIN EN 55015 (VDE 0875 Teil 15):1993-12. Es folgt die Aussage „Die Europäische Norm EN 55015:1996 hat den Status einer Deutschen Norm"; damit wird die

Europäische Norm auch formell einer Deutschen Norm gleichgesetzt, obgleich sie z. B. in ihrem Aufbau nicht allen in DIN 820 enthaltenen Festlegungen entspricht.

Zum Beginn der Gültigkeit

Die Gültigkeit einer EN beginnt mit ihrer Annahme durch CENELEC, hier also, wie auf Seite 2 der EN ausgeführt, am 29. November 1995. Auf dem Titelblatt ist, infolge eines Versehens, der ursprünglich genannte 28. November 1995 stehen geblieben; der Unterschied dürfte aber keine Rolle mehr spielen.
Ein Ende der Gültigkeit der früheren Fassung ist hier – wegen einer Übergangsfrist für Dimmer und elektronische Schaltgeräte im Vorwort der EN bis 2000-01-01 (1. Januar 2000) – nicht angegeben (siehe dort).

Zum nationalen Vorwort

Hier wird noch einmal betont, daß diese Norm die deutsche Fassung der Europäischen Norm EN 55015:1996-05 enthält, die eine unveränderte Übernahme der Internationalen Norm IEC-CISPR 15 ist. Es wird ausgeführt, daß die letztgenannte vom Unterkomitee F des CISPR (siehe hierzu Abschnitt 10.2 dieses Buchs) erarbeitet wurde. Nach einem kurzen Hinweis auf ihren Anwendungsbereich und einem weiteren auf die Norm für die Störfestigkeit derselben Betriebsmittel (VDE 0875 Teil 15-2) wird ausgesagt, welches nationale Arbeitsgremium für diese Norm in der DKE zuständig ist.

Im Zusammenhang mit den normativen Verweisungen in Abschnitt 2 der EN folgt eine Übersicht über die zur Zeit der Veröffentlichung gültigen europäischen, internationalen und deutschen Normen. Die folgenden Angaben zu den Änderungen gegenüber der vorhergehenden Ausgabe dieser Norm, die Aufzählung der früheren Ausgaben und der nationale Anhang NA haben teils formellen, teils informierenden Charakter.

3.3 Die Europäische Norm EN 55015:Mai 1996

Grenzwerte und Meßverfahren für Funkstörungen von elektrischen Beleuchtungseinrichtungen und ähnlichen Geräten
Deutsche Fassung

Zum Vorwort

Das Vorwort der EN gibt Informationen zur Herkunft des Textes, zur Durchführung der IEC-CENELEC-Parallelabstimmung und zum Datum der Annahme als Europäische Norm.

Das späteste Datum der Übernahme durch eine nationale Norm „dop" war mit dem 1. September 1996 sehr knapp, es wurde mit DIN EN 55015 von November 1996 aber „nahezu" erfüllt.

Die Ausnahmeregelung für Dimmer und gewisse Schaltgeräte wurde von Großbritannien im Zusammenhang mit Abschnitt 5.4 wegen der praktischen Erweiterung des Frequenzbereichs bei den Grenzwerten für die Störspannung nach unten bis 9 kHz gefordert. Diese Grenzwerte der Störspannung im Frequenzbereich unterhalb 150 kHz in Tabelle 2a (Abschnitt 4.3.1) sind in EN 55014 nicht enthalten.

In der folgenden Anerkennungsnotiz wird nur festgehalten, daß für die Annahme als Europäische Norm keine Abänderung gegenüber der Internationalen Norm CISPR 15:1996 vorgenommen wurde.

Zum Inhaltsverzeichnis sind keine Erläuterungen erforderlich.

3.4 Die Internationale Norm CISPR 15/Fifth edition:1996-03

Englisch: *„Limits and methods of measurement of radio disturbance characteristics of electrical lighting and similar equipment"*
Französisch: *„Limites et méthodes de mesure des pertubations radioélectriques poduites par les appareils électriques d'éclairage et les appareils analogues"*

3.5 Normativer Inhalt der DIN VDE 0875 Teil 15 (VDE 0875 Teil 15-1)

Zur Einführung

Die Einführung nennt den (naheliegenden) Zweck der Norm.

Zu Abschnitt 1 Anwendungsbereich

Wie oben ausgeführt, galten sowohl DIN VDE 0875 Teil 2 von Dezember 1988 als auch EN 55015 mit der Ausgabe Februar 1987 nur „für die Weiterleitung und die Abstrahlung elektromagnetischer Energie von Leuchtstofflampen und Leuchten für Leuchtstofflampen ...". Die einzelnen Typen wurden in Abschnitt 2, „Zweck" und bei den „Grenzwerten" in Abschnitt 4 aufgezählt.

Der Anwendungsbereich der CISPR 15 und damit der EN 55015 von Februar 1993 wurde – wie es dann auch der neue Titel sagte – auf alle Beleuchtungseinrichtungen – innen und außen – ausgedehnt. In der vorliegenden Ausgabe werden neben den „Beleuchtungseinrichtungen mit der Hauptaufgabe, Licht zu Beleuchtungszwecken zu erzeugen" vor allem auch das unabhängige Zubehör genannt.

Leider sind die Unterabschnitte dieses Abschnitts nicht numeriert, was zum Zweck des Zitierens nützlich wäre; wir nehmen daher im folgenden hier eine Numerierung vor.

Zu Abschnitt 1.1 [Ausnahmen vom Anwendungsbereich]
Der Anwendungsbereich der Normen zur Elektromagnetischen Verträglichkeit ist großzügig auszulegen: Die nicht in den Anwendungsbereich einer Norm fallenden Betriebsmittel sind ausdrücklich als Ausnahmen aufgeführt. Zunächst sind das die Betriebsmittel, die – in bezug auf die EMV-Anforderungen – ausdrücklich in den Anwendungsbereich einer anderen Norm fallen, sowie Beleuchtungseinrichtungen für Flugzeuge und Flughäfen; in Abschnitt 1.1 von EN 55014 ist ein Großteil dieser Normen erwähnt.
Erläuternd werden in Abschnitt 1.1 (wie in anderen, ähnlichen EMV-Normen) auch Beispiele genannt.
Sollte der Eindruck entstehen, daß ein bestimmtes Betriebsmittel nicht in den Anwendungsbereich dieser oder einer anderen genannten Norm fällt, so wird es auf jeden Fall von einer Fachgrundnorm (hier also von der EN 50081-1) erfaßt. Beachtet werden sollte, daß z. B. Glühlampen nicht vom Anwendungsbereich ausgenommen sind; dann müßten nämlich auch sie nach der EN 50081-1 behandelt werden; es wird vielmehr (in Abschnitt 5.3.2) ausdrücklich ausgesagt, daß die üblichen Glühlampen nicht gemessen zu werden brauchen.
Während es zumindest umstritten sein konnte, ob z. B. Hochdruck-Entladungslampen, die noch in Abschnitt 3.3.3 von VDE 0875 Teil 2 von November 1984 ausdrücklich aufgeführt waren, zu den in Abschnitten 4.2, 4.4 oder 4.7 der EN 55015 von 1993 genannten Betriebsmitteln gehörten, ist jetzt davon auszugehen, daß sie – als „Andere Leuchten" – von Teil 15-1 Abschnitte 5.3.4 und 5.6.6 erfaßt sind.
Zum Stichwort „Beleuchtung in Transportmitteln" sollte man einen Blick in den Abschnitt 5.8.1 werfen.

Zu Abschnitt 1.2 [Frequenzbereich]
In der Ausgabe 1985 der CISPR 15 wurde noch als der von dieser umfaßte Frequenzbereich nur derjenige von 150 kHz bis 1605 kHz genannt. Meßmethoden und Grenzwerte für die Dämpfung der Leuchten für Leuchtstofflampen konnten sich schon immer auf den Bereich 160 kHz bis 1400 kHz beschränken, da oberhalb dieser Frequenzen Dauerstörgrößen durch die „klassischen" Leuchtstofflampen nicht beobachtet werden, wenn die Leuchten unterhalb 1400 kHz den Festlegungen entsprechen.
Im Zusammenhang mit der Aufnahme der Messung der Störspannung an gewissen Leuchtstofflampen sowie an solchen mit eingebautem Betriebsgerät in CISPR 15:1985 bzw. DIN VDE 0875 Teil 2:12.88 wurde eine Erweiterung des Frequenzbereichs bei den zugehörigen Grenzwerten – in Anlehnung an CISPR 14 – nach oben bis 30 MHz vorgenommen. Mit Änderung 1:10.90 wurde der Frequenzbereich auch nach unten ausgedehnt und reicht damit von 9 kHz bis 30 MHz.
Mit der Ausdehnung des Anwendungsbereichs auf alle Beleuchtungseinrichtungen und im Sinne einer gewissen Einheitlichkeit der von CISPR erarbeiteten EMV-Normen wird seit der Ausgabe 1993 der CISPR 15 als der von dieser Norm abgedeckte Frequenzbereich derjenige von 9 kHz bis 400 GHz genannt. Abweichend davon

beschränken sich allerdings die Grenzwerte und die Meßverfahren in der vorliegenden Ausgabe nach oben auf 30 MHz. In Abschnitt 4.1 wird dann ausdrücklich darauf hingewiesen, daß außerhalb der jeweils in den Tabellen genannten Bereiche keine Grenzwerte bestehen und keine Messungen durchgeführt werden müssen.

Zu Abschnitt 2 Normative Verweisungen

Durch „datierte" und „undatierte" Verweisungen werden die Festlegungen in den Normen, auf die verwiesen wird – soweit sie sachlich zutreffen –, Teile dieser Norm. Daher muß der Anwender von Fall zu Fall prüfen, ob die jeweilige Verweisung als „gleitend" oder als „fest" anzusehen ist, ob also Änderungen in der zitierten Norm zeitgleich in dieser Norm wirksam werden. Siehe hierzu im einzelnen auch zu Teil 15-2 Abschnitt 2 im Kapitel 5.

Eigentlich sollten in diesem Abschnitt alle in der Norm genannten oder angezogenen Normen mit ihren genauen Angaben zitiert werden, aber eben auch nur solche, die in der Norm erwähnt werden. Die IEC 50(845):1987 und IEC 155:1993 werden in der Norm – auch unter Abschnitt 3, Definitionen, – aber nicht genannt.

Zu Abschnitt 3 Definitionen

Die EN 55015 enthält – wie auch die EN 55014 – keine eigenen Begriffe, sondern nur den Verweis auf das Internationale Elektrotechnische Wörterbuch (IEV), Kapitel 161 „EMV". Hier sollen einige sicherlich nützliche Ergänzungen angefügt werden.

Zu Abschnitt 3.1 [Breitband- und Schmalbandstörgrößen]

Wie schon einleitend erwähnt, wurden mit DIN VDE 0875 Teil 2:11.84 erstmals in einer „VDE 0875" Grenzwerte für Schmalbandstörgrößen aufgenommen, allerdings bezogen sich diese – wie aus Abschnitt 3.2 hervorging – nur auf solche Leuchten, die nicht von der EG-Richtlinie erfaßt waren.

In DIN VDE 0875 Teil 2:12.88 fand man (noch) keine Festlegungen für die mit einem Mittelwert-Gleichrichter zu messenden Störgrößen. Änderung 1 enthielt – wohl als wichtigstes Detail – eine Änderung zu Abschnitt 4.2, in der unter anderem auch Grenzwerte für eine Messung mit dem Mittelwert-Gleichrichter im Frequenzbereich 150 kHz bis 30 MHz enthalten sind (jetzt in Abschnitt 4.3), wozu es jetzt in Abschnitt 3 heißt:

„Dauerstörgrößen können entweder Breitbandstörgrößen sein, verursacht durch Schaltvorgänge oder instabile Gasentladungen im Bereich der Lampenelektroden, oder Schmalbandstörgrößen, z. B. hervorgerufen von elektronischen Betriebsgeräten, die bei bestimmten Frequenzen arbeiten."

Ob eine Störgröße als breit- oder schmalbandig zu bezeichnen ist, ist zunächst eine relative Aussage, die primär von der Art des verwendeten Meßempfängers – genauer: von seiner ZF-Bandbreite – abhängt.

Da es andererseits aber auch bisher nicht gelungen ist, in der Praxis anwendbare Definitionen für die Begriffe „Schmalband" und „Breitband" zu finden, wird also die Unterscheidung in dieser Norm – ebenso wie in VDE 0875 Teil 14-1 – meßtechnisch vorgenommen, und zwar mit Hilfe des Bewertungskreises im Meßempfänger. Je nach der Art der Bewertung der Störgrößen durch den im Funkstör-Meßempfänger eingeschalteten Gleichrichter verhält sich der Meßkreis empfindlicher gegenüber Breitband- oder gegenüber Schmalbandstörgrößen. Bei Anwendung eines Meßempfängers mit Quasispitzenwert-Gleichrichter nach Abschnitt 2 der CISPR 16-1 (VDE 0876 Teil 16-1) – das entspricht den Festlegungen in Abschnitt 3 der heute noch gültigen DIN VDE 0876 Teil 1:09.78 – werden vorwiegend die Breitbandstörgrößen erfaßt und angezeigt. Bei der Messung mit einem CISPR-Meßempfänger, in dem der Quasispitzenwert-Gleichrichter durch einen Mittelwert-Gleichrichter nach CISPR 16-1 (VDE 0876 Teil 16-1), Abschnitt 4, ersetzt ist, werden die Schmalbandstörgrößen bevorzugt bewertet. Das unterschiedliche Anzeigeverhalten der Gleichrichter wird also den Grenzwerten zugrunde gelegt, nicht die Frage, ob es sich wirklich um Breitband- oder Schmalbandstörgrößen handelt.

Zu Abschnitt 3.2 [Betriebsgerät, Startgerät, Vorschaltgerät]
Alle Entladungslampen brauchen zur Anpassung an die Netzspannung und zur Auslösung des Zünd- oder Brennvorgangs Hilfsmittel, seien es z. B. die sogenannten Drosseln oder die sogenannten Glimmstarter. Betriebsgeräte enthalten Start- und Zündgeräte. Hier drückt der Name zugleich die wichtigsten Funktionen aus: die Lampen starten bzw. zünden und unter den richtigen Betriebsbedingungen betreiben.
Die genannten Begriffe werden zwar in der Norm gebraucht, aber nicht in Abschnitt 3 definiert, sondern – teilweise – im Text erläutert.
Das Vorschaltgerät – häufig nur eine Drossel – wird im Englischen mit *„ballast"* bezeichnet. Für die in Abschnitt 5.5 aufgeführte Lampe mit eingebautem Betriebsgerät wird in der englischen Fassung *„self-ballasted lamp"* gesagt, was gar nicht wörtlich übersetzbar ist. Dementsprechend wird für den (zuletzt in der Fassung der DIN VDE 0875 Teil 2:11.84 definierten) Ausdruck „asymmetrische Drossel" im englischen Sprachgebrauch *„single ballast"* gesagt, da es ja nur um eine einzelne Drosselspule geht.
In IEC TC 34A liegt der Entwurf für die Sicherheitsanforderungen an *„self-ballasted lamps"* vor, in dem eine solche definiert wird als „Leuchtstoff- oder andere Entladungslampen-Einheit, die – dauerhaft eingeschlossen – alle Bauteile enthält, die zum Starten und für den stabilen Betrieb erforderlich sind und die weder ersetzbare noch auswechselbare Teile enthält".

Zu Abschnitt 4 Grenzwerte

Zu Abschnitt 4.1 Frequenzbereiche

Entsprechend den im Anwendungsbereich aufgeführten verschiedenen Leuchten- und Lampentypen und dem sonstigen Zubehör zu Beleuchtungseinrichtungen wird bei den Grenzwerten unterschieden zwischen
- der Einfügungsdämpfung (Abschnitt 4.2) für Leuchtstofflampen-Leuchten – mit und ohne Starter und für unabhängige Vorschaltgeräte,
- der Störspannung (Abschnitt 4.3), z. B. für Leuchtstofflampen-Leuchten, bei denen die Einfügungsdämpfung nicht gemessen werden kann (Leuchtstofflampen mit eingebautem Betriebsgerät und Semi-Leuchten), und für Zubehör, und
- der Störfeldstärke (Abschnitt 4.4) für die gleichen Betriebsmittel, soweit sie mit Frequenzen oberhalb 100 Hz arbeiten.

Wichtig ist bei den Angaben zu den einzelnen Grenzwerten, daß zwar der Frequenzbereich, für den die Norm gilt, sich von 9 kHz bis 400 GHz erstreckt, daß aber außerhalb der jeweils in den Tabellen genannten Bereiche keine zusätzlichen Grenzwerte bestehen und keine Messungen durchgeführt werden müssen.

Zu Abschnitt 4.2 Einfügungsdämpfung

Die ersten „besonderen" Grenzwerte in VDE 0875 entstanden 1971 im Zusammenhang mit einer neuen Methode, der Messung der Dämpfung an Leuchten für Leuchtstofflampen im Bereich von 160 kHz bis 1,4 MHz (siehe einführende Erläuterungen zu Abschnitt 7). Die auch heute noch gültigen Werte der Einfügungsdämpfung wurden schon mit VDE 0875:07.71 aus den CISPR-Empfehlungen übernommen.

Allerdings muß zur Begrenzung der Störwirkung nicht, wie bei der Störspannung, ein Höchstwert dieser Störspannung vorgegeben werden, sondern statt dessen ein Mindestwert der genannten Einfügungsdämpfung. Dieser Mindestwert gilt, ebenso wie die Grenzwerte für die Störspannung – in CISPR 14 wird das ausdrücklich gesagt –, als Kurve über den ganzen genannten Frequenzbereich. In der EN 55015 von 1987 und damit auch in VDE 0875 Teil 2 von 1988 wurden – zwecks einer gewissen Vereinheitlichung der Meßberichte – noch fünf bevorzugte Frequenzen und die zugehörigen gerundeten Dämpfungswerte angegeben; gleichzeitig sollte damit auch der Meßaufwand vermindert werden.

Das Beispiel in **Bild 3-1** zeigt den üblichen stetigen Verlauf der Kurve der Dämpfungswerte, der diese Reduzierung der Meßpunkte rechtfertigte (es treten keine Resonanzspitzen auf). Diese „bevorzugten Frequenzen" sind inzwischen entfallen. Als später auch andere Leuchtstofflampen in die Norm einbezogen wurden (z. B. Lampen mit eingebauten Betriebsgeräten), blieb das Kriterium für die Anwendung der Dämpfungsmessung und dieser „Grenzwerte", das Vorhandensein einer Lampennachbildung (siehe auch zu Abschnitt 5.3.3) bestehen.

Es ist zu betonen, daß trotz der Erweiterung des Frequenzbereichs der Bestimmungen die Messung der Dämpfung auf den Bereich 150 kHz bis 1605 kHz beschränkt bleibt.

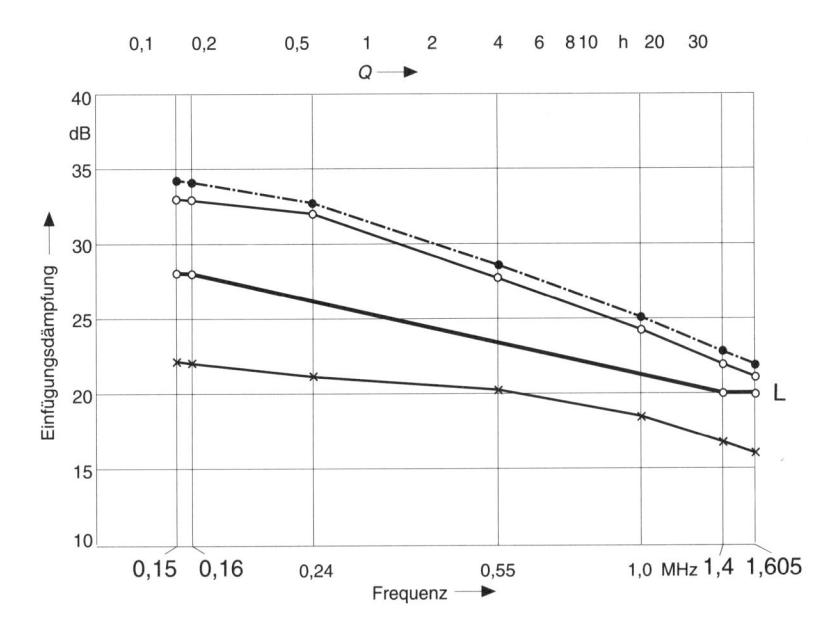

Bild 3-1. Verlauf der Dämpfung von Leuchten (40-W-Lichtleiste in induktiver Schaltung)
●——● mit Parallelkompensationskondensator
o——o mit 50-nF-Kondensator am Netzeingang
x——x ohne Kondensator
L Mindestwert der Einfügungsdämpfung

Zu Abschnitt 4.3 Störspannung

Wenn in der CISPR 15 von 1985 die Grenzwerte für die Störspannung von Leuchten noch als „in Beratung" bezeichnet wurden, so dachte man dabei an eine eventuell notwendige Alternative zur inzwischen üblichen Messung der Dämpfung, ohne sich aber über den Anwendungsbereich so recht klar zu sein. Es sollte eine zweite, bewährte Methode „in Reserve" stehen.

Schon mit der „gemeinsamen Abänderung" in EN 55015 von 1987 wurde dann die bisherige Aussage „in Beratung" durch die Übernahme der in EN 55014 (Tabelle 1) für den Bereich 150 kHz bis 30 MHz geltenden Grenzwerte für die Störspannung ersetzt, und zwar an den „nicht unter Abschnitt 4.1 fallenden Leuchten" mit eingesetzten Lampen.

Und mit Änderung Nr. 1 zu CISPR 15:1985 von Juni 1989 wurde festgelegt, daß bei „allen Leuchten, für die die Grenzwerte der Dämpfung nicht anwendbar sind", die Störspannung die in der zugehörigen Tabelle 1 genannten Werte nicht überschreiten darf. Diese Aussage wurde mit AM 1 zu EN 55015: März 1990, auch in Änderung 1 zu DIN VDE 0875 Teil 2:Oktober 1990, aufgenommen.

Auch schon vorher, in DIN VDE 0875 Teil 2:11.84 und in älteren Ausgaben, war festgelegt, daß dort, wo eine Dämpfungsmessung nicht in Frage kommt, die Störspannung wie bei den Haushaltgeräten im Frequenzbereich 150 kHz bis 30 MHz gemessen wird und – nicht nur aus der früheren Einheitlichkeit innerhalb einer VDE-Bestimmung – die für diese genannten Grenzwerte anzuwenden sind.
Vergleicht man diese Grenzwerte für den Bereich 150 kHz bis 30 MHz mit jenen in DIN VDE 0875 Teil 1, so erkennt man zunächst, daß hier die Werte für die Betriebsmittel nach EN 55014 bzw. CISPR 14 bei der Messung mit dem Quasispitzenwert-Gleichrichter übernommen wurden, was ja wohl auch wegen gleicher störtechnischer Gegebenheiten richtig ist.
Aber sowohl schon in DIN VDE 0875 Teil 2:11.84 als auch jetzt in der genannten Änderung 1 wurden daneben Grenzwerte für Schmalbandstörgrößen aufgenommen, denn gerade bei Leuchten mit elektronischen Vorschaltgeräten (EVG), bei denen also die Leuchtstofflampen mit Hochfrequenz betrieben werden, können auch solche Störgrößen auftreten. Auch diese sind zwischen 150 kHz und 30 MHz wiederum die gleichen wie die in Änderung 2 zu DIN VDE 0875 Teil 1:Oktober 1990, enthalten (siehe auch Erläuterungen zu Abschnitt 4.1).
Eigentlich müßte hier die Festlegung stehen, die man in Abschnitt 8.1.4 findet, daß ein Gerät, wenn es bei der Messung mit dem Quasispitzenwert-Gleichrichter die Grenzwerte für die Messung mit dem Mittelwert-Gleichrichter einhält, nicht auch noch mit dem Mittelwert-Gleichrichter gemessen werden muß. In der Meßpraxis wird dies in der Regel auch so gehandhabt.
Im Rahmen der VDE 0875 wurden zum ersten Mal mit Abschnitt 3.2.1 in DIN VDE 0875 Teil 2:11.84 Grenzwerte für den Frequenzbereich *unterhalb* 150 kHz festgelegt; sie wurden aus der damaligen DIN 57 871 (VDE 0871):06.78, „Funk-Entstörung von Hochfrequenzgeräten für industrielle, wissenschaftliche, medizinische (ISM) und ähnliche Geräte", der Vorgängernorm zu DIN VDE 0875 Teil 11 von Juli 1992, übernommen und galten für die Schmalbandstörgrößen, wozu unter den Begriffen Schmalbandstörgrößen definiert wurden als „Störgrößen, die durch diskrete Frequenzen oder Folgefrequenzen über 10 kHz erzeugt werden."
Die jetzigen, mit Änderung 1:10.90 zu Abschnitt 4.2 für die Frequenzbereiche 9 kHz bis 50 kHz und 50 kHz bis 150 kHz eingeführten Grenzwerte sind zwar – bis genügend Erfahrungen vorliegen – als vorläufige anzusehen; mit einer Änderung ist aber in nächster Zeit kaum zu rechnen.
Diese für Frequenzen unter 150 kHz angegebenen Grenzwerte gelten für die Messung mit dem Quasispitzenwert-Gleichrichter; für die Messung mit dem Mittelwert-Gleichrichter, also für Schmalbandstörgrößen, sind keine Grenzwerte genannt, weil in diesem Bereich, bei einer Meßbandbreite von 0,2 kHz, die gemessenen Werte nur um etwa 1 dB bis 2 dB differieren würden.

Zu Abschnitt 4.4 Störfeldstärke
Bei Leuchtstofflampen mit Arbeitsfrequenzen oberhalb 100 Hz, also z. B. den oben in den Erläuterungen zu Abschnitt 4.3 schon erwähnten Lampen mit im Bereich

20 kHz bis 100 kHz arbeitenden elektronischen Vorschaltgeräten (EVG), zeigt es sich, daß es nicht genügt, die Störspannung (bis 30 MHz) zu messen und zu begrenzen. So lagen im CISPR-Unterkomitee A etwa im Jahre 1987 Entwürfe für ein neues Meßverfahren und zugehörige Grenzwerte der magnetischen Komponente der Störfeldstärken im Bereich 9 kHz bis 30 MHz vor, bei dem mittels einer dreifachen Rahmenantenne die magnetische Störfeldstärke gemessen wird (Einzelheiten siehe zu Abschnitt 9).

Da jedoch die Grenzwerte bei dieser neuen Meßmethode soweit wie möglich denjenigen der „klassischen" Messung der Feldstärke entsprechen sollen, wie sie z. B. in CISPR 11 Anwendung finden, wurde mit einem Rundversuch an verschiedenen Geräten und auch an Leuchtstofflampen die Reproduzierbarkeit geprüft, und die Korrelation für die dann zu beschließenden Grenzwerte wurde gesucht. Es ergaben sich die jetzt in Tabelle 3 in der Spalte für die Rahmenantenne mit 2 m Durchmesser enthaltenen Werte.

Da gerade die Leuchten für Leuchtstofflampen oft länger sind als die für eine 2-m-Antenne zulässigen Dimensionen, wurden die Werte in den Spalten für die größeren Durchmesser mit Hilfe der in Anhang C gegebenen Umrechnungsfaktoren errechnet und zugleich jeweils die minimalen und maximalen Längen für die Prüflinge (hier: Lampen) verbindlich festgelegt.

Zu Abschnitt 4.5 Grenzwerte bei zugeteilten Frequenzen

Entsprechend einer Änderung der CISPR 11 und auch der EN 55011 „Funkstör-Grenzwerte und Meßverfahren für industrielle, wissenschaftliche und medizinische Hochfrequenzgeräte (ISM-Geräte)", nach der Beleuchtungseinrichtungen ausdrücklich nicht mehr in deren Geltungsbereich fallen, wurde es notwendig, die in CISPR 11 aufgeführten sogenannten ISM-Frequenzen auch nach CISPR 15 zu übernehmen. Es handelt sich dabei um schmale Frequenzbänder zwischen 6,780 MHz und 245 GHz, in denen die Grundfrequenz bei der beabsichtigten Erzeugung von Hochfrequenz liegen muß, wenn deren Pegel keiner oder nur einer geringen Beschränkung unterliegen soll. In CISPR 15 – und damit in EN 55015 – wurde ein Grenzwert von 100 dB (µV/m) für die elektrische Feldstärke festgelegt. Neue Entwicklungen von Leuchtstofflampen können somit seitdem von diesen Frequenzen Gebrauch machen.

Zu Abschnitt 5 Anwendung der Grenzwerte

Zu Abschnitt 5.1 Allgemeines

Entsprechend den im Anwendungsbereich aufgeführten verschiedenen Beleuchtungseinrichtungen – Lampen, Leuchten und Zubehör – wird die Anwendung der in Abschnitt 4 genannten verschiedenen Grenzwerte für die Störaussendung in den Abschnitten 5.3 bis 5.9 unterschieden.

Da auch Lampen, und damit z. B. die üblichen Glühlampen, unter diese Norm fallen, wird schon hier deutlich ausgesagt, daß bei Lampen aller Art, also z. B. sowohl bei Glühlampen – und zu den Glühlampen gehören nach einer Anmerkung in Abschnitt 5.3.2 auch die Wolfram-Halogen-Lampen (englisch: *Tungsten Halogen lamps*) – als auch bei Entladungslampen (Leuchtstofflampen) keine Anforderungen an die Störaussendung zu erfüllen sind, außer wenn es sich um Leuchtstofflampen mit eingebautem Betriebsgerät handelt; es gelten auch keine Anforderungen für Zubehör, das in Leuchten, Leuchtstofflampen mit eingebautem Betriebsgerät oder Semi-Leuchten eingebaut ist.

Die erste Aussage bezieht sich auf Betriebsmittel, die keine Störgrößen verursachen, die zweite auf solche, deren eventuelle Störgrößen bei der Messung der Beleuchtungseinrichtungen, in die sie eingebaut werden, erfaßt werden.

Diese erste Aussage ist auch in dem Sinn zu verstehen, daß die genannten Lampen ausdrücklich – wenn auch ohne weitere Forderungen – von dieser Norm erfaßt sind; sie fallen also nicht unter die Fachgrundnorm DIN EN 50081 Teil 1 (VDE 0839 Teil 81-1).

Ebenfalls ausgenommen sind auch eventuelle Störgrößen durch in das Betriebsmittel eingebaute Netzschalter jeder Art, wenn sie nicht – wie dies z. B. bei Reklameleuchten der Fall sein kann – wiederholt (üblicherweise automatisch) geschaltet werden.

Zu Abschnitt 5.2 Zugeteilte Frequenzen

Die in Abschnitt 4.5 genannten ISM-Frequenzen können von allen Beleuchtungseinrichtungen benutzt werden. Dabei müssen aber innerhalb der in Tabelle 4 genannten Frequenzbänder die in dieser Tabelle genannten Grenzwerte der Feldstärke sowie außerhalb der Bänder die Grenzwerte für die Störspannung und die für die Störfeldstärke eingehalten werden. Früher fielen Beleuchtungseinrichtungen, die mit ISM-Frequenzen arbeiteten, unter CISPR 11, bzw. unter VDE 0871:06.78; seit der Ausgabe EN 55011:1991 wird dort auf EN 55015 verwiesen (siehe hierzu auch im Kapitel 1 zu Teil 11).

Zu Abschnitt 5.3 Innenleuchten

Zu Abschnitt 5.3.1 Allgemeines
Hier wird ausdrücklich darauf hingewiesen, daß die folgenden Bestimmungen für alle Arten von Innenleuchten – unabhängig vom Einsatzort – gelten. Damit ist u. a. eine früher für Leuchtstofflampen-Leuchten geltende Einschränkung entfallen, wonach die Anwendung der Dämpfungsmessung auf Leuchten, die in „Wohngebieten mit Spannungen zwischen 100 V und 250 V ... betrieben werden", beschränkt war (zuletzt noch so in Abschnitt 4.1 von DIN EN 55015 (VDE 0875 Teil 15) von Dezember 1993 zu finden).

Zu Abschnitt 5.3.2 Leuchten für Glühlampen
So wie die Glühlampen zwar von dieser Norm erfaßt werden, für diese aber keine Anforderungen gegeben sind, sind naheliegenderweise auch die Leuchten für Glüh-

lampen, die keine weiteren Bauteile enthalten, die Störgrößen erzeugen können, von Anforderungen in bezug auf eine Störaussendung befreit. Wichtig ist es aber, daß diese Befreiung – obwohl es nicht ausdrücklich gesagt wird – auch gilt, wenn in die Leuchte, die üblicherweise bei uns mit einem Edisongewinde ausgestattet ist, Entladungslampen mit eingebauten Betriebsgeräten oder Semi-Leuchten eingesetzt werden können.

Zu Abschnitt 5.3.3 Leuchten für Leuchtstofflampen

Die Anwendung der Messung der Einfügungsdämpfung ist nur bei Leuchten möglich, die für solche Typen von Leuchtstofflampen vorgesehen sind, für die in dieser Norm, und zwar in Abschnitt 7 bzw. 7.2.4 Lampennachbildungen definiert sind. Hier, in Abschnitt 5.3.3, sind die in Frage kommenden Lampentypen aufgezählt. Die dabei genannten Nenndurchmesser wurden aus IEC (600) 81 (siehe auch DIN IEC 81) übernommen.

Als im Laufe der Jahre immer mehr Leuchtstofflampen in die Norm einbezogen wurden, blieb das Kriterium für die Anwendung der Dämpfungsmessung und der entsprechenden Mindestwerte, das Vorhandensein einer Lampennachbildung, bestehen.

Zu Abschnitt 5.3.4 Andere Leuchten

Wenn die Leuchten nicht für Glühlampen oder für die in Abschnitt 5.3.3 genannten Leuchtstofflampen vorgesehen sind, muß die Störspannung gemessen werden, wobei die Grenzwerte der Tabelle 2a einzuhalten sind.

Schon in den früheren Normen für die Funkstörungen von Leuchtstofflampen und -Leuchten war festgelegt, daß, wenn die Leuchten nicht unter den jeweiligen Abschnitt für die Messung der Dämpfung fallen, „z. B. wenn es nicht möglich ist, die Lampe durch eine Lampennachbildung zu ersetzen", weil es für diese keine Lampennachbildung gibt, die Leuchten mit passenden Lampen die Grenzwerte der Störspannung – in der Ausgabe von Dezember 1988 wurden noch die Grenzwerte von EN 55014 genannt – einhalten müssen. Das ist also bis heute so geblieben.

Seitdem es möglich ist, die Feldstärke zu messen (siehe Abschnitt 9), gelten für Leuchten, die solche Bauteile enthalten, daß die einzusetzenden Lampen mit Frequenzen oberhalb 100 Hz betrieben werden, zusätzlich die Grenzwerte der Feldstärke nach Tabelle 3. Das bedeutet aber nicht, daß, wenn in eine üblicherweise mit Glühlampen zu bestückende Leuchte nach Abschnitt 5.3.2 eine Semi-Leuchte nach Abschnitt 5.4.5 oder Entladungslampen mit eingebautem Betriebsgerät nach Abschnitt 5.5 eingesetzt werden können, die Leuchte deswegen nach Abschnitt 5.3.4 behandelt werden muß.

Die Forderung auf zusätzliche Einhaltung der Grenzwerte der Feldstärke findet sich jedoch wieder bei den in den Abschnitten 5.4.4 und 5.4.5 genannten Betriebsmitteln sowie in den Abschnitten 5.5, 5.6.6 und 5.7.4 (siehe unten).

Zu Abschnitt 5.4 Unabhängiges Zubehör für den ausschließlichen Gebrauch mit Beleuchtungseinrichtungen

Zu Abschnitt 5.4.1 Allgemeines
Es wird zunächst beschrieben, was unter „unabhängigem Zubehör" zu verstehen ist. Beachtet werden sollten die beiden Anmerkungen unter 5.4.1:
1. Die Störaussendung des einzelnen genannten Zubehörs ist natürlich stark von der jeweiligen Installation abhängig. Eine Messung des Zubehörs für sich hat nur eine beschränkte Aussagekraft.
2. Eine vorherige Messung des Zubehörs befreit nicht von der Messung der kompletten Leuchten, wenn es in diese eingebaut wird.

Zu Abschnitt 5.4.2 Unabhängige Lichtsteuergeräte
Für Halbleiterstellglieder, die als Lichtsteuergerät (Helligkeitssteuergerät, Dimmer) eingesetzt werden, galt bisher der Anwendungsbereich der DIN EN 55014 (VDE 0875 Teil 14-1). Dort wird (noch) kein Unterschied gemacht, wofür ein Halbleiterstellglied vorgesehen ist. Mit der Neufassung von CISPR 15 wird alles „unabhängige Zubehör für den ausschließlichen Gebrauch mit Beleuchtungseinrichtungen" von dieser und damit auch von EN 55015 erfaßt. Der Wechsel der zutreffenden Norm wäre kein Problem, wenn die Anforderungen die gleichen blieben. In der EN 55015 sind aber für die Störspannung unterhalb 150 kHz in Tabelle 2a Grenzwerte gefordert, die in der EN 55014 nicht enthalten sind. Daher wurde bei der Herausgabe der EN 55015 eine Übergangsregelung aufgenommen, nach der die zusätzlichen Grenzwerte erst ab 1. Januar 2000 verbindlich sind (siehe Vorwort zur EN).

Zu Abschnitt 5.4.2.1 Arten der Lichtsteuergeräte

In diesem Abschnitt wird deutlich gemacht, welche Arten von Lichtsteuergeräten hier betroffen sind.

Zu Abschnitt 5.4.2.2 Unabhängige, direkt wirkende Lichtsteuergeräte

Hier wird die Aussage getroffen, daß die Grenzwerte für die Störspannung ausschließlich für solche Steuergeräte gelten, die mit Halbleiterbauelementen bestückt sind.

Zu Abschnitt 5.4.2.3 Unabhängige Lichtsteuergeräte mit externen Stellgliedern

Hier wird deutlich gemacht, daß die Norm nur für solche Lichtsteuergeräte gilt, die externe Stellglieder enthalten, die mit „geleiteten" Signalen arbeiten.

Für solche, die mit Frequenzen unterhalb 500 Hz betrieben werden, gelten keine Grenzwerte.

Auf solche, die mit Frequenzen oberhalb 500 Hz arbeiten, sind die einschlägigen Grenzwerte für die Störspannung anzuwenden.

Lediglich solche Geräte, die mit hochfrequenten gestrahlten Signalen oder Infrarotsignalen gesteuert werden, sind gänzlich von dieser Norm ausgenommen – für sie gelten andere Normen, z. B. die für Sendefunkeinrichtungen.

Zu Abschnitt 5.4.3
Unabhängige Transformatoren und Konverter für Glühlampen

Zu Abschnitt 5.4.3.1 Allgemeines
Es wird auf den Unterschied von Transformator und Konverter hingewiesen.

Zu Abschnitt 5.4.3.2 Unabhängige Transformatoren
„Echte" Transformatoren unterliegen hier keinen Anforderungen, während „elektronische" Transformatoren (z. B. in Form von Schaltnetzteilen) die Störspannungsgrenzwerte erfüllen müssen.

Zu Abschnitt 5.4.3.3 Unabhängige Konverter
Die Anforderungen dieses Abschnitts sind selbsterklärend.

Zu Abschnitt 5.4.4
Unabhängige Vorschaltgeräte für Leuchtstoff- und andere Entladungslampen

Zu Abschnitt 5.4.4.1 [Unabhängige Vorschaltgeräte für „übliche" Leuchtstofflampen]
Unabhängige Vorschaltgeräte für „übliche" Leuchtstofflampen sind so zu behandeln wie Leuchtstofflampen-Leuchten und müssen eine hinreichende Dämpfung aufweisen.

Zu Abschnitt 5.4.4.2 [Andere unabhängige Vorschaltgeräte]
Andere unabhängige Vorschaltgeräte werden hinsichtlich ihres Störvermögens durch Messung der Störspannung – und bei der Anwendung höherer Frequenzen als 100 Hz – zusätzlich durch die Messung der Störfeldstärke beurteilt.

Zu Abschnitt 5.4.5 Semi-Leuchten
Es wird der Begriff einer „Semi-Leuchte" erklärt und die Forderung nach Einhaltung der Störspannungsgrenzwerte erhoben. Zusätzlich gilt auch hier bei Betriebsfrequenzen >100 Hz die Anwendung der Störfeldstärkegrenzwerte.

Zu Abschnitt 5.5 Entladungslampen mit eingebauten Betriebsgeräten
Bei einer Entladungslampe mit eingebautem Betriebsgerät treffen die meisten Aussagen, die bei den „klassischen" Leuchtstofflampen für Starterbetrieb als Grund für die Messung der Einfügungsdämpfung gemacht wurden, nicht mehr zu. Vor allem ist es nicht nur möglich, sondern sogar aus technischen Gründen auch sinnvoll, die Entstörung in die Lampe zu integrieren. Daher war es richtig, bei der Herausgabe der EN 55015 von Februar 1987 – an Hand der Diskussionen im betreffenden Unterkomitee des CISPR und im Vorgriff auf dort zu erwartende Entscheidungen – in einer

„gemeinsamen Abänderung" mit Abschnitt 4.3 für die Störspannung von Lampen mit eingebauten Betriebsgeräten die Grenzwerte aus der EN 55014 zu übernehmen. Seit EN 55015 von Februar 1992 wird nicht mehr auf die EN 55014 Bezug genommen, sondern die Norm enthält eine entsprechende Tabelle 2 – jetzt Tabelle 2a –, die nicht nur für solche Leuchten gilt, „bei denen die Grenzwerte der Einfügungsdämpfung nicht anzuwenden sind", sondern vor allem eben für Leuchtstofflampen mit eingebauten Betriebsgeräten. Gleichzeitig wurden zusätzliche Grenzwerte für die Messung mit dem Mittelwert-Gleichrichter (für die Bewertung der Schmalbandstörgrößen) und solche unterhalb 150 kHz aufgenommen (siehe auch zu Abschnitt 4.3).
Auch hier ist wieder auf die Grenzwerte der Feldstärke nach Tabelle 3 zu achten.
Da Leuchten mit elektronischen Vorschaltgeräten zunehmend und in großen Stückzahlen in Büro- und Verwaltungsräumen eingesetzt werden, also in der Nähe störempfindlicher Geräte, erwartet der Betreiber zugleich einen niedrigen Störpegel, lange Lebensdauer und kleine Ausfallraten, was eine sorgfältige Auslegung der Entstörung erfordert.

Zu Abschnitt 5.6 Außenbeleuchtung
Der Begriff „Außenbeleuchtung" umfaßt nach Abschnitt 5.6.1 nicht nur Beleuchtungseinrichtungen auf Privatgrundstücken und Industriegeländen, sondern alle Arten von Außenbeleuchtung, auch solche, bei denen man eigentlich von einer größeren Entkopplung zu den Rundfunk-Empfangsanlagen ausgehen könnte. Der Hauptgrund dafür dürfte darin liegen, daß ein Hersteller kaum wissen kann, wie die Verhältnisse beim Einsatz der Beleuchtungseinrichtungen im Einzelfall sind und daß die einmal gegebenen Verhältnisse kaum dauerhaft sichergestellt werden können.
Daraus folgt, daß die Grenzwerte und sonstigen Bedingungen in Abschnitt 5.6 sich weitgehend mit denen in Abschnitt 5.3 decken.

Zu Abschnitt 5.7 Ultraviolett- und Infrarot-Geräte
Hierunter fallen alle Bestrahlungsgeräte mit Ultraviolett- oder Infrarotstrahlern für den heimischen Bereich, mögen sie nun als Heimsonnen, Solarien oder auch Ozonbrenner bezeichnet werden. Je nach der Art der Strahlungsquelle werden Infrarot- und Ultraviolett-Geräte wie Leuchten für Glühlampen (5.7.2), Leuchten für Leuchtstofflampen (5.7.3) oder als „andere Ultraviolett- und Infrarot-Geräte" behandelt.
Für letztere gelten wieder die Grenzwerte der Störspannung nach Tabelle 2a und, wenn die Strahlungsquelle mit Frequenzen oberhalb 100 Hz betrieben wird, zusätzlich die Grenzwerte der Feldstärke nach Tabelle 3.
Wegen der von EN 55011 erfaßten Geräte siehe Kapitel 1.

Zu Abschnitt 5.8 Beleuchtungen in Transportmitteln
Eine besondere Gruppe von Beleuchtungseinrichtungen stellen solche in Transportmitteln dar. Wichtig sind aber die einschränkenden Aussagen, daß unter diesen Abschnitt nur Beleuchtungseinrichtungen fallen, die an Bord von Schiffen und von

Schienenfahrzeugen eingesetzt werden und daß die Beleuchtung von Bordinstrumenten den Anforderungen für diese Instrumente selbst unterliegt.
Im übrigen werden diese Einrichtungen wie Innenleuchten (nach Abschnitt 5.3) behandelt. Einrichtungen mit Glühlampen werden nicht gemessen, bei Einrichtungen mit Gasentladungslampen gelten die Grenzwerte für die Störspannung und für die Feldstärke; die Messung der Einrichtungen erfolgt in einer vereinfachten Anordnung.[*]

Zu Abschnitt 5.9 Leuchtröhrenanlagen und andere Reklameleuchten
Für diese Beleuchtungseinrichtungen wurden bisher keine Grenzwerte festgelegt, weil die Meßverfahren, d. h. vor allem die Meßanordnungen (in der Praxis oft größere Ausdehnung der Objekte) noch nicht geklärt werden konnten.

Zu Abschnitt 5.10 Selbstversorgte Notlicht-Leuchten
Im Sommer 1996 wurde in CISPR Unterkomitee F ein Antrag auf Ergänzung der CISPR 15 mit obigem Thema vorgelegt (CISPR/F/200/NP), der gute Chancen hat, angenommen zu werden. Bei diesen Notlicht-Leuchten werden für die Messung der Störaussendung entsprechend ihrem Zweck zwei Zustände unterschieden: der Normalbetrieb (während die Netzstromversorgung arbeitet) und der Notbetrieb (wenn die Leuchte, bei ausgefallenem Netz, aus einer eingebauten Energiequelle Licht liefert). Die weiteren vorgesehenen Festlegungen in den Abschnitten 8.8 „Selbstversorgte Notlicht-Leuchten" unter Abschnitt 8 „Meßverfahren der Störspannung" und 9.7 „Selbstversorgte Notlicht-Leuchten" unter Abschnitt 9 „Meßverfahren der Störfeldstärke" bedürfen keiner zusätzlichen Erläuterungen.

Zu Abschnitt 6 Betriebsbedingungen für Beleuchtungseinrichtungen

Zu Abschnitt 6.1 Allgemeines
Um vergleichbare Aussagen zu erhalten, sind – ähnlich wie in Kapitel 2 Abschnitt 7 für die dort betroffenen Geräte – auch für die Messung von Beleuchtungseinrichtungen einheitliche Betriebsbedingungen erforderlich. Daneben sind bei den einzelnen Meßverfahren, wie sie in den Abschnitten 7, 8 und 9 beschrieben werden, jeweils die dort angegebenen besonderen Bedingungen einzuhalten.

Zu Abschnitt 6.2 Beleuchtungseinrichtungen
Die Beleuchtungseinrichtungen dürfen natürlich nicht manipuliert werden; nur offensichtliche Schäden (z. B. durch den Transport) sind zu beheben. Die in IEC

---

[*] Anmerkung: Die Beleuchtung an Bord von Bussen fällt mit der der anderen Straßenfahrzeuge in den Arbeitsbereich von CISPR Unterkomitee D, wo die Funkstörungen von Fahrzeugen mit Verbrennungsmotor und deren Zubehör behandelt werden.

(60) 598 (VDE 0711) oder anderen einschlägigen Normen vorgegebenen normalen Betriebsbedingungen sind zu beachten.

Zu Abschnitt 6.3 Betriebsspannung und Frequenz
und
Zu Abschnitt 6.4 Umgebungsbedingungen
Die Anforderungen zur Versorgungsspannung erscheinen übergenau, die zur Frequenz dagegen ungenau – es fehlt eine Toleranzangabe (üblich sind wohl auch hier ±1 %) – , und die Anforderungen zur Umgebungstemperatur sind wenig kritisch. Die Erfahrung sollte ergeben, bei welchen Betriebsmitteln z. B. die Versorgungsspannung einen entsprechenden Einfluß haben kann.

Zu Abschnitt 6.5 Lampen

Zu Abschnitt 6.5.1 Zu benutzende Lampenart
Bei der Messung der Störspannung und der Störfeldstärke von Beleuchtungseinrichtungen müssen diese mit solchen Lampen bestückt sein, wie sie für die jeweilige Beleuchtungseinrichtung vorgesehen sind. Dabei ist eine Lampe der jeweils höchsten erlaubten Leistung einzusetzen. In der unter den normativen Verweisungen genannten IEC 598 ist festgelegt, daß der Hersteller einer Leuchte auf dem Typenschild und in den Begleitunterlagen (z. B. einer Montageanleitung) angeben muß, welcher Lampentyp mit welcher Lampenleistung in der Leuchte verwendet werden darf. Diese Bestückung muß übrigens auch bei den sicherheitstechnischen Prüfungen berücksichtigt werden.

Zu Abschnitt 6.5.2 Alterung der Lampen
Da neue Lampen zum Erreichen ihrer Nennwerte ein „Einbrennen" (Formieren) erfordern – ein Vorgang, der übrigens auch bei der Messung der lichttechnischen Effekte zu beachten ist – , wurde 1990 ergänzt, daß Leuchtstoff- und andere Entladungslampen vor der Messung mindestens 100 Stunden in Betrieb gewesen sein müssen, Glühlampen hingegen nur 2 Stunden.

Zu Abschnitt 6.5.3 Stabilisierung der Lampen
Die Messungen müssen – ähnlich wie bei Geräten nach Teil 14-1 (siehe Kapitel 2 zu Abschnitt 7.1.3), im „eingelaufenen" Zustand der Lampen vorgenommen werden; die hier vorgegebenen Zeiten basieren auf Erfahrungswerten.
Besonders bei Leuchtstoff- und anderen Entladungslampen ist wegen der häufig stark streuenden und von den Gegebenheiten im Nennbetrieb abweichenden Pegeln der Störspannung zu Beginn des Brennvorgangs und der damit verbundenen Instabilitäten vor Beginn der Messungen der Beharrungszustand herzustellen, was mit 15 min (bzw. 30 min) Brenndauer meist der Fall sein dürfte.
Indirekt wird hiermit ausgesagt, daß nicht nur die Störgrößen beim Einschalten (ähnlich wie in Teil 14-1 Abschnitt 4.2.3.3, früher in Abschnitt 3.1 von DIN VDE

0875 Teil 2:11.84), sondern auch die unmittelbar danach auftretenden Störgrößen unberücksichtigt bleiben.

Zu Abschnitt 6.6 Austauschbare Starter

Die in den Leuchten für Leuchtstofflampen vorhandenen Starter sind üblicherweise austauschbar, denn sie können defekt werden; daher wird hier eine Anweisung für deren Behandlung gegeben.
In der Praxis wird allerdings der Starter im Labor meist durch eine „Nachbildung" ersetzt, bei der das „Innenleben" durch einen ausgesuchten Kondensator ersetzt ist, der die geforderten Eigenschaften hat. Ein Antrag auf eine entsprechende Änderung oder Ergänzung dieses Abschnitts in CISPR 15 müßte eigentlich in absehbarer Zeit vorgelegt werden.
Wesentlich für die Meßergebnisse – sowohl bei der Dämpfung als auch bei der Störspannung – ist natürlich nicht der Starter als solcher, sondern der im Starter enthaltene Kondensator; daher die besondere Anweisung für einen eventuell vom Hersteller in die Leuchte eingebauten Starterkondensator. Die im dritten Satz gewählte Formulierung ist falsch: Nicht die Eigenschaften des Starters, sondern die des Kondensators müssen im gesamten Frequenzbereich beibehalten bleiben!

Zu Abschnitt 7 Meßverfahren für die Einfügungsdämpfung

Mit der Einführung der Messung der Funkstörcharakteristik von Leuchtstofflampen in Form der Messung der Dämpfung der zugehörigen Leuchten wurde es seinerzeit notwendig, in VDE 0875:06.77 auch den Begriff der „Dämpfung" zu erklären. Die damals gegebene Begriffserklärung ist allerdings zu unterscheiden von der seit DIN 57875 Teil 2:11.84 benutzten, der „Einfügungsdämpfung", da die Widerstände, an denen die zwei aufeinander bezogenen Spannungen (nacheinander) gemessen werden, nicht die gleichen sind:
„Einfügungsdämpfung ist der Dämpfungsunterschied in einem angepaßten Übertragungssystem, der durch Einfügen eines Prüflings verursacht wird."

Zu Abschnitt 7.1 Meßschaltungen für die Messung der Einfügungsdämpfung

Zur Bestimmung der Einfügungsdämpfung einer Leuchte wird die Leuchte, wie z. B. in Bild 1 für Leuchten für gerade Leuchtstofflampen dargestellt, zwischen einem Meßsender mit Symmetrierübertrager und dem Meßempfänger (mit Netznachbildung) eingefügt. Dabei wird die Leuchtstofflampe durch eine Lampennachbildung ersetzt, in die die HF-Spannung über den Symmetrierübertrager eingespeist wird. Dann wird die HF-Spannung, die jetzt an den Netzklemmen der Leuchte ansteht, mit der unmittelbar am Symmetrierübertrager auftretenden verglichen (siehe Abschnitt 7.4).
Diese Grundanordnung wurde 1964 in CISPR-Recommendation 32 festgelegt und gilt – mit Verbesserungen in Details – noch heute. Sie wurde später, wie in den Bil-

dern 2 und 3 gezeigt, in angepaßter Form auch für die Leuchten für ringförmige und für einseitig gesockelte Leuchtstofflampen übernommen.
Ist es möglich, in die Leuchte eine Lampe mit einem Nenndurchmesser von 35 mm einzusetzen, wird bei der Messung diese „dickere" Lampe benutzt, da die engere Kopplung mit metallischen Teilen der Leuchte eine niedrigere Einfügungsdämpfung ergeben kann.
In den Abschnitten 7.1.2 und 7.1.3 wird die Anwendung des Meßverfahrens auf unabhängige Vorschaltgeräte und auf UV-Geräte (die ja im Prinzip auch als Leuchten anzusehen sind) beschrieben. Die Messung nach Abschnitt 7.1.2 erfolgt also *nicht* mit einer Leuchte, sondern das Vorschaltgerät, „seine" Lampennachbildung und der Starter werden in freier Anordnung gemessen. Welche Lampennachbildung dabei zu wählen ist, wird nicht näher ausgeführt; man wird die benutzen, die der Lampe mit der größten zulässigen Leistung entspricht.

Zu Abschnitt 7.2 Meßaufbau und -verfahren
Um vergleichbare Meßergebnisse zu erhalten, müssen die Eigenschaften der in der genannten Meßschaltung verwendeten Geräte – soweit sie nicht in anderen Normen gefunden werden – und der Meßaufbau eindeutig beschrieben werden.

Zu Abschnitt 7.2.1 Hochfrequenzgenerator
Hier genügt jeder übliche HF-Meßsender mit einem Ausgangswiderstand von 50 Ω den Erfordernissen, soweit dieser das geforderte Frequenzband überstreichen kann.

Zu Abschnitt 7.2.2 Symmetrierübertrager
Da die Eigenschaften des Symmetrierübertragers besonders kritisch in die Meßergebnisse eingehen und dieses „Hilfsmittel" bisher in keiner anderen Norm beschrieben wird, wird sein Aufbau in Anhang A und den Bildern A.2a bis A.2d in allen Einzelheiten dargestellt. Er könnte also nach dieser Anleitung angefertigt werden, es empfiehlt sich aber, ihn käuflich zu erwerben.

Zu Abschnitt 7.2.3 Meßempfänger und Netznachbildung
Es sind die auch bei der Messung der Störspannung (siehe Abschnitt 8) eingesetzte CISPR-V-Netznachbildung und einer der dort genannten Meßempfänger nach CISPR 16-1 (Abschnitt 2 oder Abschnitt 4) zu benutzen. Die Bewertung (Quasispitzenwert-Meßempfänger oder Mittelwert-Meßempfänger) spielt hier keine Rolle. Noch in CISPR 15 von 1992, also auch in EN 55015:1993, war neben der CISPR-V-Netznachbildung ein stark vereinfachtes sogenanntes Meßnetzwerk zugelassen; es war mit CISPR 15 von 1985 in Verbindung mit einem üblichen HF-Millivoltmeter in der Annahme eingeführt worden, den messenden Stellen Aufwand zu ersparen. In diesen Stellen sind jedoch im allgemeinen die normale V-Netznachbildung und der bei Messungen der Störspannung übliche, z. B. auch in VDE 0875 Teil 14-1, Abschnitt 5.1.1 und 6.1.1 aufgeführte Meßempfänger ohnehin vorhanden. Daher

werden seit der Ausgabe von 1996 wieder diese Geräte zur Messung der zu vergleichenden Spannungen vorgeschrieben.

Zu Abschnitt 7.2.4 Lampennachbildungen
Auch der Aufbau der Lampennachbildungen hat sich im Laufe der Jahre leicht geändert, es kamen vor allem immer neue hinzu.
Waren in der ersten Ausgabe der Publikation CISPR 15:1975 nur Lampennachbildungen einer beschränkten Anzahl von stabförmigen Leuchtstofflampen – ähnlich wie im jetzigen Bild 4a – beschrieben worden (und dementsprechend die Mindestwerte nur für diese Leuchten angegeben), so kamen in der ersten Änderung von 1978 die ringförmigen (jetzt auch in Bild 4b dargestellt) und die Lampen in U-Form (jetzt ebenfalls in Bild 4a) hinzu. Im Februar 1985 wurde die Nachbildung für die 15-mm-Leuchtstofflampen (T-Lampen) (Bild 4c) aufgenommen. Mit weiteren Änderungen wurde diese Liste um die einseitig gesockelten 15-mm-Leuchtstofflampen ohne Starter (*single-capped fluorescent lamps* nach IEC 901), die einseitig gesockelten 12-mm-Lampen mit integriertem Starter sowie Doppel-Rohr-(*twin tube-*) und Vierfach-Rohr-Lampen (*quad tube*) ergänzt (Bilder 4d bis 4f).
Die Maße der Lampennachbildungen müssen den Angaben in den Bildern 4a bis 4f entsprechen. Auch sonst enthalten die Bilder alle Angaben, die zu einem Nachbau notwendig sind.
Bei langen Leuchten ist zu beachten, daß die Lampennachbildung parallel zur Leuchte eingesetzt ist, ohne daß eventuelle Stützen die Kapazität des Ganzen beeinflussen (kein Metall!).

Zu Abschnitt 7.2.5 Meßaufbau
Da Kopplung und Strahlung der Leitungen die Messung stark beeinflussen können, sind die hier gegebenen Anweisungen zu Leitungslängen und Leitungsverlegung sorgfältig zu beachten.

Zu Abschnitt 7.3 Leuchten
Hier werden weitere Hinweise zur Durchführung der Messung gegeben, insbesondere für Leuchten mit mehr als einer Lampe; sie sind wohl eindeutig und ohne Erläuterung verständlich.

Zu Abschnitt 7.4 Meßverfahren
Auch die Ermittlung der beiden zu vergleichenden Spannungen (siehe auch zu Abschnitt 7.1) und hieraus der Einfügungsdämpfung wird hier so eingehend erläutert, daß weitere Erklärungen überflüssig sein dürften.
Um gut auszuwertende Meßwerte zu erhalten, wird in Abschnitt 7.4.2 empfohlen, die Spannung U_1, also die direkt am Übertrager gemessene, auf einen Wert zwischen 2 mV und 1 V einzustellen; dann ergibt sich, nachdem die Leuchte mit der Lampennachbildung dazwischengeschaltet wurde, eine Spannung von etwa 0,1 mV bis 50 mV.

Die weiteren Hinweise in Abschnitt 7.4.5, z. B. für eine Leuchte mit asymmetrischer Drossel, sollten besondere Beachtung finden.

Zu Abschnitt 8 Meßverfahren für die Störspannung

Bis zur 3. Ausgabe der CISPR 15 im Jahre 1985 beschränkte sich ihr Anwendungsbereich – wie ihr Titel sagte – auf Leuchtstofflampen und Leuchtstofflampen-Leuchten. In der 2. Ausgabe von 1981 waren Grenzwerte der „Störspannung von Leuchten" noch „*under consideration*", in der 3. Ausgabe wurde ein neuer Abschnitt 4.3 für die Störspannung von Entladungslampen mit eingebauten Betriebsgeräten mit Verweis auf die in Tabelle 1 von CISPR 14 gegebenen Grenzwerte und dementsprechend ein Abschnitt 6 mit einer Beschreibung des Meßverfahrens für „gewisse Typen von Leuchten, bei denen die Messung der Einfügungsdämpfung nicht durchgeführt werden kann" aufgenommen.

Mit einer Änderung 1 vom Juni 1989 wurde ein Abschnitt 4.2 eingefügt, der eine eigene Tabelle mit den Grenzwerten – sowohl für Messungen mit dem Quasispitzenwert-Meßempfänger als auch mit dem Mittelwert-Meßempfänger – für den Bereich 9 kHz bis 30 Hz enthielt, wobei die Grenzwerte im Bereich 9 kHz bis 150 kHz als „vorläufige" bezeichnet wurden. Es sind die gleichen Werte[*], wie sie jetzt noch in Tabelle 2a zu finden sind.

Zu Abschnitt 8.1 Meßaufbau und -verfahren

Das Verfahren zur Messung der Störspannung wurde, wie vorstehend ausgeführt, unverändert aus CISPR 14 übernommen. Während aber zum Verfahren der Messung der Einfügungsdämpfung die zu verwendenden Meßgeräte in Abschnitt 7.2 näher beschrieben werden, erfolgt das bei der Messung der Störspannung in Teil 15 nur indirekt in den Bildern 5 und 6 (s. unten).

Zu Abschnitt 8.1.1 Messung der Störspannung an den Stromversorgungsanschlüssen

Aus dem Text unter den Bildern 5 und 6 ist zu entnehmen, daß für die Messung der Störspannung an den Netzanschlüssen eine V-Netznachbildung 50 Ω/50 µH + 5 Ω (ersatzweise 50 Ω/50 µH) und ein Meßempfänger nach CISPR 16-1 benötigt werden. In CISPR 16-1 (VDE 0876 Teil 16-1), Abschnitt 11, heißt es: „Eine Netznachbildung ist erforderlich, um eine definierte Hochfrequenz-Impedanz an den Anschlüssen des Prüflings zu gewährleisten, um den Prüfstromkreis von unerwünschten Hochfrequenzsignalen aus dem Stromversorgungsnetz zu entkoppeln und um die Störspannung in den Meßempfänger einzukoppeln."

---

[*] Anmerkung: Im Frequenzband von 2,51 MHz bis 3,0 MHz wird es voraussichtlich in Kürze zu einer Erleichterung der Störspannung um 17 dB kommen, um Neuentwicklungen auf dem Gebiet der Beleuchtungseinrichtungen gerecht zu werden.

Die unter den Bildern als 50 Ω/50 µH + 5 Ω-V-Netznachbildung bezeichnete Nachbildung wird in Abschnitt 11.2 von CISPR 16-1 beschrieben, die in der Klammer als 50 Ω/50 µH-V-Netznachbildung bezeichnete in Abschnitt 11.3.
Wie aus den Bildern zu entnehmen ist, ist ein CISPR-Meßempfänger zu verwenden; da in den Tabellen 2a und 2b sowohl Grenzwerte für die Messung mit dem Quasispitzenwert-Meßempfänger als auch mit dem Mittelwert-Meßempfänger gegeben sind, sollte der benutzte Meßempfänger für beide Betriebsarten geeignet sein.
Die technischen Spezifikationen für die zu verwendenden Empfänger sind in Teil 1 der CISPR 16 zu finden, und zwar der Quasispitzenwert-Meßempfänger im Abschnitt 2, der Mittelwert-Meßempfänger im Abschnitt 4. Es ist üblich, daß die beiden Gleichrichter in einem einzigen Empfänger eingebaut und mit einem Schalter anwählbar sind. Neuere Meßempfänger gestatten es, auch gleichzeitig mit beiden Gleichrichtern zu messen.
Bei der Anordnung nach Bild 6 muß – wie in Abschnitt 8.1.1 festgelegt – zwischen der Netznachbildung (AMN) und dem Prüfling ein Abstand von etwa 0,8 m bestehen, und die verbindende Leitung muß eine übliche dreiadrige Anschlußleitung sein. Die einadrige Leitung vom Anschlußpunkt „E" zur Bezugsmasse der Netznachbildung ist also getrennt zu führen.
Für den an weiteren Einzelheiten Interessierten empfiehlt sich ein Blick in die Erläuterungen zum entsprechenden Abschnitt im Kapitel 2.

Zu Abschnitt 8.1.2 Messung der Störspannung an den Last- und Steueranschlüssen
Bei der Messung der Störspannung an den Anschlüssen für Last- und Steuerleitungen wird – wie in Bild 5 dargestellt – ein Tastkopf eingesetzt. Immer, wenn bei der Messung der Störspannung (sowohl in CISPR 15 als auch in CISPR 14) eine Netznachbildung mit ihrem Nachbildwiderstand von 50 Ω z. B. wegen Rückwirkungen auf die Funktion des Betriebsmittels nicht eingesetzt werden kann, ist der Eingangswiderstand des Meßgeräts entsprechend zu vergrößern. In der Regel wird der 1 500-Ω-Tastkopf genügen, der hier vorgeschrieben wird. Dabei ist – worauf ausdrücklich hingewiesen wird – die Spannungsteilung zwischen Tastkopf (1 500 Ω) und Meßempfänger (50 Ω) durch eine Korrektur – nämlich die Addition von 30 dB zum Meßwert – zu berücksichtigen.

Zu Abschnitt 8.1.3 Lichtsteuergeräte
Die in den Tabellen 2a und 2b gegebenen Grenzwerte der Störspannung gelten für den gesamten dort jeweils genannten Frequenzbereich; deshalb sind auch im Prinzip die Störgrößen für den gesamten Frequenzbereich zu ermitteln. Um aber bei der Messung von Prüflingen mit eingebauten oder externen Lichtsteuergeräten den zeitlichen Aufwand nicht zu groß werden zu lassen, darf die Messung bei diesen – nach einer Kontrolle des kompletten Frequenzbereichs – auf die in den Abschnitten 8.1.3.1 und 8.1.3.2 genannten Frequenzen reduziert werden, wobei bei jeder die jeweils höchste Anzeige zu bestimmen ist.

Zu Abschnitt 8.1.4 Messung mit dem Mittelwert-Gleichrichter
Die Aussage, daß die Messung mit dem Mittelwert-Gleichrichter entfallen kann, wenn bei der Messung mit dem Quasispitzenwert-Gleichrichter die Grenzwerte für den Mittelwert eingehalten werden, gehört eigentlich nicht hierher, zum Meßverfahren, sondern zu den Grenzwerten in Abschnitt 4.2.

Zu Abschnitt 8.2 Innen- und Außenleuchten
Unter dieser Überschrift verbergen sich die Meßanordnung und die Durchführung der Messung bei allen Leuchten, für die in Abschnitt 5.3.4 die Anwendung der Grenzwerte für die Störspannung festgelegt ist, mit den Ergänzungen, die in Abschnitt 8.6 für Entladungslampen mit eingebauten Betriebsgeräten und Semi-Leuchten und in Abschnitt 8.7 für Ultraviolett- und Infrarot-Geräte gegeben sind (siehe zu Abschnitt 8.6 und zu Abschnitt 8.7).
In Bild 6 sind die verschiedenen Meßanordnungen dargestellt, wobei für die üblichen Leuchten Bild 6a gilt. Die weiteren Festlegungen – insbesondere der letzte Absatz über die Anordnung der Leuchte in 0,4 m Abstand über einer geerdeten Metallplatte von 2 m x 2 m – sprechen für sich – unter besonderem Hinweis darauf, daß Leuchten, die zwar nach Herstellerangaben nicht geerdet werden sollen, trotzdem mit der Bezugsmasse der V-Netznachbildung zu verbinden sind, wenn diese Möglichkeit besteht.
Aus dem letzten Absatz über Außenleuchten, bei denen sich das Vorschaltgerät *nicht* – wie sonst üblich – in der Leuchte selbst, sondern, möglicherweise in einigem Abstand, z. B. im Mast befindet, muß geschlossen werden, daß eine Messung solcher Leuchten nur dann im Labor zulässig ist, wenn sich die Anordnung nachbilden läßt; andernfalls wären keine reproduzierbaren Verhältnisse, wie sie für eine Typprüfung notwendig sind, zu erreichen.
Die folgenden Abschnitte 8.3 bis 8.5 hätten unter einer gemeinsamen Überschrift „Unabhängiges Zubehör" zusammengefaßt werden können.

Zu Abschnitt 8.3 Unabhängige Lichtsteuergeräte
Als Last ist grundsätzlich eine Glühlampe zu benutzen; im übrigen wird sowohl bei direkten Lichtsteuergeräten nach 8.3.1 als auch bei Lichtsteuergeräten mit der Funktion eines abgesetzten Stellglieds nach 8.3.2 weitgehend das in Abschnitt 8.1.3 beschriebene Verfahren angewandt. Die Anwendung einer „Meßanordnung ..., wie vom Hersteller vorgegeben ..." setzt natürlich voraus, daß der Hersteller, falls er eine besondere Meßanordnung angewendet hat, dieses in den mit dem Gerät gelieferten Unterlagen bekannt gibt.

Zu Abschnitt 8.4 Unabhängige Transformatoren und Konverter für Glühlampen
Neben dem Hinweis auf Abschnitt 8.3.1 wäre auch ein solcher auf Abschnitt 5.4.3 bzw. 5.4.3.2 sinnvoll.

**Zu Abschnitt 8.5 Unabhängige Vorschaltgeräte für
Leuchtstoff- und andere Entladungslampen**
Ähnlich wie in Abschnitt 7.1.2 erfolgt die Messung auch hier nicht mit einer Leuchte, sondern das Vorschaltgerät, der Starter und die Lampe werden in einer lokkeren Anordnung, die auf einer geerdeten Metallplatte liegt, gemessen. Die Bezeichnung „zugehörige Lampe" dürfte auch hier so verstanden werden, daß die Lampe mit der größten zulässigen Leistung zu benutzen ist.

**Zu Abschnitt 8.6 Entladungslampen mit
eingebauten Betriebsgeräten und Semi-Leuchten**
Da diese Lampen Edisongewinde oder Bajonett-Sockel haben, können sie in jeder für die üblichen Glühlampen vorgesehenen Leuchte betrieben werden. Erfahrungen haben gezeigt, daß auch hier die Kapazität der Leuchte gegen die Lampe den Störpegel – und damit das Meßergebnis – stark beeinflussen kann.
Daher wurde 1982 von deutscher Seite für solche Lampen eine Leuchtennachbildung mit den im Sinne dieser Aussage ungünstigsten Eigenschaften vorgeschlagen und im Jahre 1984 in CISPR 15 und im Februar 1985 in DIN VDE 0875 Teil 2 aufgenommen.

Zu Abschnitt 8.7 Ultraviolett- und Infrarot-Geräte
Da sich diese Geräte grundsätzlich nicht anders verhalten als vergleichbare Leuchten für und mit Leuchtstofflampen, werden sie wie diese behandelt und gemessen, allerdings wird – da es keine Lampennachbildungen gibt – nur die Störspannung (und nach Abschnitt 9.6 ggf. die Störfeldstärke) gemessen.
Da mit Netzfrequenz betriebene Infrarot-Strahlungsquellen erfahrungsgemäß nur sehr niedrige oder sogar keine Störspannungen erzeugen, wird generell auf die Messung verzichtet.

Zu Abschnitt 8.8 Selbstversorgte Notlicht-Leuchten
Es ist zu erwarten, daß dieser Abschnitt entsprechend dem im Kapitel 2 zu Abschnitt 5.10 ausgeführten in absehbarer Zeit neu eingefügt wird; siehe die Erläuterungen zu Abschnitt 5.10 des Teils 14-1 im Kapitel 2.5.

Zu Abschnitt 9 Meßverfahren für die Störfeldstärke

Zu Abschnitt 9.1 Meßaufbau und -verfahren
Wie schon zu Abschnitt 4.4 ausgesagt, wurde es notwendig, für Leuchtstofflampen mit Arbeitsfrequenzen oberhalb 100 Hz, also z. B. solchen mit im Bereich zwischen 20 kHz und etwa 100 kHz arbeitenden elektronischen Vorschaltgeräten (EVG), die Störfeldstärke zu messen.
Die jetzt hier für die Messung der Störstrahlung kleinerer Geräte zu benutzende „dreifache große Rahmenantenne" entstand aus einer ursprünglich Ende der 80er Jahre von *J. R. Bergervoet* (*NL*) bei der Entwicklung der sogenannten QL-Lampen,

die mit magnetischen Feldern bei 2,65 MHz arbeiten, angewandten Idee, bei der sich die Lampe zur Beobachtung des Magnetfelds im Zentrum der Antenne befindet. Etwa zur gleichen Zeit suchte H. *van Veen (NL)* nach einer zuverlässigen Methode, die Störfeldstärken von Leuchten bis zu 1,5 m Länge zu messen. In den Jahren 1988/ 1989 erweiterten beide Experten gemeinsam dieses Verfahren zu einer allgemein anwendbaren Anordnung, die in der englischsprachigen Literatur und Normung als *„Large-loop antenna system"* beschrieben wird.

Diese Anordnung von drei senkrecht zueinander stehenden kreisförmigen Rahmenantennen hat gegenüber dem sonst üblichen Verfahren mit einer einfachen, in z. B. 3 m Entfernung zum Prüfling stehenden Rahmenantenne mehrere Vorteile:
– Sie mißt das gesamte Feld unabhängig von der genauen Anordnung des Prüflings;
– ihre Empfindlichkeit ist deutlich höher;
– die Anzeige unerwünschter Signale (z. B. von Rundfunksendern) tritt innerhalb der Antenne gegenüber dem zu messenden Signal um Größenordnungen zurück;
– der Einfluß der Umgebung (außerhalb der Antenne) kann vernachlässigt werden.
Man könnte also auch von einer Messung der magnetischen Störfeldstärke in einer Entfernung von „0 m" sprechen.

Die ersten bei diesen Messungen benutzten Antennen bestanden aus Rahmen mit einem Durchmesser von je 1,0 m bis 1,5 m; weitere Untersuchungen zeigten dann, daß bei einer Vergrößerung auf Durchmesser von bis zu 4 m noch brauchbare Ergebnisse geliefert werden. Über diesen Durchmesser hinaus ist es kaum noch möglich, für die Antenne geeignete Räume zu finden; auch die Auswertung, also eine Umrechnung auf den Standarddurchmesser von 2 m, wird immer ungenauer (siehe auch Anhang C). Die Einzelheiten des Antennenaufbaus werden in Anhang B beschrieben (siehe aber auch zu Abschnitt 9.7); Antennen dieser Art werden von Meßgeräteherstellern angeboten.

Auf der Sitzung des Unterkomitees F im September 1990 (in *York/GB*) wurde die Herausgabe eines entsprechenden Schriftstücks – CISPR/F(Central Office)66 – zur Abstimmung in den Nationalen Komitees beschlossen (in Deutschland im Juni 1991 als Entwurf E DIN VDE 0875 Teil 209 veröffentlicht), dessen Inhalt in die Neufassung der CISPR 15:1993 übernommen wurde.[*)]

Zu Abschnitt 9.1.1 Meßgeräte
Der Prüfling soll sich möglichst in der Mitte der Anordnung befinden; wegen der ausgleichenden Wirkung der drei Antennen und der Auswertung des maximalen Werts der drei Stellungen des Umschalters ist das jedoch – auch bei den üblicherweise relativ langen Leuchtstofflampen-Leuchten – nicht kritisch.

[*)] Anmerkung: Mit CISPR 11 Amendment 2:1996-03 wurde übrigens die Messung mit der dreifachen Rahmenantenne auch in der CISPR 11 (für die Messung von Induktionskochgeräten) aufgenommen; siehe Kapitel 1 zu Teil 11 Abschnitt 5.2.2).

In Anhang B.3 wird zur Aufstellung der Antenne hinzugefügt, daß die umgebenden Wände mindestens 0,5 m von der äußeren Begrenzung der Anordnung entfernt sein sollen. Da auch die inneren Abstände zwischen dem Prüfling und der (gedachten) Kugelschale nicht zu klein werden dürfen, sind in Abschnitt 4.4 die Größen der Antennendurchmesser, bezogen auf die größte Dimension des Prüflings, vorgegeben.

Zu Abschnitt 9.1.2 Messung in drei Richtungen
In den drei in Bild B.1 erkennbaren, in Bild B.2 dargestellten Stromwandlern wird der in den Rahmen gemessene Strom im Verhältnis 1 V pro 1 A umgewandelt und als Spannung dem Meßempfänger zugeführt, so daß die Anzeige in dB (µV) unmittelbar mit den Grenzwerten in dB (µA) aus Tabelle 3 (auf Seite 6) verglichen werden kann. Jeder der drei gemessenen Werte muß die in der Tabelle angegebenen Grenzwerte einhalten.
Entsprechend den Ausführungen in Abschnitt 4.4 muß der „gleichwertige Empfänger" eine Bewertung mit Quasispitzenwert-Gleichrichter vornehmen.

Zu Abschnitt 9.1.3 Leitungsverlegung
Wenn auch für die Versorgungsleitungen keine besonderen Anweisungen gegeben werden, ist wohl davon auszugehen, daß der Anschluß der Leuchte für einen Schutz-(Erd-)Leiter, wenn ein solcher vorhanden ist, mit der Bezugsmasse der Meßanordnung zu verbinden ist. Eine V-Netznachbildung wird jedenfalls nicht benötigt; im zugehörigen Bild B.1 wird die Anschlußleitung senkrecht nach unten und dann nach hinten geführt.

Zu Abschnitt 9.1.4 Eingebaute oder externe Steuergeräte
Während in anderen Normen bei Messungen der Störgrößen von Betriebsmitteln mit Stellgliedern häufig die Stellglieder auf die höchste Anzeige einzustellen sind, muß hier die Messung zweimal gemacht werden: einmal bei Einstellung auf halbe Leistung, einmal bei voller Leistung.

Zu Abschnitt 9.2 Innen- und Außenleuchten
Auch wenn hier kein Verweis auf Abschnitt 8.2 gegeben wird, empfiehlt es sich, die dort gemachten Angaben – mit der in Abschnitt 9.2 formulierten Erleichterung – zu beachten.

Zu Abschnitt 9.3 Unabhängige Konverter für Glühlampen
Wie in Abschnitt 8.4.2 beschrieben, sind diese Betriebsmittel – auf einem Stück Isoliermaterial montiert – wie eine Leuchte zu messen.

Zu Abschnitt 9.4 Unabhängige Vorschaltgeräte für Leuchtstoff- und andere Entladungslampen
Auch zum Abschnitt 9.4 mit den Hinweisen auf Abschnitt 8.5 erscheint keine weitere Erläuterung notwendig.

**Zu Abschnitt 9.5 Entladungslampen mit
eingebauten Betriebsgeräten und Semi-Leuchten**
Im Gegensatz zu den Angaben in Abschnitt 8.6 wird bei der Messung der Störfeldstärke nicht die Leuchtennachbildung nach Bild 7 benutzt, sondern nur eine einfache Lampenfassung, die, ähnlich wie in Abschnitt 9.3 bzw. Abschnitt 8.4.2 formuliert, auf einem Stück Isoliermaterial zu montieren ist.

Zu Abschnitt 9.6 Ultraviolett- und Infrarot-Geräte
Hier wird wieder nur auf die entsprechenden Angaben in Abschnitt 8.7 verwiesen.

Zu Abschnitt 9.7 [neu] Selbstversorgte Notlicht-Leuchten
Es ist zu erwarten, daß dieser Abschnitt, wie auch Abschnitt 8.8, entsprechend dem im Kapitel 2 zu Abschnitt 5.10 ausgeführten in absehbarer Zeit neu eingefügt wird; siehe die Erläuterungen zu Abschnitt 5.10. Der bisherige Abschnitt 9.7 würde dann Abschnitt 9.8 werden.

Zu Abschnitt 9.8 [noch: Abschnitt 9.7] Anwendung von CISPR 16-1
Zur Zeit der Herausgabe dieser Norm war es vorgesehen, die jetzt in den Anhängen B und C enthaltenen Festlegungen in CISPR 16-1 aufzunehmen; dann sollte CISPR 16-1 verbindlich werden, und diese Anhänge sollten entfallen. Inzwischen ist CISPR 16-1 veröffentlicht, die Rahmenantenne wird in Abschnitt 15 beschrieben. Im VDE-Vorschriftenwerk ist die Herausgabe einer VDE 0876 Teil 16-1 in Kürze zu erwarten.

**Zu Abschnitt 10
Interpretation der CISPR-Grenzwerte für Funkstörungen**

Dieser Abschnitt stimmt weitgehend mit Abschnitt 8 von VDE 0875 Teil 14-1 überein (siehe also auch Kapitel 2.5 zu Abschnitt 8). Es ist aber zu beachten, daß hier – in den Abschnitten 10.3.1 und 10.3.2 der Norm für die Beleuchtungseinrichtungen – zwei verschiedene Wege der Auswertung zu gehen sind, je nachdem, ob es sich um die Messung der Einfügungsdämpfung oder um die der Störspannung oder der Störfeldstärke handelt: Im ersten Fall ist ein Mindestwert, im zweiten ein Höchstwert einzuhalten. In der Gleichung für die einzuhaltenden Grenzwerte steht im ersten Fall ein $\geq$-Zeichen, im zweiten ein $\leq$-Zeichen.

Eine Anwendung des aus VDE 0875 Teil 14-1, Abschnitt 8.3.2 bekannten Verfahrens der Binomial-Verteilung gibt es bei Leuchten und Lampen nicht, sondern nur das Verfahren der nichtzentralen t-Verteilung, da es sich bei allen Meßergebnissen (Einfügungsdämpfung, Störspannung und Störfeldstärke) um Veränderliche handelt (siehe hierzu auch zu Teil 14-2 Abschnitt 10 im Kapitel 4.5).

Ergänzt wird aber am Ende von Abschnitt 10.3.2 festgelegt, wie bei der Messung der Störspannung oder der Störfeldstärke der Einfluß der Streuung der Lampeneigenschaften auf das Verhalten der Beleuchtungseinrichtung zu berücksichtigen ist.

Auch bei Beleuchtungseinrichtungen, in denen die Lampen nicht ausgetauscht werden können, wird die Messung an mindestens fünf Einheiten vorgeschrieben, also die Erleichterung von Abschnitt 10.2 teilweise aufgehoben. In der vorherigen Fassung galt diese Aussage speziell für Leuchtstofflampen mit eingebauten Betriebsgeräten.

Zu Abschnitt 10.4 Verkaufsverbot
Im Falle von Meinungsverschiedenheiten, d. h. also wohl, wenn eine prüfende Stelle Ergebnisse vorlegt, die – ihrer Meinung nach – zu einem Verkaufsverbot führen müßten, muß die Prüfung an einer Stichprobe vorgenommen werden, also nicht mehr nur an einem Gerät, und diese Stichprobe soll nach Möglichkeit aus mindestens fünf Geräten bestehen. Damit aber keine Willkür herrscht, wird die Größe der Stichprobe nach oben auf zwölf Geräte begrenzt.

Normative Anhänge zu DIN EN 55015 (VDE 0875 Teil 15-1)

Zu Anhang A Elektrische und konstruktive Anforderungen an den Symmetrierübertrager kleiner Koppelkapazität (normativ)

Die für die Meßergebnisse wichtigen Eigenschaften des Symmetrierübertragers werden sehr stark von seinem Aufbau bestimmt. Daher wird eine genaue – mit zahlreichen Bildern erläuterte – Beschreibung gegeben, nach der natürlich auch die käuflichen Symmetrierübertrager ausgeführt sind (siehe auch zu Abschnitt 7.2.2).

Zu Anhang B Meßverfahren für die Messung der Störfeldstärke (normativ)

Zu dem hier geschilderten Verfahren für die Messung der Störfeldstärke finden sich weitere Informationen in Abschnitt 9 „Meßverfahren für die Störfeldstärke" und Abschnitt 9.1 „Meßaufbau und Meßverfahren". Wie in Abschnitt 9.7 ausgesagt, ist der Anhang B aus der vorliegenden Norm bereits ungültig, da sein Inhalt in der Neuausgabe von CISPR 16-1 veröffentlicht wurde; bei eventuellen Unterschieden haben die Aussagen in CISPR 16 Vorrang.

3.6 Informative Anhänge zu DIN EN 55015 (VDE 0875 Teil 15-1)

Zu Anhang C Relative Empfindlichkeit und Beispiele für die Berechnung bei großen Rahmenantennen (informativ)

Dieser Anhang ist nur dann von Interesse, wenn der Nenndurchmesser der benutzten Rahmenantenne von den in Tabelle 3 genannten Maßen abweicht. Das kommt wohl nur bei selbstgebauten Antennen in Frage. Die in der Anlage angegebenen Beispiele dürften im Sinne einer Erläuterung für sich sprechen.
Schon seit langem wurde bei allen Leuchtstofflampen, für die keine Lampennachbildungen existierten oder bei denen aus anderen Gründen die Messung der Dämpfung

nicht anwendbar war (z. B. bei einer Arbeitsfrequenz >100 Hz oder einem eingebauten Betriebsgerät), die Funkstörspannung gemessen. Die einzelnen Festlegungen benötigen keine Erläuterungen, sie stimmen mit jenen in Abschnitt 7.3 überein.
Hier muß allerdings hinzugefügt werden, daß mit der Änderung 1 zu DIN VDE 0875 Teil 2 vom Oktober 1990 die zunächst in Abschnitt 6.1.2 von DIN VDE 0875 Teil 2:11.88 noch gegebene Beschränkung der Messung der Störspannung auf nur elf Frequenzen (in CISPR 15 nur fünf Frequenzen zwischen 160 kHz und 1400 kHz) aufgehoben wird und nun – wie in DIN VDE 0875 Teil 1 (siehe zu Abschnitt 5.1.2.1d) – der gesamte Frequenzbereich von 150 kHz bis 30 MHz abgesucht werden muß; in diesem Fall wird ausdrücklich auch auf die Harmonischen eventueller Schmalbandstörquellen hingewiesen.
Nur indirekt wird – durch den Hinweis auf die Meßanordnung nach Bild 5 in Teil 15-1 von VDE 0875 – ausgesagt, daß die Störspannung, ebenso wie jetzt in VDE 0875 Teil 14-1, an einer 50-Ω/50-µH-V-Netznachbildung zu messen ist. Es fehlen allerdings (noch) Hinweise auf die speziellen Meßgeräte zur Unterscheidung und Messung von Breitband- und Schmalbandstörgrößen. Hier empfiehlt es sich, Teil 14-1 bzw. EN 55014 zu Rate zu ziehen (siehe Erläuterungen zu Abschnitt 4.1 im Buchabschnitt 2.5). Da bei der Messung der Störspannung die durch die Anordnung der Leuchte im Raum und besonders in einem geschirmten Raum – entstehenden kapazitiven Rückwirkungen auf die Meßergebnisse eine Rolle spielen können, sind die Festlegungen in den Abschnitten 6.3.3 bis 6.3.5 von Teil 2 besonders wichtig.
Im übrigen entsprechen die Festlegungen in Abschnitt 7 weitgehend denen in Abschnitt 6, wobei auch hier – wie schon in den Erläuterungen zu 6.1.2 erwähnt – hinzugefügt werden muß, daß mit der Änderung 1:10.90 die in 7.2.6 von DIN VDE 0875 Teil 2:11.88 noch gegebene Beschränkung der Messung auf nur elf Frequenzen entfallen ist und – in Abschnitt 7.2.4 wie in 6.3.6 – eine Einbrenndauer von mindestens 100 Stunden verlangt wird.

3.7 Im Kapitel 3 berücksichtigte Normen und Normentwürfe

Die in diesem Kapitel behandelten Normen sind im Abschnitt 2.7 aufgeführt.

4 Erläuterungen zu DIN EN 55014-2 (VDE 0875 Teil 14-2)

4.1 Vorgeschichte der Norm

Im Mai 1992 wurden durch das CENELEC TC 61 „Sicherheit elektrischer Geräte für den Hausgebrauch und ähnliche Zwecke" die nationalen Komitees des CENELEC TC 110/SC 110A „EMV Produkte" (heute: TC 210 und SC 210A) aufgerufen, Experten für eine gemeinsame Arbeitsgruppe zu benennen, die zusammen mit Experten des TC 61 Anforderungen für die Störfestigkeit elektrischer Haushaltgeräte und ähnlicher Geräte ausarbeiten sollten. Die Aufgabenstellung ergab sich aus den Schutzzielen der EMV-Richtlinie als Mandat der Kommission der EG mit der Absicht, eine spezielle Produktfamiliennorm für die genannten Geräte zu schaffen, die die sehr allgemeinen Anforderung der Fachgrundnorm EN 50082-1, gültig für die Störfestigkeit im Wohnbereich, Geschäfts- und Gewerbebereich sowie in Kleinbetrieben ablösen könnte. Die Anforderungen dieser Fachgrundnorm führt für eine Anzahl von Produkten zu unnötigen Prüfungen, also zu einem zu hohen Aufwand, auch wenn es ein besonderer Passus (siehe zu Abschnitt 7.1.2) erlaubt, mit einer entsprechenden Begründung Prüfungen auszulassen. Dieses birgt jedoch bei (Nach-)Prüfungen durch Dritte (z. B. Verbraucherorganisationen oder neutrale Institute) die Gefahr langer Diskussionen und unterschiedlicher Entscheidungen für ein bestimmtes Produkt. Für andere Produkte sind wiederum die Prüfungen nicht streng genug, was Reklamationen seitens der Kunden befürchten läßt (siehe auch zu Abschnitt 6). Um besser zutreffende Anforderungen für die verschiedenen Arten von Haushaltgeräten und einheitliche Bewertungskriterien zu erhalten, sollten die Experten eine spezifische Produktfamiliennorm erarbeiten. Das erste Treffen dieser Expertengruppe, zu der auch der Mitautor R. M. Labastille gehörte, fand im Juli 1992 in den Niederlanden statt. Auf diesem wurde zunächst klargestellt, daß der Anwendungsbereich der vorgesehenen Norm alle im Anwendungsbereich der CISPR 14 (auch in EN 55014) enthaltene Geräte umfassen und genauere – aber für die betroffenen Geräte allgemein anwendbare – Informationen über die Anforderungen und die Prüfverfahren, Betriebsbedingungen und die Auswertung der Prüfergebnisse enthalten sollte. Schon auf dieser Sitzung konnten einige grundsätzliche Entscheidungen getroffen werden. So wurde ein von deutscher Seite gemachter Vorschlag aufgegriffen, die von der Norm erfaßte Produktfamilie nach der Störempfindlichkeit in vier Kategorien einzuteilen (siehe zu Abschnitt 4). Diesen vier Kategorien wurden – zunächst grob – die notwendig erscheinenden Prüfungen zugeteilt (siehe zu Abschnitt 7.2). Dabei war die wichtigste Entscheidung die, einer erheblichen Anzahl von Gerätetypen Prüfungen grundsätzlich zu ersparen, da diese gegenüber den Störphänomenen unempfindlich sind. Zur zweiten Sitzung der Arbeitsgruppe konnte schon im Herbst 1992 ein erster, sich eng an den Aufbau der Fachgrundnorm anlehnender Entwurf vorgelegt werden: diese Produktfamiliennorm ist also so etwas wie eine besondere Fassung der Fachgrundnorm EN 50082-1 für die von ihr erfaßten Produkte, d. h. alle Abweichungen gegenüber der Fachgrundnorm mußten im Detail von der gemeinsamen Arbeitsgruppe erarbeitet und begründet werden.

Im Laufe der weiteren Arbeit an dieser Norm wurde zunächst versucht, in einer Anzahl von informativen Anhängen detaillierte Beschreibungen des Betriebsverhaltens einiger Gerätegruppen bei den Prüfungen zu formulieren. Da jedoch nie alle Geräte und ihre Ausführungsformen in den Anhängen enthalten sein könnten und für andere, neue technische Entwicklungen das Betriebsverhalten nicht vorhersehbar wäre, wurde dieser Weg wieder verlassen, und es entstand die Tabelle 8 in Abschnitt 7.

Obwohl im Aufgabenbereich des International Special Committee on Radio Interference (CISPR) der Begriff *„interference"* im übergeordneten Sinne des Wortes „Funkstörungen" bedeutet und damit sowohl *„electromagnetic disturbance"*, also die „elektromagnetische Störgröße" als auch *„degradation of performance"*, die „Funktionsminderung" (eines Betriebsmittels) umfaßt, wurde die *„immunity* (*to a disturbance)"*, die „Störfestigkeit (gegenüber einer Störgröße)", zuerst (in den 60er Jahren) nur bei den Rundfunkgeräten – wo die mangelnde Störfestigkeit zunächst am stärksten in Erscheinung trat – d. h. in CISPR-Unterkomitee E, später (1988) auch im 1985 gegründeten Unterkomitee G für die informationstechnischen Einrichtungen behandelt. Die „Störfestigkeit und ihre Prüfung" als allgemeine Aufgabe wurde erst um 1980 in den Katalog der CISPR-Studienfragen aufgenommen (SQ 81/1).[*)]

Anfang 1992 wurden zwecks Vermeidung von konkurrierender Doppelarbeit die Zuständigkeiten, d. h. die Arbeitsbereiche der beteiligten Gremien klarer festgelegt: die Technischen Komitees der IEC, die sogenannten Produktkomitees, wurden für die Erstellung von speziellen Normen zur Störfestigkeit ihrer Produkte verantwortlich gemacht; IEC TC 34 hat zum Beispiel die Norm für die Störfestigkeit der Beleuchtungseinrichtungen erarbeitet (siehe zu VDE 0875 Teil 15-2 im Kapitel 5). Dabei haben die Produktkomitees die Grundaussagen der Fachgrundnormen zu berücksichtigen, die Anforderungen an die Störfestigkeit dürfen nicht beliebig „aufgeweicht" werden. Hier hat ACEC, das Advisory Committee on Electromagnetic Compatibility des IEC, das aus den Vorsitzenden und Sekretären des CISPR, einiger CISPR-Unterkomitees und wichtiger mit der EMV befaßter Technischer Komitees des IEC (z. B. des TC 77) besteht, eine koordinierende, genauer gesagt: eine überwachende Funktion.

CISPR bleibt verantwortlich für die Grenzwerte der Störaussendung oberhalb 9 kHz für alle Betriebsmittel (ausgenommen Funksendeanlagen, für die die ITU zuständig ist) und IEC Unterkomitee 77A für die Grenzwerte der Störaussendung unterhalb

---

[*)] Anmerkung: Im Unterkomitee F (wie auch im Unterkomitee B, zuständig für den Teil 11) liegt das Schwergewicht der Arbeiten immer noch bei der Störaussendung, der Funk-Entstörung.

9 kHz sowie die zugehörigen Meßverfahren. Daneben erarbeitet das Unterkomitee 77B die EMV-Grundnormen mit Meßverfahren für die Störfestigkeit ohne Begrenzung des Frequenzbereichs und mit der Beschreibung und Einteilung der verschiedenen Bereiche der elektromagnetischen Umwelt (siehe zu IEC TC 77 auch im Buchabschnitt 10.3.1).

Als in CENELEC die Fachgrundnorm EN 50082-1 zur Störfestigkeit solcher Geräte entstand, für die keine spezifischen Produktnormen bestehen, wurde im Oktober 1991 auf der Sitzung der Arbeitsgruppe 1 des CISPR-Unterkomitee F in Berlin über diese berichtet und die Arbeitsgruppe wurde aufgefordert, sich zur nächsten Sitzung darüber Gedanken zu machen, ob diese oder eine ähnliche für die Hausgeräte und ähnliche Geräte eine geeignete Grundlage zu Festlegungen zu deren Störfestigkeit sei und wie – etwa wie in CISPR 14-1 – Betriebsbedingungen und Ausfallkriterien für eine eventuelle Prüfung aussehen könnten.

Im Juni 1993 wurde dem Unterkomitee F ein erster Entwurf vorgelegt. In ihm hieß es – unter Verweis auf die Absicht, auf dieser Basis eine Europäische Norm zu erstellen –: „Dieser Entwurf einer internationalen Norm wurde von einer gemeinsamen Arbeitsgruppe von Experten des CENELEC TC 61 und des CENELEC SC 110A erarbeitet. Der Entwurf wird an die Nationalen Komitees (des CISPR) mit der Bitte um Stellungnahmen, die auf der nächsten Sitzung behandelt werden sollen, verteilt werden. Es ist die Absicht, daß dieses Papier schließlich als CISPR 14-2 angenommen wird."

Die nächste Sitzung des Unterkomitees F fand im September 1993 in Rotterdam statt. Hier wurde beschlossen, die mit den Kommentaren eingegangenen redaktionellen Verbesserungen einzuarbeiten und eine ad-hoc-Arbeitsgruppe, an der aus Deutschland dieselben Herren teilnahmen, die auch schon in der CENELEC-Arbeitsgruppe tätig waren, sollte in enger Zusammenarbeit mit den Experten des IEC TC 61, das im Oktober 1993 in Alicante den Entwurf diskutierte, einen Entwurf (CD) für die nächste Sitzung des CISPR-Unterkomitees F erstellen.

So liefen die Arbeiten unter gegenseitiger Befruchtung in den beiden Gremien (IEC/CISPR und CENELEC) recht synchron, wobei allerdings die (zeitliche) Verzögerung infolge des etwas „langsameren" Ablaufs in CISPR eine Behandlung in der IEC-CENELEC-Parallelabstimmung zunächst verhinderte.

Daher wurde die EN 55104 dem UAP unterworfen und im Mai 1995 mit einer Fußnote im Vorwort veröffentlicht, in der es heißt: „Diese Norm könnte dem Ergebnis der IEC-CENELEC-Parallelabstimmung auf CISPR 14-2 angepaßt und auf EN 55014-2 umnumeriert werden."

Für die betroffenen Hersteller war es wichtig, daß ihnen mit dem Termin der Einführung der CE-Kennzeichnung – neben der schon lange existierenden Norm für die Störaussendung EN 55014-1 – auch eine gültige und anwendbare Norm für die Störfestigkeit zur Verfügung steht. Die hier behandelte Norm mag noch manche Änderungen über sich ergehen lassen müssen; aber die sicherste Bewährungsprobe kann nur in der Praxis vollzogen werden. Die Norm für die hochfrequente Störaussendung, die EN 55014-1, wurde ja auch erst in über 20 Jahren zu dem, was sie heute ist.

Im Juli 1996 wurde den Nationalen Komitees des CISPR ein Final Draft CISPR 14-2 zur Behandlung im Rahmen der IEC-CENELEC-Parallelabstimmung zugestellt. Bei gleichem technischen Inhalt unterscheidet sich dieser Schlußentwurf von der EN 55104 insofern, als es nach den IEC-Regeln für die Gestaltung von Internationalen Normen keinen Abschnitt „Zweck" (objective) gibt; dessen Inhalt ist üblicherweise in Abschnitt 1 „Anwendungsbereich und Zweck" enthalten. Das hat allerdings zur Folge, daß die anschließenden Abschnitte 4 bis 11 um eine Einheit „vornumeriert" werden mußten. Im Februar 1997 erschien dann die CISPR 14-2 und gleichzeitig auch schon die EN 55014-2. Das Manuskript für eine Deutsche Norm DIN EN 55014-2 (VDE 0875 Teil 14-2) lag ebenfalls vor und wurde zum Druck freigegeben, so daß eine Veröffentlichung im Oktober 1997 erfolgen wird.

4.2 DIN EN 55014-2 (VDE 0875 Teil 14-2):Oktober 1997

„Elektromagnetische Verträglichkeit – Anforderungen an Haushaltgeräte, Werkzeuge und ähnliche Elektrogeräte – Teil 2: Störfestigkeit – Produktfamiliennorm"

	DEUTSCHE NORM	Oktober 1997
	Elektromagnetische Verträglichkeit Anforderungen an Haushaltgeräte, Werkzeuge und ähnliche Elektrogeräte – Teil 2: Störfestigkeit Produktfamiliennorm Deutsche Fassung EN 55014-2:1997	DIN EN 55014-2
VDE	Diese Norm ist zugleich eine VDE-Bestimmung im Sinne von VDE 0022. Sie ist nach Durchführung des vom VDE-Vorstand beschlossenen Genehmigungsverfahrens unter nebenstehenden Nummern in das VDE-Vorschriftenwerk aufgenommen und in der etz Elektrotechnischen Zeitschrift bekanntgegeben worden.	Klassifikation VDE 0875 Teil 14-2

Auf dem Titelblatt sind der englische und der französische Titel – wie in der Europäischen Norm – angegeben.
Der Hinweis auf die Vorgängernorm nennt die DIN EN 55104 (VDE 0875 Teil 14-2):1995-12, die durch die vorliegende Norm (ohne Übergangszeit) ersetzt wird. Schwierigkeiten dürften durch diese Tatsache nicht entstehen, da sich der technische Inhalt der vorliegenden Norm nicht von ihrer Vorgängerversion unterscheidet.
Es folgt die Aussage „Die Europäische Norm EN 55014-2:1997 hat den Status einer Deutschen Norm"; damit wird die Europäische Norm auch formell einer Deutschen Norm gleichgesetzt, obgleich sie z. B. in ihrem Aufbau nicht allen in DIN 820 enthaltenen Festlegungen entspricht.
„Deutsche Fassung der Europäischen Norm EN 55014-2:1997" bringt zum Ausdruck, daß es sich bei dieser Deutschen Norm um die unveränderte Übernahme der nach der Seite 4 abgedruckten Europäischen Norm handelt. Nur ein deutsches Titelblatt und ein nationales Vorwort sowie eine Übersicht über die zitierten Normen in

ihrer deutschen Entsprechung sind hinzugefügt; diese enthalten aber keine zusätzlichen Festlegungen, sondern nur Informationen für die Anwendung im nationalen Geltungsbereich der Norm.

Unter dem „Beginn der Gültigkeit" wird darüber informiert, daß die zugrunde liegende EN 55014-2 am 1. Oktober 1996 von CENELEC angenommen wurde. Nach den für Europäische Normen gegebenen Regeln wurde sie am gleichen Tage gültig.

Zum nationalen Vorwort

Die Aussage, daß die Internationale Norm CISPR 14-2:1997-02 vom Unterkomitee F des Internationalen Sonderausschusses für die Funkentstörung CISPR erarbeitet wurde, stimmt nur in soweit, als hier die internationale Version beraten und beschlossen wurde.

Diese Norm wurde tatsächlich – wie auch oben ausgeführt – von einer gemeinsamen CENELEC-Arbeitsgruppe des Technischen Komitees (TC) 61 und des Unterkomitees (SC) 210A ausgearbeitet; die weitere Betreuung wurde aber ausdrücklich dem SC 210A übertragen.

Es folgt die Begründung für die Neuausgabe dieser Norm anstelle der DIN EN 55104 (VDE 0875 Teil 14-2):1995-12, die darauf beruht, daß die Beratungen auf internationaler Ebene (bei CISPR) länger dauerten, als dies auf europäischer Ebene (bei CENELEC) der Fall war.

Der Hinweis auf den Vorrang dieser Norm gegenüber der Fachgrundnorm DIN EN 50082-1 (VDE 0839 Teil 82-1):1993-03 für die im Geltungsbereich der Norm angegebenen Geräte unter dem ausdrücklichen Hinweis auf elektrisches Spielzeug folgt den üblichen Regeln, daß bei Vorhandensein von Produkt- oder Produktfamiliennormen diese den Fachgrundnormen vorzuziehen sind.

Es folgt ein Hinweis auf das deutsche Unterkomitee (UK) 767.11, zuständig für die EMV von Betriebsmitteln und Anlagen für ... und das deutsche Komitee (K) 511, zuständig für die Sicherheit von elektrischen Haushaltgeräten, die diese Norm unter Federführung des UK 767.11 in Deutschland betreuen.

Die Übersicht über die zum Zeitpunkt der Veröffentlichung (dieser Norm) gültigen zitierten Normen in ihrer deutschen Entsprechung wird im nationalen Anhang NA unter dem Begriff „Literaturhinweise" ergänzt um die vollständigen Titel dieser und weiterer Normen, die im Zusammenhang mit dem Inhalt dieser Norm von Interesse sind.

Zu früheren Ausgaben

Es wird der Hinweis auf die DIN EN 55104 (VDE 0875 Teil 14-2):1995-12 wiederholt.

Zu Änderungen

Diese Angaben sind selbsterklärend.

4.3 Die Europäische Norm EN 55014-2:Februar 1997

Elektromagnetische Verträglichkeit – Anforderungen an Haushaltgeräte, Werkzeuge und ähnliche Elektrogeräte – Teil 2: Störfestigkeit – Produktfamiliennorm (CISPR 14-2:1997)
Deutsche Fassung

Zum Vorwort

Es wird erwähnt, daß diese Europäische Norm auf der Basis des Entwurfs CISPR/F/201/FDIS entstand, der von CENELEC am 1. Oktober 1996 im Rahmen einer IEC-CENELEC-Parallelabstimmung angenommen wurde.
Die dann angeführten Daten bedeuten, daß die Norm bis zum 1. August 1997 gemäß „dop" auf nationaler Ebene umgesetzt werden muß und daß entgegenstehende nationale Normen bis zum selben Tag gemäß „dow" zurückgezogen werden müssen, was in Deutschland durch die Veröffentlichung der vorliegenden Norm „fast" erfüllt wurde.

Zur Anerkennungsnotiz

Hier findet sich der Hinweis, daß gegenüber der Internationalen Norm CISPR 14-2 keinerlei Abänderungen zur Erstellung der Europäischen Norm EN 55014-2 durchgeführt wurden, d. h., daß sowohl der englische als auch der französische Text der beiden Normen deckungsgleich sind.

Zum Inhalt

Hier sind keine besonderen Erklärungen erforderlich.

4.4 Die Internationale Norm CISPR 14-2/First edition:1997-02

Englisch: „*Electromagnetic compatibility – Requirements for household appliances, electric tools and similar apparatus – Part 2: Immunity – Product family standard*"
Französisch: „*Compatibilité électromagnétique – Exigences pour les appareils électrodomestiques, outillages électriques et appareils analogues – Partie 2: Immunité – Norme de famille de produits*"

4.5 Normativer Inhalt der DIN EN 55014-2 (VDE 0875 Teil 14-2)

Zur Einführung
Hier ist keine Erklärung erforderlich.

Zu Abschnitt 1 Anwendungsbereich und Zweck

Zu Abschnitt 1.1 [Betroffene Betriebsmittel]
Hier wird ausgesagt, daß diese Norm für die „elektromagnetische Störfestigkeit" gilt, und zwar „für Haushaltgeräte und ähnliche Geräte ... sowie elektrisches Spielzeug und Elektrowerkzeuge". Der Begriff „Störfestigkeit" wird nicht in dieser Norm, sondern in dem in Abschnitt 3 „Definitionen" genannten IEV erläutert; siehe auch zu Abschnitt 1.5.
Zur Art der Stromversorgung sagt der zweite Absatz mehr, hier – im ersten – wird die Spannung nur auf die im Wohnbereich üblichen Werte begrenzt.
Der zweite Absatz nennt als Kriterium, daß diese Betriebsmittel elektrische Motoren, Heizelemente (oder beides) sowie elektrische oder elektronische Schaltungen enthalten können. „Sie können" – heißt es ergänzend zum ersten Absatz – „sowohl netz- als auch batteriebetrieben sein, aber auch aus irgendeiner anderen Stromquelle gespeist werden."
Der dritte Absatz betont, daß nicht der Gebrauch im Haushalt maßgebend für die Einordnung der Geräte ist, sondern die dort, d. h. im örtlichen Geltungsbereich der Fachgrundnorm EN 50082-1 für den Wohnbereich, erforderlichen Störfestigkeitsanforderungen maßgeblich sind. Es muß also nicht etwa in bezug auf gewerbliche Einsätze oder solche in der Landwirtschaft eine Lücke zwischen der Fachgrundnorm und der Produktfamiliennorm befürchtet werden.
Der logisch folgende Hinweis auf den Anwendungsbereich der EN 55014 wird ergänzt um eine Gruppe von Geräten, deren typischer Einsatz ebenfalls im Wohnbereich zu unterstellen ist, nämlich die Mikrowellen- und Induktionskochgeräte, deren hochfrequente Störaussendung jedoch in Teil 11 der VDE 0875 geregelt ist, sowie die Geräte mit UV- und/oder IR-Aussendung für die Körperpflege. Bei den letzteren hat sich allerdings nach dem Inkrafttreten der EN 61547 (für Beleuchtungseinrichtungen – siehe hierzu Kapitel 5) eine gewisse Überschneidung ergeben.

Zu Abschnitt 1.2 [Nicht betroffene Betriebsmittel (Ausnahmen)]
Während bei den Betriebsmitteln, für die diese Norm nicht gilt, in EN 55014 Abschnitt 1.1 die für sie geltenden Normen – soweit solche bestehen – genannt sind, ist solches hier leider nicht der Fall. So versuchen wir hier, diese Information zu geben:
– Beleuchtungseinrichtungen (siehe EN 61547)
– Betriebsmittel für die Schwerindustrie (siehe EN 55082-2)
– Betriebsmittel für Gebäudeinstallationen
– Betriebsmittel für den Einsatz in besonderer Umgebung

203

- Ton- und Fernsehrundfunkempfänger (siehe EN 55020)
- Audio- und Videogeräte und elektronische Musikinstrumente (siehe EN 55020 sowie EN 55103-2)
- medizinische elektrische Geräte (siehe EN 60601-1-2)
- Personalcomputer und andere Einrichtungen der Informationstechnik (siehe EN 55024 – z. Z. in Beratung)
- Funksendeanlagen (siehe einschlägige ETSI-Normen)
- elektrische Betriebsmittel für den Einsatz in Kraftfahrzeugen

Zu Abschnitt 1.3 [Frequenzbereich]
„Abgedeckt sind Anforderungen an die Störfestigkeit im Frequenzbereich 0 Hz bis 400 GHz" bedeutet in Zusammenhang mit den Aussagen in Abschnitt 6, daß es als hinreichend angesehen wird, die den einzelnen Störphänomenen zugeordneten Prüfungen (nach Abschnitt 6) durchzuführen, um den gesamten o. g. Frequenzbereich abzudecken, daß also weitergehende Prüfungen nicht gefordert werden.

Zu Abschnitt 1.4 [Sicherheit, unsachgemäßer Gebrauch]
Hier wird darauf hingewiesen, daß Sicherheitsfragen, wenn sie in Zusammenhang mit elektromagnetischen Phänomenen auftreten, nicht von dieser Norm, sondern von EN 60335 und anderen entsprechenden Produktnormen behandelt werden.
Außerdem wird darauf hingewiesen, daß die (absichtliche oder unbeabsichtigte) mißbräuchliche Verwendung der Betriebsmittel bei der Festlegung der Prüfpegel nicht berücksichtigt wurde, d. h., daß bei Anwendung der geprüften Produkte z. B. an Orten, deren elektromagnetisches „Klima" nicht dem des Wohnbereichs entspricht, mit möglichen Störungen gerechnet werden muß.
Die Anmerkung weist darauf hin, daß für solche Betriebsmittel, die an Bord von Schiffen oder Flugzeugen zur Anwendung kommen sollen, gegebenenfalls zusätzliche Anforderungen zu erfüllen sind.

Zu Abschnitt 1.5 [Zweck]
Zur Zweckbestimmung dieser Norm wird hier angegeben, daß die Anforderung zur Störfestigkeit der im Anwendungsbereich (Abschnitt 1) beschriebenen Betriebsmittel sowohl hinsichtlich der Dauerstörgrößen (z. B. gestrahlte HF-Felder) als auch der nur kurzzeitig auftretenden Störgrößen (z. B. der schnellen Transienten oder der Entladungen statischer Elektrizität) gelten und daß sowohl leitungsgebundene als auch eingestrahlte Einwirkungen Berücksichtigung finden.
Der Satz „Diese Anforderungen stellen wesentliche Störfestigkeitsanforderungen ... dar" zielt darauf ab, daß angenommen werden kann, daß Betriebsmittel (aus dem Anwendungsbereich dieser Norm), die die Anforderungen dieser Norm erfüllen, als in Übereinstimmung mit den „wesentlichen Anforderungen zur EMV" betrachtet werden können, wie sie in der EMV-Richtlinie und somit auch im Deutschen EMV-Gesetz (und gegebenenfalls auch in anderen Richtlinien und Gesetzen mit EMV-Anforderungen) formuliert sind.

Der Hinweis auf mögliche störende Auswirkungen „starker" Störquellen, die in unmittelbarer Nähe der Betriebsmittel angewandt werden, soll dem Leser verdeutlichen, daß die Verträglichkeit nicht unter allen Umständen zu gewährleisten ist und daß in bestimmten Fällen auch weitere Entstörmaßnahmen (sowohl auf der Seite der Störquelle als auch bei den Störsenken oder dem Übertragungsweg der Störgröße) erforderlich sein können.

Zu Abschnitt 2 Normative Verweisungen

Durch „datierte" und „undatierte" Verweisungen werden die Festlegungen in den aufgeführten Normen – soweit sie sachlich zutreffen – Teile dieser Norm. Es ist aber notwendig zu unterscheiden, ob die jeweilige Verweisung als „gleitend" oder als „fest" anzusehen ist, d. h., ob Änderungen in der zitierten Norm zeitgleich in dieser Norm wirksam werden oder ob deren Anwendung erst mit einer Neuausgabe oder Änderung der vorliegenden Norm verbindlich wird. Das muß vom Anwender von Fall zu Fall geprüft werden.

Eine Erläuterung der Ausdrücke „undatierte Verweisung" und „datierte Verweisung" findet man in den letzten Absätzen des nationalen Vorworts (Seite 2 des deutschen Teils).

Die hier aufgeführten Normen werden im Text der vorliegenden Norm genannt; die meisten von ihnen bei den Prüfungen in Abschnitt 5.

Zu Abschnitt 3 Definitionen

Hier wird auf die in Kapitel 161 „Elektromagnetische Verträglichkeit" im Internationalen Elektrotechnischen Wörterbuch (IEC (600) 50) enthaltenen Definitionen verwiesen; die deutsche Ausgabe dieses IEV liegt lediglich als Entwurf DIN IEC 50-161:Juli 1995 vor.

Einige besondere Begriffe sind unter 3.1 bis 3.4 definiert, sie dürften für sich selbst sprechen.

Die hier nicht aufgeführte Definition der Störfestigkeit (gegenüber einer Störgröße) (*immunity* (*to a disturbance*)) findet man im Elektrotechnischen Wörterbuch unter der Kennziffer 161-01-20 definiert als „die Fähigkeit einer Einrichtung, eines Geräts oder Systems, in Gegenwart einer elektromagnetischen Störgröße ohne Fehlfunktion oder Funktionsausfall zu funktionieren".

Ergänzend zu Abschnitt 3.2 soll erwähnt werden, daß in der englischen Fassung für „Anschluß" das Wort „*port*" benutzt wird; auch in deutschen Texten findet man oft die Worte „Tor" oder sogar „Port"; in der Literatur wird auch häufig das Wort „Schnittstelle" benutzt.

Zu Abschnitt 4 Einteilung der Betriebsmittel

Die Fachgrundnorm EN 50081-1 (VDE 0839 Teil 81-1) enthält in ihrem Abschnitt 9 (2. Absatz) den Passus:

- Aufgrund der elektrischen Eigenschaften und des Verwendungszwecks eines Betriebsmittels sind möglicherweise einige der Prüfungen nicht sinnvoll und daher unnötig. In diesem Fall muß die Entscheidung, nicht zu prüfen, im Prüfbericht festgehalten und begründet werden.

Da in der Praxis bei der Anwendung dieser partiellen Befreiung einerseits bei den verschiedenen Herstellern unterschiedliche Auslegungen zu erwarten sind, andererseits im Falle einer Marktkontrolle oder Nachprüfung die Gefahr langer Diskussionen und unterschiedlicher Entscheidungen besteht, hielt es die oben erwähnte gemeinsame Arbeitsgruppe für nützlich – wenn nicht sogar für notwendig – diese sehr allgemeine Formulierung durch detailliertere Festlegungen zu ersetzen. Dabei half die Tatsache, daß die Palette der im Anwendungsbereich dieser Norm enthaltenen Betriebsmittel in ihrer Gesamtheit doch noch zu übersehen ist, daß es also möglich war, unter Berücksichtigung typischer Charakteristika eine Klassifizierung vorzunehmen und den Klassen (hier: Kategorien) dann die erforderlichen Prüfungen zuzuordnen.

Wegen der grundsätzlich unterschiedlichen Störempfindlichkeit der betroffenen Betriebsmittel wurde schon in der ersten Sitzung der Arbeitsgruppe ein von den deutschen Teilnehmern für die Arbeit in CISPR-Unterkomitee F/WG 1 ausgearbeiteter Vorschlag einer Aufteilung der Betriebsmittel in mehrere Kategorien aufgegriffen. Es sollte damit erreicht werden, bei Betriebsmitteln geringerer Störempfindlichkeit den Prüfaufwand nicht unnötig hoch werden zu lassen. Einen absoluten Schutz gegen Störfälle kann es kaum geben, jedoch muß ein gewisser Grad an Zuverlässigkeit der Funktion – der aber auch vom Käufer der Geräte noch bezahlt werden kann – erreicht werden.

Zu Abschnitt 4.1 Kategorie I

Es wurde vorgeschlagen, bei gewissen Betriebsmitteln grundsätzlich auf Störfestigkeitsprüfungen zu verzichten, nämlich bei:
- motorbetriebenen Geräten, Werkzeugen und anderen Geräten, in denen nur Motoren und elektromechanische Schalter enthalten sind, sowie bei
- Wärmegeräten, die nur elektromechanische Schalter, Thermostate und ähnliches enthalten.

Im Laufe der Erarbeitung dieser Norm blieben diese beiden Gruppen – später als Kategorie I zusammengefaßt – dann fast unverändert, so, wie sie in jener ersten Sitzung umrissen wurden.

Bei Betriebsmitteln dieser Kategorie I, die z. B. nur einen Universalmotor oder – wie bei Elektrowärmegeräten – einen elektromechanischen Schalter, übliche Thermostate mit Bimetallfeder oder ähnliche Organe enthalten und durch die in Frage kommenden Phänomene in der Praxis nicht in ihrem Verhalten gestört werden können, wird später, in Abschnitt 7.2.1, auf eine Prüfung völlig verzichtet.

In diese Kategorie gehören – neben Wäscheschleudern, Staubsaugern und Haartrocknern ohne Drehzahlsteller – z. B. auch Handmischer und Bohrmaschinen mit Drehzahlstufenschaltern, Kühlschränke und Herde sowie Durchflußerwärmer,

Bügelgeräte und -maschinen und Wärmedecken. Zur Klarstellung und eindeutigen Abgrenzung gegenüber den anderen Kategorien wurde aufgenommen, daß Funk-Entstörbauelemente und ähnliche Bauteile nicht als elektronische Steuerungen anzusehen sind.

Zu Abschnitt 4.2 Kategorie II
Als weitere Kategorie waren im ursprünglichen Vorschlag Betriebsmittel mit „einfacher" Elektronik genannt worden. Dabei entstanden aber Definitionsschwierigkeiten, was denn eine „einfache Elektronik" sei. Obgleich jeder der Mitarbeiter der Arbeitsgruppe davon eine gewisse Vorstellung hatte, konnte nicht leicht eine normengeeignete Formulierung gefunden werden. Schließlich fand man als Kriterium die Takt- oder Oszillatorfrequenz der elektronischen Steuerung.
Hierzu war in einem der Entwürfe von Anfang 1993 noch die Anmerkung enthalten: Die Arbeitsfrequenz von Schaltungen mit Mikroprozessoren in Haushaltgeräten ist im allgemeinen viel niedriger als die Arbeitsfrequenz von informationstechnischen Einrichtungen, bei denen die Geschwindigkeit der Datenverarbeitung von größerer Bedeutung ist. Außerdem haben die „langsamen" Schaltungen im allgemeinen höhere Arbeitsspannungen oder -ströme und sind daher weniger empfindlich gegenüber Störgrößen. Daher wird hier unterschieden zwischen Arbeitsfrequenzen unterhalb 15 MHz und solchen oberhalb 15 MHz.
Die Wahl der Abgrenzungsfrequenz mit 15 MHz war ein nach langer Diskussion erzielter Kompromiß zwischen der Arbeitsfrequenz der elektronischen Steuerungen und dem Frequenzbereich der verwendeten Prüfstörgrößen. Ergänzend wurde nach den in *Rotterdam/Niederlande* stattgefundenen Sitzungen des CISPR-Unterkomitees F und des IEC TC 61 im Herbst 1993 bemerkt: „Die Arbeitsfrequenz der informationsverarbeitenden Geräte tendiert weiterhin zu Frequenzen, die das Vielfache der genannten 15 MHz sind, während bei der Mehrheit der Hausgeräte die Entwicklung zu Frequenzen unterhalb 8 MHz, wenn nicht sogar unterhalb 2 MHz geht. Erfahrungen in den nächsten Jahren werden zeigen, ob die gewählte Abgrenzungsfrequenz weiter anzuwenden sein wird."
So enthält die Norm heute noch die Anmerkung, daß diese Frequenzangabe als vorläufig anzusehen ist und geändert werden kann.
Aufgrund der heute weit verbreiteten Geräte, die elektronische Steuerungen mit Mikroprozessoren enthalten, kann davon ausgegangen werden, daß die Mehrzahl aller zu prüfenden Geräte mit Anschluß an das Stromversorgungsnetz in die Kategorie II einzuordnen sind. Zu den Beispielen gehören dementsprechend Bohrmaschinen, Staubsauger, Waschgeräte, Trockner, Geschirrspüler, Kühlgeräte, Herde und Dunstabzugshauben, die mit elektronischen Steuer- und/oder Regeleinrichtungen ausgestattet sind.

Zu Abschnitt 4.3 Kategorie III
Eine besondere Behandlung erfuhren dann noch – mit Kategorie III – die Betriebsmittel mit wiederaufladbarer Batterie und mit einer Arbeitsfrequenz unterhalb

15 MHz, die bei der üblichen Benutzung *nicht* mit dem Stromversorgungsnetz verbunden sind. Bei ihnen sind – wie in Abschnitt 8.2.3 aufgeführt – einige Prüfungen *nicht* erforderlich.

Wichtig ist die wohl logische Ergänzung, daß Betriebsmittel, die durch den Anschluß an das Netz nachgeladen werden können, während des Ladebetriebs wie Betriebsmittel der Kategorie II geprüft werden müssen.

Zu Abschnitt 4.4 Kategorie IV

Alle anderen Betriebsmittel bilden dann die Kategorie IV, unter der hier etwa Waschmaschinen mit Asynchronmotoren, die mit Frequenzumrichtern angesteuert werden, genannt sein sollen.

Auf die den Kategorien zugeordneten unterschiedlichen Prüfungen wird in Abschnitt 8.2 eingegangen.

Aus den Stichworten zu den Einsprüchen zu EN 55014-2: „Die Produktfamiliennorm EN 55014-2 ist eine besondere Fassung der Fachgrundnorm EN 50082-1 für die von ihr erfaßten Produkte, d. h., alle Abweichungen gegenüber dieser mußten im Detail vom gemeinsamen Arbeitskreis TC 61/SC 110A erarbeitet und begründet werden."

Die Schaffung einer Kategorie II als Erleichterung in EN 55014-2 gegenüber der Fachgrundnorm EN 50801-2 wurde im gemeinsamen Arbeitskreis TC 61/SC 110A erarbeitet und ausführlich begründet; der Wert 15 MHz gilt – entsprechend der Diskussion in CISPR-Unterkomitee F in Peking (1994) – als vorläufig und soll im Laufe der nächsten Jahre noch einmal überdacht werden.

Zu Abschnitt 5 Prüfungen

Die Prüfungen zur Störfestigkeit können aus zwei Gesichtswinkeln betrachtet werden:
1. Zur Ermittlung der Störschwelle: Die Prüfstörgrößen werden von einem relativ niedrigen Niveau ausgehend so lange gesteigert, bis – bei Erreichen der Störschwelle – der Prüfling Ausfallserscheinungen (z. B. Funktionsstörungen) zeigt.
2. Zum Nachweis der Störfestigkeit: Der Prüfling wird mit einer – z. B. in dieser Norm vorgegebenen – Prüfstörgröße beansprucht und reagiert oder reagiert nicht, d. h., er besteht die Prüfung oder er besteht sie nicht.

Der Zweck der vorliegenden Norm ist es, die Störfestigkeit nachzuweisen. Da es jedoch eine „absolute" Störfestigkeit nicht geben kann, werden im folgenden Mindestanforderungen vorgegeben, die erfüllt sein müssen, damit der Prüfling als „ausreichend störfest" bezeichnet werden kann – ausreichend für seinen Einsatzzweck und ausreichend aus der Sicht des vertretbaren Aufwands. So kann man auch formulieren, daß im Verhältnis zwischen Hersteller und Kunden bei einem Haushaltgerät dem letztgenannten eine Mindestqualität zugesagt wird.

Wie in Abschnitt 1.4 ausgedrückt wird, beinhalten die Prüfungen keine unmittelbaren Aspekte der Sicherheit (oder der Gebrauchstauglichkeit) – die sind in EN 60335 (DIN

VDE 0700) mit ihren verschiedenen Teilen zu finden –, sondern betreffen nur die Funktion des Betriebsmittels unter dem Einfluß elektromagnetischer Störgrößen. In diesem Abschnitt sind die Informationen zu den verschiedenen bei der Prüfung in Frage kommenden Störphänomenen in Form von Tabellen zusammengestellt; das sind:
– der Anschluß bzw. die Schnittstelle, an dem/der eine Prüfung vorzunehmen ist (z. B. das „Gehäuse");
– das Störphänomen;
– die Prüfstörgröße mit ihrer Einheit;
– eine Information, in welcher EMV-Grundnorm die Prüfgeräte, das Prüfverfahren und der Prüfaufbau beschrieben sind.

Die EMV-Grundnormen werden von IEC-Komitee 77 (insbesondere Sc 77B) erarbeitet und betreut, wie sie in der Normenreihe IEC (6)1000-4-... (früher IEC 801-...) mit dem Titel „Elektromagnetische Verträglichkeit (EMV), Teil 4: Prüf- und Meßverfahren" zusammengefaßt sind; in CENELEC findet man sie unter der Normenreihe EN 61000-4-... wieder. Die Veröffentlichungen der deutschen Fassungen erfolgen im Rahmen der Klassifikation VDE 0847 Teil x.

Die einzelnen Teile der Normenreihe IEC (6)1000-4-... bzw. EN 61000-4-... umfassen eine größere Anzahl von Hauptabschnitten, von denen jeweils nur ein Teil in den EMV-Fachgrundnormen und den EMV-Produktfamiliennormen angewandt wird. Der Hauptabschnitt 1 „Übersicht über Störfestigkeitsprüfverfahren" ist als IEC (6)1000-4-1:1992 und als EN 61000-4-1:1994 erschienen und liegt als Deutsche Norm in Form der DIN EN 61000-4-1 (VDE 0847 Teil 4-1):September 1995 vor.[*)]

Die jeweils angewandten EMV-Grundnormen sind in ihren EN-Fassungen in den Normativen Verweisungen (siehe zu Abschnitt 2) aufgeführt; die entsprechenden Deutschen Normen findet man im nationalen Vorwort (auf den Seiten 2 und 3 der DIN EN 55014-2 (VDE 0875 Teil 14-2).

In diesen Erläuterungen sollen die einzelnen Prüfungen, deren Durchführung und die dazu notwendigen Geräte und Verfahren nicht ausführlich besprochen werden. Zum Stichwort „EMV-Störfestigkeitsprüfungen" liegt ausreichende Literatur vor, die laufend durch aktuelle Veröffentlichungen – auch von den Herstellern der Prüfgeräte – an die noch lebhafte Entwicklung angepaßt wird. Andererseits sind Verfahren und Geräte in den genannten Grundnormen eingehend beschrieben.

In den Erläuterungen zu den in den Abschnitten 5.1 bis 5.7 beschriebenen Prüfungen sollen nur einige grundsätzliche Informationen, Begriffe und Hinweise gebracht werden.

Zu Abschnitt 5.1 Entladung statischer Elektrizität
Aus dem englischen *„Electrostatic Discharge"* hat sich im Jargon die Benutzung des deutsche Ausdrucks „elektrostatische Entladung" abgeleitet, ohne daß dabei erkannt wird, daß dies ein sprachlicher Widerspruch ist: Eine (noch dazu sehr schnelle) Entladung kann doch wohl kaum statisch sein! Natürlich ist jedem noch

---

[*)] Eine beträchtlich verkürzte Neufassung ist in Vorbereitung (z. Z. IEC 77/188/CD).

aus der Schulzeit der Begriff der statischen Elektrizität bekannt, der in den Anfängen der Elektrotechnik eine wesentlich bedeutendere Rolle spielte als heute, weil es die „dynamische Elektrizität" noch nicht gab. Von den typischen Schulversuchen mit Bernstein, der „Leydener Flasche" und anderen Quellen und Speichern statischer Elektrizität bis zu unseren modernen Teppichen und der statischen Aufladung des Menschen, die sich – mehr oder weniger fühlbar – zu leitfähigen, geerdeten Gegenständen entlädt, weiß man, daß dabei Spannungen von etlichen kV auftreten können. Wenn auch die Energie recht unbedeutend bleibt, läßt die Entladung – ihre Zeit liegt im Bereich von Nanosekunden – nicht nur Muskeln zucken, sondern kann in empfindlichen elektronischen Bauteilen und besonders in den immer häufiger zu findenden Mikroprozessoren zu Störungen der Funktion oder gar zu einer Schädigung z. B. von Isolationsstrecken im Halbleiterbauelement führen. Diese Art der Störbeeinflussung dürfte wohl die am häufigsten auftretende sein, wenn auch die Auswirkung elektromagnetischer Felder zunehmend an Bedeutung gewinnt (s. u.).

Entsprechend der Praxis werden bei der Prüfung bevorzugt Kontaktentladungen gegen „jeden berührbaren metallischen Teil des Gehäuses" angewandt. Nur wenn solche berührbaren metallischen Teile nicht vorhanden sind, wird – wie in IEC (6)1000-4-2 beschrieben – gegen eine metallische Koppelfläche entladen.

Bei der Prüfung mit der Koppelplatte baut die Entladung ein Feld auf; es findet also eine indirekte Einwirkung auf die Elektronik statt.

In der Grundnorm DIN EN 61000-4-2 sind für die Prüfspannungen bei der Entladung über eine Luftstrecke und der Kontaktentladung andere Werte genannt als die in der Fachgrundnorm und der Produktnorm aufgeführten (8 kV und 4 kV). Eigentlich sollten hier – wie in der Grundnorm vorgeschlagen – entweder 8 kV mit 6 kV oder 4 kV mit 4 kV kombiniert sein. Die 6 kV-Prüfspannung bei der Kontaktentladung sind jedoch bei sehr vielen der in Frage kommenden Prüflinge nur schwer beherrschen und wurde deshalb auf 4 kV reduziert.

Außer den Prüfungen mit der jeweils genannten Prüfspannung ist in der Grundnorm auch die Prüfung mit den kleineren Spannungspegeln aus der entsprechenden Tabelle vorgeschrieben; auf diese Prüfungen wird in der vorliegenden Norm ausdrücklich verzichtet. Man ging davon aus, daß bei der Mehrzahl der hier betroffenen Betriebsmittel der zusätzliche Aufwand keine zusätzlichen Erkenntnisse bringen würde.[*]

Zu Abschnitt 5.2 Schnelle Transienten
Bei dem Begriff der „Transiente" macht sich ein grundsätzlicher Mangel des Internationalen Elektrotechnischen Wörterbuchs besonders bemerkbar: In Anlehnung an englische Sprachgepflogenheiten gibt es – auch für die deutschen Wörter – keine

---

[*] Anmerkung: Dieser Ansicht wird von vielen Fachleuten widersprochen, da es in der Praxis durchaus Fälle gibt, in denen z. B. eine Prüfspannung von 4 kV vertagen wird, bei 2 kV jedoch Störungen zu registrieren sind. Der Grund für dieses Verhalten ist in den unterschiedlichen Anstiegszeiten der Prüfimpulse zu finden, die bei geringeren Pegeln durchaus „steilere" Anstiegsflanken zeigen können. Prüflinge mit einer hohen Sensitivität gegenüber dem di/dt können hier „Abnormitäten" zeigen.

Information über das grammatikalische Geschlecht. Im Wörterbuch steht zwar bei der Kennung 161-02-01 (englisch) „*transient (adjective and noun)*", es fehlen aber in der deutschen Entsprechung – hinter „transient; Transient (Adjektiv und Substantiv)" – nicht nur das deutsche Hauptwort „Transiente", sondern eben auch das Geschlecht (m, w oder s) und die Mehrzahlform.[*)]

Die Erklärung lautet übrigens: „Bezeichnet eine Erscheinung oder Größe, die sich während einer im Vergleich zu der betrachteten Zeitskala kleinen Zeitspanne zwischen zwei aufeinanderfolgenden stationären Zuständen ändert."

Im Titel der DIN EN 61000-4-4 (VDE 0874 Teil 4-4) ist von „schnellen transienten elektrischen Störgrößen" die Rede (in der englischen Fassung heißt es *„electrical fast transient/burst"*, in der französischen *„transitoires électriques rapides en salve"*). Da in der obigen Erklärung der Begriff „transient" auf eine (relativ) kleine Zeitspanne bezogen wird, erinnert dieser Titel an den bekannten „weißen Schimmel". Das „schnelle" bezieht sich also eigentlich nicht auf die Transienten, sondern auf die auslösenden schnellen Vorgänge, wie sie beim Öffnen oder Schließen eines Schalters auftreten. Die Stördauer liegt auch hier im Nanosekundenbereich, das Störphänomen gehört zu den als „energiearm" bezeichneten.

Da das Phänomen der Funktionsstörungen durch schnelle Transienten – also durch von Schaltvorgängen ausgelöste, meist auf dem Netz „wandernde" Impulse – in der Praxis sehr häufig in Erscheinung tritt, ist es als eines der wichtigsten zu betrachten. Hierzu gehören z. B. auch die Effekte beim Prellen von Kontakten (besonders bei induktiver Belastung) oder beim Zünden von Leuchtstofflampen.

Die Prüfspannungen und Wiederholfrequenzen sind den verschiedenen Anschlüssen der Betriebsmittel zugeordnet (siehe Tabellen 2.1 bis 2.3). Die schnellen Transienten werden dabei auf Netzleitungen über ein (genormtes) Koppel-/Entkoppelnetzwerk eingespeist, während die Einkopplung auf Signal- und Steuerleitungen über eine (ebenfalls genormte – siehe Grundnorm) kapazitive Koppelstrecke erfolgt. Da diese Koppelstrecke eine Länge von 1 m hat, ist die Prüfung „kurzer" Leitungen auf diese Weise nicht durchführbar; daher werden nur Leitungen mit einer Länge von >3 m geprüft. Diese Beschränkung ist auch sinnvoll, denn kürzere Leitungen werden in der Regel auch nicht durch dieses Phänomen beeinflußt, da eine hinreichende Koppelkapazität zwischen der Quelle und der Störsenke (betrachtete Leitung) vorliegen muß, um eine Beeinflussung zu bewirken.

Zu Abschnitt 5.3 Eingespeiste Ströme von 0,15 MHz bis 230 MHz

Während es sich bei den Störphänomenen, die in den Abschnitten 5.1 und 5.2 sowie in 5.6 behandelt werden, um impulsförmige, breitbandige, leitungsgeführte Kurzzeitstörgrößen handelt, sind die in den Abschnitten 5.3, 5.4 und 5.5 folgenden zeit-

---

[*)] Anmerkung: Zwischenzeitlich wurde für die deutsche Übersetzung entschieden, daß es sich um ein feminines Hauptwort handelt und man den Begriff „die Transiente" (Singular) und „die Transienten" (Plural) benutzt.

lich nicht begrenzte schmalbandige, sinusförmige und sowohl leitungsgeführte als auch gestrahlte Störgrößen.

Leitende Gehäuse und Leitungen, aber auch Schirme von Leitungen, die sich in elektromagnetischen Feldern befinden, wirken als Antenne und setzen die Felder in hochfrequente Spannungen und/oder Ströme um. Daher kann – zumindest im Frequenzbereich bis etwa 230 MHz – zur Prüfung der Störfestigkeit statt der Beaufschlagung mit einem Feld auch die direkte Einkopplung von Strömen und Spannungen mit einem Koppel-/Entkoppelnetzwerk auf Leitungen und Schirme angewendet werden.

Hier, wie auch in den Abschnitten 5.4 und 5.5, steht in der Spalte Phänomen (beispielsweise) „1 kHz, 80 % AM" und in der Spalte Prüfstörgröße „x V bzw. y V/m (Effektivwert)(unmoduliert)". Dazu heißt es dann im Text: „Der Pegel des unmodulierten Trägers des Prüfsignals wird auf den angegebenen Wert eingestellt; zur Durchführung der Prüfung wird dann der Träger wie angegeben moduliert."

Die Forderung nach der Beschreibung der Prüfanordnung und der Prüfbedingungen im Prüfbericht, die insbesondere bei Prüfungen im Frequenzbereich von 80 MHz bis 230 MHz erhoben wird, zielt auf eine eindeutige und damit reproduzierbare Prüfung ab, da insbesondere bei den höheren Prüffrequenzen die Geometrie der Anordnung des Prüflings und seiner Leitungen von großer – die Prüfergebnisse stark beeinflussender – Bedeutung ist.

Die jeweils anzuwendenden Prüfpegel sind den Tabellen 3.1 bis 3.3 zu entnehmen.

Zu Abschnitt 5.4 Eingespeiste Ströme von 0,15 MHz bis 80 MHz
Hier gilt grundsätzlich das gleiche wie zu Abschnitt 5.3.
Die Festlegung unterschiedlicher und von der Fachgrundnorm abweichender Frequenzbereiche in 5.3 und 5.4 für das gleiche Störphänomen ergibt sich aus der Bildung der Kategorien der Betriebsmittel in Abschnitt 8. Da die Geräte der Kategorie II mit eingespeisten Strömen bis 230 MHz zu prüfen sind, kann auf die Anwendung der Prüfung im elektromagnetischen Feld (80 MHz bis 1000 MHz) bei diesen Geräten ganz verzichtet werden. Das erspart dem Hersteller Prüfausrüstung und Prüfzeiten – also Prüfkosten –, ohne die notwendige Aussage zur Störfestigkeit zu schwächen. Würde die obere Frequenzgrenze in Abschnitt 5.3 auf 80 MHz gesenkt, müßte die Prüfung der Betriebsmittel der Kategorie II um Prüfungen im elektromagnetischen Feld (Abschnitt 5.5) mindestens im Frequenzbereich 80 MHz bis 230 MHz ergänzt werden.
Die Prüfpegel sind den Tabellen 4.1 bis 4.3 zu entnehmen.

**Zu Abschnitt 5.5 Hochfrequentes eingestrahltes
elektromagnetisches Feld von 80 MHz bis 1000 MHz**
Im Bereich höherer Frequenzen wird eine Prüfung im realen elektromagnetischen Feld (mit ebener Welle) erforderlich. Die geforderten 3 V/m sind allerdings im Vergleich mit den real auftretenden Feldstärken recht gering: Bei einem mit 4 W arbeitenden CB-Funkgerät treten z. B. in der Nähe der Antenne bis zu 27 V/m auf, und

falls der Benutzer an seiner Waschmachine auf seinem „Handy" angerufen wird, wären hier durchaus Störfälle denkbar.
Die Erzeugung eines normgerechten homogenen Felds ist andererseits mit hohen Kosten verbunden: Im allgemeinen ist eine Absorberhalle erforderlich, zu deren Anschaffung mehrere Millionen DM aufgewendet werden müssen. Für kleinere Prüflinge – etwa bis zur Größe einer Waschmaschine – liefern auch sogenannte GTEM-Zellen gute, d. h. vergleichbare und aussagefähige Ergebnisse. Die Kosten liegen hier um etwa den Faktor 10 niedriger als bei den Absorberräumen. Allerdings ist die Anwendung dieser Zellen (noch) nicht in der Grundnorm enthalten.
In der vorliegenden Fassung der hier behandelten Norm hat man versucht, durch entsprechende Auswahl der Gerätekategorien und der zugeordneten Prüfkriterien diese Aufwendungen zu begrenzen. Da aber aufgrund der bekannten explosionsartigen Verbreitung von Funktelefonen und ähnlicher HF-Erzeuger die Prüfungen im elektromagnetischen Feld (mit Frequenzen oberhalb 80 MHz) stark an Bedeutung gewinnen, muß trotz der (jetzt noch) hohen Kosten für die Prüfeinrichtungen mit einer Erweiterung des Anwendungsbereichs dieser Prüfungen gerechnet werden. Eine Erweiterung des Frequenzbands für die Störfestigkeitsprüfung mit gestrahlten Feldern gegebenenfalls bis zu 3 GHz ist durchaus in Kürze zu erwarten.
Zum Thema Modulation gilt das unter Abschnitt 5.3 Gesagte.
Auch hier ist es sehr wichtig, den Prüfaufbau und die Leitungsverlegung wegen der Reproduzierbarkeit im Prüfbericht sorgfältig zu dokumentieren.

Zu Abschnitt 5.6 Stoßspannung/-strom (langsame energiereiche Impulse)
Im Titel der DIN EN 61000-4-5 (VDE 0847 Teil 4-5) wird nur von „Stoßspannungen" gesprochen, im Text auch von Stoßstrom, den der sogenannte Hybridgenerator in einen Prüfling einspeisen kann, wenn dieser der jeweiligen Prüfspannung nicht widerstehen kann.
Die Begriffe Stoßspannung und Stoßstrom beziehen sich einerseits auf die Angabe der Leerlaufspannung (maximale Prüfspannung handelsüblicher Generatoren bis 4 kV) bei einem sogenannten 1,2/50 µs-Spannungsimpuls und andererseits auf die Angabe des maximalen Kurzschlußstroms des „8/20 µs-Stromimpulses", den der Generator erzeugen können muß (z. B. Ströme bis zu 2 kA). Der Innenwiderstand des Generators liegt somit nominell bei 2 Ω. Dieser Innenwiderstand kommt bei der Prüfung mit symmetrischer Einkopplung (zwischen den Phasenleitern bei Drehstrom bzw. dem Phasen- und dem Neutralleiter des Prüflings bei Einphasennetzen) zur Anwendung, während bei der Prüfung mit unsymmetrischer Spannung (jeweils Phasen- oder Neutralleiter gegen Bezugserde/Schutzleiter) ein zusätzlicher Widerstand von 10 Ω zum Innenwiderstand des Generators in Reihe geschaltet wird, so daß sich ein Gesamtwiderstand von 12 Ω ergibt.
Die Anzahl der Prüfimpulse wird mit je 5 (mit positiver und negativer Polarität) angegeben. Angaben zur Lage der Impulse hinsichtlich der Netzwechselspannung fehlen hier, so daß man den Angaben in der Grundnorm folgen muß. Die Grundnorm fordert die Prüfung mit Impulsen, die im Nulldurchgang und bei Auftreten der

jeweiligen positiven oder negativen Scheitelspannung synchronisiert sind. Der Abstand zwischen jeweils zwei Impulsen ist mit einer Minute festgelegt.
Auch hier ist – im Gegensatz zur Grundnorm – die Prüfung mit kleineren als den angegebenen Prüfpegeln nicht erforderlich. Der sich daraus ergebende Nachteil liegt darin, daß man bei einem Ausfall des Prüflings nicht erkennen kann, welcher Teil der etwaig eingebauten Schutzmittel – z. B. bei einem sogenannten Staffelschutz – versagt hat.
Im Gegensatz zu den unter Abschnitt 5.2 behandelten Transienten werden die unter Abschnitt 5.6 fallenden Phänomene als „energiereich" bezeichnet. In grober Vereinfachung beträgt die Energie bei Entladungen statischer Elektrizität weniger als 10 mJ, bei Schaltvorgängen etwa 300 mJ und als Folge von Blitzeinschlägen (häufigster Fall), Laständerungen, Schaltvorgängen (hoher Leistung) oder Kurzschlüssen etwa bis zu 300 J. Die Stördauer liegt in der Größenordnung von Mikrosekunden. Die Prüfung beinhaltet auch die Auswirkungen von indirekten Blitzeinschlägen.

Zu Abschnitt 5.7 Spannungseinbrüche und -unterbrechungen
Neben den bisher behandelten Störphänomenen treten in Versorgungsnetzen auch Vorgänge auf, die im Netz selbst ihre Ursache haben: Spannungseinbrüche und -zusammenbrüche (Unterbrechungen), Überspannungen, Oberschwingungen der Netzfrequenz und Rundsteuersignale oder andere bewußt dem Netz aufgeprägte Signale (z. B. Interharmonische). In dieser Norm werden als zu berücksichtigende Störphänomene zur Zeit nur die Spannungseinbrüche und Kurzzeitunterbrechungen betrachtet. Dabei erfolgt definitionsgemäß die Änderung zwischen der Nennspannung U_N und der geänderten Spannung sprunghaft und dauert 0,5 bzw. 10 oder 50 Perioden der Nennfrequenz, also maximal 1 s.
Die ebenfalls in EN 61000-1-11 (Abschnitt 5.2) enthaltenen langsamen Spannungsschwankungen werden in Teil 14-2 noch nicht betrachtet.
Andere verwandte Störphänomene werden ebenfalls bisher nicht berücksichtigt, weil es seinerzeit noch keine anwendbaren Grundnormen gab. Ihre Aufnahme in diese Norm ist aber auf weitere Sicht zu erwarten, nicht nur wegen der zunehmenden Anwendung von Signalübertragung auf den Netzen, sondern auch wegen der verstärkt auftretenden, von immer mehr Geräten erzeugten Oberschwingungen. Inzwischen liegt der Entwurf für eine DIN EN 61000-4-13 (VDE 0847 Teil 4-13) vor, der die Störfestigkeit „gegen Oberschwingungen und Zwischenharmonische einschließlich leitungsgeführter Störgrößen aus der Signalübertragung auf elektrischen Niederspannungsnetzen" behandelt.

Zu Abschnitt 6 Bewertungskriterien für das Betriebsverhalten

Unter den Definitionen findet man den Begriff der Elektromagnetischen Verträglichkeit (siehe zu Abschnitt 3.1), der u. a. die Fähigkeit eines Betriebsmittels zum Ausdruck bringt, in der gegebenen elektromagnetischen Umgebung zufriedenstellend zu funktionieren. Die Störfestigkeit, die Fähigkeit, ohne Funktionsminderung zu funktionieren, ist also wohl nicht eine absolute Größe ohne Einschränkungen, sondern eine graduelle Eigenschaft; das Gegenteil wird als Störempfindlichkeit (englisch: *susceptibility*) bezeichnet, wozu es im IEV heißt: „Störempfindlichkeit ist ein Mangel an Störfestigkeit." Beide Eigenschaften hängen von der jeweiligen in der Umgebung vorhandenen elektromagnetischen Störgröße ab. In der Praxis muß also die Störfestigkeit unter zu definierenden Voraussetzungen festgelegt oder beurteilt werden; damit ist es wiederum notwendig, den Umfang der von Fall zu Fall zulässigen Funktionsminderung zu beschreiben, d.h., das Betriebsverhalten zu bewerten.

Schon weil der Hersteller sein Produkt, dessen Einsatzzweck und seinen Wert wohl besser beurteilen kann als jeder andere, wird ihm auferlegt, eine Beschreibung der Funktionen und eine Beschreibung seiner Kriterien für die Bewertung der Prüfergebnisse vorzunehmen und schriftlich – also nachprüfbar – niederzulegen.

Dieser erste Absatz ist wörtlich aus der Fachgrundnorm übernommen worden. Er erweckt zunächst den Eindruck, daß der Hersteller recht willkürlich die Anforderungen an die Störfestigkeit seines Produkts an seine Fähigkeiten oder die Qualität seines Produkts anpassen kann. Dabei übersieht man aber, daß in einem marktwirtschaftlichen Wettbewerb die Hersteller durch den Druck dieses Wettbewerbs einen Anreiz haben, sich nach den Präferenzen des Konsumenten zu richten (sogenannte Konsumentensouveränität). Produziert wird nicht zum Selbstzweck, sondern für den Konsum. Wenn eine Kritik am Produkt durch individuelle Kaufverweigerung ausgedrückt wird, stellt der Markt ein Regulativ für die Qualität der Produkte dar. Andererseits steht es aber auch dem Hersteller grundsätzlich frei, sich durch den Hinweis in der Benutzerinformation auf eine gewisse Störempfindlichkeit seiner Produkte gegenüber speziellen Störphänomenen (etwa durch Funktelefone und starke Rundfunksender), z. B. auch im Sinne der Anwendung des Bewertungskriteriums C (ähnlich wie bei Einbrüchen oder Unterbrechungen der Netzspannung), von einem Teil der Prüfungen zu entlasten (siehe hierzu auch zu Abschnitt 7.1.2). Auch der Prüfbericht sollte, von einer Beschreibung der vorgesehenen Funktion ausgehend, deren zulässige Minderungen darstellen.

Die dann aufgeführten Bewertungkriterien A, B und C sind als übergeordnet anzusehen, ihnen müssen die Kriterien des Herstellers angepaßt werden.

Der wesentliche Unterschied zwischen den Kriterien A und B ist der, daß Bewertungskriterium A *während* der Prüfung und Bewertungskriterium B *nach* der Prüfung anzuwenden ist. Grundlage der Beurteilung des Betriebsverhaltens sind zunächst die vom Hersteller beschriebene Betriebsqualität, aber – vor allem, wenn er solche nicht angibt – auch die „vernünftigerweise" vom Benutzer zu stellenden Anforderungen, die auf – vom Hersteller – gegebene Beschreibungen des Produkts und seines Einsatzzwecks, aber auch auf die beim Käufer bestehenden Erwartungen gestützt werden können.

In früheren Entwürfen enthielt die Norm noch die beiden folgenden Anmerkungen: zu A: In der Praxis wird der Benutzer überhaupt nicht oder kaum eine Beeinträchtigung des Betriebsverhaltens bemerken, wenn ein vergleichbares Ereignis auftritt.

zu B: In der Praxis wird der Benutzer überhaupt nicht oder kaum eine Beeinträchtigung des Betriebsverhaltens bemerken, wenn ein vergleichbares Ereignis aufgetreten war.
Auf den ersten Blick mag es den Anschein haben, daß die Bewertungskriterien A und B so etwas wie Qualitätsstufen der Störfestigkeit sind, daß das Kriterium B vielleicht leichter einzuhalten ist als das Kriterium A. Das ist jedoch nicht der Fall und vor allem auch nicht der Grund für die Wahl des anzuwendenden Kriteriums in Abschnitt 7.2.
Man muß sich vielmehr die Frage stellen, wie lange (etwa) die Prüfung mit einer Entladung statischer Elektrizität, mit schnellen Transienten, bei Stoßspannungen mit langsamen energiereichen Impulsen dauert. Die Antwort muß heißen: einige Mikro- oder sogar nur Nanosekunden. Und da bei Kriterium A die Beurteilung vom Verhalten des Prüflings während der Prüfung ausgeht, reicht bei den gerade genannten Stör- oder Prüfphänomenen die Zeit der Prüfung nicht für eine Beurteilung aus. Kein Prüflabor könnte innerhalb dieser Zeiten das „ordnungsgemäße Weiterarbeiten" des Prüflings feststellen.
Bewertungskriterium C erlaubt hingegen einen zeitweiligen Funktionsausfall unter der Voraussetzung, daß eine „Rückstellung in den vorherigen Zustand" selbsttätig oder durch eine einfache Betätigung eines Bedienelements – und das kann z. B. auch der Ein-Aus-Schalter sein – erfolgt. Hierauf muß allerdings in der Gebrauchsanweisung hingewiesen werden.
Im dann folgenden Hinweis auf Tabelle 14 heißt es, daß diese Tabelle ein Leitfaden sein soll, daß nicht alle Funktionen des Betriebsmittels geprüft werden müssen und daß – wie schon an anderer Stelle – die Auswahl in der Verantwortung des Herstellers liegt.
In dieser Tabelle fällt zunächst auf, daß zu den unter Kriterium A aufgeführten Funktionen Änderungen der Werte (während der Prüfung) angegeben, unter Kriterium B jedoch keine Änderungen zulässig sind. Der Grund für diesen Unterschied ist dann zu erkennen, wenn man sich näher mit den – in Abschnitt 8 aufgeführten – unterschiedlichen Prüfungen befaßt: Bei Kriterium A muß der Prüfling auch während der Prüfung ordnungsgemäß arbeiten (er darf aber sein Verhalten – z. B. die Drehzahl – in gewissem Umfang ändern), und das ist nur zu beurteilen, wenn die Dauer der Prüfung groß genug ist, also bei eingespeisten Strömen (nach den Abschnitten 5.3 und 5.4) oder im hochfrequenten elektromagnetischen Feld (nach Abschnitt 5.5).
Bei Bewertungskriterium B muß das Betriebsmittel nach der Prüfung so weiterarbeiten, als wenn nichts geschehen wäre; die Werte nach der Prüfung dürfen also nicht von denen vor der Prüfung abweichen.
Noch in einem Entwurf vom Februar 1993 hatte dieser Abschnitt folgenden Wortlaut:
„Für alle Gruppen von Haushaltgeräten und ähnlichen Geräten sind in den Anhängen die minimale Betriebsqualität oder die zulässigen Verluste der Betriebsqualität aufgeführt."

Die Anhänge betrafen zu jener Zeit:
- Rasierer,
- Waschgeräte,
- Kochherde, Brat- und Backöfen, Induktionskochgeräte und ähnliche Geräte,
- Elektrowerkzeuge,
- Spielzeug und
- Verkaufsautomaten,

von denen die beiden letzten noch „in Beratung" waren. Es zeigten sich jedoch bei diesem Stand der Erstellung der Normentwürfe zwei grundsätzliche Probleme:

1. Man erkannte bald, daß in den Anhängen immer nur eine Auswahl von Betriebsmitteln genannt und daß für diese auch nur die zur Zeit bekannten Funktionen aufgeführt werden konnten; der Anhang B umfaßte z. B. die Funktionen Füllen, Waschen, Abpumpen, Heizen, Verteilen und Schleudern. Eine auch nur annähernde Vollständigkeit war nicht zu erreichen.
2. Nach lang andauernder Diskussion, ob diese Anhänge normativ oder informativ werden sollten, tendierte die Mehrheit – auch wegen der oben genannten Unvollständigkeit – für den informativen Charakter.

Im Herbst 1993 wurde dann bei den Diskussionen in CISPR-Unterkomitee F (in *Rotterdam*) und in CENELEC TC 61 (in *Alicante*) entschieden, die informativen Anhänge für spezielle Geräte zu streichen und die Anforderungen an die Betriebseigenschaften in den normativen Teil in Form der Tabelle 14 (in diesem Abschnitt 6) zu überführen.

Zu Abschnitt 7 Anwendung der Prüfungen zur Störfestigkeit

Zu Abschnitt 7.1 Allgemeines

Zu Abschnitt 7.1.1 [Einzelne Prüfungen]
Die hier formulierten Festlegungen bedürfen kaum einer Erklärung. Es wird besonders auf die im 3. Absatz erwähnte übliche Benutzung hingewiesen und auf die Aussage, daß die Reihenfolge der Prüfungen nicht vorgeschrieben ist; sie müssen aber einzeln und nacheinander durchgeführt werden.
Im 5. Absatz wird noch einmal ausdrücklich auf die in den Tabellen des Abschnitts 5 genannten Grundnormen und die dort gegebenen weiteren Festlegungen Bezug genommen. In diesem Zusammenhang wird auf die in Abschnitt 2 „Normative Verweisungen" enthaltene Aussage hingewiesen, daß Festlegungen in den dort zitierten Normen als Festlegungen, also Bestandteile dieser hier vorliegenden Norm anzusehen sind.
Auf die Anwendung der unterschiedlichen Prüfungen wird in Abschnitt 7.2 eingegangen. Zur Sicherstellung der Reproduzierbarkeit der Prüfungen sollte von der prüfenden Stelle – dem Fachlabor des Herstellers oder der vom Hersteller mit der Prüfung beauftragten Stelle – über die Einzelheiten der durchgeführten Prüfungen,

der nicht durchgeführten Prüfungen (siehe Abschnitt 7.1.2) und der angewandten Normen sehr sorgfältig ein Prüfbericht geführt werden.

Zu Abschnitt 7.1.2 [Generalklausel]
Diese wichtige Festlegung zum Umfang der als notwendig anzusehenden Prüfungen ist wörtlich aus der Fachgrundnorm EN 55082-1 (VDE 0839 Teil 82-1), Abschnitt 9 übernommen worden. Sie steht über den Festlegungen in den folgenden Abschnitten: „Der über den Umfang der Prüfungen Entscheidende trägt mit der Auswahl eine hohe Verantwortung, die durch eine sorgfältige Begründung im Prüfbericht gestützt werden sollte."
Damit steht es aber dem Hersteller andererseits auch frei, sich ausdrücklich von einem Teil der Prüfungen zu entlasten.

Zu Abschnitt 7.1.3 [Experimentierkästen, Bausätze]
Da diese Produkte kaum als Betriebsmittel anzusehen sind und weder ihr Störvermögen noch ihre Störempfindlichkeit in jedem möglichen Zustand des Aufbaus und in jedem Fall der Anwendung vorherzusehen oder zu beherrschen sind, wurde diese Ausnahme in die Norm aufgenommen. Wieviel Jungen (und vielleicht auch Mädchen) haben ihre ersten Versuche zur Elektrizitätslehre mit einem Experimentierkasten vorgenommen, dessen Wagnerscher Hammer – ohne daß sie es ahnten – die Nachbarschaft gestört haben muß; aber dagegen würde wohl kein Gesetz helfen – außer dem eines völligen Verbots solcher Experimentierkästen.

Zu Abschnitt 7.2 Anwendung der Prüfungen bei den verschiedenen Betriebsmittel-Kategorien
In der Aufgabenstellung vom Sommer 1992 hieß es sinngemäß: „Die Fachgrundnorm für die Störfestigkeit für den Wohnbereich ... ist ein guter erster Versuch, Störfestigkeitsanforderungen für eine Anzahl von Produkten – einschließlich der Hausgeräte – zu formulieren." Dieser allgemeine Ansatz bringt jedoch für gewisse Gruppen von Geräten zu leichte und für andere zu schwere Anforderungen, letzteres insbesondere für die in den unteren Preisklassen.
Wegen der grundsätzlich unterschiedlichen Störempfindlichkeit der in den einzelnen Kategorien (siehe zu Abschnitt 5) enthaltenen Betriebsmittel gegenüber den verschiedenen Störphänomenen hat die die Norm erarbeitende Arbeitsgruppe schon bald den verschiedenen Gerätearten unterschiedliche Störphänomene zugeordnet.
Im folgenden wird – wenn auch als „Mußvorschrift" – gewissermaßen in konkretisierter Anwendung der Generalklausel in Abschnitt 7.1.2 – eine Zuordnung der in Abschnitt 5 beschriebenen Prüfungen auf die in Abschnitt 4 definierten verschiedenen Kategorien der in Frage kommenden Betriebsmittel vorgenommen. Die Generalklausel wird damit jedoch nicht außer Kraft gesetzt; der Prüfende sollte aber daran denken, daß eine im Labor – vielleicht in gutem Glauben – nicht angewandte Prüfstörgröße bei der Benutzung des Betriebsmittels in der Praxis doch auftreten kann.

Zu Abschnitt 7.2.1 Kategorie I
Zu den Geräten der Kategorie I heißt es, daß ohne jede Prüfung angenommen wird, daß diese die zutreffenden Anforderungen erfüllen. In einem früheren Entwurf (Oktober 1992) war noch eine Anmerkung enthalten, die diese Annahme näher begründete; sie lautete (frei übersetzt):
„Unter Berücksichtigung der physikalischen Unempfindlichkeit dieser Geräte gegenüber EMV-Phänomenen und der Erfahrung von mehr als 30 Jahren in der Praxis auf dem Gebiet der Störfestigkeit ist der Verzicht auf Prüfungen für die Geräte der Kategorie I gerechtfertigt. Bei den Geräten der Kategorie I sind keine Auswirkungen der Phänomene mit Prüfstörgrößen, wie sie in Abschnitt 5 beschrieben sind, auf die Betriebsmittel zu erwarten.

Zu Abschnitt 7.2.2 Kategorie II
Die Auswahl der Prüfanforderungen erfolgte in Anlehnung an die oben erwähnte Generalklausel; entscheidend ist gegenüber den Betriebsmitteln der Kategorie IV der Verzicht auf die besonders aufwendige Prüfung im hochfrequenten elektromagnetischen Feld, die durch die Prüfung mit eingespeisten Strömen bis 230 MHz kompensiert wird (siehe zu Abschnitt 5.3).

Zu Abschnitt 7.2.3 Kategorie III
Wenn man daran denkt, daß sich die Betriebsmittel der Kategorie III von denen der Kategorie II nicht nur darin unterscheiden, daß sie batteriebetrieben, sondern vor allem darin, daß sie im Gebrauch nicht mit dem Versorgungsnetz verbunden sind, ist es verständlich, daß bei ihnen die Prüfungen nach Abschnitt 5.6 und 5.7 überflüssig sind. Der Verzicht auf diese Prüfungen ergebe sich ebenfalls aus der oben erwähnten Generalklausel.
Hinzuweisen ist hier auf die Ergänzung in Abschnitt 4.3, daß Betriebsmittel, die durch den Anschluß an das Netz nachgeladen werden können, während des Ladebetriebs wie Betriebsmittel der Kategorie II geprüft werden müssen.

Zu Abschnitt 7.2.4 Kategorie IV
Bei dieser Kategorie kommt das volle Spektrum der in Abschnitt 5 beschriebenen Prüfungen zum Einsatz. Weitere Erläuterungen erscheinen hier nicht notwendig.

Zu Abschnitt 8 Prüfbedingungen

Zu Abschnitt 8.1 [Allgemeine Bedingungen]
Während in VDE 0875 Teil 14-1 die Betriebsbedingungen beim Messen (Abschnitt 7) sehr detailliert festgelegt werden konnten, ist etwas Vergleichbares bei den Prüfungen zur Störfestigkeit kaum möglich. Zwar wird im zweiten Absatz von Abschnitt 8.1 ausdrücklich auf diese Betriebsbedingungen verwiesen, aber schon die Forderung, die Prüfungen in den Betriebszuständen „mit der höchsten Störempfindlichkeit" vorzunehmen, unterstellt dem Hersteller, diese Betriebszustände zu kennen.

Andererseits soll er die „dem üblichen Gebrauch entsprechenden Betriebszustände" beschreiben. Er sollte – ähnlich wie zu Abschnitt 7.1.2 ausgeführt – diese Beschreibung benutzen, eine „vernünftige" Auswahl unter den meist sehr zahlreichen Möglichkeiten vorzunehmen. Die Angaben des Herstellers haben auch hier „jedoch Vorrang", wobei eine Abweichung von den Angaben in diesem zweiten Absatz bzw. von Abschnitt 7.1 von Teil 14-1 begründet werden sollte. In diesem Zusammenhang soll – wie schon zu Teil 14-1 Abschnitt 7.1.1 geschehen – darauf hingewiesen werden, daß das EMV-Gesetz von „bestimmungsgemäßem Betrieb gemäß den Angaben des Herstellers in seiner Gebrauchsanweisung" spricht.

Bei den Geräten, die nicht im Anwendungsbereich von Teil 14-1 (siehe Abschnitt 2.5), sondern in dem von Teil 11 genannt sind (3. Absatz), sollte auch dieser (siehe Abschnitt 1.5 dieses Buchs) beachtet werden.

Zu Abschnitt 8.2 [Größte Störempfindlichkeit, Zusatzgeräte]
Die Forderung, unter einer Anordnung mit der größten Störempfindlichkeit zu prüfen, ist – als Ergänzung zu Abschnitt 8.1 – wiederum nur bei genauerer Kenntnis des Verhaltens des zu prüfenden Geräts zu erfüllen.
Auch bei Geräten mit Zusatzgeräten ist ein Blick in Teil 14-1 (z. B. in Abschnitt 5.2.3) nützlich.

Zu Abschnitt 8.3 [Kurzandauernde Prüfphänomene]
Bei den hier aufgeführten Störphänomenen spielt das zufällige Zusammentreffen von Prüfvorgang und Zustand des Prüflings im Programmablauf bzw. einem eventuellen Schaltvorgang im Prüfling einerseits eine große Rolle, ist aber andererseits kaum gezielt zu beeinflussen. Das kann die Zahl der durchzuführenden Prüfungen sehr groß werden lassen. Eine gute Kenntnis der Einzelheiten im Programmablauf und die Erfahrung aus vielen ähnlichen Prüfungen kann nicht durch noch so genaue Festlegungen in der Norm ersetzt werden.

Zu Abschnitt 8.4 [Langandauernde Prüfphänomene]
Auch bei langandauernden Prüfphänomenen spielt die für die Prüfung ausgewählte Betriebsart im Laufe eines längeren Programms eine Rolle. Da eine nachprüfende Stelle nicht verpflichtet ist, die im Prüfbericht (siehe zu Abschnitt 8.8) beschriebene Durchführung der Prüfung genau nachzuvollziehen, sondern ihre Freiheiten hat, sollte der Hersteller nicht bewußt kritische Abschnitte eines Programms zu umgehen versuchen.

Zu Abschnitt 8.5 [Unterbrechungen]
und
Zu Abschnitt 8.6 [Programm und Abtastzeit]
und
Zu Abschnitt 8.7 [Serviceprogramme]
Die Abschnitte 8.5, 8.6 und 8.7 bedürfen keiner weiteren Erläuterung.

Zu Abschnitt 8.8 [Prüfbericht]
Ein sorgfältig erstellter Prüfbericht kann nicht nur den guten Willen des Herstellers zeigen, die einzelnen Prüfungen selbstkritisch zu optimieren, er erleichtert auch eine gegebenenfalls notwendige Diskussion mit einer nachprüfenden Stelle.
Die Anmerkung bezieht sich auf störende Veränderungen der Umgebungsbedingungen während der Prüfung, wie u. a. der erwähnten Versorgungsspannung.

Zu Abschnitt 9 Ermittlung der Konformität

Zu Abschnitt 9.1 Beurteilung an einem einzelnen Exemplar
Grundsätzlich genügt zum Nachweis der Übereinstimmung mit den Anforderungen dieser Norm die Typprüfung an einem repräsentativen Exemplar eines seriengefertigten Betriebsmittels.
Um aber sicherzustellen, daß auch die anderen Exemplare der Serie den Anforderungen entsprechen, wird ein Qualitäts-Management-System beim Hersteller gefordert, das den einschlägigen internationalen Normen (wie etwa der Normenreihe ISO 900x) entspricht.
Einzelprodukte, die nicht aus einer Serienfertigung stammen, müssen natürlich auch einzeln geprüft werden, bevor die Übereinstimmung mit der Norm bescheinigt werden kann. Dies gilt übrigens auch für die Störaussendung.
Auch die Aussage, daß Prüfergebnisse, die nicht unter standardisierten Bedingungen, wie sie auf einem Prüfplatz vorzufinden sind (z. B. an einem Aufstellungsort), ermittelt wurden, nicht auf andere Geräte oder zur statistischen Auswertung zur Anwendung kommen dürfen, steht im Einklang mit den Festlegungen hinsichtlich der Störaussendung.

Zu Abschnitt 9.2 Statistische Auswertung
Zum besseren Verständnis dieses Abschnitts und der folgenden Erläuterungen kann es nützlich sein, zunächst die Ausführungen zu Teil 14-1 Abschnitt 8 „Interpretation der CISPR-Grenzwerte für Funkstörungen" im Kapitel 2.5 zu lesen.
Bei der statistischen Auswertung zur Beurteilung der EMV-Eigenschaften von seriengefertigten Geräten sind in CISPR zwei Verfahren üblich:
1. die Prüfung auf der Basis der nichtzentralen t-Verteilung und
2. die Prüfung auf der Basis der Binomial-Verteilung.

Das Verfahren auf der Basis der nichtzentralen t-Verteilung ist im Prinzip eine Auswertung von Veränderlichen (z. B. Meßwerten). Dieses Verfahren wäre also anwendbar, wenn bei der Prüfung der Störfestigkeit eine veränderliche Größe (z. B. des elektromagnetischen Felds) bestimmt werden kann, der Störfestigkeitspegel (*immunity level*), bei dem eine Beeinträchtigung der Funktion des Prüflings noch nicht auftritt oder gerade eben auftritt.
Das Verfahren auf der Basis der Binomial-Verteilung ist im Prinzip eine Auswertung von Merkmalen. Dieses Verfahren sollte also dann angewandt werden, wenn bei der Prüfung keine Größe bestimmt werden kann, wenn also nur die Aussage möglich ist,

221

daß das geprüfte Gerät die Prüfanforderung besteht – oder nicht besteht –, ähnlich wie bei den Knackstörgrößen in Teil 14-1.

Bei der Prüfung der Störfestigkeit kann die Kombination der Art der Beeinflussung und der Art des störempfindlichen Teils des Prüflings zu einer Beschädigung des Prüflings führen, wenn der Störfestigkeitspegel überschritten ist. Daher wird es nur noch möglich, eine Prüfung mit Ja/Nein-Aussage durchzuführen, also nur festzustellen, ob der Prüfling den Störfestigkeitsgrenzwert (*immunity limit*) erfüllt oder nicht erfüllt. Dementsprechend gibt es nur zwei Prüfergebnisse: der Prüfling besteht oder der Prüfling fällt durch. Die Aussagen Ja und Nein sind Merkmale, daher ist das Verfahren auf der Basis der Binomial-Verteilung anzuwenden.

Wegen des hohen Aufwands bei der Anwendung der statistischen Verfahren sollte der Hersteller versuchen, deren Anwendung, die eigentlich nur in Zweifelsfällen (siehe Abschnitt 9.3) erforderlich wird, durch entsprechend „großzügige" Auslegung seiner Geräte zu vermeiden.

Zu Abschnitt 9.3 Meinungsverschiedenheiten

Die Zurückweisung einer ganzen Serie aufgrund eines nicht oder nicht vollständig mit den Anforderungen übereinstimmenden Exemplars soll hiermit ausgeschlossen werden. In Schiedsfällen ist also eine statistische Auswertung von Prüfergebnissen durchzuführen.

Die übrigen Ausführungen dieses Abschnitts dürften ohne weitere Erläuterungen verständlich sein.

Zu Abschnitt 10 Produktdokumentation

In den Entwürfen hieß es noch, eine Dokumentation ist nur erforderlich, „falls der Hersteller seine eigenen Festlegungen ... anwendet".

Es ist nicht grundsätzlich notwendig, eine solche Dokumentation dem Produkt (z. B. in der Benutzerinformation) beizufügen, dies kann aber in bestimmten Fällen sinnvoll sein. Das dürfte z. B. wohl dann gegeben sein, wenn der Hersteller unter Bezug auf Abschnitt 7.1.2 gewisse Prüfungen *nicht* vorgenommen hat (siehe zu Abschnitt 7.1.2).

Da sie „auf Anforderung" zur Verfügung stehen muß, dürfte eine laufende sorgfältige Dokumentation nützlich sein. Eine Auswertung der Prüfberichte, auf die an verschiedenen Stellen hingewiesen wird, sollte als Grundlage dazu dienen; sie brauchen aber nicht im Original zur Verfügung gestellt zu werden.

Zu Anhang ZA (normativ) Normative Verweise auf internationale Publikationen mit ihren entsprechenden europäischen Publikationen

Hier sind die zur Zeit der Publikation der Europäischen Norm gültigen Internationalen und Europäischen Normen aufgelistet, auf die im Normentext verwiesen wird. Ein wichtiger Hinweis ist hier zu finden, der ausdrücklich aussagt, daß bei Abweichungen der europäischen von den internationalen Versionen die Europäischen Normen Vorrang haben.

4.6 Im Kapitel 4 berücksichtigte Normen und Normentwürfe

Nationale Norm
- **DIN EN 55014-2 (VDE 0875 Teil 14-2):** Oktober 1997
  „Elektromagnetische Verträglichkeit – Störfestigkeitsanforderungen für Haushaltgeräte, Werkzeuge und ähnliche Geräte – Produktfamiliennorm"
  CISPR 14-2/First edition:1997-02 – Deutsche Fassung der EN 55014-2:Februar 1997

Regionale Norm
- **EN 55014-2:**1997-02
  „Elektromagnetische Verträglichkeit – Störfestigkeitsanforderungen für Haushaltgeräte, Werkzeuge und ähnliche Geräte – Produktfamiliennorm"

Internationale Norm
- CISPR 14-2/ First edition:1997-02
  „Electromagnetic compatibility – Requirements for household appliances, electric tools and similar apparatus – Part 2: Immunity – product family standard"

Ältere Ausgaben mit weitgehend identischem Inhalt:
- DIN EN 55104 (VDE 0875 Teil 14-2):Dezember 1995
- EN 55104: Mai 1995

5 Erläuterungen zu DIN EN 61547 (VDE 0875 Teil 15-2)

5.1 Vorgeschichte der Norm

Die am 3. Mai 1989 erlassene Richtlinie des Rates der Europäischen Gemeinschaften 89/336/EWG zur Angleichung der Rechtsvorschriften der Mitgliedstaaten über die Elektromagnetische Verträglichkeit (siehe hierzu Kapitel 10.5.1) schreibt die Anwendung der Fachgrundnorm für die Störfestigkeit EN 50082-1 auch auf die vom Arbeitsbereich des IEC TC 34 „Leuchten und Zubehör" betroffenen Betriebsmittel ab dem 1. Januar 1996 verpflichtend vor, wenn und solange keine entsprechende Produktfamiliennorm zur Störfestigkeit vorliegt.

Da die Festlegungen in dieser Fachgrundnorm jedoch sehr undifferenziert, d. h. den Gegebenheiten der speziellen Produkte gerade dieses Technischen Komitees wenig entsprechend erschienen, machte man sich bald Gedanken über besser angepaßte Festlegungen, besonders zu den Bewertungskriterien und den Anwendungen der Prüfanforderungen sowie den Prüfbedingungen.

Andererseits bestehen im CISPR Unterkomitee F und auch im deutschen Spiegelgremium, dem UK 767.11 der DKE, jeweils unterschiedliche Arbeitsgruppen, eine für die Haushaltgeräte, Elektrowerkzeuge und ähnliche Geräte und eine für die Beleuchtungseinrichtungen. Infolge des engen Kontakts zwischen diesen Arbeitsgruppen und ihren Mitarbeitern erfuhr man von ähnlichen Bemühungen bei den Hausgeräten.

Daher war es naheliegend, daß man sich – bald nach Beginn der Arbeiten in einer besonderen CENELEC-Arbeitsgruppe an der später als EN 55104 (jetzt neu als EN 55014-2) veröffentlichten Norm für die Störfestigkeit von Haushaltgeräten und ähnlichen Geräten – auch in einem speziellen, im Mai 1992 aufgestellten „IEC TC 34 EMC Panel", dessen 1. Sitzung am 25. Mai 1992 stattfand, konkrete Gedanken über eine Produktfamiliennorm zur Störfestigkeit von Beleuchtungseinrichtungen machte.

Es wurde entschieden, daß der Anwendungsbereich dieser Norm die „Einrichtungen für allgemeine Beleuchtungszwecke", wie sie im Arbeitsbereich des IEC TC 34 liegen und zur Benutzung im Wohn-, Geschäfts- und Gewerbebereich vorgesehen sind, umfassen soll. Die Norm sollte sich nahe an die genannte Fachgrundnorm EN 50082-1 anlehnen und rechtzeitig vor dem 1. Januar 1996 zur Verfügung stehen.

So konnte im September 1994 der erste Entwurf der neuen Norm im Rahmen des VDE-Normenwerkes als E DIN IEC 34(Sec)35 veröffentlicht werden.

Infolge des guten Einvernehmens zwischen den Betroffenen, vor allem in der Geschäftsstelle des DKE, konnte das UK 767.11 erreichen, daß diese Norm zur Erleichterung für die Hersteller und die sonstigen Anwender der Normen zur Elektromagnetischen Verträglichkeit mit der Bezeichnung „Teil 15-2" in die Klassifikation „VDE 0875" aufgenommen wurde. Während die Erläuterungen zu einer seit vielen Jahren geltenden Norm, wie der VDE 0875 Teil 14-1 oder – in vielen Teilen – Teil 15-1, auf der Erfahrung vieler Laboratorien und Prüfstellen, aber auch den Änderungen und Ergänzungen der Norm selbst aufbauen können, können die folgenden Erläuterungen zum Teil 15-2 nur versuchen, die Gedanken bei deren Erstellung und die Absichten der Kollegen, welche die Norm erarbeitet haben, wiederzugeben. Für spätere Ausgaben – vor allem aber für eine laufende Verbesserung und Anpassung der Norm an die Entwicklung der erfaßten Produkte und der Verfahren – wäre es nützlich, wenn die Erfahrungen der Betroffenen und die daraus entstehenden Fragen dem die Norm bearbeitenden Komitee über die Geschäftsstelle des DKE mitgeteilt werden würden.

5.2 DIN EN 61547 (VDE 0875 Teil 15-2): April 1996

Einrichtungen für allgemeine Beleuchtungszwecke
EMV-Störfestigkeitsanforderungen
Deutsche Fassung der EN 61547: Oktober 1995

DEUTSCHE NORM		April 1996
	Einrichtungen für allgemeine Beleuchtungszwecke EMV-Störfestigkeitsanforderungen IEC 1547:1995 Deutsche Fassung EN 61547:1995	DIN EN 61547
VDE	Diese Norm ist zugleich eine VDE-Bestimmung im Sinne von VDE 0022. Sie ist nach Durchführung des vom VDE-Vorstand beschlossenen Genehmigungsverfahrens unter nebenstehenden Nummern in das VDE-Vorschriftenwerk aufgenommen und in der etz Elektrotechnischen Zeitschrift bekanntgegeben worden.	Klassifikation VDE 0875 Teil 15-2

DIN EN 61547 (VDE 0875 Teil 15-2) besteht – ähnlich wie die anderen Teile der Klassifikation VDE 0875 – aus dem Abdruck der Europäischen Norm EN 61547:1995 und einem „Deutschen Umschlag".
„Diese Norm enthält die deutsche Übersetzung der Internationalen Norm IEC (6)1547" bringt zum Ausdruck, daß es sich bei dieser Deutschen Norm um die deutsche Fassung der nach der Seite 4 abgedruckten Europäischen Norm handelt, die ihrerseits eine unveränderte Übernahme der Internationalen Norm IEC (6)1547 darstellt. Nur ein deutsches Titelblatt und ein nationales Vorwort sowie eine Übersicht über die zitierten Normen in ihren deutschen Entsprechungen sind hinzugefügt; diese enthalten aber keine zusätzlichen Festlegungen, sondern nur Informationen für die Anwendung im nationalen Geltungsbereich der Norm.
Dann sind der englische und der französische Titel entsprechend der Europäischen Norm angegeben. Da die Norm als solche neu ist, sind keine Normen genannt, wel-

che durch diese ersetzt werden. Es folgt die Aussage „Die Europäische Norm EN 61547:1995 hat den Status einer Deutschen Norm"; damit wird die Europäische Norm auch formell einer Deutschen Norm gleichgesetzt, obgleich sie z. B. in ihrem Aufbau nicht allen in DIN 820 enthaltenen Festlegungen entspricht.

Zum Beginn der Gültigkeit

Die Gültigkeit einer EN beginnt mit ihrer Annahme durch CENELEC, hier also, wie auch auf Seite 2 der EN ausgeführt, am 20. September 1995.

Es wird auf eine im Vorwort der EN genannte Übergangsfrist hingewiesen; das betrifft aber keine bereits geltende Europäische Norm, sondern das „späteste Datum, zu dem nationale Normen, die dieser EN entgegenstehen, zurückgezogen werden müssen", auch mit „dow" für *„latest date of withdrawel"* bezeichnet. Das betrifft keine Deutsche Norm. Bis zu diesem Zeitpunkt hätte bestenfalls die Fachgrundnorm für die Störfestigkeit im Wohnbereich, die EN 50082-1, auch auf Beleuchtungseinrichtungen angewandt werden dürfen.

Zum nationalen Vorwort

Hier wird zunächst angegeben, welche Gremien der DKE für die vorliegende Norm zuständig sind: einerseits das K 521 als Fachgremium für Leuchten, Lampen und Zubehör, andererseits das UK 767.11 für die EMV von Betriebsmitteln der genannten Art.

Es folgt ein Hinweis auf die den in der EN genannten (europäischen und internationalen) Normen entsprechenden Deutschen Normen in tabellarischer Form mit den Bezeichnungen bzw. der Klassifikation und als „Literaturhinweis" im nationalen Anhang NA mit den vollständigen deutschen Titeln.

Danach werden die in diesem Zusammenhang wichtigen Ausdrücke „undatierte Verweisung" und „datierte Verweisung" erläutert; hierzu siehe die Erläuterungen zu Abschnitt 2 Normative Verweisungen.

5.3 Die Europäische Norm EN 61547:Oktober 1995

Einrichtungen für allgemeine Beleuchtungszwecke
EMV-Störfestigkeitsanforderungen
Deutsche Fassung

Zum Vorwort

Ähnlich wie im nationalen Vorwort der Deutschen Norm wird hier ausgesagt, wer die Internationale Norm ausgearbeitet hat und wann sie als Europäische Norm von CENELEC angenommen wurde.

Das dann genannte späteste Datum, „zu dem die EN auf nationaler Ebene durch Veröffentlichung einer identischen nationalen Norm ... übernommen werden muß", auch mit „dop" für „*latest date of publication*" bezeichnet, konnte mit der Veröffentlichung im April 1996 gut eingehalten werden.
Danach wird auf den von CENELEC der IEC-Norm hinzugefügten Anhang ZA hingewiesen, der, ähnlich wie der oben erwähnte nationale Anhang NA, die in Abschnitt 2 „Normative Verweisungen" genannten Internationalen Normen mit ihren Ausgabejahren und der Bezeichnung der Europäischen Norm aufführt.

Zur Anerkennungsnotiz

Diese sagt aus, daß der Text der CENELEC EN 61547 ohne Abweichungen dem Text der Norm IEC (6)1547:1995 entspricht.

Zum Inhalt

Hier sind keine Kommentare erforderlich.

5.4 Die Internationale Norm IEC (6)1547/First edition:1995-09

Englisch: „*Equipment for general lighting purposes – EMC immunity requirements*"
Französisch: „*Equipments pour l´éclairage à usage géneral – Prescriptions concernant l´immunité CEM*"

Der normative (englische) Text beginnt auf Seite 7 und endet auf Seite 23.

5.5 Normativer Inhalt der DIN EN 61547 (VDE 0875 Teil 15-2)

Zu Abschnitt 1 Anwendungsbereich

Da dieser Abschnitt nicht – wie in den anderen Normen der Klassifikation VDE 0875 – unterteilt ist, wird er, zum besseren Verständnis, für diese Erläuterungen in 7 Unterabschnitte aufgelöst.

Zu Abschnitt 1.1 [Betroffene Betriebsmittel]

Während die anderen Normen der Klassifikation VDE 0875 unmittelbar und sehr konkret zum Ausdruck bringen, welche Betriebsmittel von ihnen betroffen sind, wird in dieser Norm zwar von Beleuchtungseinrichtungen gesprochen, aber zur Beschreibung auf den Arbeitsbereich eines Komitees der IEC verwiesen, nämlich auf den des TC 34. Dieser Arbeitsbereich wird aber in der Norm an keiner Stelle genannt. Da dieser auch nicht ohne weiteren Aufwand jedem Leser dieser Norm zugänglich sein wird, soll er hier wiedergegeben werden:

- Glühlampen (einschließlich Lampen für die Allgemeinbeleuchtung und Lampen für besondere Anwendungszwecke, wie Kraftfahrzeuglampen, Skalenbeleuchtungen usw.);
- Gasentladungslampen (Leuchtstofflampen usw.);
- Lampensockel und -fassungen mit dem Ziel, die Austauschbarkeit und Sicherheit (elektrischer Lampen) zu gewährleisten (Zubehör für Entladungslampen, einschließlich Starter);
- Leuchten.

Im englischen Originaltext der Norm wird das Wort „*scope*" hier in zwei verschiedenen Bedeutungen benutzt: „*scope of IEC TC x*" übersetzen wir mit „Arbeitsbereich eines Technischen Komitees" – „*scope of the standard*" dagegen mit „Anwendungsbereich einer Norm".

Mit der Nennung von Lampen, Leuchten und Zubehör (als Beispiele) ist der ganze Anwendungsbereich in gekürzter, aber eindeutiger Form ausgedrückt.

Von den im folgenden Abschnitt genannten Ausnahmen – also den Betriebsmitteln, die nicht in den Anwendungsbereich dieser Norm fallen – muß man solche unterscheiden, die nicht zu prüfen sind.

Daß es auch solche Betriebsmittel geben muß, wird man schnell vermuten, wenn man an die üblichen Glühlampen oder an Leuchten für diese Glühlampen denkt, die ja wohl so „störfest" sind, daß eine Prüfung mit Sicherheit überflüssig ist. Eine Nennung solcher Betriebsmittel findet sich in Abschnitt 6.

Im übrigen wäre es formell verkehrt, diese Betriebsmittel aus der vorliegenden Norm herauszunehmen: da alle elektrischen Betriebsmittel, die nicht einer spezifischen Produkt- oder Produktfamiliennorm unterliegen, „automatisch" von der Fachgrundnorm EN 50082-1 (VDE 0839 Teil 82-1) erfaßt werden, würde die Folge eines Herausnehmens die Forderung nach Anwendung der in Fachgrundnormen aufgeführten Festlegungen sein.

Zu Abschnitt 1.2 [Nicht betroffene Betriebsmittel (Ausnahmen)]
Es wird ohne weitere Information davon ausgegangen, daß für die hier genannten Betriebsmittel in anderen Normen Festlegungen zur Störfestigkeit zu finden sind. Wie schon oben gesagt, müssen alle Betriebsmittel, die nicht von einer spezifischen Produkt- oder Produktfamiliennorm erfaßt sind, den einschlägigen Fachgrundnormen entsprechen.

Da UV- und IR-Geräte nicht in den Arbeitsbereich des IEC TC 34 fallen, gehören sie auch nicht in den Anwendungsbereich dieser Norm, aber sie sind – soweit es sich um ihre Störfestigkeit handelt – ausdrücklich in der EN 55014-2 (VDE 0875 Teil 14-2) – siehe Kapitel 4 – genannt.

Zu Abschnitt 1.3 [Mehrnormengeräte]
Schon in der 2. Ausgabe der Publikation CISPR 14:1985 fand man in Abschnitt 1.3 des Anwendungsbereichs einen besonderen Begriff, das „*multifunction equipment*".

Dieser schwer zu übersetzende Ausdruck meint Geräte, die als Ganzes oder in Teilen gleichzeitig verschiedenen Abschnitten einer Norm und/oder anderer Normen unterliegen.
Diese Geräte sollen, wenn solches möglich ist, in jeder Funktion einzeln geprüft werden; dabei müssen alle zutreffenden Festlegungen der jeweils anzuwendenden Norm bzw. des jeweils anzuwendenden Abschnitts erfüllt werden.
Hier – in Teil 15-2 – wird als Beispiel die Dunstabzugshaube genannt. Die beiden Funktionen „Entlüften" und „Beleuchten" haben keinen technischen Zusammenhang, aber aus praktischen Gründen wäre der Aufstellungsort eventueller Einzelgeräte an ein und derselben Stelle. Also baute man die Leuchte in die Entlüftung ein – oder umgekehrt? Ohne jede Schwierigkeit und ohne gegenseitige Beeinflussung kann jedes „Gerät" einzeln betrieben, also auch einzeln geprüft werden.

Zu Abschnitt 1.4 [Verweis auf Fachgrundnorm]
Die Anforderungen dieser Norm sind im wesentlichen auf denen der oben genannten EMV-Fachgrundnorm aufgebaut, wobei u. a. eine Auswahl der Prüfphänomene und eine Anpassung der Bewertungskriterien vorgenommen wurde.
Während allerdings in der Fachgrundnorm keine Anforderungen zur Sicherheit der Betriebsmittel enthalten sind und z. B. „sicherheitsbezogene elektromagnetische Phänomene" von der Norm EN 55014-2 ausdrücklich ausgenommen sind (es wird dort auf EN 60335 verwiesen), enthält die besprochene Norm (in Abschnitt 6) Hinweise auf die Sicherheit der geprüften Betriebsmittel.

Zu Abschnitt 1.5 [Zusätzliche Maßnahmen]
Es wird darauf hingewiesen, daß
1. eine Auslegung der Betriebsmittel nach den Festlegungen dieser Norm nicht unter allen denkbaren Umständen und nicht unter allen Einsatzbedingungen die Sicherheit vor Störungen durch andere elektrische Betriebsmittel gibt, sondern daß
2. bei eventuell doch auftretenden Störungen zusätzliche Maßnahmen erforderlich werden.

Der Zweck der vorliegenden Norm ist es, eine definierte Störfestigkeit zu erreichen; da es eine absolute Störfestigkeit nicht geben kann, werden in dieser Norm Mindestanforderungen vorgegeben, die erfüllt sein müssen, damit das Betriebsmittel als „ausreichend störfest" bezeichnet werden kann – ausreichend für seinen Einsatzzweck und ausreichend aus der Sicht des vertretbaren Aufwands.
In der oben genannten Fachgrundnorm und in VDE 0875 Teil 14-2 wird das Beispiel eines tragbaren Sprechfunkgeräts als Störquelle in der Nähe eines Betriebsmittels genannt.

Zu Abschnitt 1.6 [Verweis auf Produktnormen]
Die betreffende Produktnorm sollte hier genannt werden; in den normativen Verweisungen, also in Abschnitt 2, findet man die Normen IEC 598-1:1992 und IEC 598-2-22:1990 (siehe dort).

Zu Abschnitt 1.7 [Frequenzbereich]

Im Gegensatz zu den meisten anderen EMV-Normen ist in EN 61547 kein Frequenzbereich angegeben, für den diese Norm gilt.
So heißt es dagegen z. B. in der Norm für die Störfestigkeit für Haushaltgeräte und ähnliches, der VDE 0875 Teil 14-2: „Abgedeckt sind Anforderungen an die Störfestigkeit im Frequenzbereich 0 Hz bis 400 GHz", während in VDE 0875 Teil 15:1993 – ebenso wie seit der 4. Ausgabe der CISPR 15:1993 – als der von dieser abgedeckte Frequenzbereich derjenige von 9 kHz bis 400 GHz genannt wird.
Abweichend davon beschränken sich allerdings die Prüfanforderungen (in Abschnitt 5) jeweils auf bestimmte Frequenzbereiche. Das bedeutet in der Praxis. daß es hinreichend ist, in den für die einzelnen Störphänomene genannten Frequenzbereichen Prüfungen durchzuführen, um den gesamten Frequenzbereich abzudekken, so daß weitere Prüfungen nicht gefordert werden.
Um Unsicherheiten zu vermeiden, sollte die Aussage „abgedeckt sind Anforderungen an die Störfestigkeit im Frequenzbereich von 0 Hz bis 400 GHz" möglichst auch in die nächste Ausgabe dieser Norm aufgenommen werden.

Zu Abschnitt 2 Normative Verweisungen

Durch „datierte" und „undatierte" Verweisungen werden die Festlegungen in den aufgeführten Normen – soweit sie sachlich zutreffen – Bestandteile dieser Norm. Es ist aber notwendig, zu unterscheiden, ob die jeweilige Verweisung als „gleitend" oder als „fest" anzusehen ist, d. h., ob Änderungen in der zitierten Norm zeitgleich in dieser Norm wirksam werden, oder ob deren Anwendung erst mit einer Neuausgabe oder Änderung der vorliegenden Norm wirksam wird. Das muß der Anwender von Fall zu Fall prüfen.
Eine Erläuterung der Ausdrücke „undatierte Verweisung" und „datierte Verweisung" findet man in den letzten Absätzen des nationalen Vorworts (Seite 2 des deutschen Teils).
Als „gleitend" oder „undatiert" werden Normen bezeichnet, wenn in den normativen Verweisungen – und dementsprechend auch in der Übersicht im Nationalen Vorwort – *kein* Ausgabedatum angegeben ist; die Normen *mit* einer solchen Angabe, z. B. IEC (6)1000-4-2:1995, sind dagegen „datierte" oder „feste".
Die hier aufgeführten Normen werden im Text der vorliegenden Norm genannt, die meisten bei den Prüfungen im Abschnitt 5.

Zu Abschnitt 3 Begriffe (Definitionen)

EN 61547 enthält – wie auch EN 55014-2 – außer „Anschluß" und „Gehäuse" keine Begriffe, sondern nur den Verweis auf das Internationale Elektrotechnische Wörterbuch (IEV), Kapitel 161 „EMV" und Kapitel 845 „Beleuchtung".
Ergänzend sollte erwähnt werden, daß in der englischen Fassung für „Anschluß" das Wort „*port*" benutzt wird; auch in deutschen Texten findet man oft die Worte „Tor" oder sogar „Port". In der Literatur wird auch das Wort „Schnittstelle" benutzt.

Zu Abschnitt 4 Bewertungskriterien

Zu Abschnitt 4.1 [Allgemeines]

Eine sehr ausführliche, grundsätzliche Erläuterung zum Thema „Bewertungskriterien" findet man zu Teil 14-2 Abschnitt 7 im Abschnitt 4.5 dieses Buchs.

Da die Vielfalt der möglichen Kriterien bei Beleuchtungseinrichtungen deutlich kleiner als bei den Betriebsmitteln der EN 55014-2 ist, können diese hier, in Teil 15-2, sehr viel konkreter vorgegeben werden: Im wesentlichen ist die Änderung der Lichtstärke als zu beobachtende Größe anzusehen. Daneben ist das Funktionieren der Regel- oder Steuergeräte und eventuell des Startgeräts zur Beurteilung heranzuziehen.

Eine Funktionsbeschreibung sollte die eventuelle Funktionsminderung im Störungsfall enthalten. Der Hinweis auf den Prüfbericht muß auch im Zusammenhang mit den Aussagen im Abschnitt 5 über die Durchführung einzelner Prüfungen verstanden werden.

Zu Abschnitt 4.2 [Bewertungskriterien]

Die Unterschiede zwischen den Bewertungskriterien A und B sind nicht als Qualitätsstufen anzusehen; sie sind primär physikalisch bedingt.

Bei Kriterium A darf – während der Prüfung – keine (erkennbare) Beeinflussung der Lichtstärke auftreten. Weder die Lichtstärke der Lampe selbst noch das ordnungsgemäße Arbeiten eventueller Regel- oder Steuergeräte darf Zeichen einer Störung zeigen.

Bei Kriterium B ist die Beeinflussungszeit so kurz, daß man während der Prüfung keine Beurteilung vornehmen kann. So ist nur das Verhalten des Prüflings nach der Prüfung als Aussage zu verwenden.

Nach der Prüfung muß sich – innerhalb einer Minute – die Lichtstärke wieder auf ihren vorherigen Wert eingestellt haben; Regel- und Steuergeräte müssen sich verhalten, als ob keine Störbeeinflussung stattgefunden hat.

Um den Unterschied der Bewertungskriterien A und B in vollem Umfang zu erkennen, muß man die für diese gegebenen Forderungen analytisch gegenüberstellen (**Tabelle 5-1**). Schon hier wird dabei darauf hingewiesen, daß in der letzten Zeile von Tabelle 11 (in Abschnitt 6) für die Leuchten für Notbeleuchtung ein anderes Kriterium gefordert ist als bei allen anderen Betriebsmitteln.

Bei Kriterium C dagegen darf während und nach der Prüfung jeder denkbare Zustand bestehen, wenn nach weiteren 30 min – gegebenenfalls auch nach Betätigung des Netzschalters oder der Regel- und Steuergeräte – der Normalbetrieb wieder hergestellt wird. Im Falle von Beleuchtungseinrichtungen mit eingebauten Startgeräten ist ein halbstündiges Ausschalten vorzunehmen.

Tabelle 5-1

	Kriterium A		Kriterium B		Kriterium C
	während	nach	während	nach	während und nach
	der Prüfung		der Prüfung		der Prüfung
Lichtstärke	darf keine Änderung zu beobachten sein	keine Vorgabe[1]	Beobachtung nicht erforderlich	darf max. 1 min geschwächt oder gelöscht sein	jede Änderung zulässig, Lampen dürfen erlöschen; innerhalb 30 min danach wieder normale Betriebszustände
Regel- und Steuergeräte	muß wie vorgesehen arbeiten[2]	keine Vorgabe[1]	braucht nicht zu funktionieren	gleicher Zustand wie vor der Prüfung (ohne Zeitvorgabe!)	

[1] Aus dem geforderten Verhalten *während* der Prüfung ist abzuleiten, daß *nach* der Prüfung die gleichen Bedingungen gelten

[2] muß also *während* der Prüfung beobachtet werden

Zu Abschnitt 4.3 [Meßverfahren für die Lichtstärke]

Im allgemeinen wird das Beobachten der Lichtstärke zur Beurteilung ausreichend sein; nur für den Fall von Meinungsverschiedenheiten wird hier ein Meßverfahren beschrieben.

Zu Abschnitt 4.4 [Lebensdauer]

Die Beeinflussung der Lebensdauer der Lichtquellen ist keine Bewertungsgröße.

Zu Abschnitt 5 Prüfanforderungen

Auch beim Thema Prüfanforderungen empfiehlt sich ein Studium der Ausführungen zu den vergleichbaren Festlegungen in VDE 0875 Teil 14-2 im Kapitel 4 und hier zum Abschnitt „Prüfungen" nach der EN 55014-2. Die einzelnen, hier genannten Anforderungen stimmen weitgehend mit dieser (und mit den Anforderungen der Fachgrundnorm EN 50082-1) überein. Die den Prüfungen zugrunde gelegten EMV-Grundnormen sind dieselben (siehe unten), auch wenn Auswahl und Reihenfolge in Teil 14-2, Abschnitt 6, und in Teil 15-2, Abschnitt 5, unterschiedlich sind. Auf Einzelheiten wird bei den einzelnen Prüfungen hingewiesen.

Zu Abschnitt 5.1 Allgemeines

Auf die Anwendung der unterschiedlichen Prüfungen wird in den nachfolgenden Abschnitten 5.2 bis 5.9 eingegangen. Zur Sicherstellung der Reproduzierbarkeit der Prüfergebnisse sollte von der prüfenden Stelle – dem Fachlabor des Herstellers oder der vom Hersteller mit der Prüfung beauftragten Stelle – über die Einzelheiten der durchgeführten Prüfungen, der angewandten Normen und über die nicht durchgeführten Prüfungen (siehe 5. Absatz) sehr sorgfältig Prüfbericht geführt werden.

Zu Abschnitt 5.1 – 2. bis 4. Absatz [Durchführung der Prüfungen]
Die hier formulierten Festlegungen bedürfen kaum einer Erklärung. Es wird besonders auf die Aussage hingewiesen, daß die Reihenfolge der Prüfungen nicht vorgeschrieben ist; sie müssen aber einzeln und nacheinander durchgeführt werden. In Teil 14-2 wird ergänzend gesagt, daß die Prüfungen an den Anschlüssen durchzuführen sind, die bei der üblichen Benutzung zugänglich sind; in Teil 15-2 ist – bei den Signal- und Steuerleitungen in den Tabellen 4 und 7 – nur an solchen Anschlüssen zu prüfen, an die Leitungen mit einer Länge von mehr als 3 m bzw. 1 m angeschlossen werden dürfen.

Zu Abschnitt 5.1 – 5. Absatz [Generalklausel]
Diese wichtige Festlegung zum Umfang der als notwendig anzusehenden Prüfungen ist wörtlich aus der Fachgrundnorm EN 55082-1 (VDE 0839 Teil 82-1) übernommen worden. Sie steht über den Festlegungen in den folgenden Abschnitten 5.2 bis 5.9; der über den Umfang der Prüfungen Entscheidende trägt mit der Auswahl eine hohe Verantwortung, die durch eine sorgfältige Begründung im Prüfbericht gestützt werden sollte.
Damit steht es aber dem Hersteller andererseits auch frei, sich ausdrücklich von einem Teil der Prüfungen zu entlasten, wie es zu Teil 14-2 Abschnitt 7.1.2 ausgeführt wurde.
Ein sorgfältig erstellter Prüfbericht kann nicht nur den guten Willen des Herstellers zeigen, die einzelnen Prüfungen selbstkritisch zu optimieren, er erleichtert auch eine gegebenenfalls notwendige Diskussion mit einer nachprüfenden Stelle und erhält im Falle einer Reklamation ein besonderes Gewicht.

Zu Abschnitt 5.1 – 6. und 7. Absatz [Verweis auf Grundnormen]
Im 6. Absatz wird auf die in den Tabellen genannten Grundnormen mit den dort gegebenen Festlegungen Bezug genommen. In diesem Zusammenhang wird auf die in Abschnitt 2 „Normative Verweisung" enthaltene Aussage hingewiesen, daß Festlegungen in den dort zitierten Normen als Festlegungen – also Teile – dieser hier vorliegenden Norm anzusehen sind.
Bei den folgenden Abschnitten 5.2 bis 5.9 wird in größerem Umfang auf die entsprechenden Abschnitte zur Norm für die Störfestigkeit der Haushaltgeräte verwiesen; damit soll vermieden werden, daß durch Wiederholungen der Umfang dieser Erläuterungen unnötig erhöht wird.

Zu Abschnitt 5.2 Entladung statischer Elektrizität
Hierzu wird auf Teil 14-2 Abschnitt 5.1 verwiesen, dem nichts Spezielles hinzuzufügen ist.

Zu Abschnitt 5.3 Hochfrequente elektromagnetische Felder
Die entsprechenden Erläuterungen finden sich bei Teil 14-2 Abschnitt 5.5 (siehe Abschnitt 4.5 dieses Buchs).

Zu Abschnitt 5.4 Netzfrequente elektromagnetische Felder
Prüfungen im netzfrequenten (elektro-)magnetischen Feld, von denen in erster Linie Betriebsmittel beeinflußt werden, die mit Magnetfeldern niedriger Intensität arbeiten, sind in Teil 14-2 nicht vorgesehen; man war dort der Meinung, daß in den vom Anwendungsbereich der Norm erfaßten Betriebsmitteln im allgemeinen keine Komponenten – man könnte z. B. an Hall-ICs in einer Drehzahlsteuerung denken – enthalten sind, die auf netzfrequente magnetische Felder empfindlich reagieren. Als solche kämen sonst z. B. Monitore, Diskettenlaufwerke und Festplatten in Frage. Hier ist demgegenüber eine Prüffeldstärke von 3 A/m für die 50-Hz-Felder angegeben, denen das Gehäuse der Einrichtung ausgesetzt werden muß.

Zu Abschnitt 5.5 Schnelle Transienten
Auch zu diesen Prüfungen soll hier auf die umfangreichen Ausführungen zu Teil 14-2, Abschnitt 5.2 des Buchabschnitts 4.5 hingewiesen werden. Die Prüfdauer beträgt jeweils 2 Minuten.

Zu Abschnitt 5.6 Eingespeiste Ströme
Während die grundsätzlichen Aussagen zu Teil 14-2 Abschnitt 5.4 auch hier zutreffen, unterscheiden sich die elektrischen Werte der beiden Normen. Die Angaben zu den bevorzugt zu verwendenden Koppel-/Entkoppeleinrichtungen sind sehr hilfreich.

Zu Abschnitt 5.7 Stoßspannungen/-ströme
Zu diesem Abschnitt finden sich die Erläuterungen bei Teil 14-2 Abschnitt 5.6; in Teil 14-2 werden allerdings zwischen Phase und Neutralleiter auch 1 kV, zwischen Phase und Schutzleiter (sowie zwischen Neutralleiter und Schutzleiter) 2 kV vorgeschrieben. Hier, in EN 61547, wird dagegen von „Phase zu Masse", im englischen Text von „*line to ground*", gesprochen, und es werden geringere Prüfschärfen gefordert (1 kV für die Prüfung zwischen „aktiven Leitern" einerseits und dem Bezugspotential andererseits und nur 0,5 kV zwischen den „aktiven Leitern" selbst).

Zu Abschnitt 5.8 Spannungseinbrüche und -unterbrechungen
Zu den Ursachen dieser Störphänomene siehe die Erläuterungen zu Teil 14-2 Abschnitt 5.7 im Buchabschnitt 4.5.
Tabelle 11 gibt als Spannungsabsenkung mit 30 % die Tiefe der Einbrüche für 200 ms an, Tabelle 12 als Absenkung mit 100 % während 0,5 Perioden (10 ms) die Dauer des Netzausfalls.

Zu Abschnitt 5.9 Spannungsschwankungen
Prüfungen hinsichtlich des Verhaltens der Betriebsmittel bei Spannungsschwankungen sind ebenfalls in der Grundnorm EN 61000-4-11 (aber nicht in Teil 14-2) enthalten (siehe zu Abschnitt 6.8).
Man kann Spannungsschwankungen auch als länger andauernde Spannungsabsenkungen betrachten; in Abschnitt 5.2 von EN 61000-4-11 wird als weiteres Charakteristikum der definierte Übergang zwischen der Nennspannung U_N und der geän-

derten Spannung angegeben. Dabei liegt für kurzzeitige Schwankungen der Versorgungsspannung die Dauer der reduzierten Spannung bei 1 s, die Dauer des Vorgangs der Reduzierung und ebenso des Vorgangs der Erholung bei 2 s.
Aber hier – im Teil 15-2 – werden nicht die verallgemeinerten Festlegungen von EN 61000-4-11 angezogen, sondern es wird – ohne Nennung von Beispielen – auf die Produktnormen für Zubehör, Vorschaltgeräte, Starter und ähnliches verwiesen.

Zu Abschnitt 6 Anwendung der Prüfanforderungen

Zu Abschnitt 6.1 Allgemein

Die Antwort auf die Frage, welche Betriebsmittel (Beleuchtungseinrichtungen) hinsichtlich ihrer Störfestigkeit geprüft werden müssen und welche nicht, ist den Abschnitten 6.1 bis 6.3 zu entnehmen. Zusammenfassend ist zu folgern:

Nicht zu prüfen sind:
– Beleuchtungseinrichtungen ohne aktive, elektronische Bauteile, z. B. Leuchten, bei denen die Lichtquelle direkt aus dem Netz oder aus Batterien betrieben wird und Leuchten mit induktiven Vorschaltgeräten, jedoch nicht Leuchten für Notbeleuchtung nach 6.3.3 (siehe 6.2);
– Lampen, ausgenommen Entladungslampen mit eingebauten Betriebsgeräten (siehe 6.1, 2. Satz) – zu den „Lampen" gehören sowohl Glühlampen als auch Leuchtstofflampen (Entladungslampen);
– Zubehör, das in Leuchten oder Entladungslampen mit eingebauten Betriebsgeräten eingebaut ist (siehe 6.1, 2. Satz);
– Leuchten mit eingebautem Zubehör, wenn dieses Zubehör bei getrennten Prüfungen die Bedingungen für unabhängiges Zubehör erfüllt (siehe 6.1, 3. Satz).

Die Prüfanforderungen gelten für:
– Beleuchtungseinrichtungen, die aktive elektronische Bauteile (z. B. Konverter) enthalten (siehe 6.3),
– Entladungslampen mit eingebauten Betriebsgeräten (siehe 6.3.1);
– unabhängiges Zubehör mit elektronischen Bauteilen (siehe 6.3.2);
– Leuchten oder ähnliche Geräte mit aktiven elektronischen Bauteilen (siehe 6.3.3), die keine Einzelprüfung des Zubehörs nachweisen können, sowie
– alle Leuchten für Notbeleuchtung (siehe 4. Position in Tabelle 15).

Mit dem letzten Absatz von Abschnitt 6.1 ist nicht ausgesagt, daß nach der Störfestigkeitsprüfung eine Sicherheitsprüfung durchgeführt werden soll; die Geräte dürfen durch die geforderten Prüfungen nur nicht unsicher werden.

Der Hersteller muß bei der Entwicklung von Betriebsgeräten oder Zubehör darauf achten, daß die Sicherheit auch unter den Bedingungen der Prüfungen eingehalten bleibt. Das bedeutet, daß die Entwicklungsabteilung des Herstellers in eigenem Interesse das Produkt oder einzelne Bauteile davon – z. B. eine elektronische Steuerung – nach einer Störfestigkeitsprüfung einer eingehenden Beurteilung auf eventuelle sicherheitstechnische Folgen unterzieht. Bestimmte Bauteile, wie die erwähnten elektronischen Steuerungen, die ja speziell bei Prüfungen mit impulsförmigen

Störgrößen einer nicht unerheblichen – im üblichen Gebrauch kaum auftretenden – Bauteilebeanspruchung unterliegen, könnten typische Defekte zeigen, die für die weitere Entwicklung dieser Produkte eine größere Bedeutung bekommen können.

Zu Abschnitt 6.2
Beleuchtungseinrichtungen ohne elektronische Bauteile
Die Grundaussage dieses Abschnitts wurde oben, bei den Erläuterungen zu Abschnitt 6.1, berücksichtigt.
Leuchten für Notbeleuchtung werden in Abschnitt 6 so behandelt, als ob sie grundsätzlich aktive elektronische Bauteile enthalten würden.

Zu Abschnitt 6.3
Beleuchtungseinrichtungen mit elektronischen Bauteilen
Das Unterscheidungsmerkmal zwischen den Anforderungen der Abschnitte 6.2 und 6.3 ist das Vorhandensein „aktiver elektronische Bauteile"; ein Hinweis in Abschnitt 6.3, was darunter zu verstehen ist, lautet „... die z. B. die Betriebsspannung und/oder die Betriebsfrequenz umformen oder steuern".
Im übrigen wird in diesem Abschnitt bzw. den (Unter-)Abschnitten 6.3.1, 6.3.2 und 6.3.3 eine Zuordnung von Kombinationen der im Abschnitt 5 aufgeführten Prüfungen mit den im Abschnitt 4 formulierten Bewertungskriterien zu den einzelnen Betriebsmitteln vorgenommen.
Wie schon zu Abschnitt 4 ausgeführt und auch eingehend zu Teil 14-2 im Abschnitt 5 erläutert, sind die einzelnen Kombinationen, soweit die Kriterien A und B betroffen sind, physikalisch bedingt, nämlich aus der Zeit abzuleiten, die der Prüfvorgang erfordert. Die Kriterien A und B dürfen nicht als qualitativ unterschiedliche angesehen werden, ihnen liegt *nicht* unterschiedlicher Aufwand bei der Entwicklung oder Konstruktion des Betriebsmittels zugrunde.
Im Vergleich mit Teil 14-2 (Abschnitt 8) fällt allerdings auf, daß dort bei Stoßspannungen/-strömen das Kriterium B, in dieser Norm jedoch – außer bei Leuchten für Notbeleuchtung – das Kriterium C vorgegeben ist.

Zu Abschnitt 6.3.1 Entladungslampen mit eingebauten Betriebsgeräten
und
zu Abschnitt 6.3.2 Unabhängiges Zubehör
sowie
zu Abschnitt 6.3.3 Leuchten
Zwischen den Tabellen 13, 14 und 15, das heißt also zwischen den Aussagen der Abschnitte 6.3.1, 6.3.2 und 6.3.3, besteht kein grundsätzlicher Unterschied, einen Sonderfall stellen nur die Leuchten für Notbeleuchtung (letzte Zeile in Tabelle 15) dar; sie werden immer – wie schon zu Abschnitt 6.2 festgestellt – wie Beleuchtungseinrichtungen mit elektronischen Bauteilen behandelt. Den Autoren erscheint es allerdings zweifelhaft, wie die in der letzten Zeile der Tabelle 15 (bei Leuchten für Notbeleuchtung) geforderte Prüfung mit einer Entladung statischer Elektrizität nach

Bewertungskriterium A, also mit einer Beobachtung der Auswirkungen während der Prüfungen, durchgeführt werden kann (siehe die Erläuterungen zu Abschnitt 4.2).

Zu Abschnitt 7 Prüfbedingungen

Während z. B. in Teil 15-1 die Betriebsbedingungen beim Messen der Funkstörgrößen sehr detailliert festgelegt werden konnten, ist etwas Vergleichbares bei den Prüfungen zur Störfestigkeit kaum möglich. So kann hier nur gefordert werden, die für die einzelnen Betriebsmittel in den jeweiligen Produktnormen vorgegebenen Betriebsbedingungen und die „üblichen Laborbedingungen" zu beachten; bei Lampen und Leuchten ist für stabile Lichtstärke zu sorgen.

Wegen des unterschiedlichen Verhaltens der elektronischen Steuerungen je nach ihrer Belastung (Einstellung des Phasenwinkels) wird für diese hier eine Prüfung mit drei verschiedenen Einstellungen vorgeschrieben.

Bei der Prüfung von Leuchten und von unabhängigem Zubehör müssen – wie auch in Teil 15-1 Abschnitt 6.5.1 gefordert – solche Lampen benutzt werden, wie sie für die jeweilige Beleuchtungseinrichtung vorgesehen sind. Dabei ist eine Lampe der jeweils höchsten erlaubten Leistung einzusetzen. In der Internationalen Norm IEC 598 und der unter den normativen Verweisungen genannten EN 60598 ist z. B. festgelegt, daß der Hersteller einer Leuchte auf dem Typenschild und in den Begleitunterlagen (z. B. einer Montageanleitung) angeben muß, welcher Lampentyp mit welcher Lampenleistung in der Leuchte verwendet werden darf.

Zwei Stichworte, die in Teil 15-1 bei den zu verwendenden Lampen angesprochen werden, sind die Alterung der Lampen und die Stabilisierung der Lampen. Da bisher noch keine Erfahrungen darüber vorliegen, ob diese Eigenschaften einen Einfluß auf die Störfestigkeit der Betriebsmittel ausüben, empfiehlt es sich, die Festlegungen in Teil 15-1, Abschnitt 6.5 zu berücksichtigen und im Prüfbericht auf diese Gegebenheiten hinzuweisen.

Zu Abschnitt 8 Ermittlung der Konformität

Die Ausführungen zur Ermittlung der Konformität in der vorliegenden Norm sind sehr knapp gehalten. So wird – im Gegensatz zu den entsprechenden Festlegungen in Teil 15-1 und auch in Teil 14-2 – nicht einmal ein Hinweis auf anzuwendende oder übliche Verfahren zur Durchführung einer Typprüfung oder Sicherstellung der Qualität gegeben. Da aber auch bei der Ermittlung der Konformität Kosten entstehen, sollte man sich in den beiden oben genannten Normen, d. h. hier in den Erläuterungen zu Teil 15-1 im Buchabschnitt 4.5 zu Abschnitt 10 und 14-2 und im Buchabschnitt 3.5 zu Abschnitt 10 informieren.

Der wichtigste Hinweis dürfte wohl der sein, daß in beiden Normen, unter gewissen zusätzlichen Voraussetzungen für eine Typprüfung, die Prüfung an nur einem Betriebsmittel als ausreichend angesehen wird.

Aber auch zur Frage eines eventuellen Verkaufsverbots, das aus der EMV-Richtlinie 89/336/EWG mit Änderung nach Richtlinie 93/68/EWG (Artikel 10, Absatz 7) oder den nationalen Gesetzen folgen kann, oder der Zurücknahme der Typgenehmigung im Falle von Meinungsverschiedenheiten über die Einhaltung der Festlegung dieser Norm enthält z. B. DIN EN 55015-1 (VDE 0875 Teil 15-1) – in Abschnitt 10.4 – sehr konkrete Aussagen zum Schutze des Herstellers (siehe zu Teil 15-1 Abschnitt 10). Die Autoren sind der Meinung, daß ähnliche Festlegungen zur Sicherstellung einer europaeinheitlichen Regelung in die EN 61547 aufgenommen werden sollten.

[Produktdokumentation]
Die Fachgrundnorm EN 50082-1 enthält in ihrem Abschnitt 8 eine Festlegung zur erforderlichen Produktdokumentation. Diese wurde in Abschnitt 11 von DIN EN 55014-2 (VDE 0875 Teil 14-2) mit dem folgenden Wortlaut übernommen:
„Die von einem Hersteller erstellten Festlegungen für eine minimale Betriebsqualität oder für eine Beeinträchtigung des Betriebsverhaltens während oder nach den in dieser Norm geforderten Prüfungen muß auf Anforderung zur Verfügung gestellt werden."
In DIN EN 61547 (VDE 0875 Teil 15-2) ist eine solche Festlegung nicht enthalten. Es muß aber wohl angenommen werden, daß auch ohne diese ausdrückliche Aussage eine derartige Verpflichtung besteht, vor allem, wenn z. B. von der sogenannten Generalklausel in Abschnitt 5.1, 3. Absatz, Gebrauch gemacht wurde. Siehe hierzu ergänzend auch zu VDE 0875 Teil 14-2 Abschnitt 11.

5.6 Im Kapitel 5 berücksichtigte Normen

Nationale Norm:
- **DIN EN 61547 (VDE 0875 Teil 15-2):** April 1996
  „Einrichtungen für allgemeine Beleuchtungszwecke – EMV-Störfestigkeitsanforderungen"
  IEC (6)1547:1995 – Deutsche Fassung der EN 61547:1995

Regionale Norm:
- **EN 61547:** Oktober 1995
  „Einrichtungen für allgemeine Beleuchtungszwecke – EMV-Störfestigkeitsanforderungen"

Internationale Norm:
- **IEC 1547/First edition:** 1995-09
  „Equipment for general lighting purposes – EMC immunity requirements"

Normentwurf, der zur DIN EN 61547 führte:
- DIN IEC 34(Sec)35 (VDE 0875 Teil 15-2): September 1994
  „EMV-Produktfamiliennorm – Störfestigkeitsanforderungen für Zubehör für allgemeine Beleuchtungszwecke"
  IEC 34(Sec)35:1994

6 Erläuterungen zu DIN EN 60601-1-2 (VDE 0750 Teil 1-2)

6.1 Vorgeschichte der Norm

Die „zweite Ergänzungsnorm" (Second Collateral Standard) zur Produktfamiliennorm DIN EN 60601-1 (VDE 0750 Teil 1) „Medizinische elektrische Geräte Teil 1: Allgemeine Festlegungen für die Sicherheit", der deutschen Version der europäischen Norm EN 60601-1, die wiederum der internationalen Norm IEC (60)601-1, zweite Ausgabe:1988 mit zwei Ergänzungen – A1:1991 und A2:1995 – entspricht, da diese ohne gemeinsame Änderungen übernommen wurden, trägt die Bezeichnung DIN EN 60601-1-2 (VDE 0750 Teil 1-2). Sie wurde im September 1994 veröffentlicht. Sie beschäftigt sich mit dem Gesamtkomplex der Elektromagnetischen Verträglichkeit – das heißt sowohl mit der Störaussendung als auch mit der Störfestigkeit – für die Produktfamilie der elektrischen Einrichtungen in medizinischer Anwendung im gesamten zu betrachtenden Frequenzbereich.

Besondere Festlegungen (im wesentlichen zu deren Sicherheit) für die „Familienmitglieder" (das sind die verschiedenen Produktgruppen der weitverzweigten „Großfamilie") werden z. Z. in etwa 40 Teilnormen der Unterreihe IEC (60)601-2- ... /EN 60601-2- ... (VDE 0750 Teil 2- ...) behandelt; eine Anzahl weiterer Teile befindet sich in Bearbeitung.

Die hier besprochene Ergänzungsnorm gehört zur Unterreihe IEC (60)601-1- mit den allgemeinen Anforderungen und trägt den Untertitel „2. Ergänzungsnorm: Elektromagnetische Verträglichkeit – Anforderungen und Prüfungen". Ihre internationale Version wurde als IEC (60)601-1-2 im April 1993, die europäische Fassung als EN 60601-1-2 im Mai 1993 veröffentlicht. Als Deutsche Norm steht sie seit September 1994 in Form der DIN EN 60601-1-2 (VDE 0750 Teil 1-2) zur Verfügung.

Auch die Teile 2 der IEC (60)601 enthalten teilweise (soweit es bei ihrer Entstehung für erforderlich erachtet wurde) Anforderungen zur EMV für die jeweils behandelte Produktgruppe. Diese sind jedoch zum Teil auf Grund der unterschiedlichen Entstehungsdaten (einige basieren noch auf der 1. Ausgabe der IEC 601-1 von 1977) nicht auf die hier behandelte Ergänzungsnorm bezogen. Es wird noch einige Zeit dauern, bis alle Teile mit ihren EMV-Abschnitten mit der IEC (60)601-1-2 im Einklang stehen. In der Zwischenzeit wird wohl die Neuausgabe (2nd edition) der IEC (60)601-1-2 vorliegen, was die Koordinierung zusätzlich erschweren wird. Zur Lösung dieser Probleme wird voraussichtlich in Kürze ein Gremium etabliert, das sich dieser Problematik in besonderem Maße annehmen und eine geeignete Lösung herbeiführen soll.

Eine Auflistung der Teile 2 der IEC (60)601 ist unter Angabe der darin enthaltenen EMV-Anforderungen in der Tabelle im Abschnitt 6.7 dieses Buchs wiedergegeben.

In den folgenden Ausführungen sollen einige Informationen über den Sinn und Zweck und über die Entstehungsgeschichte dieser Norm gegeben werden. In einem weiteren Unterabschnitt wird dann auf den Inhalt dieser Norm eingegangen. Da sich die Norm wegen einiger erkannter Unzulänglichkeiten und Diskrepanzen zu anderen Normen (insbesondere zu einigen Grundnormen) z. Z. gerade in Überarbeitung befindet, wird der Stand der Beratungen (soweit bereits vorliegend) in den Kommentaren zu den einzelnen Abschnitten oder zu den Erklärungen und Begründungen – enthalten im Kapitel 6.6 – entsprechend adressiert.

Bis in die 70er und z. T. auch noch in den 80er Jahren wurden medizinische elektrische Geräte nur teilweise und im wesentlichen nur hinsichtlich ihres aktiven Störvermögens (der Störaussendung) im Frequenzbereich oberhalb 10 kHz beurteilt. Vorrangig geschah dies bei solchen Geräten, die Hochfrequenzenergie zur Behandlung (Therapie) oder Untersuchung (Diagnose) von Patienten einsetzten, also bei den „klassischen ISM-Geräten", die damals nach der VDE 0871 zu beurteilen waren. Mit dem Einzug der Digitaltechnik mit ihren höheren Taktfrequenzen und der steuerbaren Leistungshalbleiter in andere Gruppen der Produktfamilie (z. B. in die Hochspannungsgeneratoren für die Röntgendiagnostik und für Systeme zur Computertomographie) wurden teilweise auch diese Produkte nach der genannten Norm beurteilt. Andere Geräte, die mit motorischen Antrieben versehen waren (z. B. die Geräte und Einrichtungen der Dentaltechnik, wie Zahnarztstühle und -bohrer) wurden – davon abweichend – nach der VDE 0875 geprüft, da sie im wesentlichen nur breitbandige Störgrößen emittierten, die denen der Haushaltgeräte sehr ähnlich waren. Diese Bewertung war aber nicht in allen Ländern einheitlich geregelt; vielfach erfolgte andernorts überhaupt keine EMV-Beurteilung dieser Produkte.

In den Vereinigten Staaten waren bis zum Jahre 1979 nur die Geräte mit beabsichtigter HF-Erzeugung den Anforderungen der zuständigen Behörde (*Federal Communication Commission*) unterworfen und in deren Verordnungen (*Regulations*) durch den „Teil 18" (*Part 18*) behandelt. 1979 wurde der „Teil 15" dieser Verordnungen, der sich mit „beabsichtigten, unbeabsichtigten und gelegentlichen Strahlern (*intentional, unintentional and incidental radiators*), die ohne besondere Genehmigung betrieben werden dürfen", beschäftigt, um die Gruppe der „rechnenden Geräte" (*computing devices*) mit Arbeitsfrequenzen oberhalb 10 kHz erweitert. Auf Druck der Industrie und ihrer Verbände (z. B. der NEMA und der HIMA) wurde aber bereits vor dem Inkrafttreten der Anforderungen im Jahr 1981 erreicht, daß diese für solche medizinischen Geräte (*medical devices*) nicht gelten sollten, die unter der Aufsicht einer „heilkundigen Fachkraft" (*health care professional*) betrieben werden. Dieser Tatbestand trifft auf annähernd alle in Krankenhäusern oder Arztpraxen angewandten medizinischen Geräte und Einrichtungen zu, so daß diese damit alle aus dem neuen Geltungsbereich herausfielen.

Von dieser Einstellung war auch noch in den späten 80er Jahren die Meinung der US-Experten zu etwaigen (internationalen) EMV-Festlegungen für Medizingeräte geprägt.

Daher ist die Entstehungsgeschichte der Produktfamiliennorm für die EMV medizinischer elektrischer Geräte und Systeme dornenreich. Sie begann darum erst relativ spät (im Jahre 1989) mit der Schaffung einer ordentlichen IEC-Arbeitsgruppe (*permanent working group*), der WG 13 des Unterkomitees (SC) 62A, die von dem verantwortlichen Unterkomitee die Aufgabe zugewiesen bekam, den „Abschnitt 36" der „Allgemeinen Sicherheitsnorm für medizinische elektrische Geräte" (IEC (60)601-1) mit der Überschrift „Elektromagnetische Verträglichkeit", der bis dahin „leer" war, aufzufüllen.

Eine vorher (1985) installierte „Sonderarbeitsgruppe" (*preparatory (special) working group*) (SWG), die von einer Anzahl amerikanischer Vertreter dominiert wurde, war zu dem Ergebnis gekommen, daß für den Bereich der Medizintechnik keine EMV-Normen notwendig seien, weil es angeblich keine EMV-Probleme gäbe. Daher lauteten die lapidaren Vorschläge dieser Gruppe für künftige EMV-Anforderungen lediglich:
– Medizinische Geräte dürfen nicht absichtlich auf solchen Frequenzen arbeiten, die international für Sicherheits- und Notfunkdienste bestimmt sind, und
– medizinische Geräte dürfen keine Gefährdungen hervorrufen, wenn sie spezifizierten Umweltbedingungen ausgesetzt sind.

Weiterhin war nur noch die Forderung zu finden:
– „Beim Auftreten von Störungen, die durch ein Produkt verursacht werden, soll der Hersteller den Beschwerden des Kunden nachgehen und die Ursachen für die Beanstandung beheben."

Es war schon damals leicht einzusehen, daß derartige Festlegungen nicht ausreichen würden, um die „Grundlegenden Anforderungen" aus EG-Richtlinien, wie der zur damaligen Zeit gerade erlassenen EMV-Richtlinie [89/336/EWG] und der zu der Zeit schon diskutierten Medizinprodukte-Richtlinie, die aber erst im Jahre 1993 als [93/42/EWG] erschien, erfüllen zu können. Einzelheiten hierzu finden sich im Abschnitt 10.5 dieses Buchs.

Obwohl nach wie vor gegensätzlicher Meinung, willigten die amerikanischen, kanadischen und japanischen Delegierten des Unterkomitees 62A ein, eine ordentliche Arbeitsgruppe (WG 13) zu installieren, nachdem die europäischen Vertreter deutlich ihre Absicht bekundet hatten, bei einem Nichtzustandekommen einer solchen internationalen Arbeitsgruppe eine eigene CENELEC-Gruppe zu gründen und die erforderlichen EMV-Festlegungen im Rahmen der europäischen Normungsarbeit – allerdings auf der Basis internationaler Grundnormen – zu erstellen. Der Mitautor J. Reimer ist eines der Gründungsmitglieder dieser Arbeitsgruppe.

Ein erster Entwurf (*Committee Draft*) dieser Norm wurde als [IEC 62A(Sec)109] bereits im Juli 1990 zur Kommentierung an die nationalen Komitees verteilt.

Es ging eine Fülle von Einsprüchen und Kommentaren (im wesentlichen von den Nationen, die an der Erarbeitung mitgewirkt hatten) ein, die dann im April 1991 als Schriftstück [IEC 62A(Sec)113] verteilt wurden. Das abstimmungsberechtigte Unterkomitee 62A faßte den Beschluß, den erarbeiteten Inhalt nicht in den

Abschnitt 36 der Allgemeinen Norm (IEC (60)601-1) zu integrieren, sondern die EMV-Anforderungen und Prüfungen in einem gesonderten Papier als eine Ergänzungsnorm (*Collateral Standard*) zu dieser zu publizieren.
Als nächster Schritt folgte die Herausgabe eines weiteren Entwurfs als *Draft International Standard* (DIS) unter der Bezeichnung [IEC 62A(CO)41] im August 1991. Zwischenzeitlich hatte sich auch das CENELEC-Spiegelgremium der WG 13 als CLC TC 62/WG „EMC" (unter dem Vorsitz des Mitautors *J. Reimer*) etabliert und übernahm und verteilte diesen Entwurf an seine nationalen Komitees. Dies geschah jedoch irrtümlicherweise unter der Bezeichnung prEN 50097 und nicht als prEN 60601-1-2, was zu einer Verzögerung bei der Abstimmung führte, d. h. die damals bereits in der Einführungsphase befindliche Parallelabstimmung bei IEC und CENELEC verhinderte.
In Deutschland wurde diese Fassung in den Entwurf einer VDE 0750 Teil 1-3 übersetzt und der Öffentlichkeit zugänglich gemacht. Zuständig für dessen Bearbeitung war eine zwischenzeitlich eigens für diesen Zweck etablierte Arbeitsgruppe der DKE, die zu Beginn als AK 751.0.9 geführt wurde.
Im April 1992 konnte – nach weiterer überwiegend redaktioneller Arbeit, die während und nach einer Sitzung in Frankfurt geleistet wurde – der IEC-Standard 601-1-2/First edition verabschiedet werden, nachdem 88 % der stimmberechtigten nationalen Komitees der IEC dem Normentwurf (DIS) zugestimmt hatten. Es dauerte jedoch noch bis zum April 1993, bis die gedruckte Version dieser (internationalen) Norm vorlag.
Bereits einen Monat später – im Mai 1993 – war dann die dreisprachige (D, E und F) europäische Version als EN 60601-1-2 verfügbar, die gegenüber der internationalen Norm keine gemeinsamen Abänderungen enthielt. Es vergingen jedoch noch weitere 17 Monate (bis zum September 1994), bis auch die Deutsche Norm in Form der DIN EN 60601-1-2 (VDE 0750 Teil 1-2) gedruckt zur Verfügung stand.
Eine weitere Hürde, die es zu überwinden galt, um die Norm auch anwenden zu können, war ihre Veröffentlichung im Amtsblatt (*Official Journal*) der Europäischen Gemeinschaften.
Einige der Mitgliedstaaten, die bei der Abstimmung gegen die Annahme des DIS gestimmt hatten (wie etwa Dänemark), versuchten, bei der EG-Kommission in Brüssel nachträgliche Änderungen an der Norm mit der Begründung durchzusetzen, daß nicht alle zwischenzeitlich gewonnenen Erkenntnisse aus dem Bereich der EMV-Grundnormen in der vorliegenden Fassung berücksichtigt seien. Dieser Meinung konnte jedoch mit dem Argument widersprochen werden, daß grundsätzlich bei der Erstellung von Normen keine Möglichkeit besteht, Inhalte von solchen Normen, die erst zukünftig verfügbar werden, im voraus zu berücksichtigen.
Daraufhin wurde die IEC (60)601-1-2 am 9. August 1995 zuerst unter der Medizinprodukte-Richtlinie (95/C 204/04) und dann am 16. September 1995 auch unter der EMV-Richtlinie (95/C 241/02) im Amtsblatt der EG veröffentlicht. Sie ist damit gültige Harmonisierte Europäische Norm und steht zur Anwendung im Rahmen beider Richtlinien, der EMV-Richtlinie und der Medizinprodukte-Richtlinie, für die Bewertung einschlägiger medizinischer Produkte zur Verfügung.

6.2 DIN EN 60601-1-2 (VDE 0750 Teil 1-2): September 1994

Medizinische elektrische Geräte –
Teil 1: Allgemeine Festlegungen für die Sicherheit –
2. Ergänzungsnorm: Elektromagnetische Verträglichkeit –
Anforderungen und Prüfungen

Diese Deutsche Norm umfaßt die Europäische Norm EN 60601-1-2:1993 und unterscheidet sich von deren deutscher Fassung lediglich durch das Hinzufügen eines Deckblatts (Seite 1) und eines nationalen Vorworts (Seite 2) sowie einer Übersicht über die deutschen Fassungen der zitierten Normen und anderen Unterlagen (Seite 3). Diese Angaben stellen im wesentlichen allgemeine Hinweise und Informationen zur Anwendung der Norm im nationalen Geltungsbereich dar, enthalten jedoch keine zusätzlichen normativen Festlegungen.
Lediglich zum Abschnitt 36.202 wurde eine nationale Fußnote hinzugefügt, die klarstellen soll, daß Geräte, die dieser Norm genügen, auch bei höheren als den für die Störfestigkeitsprüfungen festgelegten Pegeln nicht „gefährlich" werden dürfen; jedoch dürfen sie versagen (d. h. ihren bestimmungsgemäßen Betrieb einstellen). Dieser Hinweis ging auch als nationaler Kommentar an das internationale Gremium, das zwischenzeitlich diese Anforderung zum eigenen Grundsatz erklärt hat.
Das Deckblatt enthält sowohl den englischen als auch den französischen Titel und gibt an, daß es sich um eine Deutsche Norm im Rang einer VDE-Bestimmung handelt.

Zum Beginn der Gültigkeit

Die Norm gilt seit dem 15. September 1992.

Es wird darauf hingewiesen, daß Geräte nach dieser Norm, für die bis zum 31. Dezember 1995 der Nachweis erbracht wurde, daß sie an Stelle der für die Funk-Entstörung maßgeblichen DIN EN 55011 (VDE 0875 Teil 11) vom Juli 1992 die „alten" Anforderungen aus der VDE 0871:6.78 und/oder der VDE 0875 erfüllen, noch bis zum 31. Dezember 2000 gefertigt werden dürfen. Dieser Passus wurde aber durch die neue Gesetzgebung und deren Interpretation außer Kraft gesetzt. Seit dem 1. Januar 1996 gilt uneingeschränkt die Verpflichtung, die „neue" Norm anzuwenden. Derartige Übergangsregelungen dürften in Zukunft nicht mehr in Normen zu finden sein, da ihre Festlegung nicht unter die Kompetenz der Normungsgremien fällt.

Zum nationalen Vorwort

Im nationalen Vorwort ist ausgedrückt, daß die Erarbeitung der Norm durch den DKE-Arbeitskreis[*)] (AK) 811.1.1 „Elektromagnetische Verträglichkeit für medizinische und[**)] elektrische Geräte und Systeme" (früher: AK 751.0.9) erfolgte und die Autorisierung durch das übergeordnete Unterkomitee (UK) 811.1 „Überarbeitung und Anpassung der Allgemeinen Bestimmungen" stattfand.

Weiterhin wird eine Erklärung abgegeben, warum diese Norm, die sowohl Anforderungen an das aktive Störvermögen (also zur Begrenzung der Störaussendung) als auch für deren passives Störvermögen (zur Sicherstellung einer hinreichenden Störfestigkeit) enthält, wichtig ist und daß sich alle in ihr enthaltenen Anforderungen auf bestehende internationale Normen stützen, die von den Technischen Komitees der IEC (TC 77, CISPR, SC 62A und SC 65A) teils als Grundnormen (im Fall der Normenreihe IEC (6)1000- ...), teils als Produktfamiliennormen (im Fall der CISPR 11, die hier aber als Grundnorm behandelt wird) erarbeitet wurden.

Es folgt eine Tabelle der mitgeltenden oder in Bezug genommenen (europäischen, internationalen und deutschen) Normen. Die hier genannten Normen sind, da es sich um den Stand von 1992 handelt, nicht mehr alle aktuell. So wurde z. B. die IEC (60)601-1 im Jahr 1995 zum zweiten Mal geändert, was zu einer zweiten Änderung der EN 60601-1 im selben Jahr führte und eine Neuausgabe der DIN EN 60601-1 (VDE 0750 Teil 1):1996-03 zur Folge hatte. Zwischenzeitlich liegt eine weitere Änderung A13 dieser Norm vom Oktober 1996 vor, und auch die erste Ergänzungsnorm DIN EN 60601-1-1 (VDE 0750 Teil 1-1), die sich mit den „Festlegungen für die Sicherheit von medizinischen elektrischen Systemen" befaßt, wurde durch die Änderung A1 vom November 1996 modifiziert. Weiterhin wurden alle Grundnormen zur Störfestigkeit überarbeitet und in die Normenreihe IEC (6)1000-4- ... überführt. Auch die CISPR 11 erfuhr zwischenzeitlich zwei Änderungen (A1 und A2 – siehe Kapitel 1), so daß die deutsche Version im Oktober 1997 als DIN EN 55011 (VDE 0875 Teil 11) neu erscheint (das Manuskript vom Mai 1997 wurde genehmigt).

Zur nationalen Fußnote

Über die hier gemachten Angaben zum Abschnitt 36.202 wurde bereits bei der Einführung berichtet.

Zu den zitierten Normen und anderen Unterlagen

In diesem Abschnitt ist eine Übersicht über die im Wortlaut der Norm zitierten weiteren Normen wiedergegeben. Für diese Übersicht gilt das unter den vorherigen Kapiteln Gesagte hinsichtlich ihrer mangelhaften Aktualität.

Auch hier bestehen erhebliche Schwierigkeiten, da der Stand des Deutschen Normenwerks stets beträchtlich hinter der Entwicklung der internationalen und/oder europäischen Normen herhinkt, so daß Normen, die bereits international abgestimmt und publiziert worden sind und selbst solche, die in der EU ratifiziert wurden

---

*) Anmerkung: Im Juni 1997 wurde der Arbeitskreis zu einem selbständigen Unterkomitee (UK 811.2) „aufgewertet", so daß in Zukunft auch die Verabschiedung neuer Normen in diesem Gremium erfolgen kann.
**) Anmerkung: Schreibfehler

und als Harmonisierte Europäische Normen vorliegen, zum Teil noch nicht als Deutsche Normen zur Verfügung stehen.
Viele der hier zitierten Normen wurden in den vergangenen Jahren durch Folgeausgaben ersetzt, und diejenigen Deutschen Normen, für die die neuen Versionen (ggf. auch mit einer neuen Numerierung versehen) noch nicht erschienen sind, sind nur noch bedingt für den Nachweis der Konformität mit den Grundlegenden Anforderungen zur Elektromagnetischen Verträglichkeit gemäß den einschlägigen EG-Richtlinien bzw. deren Umsetzungen in nationale Rechtsvorschriften (das ist das EMV-Gesetz in Deutschland) tauglich.

6.3 Die Europäische Norm EN 60601-1-2:Mai 1993

Medizinische elektrische Geräte –
Allgemeine Festlegungen für die Sicherheit
2. Ergänzungsnorm: Elektromagnetische Verträglichkeit –
Anforderungen und Prüfungen
Deutsche Fassung

Die Europäische Norm enthält in ihrer deutschen Fassung die Übersetzung der englischen Version der Internationalen Norm IEC (60)601-1-2 vom April 1993. In ihrem Vorwort weist sie darauf hin, daß der Entwurf (prEN 50097) vom Dezember 1991 dem CENELEC-Annahmeverfahren und nicht der damals bereits eingeführten Parallelabstimmung in IEC und CENELEC unterworfen worden war. Die Annahme durch CENELEC erfolgte jedoch bereits am 15. September 1992, also vor dem Vorliegen der endgültigen internationalen Version der Norm.
Es folgen die Daten für die späteste zulässige Veröffentlichung einer gleichlautenden nationalen Norm „dop" mit dem 30. September 1993 und der spätesten Zurückziehung entgegenstehender nationaler Normen „dow" mit dem 31. Dezember 1995. Der folgende Absatz wurde zwischenzeitlich ungültig (siehe Abschnitt 6.1 dieses Buchs).
Es folgen einige allgemeine Aussagen zum Aufbau der Normenreihe EN 60601-1 und einige spezifische Aussagen zur vorliegenden Norm, die nicht erläuterungsbedürftig sind.

6.4 Die Internationale Norm IEC (60)601-1-2/First edition:April 1993

Die als IEC (60)601-1-2 in erster Ausgabe im April 1993 veröffentlichte Internationale Norm trägt folgende Originaltitel:
Englisch: Medical electrical equipment – Part 1: General requirements for safety –
2. Collateral Standard: Electromagnetic compatibility – Requirements and tests

Französisch: *Apparails electromédicaux – Premiere partie: Règles générales de sécurité – 2. Norme Collatérale: Compatibilité électromagnétique – Prescriptions et assais*

6.5 Normativer Inhalt der DIN EN 60601-1-2 (VDE 0750 Teil 1-2)

Zu Abschnitt 1 Anwendungsbereich und Zweck

Zu Abschnitt 1.201 Anwendungsbereich
In diesem Abschnitt wird angegeben, für welche Produktfamilie die vorliegende Norm gilt. Wichtig ist in diesem Zusammenhang, daß auch Geräte, Systeme und Einrichtungen, die hinsichtlich ihrer Sicherheitsanforderungen unter andere Normen fallen, jedoch in medizinischen Anwendungen betrieben werden, die Anforderungen dieser Norm (zur EMV) erfüllen müssen.

Zu Abschnitt 1.202 Zweck
Grundsätzlich ist die Ermittlung der Übereinstimmung für Produkte der gesamten Produktfamile nach dieser Norm durchzuführen. In den Fällen, in denen „Teile 2" der EN 60601 spezifische – und damit von dieser Norm abweichende oder darüber hinausgehende – Forderungen stellen oder weitere Meß- und Prüfverfahren definieren, sind diese vorrangig anzuwenden. Dieser Abschnitt wendet sich aber auch an die Verfasser derartiger Festlegungen in Teilen 2 und bietet den Inhalt dieser Norm als Basis für weiterreichende (ergänzende oder modifizierende) Festlegungen an.

Zu Abschnitt 2 Begriffe und Begriffsbestimmungen

Zu Abschnitt 2.201 Lebensunterstützendes Gerät und/oder System
Diese Definition ist selbsterklärend.

Zu Abschnitt 2.202 Patientengekoppeltes Gerät und/oder System
Hier bestand die Schwierigkeit, einen Begriff zu definieren, der über solche Gegenstände (Geräteteile und Zubehör) hinausgeht, die mit dem Patienten im Sinne der Begrenzung der Ableitströme verbunden sind. Die beträchtlich die hochfrequenten Kopplungseigenschaften beeinflussenden Parameter der induktiven und kapazitiven Kopplung wurden hier, neben der galvanischen Kopplung, mit berücksichtigt.

**Zu Abschnitt 2.203 EMV-Begriffe aus der IEC (600) 50
(IEV – Teil 161 – Elektromagnetische Verträglichkeit)**
Die im Internationalen Elektrotechnischen Wörterbuch (*IEV, International Electrotechnical Vocabulary*) enthaltenen Begriffe wurden weitestgehend übernommen, zum Teil aber – zum besseren Verständnis dieser Norm – geringfügig modifiziert.

Zu Abschnitt 2.204 Begriffe aus EN 60601-1-1 (IEC 601-1-1)
Hier wurde der Begriff „Medizinisches elektrisches System" aus der ersten Ergänzungsnorm zur EN 60601-1, der EN 60601-1-1 „Festlegungen für die Sicherheit von medizinischen elektrischen Systemen" übernommen, um klarzustellen, welchen – auch auf Systeme erweiterten – Geltungsbereich diese Norm gegenüber der Grundnorm hat, die – streng genommen – nur für einzelne Geräte gilt.

Zu Abschnitt 6 Bezeichnungen, Aufschriften und Begleitpapiere

Zu Abschnitt 6.1.201 Aufschriften auf der Außenseite von Geräten und Geräteteilen
Geräte und/oder Systeme, die die hochfrequente elektromagnetische Energie zum Zwecke
- der Diagnose (z. B. Einrichtungen zur Magnetresonanz-Bildgebung) oder
- der Therapie (z. B. Kurzwellen-Therapiegeräte oder Hyperthermie-Einrichtungen)
verwenden, also solche Geräte und/oder Systeme, die unter die Gruppe 2 gemäß der Definition in EN 55011 fallen, müssen mit einem Symbol für die Emission nichtionisierender Strahlung versehen werden, um den Anwender bei der Nutzung darüber aufzuklären, daß diese Geräte und/oder Systeme Störfeldstärken emittieren, die andere Geräte und/oder Systeme mit üblicher (normgerechter) Störfestigkeit gegenüber solchen Feldern störend beeinflussen können.
Entsprechende zu erwartende Feldstärke-Richtwerte für diese Produktgruppen in Abhängigkeit von den verwendeten Frequenzbändern werden in einer jüngst als CISPR 28[*)] – als Technischer Bericht – erschienenen Ergänzung zur CISPR 11 genannt. Hier muß mit Pegeln von bis zu 130 dB (µV/m) – das sind etwa 3 V/m – in 30 m Entfernung gerechnet werden.

Zu Abschnitt 6.8.201 Begleitpapiere
Die Forderungen unter diesem Abschnitt sind dazu vorhanden, den Hersteller zu veranlassen, auf potentielle oder aktuelle Probleme bei nicht hinreichender Störfestigkeit seiner Produkte ausdrücklich hinzuweisen, um so eine Lösung „auf eine andere Weise" und/oder „durch andere Maßnahmen oder Personen" (z. B. den Errichter oder den Betreiber) zu ermöglichen.
Bei Auftreten diskontinuierlicher Störgrößen, die von einem Produkt ausgehen, muß für alle anderen als die Röntgendiagnostik-Generatoren, die im intermittierenden Betrieb arbeiten, eine Rechtfertigung für „Knackstörgrößen-Erleichterungen" gegeben werden. Die hier zulässigen Erleichterungen richten sich nach Art und Häufigkeit des Auftretens der Störgrößen und können nach den Angaben aus EN 55014

[*)] Anmerkung: Technische Berichte von IEC und CISPR werden üblicherweise nicht in Europäische Normen überführt und auch nicht in Amtsblatt der EU veröffentlicht. Der hier vorliegende Bericht wird in Deutschland in Kürze als ein Beiblatt zu DIN EN 55011 (VDE 0875 Teil 11) erscheinen.

angemessen festgelegt werden. Die Begründung für derartige Erleichterungen muß in den Begleitpapieren zum Produkt abgedruckt werden.
In der Folgeausgabe dieser Norm werden dem Hersteller bzw. „Inverkehrbringer" der Produkte zusätzliche Auflagen hinsichtlich seiner Deklarationspflichten gemacht werden. So wird er in die jeweilige Gebrauchsanweisung Tabellen zu integrieren haben, die dem Nutzer Aufschluß über die EMV-Eigenschaften des betreffenden Produkts – sowohl hinsichtlich der Störaussendung als auch der Störfestigkeit – geben. Insbesondere wird auf die Grenzwertklassen unter Berücksichtigung der vorgesehenen Betriebsumgebung hingewiesen, wobei auch der Anschluß an ein öffentliches Niederspannungs-Versorgungsnetz berücksichtigt werden muß (bezüglich der Anwendung der Normen zu den Netzrückwirkungen – siehe auch Abschnitt 9.2 dieses Buchs). Bei der Einbeziehung von Teilprodukten, die aus anderen Produktbereichen stammen – z. B. Rechnerkomponenten aus der Familie der informationstechnischen Einrichtungen (ITE) –, in medizinische Geräte oder Systeme können hier unter Beachtung definierter Randbedingungen entsprechende Angaben gemacht werden. Bei der Anwendung niedrigerer als in der Norm geforderter Prüfpegel ist der Kunde ebenfalls zu informieren, und es sind ihm Maßnahmen und Mittel zu nennen, die das gleiche Maß der „Verträglichkeit" herbeiführen (z. B. durch zusätzliche Schirmung oder ähnliches), wie es die in der Norm genannten Störfestigkeitswerte gewährleisten würden.

Zu Abschnitt 36 Elektromagnetische Verträglichkeit

Dieser Abschnitt ist in zwei Teile unterteilt, den Abschnitt 36.201, der sich mit der Aussendung von Störgrößen befaßt, und den Abschnitt 36.202, der für die Störfestigkeit gilt.

Zu Abschnitt 36.201 Aussendung
Hier ist nochmals eine Unterteilung in zwei Frequenzbereiche getroffen worden, und zwar in Abschnitte
– 36.201.1 für die hochfrequente Aussendung (von 9 kHz bis 400 GHz) und
– 36.201.2 für die niederfrequente Aussendung (unterhalb 9 kHz).

Zu Abschnitt 36.201.1 Hochfrequente Aussendung
Für die Beurteilung der hochfrequenten Störaussendung oberhalb 9 kHz gilt grundsätzlich die EN 55011, die hier als eine Art Grundnorm verwendet wird. Es werden lediglich einige Alternativen zur Beurteilung von Prüflingen hinzugefügt.
In der Folgenorm werden auch Komponenten zugelassen werden, die anderen Normen zur hochfrequenten Störaussendung genügen. Dabei sind aber gewisse Randbedingungen zu erfüllen und „Spielregeln" zu befolgen. So dürfen z. B. Rechnerkomponenten, die bereits nach CISPR 22 (bzw. EN 55022) geprüft wurden, in Systeme integriert werden, ohne nochmals (nach CISPR 11) gemessen werden zu müssen. Dabei gilt allerdings, daß Geräte der Klasse A nur in Klasse-A-Systeme

integriert werden dürfen, während Klasse-B-Geräte in alle Systeme „integrierbar" sind. Für Einzelgeräte – das sind Geräte, die nicht in einer funktionellen Verbindung mit anderen Komponenten stehen – ist auch die Bewertung nach CISPR 14 (z. B. bei motorisch betriebenen Einheiten) oder CISPR 15 (für Beleuchtungseinrichtungen) möglich.
Diese Maßnahme erleichtert dann in Zukunft die Bewertung derartiger Bausteine in medizinischer Anwendung ganz erheblich, da die heute enthaltene Forderung, daß alle Systemteile erneut nach CISPR 11 zu bewerten sind, fallen gelassen wird.

Zu Abschnitt 36.201.1.1 [Klassifizierung]
Der Hersteller muß sein Produkt nach den Kriterien, wie sie für die Gruppen- und Klasseneinteilung in EN 55011 festgelegt sind, in bezug auf den bestimmungsgemäßen Gebrauch (im Krankenhaus oder im Wohnbereich) einstufen und die sich dann aus dieser Klassifizierung ergebenden Grenzwerte einhalten sowie zusätzlich die entsprechenden Meßverfahren anwenden.

Zu Abschnitt 36.201.1.2 [Alternativen zu den Festlegungen in EN 55011]
Zu den Grundforderungen der DIN EN 55011 bietet DIN EN 60601-1-2 einige Alternativen, die die praktische Handhabung bei der Ermittlung der Übereinstimmung mit den Anforderungen der „Grundnorm" erleichtern sollen:
– Alternative 1 läßt die Typprüfung am Aufstellungsort eines typischen Nutzers (im Gegensatz zur EN 55011) ausdrücklich zu;
– Alternative 2 erlaubt die Typprüfung an fraktionierten Einrichtungen in Form von Teil- oder Subsystemprüfungen unter „Normalbedingungen".

Unter „Normalbedingungen" ist hier zu verstehen, daß alle angeschlossenen (bzw. anschließbaren) weiteren Bestandteile der Einrichtungen (sowohl zur Versorgung als auch zur Belastung und/oder Steuerung) das Teilsystem in die Lage versetzen müssen, bestimmungsgemäß zu funktionieren. Dies gilt für alle vorgesehenen Betriebsarten, die in der Praxis zur Anwendung kommen (können) und in der Regel in den Begleitpapieren (z. B. in der Gebrauchsanweisung) beschrieben sind, insbesondere, um das jeweilige Maximum der Störaussendung ermitteln zu können. Besonderes Augenmerk ist hierbei auf Ausführung, Anschluß und Abschluß der Verbindungsleitungen zu legen, und auch die Schnittstellen zum Patienten sind – wo relevant – zu simulieren.
Die erste Alternative stieß bei den Vertretern von CISPR auf großen Widerstand, da eine Typprüfung unter den hier angegebenen Bedingungen bei CISPR ausdrücklich nicht erlaubt ist. Der Grund für die Aufnahme dieser Klausel kam aber wiederum aus den USA, wo es geübte Praxis war und noch ist, so oder ähnlich (z. B. mittels Messung an drei Installationen) zu verfahren.
Nach der Neufassung der Norm wird auf diese (erste) Alternative nur noch in ganz wenigen Fällen zurückgegriffen werden dürfen. Einer der Fälle ist gegeben, wenn

das Produkt eine gewisse Größe überschreitet, in der Anwendung fest installiert und angeschlossen wird und auf üblichen Meßplätzen (die den einschlägigen Normen entsprechen) nicht gemessen werden kann und an ihm auch keine Typprüfungen auf der Basis von Teilsystemen (Alternative 2) durchführbar sind. Ein Beispiel für derartige Systeme ist ein Linearbeschleuniger zur medizinischen Strahlentherapie. Somit wird diese Klausel dann beträchtlich entschärft werden und für viele Produktgruppen an Bedeutung verlieren.

Zu Abschnitt 36.201.1.3 [Geräte der Gruppe 2]
Dieser Abschnitt wiederholt die Forderung nach hinreichender Information des Nutzers über das Emissionsverhalten von Geräten, die nach EN 55011 in die Gruppe 2 – das sind Geräte mit beabsichtigter Aussendung hochfrequenter elektromagnetischer Strahlung für diagnostische oder therapeutische Zwecke – eingestuft sind. Neben der Kennzeichnung der Produkte selbst muß die Begleitdokumentation mit entsprechenden Hinweisen zur Vermeidung von Unverträglichkeiten mit anderen Einrichtungen, die in der Nähe des betroffenen Produkts genutzt werden, versehen sein. Diese Hinweise können sich auf bevorzugt oder auch ausschließlich zu verwendende Betriebsorte beziehen oder Maßnahmen und Mittel nennen, die zur Gewährleistung einer hinreichenden Verträglichkeit zu ergreifen oder anzuwenden sind. Das kann so weit führen, daß der Betrieb „anderer" Geräte und Systeme während der Betriebszeit des betrachteten Produkts gegebenenfalls eingestellt werden muß.

Zu Abschnitt 36.201.1.4 [Erleichterung für Knackstörgrößen]
Radiologische Einrichtungen für die diagnostische Bildgebung (sogenannte konventionelle Röntgendiagnostik-Einrichtungen) sind grundsätzlich mit einem Hochspannungserzeuger ausgestattet, der den Röntgenstrahler mit seiner darin enthaltenen Röntgenröhre (der eigentlichen Quelle der Röntgenstrahlung) mit der notwendigen Betriebsspannung versorgt (in der Praxis mit Spannungen zwischen 25 kV und 150 kV). Derartige Einrichtungen werden in einer Vielzahl von Betriebsarten – abhängig von ihrer bestimmungsgemäßen Anwendung – betrieben. Neben der kontinuierlichen Betriebsart „Durchleuchten" (*englisch: fluoroscopy*) mit üblicherweise geringer Leistung (bis zu einigen hundert Watt) verwendet man häufig die Betriebsart „Aufnahme" (*englisch: radiography*) zur Anfertigung von Röntgenfilmen oder zur Datenspeicherung auf anderen – heute meist digitalen – Medien. Die hierbei in der Röntgenröhre umgesetzte Leistung ist sehr viel höher (bis zu 100 kW), wird dafür aber nur für sehr kurze Zeiten appliziert. Die Nennleistung einer Röntgenröhre (z. B. 80 kW) ist üblicherweise für eine Aufnahmedauer von 100 ms spezifiziert. Wird die Aufnahmezeit verlängert, so fällt die Belastbarkeit der Röhre dramatisch, um im Langzeitbereich bei den Werten für die Durchleuchtung (z. B. 600 W) zu enden. Auch die Häufigkeit aufeinander folgender Röhrenbelastungen ist durch die Leistungsfähigkeit der Röhre im Langzeitbereich begrenzt (thermische Belastbarkeit). Aus diesem Grund ist damit auch die Häufigkeit des mögli-

chen Auftretens von Knackstörgrößen nicht dem Belieben des Betreibers, sondern den technischen (bzw. physikalischen) Voraussetzungen unterstellt. Auf der Basis einer Auswertung typischer Belastungsfolgen aus der radiologischen Praxis (sowohl bei niedergelassenen Ärzten als auch in Krankenhäusern) wurde eine in der universellen Radiologie typische „Knackrate" von $N = 3$ ermittelt, was zu einer „Knackstörgrößen-Erleichterung" von 20 dB führte. Diese Erleichterung gestattet es, die üblicherweise mit Frequenzumrichtern ausgestatteten Hochspannungserzeuger so zu entstören, daß sie bei ihrer Maximallast (Nennlast im Aufnahmebetrieb) bei Aussetzbetrieb (*radiography*) die Grenzwerte der Tabellen 2a und 2b der EN 55011 um bis zu 20 dB überschreiten dürfen. Auf eine individuelle Ermittlung der Knackrate wurde ausdrücklich verzichtet, da die Ermittlung dieser Größe nur mit erheblichem Aufwand und der Kenntnis aller Generatoren- und Röhrendaten möglich ist. Weitere Informationen zu diesem Thema sind der Erklärung zu Anhang AAA (Abschnitt 6.6 dieses Buchs) zu entnehmen.[*)]

Dieser Abschnitt weist aber zusätzlich auch darauf hin, daß für andere Geräte oder Systeme ähnliche Knackstörgrößen-Erleichterungen in Anspruch genommen werden können. Diese sollten möglichst in den Teilen 2 der IEC (60)601 angesprochen und begründet werden. Bis zur Implementierung derartiger Abschnitte kann dies aber auch individuell durch den Hersteller der Produkte erfolgen. Derartige Inanspruchnahme erfordert jedoch eine Rechtfertigung, die in den Begleitpapieren zum jeweiligen Produkt abgedruckt werden muß.

Zu Abschnitt 36.201.1.5 [Produkte für die ausschließliche Anwendung an röntgengeschirmten Standorten]

Geräte und Systemteile, die ausschließlich zum Betrieb an solchen Orten bestimmt sind, die zum Schutz des Bedienpersonals und Dritter vor ionisierender Strahlung (z. B. den Röntgenstrahlen) mit einer für diese Strahlenart adäquaten Schirmung versehen sind, dürfen die Grenzwerte der Störstrahlung, wie sie in den Tabellen 3, 4 und 5 der EN 55011 angegeben sind, um bis zu 12 dB überschreiten, wenn die Prüfung auf einem Meßplatz durchgeführt wird, auf dem eine derartige Schirmung *nicht* vorhanden ist.

Dieser Abschnitt sollte dazu dienen, für die beschriebenen Produkte, bei denen es sich im allgemeinen um Röntgen-Anwendungsgeräte für die verschiedenen Verfahren in der Röntgendiagnostik oder um Tische zur Patientenlagerung bzw. sogenannte Gantries von Röntgen-Computertomographen handelt, eine gewisse Erleichterung für die Störaussendung oberhalb 30 MHz zu gewähren.

Messungen an typischen „Schutzräumen" für die Installation derartiger Produkte, die in den 80er Jahren durchgeführt worden waren, hatten gezeigt, daß sowohl solche Räume mit integrierter Schwermetall-Abschirmung (z. B. durch eine „Bleita-

---

[*)] Diese Erleichterung wurde zwischenzeitlich mit der 2. Änderung auch in CISPR 11 aufgenommen und kann damit in der 2. Ausgabe der IEC (60)601-1-2 entfallen.

pete") als auch solche, die mit Wänden aus absorbierenden Materialien (z. B. aus Barytbeton) ausgestattet waren, Schirmdämpfungsmaße im betrachteten Frequenzband von 30 MHz bis 1000 MHz von mindestens 14 dB – typisch waren >20 dB, im Gegensatz zur üblichen „Gebäudedämpfung", die mit ca. 10 dB angenommen werden kann – aufwiesen, so daß diese Erleichterung gerechtfertigt erschien.

Auch diese Erleichterung wurde zwischenzeitlich in die CISPR 11 übernommen (ebenfalls mit der 2. Änderung vom März 1996). Hier wurde jedoch – auf Grund neuerer Untersuchungsergebnisse – die Einschränkung gemacht, daß eine hinreichende Schirmdämpfung des „Schutzraums" (mindestens 12 dB über den ganzen Frequenzbereich) vor der Installation solcher „Geräte" nachzuweisen ist. Der Grund für diese Einschränkung war die Tatsache, daß die Mehrzahl der in der Praxis verwendeten Räume zum Zweck der Beobachtung des Patienten mit Fenstern ausgestattet sind, die zum Schutz gegen die ionisierende Strahlung aus Bleiglas bestehen müssen. Diese Fenster haben aber auf Grund ihrer sehr geringen Leitfähigkeit kaum eine dämpfende Wirkung gegenüber elektromagnetischen Wellen im betrachteten Frequenzbereich. Hinzu kommt noch die Problematik mit den meistens in diesen Räumen vorhandenen Türen, bei denen der Schutz gegen Röntgenstrahlen durch Überlappen der Schutzmittel (üblicherweise der Bleifolien) erreicht werden kann. Die dabei entstehenden „Schlitze" verschlechtern die Dämpfungseigenschaften gegen hochfrequente elektromagnetische Felder jedoch gravierend und können als „Schlitzstrahler" sogar zu einer Verstärkung dieser Strahlung gegenüber dem freien Raum führen.

Diese Tatsachen und die zusätzliche Schwierigkeit, den innerhalb der Schirmung befindlichen Teil einer Einrichtung von dem außerhalb befindlichen Teil (z. B. der Bedienkonsole des Röntgengenerators oder dem Fernsteuerpult des Röntgen-Anwendungsgeräts) hochfrequenzmäßig zu entkoppeln, macht die Anwendung dieser Erleichterungsklausel weitestgehend unmöglich.

Erschwerend kommt die Forderung hinzu, daß Produkte, die diese Erleichterung in Anspruch nehmen, als solche zu kennzeichnen sind mit „Klasse A + 12" bzw. „Klasse B + 12". Es ist bei den kleinen Stückzahlen der produzierten Geräte oder Systemteile aber nicht möglich – da nicht wirtschaftlich – zwei Produktlinien herzustellen, von denen eine die ursprünglichen Grenzwerte einhält und die andere sie bis zu 12 dB überschreiten läßt.

Aus diesen Gründen erscheint diese Festlegung für die Zukunft als überflüssig und wird in der Neuausgabe der Norm – aller Voraussicht nach – nicht mehr enthalten sein.

Die für andere Geräte oder Systeme eingeräumte Möglichkeit, bei tatsächlich vorhandener Schirmung die Störaussendung um das Maß der vorhandenen Schirmdämpfung erhöhen zu dürfen, muß wiederum in den Begleitpapieren gerechtfertigt werden und wird daher wohl nur in Sonderfällen zur Anwendung kommen. Generelle Erleichterungen dieser Art können aber auch in Teilen 2 der IEC (60)601 verankert werden, wenn eine plausible Rechtfertigung gelingt.

Zu Abschnitt 36.201.1.6 [Hochfrequenz-Chirurgiegeräte]

Besondere Grenzwerte für diese Produktgruppe sind sowohl beim CISPR-Unterkomitee B als auch im Unterkomitee 62A der IEC seit längerer Zeit in Beratung. Vor etlichen Jahren hatte man sich geeinigt, daß diese Geräteart die einschlägigen Grenzwerte der EN 55011 in der Betriebsart „Bereitschaft" (stand-by) einzuhalten hat. Während der sekundenlangen Benutzung zum Schneiden oder Koagulieren von Gewebe (bei chirurgischen Eingriffen am Menschen und ggf. auch am Tier) werden diese Grezwerte jedoch in der Regel deutlich überschritten. Bei einer Reihe von Studien, die seit einigen Jahren in Deutschland, Norwegen und Japan durchgeführt wurden, hat man Meßwerte ermittelt, die auf Grund der Schwierigkeit mit der erforderlichen langen Meßzeit nur an „Dummies" (z. B. an Steaks, feuchten Schwämmen usw.) oder Ersatzlasten (ohmschen Belastungswiderständen) durchgeführt wurden. Einige ergänzende Messungen aus der „Praxis" rundeten das Bild weitgehend ab.

Eine weitere Schwierigkeit bei der Ermittlung geeigneter Werte bereitet jedoch hier die Tatsache, daß die Messungen nicht im Fernfeld durchgeführt werden können, denn dieses Fernfeld beginnt bei einer typischen Arbeitsfrequenz dieser Geräte von ca. 400 kHz (also einer Wellenlänge von etwa 750 m) in einer großen Entfernung. Die Messungen erfolgten hingegen in einer Entfernung von 3 m bis 30 m vom Prüfling und damit im Nahfeld, und hier gibt es keine eindeutigen Zusammenhänge zwischen der elektrischen und der magnetischen Komponente des Felds, wie dies im Fernfeld durch den Feldwellenwiderstand des freien Raums von 377 Ω gegeben ist. Es ist daher mit erheblichen Abweichungen zu rechnen, und die Feldeigenschaften ändern sich mit den Betriebsarten der Geräte. Im Leerlauf dominiert die elektrische Feldstärke, denn an den Elektroden steht eine hohe hochfrequente Spannung an, während der fließende Strom zu vernachlässigen ist. Anders ist die Situation in der Betriebsart „Schneiden", bei der über die aktive Elektrode, den Patienten und die neutrale Gegenelektrode ein Strom in der Größenordnung von einigen Ampere fließt. In diesem Fall dominiert die magnetische Komponente der Feldstärke und bekommt damit die höhere Bedeutung. Da weder die augenblickliche Richtung noch die Amplitude und die Phasenlage der einzelnen Feldkomponenten simultan ermittelt wurden, sind die Meßergebnisse zur quantitativen Auswertung der tatsächlichen Strahlungscharakteristiken derartiger Geräte nicht geeignet.

Es müssen daher noch weitere Untersuchungen durchgeführt werden, bevor endgültige Grenzwerte festgelegt werden können.

In einem ersten Entwurf zur zweiten Ausgabe der IEC (60)601-1-2 wurden Vorschläge für etwaige Festlegungen zur Störaussendung solcher Geräte im Lastbetrieb gemacht, die aber von der Arbeitsgruppe, die für die Festlegungen zur Sicherheit von Elektro-Chirurgiegeräten zuständig ist, nicht akzeptiert wurden. Man hat daraufhin beschlossen, diese „besonderen Bestimmungen" in den für die Produktgruppe zuständigen Teil 2 der IEC (60)601 – der sich zudem z. Z. in Überarbeitung befindet (das ist die IEC (60)601-2-2) – zu übernehmen, da es sich um *„particular requirements"* handelt, die hier ihren Platz haben sollten.

Zu Abschnitt 36.201.1.7 [Patientengekoppelte Geräte]
Patientengekoppelte Geräte oder Systemteile sind dadurch gekennzeichnet, daß sie zum Zweck ihrer bestimmungsgemäßen Anwendung entweder mit dem Patienten in Berührung kommen oder zumindest einen Pfad aufweisen, über den eine elektrische und/oder magnetische Kopplung stattfinden kann. Aus diesem Grunde werden sowohl das aktive Störvermögen (die Störaussendung) als auch das passive Störvermögen (die Störfestigkeit) durch die Art und Ausführung derartiger Kopplungen stark beeinflußt. Es wurde mehrfach der Versuch unternommen, allgemein gültige Simulatoren für den Patienten zu entwickeln. Diese Versuche führten aber nicht zu einem allgemein anerkannten Ergebnis, so daß davon ausgegangen werden muß, daß es in den nächsten Jahren ein solches „Phantom" nicht geben wird. Andererseits gibt es eine Vielzahl von produktspezifischen Patientennachbildungen, die im Rahmen der Normungsarbeit zu den Teilen 2 der IEC (60)601 als Referenzen herangezogen werden könnten. Bis derartige Festlegungen etabliert sind, hat der Hersteller die Meß-, Prüf- und Simulationsverfahren in den Begleitpapieren zu seinen Produkten zu beschreiben.

Zu Abschnitt 36.201.1.8 [Geräte der Klasse A zur Anwendung im Wohnbereich]
Geräte und insbesondere Systeme, die für die Anwendung im Krankenhaus konzipiert wurden und daher nur die Grenzwerte der Klasse A einhalten müssen, dürfen gemäß diesem Abschnitt auch in solchen Arztpraxen betrieben werden, die sich in Wohnbereichen befinden, vorausgesetzt, sie werden von einer medizinischen Fachkraft (z. B. einem Arzt oder einer medizinisch-technischen Assistentin) betrieben und überwacht.

Diese Klausel stammt aus der Zeit der amerikanischen Dominanz und wurde aus den einschlägigen „*FCC-Regulations for Computing Devices*" entliehen. Nach Einsprüchen zum Entwurf zur vorliegenden Norm wurde eine Anmerkung hinzugefügt, die es den zuständigen Behörden in den einzelnen Staaten ermöglichen sollte, zusätzliche Maßnahmen zum Schutz ihrer Funkdienste zu verordnen. In Deutschland wurde geplant, solche Geräte der Klasse A, die im Wohnbereich betrieben werden sollten, der Behörde (dem BAPT) zu melden. In diesem Fall wäre diese in der Lage gewesen, bei etwaigem Auftreten von Funkstörungen zu reagieren und den „Störenfried" ausfindig zu machen. Auf Grund der heutigen rechtlichen Lage in Europa ist diese Lösung aber nicht mehr zulässig, und es existiert keine befriedigende Regelung auf diesem Gebiet. Ähnliche Festlegungen sind aber auch schon in der EN 55011 zu finden. Sie fehlen hingegen in der Internationalen Norm CISPR 11. In der Neuausgabe zur IEC (60)601-1-2 wird diese Klausel nicht mehr zu finden sein.

Zu Abschnitt 36.201.2 Niederfrequente Aussendung
Dieser Abschnitt ist heute mehr oder weniger ein „Platzhalter" für künftige Anforderungen, denn er enthält in der vorliegenden Ausgabe der Norm keine Anforderungen.

Zu Abschnitt 36.201.2.1 Spannungsschwankungen und Oberschwingungen
Hier ist ausgesagt, daß die Anforderungen zu den beiden Phänomenen, wie sie in den Normteilen IEC (6)1000-3-2 (Oberschwingungen) und IEC (6)1000-3-3 (Spannungsschwankungen/Flicker) beschrieben sind, für medizinische elektrische Geräte und Systeme nicht gelten. Eine Begründung dafür ist im Anhang AAA gegeben. Dieser Begründung wird zwischenzeitlich von verschiedenen betroffenen Kreisen (besonders den Energieversorgern und -verteilern) widersprochen. Einige Prüflabors wenden die Verfahren nach den o. g. Normen – die eigentlich Grundnormen sein sollten, jedoch als Produktfamiliennormen veröffentlicht wurden – dennoch im Rahmen der Konformitätsbewertung der Produkte an.
Die Neufassung der IEC (60)601-1-2 wird für solche Produkte, die mit erheblicher Wahrscheinlichkeit auch an öffentliche Niederspannungsnetze angeschlossen werden, die Anwendung der o. g. Normen fordern. Für Produkte, die ausschließlich in Krankenhäusern (d. h. an nicht öffentlichen Versorgungsnetzen) betrieben werden, soll die vorliegende Regelung beibehalten werden.

Zu Abschnitt 36.201.2.2 [niederfrequente] Magnetfeld-Aussendung
Die Erklärungen im Anhang AAA weisen darauf hin, daß entsprechende Festlegungen in Beratung waren. Da heute immer noch keine Grundnorm zu dieser Thematik vorliegt, wird die Beratung darüber weiter fortgesetzt. Denkbar wäre in einer späteren Fassung eine ähnliche Lösung, wie sie in der jüngst für die Störaussendung von Audio- und Videogeräten für den professionellen Einsatz veröffentlichten Norm (EN 55103-1) eingeführt wurde. Siehe hierzu auch Abschnitt 7.4 dieses Buchs.

Zu Abschnitt 36.202 Störfestigkeit
Die erste Aussage betrifft die Tatsache, daß in dieser Norm keine spezifischen Aussagen zur Störfestigkeit bestimmter Produkte enthalten sind, sondern nur allgemein gültige Anforderungen zur Störfestigkeit erhoben werden, die auf die gesamte Produktfamilie der medizinischen elektrischen Geräte und Systeme zutreffen.
Weiterhin wird hier ausgesagt, daß in bestimmten Fällen – wenn niedrigere Werte für die einzelnen Prüfstörgrößen gerechtfertigt oder vielmehr aus technischen, physikalischen oder auch physiologischen Gründen erforderlich sind – diese Daten in der Begleitdokumentation zum Produkt angegeben werden müssen.
In Fällen eingeschränkter Störfestigkeit muß der Hersteller die Einschränkungen in den Begleitpapieren nennen und begründen. Das kann einerseits mit einem Hinweis in der Montage- oder Installationsanweisung erfolgen, z. B. zusätzliche Maßnahmen zur Schirmung des betroffenen Geräts zu ergreifen, oder auch eine Information in der Gebrauchsanweisung für den Betreiber sein, beim Auftreten gewisser Störgrößen die Relevanz seiner erzielten Arbeitsergebnisse zu überprüfen.
Der nächste Absatz wurde in der Vergangenheit häufig in Frage gestellt, da er die Aussage enthält, daß der Prüfling während und nach der Prüfung entweder bestimmungsgemäß funktionieren muß oder aber versagen darf, d. h. mit anderen Worten, keine bestimmungsgemäße Funktion mehr erfüllen muß, wobei er lediglich den

Patienten, den Betreiber oder Dritte nicht gefährden darf. Diese Formulierung wird bereits durch die deutsche Fußnote im Vorwort gewissermaßen außer Kraft gesetzt, aus der hervorgeht, daß eine Übereinstimmung mit der Norm nur angenommen wird, wenn der bestimmungsgemäße Gebrauch gewährleistet bleibt. Selbst bei höheren als den angegebenen Pegeln der einzelnen Prüfstörgrößen darf keine Gefährdung auftreten, wenngleich das Produkt dann seine Funktion einschränken oder aufgeben darf.

In der Neufassung der Norm wird ausdrücklich darauf hingewiesen werden, daß alle Prüfstörgrößen als „Normalbedingungen" angesehen werden müssen, die keine Einschränkungen der Gebrauchstauglichkeit des Prüflings hervorrufen dürfen. Es sollen darüber hinaus Kriterien genannt werden, die dem Anwender der Norm erkennen helfen, welche durch die Anwendung der Prüfstörgröße provozierten Reaktionen des Prüflings zulässig und welche nicht mehr zulässig sind. Dies wird durch entsprechende Beispiele untermauert, und es wird die Forderung erhoben, in den Teilen 2 der Norm zusätzliche produktspezifische Angaben zu machen.

Weiterhin wird in diesem Abschnitt darauf hingewiesen, daß bei Geräten und insbesondere bei Systemen, die einen festen Anschluß an das Versorgungsnetz haben, die Typprüfung an Teilsystemen durchgeführt werden darf, vorausgesetzt, die fehlenden Teile des Systems werden anwendungsgerecht nachgebildet (z. B. durch geeignete Simulation).

Die Neufassung der Norm wird noch einige Randbedingungen nennen, die derartige Simulatoren und Ersatzlasten zu erfüllen haben, z. B. um auch die hochfrequenten Eigenschaften (z. B. die Impedanzen) der „Peripherie" möglichst genau nachzubilden.

Zu Abschnitt 36.202.1 Entladung statischer Elektrizität

Hier ist noch der Bezug auf die für die industrielle Meß-, Steuer- und Regeltechnik bestimmte zweite Ausgabe der Norm zur Entladung statischer Elektrizität, die IEC 801-2:1991 (auch erschienen als EN 60801-2:1993), angegeben. Heute gilt hierfür jedoch die Grundnorm IEC (6)1000-4-2:1995 bzw. die daraus abgeleitete EN 61000-4-2.

Die Pegel wurden mit 3 kV für die Kontaktentladung und 8 kV für die Entladung über Luftstrecke so gewählt, wie es zur Zeit der Entstehung dieser Norm auch für die Einrichtungen der Informationstechnik (ITE) vorgeschlagen worden war. Zwischenzeitlich wurde für ITE der Wert für die Kontaktentladung auf 4 kV erhöht, so daß auch bei der hier behandelten Produktgruppe empfohlen werden muß, diesen höheren Prüfpegel – schon jetzt – (freiwillig) anzuwenden.

In der nächsten Ausgabe der IEC (60)601-1-2 wird ein Wert von ± 6 kV für die Kontaktentladung gefordert werden. Der Pegel von ± 8 kV für die Entladung über Luftstrecke wird dagegen bleiben, und die Werte werden damit der Grundnorm (Schärfegrad 3) folgen. Es wird darauf hingewiesen, daß die Prüfung auch zusätzlich mit den Pegeln der niedrigeren Schärfegrade durchzuführen sind.

Die Auswahl der Prüfmethode (die Art der Entladungen) sollte ebenfalls der Grundnorm folgend ausgewählt werden. Pro Prüfort sind jeweils mindestens je 10 Impulse mit positiver und negativer Polarität zu applizieren. Der Abstand zwischen zwei Impulsen sollte etwa 1 s betragen.

Zu Abschnitt 36.202.2 Hochfrequente elektromagnetische Felder

Zu Abschnitt 36.202.2.1 Anforderungen
Die hier bezogene Norm IEC 801-3:1984 ist heute nicht mehr gültig und zwischenzeitlich durch die Grundnorm IEC (6)1000-4-3:1995 (auch als EN 61000-4-3 erschienen) ersetzt worden.
Die wichtigsten Unterschiede der beiden Normen liegen einerseits im betrachteten Frequenzbereich – die IEC 801-3 reichte von 27 MHz bis 500 MHz, während die IEC (6)1000-4-3 einen Bereich von 26 MHz bis 1000 MHz überstreicht – und andererseits im Verfahren zur Modulation des hochfrequenten Signals, das bei der „alten" Norm keine Modulation vorsah und bei der „neuen" grundsätzlich eine Amplitudenmodulation mit 1 kHz bei einem Modulationsgrad von 80 % fordert.
Es wurde hier noch auf die Bezeichnung der „alten" Norm verwiesen, dagegen werden schon teilweise die Daten der „neuen" – damals im Entwurf vorliegenden – Norm herangezogen.
Nach a) beträgt die übliche Prüffeldstärke – wie auch bei anderen Produktgruppen (z. B. bei ITE) – 3 V/m für die üblichen Geräte und Systeme.
Gemäß b) darf für Geräte und Systemteile, die an röntgengeschirmten Orten fest installiert sind, dieser Wert auf 1 V/m reduziert werden, wenn sie auf einem Meßplatz ohne Schirmung geprüft werden.
Absatz c) erlaubt die Reduktion des Prüfpegels für anderweitig geschirmte Einrichtungen um das Maß der tatsächlichen Schirmdämpfung. Dabei sind jedoch entsprechende Angaben in der Begleitdokumentation zu machen.
Unter der Annahme, daß eine Reihe patientengekoppelter Geräte die Prüffeldstärke von 3 V/m nicht über den gesamten zu betrachtenden Frequenzbereich ohne Störungen „vertragen" können, wird unter d) die Forderung erhoben, den jeweils „erfüllten" Störfestigkeitspegel für diese Geräte in der Begleitdokumentation anzugeben und darüber hinaus auch Mittel und Maßnahmen zur Gewährleistung einer hinreichenden Verträglichkeit – trotz dieser Einschränkung – zu beschreiben.
Dabei ist gemäß e) auch das angewandte Prüfverfahren vom Hersteller zu dokumentieren. Dies muß allerdings nicht in der Begleitdokumentation zum Produkt veröffentlicht, sondern nur vom Hersteller oder Importeur zur Einsichtnahme durch die Behörde oder eine beauftragte Organisation bereitgehalten werden.
Die Neufassung wird eine Ausweitung des anzuwendenden Frequenzbereichs nach oben (z. B. auf 2,5 GHz) enthalten, denn die zunehmende Nutzung von Frequenzen, die oberhalb 1 GHz liegen, zum Zwecke der Telekommunikation (z. B. das E-Netz), erzwingt diese Maßnahme. Dabei ist noch nicht klar, welche Modulationsart oberhalb 800 MHz zur Anwendung kommen wird. Es wird der Fortgang der entsprechenden Entwicklung bei den Grundnormen beobachtet. Ein im Juni 1997 verteilter

Entwurf für eine Änderung der IEC 61000-4-3 [IEC 77B/203/CDV] schlägt vor, Grenzwerte (in einer Tabelle 2) für die Frequenzbereiche von 800 MHz bis 960 MHz und von 1,4 GHz bis 2,0 GHz festzulegen, deren Pegel denen der Tabelle 1 (für Frequenzen darunter) entsprechen, aber mit einem weiteren zusätzlichen Schärfegrad 4 mit 30 V/m. Nach diesem Vorschlag soll die Modulation des HF-Signals auch in diesen Frequenzbändern sinusförmig (mit 1 kHz bei 80 % Modulationsgrad) erfolgen.

Sollte dieser Vorschlag akzeptiert werden, so wäre er zu übernehmen, und es bliebe nur noch die Frage zu klären, ob nicht auch noch bei der ISM-Frequenz zwischen 2,4 GHz und 2,5 GHz zusätzliche Prüfungen erforderlich sind.

Um eine zusätzliche Sicherheitsmarge bei den lebenserhaltenden Geräten zu erreichen, wird der anzuwendende Pegel der Prüffeldstärke oberhalb 800 MHz voraussichtlich auf 10 V/m angehoben werden.

Zu Abschnitt 36.202.2.2 Prüfbedingungen

Unter a) wird der Tatsache Rechnung getragen, daß nicht alle zu betrachtenden Produkte auf eine Signalfrequenz von 1 kHz als Störgröße in ihrem Übertragungsband reagieren. Geräte zur Beobachtung physiologischer Vorgänge haben oftmals sehr eingeschränkte Durchlaßbänder (z. B. nur etwa 100 Hz bei EKG und EEG), so daß es sinnvoll erscheint, für derartige Geräte eine andere – diesen Durchlaßbändern „angepaßte" – Modulationsfrequenz zu wählen. Die meisten bildgebenden Systeme (Ultraschall- und Röntgendiagnostik-Einrichtungen) „umfassen" dagegen die Frequenz von 1 kHz in ihren Durchlaßbändern (z. B. in den Videokanälen), so daß mit der in der Grundnorm festgelegten Modulationsfrequenz geprüft werden kann.

Zukünftig wird es neben der Modulationsfrequenz von 1 kHz nur noch eine solche von 2 Hz für Geräte zur Erfassung physiologischer Daten geben.

Auch für Geräte und Systeme, die kein spezifisches Durchlaßband haben, ist dann 1 kHz grundsätzlich als Modulationsfrequenz anzuwenden.

Abschnitt b) bezieht sich auf die Prüfung lebenserhaltender Geräte und Systeme im gesamten betrachteten Frequenzbereich, die grundsätzlich nur in einem geeigneten Testlabor (z. B. in einer Absorberhalle) durchgeführt werden kann.

Es fehlt eine Angabe über die Schrittweite und die Ablaufgeschwindigkeit der Frequenzänderung bei der Prüfung. Hier ist der Grundnorm zu folgen, die Auskunft über die Einzelheiten zu dieser Prüfung gibt.

Die „alte" Norm (IEC 801-3:1984) beschreibt die Prüfung kleiner Prüflinge (bis zu 25 cm Kantenlänge) in einem Wellenleiter. Größere Prüflinge sollen dagegen in einem geschirmten – vorzugsweise mit Absorbern ausgekleideten – Raum geprüft werden. Ein wesentlicher Unterschied zur „neuen" Norm (IEC (6)1000-4-3:1995) besteht darin, daß der jeweilig anzuwendende Prüfpegel in Gegenwart des Prüflings mit einer bzw. mehreren entsprechenden Feldstärkesensor(en) zu ermitteln war. Dieses Verfahren hat sich nicht bewährt und wurde dahingehend geändert, daß nun die Prüffeldstärke in Abwesenheit des Prüflings kalibriert werden muß. Das „neue" Verfahren fordert mindestens teilweise mit Absorbern ausgekleidete Räume (*semianechoic chambers*), deren Feldverteilung eine in der Norm angegebene Homogenität aufweisen muß. Zu diesem Zweck wird in der Regel auch in Teilbereichen des Bodens eine Anordnung von Absorbern erforderlich. Der Prüfung selbst ist ein ausgefeiltes Kalibrierverfahren vorgeschaltet, das im allgemeinen den Einsatz eines Steuerrechners erfordert, um zu realistischen Prüfzeiten zu kommen und das zu einem möglichst gleichförmigen Bereich für die „Bestrahlung" des Prüflings führt. Auch bei der Wahl der Sendeantennen hat sich eine Änderung ergeben. Die „alte" Norm beschrieb den Einsatz der bikonischen Antenne im Frequenzband von 27 MHz bis 200 MHz und den der konisch-logarithmischen Antenne im Frequenzband von 200 MHz bis 500 MHz. Somit mußte bei der Anwendung der bikonischen Antenne die Prüfung in beiden Polarisationsebenen (der horizontalen und der vertikalen) der Antenne durchgeführt werden, während die konisch-logarithmische Antenne, die ein zirkular polarisiertes Feld erzeugt, nicht gedreht werden mußte. Heute verwendet man grundsätzlich linear polarisierte Antennen (Dipole, bikonische Antennen, logarithmisch-periodische Antennen und Kombinationen daraus), so daß eine Prüfung in beiden Polarisationsebenen über den gesamten Frequenzbereich von 26 MHz[*]) oder 80 MHz bis 1 000 MHz (und auch darüber hinaus) verbindlich ist.

Eine andere Frage ist die nach der Schrittweite bei der Auswahl der Prüffrequenzen. Während die „alte" Norm nur eine maximale Geschwindigkeit für das „Wobbeln" (Durchstimmen) der Prüffrequenz von 0,005 Oktaven/s (das sind $1,5 \cdot 10^{-3}$ Dekaden pro Sekunde) vorsieht, ist in der „neuen" Norm neben dieser Forderung eine weitere enthalten, die sich auf die schrittweise Variation der Prüffrequenz bezieht und die eine maximale Schrittweite von 1 % vorsieht.

Auch die Anzahl der „Prüfrichtungen" wurde modifiziert. Die „alte" Norm forderte, den Prüfling so auszurichten, daß er die höchste Empfindlichkeit gegenüber den eingestrahlten Feldern aufweist; in der „neuen" Norm wird dagegen festgelegt, daß der Prüfling mindestens von vier Seiten zu „bestrahlen" ist; bei Prüflingen, die keine feste Zuordnung zum Raum haben, wird sogar die Prüfung in sechs Richtungen (zusätzlich von oben und von unten) gefordert.

Die Reproduzierbarkeit der „alten" Methode war erfahrungsgemäß äußerst gering, und die Prüfergebnisse führten im allgemeinen nur zu qualitativen Aussagen über die Störfestigkeit des Prüflings gegenüber eingestrahlten Feldern. Daher ist dem „neuen" Verfahren grundsätzlich der Vorzug zu geben.

Im Absatz c) ist eine Alternative zur Prüfung im Testlabor angegeben, die ursprünglich nur für große festinstallierte Systeme (z. B. Röntgen-Angiographieeinrichtungen, Röntgen-Computertomographen usw.) vorgesehen war, dann aber in der Endfassung der Norm allen nicht-lebensunterstützenden Geräten und Systemen zugebilligt wurde.

---

[*]) Anmerkung: Nach der Einführung der Grundnorm IEC (6)1000-4-6, die die Prüfung mit geleiteten hochfrequenten Störgrößen beschreibt, wird üblicherweise die Prüfung mit gestrahlten Feldern auf den Frequenzbereich oberhalb 80 MHz beschränkt. Das hat zur Folge, daß die Gestaltung von absorbierenden Prüfräumen einfacher (wegen der höheren unteren Grenzfrequenz können wesentlich kürzere Absorber verwendet werden) und damit auch kostengünstiger wird.

Diese „Erleichterung" paßt heute absolut nicht mehr in die „EMV-Landschaft". Dieses Verfahren, das ausschließlich die Prüfung mit den durch die Internationale Fernmeldeunion für die Nutzung durch ISM-Geräte zugeordneten Frequenzen vorschreibt, wird in Zukunft auch gestrichen und durch das übliche Verfahren aus der Grundnorm mit (kontinuierlicher oder schrittweiser) Durchstimmung über den gesamten Frequenzbereich ersetzt werden. Die Beschränkung auf die ISM-Frequenzen war (und ist auch heute noch) bei Prüfungen außerhalb des Testlabors notwendig, bei denen nur diese „freigegebenen" Frequenzen zur Anwendung kommen dürfen. Für Prüfungen im Labor macht die Beschränkung absolut keinen Sinn, handelt es sich bei den ISM-Frequenzen doch nur um sehr wenige (27,12 MHz; 40,68 MHz und 433,92 MHz) im betrachteten Frequenzbereich, von denen die ersten zwei bei der Beschränkung der gestrahlten Felder auf Frequenzen oberhalb 80 MHz zudem noch entfallen würden.

Die bei der Prüfung am Einsatzort im Absatz e) geforderte zusätzliche Prüfung mit ortsüblichen Störquellen (am Einsatzort vorkommenden Störgrößen) ist aus heutiger Sicht ebenfalls sehr vage und läßt einen viel zu großen Spielraum, um die tatsächliche Störfestigkeit der Prüflinge gegenüber gestrahlten hochfrequenten Störgrößen gewährleisten zu können.

Absatz d) verweist zur Prüfung patientengekoppelter Geräte und Systemteile lediglich auf den informativen Anhang AAA, stellt damit aber keine zusätzlichen Forderungen.

Zu Abschnitt 36.202.3 Transienten

Zu Abschnitt 36.202.3.1 Impulspaket (Burst)

Auch hier ist noch auf die „alte" – zum Zeitpunkt des Entstehens der vorliegenden Norm gültige – IEC 801-4:1988 verwiesen, die zwischenzeitlich durch die IEC (6)1000-4-4:1995 ersetzt wurde.

Das hier behandelte Störphänomen heißt jetzt „schnelle transiente elektrische Störgröße/Burst" *(englisch: electrical fast transient/burst)*.

Die Festlegung unterschiedlicher Prüfpegel, für festangeschlossene einerseits und für über eine bewegliche Versorgungsleitung gespeiste Prüflinge („Steckdosengeräte") andererseits, ist aus heutiger Sicht ein Fehler. Die das Störphänomen auslösenden Quellen (elektromechanische Schalter, thermostatisch betätigte Schalter und dergleichen) koppeln sowohl auf festverlegte als auch auf bewegliche Leitungen in gleicher Weise. Aus diesem Grund wird die Prüfung von Netzleitungen grundsätzlich mit einem Prüfpegel von 2 kV empfohlen, wobei mit beiden Polaritäten jeweils für mindestens eine Minute geprüft werden muß. Die Kopplung erfolgt mit dem genormten Koppel-/Entkoppelnetzwerk – soweit der Prüfling bezüglich seiner Stromaufnahme nicht dessen Leistungsfähigkeit überschreitet –, wobei die gleichzeitige gemeinsame Ankopplung aller Leiter (gegenüber der Bezugsmasse) im allgemeinen hinreichend ist. Gelegentlich (insbesondere bei auftretenden Störungen) kann die Prüfung einzelner Leiter zusätzliche Informationen über das Störverhalten des Prüflings liefern. Die Pulswiederholfrequenz ist in allen Fällen mit 5 kHz zu wählen.

Die Prüfung anderer als der Netzleitungen ist beschränkt auf solche Leitungen, die länger als 3 m sind. Ist eine Leitungslänge variabel (z. B. bei unterschiedlichen Systemkonfigurationen), so muß die Prüfung an allen Leitungen durchgeführt werden, für die die maximale Länge 3 m überschreiten darf.

Der Prüfpegel wurde hier mit 0,5 kV relativ niedrig angesetzt. Praktische Erfahrungen haben gezeigt, daß dieser Pegel zu niedrig ist. In der Folgeausgabe der Norm ist eine Anhebung auf 1 kV für diese Leitungen zu erwarten. Die Kopplung erfolgt hier mittels kapazitiver Koppelzange, wie sie in der Grundnorm beschrieben ist.

Zu Abschnitt 36.202.3.2 Stoßspannungen

Die Grundnorm für die Prüfung mit energiereichen Impulsen (Stoßspannungen und -strömen, *englisch: surges*) war zum Zeitpunkt der Verabschiedung dieser Norm noch nicht verfügbar, so daß Bezug auf Entwürfe zur IEC (6)1000-4-5 (ursprünglich geplant als IEC 801-5) genommen werden mußte.

Die damals festgelegten Parameter stimmen aber weitestgehend mit der heute gültigen Norm (IEC (6)1000-4-5:1995) überein, so daß keine Probleme bei der Anwendung der gültigen Norm bestehen.

Die gewählten Prüfpegel von 1 kV für die Prüfung zwischen den einzelnen Phasenleitern (bei Drehstromanwendung) und den Phasenleitern und dem Neutralleiter (symmetrische Prüfung – *differential mode*) und 2 kV für die Prüfungen zwischen den Phasenleitern oder dem Neutralleiter gegen den Schutzleiter (unsymmetrische Prüfung – *common mode*) haben sich bewährt. Zu beachten ist, daß bei der Gegentaktprüfung (*differential mode*) der Generator einen Innenwiderstand von 2 Ω aufweist, der bei der Gleichtaktprüfung (common mode) künstlich auf 12 Ω erhöht wird. Üblicherweise werden jeweils 5 Impulse mit positiver und negativer Polarität im Abstand von 60 s appliziert. Als Phasenlage sollten mindestens 90° für den positiven Impuls, 270° für den negativen Impuls und 0° oder 180° für beide Polaritäten gewählt werden.

Die Anmerkungen 1 und 2 sind selbsterklärend, während die Anmerkung 3 aussagt, daß die damals in Bearbeitung befindlichen Prüfverfahren mit „Ring waves" und gedämpften Schwingungen, wie sie heute in der IEC (6)1000-4-12 festgelegt sind, für medizinische Geräte und Systeme nicht anzuwenden sind, da die diese Produkte speisenden Netze in der Regel nicht mit solchen Störgrößen beaufschlagt sind.

Zu Abschnitt 36.202.4 Spannungseinbrüche,
Kurzzeitunterbrechungen und Spannungsschwankungen der Stromversorgung

Da die heute verfügbare Grundnorm IEC (6)1000-4-11:1994 zum damaligen Zeitpunkt noch nicht den Reifegrad hatte, um sie in Produktnormen anwenden zu können, wurden hier keine Festlegungen getroffen.

In einer Neuausgabe der Norm wird diese Lücke mit Sicherheit geschlossen werden. Weitere Angaben finden sich im Abschnitt 6.6 dieses Buchs.

*Zu Abschnitt 36.202.5 Leitungsgeführte Störgrößen,
die durch Hochfrequenzfelder oberhalb 9 kHz induziert werden*
Das unter 36.202.4 Gesagte gilt hier gleichermaßen. Auch die IEC (6)1000-4-6:1996 war damals noch nicht „gereift", so daß von ihrer Anwendung im Rahmen dieser Norm Abstand genommen wurde.
Weitere Angaben finden sich im Abschnitt 6.6 dieses Buchs.

Zu Abschnitt 36.202.6 [niederfrequente] Magnetfelder
Die niederfrequenten Magnetfelder und hier insbesondere die bei der Frequenz der Stromversorgung (50 Hz oder 60 Hz und ggf. auch 16 2/3 Hz) wirken auf eine Reihe medizinischer Systeme oder deren Komponenten (z. B. Röntgenbildverstärker, Monitore, Magnetresonanz-Einrichtungen) äußerst störend. Dennoch wurden in der vorliegenden Norm noch keine Prüfungen eingeführt, da die heute verfügbaren Grundnormen damals noch nicht zur Verfügung standen.
Inzwischen gibt es diese Grundnormen (wie etwa die IEC (6)1000-4-8:1993 für Magnetfelder mit energietechnischen Frequenzen), und in einer Folgeausgabe der IEC (60)601-1-2 werden entsprechende Prüfungen vorgesehen werden. Die magnetische Prüffeldstärke wird voraussichtlich auf 3 A/m festgelegt.

**Zu Anhang ZA
Andere in dieser Norm zitierte internationale Publikationen mit den Verweisungen auf die entsprechenden europäischen Publikationen**

Hier findet man eine Liste der zur Entstehungszeit der Norm gültig gewesenen Normen, wobei links die jeweilige internationale Fassung mit ihrem Erscheinungsdatum genannt wird, während rechts die entsprechenden Europäischen Normen aufgeführt sind.
Für das Internationale Elektrotechnische Wörterbuch (IEV) gibt es keine europäische Version. Die deutsche Fassung ist noch nicht im Druck verfügbar, wird aber in Kürze als DIN IEC (600) 50 Teil 161 voraussichtlich unter der Klassifikation „VDE 0870" erscheinen.
Die Produktfamiliennorm IEC (60)601-1 und ihre europäische Version EN 60601-1 sind zwischenzeitlich unter Einarbeitung der beiden Änderungen und Beibehaltung der Bezeichnung „2. Ausgabe" neu erschienen. An einer dritten Ausgabe wurde die Arbeit kürzlich begonnen. Ihr Erscheinen kann aber nicht vor etwa 2003 erwartet werden.
Die 1. Ergänzungsnorm zur IEC (60)601-1-1 wurde mit einer ersten Änderung modifiziert.
Die IEC 801-1 wurde in ihrer ursprünglichen Form nicht in die Normenreihe IEC (6)1000-4- ... übernommen; sie wird wohl in Kürze zurückgezogen werden, enthält sie doch nur allgemeine Erklärungen und keine konkreten Anforderungen.
Da alle normativen Verweisungen im Text der IEC (60)601-1-2 undatiert sind, ist auch bei den folgenden Grundnormen zur Störfestigkeit die jeweils letzte Version (und in Deutschland gilt die entsprechende europäische Version) anzuwenden.

- IEC 801-2:1991 (EN 60801-2:1993) ist jetzt gültig als IEC (6)1000-4-2:1995 (EN 61000-4-2:1995-03);
- IEC 801-3:1984 ist jetzt gültig als IEC (6)1000-4-3:1995 (EN 61000-4-3:1996);
- IEC 801-4:1988 ist jetzt gültig als IEC (6)1000-4-4:1995 (EN 61000-4-4:1995);
- IEC 801-5:xxxx ist jetzt gültig als IEC (6)1000-4-5:1995 (EN 61000-4-5:1996);
- Für die IEC 878 gilt das für das IEV Gesagte entsprechend.

Die CISPR 11:1990 wurde 1996 zweimal geändert. Mit der zweiten Änderung wurde ein Kapitel eingefügt, das sich mit diskontinuierlichen Störgrößen (Knackstörgrößen) befaßt. Aus diesem Grund ist ein Verweis auf CISPR 14 eigentlich nicht mehr erforderlich, denn diese wurde nur wegen derartiger Störgrößen, z. B. hervorgerufen durch Röntgendiagnostik-Einrichtungen im Aussetzbetrieb, zitiert, da solche ursprünglich nicht in CISPR 11 enthalten waren.

6.6 Informative Anhänge zu DIN EN 60601-1-2 (VDE 0750 Teil 1-2)

Es ist nur ein Anhang mit informativem Inhalt als Anhang AAA vorhanden.

Zu Anhang AAA Allgemeine Erklärungen und Begründungen

Dieser Anhang enthält eine Reihe von Informationen, die dem Verständnis der einzelnen Abschnitte im normativen Hauptteil dienen sollen.

Zu Abschnitt 2.203.3
Dieser Abschnitt ist selbsterklärend.

Zu Abschnitt 2.203.14
Dieser Abschnitt dient dem besseren Verständnis dieser Modifikation zur Definition einer Knackstörgröße.

Zu Abschnitt 2.203.17
Dieser Abschnitt ist selbsterklärend.

Zu Abschnitt 36.201.1.1
Darin ist die Angabe zu finden, daß CISPR 11 hier als Grundnorm herangezogen und um einige Angaben zu diskontinuierlichen Störgrößen aus CISPR 14 ergänzt wird. Diese Ergänzung ist allerdings nicht mehr zeitgemäß, denn die geänderte CISPR 11 enthält nun auch geeignete Angaben zu diskontinuierlichen Störgrößen.

Zu Abschnitt 36.201.1.2
Hier ist die Begründung für die üblicherweise für medizinische elektrische Geräte und Systeme angewandte Methode der Typprüfung an nur einem Exemplar des

jeweiligen Produkts gegeben. Derartige Geräte und insbesondere Systeme sind in der Regel keine „Massenprodukte", die in großen Stückzahlen und „über den Ladentisch" vertrieben werden. Daher ist die Anwendung der statistischen Methode, wie sie ursprünglich als ausschließliche Methode für seriengefertigte Produkte gefordert wurde, nicht angemessen und auch nicht wirtschaftlich vertretbar. Eine entsprechende Änderung der CISPR 11 zur Ergänzung der hier formulierten „Erleichterung" ist z. Z. in Beratung und hat große Zustimmung der Nationalen Komitees gefunden, so daß sie mit einer folgenden Ausgabe der CISPR 11 allgemein für alle ISM-Geräte und somit auch für medizinische elektrische Geräte und Systeme gültig werden wird.
In der Neufassung der IEC (60)601-1-2 kann dann diese Passage wieder entfallen.

Zu Abschnitt 36.201.1.4
Die hier wiedergegebenen Begründungen für die Knackstörgrößen-Erleichterungen bei Röntgendiagnostik-Einrichtungen (hier ist wesentlich der Hochspannungserzeuger für die Versorgung von Röntgenstrahlern betroffen) erfordert keine Ergänzungen, die über die zum Haupttext gegebene Begründung hinausgeht.

Zu Abschnitt 36.201.1.5
Auch die hier aufgeführten Erklärungen ergänzen die zum Haupttext ausgeführten Texte und dienen dem besseren Verständnis zur Einführung dieser Erleichterung.

Zu Abschnitt 36.201.1.6
Hier ist kein zusätzlicher Kommentar erforderlich.

Zu Abschnitt 36.201.1.7
Eine Untergruppe der für die IEC (60)601-1-2 zuständigen WG 13 des Unterkomitees 62A der IEC befaßt sich mit diesem Thema, hat bislang aber noch keine universell anwendbaren Verfahren gefunden, so daß das Schließen dieser Lücke voraussichtlich den für die Teile 2 der IEC (60)601 zuständigen Expertengruppen vorbehalten bleiben wird.

Zu Abschnitt 36.201.2.1
Hier ist die Rechtfertigung zu finden, daß, da medizinische elektrische Geräte und Systeme in der Regel keinen wesentlichen Lastfaktor öffentlicher Niederspannungs-Versorgungsnetze bilden, diese von den damals gültigen Anforderungen der IEC 555-2 (für Oberschwingungen) und der IEC 555-3 (für Spannungsschwankungen) – die sowieso nicht für Geräte in „professioneller" Anwendung galten – ausgenommen werden können.
Nach der Neufassung werden alle Produkte, die an öffentlichen Niederspannungs-Versorgungsnetzen betrieben werden sollen (z. B. in Facharztpraxen) hinsichtlich ihrer Netzrückwirkungen nach den einschlägigen Normen der Normenreihe IEC (6)1000-3- ... zu beurteilen sein. Dabei gelten die Grenzwerte der IEC (6)1000-3-2

(EN 61000-3-2 (VDE 0838 Teil 2)) für die Oberschwingungsströme der Netzfrequenz und die der IEC (6)1000-3-3 (EN 61000-3-3 (VDE 0838 Teil 3)) für die erzeugten Spannungsschwankungen dann verbindlich.

Zu Abschnitt 36.201.2.2
Dieser Abschnitt ist selbsterklärend.

Zu Abschnitt 36.202.1
Hier wird die Tatsache begründet, daß eine Reihe der Prüfstörgrößen dieser Norm aus den zur damaligen Zeit vorliegenden Entwürfen der Störfestigkeitsnorm für Informationstechnische Einrichtungen (ITE) – deren Herausgabe als CISPR 24 seit langen Jahren geplant ist und deren Inhalt immer noch diskutiert wird – übernommen wurden. Diese Tatsache führte u. a. zu dem Prüfpegel von nur 3 kV bei der Prüfung mit Entladungen statischer Elektrizität bei Applikation der Impulse über ein Hochspannungsrelais (auch als Kontaktentladung bezeichnet).
Die Neufassung der Norm wird sich den geänderten Voraussetzungen anpassen.

Zu Abschnitt 36.202.2.1 a)
Die hier enthaltenen Erklärungen wurden bereits zum Haupttext dieses Abschnitts diskutiert, so daß sich eine Wiederholung erübrigt.

Zu Abschnitt 36.202.2.1 b)
Auch diese Rechtfertigung wurde im Haupttext bereits erörtert.

Zu Abschnitt 36.202.2.1 d)
Wenn patientengekoppelte Geräte mit einer Prüffeldstärke von 3 V/m über den gesamten Frequenzbereich von 26 MHz bis 1 000 MHz geprüft werden, führt dies in vielen Fällen zu Störungen, die nicht durch eine Änderung der Konstruktion des Geräts oder seines Zubehörs behoben werden können. Aus heutiger Sicht sollten generell für einzelne Produktgruppen anwendbare Prüfpegel in den für die Ausarbeitung der Teile 2 der IEC (60)601 zuständigen Arbeitsgruppen ermittelt und festgeschrieben werden. Bis zum Zeitpunkt einer verbindlichen Festlegung solcher Werte muß der Hersteller derartiger Geräte von der Regel Gebrauch machen, die individuellen Störfestigkeitspegel unter Beschreibung der angewandten Prüfverfahren in seiner Begleitdokumentation anzugeben, um sich so von der Anwendung des Prüfpegels von 3 V/m „befreien" zu können.

Zu Abschnitt 36.202.2.2 d)
Hier gilt das unter Abschnitt 36.202.2.1 d) Ausgeführte entsprechend.

Zu Abschnitt 36.202.2.2 e)
Große festinstallierte Systeme zur medizinischen Bildgebung (z. B. MR-Einrichtungen und Einrichtungen zur interventionellen Radiologie) oder zur Strahlentherapie

(z. B. Linearbeschleuniger) lassen sich unter realistischen Bedingungen sowohl hinsichtlich ihres Aufbaus (sie erfordern für ihren Betrieb häufig eine ganze Reihe zusätzlicher Maßnahmen und Hilfsmittel, wie bauliche Strahlenschutzmaßnahmen oder aufwendige Deckenaufhängungen) als auch ihrer Betriebsarten (z. B. wegen des Auftretens starker Gleichfelder oder auch unzulässiger Mengen ionisierender Strahlung) nicht auf Meßplätzen und schon gar nicht in Absorberräumen geeigneter Spezifikation prüfen. Aus diesem Grund ist der hier gewählte Weg der einzig praktikable, der sich ohne Verletzung anderer Rechtsgüter (z. B. des möglichst ungestörten Funkempfangs) in diesen Fällen durchführen läßt.

Zu Abschnitt 36.202.4
Hier werden nach Überarbeitung der Norm entsprechende Anforderungen aus der IEC (6)1000-4-11 aufgenommen werden. Die Forderung, gewisse Spannungseinbrüche ohne Funktionsverlust zu überstehen, läßt sich bei Geräten mit geringer Leistungsaufnahme mit vertretbarem Aufwand realisieren (z. B. durch Einfügen geeigneter Energiespeicher), ist aber bei Einrichtungen mit großen Eingangsströmen ein kaum zu lösendes Problem. Aus diesem Grund empfiehlt es sich schon heute, bei Einrichtungen der zweiten Gruppe (wie etwa bei Röntgensystemen) den „Leistungsteil" (der die hohe Stromaufnahme bewirkt) vom „Steuerteil" (in dem im allgemeinen softwaregesteuerte Komponenten vorherrschen) durch geeignete Maßnahmen zu entkoppeln, so daß bei einem Spannungseinbruch begrenzter Dauer die Meß-, Steuer-, Regel-, Rechen- und Speicherfunktionen erhalten bleiben, um bei Wiederkehr der Versorgungsspannung schnell wieder die Gesamtfunktion gewährleisten zu können.
Die Neufassung der Norm wird auf diesen Tatbestand näher eingehen.

Zu Abschnitt 36.202.5
Die hier genannten Beratungen haben bereits stattgefunden und führten zur Herausgabe einer Grundnorm für geleitete Störgrößen (beginnend bei 150 kHz), die als IEC (6)1000-4-6:1996-03 (EN 61000-4-6:1996-07 bzw. DIN EN 61000-4-6 (VDE 0847 Teil 4-6):April 1997) veröffentlicht wurde.
In SC 62A wurde der Beschluß gefaßt, in Zukunft die Prüfung mit gestrahlten Feldern (nach IEC (6)1000-4-3) bei einer unteren Frequenzgrenze von 80 MHz zu beginnen. Für den Frequenzbereich darunter wird zusätzlich das in der o. g. Grundnorm beschriebene Prüfverfahren vorgesehen, wobei die gleichen Modulationsfrequenzen vorgesehen werden, die auch für die gestrahlten Felder unterhalb 800 MHz gelten.

Zu Abschnitt 36.202.6
Zu dieser Art von Störgrößen sind die Beratungen im IEC TC 77 abgeschlossen, und es liegen für die verschiedenen Formen der niederfrequenten Magnetfelder entsprechende Grundnormen als internationale, regionale und nationale Publikationen vor. In der Folgeausgabe dieser Norm wird voraussichtlich nur die Grundnorm IEC (6)1000-4-8 (EN 61000-4-8) Berücksichtigung finden; dabei ist eine magnetische

Prüffeldstärke von 3 A/m bei 50 Hz bzw. 60 Hz in Diskussion. Für Geräte und Systemkomponenten, deren Funktion durch eine derartig hohe Feldstärke gestört werden kann, wird dem Hersteller die Möglichkeit gegeben werden, niedrigere Prüffeldstärken in seiner Begleitdokumentation anzugeben, wenn er gleichzeitig dem Anwender zusätzliche Hinweise zur Vermeidung von Störfällen gibt.

6.7 Übersicht über zusätzliche oder abweichende EMV-Anforderungen in den „besonderen Anforderungen" der Teile 2 der IEC (60)601

Diese Übersicht gibt die folgende mehrseitige Tabelle.

6.8 Im Kapitel 6 behandelte Normen und Normentwürfe

Nationale Norm:
DIN EN 60601-1-2 (VDE 0750 Teil 1-2):September 1994
"Medizinische elektrische Geräte; Teil 1: Allgemeine Anforderungen für die Sicherheit – 2. Ergänzungsnorm: Elektromagnetische Verträglichkeit – Anforderungen und Prüfungen"

Regionale Norm:
EN 60601-1-2:Mai 1993
"Medizinische elektrische Geräte; Teil 1: Allgemeine Anforderungen für die Sicherheit – 2. Ergänzungsnorm: Elektromagnetische Verträglichkeit – Anforderungen und Prüfungen"
IEC 601-1-2:1993

Internationale Norm:
IEC 601-1-2/ First edition:1993-04
"Medical electrical equipment; Part 1: General requirements for safety – 2. Collateral Standard: Electromagnetic Compatibility – Requirements and tests"

Entwürfe, die zur DIN EN 60601-1-2 führten:
E DIN IEC 62A(CO)41 (VDE 0750 Teil 1-3):
prEN 50097:Dezember 1991
IEC 62A(CO)41:1991-08

Entwürfe zu einer zweiten Ausgabe der DIN EN 60601-1-2
IEC 62A/206/CD:July 1996
E DIN IEC 62A/206/CD (VDE 0750 Teil 1-2):Dezember 1996

CLC Doc IEC Doc	Titel	Letzte Ausgabe	VDE-Version	EMV-Anforderungen
IEC 601-2-1 Ed 1:81-01 + Am 1:84-01 + Am 2:90-02	Besondere Anforderungen für medizinische Elektronenbeschleuniger im Bereich von 1 MeV bis 50 MeV			keine besonderen EMV-Anforderungen
prEN 60601-2-1 draft IEC 601-2-1 Ed 2	Besondere Anforderungen für medizinische Elektronenbeschleuniger im Bereich von 1 MeV bis 50 MeV	62C/148/CDV: 95-12		Die Abschnitte der IEC 601-1-2 gelten. Emissionsprüfungen am Aufstellungsort Gruppe 1 Klasse A inklusive Gebäudestrukturen
EN 60601-2-2:93 **IEC 601-2-2** Ed 2:91-10	Besondere Anforderungen für die Sicherheit von Hochfrequenz-Chirurgiegeräten		**DIN EN 60601-2-2** VDE 0750 Teil 2-2: 94-02	Nur in Bereitschaft zu prüfen (Schalter für Ausgangsleistung auf „Aus")
prEN 60601-2-2 draft IEC 601-2-2 Ed 3	Besondere Anforderungen für die Sicherheit von Hochfrequenz-Chirurgiegeräten	62D/179/CD		Nur in Bereitschaft zu prüfen (Schalter für Ausgangsleistung auf „Aus"); zusätzliche Definition für Störfestigkeit
EN 60601-2-3:93 **IEC 601-2-3** Ed 2:91-06	Besondere Anforderungen für die Sicherheit von Kurzwellen-Therapiegeräten		**DIN EN 60601-2-3** VDE 0750 Teil 2-3: 94-02	besonderer Aufbau für EN 55011
EN 60601-2-3:93/prA1 draft IEC 601-2-3 Am 1	Besondere Anforderungen für die Sicherheit von Kurzwellen-Therapiegeräten	62D/180/CD		keine besonderen EMV-Anforderungen.
HD 395-2-04 **IEC 601-2-4** Ed 1:83-01	Besondere Anforderungen für die Sicherheit von Defibrillatoren mit und ohne Monitor		**DIN VDE 0750 Teil 201**:95-08	keine besonderen EMV-Anforderungen
noch keine EN draft IEC 601-2-4 Am 1	Besondere Anforderungen für die Sicherheit von Defibrillatoren mit und ohne Monitor	62D/181/CD		keine besonderen EMV-Anforderungen
HD 395-2-05 **IEC 601-2-5** Ed 1:84-01	Besondere Anforderungen für die Sicherheit von Ultraschall-Therapiegeräten		**DIN VDE 0750 Teil 208**:85-10	besonderer Aufbau für EN 55011
noch keine EN draft IEC 601-2-5 Am 1.	Besondere Anforderungen für die Sicherheit von Ultraschall-Therapiegeräten	62D(Sec)100,135		keine besonderen EMV-Anforderungen
HD 395-2-06 **IEC 601-2-6** Ed 1:84-01	Besondere Anforderungen für die Sicherheit von Mikrowellen-Therapiegeräten		**DIN VDE 0750 Teil 209**:85-10	besonderer Aufbau für EN 55011
noch keine EN draft IEC 601-2-6 Am 1	Besondere Anforderungen für die Sicherheit von Mikrowellen-Therapiegeräten	62D(Sec)085		keine besonderen EMV-Anforderungen
IEC 601-2-7 Ed 1:87-03	Besondere Anforderungen für die Sicherheit von Hochspannungsgeneratoren für diagnostischen Röntgenstrahlenerzeugern			keine besonderen EMV-Anforderungen
draft IEC 601-2-7 Ed 2	Besondere Anforderungen für die Sicherheit von Hochspannungsgeneratoren für diagnostischen Röntgenstrahlenerzeugern	62B/293/CDV: 96-06	E DIN IEC 62B/293/CDV VDE 0750 Teil 2-7: 97-01	Die Abschnitte der IEC 601-1-2 gelten.
HD 395-2-08 **IEC 601-2-8** Ed 1:87-02	Besondere Anforderungen für die Sicherheit von Therapie-Röntgeneinrichtungen			keine besonderen EMV-Anforderungen
draft IEC 601-2-8 Am 1	Besondere Anforderungen für die Sicherheit von Therapie-Röntgeneinrichtungen	62C/156/CDV: 96-02	E DIN IEC 62C/156/CDV VDE 0750 Teil 2-8/A1: 96-07	Die Abschnitte der IEC 601-1-2 gelten.
HD 395-02-09 **IEC 601-2-9** Ed 1:87	Besondere Anforderungen für die Sicherheit von Dosimetern mit Patientenkontakt			keine besonderen EMV-Anforderungen

CLC Doc / IEC Doc	Titel	Letzte Ausgabe	VDE-Version	EMV-Anforderungen
prEN 60601-2-9 draft IEC 601-2-9 Ed 2: 96-10	Besondere Anforderungen für die Sicherheit von Dosimetern mit Patientenkontakt	62C/158/FDIS: 96-05		Die Abschnitte der IEC 601-1-2 gelten.
HD 395-2-10 IEC 601-2-10 Ed 1: 87-12	Besondere Anforderungen für die Sicherheit von Geräten zur Stimulation von Nerven und Muskeln		DIN VDE 0750 Teil 219:89-07	Besondere Prüfung bei 27,12 MHz erforderlich.
HD 395-2-10 draft IEC 601-2-10 Am 1	Besondere Anforderungen für die Sicherheit von Geräten zur Stimulation von Nerven und Muskeln	62D(Sec)086		Die Abschnitte der IEC 601-1-2 gelten. Gerät muß funktionieren oder „sicher" ausfallen. Alle Alarmfunktionen müssen während der Störfestigkeitsprüfung funktionieren. Simulator darf keinen höheren Pegel erzeugen.
HD 395-2-11(inkl. A1) IEC 601-2-11 Ed 1:87-11 + Am 1:88-01 + Am 2:93-02	Besondere Anforderungen für die Sicherheit von Gammastrahlen-Therapiegeräten			keine besonderen EMV-Anforderungen
prEN 60601-2-11 draft IEC 601-2-11 Ed 2	Besondere Anforderungen für die Sicherheit von Gammastrahlen-Therapiegeräten	62C/173/FDIS		Die Abschnitte der IEC 601-1-2 gelten.
HD 395-2-12 (prEN 794-1) IEC 601-2-12 Ed 1:88-12	Besondere Anforderungen für die Sicherheit von Lungenventilatoren für medizinische Anwendung			keine besonderen EMV-Anforderungen
draft IEC 601-2-12 Ed 2	Besondere Anforderungen für die Sicherheit von Lungenventilatoren für medizinische Anwendung	62D(Sec)087		keine besonderen EMV-Anforderungen
HD 395-2-13 (prEN 740) IEC 601-2-13 Ed 1:89-12	Besondere Anforderungen für die Sicherheit von Anästhesiegeräten			keine besonderen EMV-Anforderungen
draft IEC 601-2-13 Ed 2	Besondere Anforderungen für die Sicherheit von Anästhesiegeräten	62D/154/CDV		keine besonderen EMV-Anforderungen
HD 395-2-14 IEC 601-2-14 Ed 1:89-02	Besondere Anforderungen für die Sicherheit von elektrokonvulsiven Therapiegeräten			Die Abschnitte der IEC 601-1-2 gelten.
noch keine EN draft IEC 601-2-14 Am 1	Besondere Anforderungen für die Sicherheit von elektrokonvulsiven Therapiegeräten	62D(Sec)089		Die Abschnitte der IEC 601-1-2 gelten. Gerät am Netz, aber nicht aktiviert. Zusätzliche Störfestigkeitsanforderungen
HD 395-2-15 IEC 601-2-15 Ed 1:88-12	Besondere Anforderungen für die Sicherheit von Röntgengeneratoren mit Kondensatorentladung		DIN VDE 0750 Teil xxx	keine besonderen EMV-Anforderungen
HD 395-2-16 IEC 601-2-16 Ed 1:89-02	Besondere Anforderungen für die Sicherheit von Hämodialyse-, Hämodiafiltrations- und Hämofiltrationsgeräten		DIN VDE 0750 Teil xxx	Die Abschnitte der IEC 601-1-2 gelten.
prEN 60601-2-16 draft IEC 601-2-16 Ed 2	Besondere Anforderungen für die Sicherheit von Hämodialyse-, Hämodiafiltrations- und Hämofiltrationsgeräten	62D/183/CDV:95 +62D/183A/CDV:96 +62D/183B/CDV:96	EDIN IEC 62D/183/ CDV VDE 0750 Teil 2-16: 96-07	Emission nach 601-1-2, Festigkeit zusätzlich zu IEC 601-1-2: ESD: 8 kV und 15 kV, RF: 10 V/m
EN 60601-2-17:96 IEC 601-2-17 Ed 1:89-09	Besondere Anforderungen für die Sicherheit von automatischen ferngesteuerten Afterloadinggeräten für Gammastrahlung		DIN VDE 0750 Teil xxx	keine besonderen EMV-Anforderungen

CLC Doc IEC Doc	Titel	Letzte Ausgabe	VDE-Version	EMV-Anforderungen
EN 60601-2-17/96/A1 **IEC 601-2-17/** **Am 1 Ed 1:**96-03	Besondere Anforderungen für die Sicherheit von automatischen ferngesteuerten Afterloadinggeräten für Gammastrahlung			keine besonderen EMV-Anforderungen
prEN 60601-1-2-18 draft IEC 601-2-18 Ed 2: 96-08	Besondere Anforderungen für die Sicherheit von Endoskopiegeräten	62D/191/FDIS		Die Abschnitte der IEC 601-1-2 gelten. Ultraschallendoskope Gruppe 2 nach CISPR 11.
HD 395-2-19 **IEC 601-2-19** Ed 1:90-12	Besondere Anforderungen für die Sicherheit von Säuglingsinkubatoren		DIN VDE 0750 Teil xxx	keine besonderen EMV-Anforderungen
draft IEC 601-1-2-19 Am 1 Ed 1	Besondere Anforderungen für die Sicherheit von Säuglingsinkubatoren	62D/160/CDV		keine besonderen EMV-Anforderungen
HD 395-2-20 **IEC 601-2-20** Ed 1:90-12 + Am 1:96-10	Besondere Anforderungen für die Sicherheit von Transportinkubatoren		DIN VDE 0750 Teil xxx	keine besonderen EMV-Anforderungen
EN 60601-2-21: 94 **IEC 601-2-21** Ed 1:94-0	Besondere Anforderungen für die Sicherheit von Säuglingswärmestrahlern		DIN VDE 0750 Teil xxx	keine besonderen EMV-Anforderungen
EN 60601-2-21:94/prA1 draft IEC 601-2-21 Am 1 Ed 1:96-10	Besondere Anforderungen für die Sicherheit von Säuglingswärmestrahlern	62D/162/CDV		keine besonderen EMV-Anforderungen
EN 60601-2-22:92 **IEC 601-2-22** Ed 1	Besondere Anforderungen für die Sicherheit von diagnostischen und therapeutischen Lasergeräten		**DIN EN 60601-2-22** VDE 0750 Teil 2-22: 93-08	keine besonderen EMV-Anforderungen
EN 60601-2-22:96 **IEC 601-2-22** Ed 2:95-11	Besondere Anforderungen für die Sicherheit von diagnostischen und therapeutischen Lasergeräten		E DIN EN 60601-2-22 VDE 0750 Teil 2-22: 95-01	Die Abschnitte der IEC 601-1-2 gelten.
prEN 60601-2-23:96 **IEC 601-2-23** Ed 1:93-09	Besondere Anforderungen für die Sicherheit von transkutanen Partialdruck-Überwachungsgeräten		E DIN EN 60601-2-23 VDE 0750 Teil 2-23: 97-02	Die Abschnitte der IEC 601-1-2 gelten. Monitore dürfen nach der Prüfung keine falschen Patientendaten anzeigen. Ausnahme: EN 55011 Gruppe 1 Klasse A – nur magnetisches Feld erforderlich, ESD: 6 kV Kontakt; RF: 80% AM bei 10 kHz. Geleitete Störgrößen und Magnetfeld erforderlich, Patientenleitung von der Prüfung befreit. Alle Alarmfunktionen müssen bei der Prüfung funktionieren.
prEN 60601-2-23:96 **IEC 601-2-23** Ed 2	Besondere Anforderungen für die Sicherheit von Geräten für die transkutane Partialdrucküberwachung		E DIN EN 60601-2-23 VDE 0750 Teil 2-23: 97-02	keine besonderen EMV-Anforderungen
prHD 395-2-24 draft IEC 601-2-24 Ed 1	Besondere Anforderungen für die Sicherheit von Infusionspumpen und Infusionspumpensteuerungen	62D/156/CDV		keine besonderen EMV-Anforderungen

CLC Doc / IEC Doc	Titel	Letzte Ausgabe	VDE-Version	EMV-Anforderungen
EN 60601-2-25:95 IEC 601-2-25 Ed 1:93-03	Besondere Anforderungen für die Sicherheit von Elektrokardiographie-einrichtungen		DIN EN 60601-2-25 VDE 0750 Teil 2-25: 97-02	Die Abschnitte der IEC 601-1-2 gelten. Ausnahme: EN 55011 Gruppe 1 Klasse A – nur magnetisches Feld erforderlich, ESD: 6 kV Kontakt, RF: 80% AM bei 10 kHz. Geleitete Störgrößen und Magnetfeld erforderlich, Patientenleitung von der Prüfung befreit. Alle Alarmfunktionen müssen bei der Prüfung funktionieren.
draft IEC 601-2-25 Ed 2	Besondere Anforderungen für die Sicherheit von Elektrokardiographie-einrichtungen	62D(Sec)091		keine besonderen EMV-Anforderungen
EN 60601-2-26:94 IEC 601-2-26 Ed 1:94-04	Besondere Anforderungen für die Sicherheit von Elektroenzephalographen		DIN EN 60601-2-26 VDE 0750 Teil 2-26: 95-09	Die Abschnitte der IEC 601-1-2 gelten. Monitor darf nach der Prüfung keine falschen Daten anzeigen. Er sollte innerhalb 30 s in Normalbetrieb zurückfinden. Alle Alarmfunktionen müssen während der Prüfung funktionieren.
draft IEC 601-2-26 Ed 2	Besondere Anforderungen für die Sicherheit von Elektroenzephalographen	62D(Sec)092		keine besonderen EMV-Anforderungen
EN 60601-2-27:94 IEC 601-2-27 Ed 1:94-04	Besondere Anforderungen für die Sicherheit von Elektrokardiographie-Überwachungsgeräten		DIN EN 60601-2-27 VDE 0750 Teil 2-27: 96-02	Die Abschnitte der IEC 601-1-2 gelten. Monitor darf nach der Prüfung keine falschen Daten anzeigen. Er sollte innerhalb 30 s in Normalbetrieb zurückfinden. Alle Alarmfunktionen müssen während der Prüfung funktionieren.
draft IEC 601-2-27 Ed 2	Besondere Anforderungen für die Sicherheit von Elektrokardiographie-Überwachungsgeräten	62D(Sec)093		keine besonderen EMV-Anforderungen
EN 601-2-28:93 IEC 601-2-28 Ed 1:93-03	Besondere Anforderungen für die Sicherheit von Röntgenstrahlern einschließlich Blendensystem und Röntgenstrahlern für medizinische Diagnostik		DIN EN 60601-2-28 VDE 0750 Teil 2-28: 95-12	Die Abschnitte der IEC 601-1-2 gelten.
draft IEC 0601-2-28 Am 1	Besondere Anforderungen für die Sicherheit von Röntgenstrahlern einschließlich Blendensystem und Röntgenstrahlern für medizinische Diagnostik	62B(Sec)192		keine besonderen EMV-Anforderungen
EN 60601-2-29:95 IEC 601-2-29 Ed 1:93-03	Besondere Anforderungen für die Sicherheit von Strahlentherapiesimulatoren		DIN EN 60601-2-29 VDE 0750 Teil 2-29: 96-11	keine besonderen EMV-Anforderungen
prEN 60601-2-29 draft IEC 601-2-29 Am 1 96-11	Besondere Anforderungen für die Sicherheit von Strahlentherapiesimulatoren	62C/159/FDIS: 96-05	E DIN IEC 62C/131/ CDV VDE 0750 Teil 2-29/A1: 96-07	Die Abschnitte der IEC 601-1-2 gelten. Emissionsprüfung am Aufstellungsort. Gruppe 1 Klasse A einschließlich Gebäudestrukturen.

CLC Doc IEC Doc	Titel	Letzte Ausgabe	VDE-Version	EMV-Anforderungen
draft IEC 601-2-29 Ed 2	Besondere Anforderungen für die Sicherheit von Strahlentherapiesimulatoren	62C/190/CD:97-02		Die Abschnitte der IEC 601-1-2 gelten. Emissionsprüfungen am Aufstellungsort. Gruppe 1 Klasse A einschließlich Gebäudestrukturen.
EN 60601-2-30:95 IEC 601-2-30 Ed 1:95-03	Besondere Anforderungen für die Sicherheit von automatischen, zyklischen, indirekten Blutdruck-Überwachungsgeräten		DIN EN 60601-2-30 VDE 0750 Teil 2-30: 96-07	Die Abschnitte der IEC 601-1-2 gelten. Monitor darf nach der Prüfung keine falschen Daten anzeigen. Er sollte innerhalb 30 s in Normalbetrieb zurückfinden. Alle Alarmfunktionen müssen während der Prüfung funktionieren.
draft IEC 0601-2-30 Ed 2	Besondere Anforderungen für die Sicherheit von automatischen, zyklischen, indirekten Blutdruck-Überwachungsgeräten	62D(Sec)094		keine besonderen EMV-Anforderungen
EN 60601-2-31:95 IEC 601-2-31 Ed 1:94-10	Besondere Anforderungen für die Sicherheit von externen Herzschrittmachern mit interner Stromversorgung		DIN EN 60601-2-31 VDE 0750 Teil 2-31: 96-10	Die Abschnitte der IEC 601-1-2 gelten. ESD: Luft: 2 kV, 4 kV, 8 kV und 15 kV muß mit jeweils 10 Entladungen geprüft werden. Bei 8 kV und 15 kV Kriterium B – sonst Kriterium A.
EN 60601-2-31:95/prA1 draft IEC 601-2-31 Am 1	Besondere Anforderungen für die Sicherheit von externen Herzschrittmachern mit interner Stromversorgung	62D/206/CDV:96	DIN IEC 62D/206/CDV VDE 0750 Teil 2-31/A1: 96-12	Die Abschnitte der IEC 601-1-2 gelten. Besondere Anforderungen für ESD.
EN 60601-2-32 IEC 601-2-32 Ed 1:94-03	Besondere Anforderungen für die Sicherheit von Röntgenanwendungsgeräten		DIN EN 60601-3-32 VDE 0750 Teil 2-32: 95-11	keine besonderen EMV-Anforderungen, nur Anforderungen zur mechanischen Sicherheit
draft IEC 601-2-32 Am 1	Besondere Anforderungen für die Sicherheit von Röntgenanwendungsgeräten	zurückgezogen		keine besonderen EMV-Anforderungen
EN 60601-2-33:95 IEC 601-2-33 Ed 1:95-07	Besondere Anforderungen für die Sicherheit von medizinischen diagnostischen Magnetresonanzgeräten		DIN EN 60601-2-33 VDE 0750 Teil 2-33: 97-06	Die Abschnitte der IEC 601-1-2 gelten. Zusätzlich Angaben zu gestrahlten HF-Feldern.
EN 60601-2-34:95 IEC 601-2-34 Ed 1:94-12	Besondere Anforderungen für die Sicherheit von direkten Blutdruck-Überwachungsgeräten		DIN EN 60601-2-34 VDE 0750 Teil 2-34: 96-10	Die Abschnitte der IEC 601-1-2 gelten.
prEN 60601-2-34 draft IEC 601-2-34 Ed 2	Besondere Anforderungen für die Sicherheit von invasiven Blutdruck-Überwachungsgeräten	62D/224/CD		Die Abschnitte der IEC 601-1-2 gelten. Monitor darf nach der Prüfung keine falschen Daten anzeigen. Er sollte innerhalb 30 s in Normalbetrieb zurückfinden. Ausnahme: Gruppe 1 Klasse A nach EN 55011, ESD: 6 kV.

CLC Doc IEC Doc	Titel	Letzte Ausgabe	VDE-Version	EMV-Anforderungen
prEN 60601-2-35 draft IEC 601-2-35 Ed 1: 96-11	Besondere Anforderungen für die Sicherheit von Matten, Unterlagen und Matratzen zur Erwärmung von Patienten in der medizinischen Anwendung	62D(Sec)146:94	E DIN VDE 0750-2-35 VDE 0750 Teil 2-35: 96-08	Die Abschnitte der IEC 601-1-2 gelten. Sichere Funktion oder Funktion nach Herstellerangabe muß zwischen 3 V/m und 10 V/m erhalten bleiben.
prEN 60601-2-36 draft IEC 601-2-36 Ed 1:97-03	Besondere Anforderungen für die Sicherheit von Geräten zur extrakorporal induzierten Lithotripsie	62D/166/CDV		Die Abschnitte der IEC 601-1-2 gelten. Ausnahme: Während der Auslösung und Erzeugung der Pulse *keine* Anforderungen.
prEN 60601-2-37 draft IEC 601-2-37 Ed 1	Besondere Anforderungen für die Sicherheit von Ultraschall-Diagnostik- und Überwachungsgeräten	62B/290/CD:96-04		Die Abschnitte der IEC 601-1-2 gelten; aber: Klasse A Gruppe 2.
prEN 60601-2-38:96 **IEC 601-2-38** Ed 1:96-10	Besondere Anforderungen für die Sicherheit von elektrisch betriebenen Krankenhausbetten		E DIN EN 60601-2-38 VDE 0750 Teil 2-38: 96-09	Die Abschnitte der IEC 601-1-2 gelten.
draft IEC 601-2-38 Am 1	Besondere Anforderungen für die Sicherheit von elektrisch betriebenen Krankenhausbetten – Zubehör	62D(Sec)141		Die Abschnitte der IEC 601-1-2 gelten.
prEN 50079 draft IEC 601-2-38 Ed 2	Besondere Anforderungen für die Sicherheit von elektrisch betriebenen und nicht elektrisch betriebenen Krankenhausbetten	62D(Sec)153		Die Abschnitte der IEC 601-1-2 gelten.
EN 50072:92 **IEC 601-2-39** Ed 1	Besondere Anforderungen für die Sicherheit von Peritoneal-Dialyse-Geräten		DIN EN 50072 VDE 0750 Teil 233: 93-07	Die Abschnitte der IEC 601-1-2 gelten.
draft IEC 601-2-39 Ed 2	Besondere Anforderungen für die Sicherheit von Peritoneal-Dialyse-Geräten	62D/171/CD:95	E DIN IEC 62D/171/CD VDE 0750 Teil 2-39: 96-07	keine besonderen EMV-Anforderungen
prEN 60601-2-40 draft IEC 601-2-40 Ed 1	Besondere Anforderungen für die Sicherheit von Elektromyographen und Geräten für evozierte Potentiale	62D/176/CDV:95	E DIN IEC 62D/176/CDV VDE 0750 Teil 2-40: 96-07	Die Abschnitte der IEC 601-1-2 gelten. Muß weiter funktionieren oder „sicher" ausfallen. Alle Alarmfunktionen müssen während der Prüfung funktionieren. Simulator darf keine höheren Pegel liefern.
prEN 60601-2-41 draft IEC 601-2-41 Ed 1	Besondere Anforderungen für die Sicherheit von Operationsleuchten	62D/172/CD		keine besonderen EMV-Anforderungen
prEN 60601-2-42 draft IEC 601-2-42 Ed 1	Besondere Anforderungen für die Sicherheit von automatischen externen Defibrillatoren	62D(Norway)022		keine besonderen EMV-Anforderungen
prEN 60601-2-43 draft IEC 601-2.43 Ed 1	Besondere Anforderungen für die Sicherheit von Röntgeneinrichtungen für die interventionelle Radiologie	62B/299/CD:96-08		Die Abschnitte der IEC 601-1-2 gelten.
prEN 60601-2-44 draft IEC 601-2-44 Ed 1	Besondere Anforderungen für die Sicherheit von Röntgeneinrichtungen für die Computertomographie	62B/289/CD:96-04		Die Abschnitte der IEC 601-1-2 gelten.
prEN 60601-2-45 draft IEC 601-2-45 Ed 1	Besondere Anforderungen für die Sicherheit von Röntgeneinrichtungen für die Mammographie	62B/291/CD:96-05		Die Abschnitte der IEC 601-1-2 gelten.
prEN 50115:95 **IEC 601-2-46** Ed 1	Besondere Anforderungen für die Sicherheit von Operationstischen		E DIN EN 50115 VDE 0750 Teil 223:93-06	Die Abschnitte der IEC 601-1-2 gelten; zusätzlicher Test mit HF-Chirurgiegerät 400 W.

CLC Doc IEC Doc	Titel	Letzte Ausgabe	VDE-Version	EMV-Anforderungen
prEN 60601-2-47 draft IEC 601-2-47 Ed 1	Besondere Anforderungen für die Sicherheit von Ambulanz-Kardiographie-Überwachungsgeräten	62D/210/CD:96-07		Gruppe 1 Klasse B nach EN 55011 mit spez. Last; besondere Störfestigkeitsanforderungen
draft IEC 601-2-48 Ed 1	Besondere Anforderungen für die Sicherheit von Planungssystemen für die Strahlentherapie	62C/171/CD:96-07		Die Abschnitte der IEC 601-1-2 gelten. Anmerkung wegen spezieller Standard-Computer-Hardware.
prEN 60601-2-XX draft IEC 601-2-XX Ed 1	Besondere Anforderungen für die Sicherheit von Patienten-Überwachungsgeräten für mehrere Parameter	62D/242/NP:97-05		Die Abschnitte der IEC 601-1-2 gelten; Gruppe 1 Klasse A + ESU-Prüfung; maximale Anzahl angezeigter Parameter
draft IEC 601-2-YY Ed 1	Besondere Anforderungen für die Sicherheit von Herz-Lungen-Maschinen	in Vorbereitung		keine besonderen EMV-Anforderungen
	Besondere Festlegungen für die Sicherheit medizinischer Versorgungseinheiten		**DIN VDE 0750 Teil 211:**88-08	Vermeidung kapazitiver und induktiver Störaussendung durch Schirmung
prEN 793:97	Besondere Festlegungen für die Sicherheit medizinischer Versorgungseinheiten		E DIN EN 793 VDE 0750 Teil 211:93-01	Die Abschnitte der IEC 601-1-2 gelten; zusätzlich Vermeidung kapazitiver und induktiver Störaussendung durch Schirmung.
prEN 794-1:96 **ISO 10651-1:** 96-08	Besondere Anforderungen für Lungenventilatoren für die Intensivpflege			Die Abschnitte der IEC 601-1-2 gelten. Aktivierter Alarm ist kein Fehler; ESD nur auf berührbare Teile.
prEN 794-2:96 **ISO 10651-2:** 96-08	Besondere Anforderungen für Lungenventilatoren für den Einsatz im häuslichen Bereich			Die Abschnitte der IEC 601-1-2 gelten. Aktivierter Alarm ist kein Fehler; RF: 10 V/m; ESD: 15 kV Luft.
prEN 864:92	Kapnographen CO_2	von ISO 9918		Die Abschnitte der IEC 601-1-2 gelten. Monitor darf nach der Prüfung keine falschen Daten anzeigen. Aktivierter Alarm ist kein Fehler. Alle Alarmfunktionen müssen bei der Prüfung funktionieren.
prEN 865:2:93	Pulsoximeter	von ISO 9919 identisch mit prEN 865:92		Spezifische Kriterien für ESD. Monitor darf nach der Prüfung keine falschen Daten anzeigen. Er sollte innerhalb 30 s in Normalbetrieb zurückfinden. Alle Alarmfunktionen müssen bei Prüfung funktionieren.

CLC Doc IEC Doc	Titel	Letzte Ausgabe	VDE-Version	EMV-Anforderungen
prEN 1060-3:96	NIBP-Meter (aktive und inaktive Meßgeräte für einzelne Messungen)			Die Abschnitte der IEC 601-1-2 gelten. Monitor darf nach der Prüfung keine falschen Daten anzeigen. Er sollte innerhalb 30 s in Normalbetrieb zurückfinden. Alle Alarmfunktionen müssen bei der Prüfung funktionieren.
prEN 12184 (Rev 1)	Elektrisch betriebene Rollstühle und ihre Ladegeräte – Anforderungen und Prüfverfahren	CEN/TC293N268		Gruppe 1 Klasse B/EN 55011; RF: 20 V/m von 26 MHz bis 1 GHz; ESD: 8 kV
prEN 45502-1:93	Aktive implantierbare Geräte		E DIN EN 45502-1 VDE 0750 Teil 10:94-06	Abschnitt 28 enthält: Schutz vor nichtionisierender Strahlung
EN 50061:88/A1:95	Sicherheit implantierbarer Herzschrittmacher		**DIN EN 50061/A1** VDE 0750 Teil 9/A1: 96-07	besondere EMV-Anforderungen für Herzschrittmacher
	Schutz gegen Gefährdung durch HF-Chirurgiegeräte bei implantierbaren Herzschrittmachern	nur national	E DIN VDE 0750 Teil 92: 92-08	
	Besondere Festlegungen für die Sicherheit von Säuglingsinkubatoren		**DIN VDE 0750 Teil 212:**87-02	Keine besonderen Hinweise; allgemeine Anforderungen gelten.
	Besondere Festlegungen für die Sicherheit von Geräten für Single-Needle- und Bicarbonat-Hämodialyse		**DIN VDE 0750 Teil 213:**89-01	Keine besonderen Hinweise; allgemeine Anforderungen gelten.
	Besondere Festlegungen für die Sicherheit elektromedizinischer Badeeinrichtungen		**DIN VDE 0750 Teil 224:**92-08	Die Abschnitte der IEC 601-1-2 gelten; zusätzliche Prüfung mit 27,12 MHz
	Besondere Festlegungen für die Sicherheit diagnostischer und therapeutischer Lasergeräte		**DIN VDE 0750 Teil 226:**90-06	Hinweis auf VDE 0871 (CISPR 11)
	Besondere Festlegungen für die Sicherheit von Wärmematten		E DIN VDE 0750 Teil 229:91-09	keine besonderen Hinweise
	Besondere Festlegungen für die Sicherheit von Betten zum Gebrauch in Krankenhäusern und Pflegeheimen		E DIN VDE 0750 Teil 231:90-03	keine besonderen Hinweise
	Besondere Anforderungen für die Sicherheit von Infusionspumpen und Infusionspumpensteuerungen	62D(CO)61	E DIN VDE 0750 Teil 232:91-08	eine Reihe „wild" zusammengesuchter EMV-Prüfungen ohne Zusammenhang!
	Besondere Anforderungen für die Sicherheit von Infusionspumpen und Infusionspumpensteuerungen	nur national	E DIN VDE 0750 Teil 232A1:91-08	Hinweis auf entstehende IEC 601-1-2
prEN ISO 7494:97-01 ISO 7494:96	Dentaleinrichtungen			kein Hinweis auf EMV, viele sonstige Hinweise auf IEC 601-1
EN ISO 10079:96 ISO 10079-1	Medizinische Absauggeräte – Teil 1: Elektrisch betriebene Absauggeräte		DIN ISO 10079-1:96	
prEN ISO 10535 (rev 1)	Hilfen zum Transport behinderter Patienten Anforderungen und Prüfverfahren	CEN/TC293N269		Die Abschnitte der IEC 601-1-2 gelten

CLC Doc IEC Doc	Titel	Letzte Ausgabe	VDE-Version	EMV-Anforderungen
(E) ISO/DIS 11196:95	Anaesthesie-Gasmonitore			Die Abschnitte der IEC 601-1-2 gelten. Monitor darf nach der Prüfung keine falschen Daten anzeigen. Er sollte innerhalb 30 s in Normalbetrieb zurückfinden. Alle Alarmfunktionen müssen bei der Prüfung funktionieren.
draft IEC (60)118-13	Hörgeräte-EMV Störfestigkeit gegenüber HF-Feldern	29/317/CDV	E DIN IEC 29(Sec)281 VDE 0750 Teil 11: 94-10	spezifische Prüfbedingungen, gestützt auf IEC 1000-4-3
draft IEC (6)1814	Sicherheitsanforderungen für Hilfsmittel mit Kontaktelektroden an den menschlichen Körper zum Gebrauch ohne medizinische Aufsicht	62/93/CDV	E DIN IEC 62/93/CDV VDE 0750 Teil 40: 97-06	Die Abschnitte der IEC 601-1-2 gelten; Ausnahmen: RF: 10V/m; ESD: 8 kV Kontakt; 15 kV Luft
draft IEC 61389 Ed 1	Richtlinien für den sicheren Gebrauch von medizinischen Lasergeräten	76/156/CD:97-04		Die Abschnitte der IEC 601-1-2 gelten
	Besondere Anforderungen für Schlaf-Apnoe-Therapiegeräte	CEN/TC215/WG2 N151:97-01		Die Abschnitte der IEC 601-1-2 gelten; Ausnahmen: RF = 3 V/m von 80 MHz bis 3 GHz; ESD: 6 kV Kontakt, 8 kV Luft
(E) ISO 7767:97 Ed 2: 97-05	Sicherheitsanforderungen für Sauerstoff-Überwachungsgeräte für die Überwachung der Atemmischung von Patienten			Die Abschnitte der IEC 601-1-2 gelten

Anmerkung: Diese Aufstellung erhebt keinen Anspruch auf Vollständigkeit!

7 Erläuterungen zu DIN EN 55103-1 (VDE 0875 Teil 103-1)

7.1 Vorgeschichte der EN 55103-1 (und EN 55103-2)

Diese beiden Produktfamiliennormen, deren Teil 1 für die Störaussendung von Audio-, Video- und audiovisuellen Einrichtungen sowie Studio-Lichtsteuereinrichtungen für professionellen Einsatz gilt und deren Teil 2 sich mit der Störfestigkeit dieser Produktfamilie beschäftigt, wurden gemeinsam in relativ kurzer Zeit auf europäischer Ebene durch eine Arbeitsgruppe unter der Federführung eines britischen Experten und mit Unterstützung von deutscher Seite erstellt. Die Erarbeitung fand im Rahmen der Arbeit des CENELEC-Unterkomitees (SC) 210A (EMV Produkte) statt.
Die ersten Entwürfe zu diesen Normen wurden im Oktober 1994 als prEN 55103-1 und prEN 55103-2:1994 den nationalen Komitees zur Abstimmung vorgelegt. Der Inhalt dieser Entwürfe fand damals keine hinreichende Zustimmung, so daß die Texte einer Überarbeitung unterzogen werden mußten. Nach dieser Prozedur erschienen im März 1995 die zweiten Entwürfe beider Normen als „Final drafts", deren deutsche Fassungen dann im November 1995 auch als Entwürfe zu DIN EN 55103-1 und DIN EN 55103-2 (VDE 0875 Teil 103-1 und -2) veröffentlicht wurden.
Nachdem auch zu diesen Versionen zu viele negative Stellungnahmen eingingen, wurde eine erneute Überarbeitung der Texte erforderlich, die im Februar 1996 zu zwei neuen „Final drafts" führte. Diese wurden mehrheitlich akzeptiert, und die Europäischen Normen EN 55103-1 und EN 55103-2 erschienen im November 1996 in den drei Sprachfassungen (deutsch, englisch und französisch).
Auf nationaler (deutscher) Ebene wurde die Bearbeitung dem DKE-Unterkomitee (UK) 767.11[*] „EMV von Betriebsmitteln und Anlagen für häusliche, gewerbliche, industrielle, wissenschaftliche und medizinische Anwendungen, die beabsichtigt oder unbeabsichtigt Hochfrequenz erzeugen, sowie Beleuchtungseinrichtungen" übertragen, wobei das UK 767.17, zuständig für „EMV von Einrichtungen der Informationsverarbeitungs- und Kommunikationstechnik", das K 718 für „Infrarottechnik" und das UK 742.6 für „Mikrophone und Kopfhörer" in die Erarbeitung der Texte einbezogen wurden.

---

[*] Anmerkung: Auch das Unterkomitee (UK) 767.17 oder das UK 767.15, zuständig für die EMV von Ton- und Fernseh-Rundfunkempfängern, wären als nationale Gremien für die Bearbeitung dieser Normen in Frage gekommen.

7.2 DIN VDE 0875 Teil 103-1 (VDE 0875 Teil 103-1):Juni 1997

Elektromagnetische Verträglichkeit – Produktfamiliennorm für Audio-, Video- und audiovisuelle Einrichtungen sowie für Studio-Lichtsteuereinrichtungen für professionellen Einsatz – Teil 1: Störaussendung
Deutsche Fassung der EN 55103-1:1996

	DEUTSCHE NORM	Juni 1997
	Elektromagnetische Verträglichkeit – Produktfamiliennorm für Audio-, Video- und audiovisuelle Einrichtungen sowie für Studio-Lichtsteuereinrichtungen für professionellen Einsatz – Teil 1: Störaussendung Deutsche Fassung der EN 55103-1:1996	DIN EN 55103-1
VDE	Diese Norm ist zugleich eine VDE-Bestimmung im Sinne von VDE 0022. Sie ist nach Durchführung des vom VDE-Vorstand beschlossenen Genehmigungsverfahrens unter nebenstehenden Nummern in das VDE-Vorschriftenwerk aufgenommen und in der etz Elektrotechnischen Zeitschrift bekanntgegeben worden.	Klassifikation VDE 0875 Teil 103-1

Die Deutsche Norm enthält neben dem vollständigen Text der Europäischen Norm in ihrer deutschen Fassung einen „nationalen Vorspann", bestehend aus:
– dem Deckblatt (auf Seite 1) mit der DIN-Bezeichnung, der Klassifikation, dem Titel und den Angaben zum Status der Norm sowie zum Beginn der Gültigkeit,
– einem nationalen Vorwort (auf Seite 2) mit Angaben über die Entstehung der Norm und
– einer Auflistung mitgeltender Normen und einem informativen nationalen Anhang (Seite 3) mit den zum Zeitpunkt des Erscheinens dieser Norm gültigen deutschen Fassungen der mitgeltenden Normen.

7.3 Die Europäische Norm EN 55103-1:November 1996

Elektromagnetische Verträglichkeit – Produktfamiliennorm für Audio-, Video- und audiovisuelle Einrichtungen sowie für Studio-Lichtsteuereinrichtungen für professionellen Einsatz – Teil 1: Störaussendung

Deutsche Fassung

Das Deckblatt der deutschen Fassung des Teil 1 der EN 55103 enthält neben dem deutschen Titel auch die Titel der englischen und der französischen Fassungen und gibt das Datum der CENELEC-Ratifizierung mit dem 2. Juli 1996 an.[*)] Es dauerte

---

[*)] Anmerkung: Eine internationale Version dieser Norm liegt zur Zeit nicht vor und ist derzeit auch nicht in Bearbeitung.

bis zum November 1996, bis die Europäische Norm im Druck vorlag, und es vergingen weitere 7 Monate bis zur Herausgabe der Deutschen Norm im Juni 1997.

Zum Vorwort

Im Vorwort ist der Hinweis enthalten, daß das Unterkomitee SC 210A des CENELEC (EMV Produkte) für den Inhalt der Norm verantwortlich ist.
Weiterhin ist angegeben, daß bei Einhaltung der Anforderungen dieser Norm davon ausgegangen (vermutet) werden kann, daß die Schutzziele gemäß der EMV-Richtlinie (89/336/EWG) erfüllt sind.
Es folgen die Angabe zum Datum der CENELEC-Annahme mit dem 2. Juli 1996 sowie die nachstehenden Daten

– einer spätesten Veröffentlichung identischer nationaler Normen „dop" zum 1. März 1997 und

– einer Zurückziehung entgegenstehender nationaler Normen „dow" zum 1. September 1999.

Da es keine Vorgängernorm gibt, die es zurückzuziehen gilt, gibt das letzte Datum an, bis zu welchem Zeitpunkt die im Anwendungsbereich genannten Geräte noch nach anderen Normen hinsichtlich ihrer Störaussendungseigenschaften beurteilt werden dürfen. In Betracht kommen hier insbesondere die Fachgrundnormen DIN EN 50081-1 (VDE 0839 Teil 81-1) für Geräte zur Anwendung im Wohn-, Geschäfts- und Gewerbebereich sowie in Kleinbetrieben bzw. DIN EN 50081-2 (VDE 0839 Teil 81-2) für Geräte zur Anwendung im Industriebereich.

Das tatsächliche Datum der Veröffentlichung der Deutschen Norm verzögerte sich bis zum Juni 1997.

7.4 Normativer Inhalt der DIN EN 55103-1 (VDE 0875 Teil 103-1)

Zu Abschnitt 1 Anwendungsbereich

Hier wird angegeben, für welche Produktgruppen und in welchen Betriebsumgebungen die vorliegende Norm gilt und welcher Frequenzbereich[*] erfaßt wird.

Es folgt eine Aufzählung der Einrichtungen, die ausdrücklich nicht von dieser Norm erfaßt werden.

---

[*] Anmerkung: Im Gegensatz zu allen anderen Störaussendungsnormen der Klassifikation VDE 0875 umfaßt diese Norm auch den Frequenzbereich unterhalb 9 kHz und damit auch die niederfrequenten Anteile der Emission einschließlich der Netzrückwirkungen.

Zu Abschnitt 2 Normative Verweisungen

In diesem Abschnitt wird auf die „datierten" und „undatierten" Verweisungen in dieser Norm eingegangen, und auch die verbindlich gültigen Versionen der mitgeltenden Normen, auf die Verweisungen erfolgen, sind hier festgeschrieben.

Zu Abschnitt 3 Zweck

Hier wird lediglich angegeben, daß diese Norm Grenzwerte und Meßverfahren sowohl für kontinuierliche als auch für diskontinuierliche Störgrößen enthält, die sowohl leitungsgebunden als auch gestrahlt von den im Anwendungsbereich genannten Betriebsmitteln abgegeben werden.

Zu Abschnitt 4 Definitionen

Es wird der allgemeine Hinweis auf die Definitionen aus verschiedenen Quellen gegeben. Ausdrücklich als Quellen genannt sind die EMV-Richtlinie (89/336/EWG) und das Internationale Elektrotechnische Wörterbuch (IEC (600) 50) mit seinem Teil 161 „EMV". Aber auch Definitionen aus anderen internationalen Normen der IEC (einschließlich CISPR) werden hier genannt.

In den folgenden Unterabschnitten sind dann diese Begriffe definiert:
- „Elektromagnetische Verträglichkeit"– wie auch in anderen Normen üblich;
- „Anschluß (Tor)" –als Schnittstelle zur elektromagnetischen Umgebung;
- „Gehäuse";
- „Einrichtung für professionellen Einsatz" – als nicht über den Ladentisch zu beschaffende Einrichtung;
- „digitale Einrichtung für professionellen Einsatz";
- „Studio-Lichtsteuereinrichtungen für professionellen Einsatz" und
- „Prüfbericht" – als Ergebnisbericht der durch den Hersteller oder eine Prüfstelle durchgeführten EMV-Prüfungen.

Zu Abschnitt 5 Elektromagnetische Umgebung

In diesem Abschnitt findet sich eine Klassifizierung der elektromagnetischen Umwelt für die im Anwendungsbereich genannten Einrichtungen. Es sind dies
- Wohnbereich,
- kommerzieller Bereich (Geschäfts- und Gewerbebereich einschließlich Kleinbetrieben, zu denen auch Theater und ähnliche Unternehmen gehören),
- (städtischer) Außenbereich,
- geschützte EMV-Umgebung, wie sie in Aufnahme-, Rundfunk- und Fernsehstudios anzutreffen ist,
- Industriebereich, zu dem auch solche Einsatzorte gezählt werden, an denen (stationäre) Rundfunksender betrieben werden.

Die Bereiche werden in der Reihenfolge ihrer Nennung mit „E1" bis „E5" bezeichnet. Auf diese Bezeichnung gehen dann die Tabellen 1 „Meßverfahren" und 2 „Grenzwerte" ein.

Zu Abschnitt 6 Störaussendungen

Hier wird unter den laufenden Nummern „1" bis „10" aufgelistet, welche Störgrößen zu betrachten sind.
Dabei beziehen sich die Nummern „1" bis „3" auf die vom Gehäuse der Einrichtung abgestrahlten Größen:
„1" abgestrahltes elektromagnetisches HF-Feld zwischen 30 MHz und 1 GHz;
„2" „abgestrahlte" magnetische Feldstärke zwischen 50 Hz und 50 kHz, gemessen in 0,1 m Abstand vom jeweiligen Gehäuse;
„3" die gleiche Störgröße wie unter Nummer „2", jedoch im Abstand von 1 m gemessen.
Die Nummern „4" bis „8" beziehen sich auf die geleiteten Störgrößen am jeweiligen Anschluß an das Niederspannungs-Versorgungsnetz:
„4" Oberschwingungsströme von 0 Hz bis 2 kHz;
„5" Spannungsschwankungen;
„6" (kontinuierliche) Störspannung im Frequenzbereich von 150 kHz bis 30 MHz;
„7" diskontinuierliche Störspannung im Frequenzbereich von 150 kHz bis 30 MHz, die sogenannten Knackstörgrößen;
„8" Einschaltströme.
Die Nummern „9" und „10" beziehen sich auf Störspannungen an anderen Anschlüssen:
„9" an etwaig vorhandenen Antennenanschlüssen anstehende Störspannung im Frequenzbereich von 30 MHz bis 1 GHz und
„10" an Signal-, Steuer- und Gleichspannungs-Versorgungsleitungen anstehende Störspannungen im Frequenzbereich von 150 kHz bis 30 MHz.

Zu Abschnitt 7 Meßbedingungen

zu Abschnitt 7.1 Allgemeines

In diesem Abschnitt sind allgemeine Angaben zur Vorbereitung und Durchführung der erforderlichen Messungen angegeben. So wird auf die Befolgung der Anweisungen des Herstellers von Betriebsmitteln und die bestimmungsgemäßen Betriebsarten hingewiesen. Auch Angaben zur Durchführung der Messungen hinsichtlich der Wahl der Betriebsarten zum Erreichen der jeweils maximalen Störaussendung unter Einbeziehung von (üblichen) Zusatzeinrichtungen sind enthalten.
Es folgt der Hinweis, daß es unter besonderen Umgebungsbedingungen notwendig sein kann, zwischen dem Lieferanten und dem Anwender besondere EMV-Anforderungen festzulegen und vertraglich zu vereinbaren.

Zu Abschnitt 7.2 Anschlüsse (Tore)
Hier ist der Hinweis enthalten, daß die Messungen nur an den Schnittstellen durchzuführen sind, die wirklich vorhanden sind. An nicht vorhandenen Schnittstellen kann wohl auch schwerlich gemessen werden.
Im Fall von mehrfach vorhandenen Schnittstellen gleicher Art wird die Verpflichtung zum Messen auf jeweils eine dieser gleichartigen Schnittstellen beschränkt.

Zu Abschnitt 7.3 Baugruppen und Einschübe
Es geht um die Kompatibilität von Baugruppenträgern und Rahmen einerseits und Baugruppen und Einschüben andererseits. Es wird auf die Verpflichtung hingewiesen, in den Fällen, in denen Baugruppen oder Einschübe an verschiedenen Stellen (z. B. unterschiedlichen Steckplätzen) der Baugruppenträger eingesetzt werden dürfen und können, diejenige Konfiguration zu suchen, die ein Maximum der Störaussendung ergibt.
Weiterhin wird gefordert, daß solche Baugruppen und Einschübe, die üblicherweise in Gestellrahmen oder ähnlichen Hilfseinrichtungen (z. B. auch Schränken) betrieben werden, auch in diese eingebaut gemessen werden müssen.
Einzelheiten über den Meßaufbau und die Anordnung der Baugruppen und Einschübe sowie die verwendeten Hilfseinrichtungen sind im Prüfbericht zu dokumentieren.

Zu Abschnitt 7.4 Schränke und Gestelle
Es wird darauf hingewiesen, daß für Teile der Einrichtung, die gemäß Abschnitt 7.3 behandelt wurden, keine zusätzliche Verpflichtung besteht, sie nochmals im eingebauten Zustand zu messen.

Zu Abschnitt 7.5 Besondere Meßbedingungen für Einrichtungen, die Audioverstärker enthalten
Hier sind die spezifischen Meßbedingungen dieser Produktgruppe genannt.

Zu Abschnitt 8 Unterlagen für den Käufer/Benutzer

Zu Abschnitt 8.1 Unterlagen, die dem Käufer/Benutzer bereitzustellen sind
Es besteht für den Hersteller die Verpflichtung, dem Käufer mitzuteilen, für welche Art(en) der umgebungsbedingten Betriebsbedingungen („E1" bis „E5") das jeweilige Produkt geeignet ist. Weiterhin muß er über Art und Umfang zusätzlicher Maßnahmen informieren (soweit zutreffend), die den Benutzer in die Lage versetzen, das Produkt in Übereinstimmung mit der Norm zu betreiben. Hier geht es im wesentlichen um Angaben zu geschirmten oder besonderen Kabeln und zu gegebenenfalls notwendigen Schirmmaßnahmen oder Abstandsregeln.

Zu Abschnitt 8.2 Unterlagen, die dem Käufer/Benutzer auf Anforderung bereitzustellen sind

Es wird vom Hersteller verlangt, Listen über geeignete Zusatzeinrichtungen, Steckverbinder und Verbindungskabel bereitzuhalten, die es erlauben, die Norm einzuhalten und diese Listen dem Nutzer auf Antrag zugänglich zu machen.

Zu Abschnitt 9 Grenzwerte für Störaussendungen

Die anzuwendenden Meßverfahren sind in Tabelle 1 enthalten. Sie sind mit Ausnahme der Messung der magnetischen Feldstärke (Nummern „2" und „3") und der Einschaltströme (Nummer „8") aus anderen Produktfamiliennormen wie der EN 55013, der EN 55014 oder der EN 55022 entliehen. Die Störgrößen zur Netzrückwirkung werden nach den Regeln der Normenreihe EN 61000-3-... bewertet.

Die anzuwendenden Grenzwerte sind in Tabelle 2 enthalten und orientieren sich an den Grenzwerten aus EN 55013 (Störspannung an Antennenanschlüssen), EN 55014 (diskontinuierliche Störgrößen oberhalb 150 kHz) und EN 55022 (kontinuierliche Störgrößen oberhalb 150 kHz). Es gilt die in EN 55022 festgelegte Zuordnung zu den Klassen B und A, entsprechend dem vorgesehenen Einsatzort.

Für die Netzrückwirkungen gelten die einschlägigen Grenzwerte, wie sie auch in anderen Normen (z. B. in den Fachgrundnormen) enthalten sind.

Für die magnetische Feldstärke sind besondere Festlegungen getroffen; der nach einer in dieser Norm beschriebenen Methode ermittelte Einschaltstrom ist vom Hersteller in der Begleitdokumentation anzugeben.

Zu Anhang A (normativ)
Verfahren zur Messung von Magnetfeldern von 50 Hz bis 50 kHz

Anhang A enthält die ausführliche Beschreibung des Meßverfahrens und der zu verwendenden Meßmittel zur Ermittlung der Störaussendungseigenschaften im Hinblick auf die niederfrequenten Magnetfelder.

Als Meßeinrichtung wird unter A.2 ein Spektrumanalysator mit einer spezifizierten Sensorspule (deren Aufbau in Bild A.1 gezeigt wird) gefordert.

Der Meßaufbau folgt gemäß Abschnitt A.3, Bild A.2.

Die Durchführung der einzelnen Schritte der Messungen bei den verschiedenen Prüflingen ist in Abschnitt A.4 ausführlich dargelegt und bedarf keiner weiteren Erläuterungen.

Zu Anhang B (normativ)
Meßverfahren zur Ermittlung des Einschaltstroms

Diese Messung erfolgt parallel zur Störfestigkeitsprüfung nach EN 61000-4-11, bei der die Reaktion des Prüflings auf Spannungseinbrüche mit einer Dauer von 5 s geprüft wird. Der dabei ermittelte Wert des Einschaltstroms ist zu dokumentieren.

7.5 Informative Anhänge zu DIN EN 55103-1 (VDE 0875 Teil 103-1)

Zu Anhang C
Einrichtungen, die Aussendungen im Infrarotbereich für Signalübertragung oder Steuerzwecke verwenden

Hier wird darauf hingewiesen, daß diese Norm keine Anforderungen hinsichtlich der Emission im Wellenlängenbereich von 0,7 µm bis 1,6 µm (Infrarotbereich) enthält, daß es aber wünschenswert ist, die Kompatibilität der betrachteten Einrichtungen auch in diesem Bereich sicherzustellen und daß entsprechende Regeln, die in anderen Normen enthalten sind, Berücksichtigung finden sollten.

Zu Anhang D
Verwendung von Einrichtungen in der Nähe von Funkempfängern für drahtlose Mikrofone und deren Empfangsantennen

Dieser Anhang gibt Hinweise zur Vermeidung von systeminternen Inkompatibilitäten bei der Verwendung drahtloser Mikrofone und enthält ein Diagramm zur Abschätzung auftretender Feldstärken in dem Frequenzbereich, in dem derartige Mikrofone arbeiten können, von 31,6 MHz bis 1 GHz.

Zu Anhang E
Alternatives Meßverfahren zur Erfassung leitungsgeführter Störaussendungen von Signal-, Steuer- und Gleichspannungs-Netzanschlüssen von 0,15 MHz bis 30 MHz

Da es für derartige Leitungsarten keine geeigneten Netznachbildungen gibt, wird hier ein alternatives Verfahren beschrieben, das auf der Messung der Störströme mittels Stromzange (Stromwandler) beruht.

Es wird beschrieben, wie die zu messenden Kabel bei diesen Messungen zu behandeln sind.

Zu Anhang F Begrenzung des Einschaltstroms (in Beratung)

Dieser Anhang ist noch in Beratung. Es werden lediglich die Definition des „Bezugsstroms oder Bemessungsstroms einer Einrichtung" und die Überstrom-Schutzeinrichtung angegeben.

Ein Grenzwert ist noch nicht festgelegt; es wird aber in Aussicht gestellt, daß dieser den zehnfachen Wert des Bemessungsstroms der Einrichtung nicht überschreiten sollte.

Zu Anhang G
Hintergrundinformationen zur Norm und Begründung der in dieser Norm festgelegten Verfahren und Grenzwerte sowie zur entsprechenden Störfestigkeitsnorm EN 55103-2

Die Hintergrundinformationen, die in diesem Anhang zusammengestellt wurden, sind selbsterklärend.

7.6 Im Kapitel 7 behandelte Normen

Nationale Norm
- DIN EN 55103-1 (VDE 0875 Teil 103-1): Juni 1997
„Elektromagnetische Verträglichkeit – Produktfamiliennorm für Audio-, Video- und audiovisuelle Einrichtungen sowie Studio-Lichtsteuereinrichtungen für professionellen Einsatz – Teil 1: Störaussendung"

Regionale Norm
- EN 55103-1: November 1996
„Elektromagnetische Verträglichkeit – Produktfamiliennorm für Audio-, Video- und audiovisuelle Einrichtungen sowie Studio-Lichtsteuereinrichtungen für professionellen Einsatz – Teil 1: Störaussendung"

8 Erläuterungen zu DIN EN 55103-2 (VDE 0875 Teil 103-2)

8.1 Vorgeschichte der EN 55103-2

Die Vorgeschichte dieser Norm ist identisch mit der Geschichte der EN 55103-1 (siehe Abschnitt 7.1 dieses Buchs).

8.2 DIN VDE 0875 Teil 103-2 (VDE 0875 Teil 103-2):Juni 1997

Elektromagnetische Verträglichkeit – Produktfamiliennorm für Audio-, Video- und audiovisuelle Einrichtungen sowie für Studio-Lichtsteuereinrichtungen für professionellen Einsatz – Teil 2: Störfestigkeit

Deutsche Fassung der EN 55103-2:1996

	DEUTSCHE NORM	Juni 1997
	Elektromagnetische Verträglichkeit – Produktfamiliennorm für Audio-, Video- und audiovisuelle Einrichtungen sowie für Studio-Lichtsteuereinrichtungen für professionellen Einsatz – Teil 2: Störfestigkeit Deutsche Fassung der EN 55103-2:1996	DIN EN 55103-2
VDE	Diese Norm ist zugleich eine VDE-Bestimmung im Sinne von VDE 0022. Sie ist nach Durchführung des vom VDE-Vorstand beschlossenen Genehmigungsverfahrens unter nebenstehenden Nummern in das VDE-Vorschriftenwerk aufgenommen und in der etz Elektrotechnischen Zeitschrift bekanntgegeben worden.	Klassifikation VDE 0875 Teil 103-2

Die Deutsche Norm enthält neben dem vollständigen Text der Europäischen Norm in ihrer deutschen Fassung einen „nationalen Vorspann", bestehend aus

- dem Deckblatt (auf Seite 1) mit der DIN-Bezeichnung, der Klassifikation, dem Titel, den Angaben zum Status der Norm sowie zum Beginn der Gültigkeit,
- einem nationalen Vorwort (auf Seite 2) mit Angaben über die Entstehung der Norm und eine Auflistung mitgeltender Normen und
- einem informativen nationalen Anhang (Seite 3) mit den zum Zeitpunkt des Erscheinens dieser Norm gültigen deutschen Fassungen der mitgeltenden Normen.

8.3 Die Europäische Norm EN 55103-2:November 1996

Elektromagnetische Verträglichkeit – Produktfamiliennorm für Audio-, Video- und audiovisuelle Einrichtungen sowie für Studio-Lichtsteuereinrichtungen für professionellen Einsatz – Teil 2: Störfestigkeit

Deutsche Fassung

Das Deckblatt der Deutschen Fassung des Teil 2 der EN 55103 enthält neben dem deutschen Titel auch die Titel der englischen und der französischen Fassungen und gibt das Datum der CENELEC-Ratifizierung mit dem 2. Juli 1996 an. Es dauerte bis zum November 1996, bis die Europäische Norm im Druck vorlag, und es vergingen weitere 7 Monate bis zur Herausgabe der Deutschen Norm im Juni 1997.[*)]

Zum Vorwort

Im Vorwort ist der Hinweis enthalten, daß das Unterkomitee SC 210A der CENELEC (EMV Produkte) für den Inhalt der Norm verantwortlich zeichnet. Weiterhin ist angegeben, daß bei Einhaltung der Anforderungen dieser Norm davon ausgegangen (vermutet) werden kann, daß die Schutzziele hinsichtlich der EMV-Richtlinie (89/336/EWG) erfüllt sind.
Es folgen die Angabe zum Datum der CENELEC-Annahme mit dem 2. Juli 1996 sowie die nachstehenden Daten
– einer spätesten Veröffentlichung identischer nationaler Normen „dop" zum 1. März 1997 und
– einer Zurückziehung entgegenstehender nationaler Normen „dow" zum 1. September 1999.
Da es keine Vorgängernorm gibt, die es zurückzuziehen gilt, gibt das letzte Datum an, bis zu welchem Zeitpunkt die im Anwendungsbereich genannten Geräte noch nach anderen Normen hinsichtlich ihrer Störfestigkeitseigenschaften beurteilt werden dürfen. In Betracht kommen hier insbesondere die Fachgrundnormen DIN EN 50082-1 (VDE 0839 Teil 82-1) für Geräte zur Anwendung im Wohn-, Geschäfts- und Gewerbebereich sowie in Kleinbetrieben bzw. DIN EN 50082-2 (VDE 0839 Teil 82-2) für Geräte zur Anwendung im Industriebereich.

[*)] Anmerkung: Eine internationale Version dieser Norm liegt zur Zeit nicht vor und ist derzeit auch nicht in Bearbeitung.

8.4 Normativer Inhalt der DIN EN 55103-2 (VDE 0875 Teil 103-2)

Zu Abschnitt 1 Anwendungsbereich

Dieser Abschnitt gibt an, für welche Produktgruppen und in welchen Betriebsumgebungen die vorliegende Norm gilt und welcher Frequenzbereich erfaßt wird.
Es folgt eine Aufzählung der Einrichtungen, die ausdrücklich *nicht* von dieser Norm erfaßt werden.

Zu Abschnitt 2 Normative Verweisungen

In diesem Abschnitt wird auf die „datierten" und „undatierten" Verweisungen in dieser Norm eingegangen, und die verbindlich gültigen Versionen der mitgeltenden Normen, auf die Verweisungen erfolgen, sind hier festgeschrieben.

Zu Abschnitt 3 Zweck

Hier wird angegeben, daß diese Norm für die im Anwendungsbereich genannten Einrichtungen
– die Prüfanforderungen in Form von Prüfstörgrößen (simulierten Störgrößen),
– die Prüfsignale und die Bewertungsverfahren zur Beurteilung des Betriebsverhaltens der Prüflinge (und dabei zulässige und nicht mehr zulässige Betriebszustände nennt) sowie
– die Prüfverfahren (Methoden zur Durchführung der Prüfungen) enthält
und sich sowohl auf kontinuierliche (z. B. gestrahlte Hochfrequenzfelder) als auch auf diskontinuierliche (z. B. impulsförmige) Störgrößen bezieht.

Zu Abschnitt 4 Definitionen

Siehe unter Abschnitt 4 zur EN 55103-1 (Abschnitt 7.5 dieses Buchs).
Zusätzlich ist hier der Begriff des „Funktionserdeanschluß" definiert, der alle Einzelleiter-Erdanschlüsse umfaßt, die nicht ausdrücklich als Schutzleiter dienen.

Zu Abschnitt 5 Elektromagnetische Umgebung

Siehe unter Abschnitt 5 zur EN 55103-1 (Abschnitt 7.5 dieses Buchs).

Zu Abschnitt 6 Störgrößen

Hier sind unter den laufenden Nummern von „1" bis „15" die verschiedenen elektromagnetischen Größen aufgeführt, die zur Beurteilung der Störfestigkeit der im Anwendungsbereich genannten Einrichtungen herangezogen werden.
Die Nummern „1" bis „3" beziehen sich auf solche Störgrößen, die in Form von Strahlung (einschließlich Kopplung) auf das Gehäuse appliziert werden:

- „1" hochfrequentes elektromagnetisches Feld (amplitudenmoduliert) im Frequenzbereich von 80 MHz bis 1 GHz;
- „2" Entladung statischer Elektrizität;
- „3" niederfrequentes Magnetfeld von 50 Hz bis 10 kHz.

Die Nummern „4" bis „6" behandeln Störgrößen, die als Gleichtaktstörgrößen auf Signal- und Steueranschlüsse appliziert werden:
- „4" schnelle (energiearme) Transienten in Form von Burst;
- „5" Tonfrequenzen von 50 Hz bis 10 kHz;
- „6" amplitudenmodulierte Hochfrequenz von 0,15 MHz bis 80 MHz.

Die Nummern „7", „8" und „13" betreffen Gleichspannungs-Netzein- bzw. -ausgänge, die ebenfalls mit Gleichtaktstörgrößen geprüft werden:
- „7" schnelle Transienten und
- „8" und „13" leitungsgeführte amplitudenmodulierte Hochfrequenz – in Form von Spannung oder Strom in Abhängigkeit von der verwendeten Koppeleinrichtung – von 0,15 MHz bis 80 MHz.

Die Nummern „9" bis „12" betreffen Wechselspannungs-Netzeingänge:
- „9" schnelle Transienten;
- „10" Spannungseinbrüche;
- „11" Spannungsunterbrechungen;
- „12" Stoßspannungen (Surges) sowohl im Gleich- als auch im Gegentaktmodus.

Schließlich betreffen die Nummern „14" und „15" die Funktionserdeanschlüsse, die mit schnellen Transienten (Nummer „15") und amplitudenmodulierter Hochfrequenz im Frequenzbereich von 0,15 MHz bis 80 MHz (Nummer „14") geprüft werden.

Zu Abschnitt 7 Prüfungen

Zu Abschnitt 7.1 Bewertungskriterien für das Betriebsverhalten
Um das Betriebsverhalten eines Prüflings bewerten zu können, muß die die Prüfungen durchführende Person hinreichende Kenntnis des bestimmungsgemäßen Gebrauchs in allen möglichen Betriebsarten und unter Verwendung aller möglichen Signal- und Lastbedingungen haben. Außerdem ist die für den Betrieb erforderliche „Qualität" der Funktionen von entscheidender Bedeutung bei der Beurteilung, ob eine Reaktion „noch zulässig" bzw. „nicht mehr zulässig" ist. Diese Bewertung erfolgt im Rahmen der Einstufung in die Bewertungskriterien „A", „B" und „C".
Die Forderung, daß die zu prüfenden Betriebsmittel keine Gefährdung für das Bedienpersonal und Dritte herbeiführen und in keinen unsicheren Zustand übergehen dürfen, gilt grundsätzlich.
Die Verpflichtung des Herstellers, die „Mindestqualität" (hier: die zulässigen Einschränkungen der Gebrauchstauglichkeit) zu deklarieren, dient sowohl der subjektiven als auch der objektiven Beurteilung des Betriebsverhaltens des Prüflings unter den spezifizierten Prüfbedingungen. Der hier angegebene Anhang D gibt eine Vielzahl von nützlichen Informationen für beide Beurteilungsverfahren.

Zu Abschnitt 7.2 Allgemeines
Die Bemerkung, daß die hier beschriebenen Prüfungen unter Laborbedingungen durchgeführt werden, soll darauf hinweisen, daß es für Einrichtungen, die nach diesen Verfahren geprüft wurden, dennoch nicht unmöglich ist, in ihrem praktischen Einsatz gestört zu werden, da es grundsätzlich nicht erreichbar ist, die Elektromagnetische Verträglichkeit unter allen Umständen, die bei der Anwendung auftreten können, zu garantieren.
Der Hinweis auf gegebenenfalls für bestimmte Prüflinge unzutreffende Prüfungen überläßt dem Prüfer eine gewisse Eigenverantwortung bei der Prüfplanung, deren Ergebnisse jedoch – z. B. im Prüfbericht – mit Begründung dokumentiert werden müssen.
Die Betriebshandbücher (Gebrauchsanweisung, Betriebsanleitung usw.) sind die Basis für die Bewertung, und es wird hier gefordert, den jeweiligen Prüfling in einen Betriebszustand zu versetzen, der die – jeweils für die betrachtete Prüfstörgröße – geringste Störfestigkeit bewirkt. Dazu ist es auch notwendig, die Anordnung des Prüflings zu variieren, um ein Höchstmaß an „Störempfindlichkeit" zu erreichen.
Das Einbeziehen zusätzlicher (externer) Schutzmaßnahmen bei der Prüfung ist zulässig, wenn der Hersteller die Anwendung derartiger Schutzmaßnahmen in seinen Begleitpapieren ausdrücklich fordert.
Auch die Anwendung spezieller Prüfsoftware ist bei der Prüfung – z. B. zur Beschleunigung von Betriebsabläufen – bei softwaregesteuerten Einrichtungen gestattet. Die hier verwendeten Softwaremodule müssen aber gewährleisten, daß der Prüfling alle zu untersuchenden Betriebsarten mit den zur geringsten Störfestigkeit führenden Betriebsparametern durchläuft.

Zu Abschnitt 7.3 Anschlüsse (Tore)
Die Forderung, nur solche Anschlüsse zu prüfen, die auch wirklich vorhanden sind, ist überflüssig, gibt es doch gar keine Möglichkeit, vorhandene Prüfstörgrößen auf nicht vorhandene Anschlüsse zu übertragen.
Der Hinweis auf die Verwendung geeigneter Leitungen bei der Prüfung mit festgelegter Art und Länge ist wichtig, und auch die Angaben zur Beschaltung gleichartiger Anschlüsse sind hilfreich.
Die Forderung, etwaig verwendete Simulatoren, die entweder als Signalquellen, als künstliche Lasten (Dummies) oder auch als Zusatzgeräte (z. B. zur Steuerung) bei der Prüfung benutzt werden, so zu gestalten, daß sie die in der Praxis verwendeten Geräte (Systemkomponenten) sowohl elektrisch, besonders im Hinblick auf ihr Verhalten gegenüber hochfrequenten Größen, als auch – wenn dies notwendig ist – mechanisch möglichst gut nachbilden, ist sehr wichtig, um zu reproduzierbaren und aussagekräftigen Prüfergebnissen zu kommen.

Zu Abschnitt 7.4 Baugruppen und Einschübe
Es geht um die Kompatibilität von Baugruppenträgern und Rahmen einerseits und Baugruppen und Einschüben, die in erstgenannten betrieben werden sollen, ande-

rerseits. Es wird auf die Verpflichtung hingewiesen, in den Fällen, in denen Baugruppen oder Einschübe an verschiedenen Stellen (z. B. Steckplätzen) der Baugruppenträger eingesetzt werden dürfen und können, diejenige Konfiguration zu suchen, die ein Minimum an Störfestigkeit ergibt.
Weiterhin wird gefordert, daß solche Baugruppen und Einschübe, die üblicherweise in Gestellrahmen oder ähnlichen Hilfseinrichtungen (z. B. auch Schränken) betrieben werden, auch in diese eingebaut geprüft werden müssen.

Zu Abschnitt 7.5 Schränke und Gestelle
Es wird darauf hingewiesen, daß für Teile der Einrichtung, die gemäß Abschnitt 7.3 behandelt wurden, keine zusätzliche Verpflichtung besteht, sie nochmals im eingebauten Zustand (z. B. in der endgültigen Konfiguration) zu prüfen.

Zu Abschnitt 8 Unterlagen für den Käufer/Benutzer

Zu Abschnitt 8.1 Unterlagen, die dem Käufer/Benutzer bereitzustellen sind
Es besteht für den Hersteller die Verpflichtung, dem Käufer mitzuteilen, für welche Art(en) der umgebungsbedingten Betriebsbedingungen („E1" bis „E5") das jeweilige Produkt geeignet ist. Weiterhin muß er über Art und Umfang zusätzlicher Maßnahmen informieren (wenn zutreffend), die den Benutzer in die Lage versetzen, das Produkt in Übereinstimmung mit der Norm zu betreiben. Hier geht es im wesentlichen um Angaben zu geschirmten oder besonderen Kabeln und zu etwaig notwendigen Schirmmaßnahmen oder anzuwendenden Abstandsregeln.
Weiterhin ist gefordert, die im Rahmen der Prüfungen zulässigen Einschränkungen der Betriebseigenschaften (Funktionsminderungen oder gar Betriebsverlust) anzugeben.

Zu Abschnitt 8.2 Unterlagen, die dem Käufer/Benutzer auf Anforderung bereitzustellen sind
Es wird vom Hersteller verlangt, Listen über geeignete Zusatzeinrichtungen, Steckverbinder und Verbindungskabel bereitzuhalten, die es erlauben, die Norm einzuhalten und diese Listen dem Nutzer auf Antrag zugänglich zu machen.

Zu Abschnitt 9 Anforderungen zur Störfestigkeit

Die anzuwendenden Prüfverfahren sind in Tabelle 1, die – soweit vorhanden – auf Grundnormen hinweist, die die jeweiligen Prüfverfahren (unter Berücksichtigung der bei der Prüfung zu verwendenden Prüf- und Prüfhilfsmittel und des Prüfablaufs) ausführlich beschreiben. Für die Verfahren, für die es bis jetzt noch keine Grundnormen gibt, wird auf die entsprechenden (normativen) Anhänge hingewiesen.
Die anzuwendenden Prüfpegel sind in Tabelle 2 enthalten und unterscheiden sich entsprechend dem vorgesehenen Einsatzort. Die einzuhaltenden Kriterien sind ebenfalls genannt. Diverse Anmerkungen geben Hilfestellung bei der Auswahl verschiedener Prüfparameter.

Zu Anhang A (normativ)
Verfahren für die Prüfung der Störfestigkeit
gegen Magnetfelder von 50 Hz bis 50 kHz

In diesem Anhang werden gemäß Abschnitt A.1 „Zweck" drei verschiedene Prüfverfahren beschrieben, die es erlauben, die Störfestigkeit gegen eingekoppelte niederfrequente Magnetfelder zu beurteilen.

1. Das erste Verfahren (beschrieben unter A.2), das sich nur für kleinere Prüflinge mit einer maximalen Kantenlänge von 70 cm eignet, liefert ein weitgehend homogenes Magnetfeld, da es ein Paar von Helmholtzspulen verwendet, um das Magnetfeld zu erzeugen und auf den Prüfling zu koppeln. Die geometrischen Daten des Spulenpaares und seiner Ausrichtung auf den Prüfling sind angegeben, und es sind weitere Angaben zur Durchführung der Prüfung enthalten, z. B. hinsichtlich der anzuwendenden Prüffrequenzen. Der Prüfling muß bei der Prüfung um seine Achsen gedreht werden, um das Maximum seiner Störempfindlichkeit zu ermitteln.

2. Das zweite Verfahren (beschrieben unter A.3), das zur Anwendung auf größere Prüflinge vorgesehen ist, die nicht zwischen die Helmholtzspulen passen, verwendet eine einzige felderzeugende Spule mit einem Durchmesser von 50 cm, die in eine Entfernung von 10 cm zur Oberfläche des jeweiligen Prüflings gebracht werden muß. Es müssen alle Oberflächen des Prüflings geprüft werden.

3. Das dritte Verfahren (beschrieben unter A.4) dient der Prüfung solcher Prüflinge, die normalerweise in Gestelle eingebaut werden und somit für den Betrieb in unmittelbarer Nähe zu anderen Betriebsmitteln vorgesehen sind. Hier wird eine Feldspule verwendet, die einen Durchmesser von lediglich 13,3 cm aufweist. Bei dieser Methode muß die felderzeugende Spule bei der Prüfung über die zu prüfenden Oberflächen bewegt werden, um das Maximum der Störempfindlichkeit zu ermitteln.

Zu Anhang B (normativ)
Prüfverfahren zur Ermittlung der Störfestigkeit
gegen Gleichtaktstörgrößen

Der vollständige Titel dieses Anhangs lautet:

Prüfverfahren zur Ermittlung der Störfestigkeit gegen Gleichtaktstörgrößen von symmetrisch ausgeführten Signal- und Steueranschlüssen, die für den Anschluß von Kabeln vorgesehen sind, deren Gesamtlänge nach der Funktionsbeschreibung des Herstellers 10 m überschreiten kann, von 50 Hz bis 10 kHz.

In diesem Anhang werden zwei Prüfverfahren beschrieben, die es ermöglichen, das Verhalten von symmetrisch betriebenen Prüflingsanschlüssen hinsichtlich ihrer Empfindlichkeit gegenüber niederfrequenten (unsymmetrischen) Gleichtakt-(stör-)signalen zu bewerten.

1. Das erste Verfahren (beschrieben unter B.2.1) dient der kapazitiven Einkopplung der Störgröße unter Verwendung eines genau in seinem Aufbau und seiner Kalibrierung beschriebenen „Prüfadapters".
2. Beim zweiten Verfahren (beschrieben unter B.2.2) wird das Störsignal entweder über einen Audio-Transformator in die Masseleitung des Prüflings (nach Bild B.3.a) oder über einen Stromwandler (z. B. eine für den Frequenzbereich geeignete Stromzange) in eine mit dem zu prüfenden Anschluß verbundene Signal- oder Steuerleitung gekoppelt.

Einzelheiten zum jeweiligen Anwendungsbereich der beschriebenen Prüfverfahren sind erläutert.

8.5 Informative Anhänge zu DIN EN 55103-2 (VDE 0875 Teil 103-2)

Zu Anhang C
Einrichtungen, die Infrarotstrahlung zur
Signalübertragung im Freien verwenden

Der Frequenzbereich des Infrarotstrahlung liegt außerhalb des im Rahmen der EMV üblichen Frequenzbandes, das bei 3 THz[*)] endet. Dennoch sind die hier gemachten Empfehlungen nützlich, um etwaige Störungen auf diesem Gebiet vermeiden zu helfen.

Zu Anhang D
Hinweise für Prüfstellen zu den Störfestigkeitsprüfungen
von Audio-, Video- und audiovisuellen Einrichtungen sowie
Studio-Lichtsteuereinrichtungen für professionellen Einsatz

Die hier gemachten Ausführungen sollen den Prüfstellen (sowohl den Labors im Verantwortungsbereich der Hersteller als auch externen Prüfinstituten) behilflich sein, das Betriebsverhalten der Prüflinge unter Anwendung der Prüfstörgrößen beurteilen zu können.

Dabei wird vorrangig die „einfache Funktionsprüfung" unter Beobachtung des Prüflings hinsichtlich seines Betriebsverhaltens zur Bewertung herangezogen. Es wird darauf hingewiesen, daß die Bewertung der Berücksichtigung des Einsatzzweckes des Prüflings bedarf und daß sich bei Mehrfachverwendung durchaus unterschiedliche Bewertungskriterien ergeben können. Bei der Bewertung steht die subjektive Beurteilung des Betriebsverhaltens im Vordergrund, und es werden die in anderen Gremien erarbeiteten Bewertungsmaßstäbe (Noten von „1" bis „5") zur Anwendung empfohlen.

[*)] Anmerkung: Die meisten EMV-Normen schränken den betrachteten Frequenzbereich nach oben auf 400 GHz ein.

Für einige bestimmte Einrichtungen aus der gesamten Produktfamilie sind aber darüber hinaus im Abschnitt D.2 auch Prüfverfahren mit objektiver Bewertung enthalten, die dann zu „meßbaren" Bewertungskriterien führen.

Zu Anhang E
Hintergrundinformationen zu dieser Norm
Hier ist auf den Anhang G der EN 55103-1 hingewiesen, in dem Begründungen für Aufbau und Inhalt dieser beiden Normen (Teile 1 und 2) zu finden sind (siehe Abschnitt 7.5 dieses Buchs).

8.6 Im Kapitel 8 behandelte Normen

Nationale Norm
– **DIN EN 55103-2 (VDE 0875 Teil 103-2):**Juni 1997
  „Elektromagnetische Verträglichkeit – Produktfamiliennorm für Audio-, Video- und audiovisuelle Einrichtungen sowie Studio-Lichtsteuereinrichtungen für professionellen Einsatz – Teil 2: Störfestigkeit"

Regionale Norm
– **EN 55103-2:**November 1996
  „Elektromagnetische Verträglichkeit – Produktfamiliennorm für Audio-, Video- und audiovisuelle Einrichtungen sowie Studio-Lichtsteuereinrichtungen für professionellen Einsatz – Teil 2: Störfestigkeit"

9 Überblick über weitere EMV-Normen, die hier behandelte Betriebsmittel betreffen

9.1 Rückblick

In früheren Jahren, in denen lediglich die Anforderungen zur Funk-Entstörung durch gesetzliche Regelungen (z. B. das Hochfrequenzgerätegesetz) vorlagen, reichte es im allgemeinen aus, eine entsprechende VDE-Bestimmung anzuwenden. Die Geräte und Anlagen, in denen die Hochfrequenz beabsichtigt erzeugt wurde (die ISM-Geräte), bewertete man nach der „VDE 0871", für die anderen Geräte, bei denen die Erzeugung der Hochfrequenz mehr oder weniger ein „Abfallprodukt" war, wie Haushaltgeräte und Leuchten, galt die „VDE 0875". Für solche Produkte, die weder in die Gruppe der ISM-Geräte paßten noch eigentliche Haushaltgeräte waren, aber dennoch ähnliche Störgrößen erzeugten, gab es Anforderungen in der VDE 0875, dem „Sammelbecken" für alle derartigen „Breitbandstörer". Waren die Geräte und insbesondere die Anlagen zusätzlich mit Betriebsmitteln ausgestattet, die die Einordnung in den Geltungsbereich der VDE 0871 rechtfertigten, so wurden die auftretenden „Schmalbandstörgrößen" zusätzlich nach dieser Norm bewertet. Im Jahr 1984 wurde die Situation mit der Herausgabe der „dreigeteilten VDE 0875" noch ein wenig übersichtlicher, da mit dem Teil 3 (E DIN 57875 Teil 3:November 1984) nun eine Norm vorlag (zwar vorerst nur als Entwurf, der aber mit einer „Prüfstellenermächtigung" zu seiner Anwendung im Rahmen von Zulassungsverfahren versehen war), die eine ganze Reihe von Produkten abdeckte, die weder in den Geltungsbereich der Teile 1 oder 2 der VDE 0875 noch in der VDE 0871 paßten. Der Titel dieser Norm lautete: „Funk-Entstörung von elektrischen Betriebsmitteln und Anlagen − Funk-Entstörung von besonderen elektrischen Betriebsmitteln und von elektrischen Anlagen". 1988 wurde diese Norm dann zum „Weißdruck" unter der Bezeichnung DIN VDE 0875 Teil 3:Dezember 1988 erhoben.
Hier konnten nun solche Produkte − und das waren in den meisten Fällen größere Einheiten zum Einsatz in Gewerbe und Industrie, die als „besondere Betriebsmittel" oder als Anlagen zu klassifizieren waren − hinsichtlich ihrer hochfrequenten Störaussendung beurteilt werden. Die Norm enthielt Grenzwerte:
− für die Störspannung (Dauerstörgrößen von 150 kHz bis 30 MHz − für diskontinuierliche Störgrößen wurde auf den Teil 1 verwiesen),
− die Störleistung (von 30 MHz bis 300 MHz) oder − alternativ
− die Störfeldstärke (ebenfalls eingeschränkt auf den Frequenzbereich von 30 MHz bis 300 MHz).
Sie enthielt ausschließlich Grenzwerte für Breitbandstörgrößen (die mit dem Quasispitzenwert-Gleichrichter zu messen waren); zu Schmalbandstörgrößen wurde auf die parallele Anwendung der VDE 0871 hingewiesen.

In diesem Teil „landeten" auch die in früheren Ausgaben der VDE 0875 enthaltenen unterschiedlichen „Störgrade" (0, K, N und G), die in den Teilen 1 und 2 ja keinen Platz mehr finden konnten, da die in diesen Normen behandelten Produkte ausschließlich bzw. überwiegend für die Anwendung im Wohnbereich und zum Anschluß an öffentliche Niederspannungs-Versorgungsnetze vorgesehen waren, so daß damit grundsätzlich der Störgrad N anzuwenden war.
In den Definitionen fanden sich Begriffe wie:
- „seriengefertigte elektrische Anlagen" (nach heutigem Sprachverständnis wären das wohl seriengefertigte Systeme), die nach dieser Norm einer Typprüfung unterzogen werden konnten,
- „zusammenhängende Betriebsstätten", zu denen ausdrücklich Schulen, Krankenhäuser, Fabriken, Gewerbebetriebe und die Geschäfts- und Verwaltungseinrichtungen gehörten, und
- das „Industriegebiet".

Für seriengefertigte Anlagen reichte es aus, für die Störspannung den Störgrad G einzuhalten; für die Feldstärke galt der Störgrad N (zu messen in 10 m Abstand). Grundsätzlich wurde die Einhaltung des Störgrads N an den Grenzen der „zusammenhängenden Betriebsstätte" gefordert, aber ausdrücklich darauf hingewiesen, daß zum Erfüllen dieser Forderung die Einhaltung des Störgrads G innerhalb von Industriegebieten erforderlich sein könne, daß andererseits bei Betriebsmitteln und Anlagen in Betriebsgebäuden (wie Kaufhäusern, Schulen, Krankenhäusern und Verwaltungs- und Bürogebäuden) die Einhaltung des Störgrads G im allgemeinen hinreichend sei, insbesondere, wenn dieses Gebäude über einen eigenen Transformator versorgt würde.
Weiterhin wurden ausdrücklich die folgenden Betriebsmittel erwähnt:
- Stromerzeugungs-Aggregate,
- Betriebsmittel der Leistungselektronik (einschließlich Halbleiterstellgliedern),
- Schleif- und Poliermaschinen,
- Hebezeuge (Elektrozüge),
- Aufzüge,

die unter diese Bestimmung fielen und somit bewertet werden konnten.
Nicht ausdrücklich genannt, aber dennoch betroffen waren auch eine Vielzahl medizinischer Einrichtungen, insbesondere diejenigen, die damals nicht unter die VDE 0871 fielen, weil sie keine Frequenzen oberhalb von 10 kHz verwendeten und damit keine Schmalbandstörgrößen erzeugten – denn das taten damals nur die „klassischen ISM-Geräte" zur „HF-Diathermie" oder „HF-Chirurgie". Die anderen Geräte, Systeme und Anlagen jedoch, z. B. die Röntgendiagnostik- und -therapie-Einrichtungen (ohne Frequenzumrichter), fielen unter diesen Teil 3.
Mit der Einführung der Leistungselektronik und der Mikroprozessoren wurden aus den einstmals eindeutig zur Gruppe der „VDE 0875er Geräte und Anlagen" gehörigen Produkten „Zwitter", die zusätzlich auch nach VDE 0871 zu beurteilen waren. In der Praxis wurde über viele Jahre „zweigleisig" beurteilt. Dabei wurden die Erleich-

terungen für zusammenhängende Betriebsstätten aus der VDE 0875 auch auf die VDE 0871 übertragen, wobei die Klasse A dem Störgrad G gleichgesetzt wurde. Erst mit der Veröffentlichung der DIN VDE 0875 Teil 11 im Juli 1992 änderte sich die Situation, nachdem nun Breit- und Schmalbandstörgrößen nach einer Norm beurteilt werden konnten.

Leider konnte Teil 3 der VDE 0875 bei CENELEC nicht als Europäische Norm durchgesetzt werden, obwohl dies verschiedentlich von der deutschen Delegation versucht wurde.

Allgemeine Anforderungen zur Störfestigkeit gab es zu jener Zeit für all die oben genannten Betriebsmittel- und Gerätearten nicht. Man ging davon aus, daß der „Markt" diese Produkteigenschaft regelte.

Mit der Herausgabe der EMV-Richtlinie im Jahre 1989 änderte sich jedoch das Bild gravierend, enthielt diese Richtlinie doch Schutzziele, die sowohl der Begrenzung der Störaussendung als auch der Gewährleistung einer hinreichenden Störfestigkeit dienen sollten.

Die Idee, für solche Produkte, die nicht durch eigene Produkt- oder Produktfamiliennormen erfaßt wurden, sogenannte Fachgrundnormen (Generic Standards) zu schaffen, sollte sicherstellen, daß für alle Produkte Anforderungen verfügbar wurden, die dem jeweiligen Einsatzort der Produkte angemessen sein würden. Ihrem geplanten Anwendungsbereich entsprechend wurden diese Normen sehr allgemein angelegt und konnten wegen der Breite ihrer Anwendbarkeit kaum spezifische Anforderungen für bestimmte Produkte enthalten. Aus dieser Tatsache ergab sich, daß die Fachgrundnormen nicht in vollem Umfang und bei allen Beteiligten Anerkennung fanden, so daß ein Technisches Komitee nach dem anderen, das sich ursprünglich nur mit Festlegungen zu Sicherheitsfragen für sein besonderes Produktgebiet beschäftigte, sein Interesse an der EMV bekundete und eigene Festlegungen zum Gesamtkomplex der EMV – oder auch nur zu Teilen daraus – traf, teilweise im Rahmen und als Bestandteil ihrer Sicherheitsnormen, teilweise aber auch in Form gesonderter (EMV-)Normen(-teile).

Eines der ersten IEC-Komitees, das auf diesem Gebiet aktiv wurde, war das TC 62, zuständig für die Normung auf dem Gebiet der Sicherheit medizinischer elektrischer Geräte und Systeme. Hier erhob sich die Frage nach der bevorzugt zu wählenden Lösung. Es kamen drei Alternativen in Betracht, geeignete Festlegungen zu formulieren, und zwar entweder

1. in Form einer eigenen Fachgrundnorm für medizinisch genutzte Räume, wie sie in Krankenhäusern, Ambulatorien, Kliniken, Arzt- und Zahnarztpraxen und anderen Institutionen der Heilkunde zu finden sind, denn die damals in Vorbereitung befindlichen Fachgrundnormen paßten nicht so recht zu dieser „Umgebung", läßt sich diese doch weder als eine typische „industrielle" noch als eine „häusliche" einstufen;

2. in Form von einzelnen spezifischen (für jede Produktgruppe „maßgeschneiderten") Produktnormen oder

3. in Form einer alle Produktgruppen umfassenden Produktfamiliennorm.

Gewählt wurde die dritte Möglichkeit. Das Unterkomitee (SC) 62A, zuständig für die „Allgemeinen Anforderungen für die Sicherheit medizinischer elektrischer Geräte" wurde mit der Aufgabe betraut, einen Ersatz für den in der allgemeinen Sicherheitsnorm für diese Produkte, der IEC (60)601-1, enthaltenen (weitgehend unbesetzten) Abschnitt 36 „EMV" zu schaffen. Eine Reihe von Mitarbeitern der beauftragten Arbeitsgruppe waren gleichzeitig Mitglieder anderer Gremien der EMV-Normung, so daß eine enge Zusammenarbeit z. B. mit CISPR und dem TC 77 stattfand.

Das Ergebnis dieser Arbeit war eine Ergänzungsnorm (IEC (60)601-1-2), die auf Grund ihres Umfangs nicht in die o. g. Norm integriert, sondern als Zusatz zu dieser Norm veröffentlicht wurde.

Die entstandene Norm läßt jedoch zusätzlich die zweite Lösung zu, ermöglicht sie doch, spezifische Anforderungen für einzelne Produktgruppen in den dafür vorgesehenen Teilen 2 der IEC (60)601 festzulegen. Einzelheiten zu der Norm IEC (60)601-1-2 sind im Kapitel 6 zu finden.

Nach und nach fanden auch andere Produktkomitees Gefallen an der EMV und entwickelten eigene Festlegungen für die von ihnen betreuten Produkte, teilweise jedoch ohne hinreichende Kenntnisse über die Erfordernisse dieses „Querschnittsthemas" – insbesondere im Hinblick auf die Koordinierung der Anforderungen zur Störaussendung. In manchen Fällen kamen durch diese Unkenntnis Normen zustande, die sich mehr oder weniger als „Persilscheine" für den betroffenen Anwenderkreis lesen und häufig dem eigentlichen Ziel, „Verträglichkeit" zu schaffen, nicht gerecht werden.

In Zukunft soll daher versucht werden, sowohl auf internationaler Ebene (im IEC *Advisory Committee on EMC* – kurz: ACEC) als auch auf europäischer Ebene (im CENELEC BT und der *Chairman Advisory Group* (CAG) des TC 210) und auch auf nationaler Ebene (im K 767) die Koordination zu verbessern und unnötige Normen zu verhindern.

Ein erfolgreiches Beispiel aus jüngster Zeit ist die „Vermeidung" eines deutschen Vorschlags für eine eigene EMV-Norm für „Lehrmittel". Es konnte erreicht werden, daß die für ISM-Geräte anwendbare Norm zur hochfrequenten Störaussendung (CISPR 11) in Kürze geringfügig geändert wird, um die spezifischen Erfordernisse dieser Produktgruppe berücksichtigen zu können.

Ein weiteres ermutigendes Beispiel ist die Zurückweisung eines französischen Vorschlags, eine umfangreiche EMV-Produktnorm für „Spielzeuge" zu erstellen und diese Produkte aus dem heutigen Geltungsbereich der CISPR 14 (hier der EN 55014-1 und der EN 55014-2) zu entlassen. Somit besteht die Hoffnung, daß diesem in den letzten Jahren entstandenen „Wildwuchs" Einhalt geboten werden kann.

Im Abschnitt 9.3 dieses Buchs wird der Versuch gemacht, den gegenwärtigen Stand (Mitte 1997) der EMV-Normen auf dem Gebiet der Produktnormung zur EMV außerhalb des CISPR und des IEC TC 77 (und auch außerhalb von IEC TC 62) wiederzugeben. Über die „Qualität" dieser Normen und Normenentwürfe wird hier jedoch keine Aussage getroffen.

Vorher wird aber noch ein anderes wichtiges Thema gestreift und ein kurzer historischer Überblick gegeben über die Normen zur Störaussendung im niederfrequenten Bereich unterhalb 9 kHz.

9.2 Die Normen zu Netzrückwirkungen

Mit dem Einsatz elektronischer Steuer- und Regeleinrichtungen in Haushaltgeräten und handgeführten Elektrowerkzeugen, der sich Ende der 60er Jahre anbahnte und dann Anfang der 70er Jahre stark zunahm, änderten sich die Belastungsverhältnisse der öffentlichen Niederspannungs-Versorgungsnetze beträchtlich. Waren es vorher überwiegend durch Programmschaltwerke und Thermostatschalter gesteuerte (weitestgehend) ohmsche Lasten, so kamen durch diesen Technologiewandel nun zusätzliche Blindleistungsanteile und vor allem durch Nichtlinearitäten der verwendeten Bauelemente hervorgerufene Oberschwingungen der Netzfrequenz hinzu. Untersuchungen der Energieversorgungsunternehmen (EVU) ergaben einen drastischen Anstieg dieser unerwünschten Zusatzbelastungen ihrer Netze durch Halbleiterschaltungen (z. B. Phasenanschnittsteuerungen und Einweggleichrichter mit kapazitiver Last).
Diese Tatsache führte zu einer ersten Norm auf diesem Gebiet, der EN 50006 vom Mai 1976, die dann als Deutsche Norm DIN EN 50006 (VDE 0838) im Oktober des gleichen Jahres zur Verfügung stand und den Titel trug: „Begrenzung von Rückwirkungen in Stromversorgungsnetzen, die durch Elektrogeräte für den Hausgebrauch und ähnliche Zwecke mit elektronischen Steuerungen verursacht werden".
Im Geltungsbereich wurde präzisiert, welche Geräte gemeint waren, und es wurden ausdrücklich als betroffene Produktgruppen genannt:
– elektrische Koch- und Heizgeräte,
– Elektrowärmegeräte,
– Geräte mit Elektromotoren oder magnetischem Antrieb,
– tragbare Elektrowerkzeuge,
– Beleuchtungsregler,
die mit elektronischen Speise- bzw. Steuereinrichtungen nach einem Phasenanschnitt- oder Schwingungspaketverfahren ausgerüstet sind.
Vom Geltungsbereich ausdrücklich ausgeschlossen waren hingegen:
– Geräte, deren Anschluß der vorherigen Zustimmung des Verteilers bedarf[*],

---

[*] Anmerkung: Es folgte ein Hinweis, daß der „Verteiler" von elektrischer Energie die Anwendung dieser Norm verlangen konnte, was zu einer Reihe von Verwirrungen führte, so daß beispielsweise einige Verteiler diese auf medizinische Großgeräte (z. B. Röntgendiagnostik-Generatoren) anwenden wollten, obwohl die Norm im Grunde nur zur Beurteilung von Oberschwingungen und Flickern an einer Standard-Netzimpedanz von $(0{,}4 + jn\,0{,}25)\,\Omega$ ausgelegt war, die die Nennstromaufnahme des jeweiligen Prüflings auf 16 A (pro Phase) begrenzte.

- Geräte, die nicht an ein öffentliches Niederspannungs-Verteilungsnetz unmittelbar angeschlossen werden,
- Geräte, die ausschließlich für gewerbliche Zwecke bestimmt sind (z. B. Büromaschinen)
- und zu der Zeit noch die Fernsehgeräte (die Anwendung auf diese wurde noch geprüft).

Die Norm enthielt u. a. Grenzwerte für die Oberschwingungsspannungen in Prozent der Nennspannung und für die Spannungsschwankungen, letztere gemäß der bekannten von der UIE erarbeiteten „Flickerkurve".

Im Laufe der folgenden Jahre wurde die Anwendung auf andere Gerätegruppen erweitert, und neben dem CENELEC beschäftigte sich nun auch die IEC mit dieser Thematik.

Im Juni 1980 erschien eine Reihe von Entwürfen des IEC TC 77 zu diesem Thema:
- IEC 77(CO)4 *„Disturbances in supply systems caused by household appliances and similar electrical equipment – Part 1: Definitions"*, der in Deutschland als DIN IEC 77(CO)4 (VDE 0838 Teil 101): ...80 verteilt wurde und den Versuch von Begriffsbestimmungen auf diesem Gebiet enthielt;
- IEC 77(CO)7 *„Disturbances in supply systems caused by household appliances and similar electrical equipment – Part 2: Reference impedances"*, der in Deutschland als DIN IEC 77(CO)7 (VDE 0838 Teil 102): ...80 verteilt wurde unter dem Titel „Bezugsimpedanzen";
- IEC 77(CO)5 *„Disturbances in supply systems caused by household appliances and similar electrical equipment – Part 3: Harmonics"* der in Deutschland als DIN IEC 77(CO)5 (VDE 0838 Teil 103): ...80 verteilt wurde unter dem Titel: „Oberschwingungen";
- IEC 77(CO)8 *„Disturbances in supply systems caused by household appliances and similar electrical equipment – Part 4: Voltage fluctuations"*, der in Deutschland als DIN IEC 77(CO)8 (VDE 0838 Teil 104): ...80 verteilt wurde unter dem Titel: „Spannungsschwankungen";
- IEC 77(CO)6 *„Disturbances in supply systems caused by household appliances and similar electrical equipment – Part 5: Technical Report – System impedances and reference impedances"*, der in Deutschland als DIN IEC 77(CO)6 (VDE 0838 Teil 105): ...80 verteilt wurde unter dem Titel: „Technischer Bericht: Netzimpedanzen und Bezugsimpedanzen".

Die ersten IEC-Publikationen zu diesem Thema waren dann:
- IEC 725:1981 *„Considerations on reference impedances for use in determining the disturbance characteristics of household appliances and similar electrical equipment"*,
- IEC 555-1:1982 *„Disturbances in supply systems caused by household appliances and similar electrical equipment – Part 1: Definitions"*;
- IEC 555-2:1982 *„ – , Part 2: Harmonics"*; mit einer Änderung No 1 von 1985 u. a. mit Grenzwerten für Fernsehempfänger mit höherer Leistungsaufnahme
- IEC 555-3:1982 *„ – , Part 3: Voltage fluctuations"* und

- IEC 827:1985 „*Guide to voltage fluctuation limits for household appliances (relating to IEC Publication 555-3)*".

CENELEC übernahm den Inhalt der IEC-Normen, und im April 1987 erschienen:
- EN 60555 Teil 1,
- EN 60555 Teil 2 (einschließlich Änderung 1) und
- EN 60555 Teil 3,

die dann im Juni 1987 auch als Deutsche Normen DIN VDE 0838 (Teile 1, 2 und 3) veröffentlicht wurden.

Hiermit waren die Spannungsgrenzwerte durch Stromgrenzwerte für die Oberschwingungen ersetzt, die Grenzwerte für Elektrowerkzeuge erweitert und neue Grenzwerte für Netzteile von Fernsehgeräten eingeführt worden.

Der Geltungsbereich dieser Normen beschränkte sich auch weiterhin auf „Geräte für den Hausgebrauch oder ähnliche elektrische Einrichtungen" und schloß „Geräte, die ausschließlich für gewerbliche Zwecke bestimmt sind" ausdrücklich aus.

Im Jahre 1988 wurden mit einer Änderung 2 zur IEC 555-2 (in Deutschland als Entwurf DIN VDE 0838 Teil 2/A1 im September 1989 verteilt) die Beleuchtungseinrichtungen in den Geltungsbereich aufgenommen und hierfür spezifische Grenzwerte festgelegt.

Die IEC 555-3 erfuhr 1990 ebenfalls eine erste Änderung, die in Deutschland im Juni 1991 als Entwurf DIN VDE 0838 Teil 3A1 erschien und sich im wesentlichen mit der Beurteilung von „nicht-rechteckförmigen Spannungsschwankungen" beschäftigte. Die Veröffentlichung als Norm erfolgte im April 1993 als DIN EN 60555 Teil 3A1(VDE 0838 Teil 3A1).

In der IEC und auch bei CENELEC wurde Anfang der 90er Jahre der Beschluß gefaßt, die Anwendungsbereiche der Normen drastisch zu erweitern und weitere Festlegungen zu schaffen, die sich auf Betriebsmittel anwenden ließen, deren Nennstrom 16 A pro Phase überschreitet. Sie sollten bei IEC in die Normenreihe IEC (6)1000 eingereiht und der Untergruppe IEC (6)1000-3-... mit dem gemeinsamen Titel: „Grenzwerte" (*limits*) zugeordnet werden. Geplant waren ursprünglich fünf Teile:
- Teil 1 mit einer Übersicht (ähnlich IEC 555-1) als Technischer Bericht;
- Teil 2 mit Grenzwerten und Meßverfahren für Oberschwingungen für Geräte mit einer Stromaufnahme bis zu 16 A pro Phase (als Nachfolgenorm der IEC 555-2);
- Teil 3 mit Grenzwerten und Meßverfahren für Spannungsschwankungen für Geräte mit einer Stromaufnahme bis zu 16 A pro Phase (als Nachfolgenorm der IEC 555-3);
- Teil 4 mit Leitlinien zur Beurteilung von Oberschwingungen für Geräte mit einer Stromaufnahme größer als 16 A pro Phase (als Technischer Bericht);
- Teil 5 mit Leitlinien zur Beurteilung von Spannungsschwankungen für Geräte mit einer Stromaufnahme größer als 16 A pro Phase (als Technischer Bericht).

Ein erster Entwurf zum Thema „Oberschwingungen" erschien 1991 als IEC 77A(Sec)70 und wurde als Deutscher Normentwurf E DIN VDE 0838 Teil 2 im März 1992 der Öffentlichkeit vorgestellt.

Der entsprechende Entwurf für die Spannungsschwankungen unter der Nummer IEC 77A(Sec)71 erschien als Deutscher Normentwurf im Dezember 1992 unter E DIN VDE 0838 Teil 3.
Beide Vorhaben wurden angenommen, und es erschienen
- IEC (6)1000-3-2 im März 1995, EN 61000-3-2 im April 1995 und DIN EN 61000-3-2 (VDE 0838 Teil 2) im März 1996, wobei die Deutsche Fassung bereits die Abänderung A12:1995 der Europäischen Norm enthält;
- IEC (6)1000-3-3 im Dezember 1994; EN 61000-3-3 im Januar 1995 und DIN EN 61000-3-3 (VDE 0838 Teil 3) ebenfalls im März 1996.

Diese Normen gelten nun für alle an ein öffentliches Niederspannungsnetz anschließbaren Betriebsmittel (Geräte, Systeme) mit Nennströmen bis zu 16 A pro Phase und wurden als Produktfamiliennormen deklariert, so daß sie automatisch auf alle einschlägigen Betriebsmittel angewendet werden müssen.
Sie enthalten Grenzwerte und Meßverfahren (einschließlich Anforderungen an die Meßmittel) für die in ihnen behandelten Störphänomene; der Teil 2 enthält zudem eine Unterteilung in vier „Klassen":
- Klasse A für alle symmetrischen dreiphasigen Betriebsmittel und solche Geräte, die nicht unter die anderen Klassen (B, C und D) fallen;
- Klasse B für tragbare Elektrowerkzeuge;
- Klasse C für Beleuchtungseinrichtungen;
- Klasse D für nicht motorisch betriebene Betriebsmittel mit „spezieller Kurvenform" des Eingangsstroms und einer Nennleistung <600 W.

Für Klasse A sind in einer Tabelle 1 die zulässigen Oberschwingungsströme (für die 2. bis 40. Harmonische der Netzfrequenz) als Absolutwerte (in Ampere) festgelegt. Für Klasse B gilt grundsätzlich der 1,5fache Betrag der Werte der Tabelle 1, weil man davon ausgeht, daß derartige Geräte eine deutlich geringere Einschaltdauer aufweisen als Geräte der Klasse A. Für die Geräte der Klasse C werden hingegen die Grenzwerte in Prozent des Grundschwingungs-Eingangsstroms in einer Tabelle 2 angegeben, wohingegen für Klasse D die Absolutwerte der Tabelle 1 (mit einigen Einschränkungen) wiederholt werden, zusätzlich aber noch „zulässige Höchstwerte der Oberschwingungsströme je Watt" Leistungsaufnahme (in mA/W) angegeben werden.
In einem (normativen) Anhang sind Prüfbedingungen für spezifische Gerätegruppen, wie Fernsehrundfunkempfänger und Audioverstärker, Videokassettenrecorder und Beleuchtungseinrichtungen einschließlich Beleuchtungsreglern, Staubsauger, Waschmaschinen, Mikrowellenöfen und Induktionskochplatten sowie Einrichtungen der Informationstechnik, enthalten.
Teil 3 beschreibt die Messung von „relativen Spannungsänderungen", „Kurzzeit-Flickerwerten" und die Ermittlung von „Langzeit-Flickerwerten" und legt in einer Grenzwertkurve Maximalwerte für Kurzzeit-Flickerwerte fest, wie sie bei der Bewertung rechteckförmiger äquidistanter Spannungsschwankungen gelten. Für andersförmige Spannungsschwankungen werden entsprechende Korrekturwerte angegeben, und in einem (normativen) Anhang sind Prüfbedingungen für spezifi-

sche Gerätegruppen, wie Kochstellen und Herde, Beleuchtungseinrichtungen, Waschmaschinen und Wäschetrockner, Kühlschränke, Kopierer und Drucker, Staubsauger und Mixer, Haartrockner und Durchflußerhitzer; tragbare Elektrowerkzeuge sowie elektronische Massengeräte, beschrieben.

Als Datum für die Zurückziehung entgegenstehender nationaler Normen „dow" (das ist das Datum, zu dem alle neu in den Geltungsbereich der Norm aufgenommenen Geräte die Norm erfüllen müssen) war in beiden Teilen der 1. Juni 1998 genannt; für Geräte, die bereits im Geltungsbereich der „alten" Norm (IEC 555- ...) lagen, war bei den Oberschwingungen eine Übergangsfrist bis zum 1. Januar 2001 vorgesehen, bei den Spannungsschwankungen jedoch auch nur eine bis zum 1. Juni 1998. Diese Termine wurden von der betroffenen Industrie strikt abgelehnt, war es doch unmöglich, in derart kurzer Zeit alle Produkte durch Neu- oder Nachentwicklung in die Lage zu versetzen, diese Grenzwerte zu erfüllen. Der Protest wurde besonders von den Herstellern informationstechnischer Einrichtungen geführt, und man versuchte (im für die Sicherheit dieser Produkte verantwortlichen IEC TC 74), für diese Produktgruppe eine eigene Norm zu den Netzrückwirkungen zu erstellen, die mit höheren Grenzwerten ausgestattet sein sollte. Diesem Projekt wurde von den Gremien widersprochen, die für die Erarbeitung der allgemein gültigen Normen zuständig sind (IEC SC 77A, DKE 767.1), so daß die Schlichtung durch übergeordnete Gremien erfolgen mußte. Als Kompromiß, der auch von der EG getragen werden wird, wurde nun beschlossen, den „dow" auf den 1. Januar 2001 festzulegen, vorausgesetzt, alle beteiligten Parteien beugen sich diesem Kompromiß, was aber zu erwarten ist.

Mittlerweile gibt es schon wieder eine Reihe von Änderungsvorschlägen für die beiden Normen.

Für die Oberschwingungen sind dies:
- IEC 77A/159/CDV[*)] (auch DIN IEC 77A/159/CDV (VDE 0838 Teil 2-159): November 1996) mit der Änderung der Definition für „professionelle Geräte" (professional equipment).
- IEC 77A/164/CD mit Grenzwerten für eine neue „Klasse E" (professionelle Geräte) und einer Begründung für die Notwendigkeit der Begrenzung von Oberschwingungsströmen.
- IEC 77A/165/CDV (auch DIN IEC 77A/165/CDV (VDE 0838 Teil 2-165):November 1996) mit neuen Grenzwerten für Lampen mit eingebautem Vorschaltgerät.

Für die Spannungsschwankungen wurde vorgeschlagen:
- EN 61000-3-3/prA11 vom September 1995 mit Zusätzen für Beleuchtungseinrichtungen und professionelle Geräte.

Für höhere Ströme als 16 A pro Phase erschienen die folgenden Entwürfe:
- IEC 77A/126/CD im April 1995 mit Grenzwerten Oberschwingungsströme für Geräte mit einer Stromaufnahme >16 A pro Phase und als Nachfolger

---

[*)] Anmerkung: Dieser CDV wurde inzwischen als IEC 77A/186/FDIS fortgeschrieben.

- IEC 77A/169/CDV im November 1996, der auch als Deutscher Normentwurf DIN IEC 77A/169/CDV (VDE 0838 Teil 4) im April 1997 erschien.
In diesem Vorschlag werden Anforderungen für drei „Stufen" definiert:
- Stufe 1: „Vereinfachter Anschluß" enthält Grenzwerte für Oberschwingungsströme in Prozent des „Grundschwingungsbemessungsstroms" für solche Geräte, die an ein Versorgungsnetz mit einem „Kurzschlußfaktor" von 33 angeschlossen werden („schlechtere" Kurzschlußfaktoren werden nicht angenommen);
- Stufe 2 gibt Grenzwerte in Prozentwerten für Netze mit höherem Kurzschlußfaktor (bis zu einem Wert von 600) an – und
- Stufe 3 „Anschluß nur mit Genehmigung des EVU", gilt, wenn die Stufen 1 und 2 nicht erfüllbar sind oder wenn der Bemessungsstrom 75 A pro Phase überschreitet.

Eine verabschiedete Norm liegt bislang noch nicht vor, da es eine große Zahl von Einsprüchen von seiten der betroffenen Industrie gab. Diese fürchtet aufgrund dieses Entwurfs, daß eine Norm (mit Anforderungen) herausgegeben werden soll und nicht – wie ursprünglich vereinbart worden war – ein Technischer Bericht mit Leitlinien zur Vermeidung unzulässiger Oberschwingungen.

Der Teil 5, der sich mit den Spannungsschwankungen der Produkte mit einem Bemessungsstrom von >16 A befaßt, wurde hingegen vereinbarungsgemäß als Technischer Bericht abgefaßt und in Form der

- IEC (6)1000-3-5, bereits im Dezember 1994 veröffentlicht.

Der Titel lautet: *„EMC – Part 3: Limits – Section 5: Limitation of voltage fluctuations and flicker in low-voltage power supply systems for equipment with rated current greater than 16 A".*[*)]

Die im Entwurf vorliegenden weiteren Teile 6 und 7 der IEC (6)1000-3- ... beschäftigen sich mit Betriebsmitteln, die an Mittel- oder Hochspannungsnetze angeschlossen werden, und sind daher hier nicht von großer Bedeutung.

Ein zusätzlicher Teil 8 dieser Normenreihe hingegen liegt derzeit als Entwurf IEC 77B/187/FDIS vom Februar 1997 vor und beschäftigt sich mit *„Signalling on low-voltage electrical installations – emission levels, frequency bands and electromagnetic disturbance levels".* Er wird Grenzwerte für derartige Informations- und Steuerungssysteme, die den Frequenzbereich von 3 kHz bis 525 kHz als Arbeitsfrequenz benutzen, festschreiben und (hinsichtlich der Grenzwerte) die Frequenzen von 3 kHz bis 1 GHz überstreichen. Zur Messung von Spannungen unter 9 kHz wird eine zusätzliche Netznachbildung für das Frequenzband von 3 kHz bis 9 kHz beschrieben.

[*)] Anmerkung: Dieser Titel wurde in dem Deutschen Normentwurf E DIN VDE 0838-5 (VDE 0838 Teil 5) vom April 1996 übersetzt in „EMV – Hauptabschnitt 5: Grenzwerte für Spannungsschwankungen und Flicker in Niederspannungsnetzen für Geräte und Einrichtungen mit einem Eingangsstrom >16 A". Es steht zu hoffen, daß eine entsprechende Korrektur bei der Endfassung dieser Deutschen Norm eingeführt wird und das Wort „Grenzwerte" durch das korrekte Wort „Begrenzung" ersetzt wird, zumal der hier vorliegende Bericht gar keine Grenzwerte enthält.

Diese Norm könnte – nach ihrer Fertigstellung – die heute gültige Europäische Norm zum gleichen Thema, die EN 50065-1:1991-01 (einschließlich ihrer Änderung A1:1992-12), die auch als Deutsche Norm DIN EN 50065 Teil 1 (VDE 0808 Teil 1):1993-07 mit dem Titel „Signalübertragung auf elektrischen Niederspannungsnetzen im Frequenzbereich von 3 kHz bis 148,5 kHz – Teil 1: Allgemeine Anforderungen, Frequenzbänder und Elektromagnetische Verträglichkeit" vorliegt, (mit einem erweiterten „Nutzfrequenzbereich") ersetzen.

Als jüngstes Projekt in dieser Normenreihe liegt der Entwurf für einen Teil 11 vor (z. Zt. als IEC 77A/183/CD vom April 1997), der den Titel trägt: *„EMC – Part 3-11: Limits – Limitation of voltage changes, voltage fluctuations and flicker in low-voltage supply systems for equipment with rated current <75 A and subject to conditional connection".*

Dieser Teil soll – wenn er fertiggestellt ist – eine Ergänzung zu den Teilen 3 und 5 darstellen. Er weist darauf hin, daß bei Geräten mit einer Stromaufnahme bis zu 16 A die Anwendung des Teil 3 Vorrang haben soll. Erst wenn die darin enthaltenen Grenzwerte nicht einzuhalten sind, wird – mit abweichenden Netzimpedanzen – gemäß Teil 11 gemessen. Geräte mit einer höheren Stromaufnahme (bis zu 75 A) sollen hingegen grundsätzlich nach Teil 11 bewertet werden. Es werden Kriterien angegeben, bei deren Erfüllung der Anschluß an öffentliche Niederspannungs-Verteilungsnetze ohne Genehmigung des EVU erlaubt sein wird, bei Nichterfüllung hingegen eine Genehmigung beim EVU einzuholen ist.

9.3 Auflistung weiterer Normen mit EMV-Anforderungen

Die folgende Auflistung ist nicht vollständig und bezieht sich nur auf solche Produkte, die in irgend einer Weise mit den Normen der Klassifikation „VDE 0875" im Zusammenhang stehen mögen. Insbesondere sind nicht enthalten:
– Normen für Einrichtungen der Informationstechnik (Telekommunikations- und Datentechnik),
– Normen für Ton- und Fernsehrundfunk,
– Normen für Energieerzeugung und -verteilung (mit Ausnahme der Verkabelung in Gebäuden),
– Normen für Kraftfahrzeuge, Bahnen, Schiffe, Flugzeuge und andere Verkehrsmittel.

Es werden sowohl gültige Normen (fett gedruckt) als auch Normentwürfe (international „D xxx"; regional „prEN xxx" und national „E DIN xxx") genannt, die international von IEC und regional von CENELEC erstellt wurden. Die dritte Spalte der Tabelle enthält die jeweilige deutsche Fassung der DKE.

IEC	CENELEC	VDE	Titel
	EN 50130-4:1995	DIN EN 50130-4 VDE 0830 Teil 1-4:1996-11	EMV – Produktfamiliennorm – Anforderungen an die Störfestigkeit von Anlagenteilen für Brand und Ein- bruchmeldeanlagen sowie Personen- Hilferufanlagen
	prEN 50131-:1995	E DIN EN 50131-1 VDE 0830 Teil 2-1:1995-08	Alarmanlagen – Einbruchmeldeanlagen – Teil 1: Allgemeine Anforderungen
	prEN 50133-1:1995	E DIN EN 50133-1 VDE 0830 Teil 8-10:1995-08	Alarmanlagen – Zutrittskontrollanlagen für Sicherheitsanwendungen – Teil 1: Systemanforderungen
	prEN 12015:1995	E DIN EN 12015:1995-11	EMV – Produktfamiliennorm für Aufzüge, Fahrtreppen und Fahrsteige – Störaussendung
	prEN 12016:1995	E DIN EN 12016:1995-11	EMV – Produktfamiliennorm für Aufzüge, Fahrtreppen und Fahrsteige – Störfestigkeit
	prEN 50226:1995		EMV von wiederaufladbaren Zellen und Batterien
	prEN 50178:1995	E DIN EN 50178 VDE 0160:1994-11	Elektronische Betriebsmittel in Stark- stromanlagen
D IEC 870-2-1:1995	EN 60870-2-1:1996		Fernwirkeinrichtungen und -systeme – Teil 2: Betriebsbedingungen – Hauptabschnitt 1: Stromversorgung und EMV
	EN 50090-2-2:1996	E DIN EN 500090-2-2 VDE 0829 Teil 2-2:1995-06	Elektrische Systemtechnik für Heim und Gebäude (ESHG) – Teil 2-2: Systemübersicht – Allgemeine technische Anforderungen
IEC 730-1:1993	EN 60730-1:1995 + A1:1995	DIN EN 60730-1 VDE 0631 Teil 1:1996-01	Automatische elektrische Regel- und Steuergeräte für den Hausgebrauch und ähnliche Anwendungen – Teil 1: Allgemeine Anforderungen
D IEC 730-1/A2:1996		E DIN IEC 72/344/FDIS VDE 0631 Teil 1/A2:1996-12	Automatische elektrische Regel- und Steuergeräte für den Hausgebrauch und ähnliche Anwendungen – Teil 1: Allge- meine Anforderungen – Änderung 2
IEC 730-2-6:1991/ A1:1994	EN 60730-2-6/prA1:1996		Automatische elektrische Regel- und Steuergeräte für den Hausgebrauch und ähnliche Anwendungen – Teil 2: Besondere Anforderungen an automati- sche elektrische Druckregel- und Steu- ergeräte
IEC 730-2-8:1992/ A1:1994	EN 60730-2-8/prA1:1996		Automatische elektrische Regel- und Steuergeräte für den Hausgebrauch und ähnliche Anwendungen – Teil 2: Besondere Anforderungen an elektrisch betriebene Wasserventile
IEC 730-2-9/A1	EN 60730-2-9/prA1		Automatische elektrische Regel- und Steuergeräte für den Hausgebrauch und ähnliche Anwendungen – Teil 2: Besondere Anforderungen an temperaturabhängige Regel- und Steuergeräte
	EN 60730-2-9/A11:1997		Automatische elektrische Regel- und Steuergeräte für den Hausgebrauch und ähnliche Anwendungen – Teil 2: Besondere Anforderungen an tempera- turabhängige Regel- und Steuergeräte
IEC 730-2-10:1991	EN 60730-2-10:1995		Automatische elektrische Regel- und Steuergeräte für den Hausgebrauch und ähnliche Anwendungen – Teil 2: Besondere Anforderungen an elektrisch betriebene Motorstartrelais

IEC	CENELEC	VDE	Titel
IEC 730-2-10/A1:1994	EN 60730-2-10:1995/ A1:1996		Automatische elektrische Regel- und Steuergeräte für den Hausgebrauch und ähnliche Anwendungen – Teil 2: Besondere Anforderungen an Motorstartrelais
IEC 730-2-11:1993/ A1:1994	EN 60730-2-11/prA1:1996		Automatische elektrische Regel- und Steuergeräte für den Hausgebrauch und ähnliche Anwendungen – Teil 2: Besondere Anforderungen an Energieregler
IEC 669-2-1:1994	EN 60669-2-1:1996	E DIN EN 60669-2-1 VDE 0632 Teil 2-1:1995-07	Schalter für Haushalt und ähnliche ortsfeste elektrische Installationen – Teil 2: Besondere Anforderungen – Hauptabschnitt 1: Elektronische Schalter
	EN 60669-2-1:1996/ A11:1997	E DIN EN 60669-2-1/A11 VDE 0632 Teil 2-1/A11: 1996-12	Schalter für Haushalt und ähnliche ortsfeste elektrische Installationen – Teil 2: Besondere Anforderungen – Hauptabschnitt 1: Elektronische Schalter – Änderung 11
IEC 1008-1:1990/ A2:1995	EN 61008-1:1996		Elektrisches Installationsmaterial – Fehlerstrom-/Differenzstrom-Schutzschalter ohne eingebauten Überstromschutz für Hausinstallationen und für ähnliche Anwendungen – Allgemeine Anforderungen
Am IEC 1008-1:1995	prEN 61008-1:1996	E DIN EN 61008-1 VDE 0664 Teil 108:1996-12	Elektrisches Installationsmaterial – Fehlerstrom-/Differenzstrom-Schutzschalter ohne eingebauten Überstromschutz für Hausinstallationen und für ähnliche Anwendungen – Allgemeine Anforderungen – Änderung zu IEC 1008-1 (2. Ausgabe)
D IEC 1009-1:1991/A1: 1995	EN 61009-1:1994/ prA1:1995		Fehlerstrom-Schutzschalter mit Überstromauslöser für Hausinstallationen und ähnliche Anwendungen – Teil 1: Allgemeine Anforderungen
D IEC 1009 1:1991/A2: 1996	EN 61009-1:1994/ prA2:1996	E DIN EN 61009-1/A2 VDE 0664 Teil 204:1996-12	Fehlerstrom-Schutzschalter mit Überstromauslöser für Hausinstallationen und ähnliche Anwendungen – Teil 1: Allgemeine Anforderungen
D IEC 934/A2	EN 60934:1994/prA2:1996	E DIN IEC 23E/236/CDV VDE 0641/A2:1996-02	Circuit breakers for equipment (CBE) – EMC annex
IEC 898	EN 60898:1991/ prA12:1995	E DIN EN 60898/A12 VDE 0641 Teil 11/A6:1995-08	Leitungsschutzschalter für den Hausgebrauch und ähnliche Anwendungen
IEC 1543:1995	EN 61543:1995		Residual current-operated devices (rcds) for household and similar use – EMC
	EN 61095/prA11:1995		Elektromechanische Schütze für Hausinstallationen und ähnliche Zwecke
D IEC 1867		E DIN IEC 23/231/CDV VDE 0690 Teil 1:1996-11	EMV – Produktfamiliennorm für Installationsgeräte für Haushalt und ähnliche Zwecke
ISO/DTR 11062			Manipulating industrial robots – Guidelines for EMC test methods and performance evaluation criteria
	prEN 50236:1996	E DIN EN 50236 VDE 0532 Teil 8:1997	Transformatoren und Drosselspulen – EMV von Leistungstransformatoren
IEC 204-1:1992	EN 60204-1:1992	**DIN EN 60204-1 VDE 0113 Teil 1:1993-06**	Elektrische Ausrüstung von Maschinen – Teil 1: Allgemeine Anforderungen
D IEC 34-1:1997	EN 60034-1/prA1:1997 prA2:1997	E DIN IEC 2/922/CDV VDE 0530 Teil 1/A7:1995	Drehende elektrische Maschinen
D IEC 204-31:1996	prEN 60204-31:1996		Electrical equipment of industrial machines – Part 31: Particular requirements for sewing machines, units and systems

IEC	CENELEC	VDE		Titel
D IEC 1800-3	EN 61800-3:1996	E DIN IEC 22G/21/CDV: 1995-11		EMV Produktnorm einschließlich spezieller Prüfverfahren für elektrische Antriebe
IEC 61326-1:1997-03	prEN 61326-1:1996	E DIN IEC 65A/174/CDV VDE 0843 Teil 20:1995-11		EMV-Anforderungen für elektrische Betriebsmittel für Leittechnik und Laboreinsatz – Teil 1: Allgemeine Anforderungen
D IEC 1326-10:1996		E DIN IEC 65A/175/CDV VDE 0843 Teil 21:1995-11		EMV-Anforderungen für elektrische Betriebsmittel für Leittechnik und Laboreinsatz – Teil 10: Besondere Anforderungen an Betriebsmittel, die in unmittelbarer Nähe oder im direkten Kontakt zu einem industriellen Prozeß eingesetzt werden
D IEC 1326-20:1996		E DIN IEC 65A/176/CDV VDE 0843 Teil 22:1995-11		EMV-Anforderungen für elektrische Betriebsmittel für Leittechnik und Laboreinsatz – Teil 20: Besondere Anforderungen an Betriebsmittel, die in Laboratorien oder Prüf- und Meßbereichen mit einer definierten elektromagnetischen Umgebung eingesetzt werden
D IEC 1326-30:1996		E DIN IEC 65A/177/CDV VDE 0843 Teil 23:1995-11		EMV-Anforderungen für elektrische Betriebsmittel für Leittechnik und Laboreinsatz – Teil 30: Besondere Anforderungen an eine ortsveränderliche Prüf- und Meßeinrichtung, die durch Batterie oder den zu messenden Stromkreis gespeist wird
	prEN 50270:1996			EMC: Electrical apparatus for the detection and measurement of combustible gases, toxic gases oxygen or breath alcohol
	prEN 50263:1996			EMC: Product standard for measuring relays and protective equipment
IEC 255-6	EN 60255-6:1993	DIN EN 60255-6 VDE 0435 Teil 301		Elektrische Relais – Teil 6: Meßrelais und Schutzgeräte
IEC 255-1-00:1995	prEN 60266-1-00:1995	DIN IEC 255-1-00 VDE 0435 Teil 201:1983-05 + E DIN EN 60255-1-00 VDE 0435 Teil 201/A1: 1996-04		Elektrische Relais – Teil 1-00: Schaltrelais
IEC 255-23:1994	EN 60255-23:1996	DIN EN 60255-23 VDE 0435 Teil 120:1997-03		Elektrische Relais – Teil 23: Kontaktverhalten
D IEC 1812-1:1996	EN 61812-1:1996			Specified-time relays for industrial use – Part 1: Requirements and tests
D IEC 947-4-2				AC semiconductor motor controllers and starters
D IEC 947-4-2/A2:1996				Am to IEC 947-4-2: Changes to EMC clauses
D IEC 947-5-2	prEN 60947-5-2:1996			Näherungsschalter
IEC 1727:1995	EN 61727:1995			Photovaltaic (PV) systems – Characteristics of the utility interface
	prEN 50227-1:1996			Steuergeräte und Schaltelemente-Näherungssensoren – Gleichstromschnittstelle für Näherungssensoren und Schaltverstärker
IEC 947-1:1988	EN 60947-1:1991	DIN EN 60947-1 VDE 0660 Teil 100		Niederspannungs-Schaltgeräte – Teil 1: Allgemeine Festlegungen
	EN 60947-1:1991/ A11:1994	DIN EN 60947-1/A11 VDE 0660 Teil 100/A11: 1994-11		Niederspannungs-Schaltgeräte – Teil 1: Allgemeine Festlegungen – Änderung 11

IEC	CENELEC	VDE	Titel
D IEC 947-1/A4:1996		E DIN IEC 17B/739/FDIS VDE 0660 Teil 100/A24: 1996-12	Niederspannungs-Schaltgeräte – Teil 1: Allgemeine Festlegungen
	EN 60947-7-1/prA11	E DIN EN 60947-7-1/A11 VDE 0611 Teil 1/A11: 1996-05	Niederspannungs-Schaltgeräte – Teil 7: Hilfseinrichtungen
IEC 439-1:1992 + Corr.:1993	EN 60439-1:1994	DIN EN 60439-1 VDE 0660 Teil 500	Niederspannungs-Schaltgerätekombinationen – Teil 1: Typgeprüfte und partiell typgeprüfte Kombinationen
	EN 60439-1/A11:1996	E DIN EN 60439-1/A11 VDE 0660 Teil 500/A11: 1996-12	Niederspannungs-Schaltgerätekombinationen – Teil 1: Typgeprüfte und partiell typgeprüfte Kombinationen
IEC 1038:1990	EN 61038:1992	DIN EN 61038 VDE 419 Teil 1:1994-03	Schaltuhren für Tarif- und Laststeuerung
	EN 61038:1992/A1		Schaltuhren für Tarif- und Laststeuerung – Änderung 1
IEC 26 (Sec) 96	EN 50199:1995	DIN EN 50199 VDE 0544 Teil 206:1996-06	EMV – Produktnorm für Lichtbogenschweißeinrichtungen
	prEN 50240:1996		EMV – Produktnorm für Widerstandsschweißeinrichtungen
	prEN 50065-2:1994		Signalübertragung auf elektrischen Niederspannungsnetzen im Frequenzbereich 3 kHz bis 148,5 kHz – Teil 2: Störfestigkeit
	CLC/205A(Sec)11:1996 wird prEN 50065-7		Signalübertragung auf elektrischen Niederspannungsnetzen im Frequenzbereich 3 kHz bis 148,5 kHz – Teil 7: Geräteimpedanz
IEC 1131-2:1992	EN 61131-2:1994	DIN EN 61131-2 VDE 0411 Teil 500:1995-05	Speicherprogrammierbare Steuerungen – Teil 2: Betriebsmittelanforderungen und Prüfungen
	EN 61131-2/A11:1996	DIN EN 61131-2/A11 VDE 0411 Teil 500/A11: 1996-12	Speicherprogrammierbare Steuerungen – Teil 2: Betriebsmittelanforderungen und Prüfungen
	EN 50091-2:1995		Unterbrechungsfreie Stromversorgung (USV) – Teil 2: EMV-Anforderungen
D IEC 364-5-534:1996		E DIN IEC 64/867/CDV VDE 0100 Teil 534:1996-10	Elektrische Anlagen von Gebäuden – Auswahl und Errichtung elektrischer Betriebsmittel – Schaltgeräte und Steuergeräte – Überspannungs-Schutzeinrichtungen
		E DIN VDE 0100-534/A1 VDE 0100 Teil 534/A1: 1996-10	Elektrische Anlagen von Gebäuden – Auswahl und Errichtung von Betriebsmitteln – Schaltgeräte und Steuergeräte – Überspannungs-Schutzeinrichtungen – Änderung 1

10 Zur Entwicklung der Normen für die Elektromagnetische Verträglichkeit in Deutschland, in Europa und in der Welt

10.1 Funk-Entstörung und Elektromagnetische Verträglichkeit in Deutschland

10.1.1 Die Anfänge (vor 1934)

Im Jahre 1923 wurden vom Rundfunksender Berlin die ersten Sendungen eines Unterhaltungsrundfunks ausgestrahlt. Schon wenige Monate darauf, im März 1924, mußte man sich mit Störungen des Rundfunkempfangs befassen. Nach der Inbetriebnahme weiterer Rundfunksender traten dann – vor allem in den Großstädten mit Straßenbahnen – vermehrt Empfangsstörungen auf.

Mit den Untersuchungen dieser Störungen durch das Telegraphentechnische Reichsamt begannen bereits vor mehr als 70 Jahren die systematischen Arbeiten der damaligen Deutschen Reichspost zur Gewährleistung eines störungsfreien Empfangs. Bald kamen zu den Störungen durch die Stromabnehmer der Bahnen solche von Wählvermittlungen der Fernsprechdienste und, mit der Ausweitung der elektrischen Stromversorgung in den Haushalten, von den Versorgungsnetzen selbst. Die zahlreichen damals üblichen Gleichstromgeneratoren und die einfachen „gewürgten" Leitungsverbindungen störten den Rundfunkempfang oft erheblich. Nach der Einführung der elektrischen Beleuchtung traten dann auch schnell weitere Anwendungsgebiete der neuen Energie in Erscheinung, neben Gleichstrommotoren in Gewerbeanlagen z. B. auch Geräte mit Funkenstrecken für medizinisch-therapeutische Zwecke.

Bereits 1925 erhielten die Reichspostdirektionen den Auftrag, umfangreiche systematische Ermittlungen über Art und Umfang der vorliegenden Beschwerden zu gemeldeten Rundfunkstörungen anzustellen. Und bald sah sich als erste Kommission des VDE die für die Hochfrequenzheilgeräte zuständige veranlaßt, neben anderem auch Fragen der Funk-Entstörung zu regeln. Im Jahr 1929 bildete der Rundfunkkommissar *H. Bredow* einen „Ausschuß für Rundfunkstörungen", in dem unter anderem das Reichspostzentralamt, die Funkindustrie sowie der Handel, das Handwerk und die Funkvereine vertreten waren.

Die Bemühungen *Bredows* auf der „Weltkraft-Konferenz" (siehe Abschnitt 10.2 dieses Buchs) führten dazu, daß der Verband Deutscher Elektrotechniker am 8. Oktober 1930 eine „Kommission für Rundfunkstörungen" ins Leben rief.

10.1.2 Die „VDE 0875" von 1934 bis 1977

Im Jahr 1934 wurde die erste spezielle VDE-Publikation zum Problem der Funkstörungen, die „VDE 0874" mit dem Titel „Leitsätze für Maßnahmen an Maschinen und Geräten zur Verminderung von Rundfunkstörungen" veröffentlicht, die bis nach dem 2. Weltkrieg Gültigkeit hatte und deren Inhalt in die VDE 0875 vom November 1951 eingearbeitet wurde.

Im folgenden wird die zeitliche Entwicklung der „VDE 0875" umrissen. Eine detaillierte Übersicht über alle VDE-Bestimmungen zum Anwendungsgebiet der VDE 0875 bis Oktober 1990 findet sich im Abschnitt 2.7 dieses Buchs.

In der ersten Fassung der VDE 0875 „Regeln für die Hochfrequenzentstörung von elektrischen Maschinen und Geräten für Nennleistungen bis 500 W" (Ausgaben Dezember 1940 und Juni 1941) wurde der Grad der Entstörung durch Mindestwerte der einzusetzenden Funk-Entstörmittel festgelegt. Die Mindestwerte von Kapazität und Induktivität richteten sich nach der Geräteart, z. B. für die symmetrische Beschaltung von Heißluftduschen wurden 0,02 µF benötigt, für die Beschaltung von Wäscheschleudern 0,07 µF.

Nachdem im Rahmen der VDE 0876:III.42 ein geeignetes Meßgerät festgelegt und mit VDE 0877:III.42 das anzuwendende Meßverfahren beschrieben waren, konnte der Grad der Störaussendung durch Messung ermittelt werden.

Den Zeitverhältnissen entsprechend wurden diese Erkenntnisse zuerst im militärischen Bereich angewendet, was auch aus dem Titel der Norm VDE 0878: VIII.43 „Vorschriften für die Funkentstörung von Geräten und Anlagen der Wehrmacht" hervorgeht. Diese Fassung enthält bereits die wesentlichen Merkmale (Frequenzbereich, Funkstörgrad, Störungen durch Schaltknacke) zur sinnvollen Beurteilung von Funkstörgrößen, so daß es folgerichtig war, nach dem 2. Weltkrieg auch den technischen Inhalt der VDE 0878 inhaltlich in die VDE 0875:11.51 zu übernehmen.

Die dritte Fassung, die VDE 0875:12.59, brachte Grenzwerte für die Störfeldstärke im Frequenzbereich 30 MHz bis 300 MHz, nicht nur, um Fernsehteilnehmer in den Genuß eines ungestörten Empfangs kommen zu lassen, sondern weil besonders für bewegliche Funkdienste, wie etwa den Polizeifunk, ein störungsfreier Funkempfang unerläßlich war.

Mit der vierten Fassung, der VDE 0875:01.65, wurde die Beurteilung von Knackstörgrößen sehr stark ausgebaut. Dies war wegen der Zunahme von temperaturgeregelten und programmgesteuerten Geräten auf dem Markt erforderlich. Die im August 1966 in Kraft getretene Änderung a der ab 1. Januar 1965 geltenden Fassung von VDE 0875 betraf ausschließlich Aussagen über das Funkschutzzeichen. Ihr Erscheinen mußte abgewartet werden, bevor eine „Allgemeine Genehmigung nach dem Gesetz über den Betrieb von Hochfrequenzgeräten vom 9. August 1949" für Geräte, Maschinen und Anlagen nach VDE 0875 endgültig verkündet werden konnte.

Die fünfte Fassung, die VDE 0875:07.71, war dadurch gekennzeichnet, daß die Publikationen und Empfehlungen des Internationalen Sonderausschusses für Funkstörungen (CISPR) bei allen Festlegungen inhaltlich schon weitgehend berücksichtigt worden waren und daß durch Quellenangaben die Verknüpfung zwischen den CISPR- und den VDE-Aussagen hergestellt wurde. Neben der Verfeinerung bereits bekannter Meßverfahren war die Einführung der Messung der Störleistung netzbetriebener Geräte mit Hilfe der Absorptionsmeßwandlerzange nach *J. Meyer de Stadelhofen* besonders bemerkenswert.

Die Erfahrungen, die nach Inkrafttreten von „Allgemeinen Genehmigungen" seit dem 1. Januar 1971 beim Anwenden der VDE 0875 gesammelt werden konnten, erforderten verschiedene Klarstellungen und Ergänzungen, die einerseits der technischen Weiterentwicklung dienten und Anregungen für die Arbeit im internationalen Rahmen sein konnten, andererseits aber auch schon die Anpassung an neue internationale Festlegungen bezweckten. Diese wurden zum Teil vorab als Entscheidungen der VDE-Prüfstelle in den Jahren 1971 bis 1977 veröffentlicht und führten zur sechsten Fassung der Norm, der DIN 57875 (VDE 0875):06.77.

Weitere Änderungen waren eng mit der Veröffentlichung der ersten beiden Richtlinien des Rates der Europäischen Gemeinschaften über Funkstörungen, erstens durch Elektrohaushaltgeräte, handgeführte Elektrowerkzeuge und ähnliche Geräte sowie zweitens durch Leuchten mit Starter für Leuchtstofflampen vom 4. November 1976 (siehe auch Kapitel 10.5) verbunden.

10.1.3 Die „DIN VDE 0875" nach 1977

Mit der Folgeausgabe der VDE 0875 vom November 1984 wurden zwei wichtige Änderungen in dieser Norm wirksam:
– die Umstellung des Formats von der traditionellen Größe DIN A 5 auf DIN A 4 und
– die Aufteilung der VDE-Bestimmung in drei Teile; es erschienen:
1. DIN VDE 0875 Teil 1 „Funk-Entstörung von elektrischen Betriebsmitteln und Anlagen; Funk-Entstörung von elektrischen Geräten für den Hausgebrauch und ähnliche Zwecke",
2. DIN VDE 0875 Teil 2 „Funk-Entstörung von elektrischen Betriebsmitteln und Anlagen; Funk-Entstörung von Leuchten mit Entladungslampen" und
3. als Entwurf DIN VDE 0875 Teil 3 „Funk-Entstörung von elektrischen Betriebsmitteln und Anlagen; Funk-Entstörung von besonderen elektrischen Betriebsmitteln und von elektrischen Anlagen".

Sie berücksichtigten den Inhalt von DIN VDE 0875:06.77 sowie der Entwürfe DIN VDE 0875a:06.79 und DIN VDE 0875 A2:09.82.

Neben zahlreichen Ergänzungen im Abschnitt 5 „Betriebsarten beim Messen" sind in DIN VDE 0875 Teil 1:11.84 zwei wichtige Änderungen enthalten:
– der Einsatz einer 50-Ω-Netznachbildung anstelle der seit Jahrzehnten üblichen 150-Ω-Netznachbildung und – damit verbunden –
– veränderte (angepaßte) Grenzwerte für die Störspannung (im Frequenzbereich 0,15 MHz bis 30 MHz).

Bei der Aufteilung und redaktionellen Bearbeitung wurde weitgehend der deutsche Text der beiden oben erwähnten und in Kapitel 10.5 besprochenen EG-Richtlinien für Geräte und Leuchtstofflampen zugrunde gelegt.
DIN VDE 0875 Teil 1:11.84 entsprach in Geltungsbereich und Inhalt voll der „Richtlinie [82/499/EWG] der Kommission vom 7. Juni 1982 zur Anpassung der Richtlinie [76/889/EWG] des Rates zur Angleichung der Rechtsvorschriften der Mitgliedstaaten über Funkstörungen durch Elektro-Haushaltgeräte, handgeführte Elektrowerkzeuge und ähnliche Geräte an den technischen Fortschritt". Diese basierte auf der internationalen Publikation CISPR 14 und stimmte sachlich mit der Europäischen Norm EN 55014 überein, wozu im Abschnitt 10.5 dieses Buchs weitere Angaben gemacht werden.
In DIN VDE 0875 Teil 2:11.84 waren neben dem Inhalt der „Richtlinie [82/500/EWG] der Kommission vom 7. Juni 1982 zur Anpassung der Richtlinie [76/890/EWG] des Rates zur Angleichung der Rechtsvorschriften der Mitgliedstaaten über Funk-Entstörung bei Leuchten mit Starter für Leuchtstofflampen an den technischen Fortschritt" noch weitere Bestimmungen für solche Leuchten mit Entladungslampen enthalten, die von der genannten EG-Richtlinie und von der ihr zugrunde liegenden internationalen Publikation CISPR 15 noch nicht erfaßt waren. Zur Verdeutlichung der sich nicht deckenden Geltungsbereiche war die EG-Richtlinie als Anhang A abgedruckt.
Damit war eine sachliche Harmonisierung mit diesen Richtlinien erreicht, die mit der Fassung DIN VDE 0875: 06.77 bereits angestrebt worden war; sie wurde aber zum Teil auch durch die Anpassung der EG Richtlinien an den Stand der Technik im Jahr 1982 bewirkt.
Die Veröffentlichung der Europäischen Normen EN 55014 und EN 55015 im Jahr 1987 für die von den besprochenen VDE-Bestimmungen erfaßten Betriebsmittel führte dann auch zu den Neuausgaben der Deutschen Normen DIN VDE 0875 Teil 1:12.88 und Teil 2:12.88. Beide sind mit den genannten Europäischen Normen voll harmonisiert, d. h., die Europäischen Normen wurden ohne jede Änderung oder Ergänzung im Originalwortlaut als VDE-Bestimmungen veröffentlicht.
– EN 55014:Februar 1987 (auf der Basis der CISPR 14:1985, 2. Ausgabe) und
– EN 55015:Februar 1987 (auf der Basis der CISPR 15:1985, 3. Ausgabe)
erschienen in einem „nationalen Umschlag". Außer dem Titelblatt wurden nur ein nationales Vorwort und informative Anhänge hinzugefügt (siehe hierzu auch Kapitel 2 und 3 sowie Abschnitt 10.4 dieses Buchs). Die Titel wurden bei dieser Gelegenheit an die Originaltitel der EN angepaßt und lauteten nun:
„Grenzwerte und Meßverfahren für Funkstörungen von Geräten mit elektromotorischem Antrieb und Elektrowärmegeräten für den Hausgebrauch und ähnliche Zwecke, Elektrowerkzeugen und ähnlichen Elektrogeräten" und
„Grenzwerte und Meßverfahren für Funkstörungen von elektrischen Beleuchtungseinrichtungen und ähnlichen Elektrogeräten".
Da der Geltungsbereich der VDE 0875:06.77 über den der genannten EG-Richtlinien und Europäischen Normen hinausging, wurde es bei der Ausgabe 1984 not-

wendig, diejenigen Festlegungen, die nicht mit den angepaßten Teilen 1 und 2 übernommen werden konnten, in einem eigenen Teil 3 „aufzufangen", der zunächst als Entwurf („Gelbdruck") und erst 1988 zusammen mit den Teilen 1 und 2 als „Weißdruck" DIN VDE 0875 Teil 3:12.88 herausgegeben wurde. Dabei handelte es sich insbesondere um die Festlegungen für Anlagen, für Betriebsmittel zum ausschließlichen Einsatz im Industriegebiet und für solche anderen Betriebsmittel, die (noch) nicht in den Geltungsbereich des Teils 1 fielen, aber auch nicht zu den Entladungslampen nach Teil 2 gehörten (siehe auch Abschnitt 9.1 dieses Buchs).
Dieser Teil 3 wurde mit Wirkung vom 31. Dezember 1995 zurückgezogen, da er teilweise durch Änderungen in EN 55014 überflüssig wurde und die Herausgabe der Fachgrundnormen (siehe Buchabschnitt 10.4.4) seine weitere Existenz untersagte.
Eine Erweiterung der Aufgabenstellung des federführenden Unterkomitees 767.11 der DKE und andere Überlegungen veranlaßten dieses, mit Wirkung vom Juli 1992 die ehemalige Norm DIN VDE 0871:06.78, zugleich mit der Anpassung an die EN 55011 von 1991 (CISPR 11:1990 modifiziert), in einen Teil 11 der DIN VDE 0875 „Funk-Entstörung von elektrischen Betriebsmitteln und Anlagen; Grenzwerte und Meßverfahren für Funkstörungen von industriellen, wissenschaftlichen und medizinischen Hochfrequenzgeräten (ISM-Geräten)" zu überführen.
Dies wurde u. a. auch dadurch ermöglicht, daß jetzt die früher übliche Unterscheidung zwischen der Beurteilung von Schmalbandstörern (nach „VDE 0871") und Breitbandstörern (nach „VDE 0875") und der Differenzierung zwischen beabsichtigter und unbeabsichtigter HF-Erzeugung fortfiel und an deren Stelle die Einführung der Messungen sowohl mit dem Quasispitzenwert-Gleichrichter als auch mit dem Mittelwert-Gleichrichter eingeführt wurde, was die hier behandelten Normen nun zu „echten" Produktfamiliennormen machte, in denen alle Fragen der Störaussendung oberhalb einer unteren Frequenzgrenze von 9 kHz behandelt wurden.
Aus dem Erscheinen von zwei Neuausgaben, nämlich der EN 55014:April 1993 (CISPR 14:1993) und der EN 55015:Februar 1993 (CISPR 15:1992) folgten im Dezember 1993 – nun schon mit einem gewissen „Automatismus":
– DIN EN 55014 (VDE 0875 Teil 14-1) und
– DIN EN 55015 (VDE 0875 Teil 15-1).
Es war inzwischen entschieden worden, daß die in das VDE-Vorschriftenwerk übernommenen Europäischen Normen mit dem Zeichen $\overline{\text{DIN}}$ und der Nummer der Europäischen Norm gekennzeichnet werden mußten, also z. B. $\overline{\text{DIN}}$ EN 55014, damit auch für unsere europäischen Partner deutlich erkennbar wird, daß es sich bei der deutschen Norm um die deutsche Fassung einer Europäischen Norm handelt. Die gleiche Regelung ist auch in den anderen Mitgliedstaaten der EU wirksam.
Unterhalb der (neuen) Nummer der Norm wird jetzt der Zusammenhang innerhalb des bekannten VDE-Benummerungssystems durch die sogenannte Klassifikation kenntlich gemacht. So heißt es bei den in diese Reihe fallenden Normen also: „Klassifikation VDE 0875 Teil xx".
Ähnlich ist es mit dem Titel der Normen; ein gemeinsamer Obertitel, wie früher „Funk-Entstörung von elektrischen Betriebsmitteln und Anlagen", ist nicht mehr

gegeben. Entsprechend der oben erwähnten Regelung führen die übernommenen Europäischen Normen auch im „deutschen Umschlag" nur noch den deutschen Titel der Europäischen Norm.
Als dann die EN 55104 (für die Störfestigkeit von Haushaltgeräten usw.) im März 1995 angenommen und im Mai 1995 veröffentlicht wurde, legte die DKE intern fest, daß nach Möglichkeit auch die thematisch zu dieser Klassifikation gehörenden Normen für die Störfestigkeit der in Teil 14-1 und Teil 15-1 erfaßten Geräte unter der Klassifikation „VDE 0875" geführt werden sollen, DIN EN 55104 also – im Vorgriff auf eine vorgesehene Umbenennung – die Bezeichnung „Teil 14-2" und DIN EN 61547 die Bezeichnung „Teil 15-2" erhalten sollten.
Mit der Änderung (*Amendment*) 1:1996-08 änderte CISPR die Nummer und den Titel der CISPR 14 in „CISPR 14-1 – *Electromagnetic compatibility – Requirements for household appliances, electric tools and similar apparatus – Part 1: Emission – Product family standard* ".
Im Vorgriff auf die in absehbarer Zeit erscheinende Neuausgabe der entsprechenden Deutschen Norm wird die Norm VDE 0875 Teil 14 in diesen Erläuterungen mit „Teil 14-1" zitiert, also auch, wenn noch die Ausgabe von Dezember 1993 gemeint ist.
Auf die Geltungsbereiche und Inhalte der Normteile wird jeweils am Beginn der Erläuterungen eingegangen.

10.1.4 Die „VDE 0871" von ihren Anfängen bis 1992

Die Geschichte der VDE 0871 beginnt Anfang der 40er Jahre. Zur damaligen Zeit lagen in Deutschland noch keine ausreichenden Erfahrungen über die Notwendigkeit und das Ausmaß der zu treffenden Entstörmaßnahmen an „Hochfrequenzgeräten" zum Schutz der Funkdienste vor. Man stützte sich auf entsprechende Untersuchungen, die in den Vereinigten Staaten von Nordamerika von der dort für den Funkschutz zuständigen Behörde, der *Federal Communication Commission* (FCC), durchgeführt worden waren.
Der VDE, der Ende der 40er Jahre seine Arbeiten am VDE-Vorschriftenwerk wieder aufgenommen hatte, erarbeitete auf der Grundlage der im Entstehen befindlichen rechtlichen Anforderungen zum Betrieb von Hochfrequenzgeräten, wie sie im „Gesetz über den Betrieb von Hochfrequenzgeräten" vom 9. August 1949 enthalten waren, eine Reihe von Normen zur Funk-Entstörung dieser Produktfamilie. Diese Arbeit war übrigens geprägt durch eine überaus fruchtbare Zusammenarbeit mit Vertretern der Deutschen Bundespost (DBP), den Betreibern von Funkdiensten und den Herstellern einschlägiger Geräte, so daß die erarbeitete Lösung von allen beteiligten Parteien getragen werden konnte.
So erschienen Anfang der 50er Jahre drei Teile einer Normenreihe mit der Bezeichnung „VDE 0871", und zwar:
– Teil 1 im September 1952 mit dem Titel
  „Regeln für medizinische Hochfrequenzgeräte und Anlagen",

der in den folgenden Jahren dreimal geändert wurde durch:
1. Teil 1 a im Dezember 1953,
2. Teil 1 b im Dezember 1954 und
3. Teil 1 c im Januar 1956,
- Teil 2 im September 1953 mit dem Titel
Leitsätze für Hochfrequenzgeräte und -anlagen zur Wärmeerzeugung für andere als medizinische Zwecke"
mit einer Änderung Teil 2 a vom Dezember 1955 und
- Teil 3 im Dezember 1955 mit dem Titel
Leitsätze für Hochfrequenzgeräte und -anlagen für Sonderzwecke".

Diese drei Teile bildeten zusammen die erste Ausgabe der „VDE 0871" und wurden grundsätzlich nur auf solche Hochfrequenzgeräte angewandt, die die hochfrequente Energie zum Zwecke der Anwendung auf irgendwelche Materie (Werkstücke, aber auch Patienten) bestimmungsgemäß applizierten. Es handelte sich also um solche Geräte, die heute nach der gültigen CISPR 11 in die Gruppe 2 eingestuft werden würden. Die Normen enthielten daher auch nur Grenzwerte für Schmalbandstörgrößen. Alle durch ungewollte Vorgänge erzeugten elektromagnetischen Störgrößen – die üblicherweise eine breitbandige Störcharakteristik aufweisen – wurden von diesen Normen nicht erfaßt und fielen unter die Bestimmungen der VDE 0875, die für Störgrößen als Resultat von Vorgängen mit einer Folgefrequenz unterhalb 10 kHz Gültigkeit hatte.

Mit der Verbreitung des Fernsehens in Deutschland wurde es notwendig, VDE 0871 zu überarbeiten und mit neuen Grenzwerten auszustatten, da eine Verwaltungsanweisung vom 21. November 1957 dies forderte.

Die zweite Ausgabe der VDE 0871 erschien im November 1960 und faßte die Anforderungen für die drei o. g. Produktgruppen in einer „Vorschrift" zusammen. Der Titel lautete

„Funkstör-Grenzwerte für Hochfrequenzgeräte und -anlagen (Vorschriften)".
Diese Norm wurde in den folgenden Jahren zweimal geändert durch:
1. VDE 0871 a vom Mai 1963 – mit eindeutigeren Angaben über Hochfrequenz-Chirurgiegeräte und zur Messung impulsförmiger Störgrößen – und
2. VDE 0871 b mit dem Titel „Bestimmungen für die Funk-Entstörung von Hochfrequenzgeräten und -anlagen" vom März 1968 – mit Erleichterungen hinsichtlich der Grenzwerte und dem Messen der Feldstärke, die im wesentlichen den zwischenzeitlich auf internationaler Ebene bei CISPR entstandenen Empfehlungen folgten.

Diese zweite Ausgabe behielt ihre Gültigkeit bis zum 30. Juni 1979, also ein Jahr nach Herausgabe der dritten Ausgabe im Juni 1978, die den Titel „Funk-Entstörung von Hochfrequenzgeräten für industrielle, wissenschaftliche, medizinische (ISM) und ähnliche Zwecke" trug. Dieser war die Veröffentlichung der ersten Ausgabe der internationalen CISPR-Empfehlung (*C.I.S.P.R. Publication 11 „Limits and methods of measurement of radio interference characteristics of industrial, scientific and medical (ISM) radio-frequency equipment (excluding surgical diathermy equipment)"* im Jahre 1975 vorausgegangen.

Die Empfehlungen des Spezialkomitees für die Funk-Entstörung in der IEC wurden von einer Reihe anderer Staaten in ihr nationales Normenwerk übertragen. Auch für die Mitgliedstaaten der Europäischen Gemeinschaften wurde der Inhalt dieser Norm in ein Harmonisierungs-Dokument[*)] mit der Kenn-Nummer HD 344 S 1:1975 übernommen.

Die Deutsche Norm DIN 57 871 (VDE 0871):Juni 1978 weist in ihrem Vorwort darauf hin, daß eine Harmonisierung mit einer „Richtlinie zur Angleichung der Rechtsvorschriften der Mitgliedstaaten über Funkstörungen durch Hochfrequenzgeräte im Bereich von 10 kHz und darüber – Geräte für industrielle, wissenschaftliche, medizinische und ähnliche Zwecke" noch nicht (wie bereits in einem ersten Entwurf zu dieser Norm im Jahr 1975 angekündigt worden war) erfolgen konnte, weil sich diese Richtlinie noch beim Rat der EG in Beratung befände. Eine derartige Richtlinie kam aber über das Entwurfsstadium nie hinaus und wurde schließlich auch nicht mehr veröffentlicht. Es dauerte vielmehr bis zum Jahr 1989, bis eine allumfassende Richtlinie zur Elektromagnetischen Verträglichkeit, die Richtlinie der Kommission [89/336/EWG] (kurz: EMV-Richtlinie genannt) Gültigkeit erlangte, die dann auch die „Funk-Entstörung von ISM-Geräten" einschloß (siehe auch Buchabschnitt 10.5.1).

Für den Bereich der Haushaltgeräte und Leuchten waren dagegen viel früher entsprechende Richtlinien erlassen worden, und zwar:
- [76/889/EWG] zu den „Funk-Störungen durch Elektro-Hausgeräte, handgeführte Elektrowerkzeuge und ähnliche Geräte" und
- [76/890/EWG] zu der „Funk-Entstörung bei Leuchten mit Startern für Leuchtstofflampen",

die dann im Jahre 1978 in Deutschland zum „Funkstörgesetz" führten.

Am 7. Juni 1982 wurden die beiden o. g. Richtlinien novelliert und durch
- die Richtlinie [82/499/EWG] für Haushaltsgeräte usw. und
- die Richtlinie [82/500/EWG] für Leuchten

„an den technischen Fortschritt angeglichen".

Die beiden Richtlinien enthielten noch dezidierte technische Anforderungen und benötigten zu ihrer Anwendung keine Unterstützung durch einschlägige Normen. Als Ergänzung für beide Richtlinien wurde am 18. August 1983 die Richtlinie der Kommission [83/447/EWG] erlassen, die die Kontrollmaßnahmen hinsichtlich der Einhaltung der in den o. g. Richtlinien enthaltenen Anforderungen entschärfte.

Zu dieser Zeit war die Bewertung solcher Geräte sehr schwierig, die beide Arten von Störgrößen aussandten, sowohl die sogenannten Schmalbandstörungen, die in der VDE 0871 behandelt wurden, als auch die sogenannten Breitbandstörungen als kon-

---

[*)] Anmerkung: HDs sind eine Art Vorläuferdokumente der heute üblichen Europäischen Normen (EN), die noch in den Mitgliedstaaten mit nationalen Abweichungen versehen werden durften, bevor sie in das jeweilige nationale Normenwerk aufgenommen wurden.

tinuierliche oder diskontinuierliche Störgrößen (letztere auch als „Knackstörungen" (*clicks*) bezeichnet), die von der VDE 0875 und den in den o. g. Richtlinien enthaltenen Anforderungen abgedeckt wurden.
Für beide Arten existierten daher auch unterschiedliche „Allgemeine Genehmigungen" des Bundesministers für das Post und Fernmeldewesen und unterschiedliche Anforderungen hinsichtlich der Kennzeichnungspflicht.
Die Ankündigung, bei Vorliegen einer „stabilen" Richtlinie für diese Produktfamilie eine Teiländerung durchzuführen und damit die Europäische Harmonisierung zu gewährleisten, wurde aus dem genannten Grund der extremen Zeitverzögerung bis zum Erscheinen einer geeigneten Richtlinie nie verwirklicht.
Die Aussage, daß der Inhalt dieser Norm der CISPR 11 und dem CENELEC HD 344 weitgehend angepaßt sei, entspricht nicht vollständig den Tatsachen, sind doch die Grenzwerte für die Störfeldstärke der vorherigen Ausgabe der VDE 0871 von 1968 entnommen und enthält diese Norm im Gegensatz zur CISPR 11, die nur einen Satz von Grenzwerten kannte, Grenzwerte für drei verschiedene Grenzwertklassen (die Klassen A, B und C).
In den folgenden Jahren wurde eine Reihe von Änderungsentwürfen zur Neuausgabe der VDE 0871 – im wesentlichen in Form von Übersetzungen internationaler Entwürfe – verteilt, die aber nicht zu einer gültigen Änderung dieser Norm führten. Genannt werden soll hier ein Entwurf DIN 57 871 A1 (VDE 0871 A1) vom April 1984, der auf Grund der vom damals zuständigen Unterkomitee der DKE, dem UK 761.2 ausgesprochenen Ermächtigung zur Anwendung z. B. auch durch die Prüfstellen zur „Zeichengenehmigung" angewandt werden durfte.
Er behandelte die Messung der Funkstörspannung an einer Netznachbildung und forderte, daß der Grenzwert um mindestens 5 dB und der sogenannte Akzeptanzwert um mindestens 3 dB unterschritten werden muß, wenn der Prüfling mit einem direkten Schutzleiteranschluß versehen ist. Wurde diese Unterschreitung des jeweiligen Grenzwerts bzw. des Akzeptanzwerts nicht erreicht, so war eine zusätzliche Messung mit einer in die Schutzleitung eingefügten Schutzleiterdrossel mit einer Induktivität von 1,6 mH zu wiederholen; der Akzeptanzwert war dann damit einzuhalten.
Der Akzeptanzwert, der hier angezogen wurde, war eine Art von „Grenzwert mit Vorhalt" (um die Unsicherheit der Meßeinrichtung) und sollte, wie in Abschnitt 4.1.3 des Normentwurfs ausgeführt war, um mindestens 2 dB unter dem jeweiligen Grenzwert liegen.
Das Problem der Berücksichtigung von Meßunsicherheiten ist auch in jüngster Zeit wieder in die Diskussion geraten. Es ist aber zu erwarten, daß künftige Festlegungen davon ausgehen werden, daß Grenzwerte ohne jeden „Vorhalt" ausgeschöpft werden dürfen. Bei etwaigen Schiedsmessungen dürfen diese nach den einschlägigen Normen zulässigen Abweichungen (z. B. 1,5 dB bei der Messung der Störspannung und 2 dB bei der Feldstärkemessung) den Grenzwerten zugeschlagen werden.
Etwa zur selben Zeit erarbeitete eine Arbeitsgruppe des Unterkomitees 761.2 den Entwurf für eine Neufassung der VDE 0871, die den Inhalt einer Reihe von zwi-

schenzeitlich verteilten Normentwürfen einschließen sollte. Er wurde als Entwurf für eine DIN VDE 0871 Teil 1[*] im August 1985 verteilt. Näheres dazu in der Fußnote. Doch zurück zum Entwurf des Teil 1 der VDE 0871.
In diesem Entwurf wurde versucht, die erkannten „Schwächen" der dritten Ausgabe von 1978 auszumerzen. So wurde bereits im Abschnitt 1 – Anwendungsbereich – klarzustellen versucht, daß für alle Geräte, die sowohl Grund- und Folgefrequenzen oberhalb 10 kHz (sogenannte Schmalbandstörgrößen) als auch solche mit Grund- und Folgefrequenzen unterhalb und bis zu 10 kHz (sogenannte Breitbandstörgrößen) erzeugten, die Anwendung dieser Norm in Ergänzung zur VDE 0875 erforderlich sein sollte und daß für Betriebsmittel und Anlagen für die Datenverarbeitung mit Grund- und Folgefrequenzen oberhalb 10 kHz eine weitere Norm im Entstehen sei.
Unter den in Abschnitt 2 enthaltenen Definitionen wurde der Begriff der Folgefrequenz mit der „Anzahl der periodischen Schalt- und Entladungsvorgänge pro Zeiteinheit" eingeführt. Die Definitionen für die „Hochfrequenzgeräte für industrielle, wissenschaftliche, medizinische Zwecke" enthielten alle für die heutigen Geräte der Gruppe 2 maßgeblichen Kriterien der beabsichtigten HF-Erzeugung zum Zwecke der direkten oder indirekten Anwendung. Lediglich im Bereich der für ähnliche Zwecke vorgesehenen Geräte waren auch andere (zum Teil mit Geräten aus der heutigen Gruppe 1 vergleichbare) Produkte genannt, wie Ultraschallgeräte für Labor-, Werkstatt- und Reinigungszwecke, HF-Generatoren für Meß-, Prüf- und Regelzwecke, Spannungswandler und Schaltnetzteile, Mikrowellenherde für Laboratorien und Haushalte und „numerisch gesteuerte Anlagen" z. B. zur Prozeßsteuerung. Auch die Begriffe „Anlage" und „seriengefertigte elektrische Anlage" entsprachen

---

[*] Anmerkungen zur erweiterten Bezeichnung: Die erneute Aufteilung der VDE 0871 in zwei Teile sollte der Tatsache Rechnung tragen, daß sich zwischenzeitlich die Normung zur „Funk-Entstörung von Informationstechnischen Einrichtungen (ITE)" sowohl national als auch international verselbständigt hatte. Wurden alle Geräte mit Arbeits- und Taktfrequenzen oberhalb 10 kHz (mit Ausnahme der Geräte, die für Fernmeldezwecke bestimmt waren) noch in der dritten Ausgabe der VDE 0871 mit behandelt und im Abschnitt 2.19 unter der Rubrik „HF-Geräte und -Anlagen für ähnliche Zwecke" die Elektronischen Datenverarbeitungsanlagen, Büromaschinen, Prozeßrechner auch noch ausdrücklich genannt, bestand zu dieser Zeit das Bestreben, für die eben genannte Produktfamilie eigene Normen zu schaffen. Dies manifestierte sich auch in der Tatsache, daß die dem für ISM-Geräte verantwortlichen Unterkomitee B in CISPR zuarbeitende Arbeitsgruppe (WG) 2, zuständig für die Informationstechnik, sich im Jahre 1985 von diesem Unterkomitee löste und ein eigenes Unterkomitee (CISPR/SC G) bildete.
In Deutschland wurden die Entwürfe (z. B. E DIN VDE 0871 Teil 100 (VDE 0871 Teil 100):April 1984) und die später verabschiedete Norm (DIN VDE 0871 Teil 2:März 1987 als deutsche Fassung der ersten Ausgabe der CISPR 22 aus dem Jahre 1985) für die abgespaltene Produktgruppe ITE noch bis zum Jahre 1988 unter der Bezeichnung „DIN VDE 0871 Teil 2:" veröffentlicht. Erst danach (im November 1989) wurde die letztgenannte Norm neu herausgegeben und in die Klassifikation „VDE 0878" (gültig für die Informationsverarbeitungs- und Kommunikationstechnik) eingereiht.
Inzwischen war auch in der DKE ein eigenes Unterkomitee gegründet worden, das die weitere Bearbeitung dieser Normen und damit eine entsprechende Arbeitsgruppe vom UK 761.2 übernahm. Somit war die Trennung der ITE von den ISM-Geräten auch in Deutschland vollzogen.

noch nicht den heute üblichen Vorstellungen. Das Wort „Anlage" würde wohl aktuell durch das Wort „System" zu ersetzen sein, spricht man doch heute erst von einer Anlage, wenn die Betriebsmittel (Geräte, Systemkomponenten, Systeme und andere Anlagenteile) beim Nutzer am Aufstellungsort montiert, installiert und in Betrieb genommen worden sind.

Neben den in einer Tabelle 1 wiedergegebenen ISM-Frequenzen – das sind die Bänder mit einer Mittenfrequenz von 13,56 MHz, 27,12 MHz, 40,68 MHz, 433,92 MHz sowie 2,45 GHz, 5,8 GHz und 24,125 GHz, für die es keine Begrenzung der Emissionswerte gab – waren in einer Tabelle 2 weitere „genehmigungspflichtige Frequenzen" vorgeschlagen, die ebenfalls als Arbeitsfrequenzen zur industriellen, wissenschaftlichen oder medizinischen Anwendung gedacht waren, für die aber bei der DBP eine „besondere Genehmigung" eingeholt werden sollte, die z. T. auch mit Auflagen für den Betrieb derartiger Geräte gekoppelt werden konnte. Die Frequenzen, um die es hier ging, waren die Bänder mit Mittenfrequenzen von 6,78 MHz, 61,25 GHz, 122,5 GHz und 245 GHz.

Für die Störspannung auf Netzleitungen waren die „alten" Grenzwerte aus der dritten Ausgabe enthalten. Jedoch die in der Ausgabe von 1978 „empfohlenen" Grenzwerte zwischen 10 kHz und 150 kHz sollten nun für die Grenzwertklasse B zusätzlich als verbindlich erklärt werden; für die Klasse A blieben sie aber empfohlene Werte. Ausdrücklich wurde ausgesagt, daß für die Störspannung auf den Innenleitern geschirmter Verbindungsleitungen keine Grenzwerte gelten sollten und daß sich die Grenzwerte für die Messungen auf den Schirmen solcher Leitungen in Vorbereitung befänden.

In einer Tabelle 3 waren die zulässigen Störfeldstärkepegel zwischen 10 kHz und 1 GHz für die Klassen A, B und C angegeben, wobei im unteren Frequenzbereich bis 30 MHz die Messung der magnetischen Komponente (H-Feld in 30 m Entfernung zum Prüfling für die Klassen A und B und in 100 m Entfernung für die Klasse C) vorgesehen war, während im Frequenzbereich oberhalb 30 MHz die elektrische Komponente (E-Feld in 10 m Meßentfernung für die Klasse B und in 30 m Entfernung für die Klassen A und C) vorgeschrieben war. Für die Klasse B sollte sowohl für das H-Feld (in 30 m Entfernung) als auch für das E-Feld (in 10 m Entfernung) bis zu einer Frequenzgrenze von 470 MHz ein Grenzwert von 34 dB (µV/m) gelten, der sich dann bei 470 MHz auf 40 dB (µV/m) erhöhte und bis zu 1 000 MHz galt. Für die Klasse A waren im Frequenzbereich von 285 kHz bis 490 kHz (H-Feld) und von 1,605 MHz bis 3,95 MHz Erleichterungen von 14 dB über einem auch sonst gegenüber dem B-Grenzwert im Mittel um 30 dB erleichterten Wert vorgesehen. Weiterhin sollte für die H-Feld-Messung bei Geräten der Klasse B auch noch alternativ die Messung in 3 m Meßentfernung erlaubt werden. Dabei wurden Grenzwerte vorgeschlagen, wie sie aus den zu der Zeit gültigen Postverfügungen stammten (91,5 dB (µV/m) bei 10 kHz, mit dem Logarithmus der Frequenz fallend auf 51,5 dB bei 1 MHz und weiter fallend auf 41 dB bei 30 MHz). Dieser Grenzwertverlauf stammte nicht aus einer Umrechnung der Feldstärke bei 30 m Meßentfernung, sondern aus einem anderen Störmodell, das von der DBP entwickelt worden war.

Weiterhin sollte bei Geräten der Klasse B auf allen angeschlossenen bzw. anschließbaren Leitungen (neben den Netzleitungen) mit einer Länge von über einem Meter die Störleistung mit der Absorberzange – ähnlich wie es in VDE 0875 vorgeschrieben war – gemessen werden. Die Grenzwerte lagen bei 33 dB (pW) bei 30 MHz, linear mit der Frequenz ansteigend auf 43 dB (pW) bei 300 MHz.

Festlegungen für die Störstrahlungsleistung im Frequenzbereich von 1 GHz bis 18 GHz waren für alle drei Grenzwertklassen einheitlich mit 57 dB (pW) enthalten. Zusätzlich wurde für Klasse-B-Geräte sogar ein Wert von 45 dB (pW), der freiwillig einzuhalten sein sollte, empfohlen.

Für HF-Chirurgiegeräte sollten Erleichterungen während des „sekundenlangen Betriebs" eingeführt werden und für „Anlagen, die die Hochfrequenz nicht zur Behandlung von Stoffen verwenden", also die heutigen Anlagen der Gruppe 1, waren besondere Festlegungen hinsichtlich der Meßorte für die Störspannung und die Störfeldstärke getroffen, und es wurden Korrekturwerte für Messungen in einem Abstand >100 m eingeführt.

Bei den zu benutzenden Meßverfahren wurde im wesentlichen auf VDE 0877 (Teile 1, 2 und 3) verwiesen. Nur die Messung der Störstrahlungsleistung war ausführlich beschrieben, und es wurden Angaben über die zu verwendenden Meßgeräte (Spektrumanalysator), Antennen (z. B. Hornstrahler) und die Meßverfahren gemacht. Dabei wurde zwischen „kleinen" Mikrowellengeräten (z. B. Mikrowellenherde für den Haushalt) und „großen" (z. B. solchen für den industriellen Einsatz) unterschieden. Zur Durchführung der in diesem Frequenzbereich verwendeten „Substitutionsmethode" und zur Bestimmung des Mindestabstands bei der Messung waren ausführliche Hinweise enthalten, die teilweise der relevanten CISPR-Publikation 19 entliehen worden waren.

Ein weiterer Abschnitt beschäftigte sich mit der „Beurteilung von Meßergebnissen" und forderte bei Typprüfungen an einem einzelnen Gerät oder einer einzelnen Anlage eine Unterschreitung aller jeweils gültigen Grenzwerte um mindestens 2 dB. Für die Prüfung mehrerer gleicher Prüflinge waren statistische Verfahren angegeben, die auf die Einhaltung der sog. 80/80-Regel zielten.

Spezifische Angaben zu den „Betriebsarten beim Messen" wurden für eine Reihe von Produktgruppen, wie medizinische Geräte (Kurzwellen-Therapiegeräte, UHF- und Mikrowellen-Therapiegeräte, Ultraschalldiagnostik- und -therapiegeräte, HF-Chirurgiegeräte, Röntgendiagnostik- und -therapieeinrichtungen), HF-Generatoren für industrielle und wissenschaftliche Anwendungen, Mikrowellenherde, andere HF-Generatoren mit Arbeitsfrequenzen zwischen 1 GHz und 18 GHz und Schweißgeräte gemacht.

Es folgten Abschnitte zu Aufschriften und Sicherheitsmaßnahmen und Hinweise zu den Genehmigungsverfahren.

In einem Anhang A waren „Vorsichtsmaßnahmen beim Gebrauch von Spektrumanalysatoren im Mikrowellenbereich" angefügt, während der Anhang B den Wortlaut der damals für die Klasse B gültigen „Allgemeinen Genehmigung" nach Post-

Verfügung 1046/1984 wiedergab und der Anhang C den Themen „Prüfverfahren und Kennzeichnungen" gewidmet war.
Dieser Entwurf konnte letztendlich aber nicht zu einer Deutschen Norm verabschiedet werden, da es in der EG ein Stillhalteabkommen gab und noch gibt, das es den Nationalen Komitees verbietet, eigene Normen zu solchen Projekten zu entwickeln, an denen auf europäischer Ebene (z. B. bei CENELEC) bereits gearbeitet wird. Und dies war im Fall der ISM-Geräte damals bereits zutreffend.
In der Zwischenzeit waren bei CISPR (im Unterkomitee B) die Beratungen soweit gediehen, daß ein relativ ausgereifter Entwurf zu einer Neufassung der CISPR 11 vorlag. Dieser wurde ins Deutsche übersetzt, und der Text wurde gemeinsam mit den englischen und französischen Originaltexten mit einigen gemeinsamen Abänderungen als Europäischer Normentwurf prEN 55011 und im November 1986 auch als Deutscher Normentwurf DIN VDE 0871 Teil 11 der Öffentlichkeit zugänglich gemacht.
Neu waren hier vor allem die Einführung von zwei Klassen (der Klasse A für die Industrieumgebung und der Klasse B für den Wohnbereich) und zwei Gruppen (der Gruppe 1 mit HF-Erzeugung und Verwendung ausschließlich für die internen Funktionen und der Gruppe 2 mit der Verwendung der HF-Energie zum Zwecke der Applikation auf Material), die Erweiterung des betrachteten Frequenzbereichs auf eine Untergrenze von 9 kHz und eine Begrenzung der Obergrenze auf 400 GHz sowie die Einführung der Messungen sowohl mit einem Quasispitzenwert-Gleichrichter (zur Beurteilung der breitbandigen Störanteile) als auch mit dem Mittelwert-Gleichrichter (zur korrekten Beurteilung der schmalbandigen Störanteile).
Eine weitere Fassung wurde als Entwurf im September unter der gleichen Bezeichnung herausgegeben. Es waren einige Korrekturen an den Grenzwerten für die Störfeldstärke eingeflossen. Eine Kuriosität war die Tabelle 5, von der es zwei Versionen gab, eine Version a für die Niederlande und das Vereinigte Königreich und eine Version b für die CENELEC-Länder Frankreich, Deutschland, Italien usw., wobei die erste z. T. wesentlich höhere Grenzwerte zuließ. Weiterhin waren verminderte Grenzwerte für eine Reihe von Frequenzbändern angedacht, in denen Sicherheitsfunkdienste angesiedelt sind.
Die Kommentierung und Abstimmung zu diesem (internationalen und europäischen) Entwurf führten dann im September 1990 zur Veröffentlichung der zweiten Ausgabe der CISPR 11 und im Jahr 1991 zur ersten Ausgabe der EN 55011 (Inhalt: modifizierte Fassung der CISPR 11:1990-09).
Die deutsche Fassung dieser EN erschien dann endlich im Juli 1992 und lag als erste Ausgabe der DIN EN 55011 (VDE 0875 Teil 11) im September 1992 gedruckt vor. Im Kapitel 1 dieses Buchs wird die überarbeitete (zweite Fassung) dieser Norm behandelt, die die zwischenzeitlich akzeptierten Änderungen zur EN 55011 (A1:1997 und A2:1996), basierend auf den Änderungen A1:1996-03 und A2:1996-03 zur CISPR 11:1990, als integrale Bestandteile enthält und die im Mai 1997 als Manuskript vorlag und zum Druck freigegeben wurde, so daß die Veröffentlichung im Oktober 1997 erfolgen kann.

10.1.5 Von der Funk-Entstörung zur umfassenden Elektromagnetischen Verträglichkeit (EMV)

Funkstörungen und die Maßnahmen zu deren Begrenzung bzw. zur Vermeidung ihrer Ursachen sind fast so alt wie die Verwendung von Funkwellen zur Nachrichtenübermittlung selbst; die Beschäftigung mit diesem Thema reicht bis in das zweite Jahrzehnt unseres Jahrhunderts zurück. Schon damals erkannte man die Notwendigkeit, die Begrenzung der hochfrequenten Störaussendung durch Normen zu regeln, und so wurde bereits im Jahre 1933 das CISPR als ein internationales Normengremium für die Funk-Entstörung gegründet. Seine erste Sitzung fand 1934 in Paris statt.

In Deutschland steht die „VDE 0875" seit ihrer ersten Fassung vom Dezember 1940 (Titel der ersten Ausgabe: „Regeln für die Hochfrequenzstörungen von elektrischen Maschinen und Geräten für Nennleistungen bis 500 W") als ein Synonym für die Störaussendung von Betriebsmitteln und deren systematische Begrenzung.

Auch damals war schon bekannt, daß zum Auftreten einer Störung mindestens zwei Faktoren gehören:
- einerseits das die Störgröße aussendende Betriebsmittel – die Störquelle – und
- andererseits das durch die Störgröße beeinflußte (gestörte) Betriebsmittel – die Störsenke.

Sowohl die Anzahl der Quellen als auch die Menge der Senken war damals relativ übersichtlich, wobei letztere im wesentlichen durch Funkempfänger gebildet wurde. Die Beschäftigung mit Problemen der unbeabsichtigten Beeinflussung elektrischer Betriebsmittel durch andere ist aber sehr viel älter als die Funk-Entstörung. Bereits am 6. April 1892 wurde in Deutschland das „Gesetz über das Telegraphenwesen des Deutschen Reichs", das vom Deutschen Kaiser Wilhelm unterzeichnet war, im Reichs-Gesetzblatt veröffentlicht. Es schloß, wie in § 1 ausgeführt, die Fernsprechanlagen ein und beschäftigte sich im § 12 mit „der gegenseitigen Beeinflussung von Anlagen", war also sozusagen das erste deutsche „EMV-Gesetz", wenn auch der Begriff der Elektromagnetischen Verträglichkeit noch gar nicht geprägt worden war.

In den 30er Jahren traten die Probleme der Beeinflussung von Fernmeldeanlagen durch verschiedene Arten von Starkstromanlagen (u. a. auch durch die Bahnen) immer stärker hervor. Mit dem Einzug der Elektronik in fast alle Bereiche der Elektrotechnik in den Jahren nach dem 2. Weltkrieg merkte man, daß die Betriebsmittel, die einerseits als Störquellen auftraten, ihrerseits durch andere Betriebsmittel (externe Beeinträchtigung) oder durch eigene, im Betriebsmittel selbst enthaltene, Bauteile oder Baugruppen (interne Beeinträchtigung) gestört werden konnten.

Die Beschränkung der Betrachtungen ausschließlich auf hochfrequente Störphänomene wurde durch die Probleme der durch die Verbrauchseinrichtungen hervorgerufenen Rückwirkungen auf die Energieversorgungsnetze (Oberschwingungen der Netzfrequenz durch nichtlineare Verbraucher, Spannungsschwankungen durch Laständerungen und Interharmonische z. B. durch Frequenzumrichter) gesprengt. So wurde ein komplexes Gesamtbild der gegenseitigen Beeinflussung, bestehend aus den Teilbereichen der Störaussendung und der Störfestigkeit von elektrotechnischen

Produkten unter Einbeziehung der für die Ausbreitung der Störgrößen maßgeblichen Übertragungsmedien – u. a. der Versorgungs-, aber auch der Kommunikationsnetze – geschaffen, das im allgemeinen (wenn keine besonderen, d. h. einschränkenden Angaben vorhanden sind) den Frequenzbereich von 0 Hz bis 400 GHz umfaßt.
Diese Tatsache führte zum Begriff der Elektromagnetischen Verträglichkeit (*englisch: electromagnetic compatibility*), der zuerst im Bereich der Normung für militärische Geräte und Systeme eingeführt und dann eher zögerlich in den Bereich der Normung für zivile Produkte und in den allgemeinen Sprachgebrauch übernommen wurde.
Heute versteht man unter Elektromagnetischer Verträglichkeit eines Produkts (nach Teil 161 des Internationalen Elektrotechnischen Wörterbuchs IEC (600) 50 unter der Kenn-Nr. 161-01-07) dessen Fähigkeit, in seiner (vorbestimmten) elektromagnetischen Umgebung zufriedenstellend zu funktionieren, ohne seinerseits diese Umgebung, zu der auch andere Einrichtungen gehören, unannehmbar zu stören (siehe hierzu auch VDE 0870).
Man sollte bei dem geschilderten historischen Ablauf aber folgende Tatsachen nicht übersehen:
– der Besitzer und/oder Benutzer eines eine Störgröße emittierenden Geräts merkt in der Regel von diesem Emissionsverhalten nichts und hat somit von einer Begrenzung der Störaussendung und damit auch von der Funk-Entstörung seiner Betriebsmittel keine unmittelbaren Vorteile, im Gegensatz zu den Nachteilen in Form der aufzuwendenden Kosten für technische oder organisatorische Maßnahmen;
– der Benutzer eines gestörten Geräts (hier z. B. der Rundfunkhörer) hingegen kann seine Interessen an einem ungestörten Empfang normalerweise nicht selbst wahrnehmen, weiß in der Regel nicht einmal definitiv, wer seinen Hörgenuß stört.
Aus diesem Grund traten in den meisten europäischen Ländern bereits in den 20er Jahren die Postverwaltungen – auch im Interesse der den Rundfunk betreibenden Institutionen – als Schützer der Funkdienste und damit auch der Rundfunkhörer auf. Bei der Störfestigkeit hingegen war es bis vor kurzem so, daß der Kunde bzw. Benutzer des betroffenen Geräts in gewissem Umfang selbst entscheiden konnte, welche Ansprüche das Gerät erfüllen sollte. Die Höhe dieser Ansprüche (als ein Qualitätsmerkmal) entschied dann letztlich über den Entstöraufwand und damit den Preis des Geräts.
Seit der verbindlichen Gültigkeit gesetzlicher Regelungen (nach der EMV-Richtlinie der Europäischen Gemeinschaft von 1989 und dem deutschem EMV-Gesetz vom November 1992) müssen aber nun alle Geräte seit dem 1. Januar 1996 ein Mindestmaß an Störfestigkeit aufweisen, um die Schutzziele der genannten Richtlinie zu erfüllen.
Im Bereich der Normungsarbeit auf internationaler Ebene führte die (ursprüngliche) Beschränkung des Arbeitsbereichs von CISPR auf die Störaussendung im hochfrequenten Bereich (oberhalb 9 kHz) dazu, daß für den restlichen Umfang der EMV-Aktivitäten ein weiteres IEC-Komitee benötigt wurde. Das führte 1973 zur Gründung des Technischen Komitees (TC) 77.
Einzelheiten zur Arbeit dieses Komitees finden sich im Abschnitt 10.3.1 dieses Buchs.

Auch die in diesem Buch behandelten Normen mit Festlegungen zur Störfestigkeit, wie VDE 0875 Teil 14-2 (EN 55014-2), VDE 0875 Teil 15-2 (EN 61747), VDE 0750 Teil 1-2 (EN 60601-1-2) und DIN EN 55103-2 (VDE 0875 Teil 103-2) beziehen sich auf die Grundnormen, die vom TC 77 federführend ausgearbeitet wurden.

Da eine zweifelsfreie Abgrenzung der Aufgaben – wie oben ausgeführt – zwischen dem TC 77 und CISPR nicht gegeben ist, wird gegenwärtig versucht, die Arbeit dieser beiden Komitees zu koordinieren. Auf einer Gemeinschaftssitzung im Oktober 1995 in *Durban* (*Südafrika*) wurde sogar der Vorschlag unterbreitet, die beiden Komitees zu verschmelzen und vollständig neu zu organisieren. Bislang wurde dieser Vorschlag aber von der Mehrheit der stimmberechtigten Nationen noch nicht befürwortet. Letztendlich ist aber zu erwarten, daß diese Verschmelzung mittelfristig doch vonstatten gehen wird.

Das für die Normenreihe VDE 0875 zuständige deutsche (DKE-Unterkomitee) UK 767.11 vertritt ebenfalls die Meinung, daß Hersteller nicht gezwungen sein dürften, sich die Festlegungen zur Elektromagnetischen Verträglichkeit ihrer Produkte aus einer Unzahl verschiedener Normen mühsam zusammentragen zu müssen, sondern diese möglichst übersichtlich und zusammengefaßt in einer einzigen Norm finden sollten. Diese Meinung wird auch von der Mehrheit der für die EMV zuständigen Stellen in der Industrie geteilt.

Daher wurde für die Störfestigkeitsnormen sowohl für Haushaltgeräte als auch für Beleuchtungseinrichtungen die Klassifikation „VDE 0875" gewählt, obwohl diese Normen nicht oder nicht vollständig vom UK 767.11 – bzw. von dessen internationalen und regionalen Spiegelgremien – bearbeitet wurden.

Im Fall der VDE 0750 Teil 1-2, die die vollständige EMV von „medizinischen elektrischen Geräten und Systemen" behandelt, gingen die für diese Norm zuständigen Produktkomitees (national das DKE K 811; regional das CENELEC TC 62; international das IEC SC 62A) noch einen Schritt weiter und veröffentlichten alle Anforderungen (sowohl die zur Störaussendung als auch die zur Störfestigkeit) in einer einzigen Norm. Und hier werden sowohl die Normen zur hochfrequenten Störaussendung (z.B. CISPR 11 und CISPR 14), die in ihrer Struktur als Produktfamiliennormen gelten können, als auch in Zukunft die zur niederfrequenten Störaussendung (z.B. IEC (6)1000-3-2 und IEC (6)1000-3-3) sowie die diversen Teile der Normenreihe IEC (6)1000-4-... als Grundnormen herangezogen.

10.2 Die Arbeiten des Spezialkomitees für die Funkentstörung (CISPR)

10.2.1 CISPR von 1930 bis 1939

Ähnliche Erfahrungen mit Störungen des Funkempfangs wie in Deutschland machte man auch in anderen Ländern. Die erste internationale Diskussion über dieses Sachgebiet fand bereits 1930 auf der „Weltkraftkonferenz" in Berlin statt.

Im Jahr 1933 wurde in Paris eine sogenannte Ad-hoc-Konferenz der interessierten internationalen Organisationen abgehalten, die entscheiden sollte, wie das Thema der Rundfunkstörungen international zu behandeln sei. Es ergab sich eine allgemeine Übereinstimmung dahingehend, daß es die wichtigste Aufgabe sein müsse, einheitliche Meßmethoden festzulegen und Grenzwerte zu vereinbaren, um beim Austausch von Waren und Dienstleistungen Schwierigkeiten zu vermeiden. Die Konferenz riet zur Bildung eines gemeinsamen Komitees durch die Internationale Elektrotechnische Kommission (IEC) und die Internationale Rundfunkunion (UIR; *Union Internationale de Radiodiffusion*) unter Teilnahme weiterer internationaler Organisationen, die an dieser Materie interessiert waren. Dieses Komitee hatte die Aufgabe, die Erstellung von international anerkannten Empfehlungen für das Gebiet der Funkstörungen zu fördern.

Die erste offizielle Sitzung des Internationalen Sonderausschusses für Funkstörungen, CISPR (Comité *International Special des Perturbations Radioelectriques*), fand im Jahre 1934 in Paris statt. An dieser Konferenz nahmen Delegierte der nationalen Komitees der IEC und Mitglieder der UIR sowie Vertreter der Internationalen Hochspannungskonferenz, des Internationalen Eisenbahnverbandes (UIC) und der Internationalen Union der Erzeuger und Verteiler Elektrischer Energie (UNIPEDE) sowie Beobachter des Internationalen beratenden Ausschusses für den Fernsprechdienst (jetzt: CCITT) und der „*Commission Mixte Internationale*" teil.

Bis 1939 hielt CISPR zwei Hauptversammlungen (in den Jahren 1934 und 1935) ab; Expertengruppen veranstalteten vor dem 2. Weltkrieg sieben Treffen (1934, 1935 (2 x), 1936, 1937 (2 x) und 1939); acht Berichte wurden herausgegeben, die sich hauptsächlich mit Fragen einheitlicher Meßgeräte befaßten.

10.2.2 CISPR nach 1950 bis heute

Seit der ersten Hauptversammlung nach dem 2. Weltkrieg (1950 in Paris) stellte CISPR nicht mehr ein „*Joint Committee*" aus internationalen Organisationen einschließlich der IEC dar, sondern es wurde ein Internationaler Sonderausschuß unter der Schirmherrschaft der IEC gebildet. Sein Status unterscheidet sich von dem der übrigen Technischen Komitees des IEC insofern, als nicht nur die nationalen Komitees der IEC hier Mitglieder sind, sondern auch eine Anzahl anderer – an Funkstörungen interessierter – internationaler Organisationen teilnehmen. Dies sind:
– die Internationale Hochspannungskonferenz (CIGRE),
– die Union Europäischer Rundfunkanstalten (EBU),
– die Internationale Amateur Radio Union (IARU),
– der Internationale Eisenbahnverband (UIC),
– die Internationale Elektrowärme-Union (UIE),
– der Internationale Verband für öffentliches Verkehrswesen (UITP),
– die Internationale Union der Erzeuger und Verteiler Elektrischer Energie (UNI-PEDE),
– die Internationale Rundfunk- und Fernsehorganisation (OIRT).

Außerdem arbeitet CISPR mit dem Internationalen beratenden Funkausschuß (CCIR) und der Internationalen Organisation für zivile Luftfahrt (ICAO) zusammen.
Das erklärte Ziel des CISPR ist es, die internationale Übereinstimmung zu den folgenden Gesichtspunkten der Funkstörungen zu fördern:
1. Schutz des Rundfunkempfangs vor Störungen,
2. Meßgeräte und Meßverfahren für Störgrößen (hauptsächlich behandelt im Unterkomitee A),
3. Grenzwerte für die Störgrößen,
4. Anforderungen an die Störfestigkeit von Ton- und Fernseh-Rundfunkempfängern und Beschreibung der Meßmethoden hierfür (behandelt im Unterkomitee E von CISPR),
5. Anforderungen an die Störfestigkeit von Einrichtungen der Informationstechnik (in Vorbereitung beim Unterkomitee G).

Nach der Hauptversammlung in *West Long Branch* (*USA*) im Jahr 1973 wurden die Arbeitsmethoden des CISPR denen der Technischen Komitees des IEC näher angepaßt, ohne dabei jedoch die Regelungen zur Mitgliedschaft zu beeinflussen.
Seitdem wird die Arbeit von sechs – seit 1985 von sieben – Unterkomitees (mit einer unterschiedlichen Anzahl von Arbeitsgruppen) wahrgenommen; für die Themenkreise der Reihe VDE 0875 sind
– das Unterkomitee F, „Funkstörungen durch Motoren, Haushaltgeräte, Leuchten und ähnliche Geräte" und
– das Unterkomitee B „Funkstörungen durch ISM-Geräte"
zuständig.
Die Organisation des damaligen DKE-Komitees K 761 (heute ersetzt durch das K 767 mit erweitertem Aufgabenbereich) wurde im Jahre 1973 spiegelbildlich der Gliederung des CISPR angepaßt.

10.2.3 Die CISPR-Veröffentlichungen

Die Arbeitsergebnisse des CISPR wurden zunächst in „Empfehlungen" (*Recommendations*) niedergelegt. Als man erkannte, daß die Anzahl der für ein bestimmtes Arbeitsgebiet zu berücksichtigenden Empfehlungen zu groß wurde und damit die Überschaubarkeit und die Zusammenhänge verloren gingen – für die Entstörung von Elektrohaushaltgeräten waren es z. B. schließlich 18 Empfehlungen und fünf Berichte – entschloß man sich auf Anregung von deutscher Seite, die Empfehlungen nach Sachgebieten zusammenzufassen. Die neu entstehenden Dokumente wurden dann als „Veröffentlichungen" (*Publications*) herausgegeben.
Zur Meßtechnik waren dies u. a.:
– die CISPR-Publication 1 in ihrer zweiten Ausgabe von 1972 (die den Text der ersten Ausgabe und deren Ergänzung 1A(1966) sowie der Änderungen No 1 (1967) und No 2 (1969) enthielt und den Titel „*Specification for C.I.S.P.R. radio interference measuring apparatus for the frequency range 0,15 MHz to 30 MHz*" hatte;

- die CISPR Publikation 2 in ihrer zweiten Ausgabe von 1975 mit dem Titel „*Specification for C.I.S.P.R. radio interference measuring apparatus for the frequency range 25 MHz to 300 MHz*";
- die CISPR-Publikation 3 in ihrer ersten Ausgabe von 1975 mit dem Titel „*Specification for C.I.S.P.R. radio interference measuring apparatus for the frequency range 10 kHz to 150 kHz*";
- die CISPR-Publikation 4 in ihrer ersten Ausgabe von 1967 mit dem Titel „*CISPR measuring set specification for the frequency range 300 MHz to 1000 MHz*" und deren Änderung A sowie
- die CISPR-Publikation 5 in ihrer ersten Ausgabe von 1967 mit dem Titel „*Radio interference measuring apparatus having detectors other than quasi-peak*" und schließlich
- die CISPR-Publikation 6 in ihrer ersten Ausgabe von 1976 mit dem Titel „*Specification for an audio frequency interference voltmeter*".

1975 und danach entstanden unter anderem folgende Erstausgaben von Publikationen mit dem Charakter von Produktfamiliennormen:
- CISPR 11 „Grenzwerte und Meßverfahren für Funkstörungen von HF-Geräten und Anlagen für industrielle, wissenschaftliche und medizinische Anwendung (ISM)";
- CISPR 12 „Grenzwerte und Meßverfahren für Funkstörungen von Fahrzeugen, Motorbooten und Verbrennungsmotoren";
- CISPR 13 „Grenzwerte und Meßverfahren für Funkstörungen von Ton- und Fernseh-Rundfunkempfängern";
- CISPR 14 „Grenzwerte und Meßverfahren für Funkstörungen von Elektrohaushaltgeräten, handgeführten Elektrowerkzeugen und ähnlichen Elektrogeräten" und
- CISPR 15 „Grenzwerte und Meßverfahren für Funkstörungen von Leuchtstofflampen und Leuchtstofflampenleuchten".

Die Normen zu den Meßgeräten und Meßverfahren (CISPR 1 bis CISPR 6) wurden in einer einzigen neuen Publikation, der
- CISPR 16 „Bestimmungen für Meßgeräte und Meßverfahren für Funkstörungen" im Jahr 1977

zusammengefaßt. Diese wurde im Oktober 1980 durch die Änderung 1, die sich mit spezifischen Fragen zu den zu verwendenden Antennen beschäftigte, ergänzt.
Von den uns hier interessierenden Publikationen erschienen in Anpassung an die technische Entwicklung
- CISPR 11 in 2. Ausgabe im Jahr 1990;
- CISPR 14 1985 in 2. Ausgabe und 1993 in 3. Ausgabe;
- CISPR 15 1981 in 2. Ausgabe, 1985 in 3. Ausgabe, 1992 in 4. Ausgabe und 1996 in 5. Ausgabe.

Seit der 4. Ausgabe von CISPR 15 führt diese den – die Erweiterung des Anwendungsbereichs ausdrückenden – Titel „CISPR 15 – Grenzwerte und Meßverfahren für Funkstörungen von Beleuchtungseinrichtungen und ähnlichen Geräten".
Die CISPR 16 wurde 1987 in zweiter Ausgabe „*CISPR specification for radio interference measuring apparatus and measuring methods*" veröffentlicht.
Heute liegt diese Grundnorm für die Meßtechnik als Neuausgabe in zwei Teilen vor als
- CISPR 16-1:1993-08 mit dem Titel „*Specification for radio disturbance and immunity measuring apparatus and methods – Part 1: Radio disturbance and immunity measuring apparatus*"

und
- CISPR 16-2:1996-11 mit dem Titel „*Specification for radio disturbance and immunity measuring apparatus and methods – Part 2: Methods of measurement of disturbances and immunity*".

Die als Ergebnis der Arbeit einer CENELEC-Expertengruppe erstandene EN 55104 mit „Störfestigkeitsanforderungen für Haushaltgeräte, Werkzeuge und ähnliche Geräte" (siehe auch die Erläuterungen zu VDE 0875 Teil 14-2 im Kapitel 4) konnte nach ergänzenden Diskussionen im Unterkomitee F von CISPR, deren Ergebnisse auf CENELEC zurückwirkten, 1996 in der parallelen Abstimmung bei IEC und CENELEC als CISPR 14-2:1997-02 angenommen werden.
CISPR 14 wurde – wie bereits an anderer Stelle gesagt – im August 1996 in CISPR 14-1 umbenannt und erhielt einen neuen Titel: CISPR 14-1 – „Elektromagnetische Verträglichkeit – Anforderungen für Haushaltgeräte, Elektrowerkzeuge und ähnliche Geräte – Teil 1 Störaussendung – Produktfamiliennorm".
Der Mitautor *R. M. Labastille* übernahm 1973/1974 den Auftrag zur Erstellung der Erstausgaben von CISPR 14 und CISPR 15, ebenso unter anderem die Federführung bei der Einarbeitung der seinerzeit vorliegenden Ergänzungen und bei der gründlichen redaktionellen Überarbeitung für die 3. Ausgabe der CISPR 14 und für die 4. Ausgabe der CISPR 15.
Auf zwischenzeitlich herausgegebene Änderungen wird – soweit diese von Bedeutung sind – bei den einzelnen Normen eingegangen.
Heute werden die Veröffentlichungen des CISPR – den Regeln der IEC entsprechend – als CISPR-Normen (CISPR-Standards) oder als Technische Berichte (Technical Reports) herausgegeben.
Die Veröffentlichungen des CISPR werden offiziell in den Sprachen Englisch und Französisch publiziert; es liegen aber auch Übersetzungen in andere Sprachen, z. B. in die chinesische, vor. Deutsche Übersetzungen stellen in der Regel die besprochenen deutschen Fassungen der Europäischen Normen (EN) dar.
Die Aufgabenstellung des CISPR schloß traditionell zwei Teilbereiche der Elektromagnetischen Verträglichkeit aus:
- die Störaussendung unterhalb 10 kHz (bzw. seit 1985 unterhalb 9 kHz), der unteren Grenzfrequenz des Funkbereichs, übrigens auch des Geltungsbereichs des ehemaligen „Gesetzes über den Betrieb von Hochfrequenzgeräten vom 9. August

1949" (HFrGerG); diese Effekte fallen unter der Rubrik der „niederfrequenten Emission" bzw. deren Untermenge, die der „Netzrückwirkungen";
- die Störfestigkeit (mit der Ausnahme der Tonrundfunk- und Fernsehempfangsanlagen und neuerdings der Einrichtungen der Informationstechnik).

Weitere Einzelheiten über den Aufbau und die Arbeitsweise des CISPR enthält die Publikation CISPR 10 „*Organization, rules and procedures of the C.I.S.P.R.*" (Erstausgabe von 1971, zweite Ausgabe von 1976 und dritte – heute noch mit einer ersten Änderung gültige – Ausgabe von 1981).

Zu erwähnen sind in diesem Zusammenhang weiterhin die Publikationen CISPR 17 mit dem Titel „*Methods of measurement of the suppression characteristics of passive radio interference filters and suppression components*" von 1981 und CISPR 19 von 1983, die sich mit der Substitutionsmethode zur Messung der Mikrowellenemission von Geräten mit einer Arbeitsfrequenz von mehr als 1 GHz beschäftigt und den Titel „*Guidance on the use of the substitution method for measurement of radiation from microwave ovens for frequencies above 1 GHz*" trägt.

In diesem Zusammenhang soll auch die CISPR 23 von 1986 nicht unerwähnt bleiben, die den Versuch macht, die Ableitung von Grenzwerten für ISM-Geräte zu ermöglichen. Da diese Norm aber bisher zu keinen veröffentlichten Folgeaktivitäten führte, ist ihre Bedeutung als eher gering einzustufen, so daß in Erwägung gezogen wird, ihre Umsetzung in ein deutsches Beiblatt 1 zur DIN EN 55011 in Kürze zurückzuziehen.

An dessen Stelle wird dann voraussichtlich die Übersetzung der im April 1997 erschienenen CISPR 28 treten, in der Leitlinien für die Feldstärkepegel angegeben werden, die bei ISM-Geräten der Gruppe 2 in den von der ITU festgelegten Frequenzbändern zu erwarten sind. Diese Daten (es handelt sich hierbei nicht um Grenzwerte, sondern um „Erwartungswerte") sind bei der Festlegung von Störfestigkeitsanforderungen an solche Geräte von Bedeutung, die in der unmittelbaren oder mittelbaren Umgebung dieser ISM-Geräte betrieben werden sollen.

10.3 Die EMV-Aktivitäten in der Internationalen Elektrotechnischen Kommission (IEC)

Die Internationale Elektrotechnische Kommission wurde bereits im Jahre 1906 mit dem Ziel gegründet, den internationalen Handel mit den damals existierenden Gütern der Elektrotechnik zu erleichtern. Sie beschäftigte sich anfänglich nur mit der Energieerzeugung und -verteilung, also der sogenannten Starkstromtechnik. Erst später kamen durch die Verbreitung der Anwendung elektrischer Energie die anderen Bereiche der Elektrotechnik hinzu. Heute ist die Arbeit der IEC auf praktisch alle Bereiche der elektrischen und elektronischen Ingenieurwissenschaften und deren praktische Anwendung gerichtet.

Die internationale Normung auf den Gebieten, die nicht der Elektrotechnik zuzuordnen sind, erfolgt in der ISO (*International Standards Organization*). In einigen Bereichen, in denen es zu Überschneidungen der Anwendungsbereiche mit der IEC kommt, werden in sogenannten Gemeinschaftskomitees und -arbeitsgruppen (*Joint TCs and WGs*) gemeinsame Projekte von ISO und IEC bearbeitet.

10.3.1 Das TC 77 „Elektromagnetische Verträglichkeit" und dessen Unterkomitees

Das für die Bearbeitung des „horizontalen" Themenkomplexes „EMV" zuständige internationale Technische Komitee (TC) 77 der IEC wurde erst im Jahr 1973 gegründet.

Es umfaßte zu der Zeit zwei Unterkomitees,

– das Unterkomitee A für die Beschäftigung mit öffentlichen Energieversorgungsnetzen und

– das Unterkomitee B, zuständig für nichtöffentliche Netze, wie etwa die Industrienetze,

die beide überwiegend Mitarbeiter aus dem Lager der Netzbetreiber enthielten und sich erstmalig im September 1973 trafen.

In einem anderen IEC-Komitee (dem TC 65), zuständig für die Industrielle Meß-, Steuer- und Regeltechnik, hatte man sich schon seit längerem mit der Störfestigkeit der in diesem Komitee betreuten Produkte auseinandergesetzt. Weil es aber zu der Zeit noch keine Grundnormen zur Störfestigkeit gab, die sich mit der Beschreibung der unterschiedlichen Phänomene, aber auch mit Simulationsverfahren zur Prüfung von Geräten und Systemen befaßten, wurden derartige Festlegungen hier (in der WG 4 des Unterkomitees 65A) getroffen. Die Produkte, die unter die Obhut dieses Komitees fielen, waren Investitionsgüter, deren Beschaffung im allgemeinen im Rahmen von (schriftlich verfaßten) Verträgen zwischen Lieferanten und Kunden erfolgte. Aus diesem Grund wurden verschiedene Störfestigkeitsklassen für die unterschiedlichen Umgebungsbereiche festgelegt, deren Anwendung dann in den Verträgen ausdrücklich vereinbart werden konnte.

Das Ergebnis dieser Aktivitäten war die Normenreihe IEC 801-..., die zur Grundlage der heute gültigen Störfestigkeits-Grundnormen (der Normenreihe IEC (6)1000-4-...) wurde.

Zwischenzeitlich hat das TC 77 alle Aktivitäten auf dem Gebiet der EMV-Grundnormen vom TC 65 übernommen, und die genannte WG 4 von SC 65A beschäftigt sich heute ausschließlich mit der EMV-Normung für ihr spezifisches Produktgebiet, während die Weiterentwicklung der EMV-Grundnormen nun beim TC 77 liegt.

Vor einigen Jahren wurde das TC 77 neu organisiert, und die Aufgaben wurden neu verteilt auf:

– das Unterkomitee A, das sich nun ausschließlich mit den niederfrequenten Störgrößen beschäftigt (z. B. die Oberschwingungen der Netzfrequenz, Interharmoni-

sche bis zu einer Frequenzgrenze von 9 kHz und Spannungsschwankungen), während sich
- das Unterkomitee B mit den Phänomenen beschäftigt, die höherfrequente Anteile enthalten (z. B. transiente Vorgänge, gestrahlte und geleitete hochfrequente Störgrößen usw.).

Später kam noch
- das Unterkomitee C hinzu, dem die Beschäftigung mit dem Phänomen des HEMP (*high altitude electromagnetic pulse*), der Folge von Kernexplosionen in großer Höhe, obliegt.

Die Hauptaufgaben des TC 77 umfassen heute die Bearbeitung
- der Störfestigkeit (über den gesamten Frequenzbereich von 0 Hz bis zu 400 GHz),
- der Störaussendung im Niederfrequenzbereich (<9 kHz),
- der Störaussendung im hochfrequenten Bereich (≥9 kHz) in Zusammenarbeit mit CISPR

sowie der Störgrößen in diesem Frequenzbereich, die von CISPR nicht behandelt werden.

Eine weitere wichtige Aufgabe des TC 77 ist die Beschreibung und Klassifizierung der elektromagnetischen Umwelt.

Die Arbeitsergebnisse aus dem TC 77 werden heute in der Regel als Teile der Internationalen Normenreihe IEC (6)1000*) (in englischer und französischer Sprache) veröffentlicht. Sie werden zum größten Teil in das Europäische Normenwerk (zusätzlich in deutscher Sprache) als Normen der Reihe EN 61000 übernommen und bilden damit die Grundlage nationaler Normen in der Europäischen Union.

Im VDE-Vorschriftenwerk finden sie sich wieder z. B. unter den Klassifikationen „VDE 0838" und „VDE 0847".

Diese Grundnormen bilden die Basis sowohl für die diversen Produkt- und Produktfamiliennormen als auch für die Fachgrundnormen, die sich in Europa als eine Art „Lückenbüßer-Normen" für solche Produkte entwickelt haben, für die es (noch) keine eigenen Produkt- oder Produktfamiliennormen gibt. Mit dem Fortschreiten der Normung für Produkte und Produktfamilien verlieren sie aber ständig an Bedeutung und werden deshalb bald entbehrlich sein.

10.3.2 Andere Komitees der IEC mit Aufgaben zur EMV-Normung

Das Thema der Elektromagnetischen Verträglichkeit wird seit geraumer Zeit in einer ganzen Reihe von Technischen Komitees und ihren Unterkomitees und Arbeitsgruppen behandelt, und so wurden in vielen dieser Gremien auch Fragen zu Festlegungen auf diesem Gebiet laut. Da jedoch die Fachkompetenz auf diesem Gebiet sehr vielgestaltig und unterschiedlich war, wurde in der IEC zuerst eine koordinierende Arbeitsgruppe (*EMC co-ordinating working group – EMC-CWG*) gegründet, die dem Lenkungsgremium der IEC, dem *Committee of Action*, als Beratungsgremium diente. Im Oktober 1986 wurde beschlossen, diese Arbeitsgruppe

„aufzuwerten" und ihr den Status eines „beratenden Komitees" (*Advisory Committee on Electromagnetic Compatibility – ACEC*) zu geben.[*)]
Im ACEC sind neben den direkt mit der EMV befaßten Gremien (CISPR und TC 77 mit ihren Unterkomitees) auch weitere an der EMV interessierte Komitees vertreten. Dies sind zur Zeit:

- TC 17   Hoch- und Niederspannungsschaltgeräte
- TC 18   Elektrische Anlagen auf Schiffen und auf beweglichen und festen Offshore-Einheiten
- TC 42   Hochspannungs-Prüftechnik
- TC 45   Nukleare Instrumentierung
- TC 57   Netzleittechnik und zugehörige Kommunikationstechnik
- TC 62   Elektrische Geräte in medizinischer Anwendung
- TC 65   Prozeßautomatisierung
- TC 75   Klassifizierung der Umweltbedingungen
- TC 80   Navigationsinstrumente
- TC 81   Blitzschutz
- TC 95   Meßrelais und Schutzeinrichtungen
- TC 100 Audio-, Video- und Multimediageräte und -systeme

In dieser Sammlung von Experten fehlen noch einige Vertreter anderer Komitees; sie wurden zum Teil vor kurzem um ihre Mitarbeit gebeten. Die folgenden Komitees kämen hier in Frage:

- TC 2   Rotierende elektrische Maschinen
- TC 12   Funkverbindungen
- TC 13   Einrichtungen zur elektrischen Energiemessung und Laststeuerung
- TC 22   Leistungselektronik
- TC 23   Elektrisches Installationsmaterial
- TC 26   Elektroschweißen
- TC 27   Industrielle Elektrowärmegeräte
- TC 29   Elektroakustik
- TC 34   Lampen und Zubehör
- TC 37   Überspannungsableiter
- TC 38   Meßwandler
- TC 47   Halbleiterbauelemente
- TC 48   Elektrisch-mechanische Bauelemente und Bauweisen für elektronische Einrichtungen
- TC 49   Piezoelektrische Bauteile zur Frequenzstabilisierung und -selektion
- TC 52   Gedruckte Schaltungen
- TC 61   Elektrische Geräte für den Hausgebrauch
- TC 64   Elektrische Anlagen von Gebäuden

[*)] Anmerkung: Auch für andere Querschnittsthemen wurden solche Beratungskomitees geschaffen, z. B. das ACOS (*Advisory committee on safety*) für den Themenkomplex „Sicherheit".

- TC 66 Meß-, Steuer-, Regel- und Laborgeräte
- TC 72 Automatische Regel- und Steuergeräte für den Hausgebrauch
- TC 74 Einrichtungen der Informationstechnik
- TC 76 Optische Strahlensicherheit und Laseranlagen
- TC 78 Ausrüstungen und Geräte zum Arbeiten unter Spannung
- TC 79 Alarmsysteme
- TC 82 Fotovoltaische Solarenergiesysteme
- TC 85 Meßeinrichtungen zur Messung elektromagnetischer Größen
- TC 92 Audio-, Video- und ähnliche elektronische Geräte
- TC 94 Elektrische Schaltrelais
- TC 97 Elektrische Anlagen für Beleuchtung und Befeuerung von Flugplätzen
- TC 99 Elektrische Energieversorgungsanlagen mit Nennspannungen über 1 kV
- TC 101 Elektrostatik-Belange
- TC 102 Geräte für Mobildienste und Satellitenkommunikationssysteme
- TC 103 Sendeeinrichtungen für Funkdienste

Der Koordinierung zum Zwecke weitgehend einheitlicher Festlegungen auf dem Gebiet der EMV kommt ein hoher und stetig steigender Stellenwert zu, da „Unverträglichkeiten", die von einer bestimmten Interessengruppe provoziert (oder aus Unkenntnis fahrlässig verursacht) werden, alle anderen „Beteiligten" in unzulässiger Weise beeinflussen oder gar schädigen können.

Ein Beispiel für die EMV-Arbeit in einem solchen, nicht eigentlich auf EMV-Fragen spezialisierten IEC-Gremium – hier dem TC 62, das für elektrische Einrichtungen in medizinischer Anwendung zuständig ist – ist in Abschnitt 6.1 dieses Buchs zur Vorgeschichte der IEC (60)601-1-2 wiedergegeben.

Vor der Herausgabe der zweiten Ergänzungsnorm zur zweiten Ausgabe der „allgemeinen" Sicherheitsnorm (Produktfamiliennorm) für medizinische elektrische Geräte (IEC (60)601-1:2nd edition – 1988) durch das Unterkomitee (SC) 62A hatten die anderen Unterkomitees des TC 62, die für die produktspezifische Normung zuständig sind (das ist das SC 62B für Radiologie und Nuklearmedizin, das SC 62C für Strahlenheilkunde und Dosimetrie und das SC 62D für Elektromedizin einschließlich Therapie und Chirurgie) mit ihren Arbeitsgruppen bereits eine Reihe von ca. 30 Teilnormen mit „besonderen Anforderungen" für bestimmte Produktgruppen aus dieser „Familie" erstellt und veröffentlicht. Eine Anzahl dieser „Teile 2 zur IEC (60)601" enthielten in ihren Abschnitten 36 (reserviert im Rahmen dieser Normenreihe für EMV-Anforderungen) bereits Anforderungen, die aber nicht an der IEC (60)601-1-2 ausgerichtet waren. Um diese Anforderungen, die teilweise noch auf der ersten Ausgabe des Teils 1 der IEC 601 von 1977 basieren, anzupassen, soll in Kürze eine gezielte Aktion durchgeführt werden. Ziel ist es dabei, die Anforderungen aus der IEC (60)601-1-2 als Grundlage zu benutzen, die entsprechenden Grundnormen (die bereits in der Ergänzungsnorm zitiert werden) auch hierbei zu berücksichtigen und nur dort abweichende oder zusätzliche Festlegungen (und hier insbesondere die Betriebsarten beim Messen und Prüfen) zu treffen, wo dies unbedingt notwendig ist, um den spezifischen Bedürfnissen der jeweiligen Produktgruppe gerecht zu werden.

Eine Auflistung der Teile 2 zur IEC (60)601 und zu anderen für aktive Medizinprodukte geltenden Normen und Normentwürfen ist im Abschnitt 6.7 dieses Buchs zu finden, wobei jeweils die enthaltenen EMV-Anforderungen kurz umrissen werden.

10.4 Die Europäischen EMV-Normen

10.4.1 Allgemeines zu den Harmonisierten Europäischen Normen

Nach der Bildung der Europäischen Wirtschaftsgemeinschaft (EWG – durch die Verträge von Rom vom März 1957) traten im Jahr 1959 die in der IEC vertretenen Nationalen Elektrotechnischen Komitees von Belgien, Deutschland, Frankreich, Italien und den Niederlanden zusammen, um eine Vereinigung zu gründen, die später CENELCOM, „Europäisches Komitee zur Koordinierung der elektrotechnischen Normen in den Mitgliedsländern der Europäischen Gemeinschaften" (*Comité Européen de coordination des Normes Electrotechniques des pays membres des Communautes Européennes*) genannt wurde. Ihr Ziel war es, die Normen der Länder auf den Gebieten zu harmonisieren, wo diese Normen Handelshemmnisse hervorrufen konnten. Es wurden „Expertengruppen" geschaffen, um diese definierte Aufgabe zu lösen.

Eine weitere Aktivität auf europäischer Ebene startete in den 60er Jahren mit CENEL, dem „Europäischen Komitee zur Koordinierung elektrotechnischer Normen" (*Comité Européen de coordination des Normes Electrotechniques*).

Hier arbeiteten die sechs CENELCOM-Mitglieder (zu jener Zeit auch Luxemburg) mit den Nationalen Elektrotechnischen Komitees der IEC Länder der EFTA (Europäische Freihandelszone) – Norwegen, Österreich, Portugal, Schweden und der Schweiz – zusammen, um mit Hilfe von Fragebögen herauszufinden, wie weit die Normen der IEC einheitlich in den 13 Ländern eingeführt waren. Finnland schloß sich später diesen Studien an.

Die parallele Arbeit von CENELCOM und CENEL endete 1972, als Dänemark, Irland und Großbritannien (das „Vereinigte Königreich") der EWG beitraten. Zum 1. Januar 1973 wurden die beiden Gremien unter dem Namen CENELEC „Europäisches Komitee für Elektrotechnische Normung" (*Comité Européen de Normalisation Electrotechnique*) vereinigt und 1976 als „Verein nach belgischem Recht" mit 14 Mitgliedern eingetragen. Im Jahre 1977 schloß sich Spanien an, seit 1978 arbeitet Luxemburg mit, 1980 trat Griechenland bei, und im Mai 1988 wurde der Kreis durch die Aufnahme von Island auf 18 Mitglieder – sie sind übrigens alle auf dem Titelblatt der Europäischen Normen genannt – erweitert, womit jetzt alle EG- und EFTA-Länder einbezogen sind.

Schon am 24. März 1969 wurde das „Allgemeine Abkommen über die Harmonisierung in der Gemeinschaft" beschlossen und der Begriff „Harmonisierung" als „Beseitigung aller nennenswerten Handelshemmnisse ..., die aus dem technischen Inhalt der nationalen Normen herrühren" definiert.

Unter „Harmonisierten Europäischen Normen" versteht man Normen (EN), die im Amtsblatt (*Official Journal*) der Europäischen Gemeinschaften unter Hinweis auf eine (oder ggf. auch mehrere) Richtlinien der EG veröffentlicht werden.

Richtlinien, die gegebenenfalls die an dieser Stelle wichtigste Richtlinie – die EMV-Richtlinie – ergänzen (z. B. die Maschinenrichtlinie) oder ersetzen (z. B. die Medizinprodukte-Richtlinie) haben andere, d. h. teilweise längere Übergangsfristen, so daß Hersteller teilweise noch die Wahl haben, entweder bereits die „neuen" harmonisierten Anforderungen zu erfüllen oder noch den „alten" nationalen Regeln zu folgen.

Diese Fristen gelten aber nicht für die Schutzanforderungen zur Elektromagnetischen Verträglichkeit, denn solange die Übergangsfristen der anderen Richtlinien ausgeschöpft werden (z. B. bis zum 13. Juni 1998 für die Medizinprodukte), unterliegen diese Produkte zumindest der EMV-Richtlinie, deren Übergangsfrist am 31. Dezember 1995 definitiv ablief.

Im Standardtext des Deckblatts der Normen sind weiterhin Angaben zur Übernahme in die nationalen Normenwerke enthalten, die ohne jede Änderung erfolgen muß. Im Gegensatz zu früheren Europäischen Normen, die als „Harmonisierungs-Dokumente" (HD) bezeichnet wurden und die bei ihrer Übernahme in nationale Normen mit Abweichungen versehen werden durften, sind solche nationalen Abweichungen bei der Übernahme von EN heute nicht mehr zulässig. Lediglich (nichtnormative) Informationen dürfen in einem nationalen Vorwort vorangestellt werden.

Im Fall der EN 55011 wird durch die aktuelle Fassung das „ältere" Europäische Harmonisierungs-Dokument HD 344 S1 ersetzt, welches den Inhalt der ersten Ausgabe der CISPR 11 von 1975 wiedergab, jedoch in den wenigsten Mitgliedstaaten der EG in eine nationale Norm umgesetzt worden war.

Des weiteren sind die Mitglieder von CENELEC – dem Komitee für die europäische elektrotechnische Normung – aufgezählt. Es sind dies nicht nur die Staaten, die zum Zeitpunkt der Ratifizierung zur EG gehörten, sondern auch weitere Staaten wie Finnland, Österreich und Schweden, die seitdem der Gemeinschaft beigetreten sind und darüber hinaus auch Island, Norwegen und die Schweiz, die (noch) nicht zur EG, jedoch zum Europäischen Wirtschaftsraum[*)] gehören.

Das Copyright der Europäischen Normen ist den CENELEC-Mitgliedern vorbehalten, d. h., die Europäischen Normen werden nicht vom Zentralsekretariat der CENELEC publiziert und vertrieben, sondern von den nationalen Normenkörperschaften in den einzelnen Ländern, z. B. in Deutschland vom VDE-VERLAG.

[*)] Anmerkung: Die letztgenannten Staaten sind *nicht* grundsätzlich verpflichtet, die Europäischen Normen voll inhaltlich zu übernehmen, haben diese jedoch in aller Regel zu nationalen Normen gemacht.

Es ist deutlich gemacht, daß der für das Inverkehrbringen der Produkte Verantwortliche (z. B. der Hersteller oder – wenn der Hersteller seinen Sitz nicht in der Europäischen Gemeinschaft hat – sein in der EU ansässiger Beauftragter/Importeur) dafür Sorge tragen muß, daß die zur Anwendung überlassenen Produkte die Schutzziele der Richtlinien einhalten.

Betriebsmittel und Anlagen, die zum Zeitpunkt des Gültigkeitsbeginns dieser Normen bereits in Betrieb befindlich waren, müssen den Anforderungen dieser Normen in der Regel nur dann angepaßt werden, wenn sie z. B. nachweislich Funk-Empfangsanlagen stören. In derartigen Störungsfällen muß der Betreiber des störenden Betriebsmittels auf seine Kosten für Abhilfe sorgen.

Europäische Normen sind in drei offiziellen Sprachfassungen (Deutsch, Englisch und Französisch) verfügbar. Fassungen in einer anderen Sprache, die von einem CENELEC-Mitglied in eigener Verantwortung erstellt und dem CENELEC-Generalsekretariat mitgeteilt worden sind, haben den gleichen Status wie die drei offiziellen Fassungen.

Europäische Normen müssen unverändert, d. h. vollständig, wort- und formgetreu, in die nationalen Normenwerke übernommen werden. Dabei dürfen auch keine sachlichen Festlegungen hinzugefügt werden.

Neben dem nationalen Deckblatt enthalten die Normen ein nationales Vorwort und können mit einen „informativen Anhang" versehen werden.

10.4.2 CENELEC-Normung zur EMV – das TC 210 und das SC 210A

Das wichtigste Ziel des CENELEC ist es, die nationalen Normen in den 18 Mitgliedsländern durch die Herausgabe von Europäischen Normen (EN) – oder früher auch Harmonisierungs-Dokumenten (HD) – zu vereinheitlichen.

Die CENELEC-Mitglieder, die nicht aus Mitgliedstaaten der EG kommen, unterstützen dieses Ziel freiwillig, um so einen größeren europäischen Markt zu schaffen. Die einzelnen Nationalen Komitees enthalten sich daneben der Weiterführung oder Inangriffnahme eigener Arbeiten auf Gebieten, für die CENELEC die Absicht einer Harmonisierungsarbeit erklärt hat (Stillhaltevereinbarung). Die Schwerpunkte der Arbeit beziehen sich auf

- das Anwendungsgebiet der Richtlinie [73/23/EWG], der „Niederspannungs-Richtlinie",
- das Anwendungsgebiet der Richtlinie [89/336/EWG], der „EMV-Richtlinie",
- eine Anzahl anderer EG-Richtlinien (z. B. der Richtlinie [93/42/EWG], der „Medizinprodukte-Richtlinie"),
- Gebiete, auf denen Handelshemmnisse bekannt sind oder wo deren Entstehen zu erwarten ist.

Im Jahr 1985 erhielt CENELEC von der EG-Kommission das Mandat, Europäische Normen zu verabschieden, die den technischen Teil der von der Kommission zu erlassenden Richtlinien darstellen sollten.

Für das Querschnittsthema EMV war ein Technisches Komitee (TC) 110 gegründet worden, dem ein Unterkomitee (SC) 110A zur Bearbeitung von Produktnormen zugeordnet war. Dieses Unterkomitee war dabei identisch mit dem schon weit vorher entstandenen Komitee CENELEC/CISPR, das die Aufgabe hatte, die CISPR-Publikationen der damaligen Zeit in Europäische Normen zu überführen.
Die Arbeiten an den die Funk-Entstörung behandelnden Normen begannen bereits im Herbst desselben Jahres. Im Februar 1986 wurden dementsprechend die Entwürfe zu EN 55014 und EN 55015, die auf Basis der Publikationen CISPR 14 und CISPR 15 entstanden waren, unter der sogenannten 3-Monats-Regel in den Mitgliedsländern verteilt. Die 3-Monats-Regel bedeutet, daß die nationalen Komitees ihre Einsprüche oder Verbesserungsvorschläge innerhalb von drei Monaten vortragen müssen. Wegen der zeitlichen Verzögerung gegenüber den Ausgabeterminen bei CISPR und der dort inzwischen stattgefundenen Weiterarbeit ergaben sich einige „gemeinsame Abänderungen". Diese Änderungen wurden in die EN eingearbeitet, und diese Normen wurden deshalb als „modifiziert" gekennzeichnet.
Die endgültigen Fassungen der beiden ersten hier interessierenden Europäischen Normen wurden von CENELEC am 26. Juni 1986 genehmigt und ratifiziert. Im März 1988 wurden vom Technischen Büro des CENELEC die Termine zur Umsetzung dieser ersten EN in Nationale Normen festgelegt auf:

- spätestes Datum für die Ankündigung 1. Juni 1988,
  der Europäischen Norm „doa"
- spätestes Datum für die Veröffentlichung 1. Dezember 1988,
  der identischen Nationalen Norm „dop"
- spätestes Datum für die Zurückziehung 1. Dezember 1988.
  von entgegenstehenden Nationalen Normen „dow"

Die entsprechenden Veröffentlichungen als Deutsche Normen erfolgten im Dezember 1988.
Es folgte 1991 die Herausgabe der modifizierten CISPR 11:1990 als EN 55011:1991 und schließlich auch als DIN VDE 0875 Teil 11:Juli 1992.
Als Ergebnis der Weiterarbeit im CISPR-Unterkomitee F wurden die folgenden Neuausgaben zu CISPR 14 und CISPR 15 auch als Neuausgaben zu EN 55014 und EN 55015 herausgegeben:
- CISPR 14:1993 als EN 55014:Dezember 1993
- CISPR 15:1992 als EN 55015:Dezember 1993
- CISPR 15:1996 als EN 55015:Mai 1996
und es erschien CISPR 14-2:1997-02, die als EN 55014-2:1997 die „vorläufige" EN 55104 ablöste.

10.4.3 Grundnormen zur EMV – die Normenreihe EN 61000-...

Die europäische Normenreihe EN 61000-... besteht aus der Übernahme von Grundnormen aus der internationalen Normenreihe IEC (6)1000-...

Zur Zeit liegen folgende Normen vor, die im Rahmen dieser Erläuterungen von Interesse sind[*]:

Untergruppe 2 – Umgebungsbedingungen

ENV 61000-2-2:1993
Elektromagnetische Verträglichkeit (EMV) Teil 2: Umgebungsbedingungen
Hauptabschnitt 2: Verträglichkeitspegel für niederfrequente leitungsgeführte Störgrößen und Signalübertragung in öffentlichen Niederspannungsnetzen
(IEC (6)1000-2-2:1990 – modifiziert)

EN 61000-2-4:1994
Elektromagnetische Verträglichkeit (EMV) Teil 2: Umgebungsbedingungen
Hauptabschnitt 4: Verträglichkeitspegel für niederfrequente leitungsgeführte Störgrößen in Industrieanlagen
(IEC (6)1000-4-2:1994 + Corrigendum)

Untergruppe 3 – Grenzwerte

EN 61000-3-2:1995
Elektromagnetische Verträglichkeit (EMV) Teil 3: Grenzwerte
Hauptabschnitt 2: Grenzwerte für Oberschwingungsströme
(Geräte-Eingangsstrom ≤16 A je Leiter)
(IEC (6)1000-3-2:1995)

EN 61000-3-3:1995
Elektromagnetische Verträglichkeit (EMV) Teil 3: Grenzwerte
Hauptabschnitt 3: Grenzwerte für Spannungsschwankungen und Flicker in Niederspannungsnetzen für Geräte mit einem Eingangsstrom ≤16 A
(IEC (6)1000-3-3:1994)

Der Hauptabschnitt 4 (Oberschwingungsströme in Niederspannungsnetzen für Geräte und Einrichtungen mit Bemessungsströmen >16 A – z. Zt. IEC 77A/169/CDV) und der Hauptabschnitt 5 (Spannungsschwankungen und Flicker in Niederspannungsnetzen für Geräte und Einrichtungen mit einem Eingangsstrom >16 A, IEC (6)1000 3 5) wurden bzw. werden als Technische Berichte der IEC veröffentlicht. Daher ist eine Übernahme in das Europäische Normenwerk vorerst nicht vorgesehen (siehe hierzu auch Abschnitt 9.2 dieses Buchs).
Ein neuer Entwurf für einen Hauptabschnitt 8 wurde unter der Nummer IEC 77B/187/FDIS verteilt. Er befaßt sich mit der Signalübertragung auf Niederspannungs-

---

[*] Anmerkung: Die Teile 1000-2-1, 1000-2-3 und 1000-2-5 der IEC liegen ausschließlich als internationale Publikationen und nicht als „Europäische Veröffentlichungen" vor, weil es sich bei ihnen nicht um Normen im eigentlichen Sinn (mit Festlegungen bzw. Anforderungen), sondern um Technische Berichte (Technical Reports/Rapports Techniques) handelt.

Versorgungsnetzen im Frequenzbereich von 3 kHz bis 525 kHz. Es steht zu erwarten, daß die heute in Europa für dieses Themengebiet zuständige gültige Norm, die EN 50065-1:1991 mit ihren Änderungen A1, A2 und A3 (in Deutschland als DIN EN 50065-1 (VDE 0808 Teil 1):November 1996 veröffentlicht), die nur den Frequenzbereich bis 148,5 kHz betrifft, bei Vorliegen der Internationalen Norm entsprechend angepaßt wird.

Untergruppe 4 – Prüf- und Meßverfahren

EN 61000-4-1:1994
Elektromagnetische Verträglichkeit (EMV) Teil 4: Prüf- und Meßverfahren
Hauptabschnitt 1: Übersicht über Störfestigkeitsprüfverfahren
(IEC (6)1000-4-1:1992)

EN 61000-4-2:1995
Elektromagnetische Verträglichkeit (EMV) Teil 4: Prüf- und Meßverfahren
Hauptabschnitt 2: Prüfung der Störfestigkeit gegen die Entladung statischer Elektrizität (IEC (6)1000-4-2:1995)

EN 61000-4-3:1996
Elektromagnetische Verträglichkeit (EMV) Teil 4: Prüf- und Meßverfahren
Hauptabschnitt 3: Prüfung der Störfestigkeit gegen hochfrequente gestrahlte Felder (IEC (6)1000-4-3:1995 – modifiziert)

EN 61000-4-4:1995
Elektromagnetische Verträglichkeit (EMV) Teil 4: Prüf- und Meßverfahren
Hauptabschnitt 4: Prüfung der Störfestigkeit gegen schnelle transiente elektrische Störgrößen/Burst (IEC (6)1000-4-4:1995)

EN 61000-4-5:1995
Elektromagnetische Verträglichkeit (EMV) Teil 4: Prüf- und Meßverfahren
Hauptabschnitt 5: Prüfung der Störfestigkeit gegen Stoßspannungen
(IEC (6)1000-4-5:1995)

EN 61000-4-6:1996
Elektromagnetische Verträglichkeit (EMV) Teil 4: Prüf- und Meßverfahren
Hauptabschnitt 6: Prüfung der Störfestigkeit gegen leitungsgeführte Störgrößen, induziert durch hochfrequente Felder
(IEC (6)1000-4-6:1996)

EN 61000-4-7:1993
Elektromagnetische Verträglichkeit (EMV) Teil 4: Prüf- und Meßverfahren
Hauptabschnitt 7: Allgemeiner Leitfaden für Verfahren und Geräte zur Messung von Oberschwingungen und Zwischenharmonischen in Stromversorgungsnetzen und angeschlossenen Geräten
(IEC (6)1000-4-7:1991)

EN 61000-4-8:1993
Elektromagnetische Verträglichkeit (EMV) Teil 4: Prüf- und Meßverfahren
Hauptabschnitt 8: Prüfung der Störfestigkeit gegen Magnetfelder mit
energietechnischen Frequenzen
(IEC (6)1000-4-8:1993)

EN 61000-4-9:1993
Elektromagnetische Verträglichkeit (EMV) Teil 4: Prüf- und Meßverfahren
Hauptabschnitt 9: Prüfung der Störfestigkeit gegen impulsförmige Magnetfelder
(IEC (6)1000-4-9:1993)

EN 61000-4-10:1993
Elektromagnetische Verträglichkeit (EMV) Teil 4: Prüf- und Meßverfahren
Hauptabschnitt 10: Prüfung der Störfestigkeit gegen gedämpft schwingende
Magnetfelder
(IEC (6)1000-4-10:1993)

EN 61000-4-11:1994
Elektromagnetische Verträglichkeit (EMV) Teil 4: Prüf- und Meßverfahren
Hauptabschnitt 11: Prüfung der Störfestigkeit gegen Spannungseinbrüche,
Kurzzeitunterbrechungen und Spannungsschwankungen
(IEC (6)1000-4-11:1994)

In Kürze werden zusätzlich die folgenden Teile erwartet:

EN 61000-4-12:xx
Elektromagnetische Verträglichkeit (EMV) Teil 4: Prüf- und Meßverfahren
Hauptabschnitt 12: Prüfung der Störfestigkeit gegen gedämpfte Schwingungen
(IEC (6)1000-4-12:1995)

EN 61000-4-13:xx
Elektromagnetische Verträglichkeit (EMV) Teil 4: Prüf- und Meßverfahren
Hauptabschnitt 13: Prüfungen der Störfestigkeit am Wechselstrom-
Versorgungsanschluß gegen Oberschwingungen und Zwischenharmonische
einschließlich leitungsgeführter Störgrößen aus der Signalübertragung auf
elektrischen Niederspannungsnetzen (z. Zt. IEC 77A/147A/CDV)

EN 61000-4-14:xx
Elektromagnetische Verträglichkeit (EMV) Teil 4: Prüf- und Meßverfahren
Hauptabschnitt 14: Prüfung der Störfestigkeit gegen Spannungsschwankungen
(z. Zt. IEC 77A/155/CD)

EN 61000-4-16:xx
Elektromagnetische Verträglichkeit (EMV) Teil 4: Prüf- und Meßverfahren
Hauptabschnitt 16: Prüfung der Störfestigkeit gegen leitungsgeführte
Störgrößen im Frequenzbereich von 0 Hz bis 150 kHz
(z. Zt. IEC 77A/120/CD)

EN 61000-4-17:xx
Elektromagnetische Verträglichkeit (EMV) Teil 4: Prüf- und Meßverfahren
Hauptabschnitt 17: Prüfung der Störfestigkeit gegen Wechselanteile auf
Gleichstrom-Versorgungsnetzen
(z. Zt. IEC 77A/156/CD)

EN 61000-4-27:xx
Elektromagnetische Verträglichkeit (EMV) Teil 4: Prüf- und Meßverfahren
Hauptabschnitt 27: Prüfung der Störfestigkeit gegen Spannungsunsymmetrie
(z. Zt. IEC 77A/176/CD)

EN 61000-4-28: xx
Elektromagnetische Verträglichkeit (EMV) Teil 4: Prüf- und Meßverfahren
Hauptabschnitt 28: Prüfung der Störfestigkeit gegen Änderungen der
Versorgungsfrequenz
(z. Zt. IEC 77A/157/CD)

Lediglich in wenigen Fällen gab und gibt es Abweichungen zu den internationalen Festlegungen, die dann in der Regel zu Ausgaben von Normen mit befristeter Geltungsdauer führen. So wurden die Grundnormen für die Prüfung der Störfestigkeit gegen verschiedene Störgrößen auf der Basis von IEC-Entwürfen, die damals international noch nicht endgültig abgestimmt waren, vorab als Europäische Vornormen (ENV) veröffentlicht. Im einzelnen handelte es sich dabei um die folgenden:

ENV 50140 vom August 1993
Störfestigkeit gegen hochfrequente elektromagnetische Felder
zwischenzeitlich überholt und ersetzt durch EN 61000-4-3:1996

ENV 50141 vom August 1993
Störfestigkeit gegen leitungsgeführte, durch hochfrequente Felder
induzierte Störgrößen
zwischenzeitlich überholt und ersetzt durch EN 61000-4-6:1997

ENV 50142 vom Oktober 1994
Störfestigkeit gegen Stoßspannungen
zwischenzeitlich überholt und ersetzt durch EN 61000-4-5:1996

Heute noch aktuell ist dagegen ENV 50204:1995 mit dem deutschen Titel „Prüfung der Störfestigkeit gegen hochfrequente elektromagnetische Felder von digitalen Funktelefonen". Diese enthält zusätzliche Anforderungen, die über die Grundnorm EN 61000-4-3 hinausgehen und die Frequenzbereiche der sogenannten GSM-Telefone betreffen, die europaweit eingeführt sind. In diesen Frequenzbändern von 895 MHz bis 905 MHz und von 1,88 GHz bis 1,90 GHz werden hier zusätzliche Prüfungen mit einem mit 200 Hz „getakteten Träger" (das ist eine Art von Rechteckmodulation im Gegensatz zu einer sonst üblichen Amplitudenmodulation mit einer Modulationsfrequenz von 1 kHz und einem Modulationsgrad von 80%) gefordert.[*)]

10.4.4 Fachgrundnormen zur EMV

Die am 3. Mai 1989 erlassene Richtlinie [89/336/EWG] zur Angleichung der Rechtsvorschriften der Mitgliedstaaten über die Elektromagnetische Verträglichkeit (siehe hierzu Abschnitt 10.5.1 dieses Buchs) erweiterte den in den CISPR-Publikationen gegebenen Aufgabenbereich der „Funk-Entstörung", also der Störaussendung im Bereich der Hochfrequenzen, auf das gesamte Gebiet der Elektromagnetischen Verträglichkeit. Damit wurden auch Normen zur Störfestigkeit sowie Normen zur Störaussendung für bisher nicht erfaßte elektrische Geräte erforderlich, auf die sich die Hersteller und andere bei der Erfüllung der Schutzanforderungen in Artikel 4 stützen können und die als die in Artikel 7 genannten „einschlägigen nationalen Normen, in die die Harmonisierten Europäischen Normen umgesetzt worden sind," betrachtet werden können.

Da jedoch abzusehen war, daß eine termingerechte Erstellung aller Normen, die für die vollständige Beurteilung der zahlreichen Produktgruppen bzw. Produktfamilien erforderlich waren – die neben der Störaussendung auch die bisher eher stiefmütterlich behandelte Störfestigkeit umschlossen – nicht zu erwarten war, erarbeitete CENELEC in seinem TC 110 „EMC" (heute: TC 210) eine systematisch angelegte Gruppe von sogenannten EMV-Fachgrundnormen (*EMC Generic Standards*) nach der unten dargestellten Matrix.

EN 50081-1 EMV-Fachgrundnorm Störaussendung Teil 1: Wohnbereich, Geschäfts- und Gewerbebereich sowie Kleinbetriebe	EN 50082-1 EMV-Fachgrundnorm Störfestigkeit Teil 1: Wohnbereich, Geschäfts- und Gewerbebereich sowie Kleinbetriebe
EN 50081-2 EMV-Fachgrundnorm Störaussendung Teil 2: Industriebereich	EN 50082-2 EMV-Fachgrundnorm Störfestigkeit Teil 2: Industriebereich

Die Anwendungsbereiche dieser vier Fachgrundnormen sind so formuliert, daß praktisch alle unter die EMV-Richtlinie gehörenden Geräte in den Geltungsbereich zweier dieser Normen fallen müssen. Andererseits heißt es in den Fachgrundnormen aber: „Soweit eine spezifische Produkt- oder Produktfamiliennorm zur Elektromagnetischen Verträglichkeit (EMV) – xxx – besteht, hat jene Norm in jeder Hinsicht Vorrang gegenüber dieser Fachgrundnorm." Dabei steht an der Stelle „xxx" jeweils das Wort „Störaussendung" oder „Störfestigkcit".

Im deutschen Normenwerk erhielten diese Fachgrundnormen unter der Klassifikation „VDE 0839" die Bezeichnungen DIN EN 50081-1 (VDE 0839 Teil 81-1); DIN EN 50081-2 (VDE 0839 Teil 81-2) und DIN EN 50082-1 (VDE 0839 Teil 82-1) bzw. DIN EN 50082-2 (VDE 0839 Teil 82-2).

[*)] Anmerkung: Es steht zu erwarten, daß die Internationale Norm IEC (6)1000-4-3 entsprechend überarbeitet und ergänzt wird, um dann auch den Frequenzbereich oberhalb 1 GHz und ggf. etwaige unterschiedliche Modulationsverfahren zu berücksichtigen. Ein entsprechender Entwurf (CDV) des IEC SC 77B liegt bereits vor.

Alle in diesem Buch besprochenen Produktfamiliennormen gehören zu den mit Vorrang anzuwendenden, so daß für die Hersteller entsprechender Produkte die Fachgrundnormen nur informativen Charakter haben. Nach Auffassung der Fachkreise ist z. B. die Fachgrundnorm EN 50081-1 infolge der in ausreichendem Umfang vorhandenen Produktfamiliennormen inzwischen entbehrlich geworden.
Die EMV-Produktfamiliennormen EN 55011, EN 55014, EN 55014-2, EN 55015 und andere wurden von CENELEC SC 110A (heute: SC 210A) „EMV Produkte" unter Umsetzung entsprechender IEC-Normen und teilweise gemeinsam mit anderen Technischen Komitees des CENELEC ausgearbeitet.
Seit Mai 1996 bemüht sich die IEC, die genannten Fachgrundnormen auch in ihr Normenwerk zu übernehmen. Zur Zeit liegen zwei Internationale Normteile als IEC (6)1000-6-3 und IEC (6)1000-6-4 vor, in denen die Störaussendung im Wohnbereich bzw. im Industriebereich geregelt ist.
IEC TC 77 bereitet die Herausgabe der Fachgrundnormen für die Störfestigkeit ebenfalls in der Reihe IEC (6)1000-6-... in zwei weiteren Teilen vor. Zur Zeit liegen sie als Entwürfe [IEC 77/181/FDIS:1997] und [IEC 77/177/CDV:1996] vor.
Vorschlag für den Titel der IEC (6)1000-6-2: EMC – Part 6: *Generic standard – Section 2: Generic immunity standard for industrial environment*.

10.4.5 Andere Produktnormen zur EMV – als Beispiel: Die EMV-Normung im TC 62 für medizinische Geräte und Systeme

Die Aktivitäten im CENELEC-Bereich hinsichtlich der Produktnormung zur EMV sind ähnlich gelagert wie in der internationalen Normung. In den Fällen, in denen es „Spiegelgremien" zur IEC gibt, tragen diese die gleichen Numerierungen[*]).
Das für die Normung auf dem Gebiet der medizinischen elektrischen Geräte und Einrichtungen zuständige IEC TC 62 hat einen „echten" Spiegel bei CENELEC, das CLC TC 62. Dieses Komitee ist verantwortlich für die Herausgabe der europäischen Normenreihe EN 60601-..., zu der auch die in Kapitel 6 behandelte EN 60601-1-2 gehört, die sich umfassend mit der EMV dieser Produktfamilie befaßt.
Im Rahmen der CENELEC-Arbeiten werden auf diesem Gebiet keine eigenen Normungsaktivitäten durchgeführt; vielmehr beschränken sich die Aufgaben darauf, entsprechende internationale Normen zu übernehmen und zu Harmonisierten Europäischen Normen zu machen. In der Regel werden die Texte der IEC-Normen übernommen bzw. es wird bereits bei der Abstimmung über diese Papiere parallel verfahren. Lediglich in den Fällen, in denen die Inhalte der internationalen Normen nicht hinreichend die Anforderungen aus rechtlichen Vorschriften in Europa wiedergeben, z. B. um die „Grundlegenden Anforderungen" aus EG-Richtlinien zu erfül-

---

[*]) Anmerkung: Aus diesem Grund wurden kürzlich die CENELEC-Komitees, zu denen es keine echten IEC-Spiegelgremien gibt (z. B. das TC 110 als gemeinsamer „Spiegel" von IEC TC 77 und CISPR), die alle mit Nummern über 100 versehen waren, umbenannt und beginnen nun mit der Ziffer 2xx, nachdem sich die Anzahl der IEC-Komitees auf über hundert (gegenwärtig sind es 103) erhöht hat.

len, wird hier für Abhilfe gesorgt. Dies geschieht vorrangig durch Anträge, die IEC-Normen entsprechend zu ändern oder zu ergänzen. Ist dies nicht zu erreichen, so kommt es auch vor, daß gemeinsame Abänderungen zu internationalen Normen beschlossen werden oder daß eigene Europäische Normen entstehen, für die es keine internationalen Entsprechungen gibt.

Im Fall der genannten EMV-Norm für (aktive) Medizinprodukte waren keine Abweichungen gegenüber der internationalen Norm erforderlich, so daß beide Fassungen (abgesehen von der zusätzlichen deutschen Version bei CENELEC) inhaltlich identisch sind.

10.4.6 Die Parallelabstimmung bei IEC und CENELEC

Es müßte eigentlich das Ziel der Normung sein, in enger Zusammenarbeit von IEC und CENELEC zu erreichen, daß die internationalen und die regionalen – d. h. hier: die europäischen – Normen vollständig übereinstimmen. Zu berücksichtigen ist dabei allerdings, daß die IEC-Standards nicht verbindlich sind, sondern nur einen empfehlenden Charakter haben, die Normen des CENELEC dagegen für die Mitgliedstaaten verbindlich sind. Diese Tatsache beeinflußt natürlich das Abstimmungsverhalten der jeweiligen Mitgliedstaaten. Außerdem können europäische Gesichtspunkte zu technischen Einzelheiten andere sein als die anderer Partner in der übrigen IEC. Als Beispiel zu nennen ist der unterschiedliche Aufbau der Energieversorgungsnetze in Europa und in Übersee (z. B. in den USA und in Japan). Nicht zuletzt dürfte die Entwicklung einer weltweiten Norm mehr Zeit in Anspruch nehmen als die Entwicklung einer Norm für Europa, wo vielleicht auch noch – wie mit der EMV-Richtlinie – ein gewisser Druck dahinter steht. Trotzdem bemühen sich IEC und CENELEC, die notwendigen Regelungen weltweit abzustimmen. Im Oktober 1991 wurde das *„IEC-CENELEC agreement on common planning of new work and parallel voting"* als Ergänzung zum *„IEC-CENELEC agreement on the exchange of technical information between both organizations (November 1989)"* angenommen [Standing CENELEC Document CLC(PERM)003].

Seine wichtigsten Teile sind die Abschnitte 3 *„Parallel voting on draft International Standards"* und 4 *„Parallel voting on European Standards"*. Mit dieser Vereinbarung, die in den betroffenen Normen kurz mit „IEC-CENELEC-Parallelabstimmung" bezeichnet wird, soll eine möglichst frühzeitige Abstimmung über neue Normungsarbeiten erfolgen und es sollen unter anderem auch die an der Normungsarbeit beteiligten Fachleute – es sind fast überall dieselben Experten beteiligt – entlastet werden.

Da es bei allen Europäischen Normen – nicht jedoch bei den Normen der IEC – eine deutsche Fassung gibt, wird schon im Rahmen des Abschnitts 3 auf die frühzeitige Beteiligung von Fachleuten mit deutscher Muttersprache (also gegebenenfalls auch aus Österreich oder der Schweiz) bei der Erstellung der Texte eingegangen.

Die diesem Verfahren unterworfenen Dokumente werden den nationalen Komitees der Mitgliedsländer von seiten des IEC *Central Office* mit dem Hinweis auf die parallele Abstimmung zugestellt. Dabei werden diejenigen Nationalen Komitees der IEC, die auch Mitglieder des CENELEC sind, ausdrücklich darauf hingewiesen, daß „dieser Entwurf einer Internationalen Norm der parallelen Abstimmung unterworfen ist", daß das CENELEC-BT (Zentral-Sekretariat) ihnen ein zusätzliches Abstimmungsformular beifügen wird und daß das Nationale Komitee – falls es in IEC und CENELEC unterschiedlich abstimmen würde – diese Tatsache in einer detaillierten technischen Begründung erklären muß.

In der Praxis ist allerdings zu berücksichtigen, daß auch infolge der verschiedenen Gewichtung der Stimmen[*] der einzelnen Mitgliedstaaten, der unterschiedlichen Anzahl der stimmberechtigten Nationalen Komitees und der verschieden auszuwertenden Anteile der Stimmen nicht in beiden Gremien unbedingt das gleiche Ergebnis eintreten muß. Auch infolge des etwas „langsameren" Ablaufs der Abstimmungen in IEC und CISPR gegenüber CENELEC kann es, trotz der Behandlung im Parallelverfahren, zu Verzögerungen kommen.

10.5 Die Richtlinien des Rates der Europäischen Gemeinschaften

Die Europäische Wirtschaftsgemeinschaft (EWG) wurde durch den Vertrag von Rom gegründet, den am 25. März 1957 die Staaten Belgien, Bundesrepublik Deutschland, Frankreich, Italien, Luxemburg und die Niederlande unterzeichneten. 1973 wurden Dänemark, Irland und Großbritannien, 1981 Griechenland und 1986 Portugal und Spanien – unter Anerkennung der Römischen Verträge – Mitglieder der EWG. Die EWG, die Montanunion und Euratom bilden zusammen die Europäischen Gemeinschaften (EG). Seit dem 1. Januar 1995 sind auch Finnland, Österreich und Schweden Mitglieder der nun „Europäische Union" (EU) genannten Vereinigung.

Zu den Zielen der EWG gehören laut Gründungsvertrag unter anderem folgende:
– Abschaffung von Zöllen und mengenmäßigen Beschränkungen des Warenimports und -exports zwischen den Mitgliedstaaten,
– Abschaffung von zwischen den Mitgliedstaaten bestehenden Hindernissen für die Freizügigkeit von Personen, Dienstleistungen und des Kapitalverkehrs,
– Angleichung der innerstaatlichen Rechtsvorschriften, soweit dies für das ordnungsgemäße Funktionieren des Gemeinsamen Marktes erforderlich ist.

Wie der Präambel der EG-Richtlinien zu entnehmen ist, stützen sie sich alle auf den Artikel 100 des Vertrags von Rom, der lautet:
„Der Rat erläßt einstimmig auf Vorschlag der Kommission Richtlinien für die Angleichung derjenigen Rechts- und Verwaltungsvorschriften der Mitgliedstaaten,

---

[*] Anmerkung: In der IEC hat jedes Nationale Komitee eine Stimme, im CENELEC hingegen haben die Länder eine ihrer Bevölkerungszahl angepaßte Stimmenzahl; so haben z. B. Deutschland, Frankreich und Großbritannien je 10 Stimmen, während Luxemburg nur eine Stimme hat.

die sich unmittelbar auf die Errichtung oder das Funktionieren des Gemeinsamen Marktes auswirken."
Zu den ersten Richtlinien gehörten dann auch zwei, die hier von Interesse sind:
1. die Richtlinie des Rates vom 4. November 1976 zur Angleichung der Rechtsvorschriften der Mitgliedstaaten über Funkstörungen durch Elektrohaushaltgeräte, handgeführte Elektrowerkzeuge und ähnliche Geräte [76/889/EWG]
und
2. die Richtlinie des Rates vom 4. November 1976 zur Angleichung der Rechtsvorschriften der Mitgliedstaaten über Funk-Entstörung bei Leuchten mit Starter für Leuchtstofflampen [76/890/EWG].

Der eigentliche Sachinhalt der Richtlinien (die eigentlichen Anforderungen) wurde damals noch in Form von technischen Anhängen niedergelegt, deren Text dem üblicher Normeninhalte entsprach.

Die relativ lange Entstehungsphase dieser beiden Richtlinien führte aber schon bald zu Verhandlungen über eine Überarbeitung der technischen Anhänge, so daß am 7. Juni 1982 die EG-Richtlinien [82/499/EWG] und [82/500/EWG] „zur Anpassung der Richtlinien ... an den technischen Fortschritt" veröffentlicht werden mußten.

Im Amtsblatt des Bundesministers für das Post- und Fernmeldewesen Nr. 31 vom 14. März 1979 wurde mit der Verfügung Nr. 202/1979 der Zusammenhang zwischen den „Allgemeinen Genehmigungen" nach Abschnitt 3 des Hochfrequenzgerätegesetzes (siehe auch Abschnitt 10.6.3 dieses Buchs), den beiden seinerzeit erlassenen EG-Richtlinien zur Funk-Entstörung und dem entsprechenden Durchführungsgesetz beschrieben.

Die EG-Richtlinien von 1976 ließen es in Artikel 3 Absatz 3 zu, daß „die Mitgliedstaaten (fordern können), daß die Übereinstimmung der Geräte mit den Vorschriften dieser Richtlinie während eines Zeitraums von fünfeinhalb Jahren nach Bekanntgabe dieser Richtlinie durch Prüfzeichen oder Bescheinigungen bestätigt wird, die auf Grund einer vorherigen Typenprüfung im amtlichen Auftrag erteilt werden." Dann sollte an Hand der gewonnenen Erfahrungen erneut darüber beraten und entschieden werden, ob diese Forderung entfallen kann.

Obgleich Dänemark, wo 1979 ebenfalls ein Prüfzeichen zur Kennzeichnung einer bestandenen Typprüfung durch die dänische Post- und Telegrafenverwaltung (ähnlich dem Funkschutzzeichen des VDE) bekanntgemacht wurde, die Bemühungen der Vertreter Deutschlands bei der Kommission um Beibehaltung dieser Klausel unterstützte, wurden mit der EG-Richtlinie [83/447/EWG] vom 18. August 1983 „zur Anpassung des Artikels 3 Absatz 3" die entsprechenden Unterabsätze des Artikels 3 aufgehoben. In der Begründung heißt es, die „gewonnenen Erfahrungen und die im Rahmen der Gemeinschaft erzielten Ergebnisse zeigen", daß „ein hinreichendes Kontrollsystem gegeben ist, um die Einhaltung der Vorschriften ... zu gewährleisten, so daß es nicht mehr angebracht erscheint, zusätzliche Kontrollmaßnahmen vorzusehen." Die Mitgliedstaaten, in denen eine Kennzeichnungspflicht bestand, hatten diese Pflicht innerhalb von zwei Monaten aufzuheben. Damit war dem in

Deutschland seit 1961 dem VDE gesetzlich geschützten – und seit November 1966 vorgeschriebenen – VDE-Funkschutzzeichen in der bisherigen Form die Grundlage entzogen (siehe auch Kapitel 10.6.3). Es kann nur noch, in etwas abgewandelter Form (z. B. als „VDE-EMV-Zeichen"), zur Kennzeichnung für die Prüfung durch eine benannte Stelle neben den entsprechenden Zeichen anderer Stellen, wie etwa des TÜV, auf von dieser geprüften Geräten angewendet werden.

Mit der „Entschließung des Rates vom 7. Mai 1985 über eine neue Konzeption (*new approach*) auf dem Gebiet der technischen Harmonisierung und der Normung" wurde zum Ausdruck gebracht, daß „CENELEC für die Verabschiedung Harmonisierter Europäischer Normen im Rahmen dieser Richtlinie und in Übereinstimmung mit den zwischen CENELEC und der Kommission im Benehmen mit den Mitgliedstaaten vereinbarten Leitlinien zuständig" ist.

Die Harmonisierung der Rechtsvorschriften beschränkt sich nun auf die Festlegung der grundlegenden Anforderungen im Rahmen von Richtlinien nach Artikel 100 des EWG-Vertrags. Durch dieses System „will die Kommission eine übermäßige Zunahme allzu technischer Einzelrichtlinien für jedes Erzeugnis verhindern".

Da seit Februar 1987 mit EN 55014 und EN 55015 CENELEC-Normen für die Funk-Entstörung der in den EG-Richtlinien [82/499/EWG] und [82/500/EWG] erfaßten Betriebsmittel vorliegen (siehe Abschnitt 10.4.2 dieses Buchs), wurden in den zwei EG-Richtlinien [87/308/EWG] für Elektrohaushaltgeräte usw. (vom 2. Juni 1987) und [87/310/EWG] für Leuchten (vom 3. Juni 1987) die Anhänge der alten EG-Richtlinien neu gefaßt, „um den Wortlaut der Richtlinien zu entlasten", so daß „im technischen Anhang nur die Fundstelle der neuen Europäischen Norm ... des CENELEC" aufgeführt sind.

Allerdings wurden jeweils vor dem Zitat der zutreffenden Europäischen Norm auch noch die bisherigen Abschnitte 1 und 2 abgedruckt, der Geltungsbereich und ein Teil der Begriffsbestimmungen bzw. die Allgemeinen Vorschriften. Bei einem Vergleich stellt man fest, daß die Geltungsbereiche der EG-Richtlinien einerseits und der EN andererseits nicht übereinstimmten; die Europäischen Normen waren umfassender.

10.5.1 Richtlinie [89/336/EWG] – die EMV-Richtlinie (EMC Directive/EMCD)

Am 3. Mai 1989 wurde eine neue Richtlinie [89/336/EWG] zur Angleichung der Rechtsvorschriften der Mitgliedstaaten über die Elektromagnetische Verträglichkeit erlassen. Diese Richtlinie gilt – gemäß Artikel 2 – „für Geräte, die elektromagnetische Störungen verursachen können oder deren Betrieb durch diese Störungen beeinträchtigt werden kann."

Sie wurde im Amtsblatt der Europäischen Gemeinschaften Nr. L 139 vom 23. Mai 1989 veröffentlicht und legt die Schutzanforderungen auf diesem Gebiet sowie die entsprechenden Kontrollmodalitäten fest.

Hierdurch wurde die Erweiterung der Aufgabenstellung der relevanten Normung von der Funk-Entstörung auf die gesamte Elektromagnetische Verträglichkeit ausgedrückt, und es heißt in Artikel 4:
„Die in Artikel 2 bezeichneten Geräte müssen so hergestellt werden, daß:
– die Erzeugung elektromagnetischer Störungen soweit begrenzt wird, daß ein bestimmungsgemäßer Betrieb von Funk- und Telekommunikationsgeräten sowie sonstigen Geräten möglich ist;"
– die Geräte eine angemessene Festigkeit gegen elektromagnetische Störungen aufweisen, so daß ein bestimmungsgemäßer Betrieb möglich ist."

In Artikel 1 sind u. a. die Begriffe „Elektromagnetische Störung", „Störfestigkeit" und „Elektromagnetische Verträglichkeit" definiert.

Nach Artikel 5 „behindern (die Mitgliedstaaten) ... weder das Inverkehrbringen noch die Inbetriebnahme der unter diese Richtlinie fallenden Geräte, die ihren Bestimmungen entsprechen."

Nach Artikel 10 wird „die Übereinstimmung der Geräte mit den Vorschriften dieser Richtlinie durch eine vom Hersteller oder von seinem in der Gemeinschaft niedergelassenen Bevollmächtigten ausgestellte EG-Konformitätserklärung bescheinigt".
Der Hersteller oder Bevollmächtigte „bringt ferner das EG-Konformitätszeichen auf dem Gerät oder – wenn dies nicht möglich ist – auf der Verpackung, der Bedienungsanleitung oder dem Garantieschein an". Der Begriff „EG-Konformitätszeichen" wurde mit der Neufassung der Richtlinie in der Richtlinie [93/68/EWG] des Rates vom 22. Juli 1993 in „CE-Konformitätskennzeichnung" umbenannt.

Die Bestimmungen über die genannte EG-Konformitätserklärung und die CE-Konformitätskennzeichnung sind in einem in der Richtlinie [93/68/EWG] neu gefaßten Anhang I enthalten; unter Nummer 2 des genannten Anhangs wurde auch das Schriftbild der CE-Kennzeichnung mit seinem Raster festgelegt. Während in der Richtlinie [89/336/EWG] noch festgelegt worden war, daß an das Kurzzeichen CE eine Jahreszahl angefügt werden muß, ist mit der Änderung in [93/68/EWG] diese Forderung entfallen.

Wichtig ist, daß die CE-Kennzeichnung nur dann angebracht werden darf, wenn die Übereinstimmung mit den betreffenden Anforderungen auch anderer Richtlinien, unter die das Gerät fällt, gegeben ist.

In Artikel 11 werden die beiden „alten" auf dem Gebiet der EMV bestehenden Richtlinien [76/889/EWG] und [76/890/EWG] ab 1. Januar 1992 aufgehoben; gemeint ist, daß sie – und damit auch die Richtlinien [87/308/EWG] und [87/310/EWG] – am 1. Januar 1992 ungültig wurden und daß damit auch dem Funkstörgesetz von 1978 die rechtliche Grundlage entzogen war.

Die dieser „neuen" Richtlinie entsprechenden Rechts- und Verwaltungsvorschriften sollten vom 1. Januar 1992 an in den Mitgliedstaaten anzuwenden sein. Die sich daraus ergebende Übergangsfrist von nur einem Jahr wurde jedoch bald als nicht ausreichend erkannt. Mit der Richtlinie [92/31/EWG] des Rates vom 28. April 1992 wurde daher als der letzte Termin für „das Inverkehrbringen von Geräten, ... die den bis zum 30. Juni 1992 ... geltenden Bestimmungen entsprechen," der 31. Dezember 1995 genannt, womit also die endgültige verbindliche Einführung der EMV-Richtlinie – bzw. ihrer Umsetzung in nationales Recht – mit dem 1. Januar 1996 gegeben war.

Die – im Sinne ihres Anwendungsbereichs – sehr umfassende Richtlinie formuliert nur noch die Schutzziele und enthält keine direkten Verweise auf bestehende Normen. Sie fordert aber indirekt CENELEC auf, die erforderlichen Normen zu erarbeiten, um den beteiligten Parteien technisch und organisatorisch erfüllbare Anforderungen zu den einzelnen Zielen an die Hand zu geben.

Besondere Bedeutung kommt der Richtlinie aus der Sicht des Gemeinsamen Markts zu: Am 1. Juli 1987 trat die Einheitliche Europäische Akte (EEA) in Kraft, die einen Zeitplan enthält, nach dem bis zum 31. Dezember 1992 der europäische Binnenmarkt (schrittweise) zu verwirklichen war, d. h. ein „Raum ohne Binnengrenzen, in dem der freie Verkehr von Waren, Personen, Dienstleistungen und Kapital gewährleistet ist".

Am 7. Februar 1992 beschlossen die zwölf EG-Staaten, eine Europäische Union zu gründen; seit dem 1. Januar 1994 besteht der Europäische Wirtschaftsraum. Die EFTA-Staaten übernehmen in der Regel die oben erwähnten, für den Europäischen Binnenmarkt geltenden Regelungen des gemeinsamen Marktes. Ein gemeinsamer Markt verlangt auch gemeinsame technische Regeln: z. B. Europäische Normen. CENELEC, in dem das DIN durch die Deutsche Elektrotechnische Kommission im DIN und VDE (DKE) vertreten ist, erarbeitet die Europäischen Normen auf dem Gebiet der Elektrotechnik, wobei es sich maßgeblich auf Normen der Internationalen Elektrotechnischen Kommission (IEC) abstützt (siehe auch Abschnitt 10.4 dieses Buchs) und sie – wenn es vertretbar erscheint – übernimmt.

Alle EG-Richtlinien werden im Amtsblatt der Europäischen Gemeinschaften verkündet, das in den neun Amtssprachen der EG[*] erscheint.

10.5.2 Richtlinie [93/42/EWG] – die Medizinprodukte-Richtlinie (Medical Device Directive/MDD)

Diese Richtlinie des Rates der Europäischen Gemeinschaften vom 14. Juni 1993 wurde am 12. Juli 1993 im Amtsblatt Nr. L 169 der Europäischen Gemeinschaften (*Official Journal*) veröffentlicht und wendet sich an deren Mitgliedstaaten, um die Rechtsvorschriften auf dem Gebiet der Medizinprodukte zu vereinheitlichen.

Nach Artikel 1 Absatz 7 handelt es sich um „eine Einzelrichtlinie im Sinne von Artikel 2 Absatz 2 der Richtlinie [89/336/EWG]" – der EMV-Richtlinie –, der besagt, daß, wenn die „in dieser (der EMV-Richtlinie) festgelegten Schutzanforderungen für bestimmte Geräte durch Einzelrichtlinien harmonisiert werden, diese Richtlinie

---

[*] Anmerkung: In Deutschland zu beziehen beim Bundesanzeigerverlag; Postfach 10 80 06; D-50445 Köln; Telefon (02 21)20 29-0; Telefax (02 21)2 02 92 78.

nicht für diese Geräte und diese Schutzanforderungen gilt bzw. mit dem Inkrafttreten der Einzelrichtlinien ihre entsprechende Gültigkeit verliert."
Diese Festlegung ist von Bedeutung für die nach beiden Richtlinien gültigen Übergangsfristen, die unterschiedlich sind. Während die Anwendung der (in nationales Recht umgesetzten) EMV-Richtlinie mit dem 1. Januar 1996 verbindlich wurde und die davor erlaubte Anwendung der „alten" nationalen Vorschriften und Normen zu diesem Zeitpunkt erlosch, enthält die Medizinprodukte-Richtlinie eine Übergangszeit bis zum 13. Juni 1998. In der Zeitspanne vom 1. Januar 1996 bis zum 13. Juni 1998 gilt daher die Verpflichtung, entweder die Medizinprodukte-Richtlinie vollständig anzuwenden oder – wie durch die Übergangsfrist erlaubt – noch die „alten" nationalen Vorschriften und Normen anzuwenden mit der Ausnahme, daß im Bereich der EMV dann die EMV-Richtlinie (bzw. das EMV-Gesetz) zusätzlich gilt, die keine Anwendung „alter" Vorschriften und Normen mehr duldet. Lediglich für das Verfahren zum Inverkehrbringen von Produkten darf in dieser Übergangsfrist das erleichterte nach der EMV-Richtlinie angewandt werden.
Im Artikel 3 sind „Grundlegende Anforderungen" genannt, die ein „richtlinienkonformes" Produkt erfüllen muß. Es folgt ein Hinweis auf den Anhang I dieser Richtlinie, in dem diese Grundlegenden Anforderungen detailliert aufgelistet sind.
Artikel 5 Absatz 1 behandelt den Verweis auf Normen und gibt die Vermutungshaltung wieder, daß Produkte, die den einschlägigen nationalen Normen entsprechen, welche durch Umsetzung Harmonisierter Europäischer Normen entstanden sind, als mit den Grundlegenden Anforderungen im Einklang betrachtet werden.
Im Anhang I sind nun Grundlegende Anforderungen enthalten, die sich in ihrer Mehrzahl auf die sichere Gestaltung der Produkte und ihre Anwendung beziehen. Darüber hinaus sind aber auch einige Abschnitte enthalten, die sich auf die Elektromagnetische Verträglichkeit dieser Produkte stützen.
So findet man im Abschnitt 9 „Eigenschaften im Hinblick auf die Konstruktion und die Umgebungsbedingungen" unter 9.2 die Forderung (zur Störfestigkeit):
„Die Produkte müssen so ausgelegt und hergestellt sein, daß folgende Risiken ausgeschlossen oder soweit wie möglich verringert werden:
– Risiken im Zusammenhang mit vernünftigerweise vorhersehbaren Umgebungsbedingungen, wie Magnetfelder, elektrische Fremdeinflüsse, elektrostatische Entladungen, ...;
– Risiken im Zusammenhang mit wechselseitigen Störungen durch andere Produkte, die normalerweise für bestimmte Untersuchungen oder Behandlungen eingesetzt werden;"
und im Abschnitt 12 „Anforderungen an Produkte mit externer oder interner Energiequelle", das sind alle energetisch betriebenen (aktiven) Medizinprodukte unter 12.5 die Anforderung (zur Störaussendung):
„Die Produkte müssen so ausgelegt und hergestellt sein, daß die Risiken im Zusammenhang mit der Erzeugung elektromagnetischer Felder, die in ihrer üblichen Umgebung befindliche weitere Einrichtungen oder Ausrüstungen in deren Funktion beeinträchtigen können, soweit wie möglich verringert werden."

Weiterhin findet sich im Abschnitt 13 „Bereitstellung von Informationen durch den Hersteller" unter 13.6 die Forderung:
„Die Gebrauchsanleitung muß nach Maßgabe des konkreten Falles folgende Angaben enthalten:
f) Angaben zu den Risiken wechselseitiger Störung, die sich im Zusammenhang mit dem Produkt bei speziellen Untersuchungen oder Behandlungen ergibt; ..."
Leider ist es nicht gelungen, im Rahmen der Einspruchsverhandlungen zur MDD den Text derart zu modifizieren, daß die EMV-Anforderungen im Wortlaut an den der EMV-Richtlinie angepaßt werden konnten.
Dennoch kann man die Ziele der hier genannten Grundlegenden Anforderungen mit den Schutzzielen der ersten Richtlinie als identisch ansehen, was durch die Tatsache unterstützt wird, daß der Inhalt der zuständigen Harmonisierten Europäischen Norm (EN 60601-1-2) als die Schutzziele beider Richtlinien erfüllend angesehen wird, was durch die Veröffentlichung dieser Norm im Amtsblatt unter beiden Richtlinien ausgedrückt wird.

10.5.3 Weitere einschlägige Richtlinien mit EMV-Anforderungen

Auch einige andere neuere Richtlinien der EU enthalten spezifische Schutzanforderungen zur EMV und setzen die Anwendung der aus der EMV-Richtlinie bzw. deren Umsetzung in nationales Recht abzuleitenden Schutzanforderungen entweder teilweise oder vollständig außer Kraft. Ein Beispiel dafür ist die geänderte Kraftfahrzeugrichtlinie, die aber hier nicht behandelt wird.
Die beiden Richtlinien jedoch, die im Rahmen der hier behandelten Betriebsmittel von Interesse sein können,
– die Niederspannungs-Richtlinie [73/23/EWG mit Ergänzung durch 93/68/EWG] und
– die Maschinenrichtlinie [89/392/EWG mit 91/368/EWG und 93/44/EWG],
enthalten solche Passagen nicht, so daß für alle von diesen Richtlinien erfaßten Produkte die EMV-Richtlinie ihre volle Gültigkeit behält.

10.6 Die Gesetzgebung in Deutschland

10.6.1 Das Gesetz über die elektromagnetische Verträglichkeit von Geräten (EMVG)

Im Bundesgesetzblatt der Bundesrepublik Deutschland, Jahrgang 1992, Teil 1, Nr. 52 wurde am 12. November 1992 das „Gesetz über die elektromagnetische Verträglichkeit von Geräten (EMVG)" veröffentlicht, das durch das im Bundesgesetzblatt, Jahrgang 1995, Teil 1, Nr. 47 vom 8. September 1995 verkündete „Erste Gesetz zur Änderung des Gesetzes über die elektromagnetische Verträglichkeit von Geräten [1. EMVGÄndG]" aktualisiert wurde.

Das EMVG trat am 13. November 1992, die geänderte Fassung am 1. Januar 1995 in Kraft. Es dient, wie es erläuternd heißt, „der Umsetzung der Richtlinie [89/336/ EWG] des Rates vom 3. Mai 1989 zur Angleichung der Rechtsvorschriften der Mitgliedstaaten über die Elektromagnetische Verträglichkeit ..." sowie der oben erwähnten Richtlinie [93/68/EWG] des Rates vom 22. Juli 1993 und weiterer Richtlinien.

In Abschnitt 3 des EMVG sind unter dem Titel „Inverkehrbringen und Betreiben von Geräten" Aussagen zusammengefaßt, die in der EMV-Richtlinie in verschiedenen Artikeln zu finden sind, ähnlich wie man in Abschnitt 5 unter den Stichworten „Bescheinigung" und „Kennzeichnung" die Regelungen des Artikels 10 der Richtlinie wiederfindet.

Wichtig ist die Aussage des Absatzes 2 Abschnitt 3, weil hier auf die unterschiedlichen Bedingungen in den verschiedenen Umgebungen – z. B. Wohnbereich und Industriebereich – eingegangen wird; der Hersteller muß gegebenenfalls in seinen Informationen für die Benutzung der Geräte auf daraus folgende Einschränkungen des Einsatzes hinweisen (siehe auch unten zu Anhang III von EMV-Richtlinie und EMVG).

Als Voraussetzung für das Inverkehrbringen fordert das EMVG in Abschnitt 4 die Einhaltung der im selben Abschnitt (4)formulierten und in Anhang III näher erläuterten Schutzanforderungen, die wörtlich den Schutzanforderungen der EMV-Richtlinie entsprechen, und vermutet deren Erfüllung bei der Einhaltung der „einschlägigen Harmonisierten Europäischen Normen," ohne konkreten Verweis auf bestimmte Normen, fügt aber hinzu: „... deren Fundstellen im Amtsblatt der Europäischen Gemeinschaften veröffentlicht wurden" und setzt mit diesen die entsprechenden DIN/VDE-Normen gleich, deren Fundstellen ihrerseits „im Amtsblatt des Bundesministeriums für Post und Telekommunikation" veröffentlicht werden. In der juristischen Praxis bedeutet das, daß es nicht genügt, wenn eine (anscheinend) zutreffende Norm – sei sie als Europäische Norm oder als DIN/VDE-Norm erschienen und käuflich zu erwerben – anzuwenden, sondern daß diese Norm eben auch im Amtsblatt der EG (*englischer Titel „Official Journal"*) in einer Liste aufgeführt – im Jargon der betroffenen Fachkreise: dort „gelistet" – sein muß. Die entsprechende Liste hat in der deutschen Version den Titel „Mitteilung der Kommission im Rahmen der Durchführung der Richtlinie [89/336/EWG] des Rates, geändert durch die Richtlinie [92/31/EWG], über die Elektromagnetische Verträglichkeit. – Veröffentlichung der Titel und der Referenzen der harmonisierten Normen im Sinne dieser Richtlinie mit dem Zusatz „Text von Bedeutung für den EWR".

Hat ein Hersteller oder sein Bevollmächtigter solche „einschlägigen Harmonisierten Europäischen Normen" für sein Produkt angewandt, dann ist er berechtigt, in eigener Verantwortung die Übereinstimmung des Produkts mit den Schutzzielen des EMV-Gesetzes durch eine EG-Konformitätserklärung zu bescheinigen und die CE-Konformitätskennzeichnung auf dem Produkt oder dessen Verpackung anzubringen.

Im Amtsblatt der EG wurden unter anderem folgende hier interessierende Normen veröffentlicht:

– EN 55011:1991	CISPR 11:1990	im Amtsblatt Nr. C 44/12 vom 19.02.1992
– EN 55014:1993	CISPR 14:1993	im Amtsblatt Nr. C 49/03 vom 17.02.1994
– EN 55015:1993	CISPR 15:1992	im Amtsblatt Nr. C 49/03 vom 17.02.1994
– EN 55015:1996	CISPR 15:1995	im Amtsblatt Nr. C 37/10 vom 06.02.1997
– EN 55014-2:1997	CISPR 14-2:1997	Vorläufer (EN 55104) – technisch identisch im Amtsblatt Nr. C 241/02 vom 16.09.1995
– EN 61547:1995	IEC (6)1547:1995	im Amtsblatt Nr. C 37/10 vom 06.02.1997
– EN 601-1-2:1993	IEC (60)601-1-2:1993	im Amtsblatt Nr. C 241/02 vom 16.09.1995
– EN 55103-1		im Amtsblatt Nr. C 270/06 vom 06.09.1997
– EN 55103-2		im Amtsblatt Nr. C 270/06 vom 06.09.1997
– EN 50081-1:1992		im Amtsblatt Nr. C 90/02 vom 10.04.1992
– EN 50081-2:1993		im Amtsblatt Nr. C 49/03 vom 17.02.1994
– EN 50082-1:1992		im Amtsblatt Nr. C 90/02 vom 10.04.1992
– EN 50082-2:1995		im Amtsblatt Nr. C 241/02 vom 16.09.1995

Aus den Ausführungen ist erkennbar, daß eine fachlich einschlägige Europäische Norm mindestens im Amtsblatt der Europäischen Gemeinschaft als anwendbar im Rahmen der EMV-Richtlinie erklärt worden sein muß, bevor ein Hersteller sie als Grundlage seiner EG-Konformitätserklärung anwenden darf. Ist beispielsweise eine Produktnorm zur Störfestigkeit zwar vorhanden, aber noch nicht als anwendbar im Rahmen der EMV-Richtlinie erklärt, muß sich der Hersteller bei seiner EG-Konformitätserklärung auf die für ihn anwendbare Fachgrundnorm (z. B. EN 50082-1) beziehen. Selbstverständlich kann und sollte er die detaillierten Aussagen der kommenden Produktnorm im Rahmen des durch die Fachgrundnorm gegebenen Ermessensspielraums (Generalklausel) berücksichtigen.

Die beiden letzten Absätze von Anhang III sind wichtig für Geräte, deren Auslegung für Störaussendung oder Störfestigkeit nicht dem „normalen EMV-Umfeld" entspricht.

In Abschnitt 14 des EMVG wird bestimmt, daß das „Gesetz über den Betrieb von Hochfrequenzgeräten" vom 9. August 1949 (HfrGerG) und das „Durchführungsgesetz EG-Richtlinien Funkstörungen" vom 4. August 1978 mit Ablauf des 31. Dezember 1995 außer Kraft treten (bzw. getreten sind). Vor allem das HfrGerG war in den Fachkreisen auch außerhalb der eigentlichen Funk-Entstörung weitgehend bekannt.

In Abschnitt 14 war ursprünglich eine jetzt hier entfallene Anpassungsklausel in der folgenden Form enthalten:

„Genehmigungen, die auf Grund des Gesetzes über den Betrieb von Hochfrequenzgeräten erteilt wurden, gelten weiter. Verursachen diese Geräte elektromagnetische Störungen, so sind die Vorschriften dieses Gesetzes anzuwenden."

Diese Aussage findet man jetzt in den Übergangsvorschriften des Abschnitts 13 EMVG, wo geregelt ist, daß Geräte, die in Übereinstimmung mit früheren Regelungen betrieben werden durften, auch nach dem 31. Dezember 1995 ohne zusätzliche Anforderungen weiter benutzt werden dürfen. Nur dann, wenn diese Geräte elektromagnetische Störungen verursachen, können nach Abschnitt 7 EMVG gegebenenfalls Abhilfemaßnahmen gefordert werden.*⁾

Ergänzend sollte erwähnt werden, daß mit dem 1. EMVG-Änderungsgesetz an verschiedenen Stellen, vor allem in Abschnitt 2, anstelle von „Europäische Gemeinschaft" nun „Europäische Union oder eines anderen Vertragsstaates des Abkommens über den Europäischen Wirtschaftsraum" gesetzt wurde.

Der Umfang der Begriffsbestimmungen in Abschnitt 2 wurde wesentlich erweitert, teils wurden auch die Begriffe präzisiert, z. B. der des „Herstellers". Neu aufgenommen wurden u. a. das „Inverkehrbringen", der „Apparat", das „System", die „Anlage" und das „Netz".

Die Bestimmungen über die in der Gebrauchsanweisung zu machenden Angaben zum bestimmungsgemäßen Betrieb, die bisher etwas versteckt im Anhang III standen, wurden nach vorn in den Abschnitt 3 Abs. 1 Nr. 4 geholt und in bezug auf Einschränkungen beim Betrieb – wenn das Gerät nicht für alle elektromagnetischen Umgebungsbedingungen geeignet ist (siehe Abschnitt 5 Satz Nr. 3 b) – konkretisiert.

[Voraussetzungen für das Inverkehrbringen von Produkten nach EMVG]

Im Rahmen der EMV-Richtlinie (bzw. des EMVG) gibt es für den Hersteller/Importeur zwei Wege, um zu einer EG-Konformitätserklärung (in eigener Verantwortung) und zur Anbringung der CE-Kennzeichnung zu gelangen:

1. Nach § 4 Absatz 2 des EMVG wird davon ausgegangen (es wird vermutet), daß ein Produkt die Grundlegenden Anforderungen einhält, wenn es mit den einschlägigen Harmonisierten Europäischen Normen übereinstimmt, deren Fundstellen im Amtsblatt (*Official Journal*) der EG veröffentlicht wurden. Diese Normen werden in nationale Normen (z. B. VDE-Bestimmungen) umgesetzt, und deren Fundstellen wiederum werden in nationalen Amtsblättern (in Deutschland im Amtsblatt des Bundesministers für Post und Telekommunikation [BMPT]) veröffentlicht. Der Nachweis, daß die Anforderungen der einschlägigen Norm(en) erfüllt wurden, ist grundsätzlich in einem Prüfbericht niederzulegen. Dieser Prüfbericht kann dabei entweder in einem Prüflabor des Herstellers erstellt werden oder aus einem externen (z. B. von BAPT, DATech oder DEKITZ) akkreditierten Prüflabor stammen. Der Prüfbericht muß vom „Inverkehrbringer" (Hersteller/Importeur) zur Einsicht durch die zuständige Behörde (in Deutschland ist das das Bundesamt für Post und Telekommunikation [BAPT] in Mainz) bereitgehalten werden.

2. Gibt es keine einschlägigen Harmonisierten Normen oder werden existierende Normen nicht oder nur teilweise (d. h. unvollständig) erfüllt, so gibt es einen zweiten Weg über eine zuständige Stelle (*Competent Body*) z. B. mit BAPT-

---

*⁾ Anmerkung: In Deutschland sind die Gesetze zu beziehen bei der Bundesanzeiger Verlagsgesellschaft m.b.H.; Postfach 1320; D-53003 Bonn; Telefon Vertrieb: (02 28)3 82 08 40; Telefax Vertrieb: (02 28)3 82 08 44.

Akkreditierung. Derartige Stellen gibt es in allen Mitgliedstaaten der EU, und sie können frei gewählt werden. Sie prüfen an Hand der Konstruktionsunterlagen des Produkts und ggf. der Prüfergebnisse eines akkreditierten Labors (*Technical Construction File Route*), ob das Produkt die Schutzanforderungen erfüllt, und stellen im Falle der Übereinstimmung eine Bescheinigung (in Deutschland gemäß § 4 Absatz 3 des EMVG) aus. Eine solche Bescheinigung erlaubt es dann dem „Inverkehrbringer", die Konformitätserklärung auszufertigen und die CE-Kennzeichnung am Produkt oder dessen Verpackung anzubringen. Nach § 5 Absatz 2 EMVG muß auch hier der Technische Bericht zur Einsicht für die zuständige Behörde bereitgehalten werden. Die Aufbewahrungsfrist für diese Unterlagen ist in Absatz 3 des § 5 mit 10 Jahren nach dem Inverkehrbringen festgeschrieben.

Im Falle der Nichtübereinstimmung mit den Schutzanforderungen darf grundsätzlich keine Vermarktung in den Ländern der EU erfolgen.
Achtung: Für das Jahr 1997 ist eine 2. Neufassung des EMVG geplant. Es sollte nur noch die Herausgabe eines neuen „Leitfadens zur Anwendung der EMV-Richtlinie" durch Brüssel abgewartet werden. Dieser Leitfaden ist mit dem „länglichen" Titel *„Guidelines for the application of council directive 89/336/EEC of 3 May 1989 on the approximation of the laws of member states relating to electromagnetic compatibility (directive 89/336/EEC amended by directives 91/263/EEC, 92/31/EEC, 93/68/EEC, 93/97/EEC)"* am 26 Mai 1997 erschienen, so daß der Herausgabe einer neuen Fassung des Gesetzes nichts mehr im Wege stehen sollte.

10.6.2 Das Medizinproduktegesetz (MPG)

Das Medizinproduktegesetz (MPG) wurde am 16. Juni 1994 vom Deutschen Bundestag gebilligt und am 8. Juli 1994 vom Bundesrat angenommen, so daß es am 9. August 1994 im Bundesgesetzblatt [Nr. 52, Teil 1] der Bundesrepublik Deutschland veröffentlicht werden konnte. Es setzt drei Richtlinien der EU in deutsches Recht um, und zwar
– die Richtlinie über Medizinprodukte [93/42/EWG],
– die Richtlinie über aktive implantierbare medizinische Geräte [90/385/EWG],
– die Richtlinie über die CE-Kennzeichnung [93/68/EWG].
Die einschlägige Norm EN 601-1-2:1993 zur EMV für medizinische elektrische Geräte und Systeme wurde im Amtsblatt der EU [Nr. C 204/22 vom 9. August 1995] ebenfalls unter der Medizinprodukte-Richtlinie veröffentlicht.

[Voraussetzungen für das Inverkehrbringen von Produkten nach MPG]

Hier ist die Situation etwas komplizierter als beim EMVG, da es im Rahmen dieses Gesetzes (bzw. der übergeordneten Richtlinie) nach deren Artikel 9 verschiedene Produktklassen zu berücksichtigen gilt. Die Klassifizierungsregeln sind im Anhang IX zur MDD zu finden. Je nach anzuwendender Klasse (I, IIa, IIb oder III) sind unterschiedliche Konformitätsbewertungsverfahren durchzuführen.

- Für die Produkte der Klasse III – das sind Geräte mit dem höchsten Anspruch – muß der Hersteller gemäß Artikel 11 Absatz 1 entweder ein vollständiges Qualitäts-Management-System unterhalten und dieses durch eine benannte Stelle nach Anhang II der MDD zertifizieren lassen (dazu gehört auch die nach Abschnitt 4 geforderte Prüfung der Produktauslegung an Hand der Auslegungsdokumentation durch die benannte Stelle), oder er muß neben der EG-Baumusterprüfung durch eine benannte Stelle gemäß Anhang III entweder das Verfahren zur EG-Prüfung nach Anhang IV anwenden oder ein zertifiziertes Qualitäts-Management-System im Bereich der Produktion nach Anhang V unterhalten.
- Für Produkte der Klasse IIb (das sind z. B. Röntgendiagnostik-Einrichtungen) gilt nach Absatz 3 des Artikels 11 des MDD ebenfalls die Verpflichtung, ein vollständiges zertifiziertes Qualitäts-Management-System zu unterhalten. Lediglich der Abschnitt 4 des Anhangs II findet hier keine Anwendung, d. h., eine Prüfung der Produktauslegung ist nicht erforderlich, oder, wie bei der Klasse III ausgeführt, es kann mit einer EG-Baumusterprüfung nach Anhang III gearbeitet werden und entweder zusätzlich mit einer EG-Prüfung nach Anhang IV, einem zertifizierten Qualitäts-Management-System in der Produktion nach Anhang V oder – als einer weiteren Alternative – mit einer EG-Konformitätserklärung (Qualitätssicherung für Produkt ⇔ Endprüfung) nach Anhang VI.
- Für Produkte der Klasse IIa kann der Hersteller zwischen drei Alternativen wählen. Dabei ist grundsätzlich die EG-Konformitätserklärung nach Anhang VII erforderlich, mit der der Hersteller bestätigt, daß er die einschlägigen Bestimmungen dieser Richtlinie befolgt.

Zusätzlich muß entweder:

1. das Verfahren der EG-Prüfung nach Anhang VI,
2. das Verfahren der EG-Konformitätserklärung (Qualitäts-Management-System in der Produktion) nach Anhang V oder
3. das Verfahren der EG-Konformitätserklärung (Qualitätssicherung für Produkt ⇔ Endprüfung) nach Anhang VI angewandt werden.

Für Produkte mit Meßfunktionen und für sterile Produkte muß grundsätzlich eine benannte Stelle eingeschaltet werden.

- Für Produkte der Klasse I genügt es, wenn der Hersteller die EG-Konformitätserklärung nach Anhang VII abgibt.

Hersteller unterschiedlicher Medizinprodukte, die in mehrere dieser Klassen fallen, können ein einziges Verfahren wählen, das dann aber der „höchsten" anzuwendenden Klasse entsprechen muß.

Langfristig wird dieser Umstand – zumindest bei den größeren Herstellern – zu umfassenden vollständigen zertifizierten Qualitäts-Management-Systemen führen, die von benannten Stellen (wie dem TÜV Product Service) überwacht (d. h. auditiert) werden. Im Rahmen dieser Zertifizierung werden auch alle Aktivitäten in den Tätigkeitsbereichen Planen, Entwickeln, Beschaffen und Instandhalten erfaßt.

An die CE-Kennzeichnung dieser Produkte ist die vierstellige Kennummer der jeweiligen zertifizierenden benannten Stelle (z. B. CE_{0123} für den TÜV PS) zu setzen. Dies gilt aber grundsätzlich nicht für Produkte der Klasse I.
Auch in der MDD wird in Artikel 5 ausgesagt, daß davon ausgegangen werden kann, daß die Grundlegenden Anforderungen als erfüllt gelten, wenn der Nachweis der Übereinstimmung mit den einschlägigen Harmonisierten Europäischen Normen erbracht wurde.

10.6.3 Rückblick auf das Hochfrequenzgerätegesetz (HfrGerG), das Durchführungsgesetz Funkstörungen (FunkStörG) und die dazu erlassenen Verwaltungsanweisungen

Um das volle Ausmaß der in den letzten Jahren vollzogenen Änderungen im Rahmen der Zulassung bzw. Genehmigung von Geräten und Betriebsmitteln zu verstehen, soll hier kurz ein Blick auf die Vergangenheit der EMV-Regeln – die im wesentlichen durch die Anforderungen zur Funk-Entstörung geprägt waren – gerichtet werden.
Kurz vor der Gründung der Bundesrepublik Deutschland erließ der damalige Wirtschaftsrat am 9. August 1949 das Hochfrequenzgerätegesetz. Es bezog sich gemäß § 1 auf das Betreiben von „Geräten und Einrichtungen, die elektromagnetische Schwingungen im Bereich von 10 kHz bis 3 000 000 MHz erzeugen oder verwenden" (sogenannte Hochfrequenzgeräte) und stellte diese unter eine Genehmigungspflicht. Ausdrücklich ausgeschlossen wurden Hochfrequenzgeräte, die zur fernmeldemäßigen Übermittlung bestimmt sind, denn diese fielen bereits damals unter das Fernmeldeanlagengesetz von 1928. Das Hochfrequenzgerätegesetz galt bis zum 31. Dezember 1995; es wurde durch das EMV-Gesetz abgelöst.
Im § 2 wurde das zugehörige Genehmigungsrecht der „Verwaltung für das Post- und Fernmeldewesen" übertragen.
Bereits hier wurden drei Frequenzbänder (13,56 MHz ±0,05 %; 27,12 MHz ±0,6 % und 40,68 MHz ±0,05 %) festgelegt, die als „ISM-Frequenzen" ohne Beschränkungen für die Nutzung für „nicht-fernmeldemäßige Zwecke" freigegeben wurden.
Der § 3 ging auf die Möglichkeit von „Allgemeinen Genehmigungen" für bestimmte Baumuster von Hochfrequenzgeräten ein und legte fest, daß diese Genehmigungen im Amtsblatt der Verwaltung für das Post- und Fernmeldewesen zu veröffentlichen waren.
Die §§ 4 bis 6 beschäftigten sich mit dem Genehmigungsrecht.
Im § 7 war festgelegt, daß Betreiber von Hochfrequenzgeräten, die vor dem Inkrafttreten dieses Gesetzes in Betrieb genommen worden waren, nachträglich eine Genehmigung zu beantragen hatten, und der § 8 regelte die Ordnungswidrigkeiten gegen dieses Gesetz.
Das Gesetz trat gemäß § 9 am 9. September 1949 in Kraft.
Die Genehmigungen für den Betrieb von Hochfrequenzgeräten ließen sich in drei Kategorien aufteilen:

- die „Einzelgenehmigung" seriengeprüfter und zugelassener Geräte: die meßtechnische Überprüfung wurde von der VDE-Prüfstelle in Offenbach durchgeführt und die Zulassung (seit 1982) durch das Zentralamt für Zulassungen im Fernmeldewesen (ZZF) in Mainz erteilt, vorher erfolgte dies durch das Fernmeldetechnische Zentralamt (FTZ) in Darmstadt;
- die „Einzelgenehmigung" auf Grund einer Messung am Betriebsort durch das zuständige Fernmeldeamt (oder Funkamt) mit Funkstörungs-Meßstelle;
- eine „Allgemeine Genehmigung", die bei Erfüllung bestimmter Bedingungen als erteilt galt und keine Genehmigung für das einzelne Produkt erforderte.

In den folgenden Jahren wurde dann eine Reihe von „Allgemeinen Genehmigungen" in Form von Amtsblatts-Verfügungen des Bundesministers für das Post- und Fernmeldewesen veröffentlicht:
- Verfügung Nr. 345/1952, Gesetz über den Betrieb von Hochfrequenzgeräten, Liste Nr. 1 der „Allgemeinen Genehmigungen" für Hochfrequenzgeräte.
  Diese Vfg. enthielt eine Reihe technischer und organisatorischer Anforderungen für die Produktgruppen „Meßsender", „Prüfsender", „Eichsender", „Pegelsender", „Geräte zur Fehlerortung an Kabeln", Frequenzmesser" und „Vergleichsstörer".
- Verfügung Nr. 522/1953, - ,
  Liste Nr. 2 für „Magnetbandgeräte" (alle Fabrikate), ein Ultraschall-Lötgerät der Fa. Siemens-Schuckert, einen Hochfrequenz-Vakuumprüfer der Fa. Rudolf Krause, ein Hochfrequenz-Heilgerät der Fa. Rudolf Messerschmidt
  Die Genehmigung des Hochfrequenz-Vakuumprüfers der Fa. Krause wurde mit der Vfg. Nr. 457/1957 widerrufen, und der Betrieb dieser Geräte ohne (Einzel-)Genehmigung der zuständigen Oberpostdirektion wurde unter Strafe gestellt.
- Verfügung Nr. 458/1957, - ,
  Liste 3 für ein Rohrleitungs- und Kabelsuchgerät der Fa. Dynacord und ein HF-Ultraschallgerät der Fa. Branson Instruments/USA
- Verfügung Nr. 271/1958, - ,
  Liste 4 für ein Musikinstrument der Fa. Hohner
- Verfügung Nr. 620/1958, - ,
  Liste 5 für ein Annäherungs-Anzeigegerät der Fa. Universal-Electronic-KG
- Verfügung Nr. 480/1959, - ,
  Liste 6 für einen Hochfrequenz-Spannungswandlerbaustein zum Einbau in Elektrokardiographen der Fa. Hellige & Co. GmbH
- Verfügung Nr. 136/1960, - ,
  Liste 7 für ein Metallsuchgerät der Fa. F.C. Müller Apparatebau
- Verfügung Nr. 307/1960, - ,
  Liste 8 für einen „drahtlosen Ferndirigenten" der Fa. Grundig Radio-Werke GmbH

- Verfügung Nr. 28/1961, –,
  Liste 9 für ein Musikinstrument der Fa. Matth. Hohner AG
- Verfügung Nr. 647/1961, –,
  Liste 10 für alle Arten von:
  1. Elektronischen Meß-, Prüf- und Regeleinrichtungen mit HF-Generatoren,
  2. Gleichspannungswandler für die Umwandlung von Gleich- in Wechselstrom mittels Hochfrequenz, die die angegebenen Auflagen erfüllen.
- Verfügung Nr. 696/1961, –,
  Liste 11 für zwei Annäherungs-Anzeigegeräte der Fa. Telefon und Normalzeit GmbH
- Verfügung Nr. 672/1963, –,
  Liste 12 für eine Feldraumschutzanlage der Fa. Siemens & Halske AG
- Verfügung Nr. 40/1964, –
  Liste 13 für ein Musikinstrument der Fa. Matth. Hohner AG
- Verfügung Nr. 191/1964, –,
  Liste 14 für ein Musikinstrument der Fa. Matth. Hohner AG und einen Elektronischen Impulsgeber der Fa. AEG
- Verfügung Nr. 285/1965, –,
  Liste 15 für eine elektronische Zungenorgel der Fa. Ingenieur Adolf Michel
- Verfügung Nr. 546/1965, –,
  Liste 16 für eine Feldraumschutzanlage der Fa. Siemens & Halske AG
- Verfügung Nr. 579/1966, –,
  Liste 17 für ein Annäherungs-Schaltgerät der Fa. Rokal GmbH
- Im Bundesanzeiger Nr. 232 vom 13. Dezember 1966 und im Amtsblatt des Bundesministers für das Post- und Fernmeldewesen vom 6. März 1967 findet sich als Verfügung Nr. 171/1967 eine „Allgemeine Genehmigung nach dem Gesetz über den Betrieb von Hochfrequenzgeräten … für den Betrieb von elektrischen Geräten, Maschinen und Anlagen, die unter die Bestimmungen des Verbandes Deutscher Elektrotechniker VDE 0875/8.66 fallen, nicht zur fernmeldemäßigen Übermittlung bestimmt sind und Hochfrequenz erzeugen".
  Mit dieser Verfügung wurden neben den bislang betroffenen Hochfrequenzgeräten (die unter die VDE 0871 vom November 1960 fielen) auch die elektrischen Betriebsmittel erfaßt, für die es zwar Bestimmungen zu ihrer Funk-Entstörung gab (die VDE 0875), die ursprünglich aber von dem Gesetz nicht erfaßt wurden. Neben der Einhaltung der Anforderungen aus der VDE 0875:8.66 wurde für seriengefertigte Geräte im § 3 die Kennzeichnung mit dem Funkschutzzeichen des VDE gefordert. Eine rückwirkende Anwendung auf bereits in Betrieb befindliche Einrichtungen wurde nicht erhoben (§ 4).
- In einer weiteren Verfügung (Nr. 172/67) wurden dann auszugsweise die Grenzwerte der VDE 0875 für „Dauer- und Knackstörungen" mit den „Funkstörgraden" K(lein), N(ormal) und G(rob) wiedergegeben. Es folgten Angaben zur Durchführung der Messungen und zur Beurteilung der Meßergebnisse (§ 5) und zum Geltungsbereich der Funkstörgrade (§ 6). In einem weiteren Paragraphen (§ 11) wur-

den dann spezifische Angaben für bestimmte Produktgruppen gemacht, mit denen Inhalte anderer Normen korrigiert werden konnten.
- Die Verfügung 173/1967 enthielt eine Ergänzung zur „Allgemeinen Genehmigung" für solche Hochfrequenzgeräte, „die auf Grund ihres Aufbaus, ihres Verwendungszwecks oder besonderer Maßnahmen keine Funkstörungen erwarten ließen" (Funkstörgrad 0), und
- die Verfügung 174/1967 wies auf ein „Merkblatt" hin mit dem Titel: „Merkblatt zur Allgemeinen Genehmigung für den Betrieb von elektrischen Geräten, Maschinen und Anlagen nach dem Gesetz über den Betrieb von Hochfrequenzgeräten vom 9. August 1949". Dieses sollte „den Betrieben des einschlägigen Fachhandwerks, des Einzelhandels, des Außenhandels unaufgefordert und den Benutzern ... bei Bedarf kostenlos überlassen" werden.

Die „Allgemeine Genehmigung" der unter die VDE 0875 fallenden Geräte von 1966 wurde in den folgenden Jahren jeweils an die Folgeausgaben der Norm angepaßt (durch Verfügung 319/1973, Verfügung 560/1977, Verfügung 202/1979 und zuletzt durch die Verfügungen Nr. 1044 und 1045 vom 14. Dezember 1984 – siehe unten).

- Verfügung Nr. 495/1969, –, mit einer „Allgemeinen Genehmigung für den Betrieb von halbleiterbestückten Stromumformungsgeräten, die zur Umformung von Gleich- in Wechselstrom für Leuchtstofflampen in Landfahrzeugen dienen".

Am 4. August 1978 verabschiedete der Deutsche Bundestag in Erfüllung der Auflagen aus erlassenen EG-Richtlinien das „Gesetz zur Durchführung der Richtlinien des Rates der Europäischen Gemeinschaften zur Angleichung der Rechtsvorschriften der Mitgliedstaaten über Funkstörungen durch Hochfrequenzgeräte und Funkanlagen – Durchführungsgesetz EG-Richtlinien Funkstörungen – FunkStörG), das sich aber in seinem § 1 nicht – wie es der Titel erwarten ließ – auf Geräte mit beabsichtigter Hochfrequenzerzeugung bezog, sondern „auf das Inverkehrbringen von Elektrohaushaltgeräten, handgeführten Elektrowerkzeugen und ähnlichen Geräten ... sowie von Leuchten mit Startern für Leuchtstofflampen" anzuwenden war. Erst im § 5 wurde die Möglichkeit der Einbeziehung weiterer Hochfrequenzgeräte und Funkanlagen erwähnt. Das Gesetz definierte als Ordnungswidrigkeit, Geräte oder Leuchten in Verkehr zu bringen, die die in den Anhängen der Richtlinien ausgewiesenen Grenzwerte nicht einhielten oder nicht mit dem vorgeschriebenen Prüfzeichen versehen waren.

Ein „Erstes Gesetz zur Änderung des Durchführungsgesetzes EG-Richtlinien Funkstörungen" vom 2. August 1984 enthielt in § 2 in Umsetzung der Richtlinie der Kommission [83/447/EWG] vom August 1983 den neu gefaßten Satz 3:
„Serienmäßig hergestellte Geräte und Leuchten dürfen nur in den Verkehr gebracht werden, wenn sie zum Nachweis der Übereinstimmung mit den Vorschriften dieses Gesetzes
- mit einem Prüfzeichen gekennzeichnet sind, das aufgrund einer vorherigen Typprüfung durch eine amtlich ermächtigte Stelle erteilt worden ist – oder

– mit einer Bescheinigung diesen Inhalts in deutscher Sprache versehen sind, die vom Hersteller oder Importeur auszustellen und auf der Gebrauchsanweisung oder dem Garantieschein zu vermerken oder auf dem Gerät oder der Leuchte anzubringen ist."

Durch eine „Funkstörverordnung" vom 28. August 1984 wurden die im FunkStörG vom 4. August 1978 aus den EG-Richtlinien vom 4. November 1976 entnommenen Anhänge 1 und 2 ersetzt durch die EG-Richtlinien vom 7. Juni 1982. In einer Neufassung vom 16. Februar 1989 wurden die Gesetzesanhänge schließlich in Anlehnung an die EG-Richtlinien vom 2./3. Juni 1987 aktualisiert. In den neuen Anhängen wurde dabei bereits auf EN 55014 und EN 55015 Bezug genommen und als Fußnote vermerkt, daß diese – in ihrer Ausgabe vom Februar 1987 – identisch mit den Deutschen Normen DIN VDE 0875 Teile 1 und 2: Ausgabe 12.88 sind.

Mit einer Allgemeinen Genehmigung war in der Vergangenheit die Verpflichtung verbunden, seriengefertigte Geräte einer Approbationsprüfung zu unterziehen und den Erfolg einer bestandenen Prüfung mit dem Funkschutzzeichen des VDE kenntlich zu machen. Die herstellende Industrie hat dieser Forderung oft mit der Begründung widersprochen, „es sei unbillig, ständig einen Nachweis für die Befolgung gesetzlicher Bestimmungen durch Anbringen von Kennzeichnungen auf den Produkten zu verlangen, während dies für den Nachweis anderer Anforderungen (z. B. aus dem Gerätesicherheitsgesetz) ohne Prüfzeichen möglich sei, obwohl bei sicherheitstechnischen Unzulänglichkeiten eine unmittelbare Gefahr für Leib und Leben der Betroffenen gegeben sein könne." Dieser Meinung wurde entgegengehalten, daß die Gerätesicherheit die Hersteller an sich schon zu größerer Vorsicht und Umsicht veranlassen würde, wohingegen Fragen des Umweltschutzes erfahrungsgemäß von so manchem Hersteller nicht „ganz ernst" genommen würden. Wo Mißbrauch und Mißachtung von Vorschriften oder Gesetzen zum Schaden anderer häufig vorkommen und nicht leicht erkannt werden können, seien strengere ordnungspolitische Maßnahmen erforderlich.

Die Herausgabe einer Richtlinie der EG zu ISM-Geräten war lange geplant, eine solche wurde aber nie veröffentlicht, so daß erst mit der Richtlinie 89/336/EWG vom 3. Mai 1989 eine europaweite Regelung für diese Gerätefamilie angestoßen wurde. Auf nationaler Ebene wurde diesem „Mangel" durch entsprechende Post-Verfügungen „abgeholfen". Es wurden u. a. veröffentlicht:

– Verfügung 523/1969 vom 28. August 1969 mit dem Abdruck des „Gesetzes über den Betrieb von Hochfrequenzgeräten" vom 9. August 1949 in der Fassung vom 1. Oktober 1968, einer „Verwaltungsanweisung zum Gesetz über den Betrieb von Hochfrequenzgeräten – VAnwHfrGerG" als Ersatz für die Verfügung Nr. 742/1961, die durch Verfügung 173/1967 geändert worden war, sowie als Anlage 1 die „Technischen Vorschriften der Deutschen Bundespost für Hochfrequenzgeräte und -anlagen", als Anlage 2 ein „Merkblatt für die technische Prüfung von serienmäßig hergestellten Hochfrequenzgeräten" und in weiteren Anlagen die Vorlagen für Genehmigungsurkunden und Anträge auf Genehmigung zum Betrieb eines Hochfrequenzgeräts (der sogenannten Doppelkarte). Diese Verfügung

diente sehr lange Zeit als Grundlage für die Einzelgenehmigungen von Hochfrequenzgeräten und enthielt alle Einzelheiten zu diesen wichtigen Regelungen.[*]
- Verfügung 528/1979 gab an, daß das Errichten und Betreiben von Meßempfängern für Labor- und Werkstattzwecke nach Vfg. 526/1979 allgemein genehmigt war und daß die in der Vfg. 345/1953 allgemein genehmigten „Frequenzmesser aller Art" nicht unter das HFrGerG fielen, da sie zur Gruppe der Geräte gehörten, die der fernmeldemäßigen Übermittlung dienten.
- Verfügung 529/1979 mit einer „Allgemeinen Genehmigung für Elektronische Datenverarbeitungs-Anlagen", mit der Forderung nach Einhaltung von
  • Funkstörspannungs-Grenzwerten im Frequenzbereich von 10 kHz bis 150 kHz, die sich aus der Extrapolation der Grenzwertkurve für den Bereich von 150 kHz bis 500 kHz des Störgrads N der VDE 0875/8.66 zu tieferen Frequenzen hin ergeben, jedoch um 12 dB reduziert und weiterhin die Einhaltung dieser Grenzwerte bis 30 MHz ebenfalls unter Abzug von 12 dB;
  • Grenzwerten von 50 µV/m für die magnetische Feldstärke in 30 m Meßentfernung im Frequenzbereich von 10 kHz bis 30 MHz und
  • Grenzwerten von 30 µV/m für die elektrische Feldstärke oberhalb 30 MHz.
- Verfügung 1115/1982 vom 13. Dezember 1982, mit einer „Allgemeinen Genehmigung für den Betrieb von Hochfrequenzgeräten", die nach der DIN 57871 (VDE 0871):6.78 „Funk-Entstörung von Hochfrequenzgeräten für industrielle, wissenschaftliche, medizinische (ISM) und ähnliche Zwecke" die Grenzwertklasse B einhielten. Die Vfg. ersetzte eine Reihe „alter" Verfügungen und umfaßte Datenverarbeitungsanlagen, Geräte mit Schaltnetzteilen, Ultraschallgeräte, Induktionskochplatten und Mikrowellenherde, Geräte mit Mikroprozessorsteuerung, Leuchtstofflampen mit elektronischen Vorschaltgeräten, elektronische Musikinstrumente, Geräte mit HF-Generatoren und Meßsender.

Neben der Einhaltung der o. g. Norm wurde u. a. zusätzlich gefordert,
  • daß die dort als empfohlene Grenzwerte angegebenen Störspannungspegel im Frequenzbereich von 10 kHz bis 150 kHz verbindlich eingehalten wurden;
  • daß im Frequenzband von 470 MHz bis 1 000 MHz ein Grenzwert von 100 µV/m galt;
  • daß im Frequenzbereich von 30 MHz bis 300 MHz die Störleistung auf allen angeschlossenen oder anschließbaren Leitungen einen Pegel von 33 dB (pW)

---

[*] Anmerkung: „Vorgänger" dieser umfassenden Verwaltungsanweisung waren die:
Vfg. 602/1950 gültig bis zum 30. November 1957
Vfg. 653/1957 gültig bis zum 31. Juli 1959
Vfg. 603/1958 mit einer Änderung der Anlage 1 – Grenzwert von 30 µV/m im Bereich von 41 MHz bis 68 MHz (ab 1. Januar 1959) und von 470 MHz bis 800 MHz (ab 1. Januar 1969)
Vfg. 311/1959 mit einer Änderung der Vfg. 653/1957
Vfg. 374/1959 gültig bis 31. Dezember 1961 und
Vfg. 742/1961 gültig bis 30. September 1969

bei 30 MHz, linear mit der Frequenz auf 43 dB (pW) bei 300 MHz ansteigend, nicht überschreiten durfte;
* daß bei Auftreten von Vorgängen mit Folgefrequenzen <10 kHz zusätzlich die DIN 57875 (VDE 0875):6.77 zu erfüllen war.

Für die in der o. g. Norm angegebenen Grenzwerte für die magnetische Feldstärke im Frequenzbereich von 10 kHz bis 30 MHz, die für eine Meßentfernung von 30 m galten, war eine Grenzwertkurve zur alternativen Messung angegeben, die die Messung in einer Entfernung von 3 m vorsah. Aufgrund der Tatsache, daß sie aus einem völlig anderen Störmodell abgeleitet war, ergab diese Alternative jedoch z.T. wesentlich schärfere Anforderungen.

Weiterhin war die Forderung nach der Kennzeichnung der Geräte mit dem Funkschutzzeichen des VDE („VDE 0871B") enthalten.

– Verfügung 1044/1984 als Ergänzung zur Vfg. 202/1979 zum Zwecke der Aktualisierung wegen der „neuen" EG-Richtlinien [82/499/EWG und 82/500/EWG] für Haushaltgeräte und Leuchten.

– Verfügung 1045/1984 als Ersatz für Vfg. 560/1977 mit einer Allgemeinen Genehmigung für Geräte, die unter die DIN 57875 Teil 1 (VDE 0875 Teil 1) oder die DIN 57875 Teil 2 (VDE 0875 Teil 2) bzw. den Entwurf der DIN 57875 Teil 3 (VDE 0875 Teil 3), alle vom November 1984, fielen.

– Verfügung 1046/1984 als Ersatz für Vfg. 1115/1982 mit einer Allgemeinen Genehmigung für Geräte, die unter die Grenzwertklasse B nach DIN 57871 (VDE 871) vom Juni 1978 fielen. Die Zusatzanforderungen waren annähernd identisch mit denen der Vfg. 1115.

– Verfügung 483/1986 zur Erweiterung der Vfg. 1046/1984 – die durch Vfg. 50/1985 (redaktionell) berichtigt worden war – u. a. mit erleichterten Grenzwerten (120 dB (µV/m) in 3 m Abstand bzw. 65 dB (µV/m) in 30 m Abstand) für die magnetische Feldstärke in den Frequenzbändern 15 kHz bis 19 kHz (für Zeilenfrequenzen von Sichtgeräten), 30 kHz bis 38 kHz und den Frequenzen 62,5 kHz; 78,125 kHz; 93,75 kHz; 109,375 kHz; 125 kHz und 140,625 kHz (für deren Oberwellen) mit einer Toleranz von jeweils ±1 kHz.

– Verfügung 745/1988 vom 28. August 1988 mit einer „Allgemeinen Genehmigung für Mikrowellenherde", die die Technischen Vorschriften der Deutschen Bundespost einhielten, deren Zulassung hatten und mit einer FTZ-Serienprüfnummer gekennzeichnet waren.

– Verfügung 242/1991 vom 11. Dezember 1991 (als Ergänzung zur Vfg. 1045/1984 zur Anwendung der neueren Normen) mit einer „Allgemeinen Genehmigung für Geräte, die unter die DIN VDE 0875 Teil 1, die DIN VDE 0875 Teil 2 oder die DIN VDE 0875 Teil 3, alle vom Dezember 1988", fielen.

– Verfügung 243/1991 vom 11. Dezember 1991 (als Ergänzung zur Vfg. 1046/1984 zur Anwendung der neueren Normen) mit einer „Allgemeinen Genehmigung für Hochfrequenzgeräte und -anlagen, die der Grenzwertklasse B der EN 55011 – die deutsche Version war zu der Zeit noch nicht verfügbar – oder DIN VDE 0878 Teil 3:11.89 unter Berücksichtigung der nationalen Anforderungen aus der Ergän-

zungsnorm DIN VDE 0878 Teil 30:11.89, entsprachen und u. a. folgende Zusatzforderungen erfüllten:
- Einhaltung der Grenzwerte für die Störspannung auf Netzleitungen von 110 dB (μV) für den Quasispitzenwert und 100 dB (μV) für den Mittelwert von 10 kHz bis 50 kHz, die dann bei 50 kHz auf 90 dB bzw. 80 dB „sprangen" und jeweils linear mit dem Logarithmus der Frequenz auf 80 dB bzw. 70 dB bei 150 kHz fielen;
- Einhaltung der Grenzwerte für die Störspannung auf ungeschirmten Leitungen, die nicht Netzleitungen waren, von 110 dB (μV) bzw. 100 dB (μV) für Quasispitzen- und Mittelwert zwischen 10 kHz und 50 kHz, von 90 dB auf 80 dB bzw. 80 dB auf 70 dB mit dem Logarithmus der Frequenz zwischen 50 kHz und 150 kHz fallend und mit 80 dB bzw. 70 dB zwischen 150 kHz und 500 kHz sowie mit 74 dB bzw. 64 dB von 500 kHz bis 30 MHz fortlaufend;
- Einhaltung der Grenzwerte für die magnetischen Feldstärke von 68 dB (μA/m) zwischen 10 kHz und 70 kHz, abfallend mit dem Logarithmus der Frequenz auf 38 dB bei 150 kHz, dann konstant bei diesem Wert bis 2 MHz, wiederum abfallend auf 26 dB bei 3,95 MHz und weiter auf 22 dB bei 5 MHz und weiter auf 2 dB bei 16 MHz und mit diesem Wert konstant bis 30 MHz;
- Einhaltung der Grenzwerte für die elektrische Feldstärke von konstant 34 dB (μV/m) zwischen 30 MHz und 230 MHz und von konstant 40 dB (μV/m) zwischen 230 MHz und 1 GHz;
- Einhaltung der Grenzwerte für die Funkstörstrahlungsleistung von 57 dB (pW) im Frequenzbereich von 1 GHz bis 18 GHz.
- Als Ersatz für die Verfügung 523/1969 wurden 1992 als Schriftstück BAPT 212 TV 2 die „Technischen Vorschriften für die Funk-Entstörung von einzelgenehmigungspflichtigen Hochfrequenzgeräten und -anlagen der Klasse A bei bestimmungsgemäßem Einsatz außerhalb von Wohngebieten" veröffentlicht, in denen Grenzwerte und andere Anforderungen für diese Produkte enthalten waren.

Mit dem Inkrafttreten des EMV-Gesetzes bzw. mit dem Ablauf der darin eingeräumten Übergangsfristen wurden alle vorherigen Verfügungen des BMPT ungültig.

11 Literatur

Funk-Entstörung und Elektromagnetische Verträglichkeit

Im folgenden Abschnitt ist eine Auswahl wichtiger Publikationen chronologisch aufgelistet, die seit Beginn der Normungsaktivitäten zu diesen Bereichen veröffentlicht wurden. Die Liste erhebt keinen Anspruch auf Vollständigkeit.

[1] Henning, E.: Vorschriften für die Funk-Entstörung von Geräten und Anlagen der Wehrmacht. Einführung zu VDE 0878. etz Elektrotechn. Z. 65 (1944), S. 5–6
[2] Volk, K.; Zechnall, R.: Die Funk-Entstörung von Geräten und Anlagen der Wehrmacht. etz Elektrotechn. Z. 65 (1944), S. 9–15
[3] Mennerich, W.: Regeln für die Funk-Entstörung von Geräten, Maschinen und Anlagen (ausgenommen Hochfrequenzgeräte) (Einführung zu den Regeln VDE 0875: 11. 51). etz Elektrotechn. Z. 72 (1951), S. 607–609
[4] Mennerich, W.: Funk-Entstörung von Maschinen, Geräten und Anlagen. (Einführung zum Entwurf 1 von VDE 0875/...51). etz Elektrotechn. Z. 72 (1951), S. 9–10
[5] Seelemann, F.: Funk-Entstörung. Darmstadt, Berlin: Otto Elsner Verlagsgesellschaft 1954
[6] Kebbel, W: Funk-Entstörung elektromedizinischer Geräte. Elektromedizin 1 (1955) H. 1, S. 4–8
[7] Pöhlmann, W.: Funkstörmessungen im UKW-Gebiet. Rohde & Schwarz-Mitteilungen (1957) H. 9
[8] Sucrow, R.: Kopplungsdämpfung. Der Fernmeldeingenieur 11 (1957) H. 12, S. 10–16
[9] Mennerich, W.: Zum Entwurf VDE 0875/...63. etz.-a Elektrotechn. Z. 84 (1963), S. 29–30
[10] Warner, A.: Taschenbuch der Funk-Entstörung. Berlin und Offenbach: VDE-VERLAG, 1965
[11] Warner, A.: Zur Terminologienormung bezogener physikalischer Größen. Muttersprache 76 (1966), S. 15–22
[12] Viehmann, H.: Deutsche und internationale Bestimmungen für die Funk-Entstörung. Fernmelde-Praxis 45 (1968), S. 701–706
[13] Meyer de Stadelhofen J.; Bersier R.: Die absorbierende Meßzange – eine neue Methode zur Messung von Störungen im Meterwellenbereich. Technische Mitteilung PTT 47 (1969), H. 3
[14] Seelemann, F.: Funkschutzzeichen obligatorisch vom 1. Januar 1971 an. etz.-b Elektrotechn. Z. 22 (1970), S. 483
[15] Wimmer, J.: Störleistungsmessung mit der absorbierenden Stromwandlerzange. etz.-b Elektrotechn. Z. 23 (1971), S. 651–653
[16] Orth, K.: Stand der Neuorganisation der Deutschen Elektrotechnischen Kommission – Fachnormenausschuß Elektrotechnik im DNA gemeinsam mit Vorschriftenausschuß des VDE. etz.-b Elektrotechn. Z. 23 (1971), S. M 135–138
[17] Steinert, W.: Funk-Entstörbestimmungen – Ein Beitrag zum elektrischen Umweltschutz. ntz Nachrichtentechn. Z. 26 (1973), S. K 126–127

[18] Labastille, R. M.: Funk-Entstörung und Statistik. etz.-b Elektrotechn. Z. 26 (1974), S. 56–57

[19] Labastille, R. M.: Die Funk-Entstörung von Geräten mit Klein- und Kleinstmotoren. Beitrag für die Fachtagung der Energietechnischen Gesellschaft im VDE (ETG) am 22. und 23. April 1975 in Hannover. Berlin und Offenbach: VDE-VERLAG, S. 114–121

[20] Seelemann, F.: Der Funkstörungsmeßdienst der Deutschen Bundespost und seine Vorgeschichte; 50 Jahre Funk-Entstörung 1924 bis 1974. Archiv für das Post- und Fernmeldewesen 28 (1976), S. 419–581

[21] Labastille, R. M.: Funk-Entstörung. Hütte Elektrische Energietechnik, Band 1 Maschinen, 29. Aufl., S. 318–324, Berlin/Heidelberg: Springer-Verlag, 1978.

[22] Bellen, F.; Sucrow, R.: Funkverträglichkeit in den Fernseh-Rundfunkbereichen (I). Fernmeldepraxis 55 (1978) H. 21, S. 833–848

[23] Bellen, F.; Sucrow, R.: Funkverträglichkeit in den Fernseh-Rundfunkbereichen (II). Fernmeldepraxis 55, (1978) H. 24, S. 963–971

[24] Bellen, F.; Sucrow, R.: Funkverträglichkeit in den Fernseh-Rundfunkbereichen (III). Fernmeldepraxis 56 (1979) H. 3, S. 85–102

[25] Bellen, F.; Sucrow, R.: Funkverträglichkeit in den Fernseh-Rundfunkbereichen (IV). Fernmeldepraxis 56 (1979) H. 6, S. 213–222

[26] Labastille, R. M.: CISPR und die Funk-Entstörbestimmungen. ntz Nachrichtentechn. Z. 33 (1980) H. 6, S. 404

[27] N. N.: Funk-Entstörung von Hausgeräten, Leuchten, elektrischen Anlagen, ISM-Geräten sowie zugehörige Meßgeräte und -verfahren. DIN-VDE-Taschenbuch 1, 1. Aufl., Stand der abgedruckten Normen: 31. Dezember 1986. Berlin, Köln: Beuth-Verlag; Berlin und Offenbach: VDE-VERLAG, 1987

[28] N. N.: Funk-Entstörung von Haushaltgeräten, Leuchten, elektrischen Anlagen, ISM-Geräten sowie zugehörige Meßgeräte und -verfahren. DIN-VDE-Taschenbuch 505; 2. Auflage 1992, Berlin und Offenbach: VDE-VERLAG

[29] Stecher, M.: Rechnergesteuerte Messung elektromagnetischer Störungen. Neues von Rohde & Schwarz – Teile 1 bis 3; 1989–1990

[30] Bergervoet J. R.; van Veen, H.: A large-loop antenna for magnetic field measurements. Proceedings of the 8th International Zurich Symposium on EMC (1989) 6B2, S. 29–34

[31] Fischer, P.: EMV-Störfestigkeitsprüfungen; EMV-Prüfungen in Entwicklung und Qualitätssicherung nach neuesten Normen und Methoden. Fischer, P.; Balzer, G.; Lutz, M. (Hrsg.); 2. neu bearb. und erw. Aufl., München: Franzis-Verlag, 1993

[32] Schwab, A. J.: Elektromagnetische Verträglichkeit. 3. überarb. u. erw. Aufl., Berlin; Heidelberg; New York: Springer-Verlag, 1994

[33] Rahmes, D.: EMV-Rechtsvorschriften und ihre Anwendung in der Praxis – 2. aktualisierte Auflage mit neuesten Hinweisen zur CE-Kennzeichnung von elektrischen und elektronischen Geräten für den gemeinsamen europäischen Binnenmarkt. München: Franzis-Verlag, 1995

[34] Kohling, A.: CE-Konformitätskennzeichnung – EMV-Richtlinie und EMV-Gesetz. 3. überarb. Auflage, Siemens PUBLICIS MCD, 1996

[35] Janssen, V.; Keller, M.: EMI Test Receiver ESCS30 – Spitzenklasse im Full-Compliance-Bereich. Neues von Rohde & Schwarz (1997/II) H. 154, S. 7–9

Vorgänger zu diesem Buch

Kommentare zu älteren Ausgaben der Normen „VDE 0871" und „VDE 0875"

[36] Warner, A.: Erläuterungen zu den Bestimmungen für die Funk-Entstörung von Geräten, Maschinen und Anlagen für Nennfrequenzen von 0 bis 10 kHz VDE 0875/1.65. VDE-Schriftenreihe Band 16. Berlin und Offenbach: VDE-VERLAG, 1965 Ergänzung a unter Berücksichtigung von VDE 0875/8.66 zu VDE-Schriftenreihe Heft 16, 1967

[37] Warner, A.: Erläuterungen zu den Bestimmungen für die Funk-Entstörung von Hochfrequenzgeräten und -anlagen. VDE 0871/3.68. VDE-Schriftenreihe Band 20. Berlin und Offenbach: VDE-VERLAG, 1970

[38] Warner, A.; Labastille, R. M.: Erläuterungen zur VDE-Bestimmung für die Funk-Entstörung von elektrischen Betriebsmitteln und Anlagen – DIN 57 875/VDE 0875/6.77 – und zu den entsprechenden Rechtsvorschriften der Deutschen Bundespost. 2., vollständig überarbeitete Auflage. VDE-Schriftenreihe Band 16. Berlin und Offenbach: VDE-VERLAG, 1981

[39] Labastille, R. M.; Warner, A.: Funk-Entstörung von elektrischen Betriebsmitteln und Anlagen – Erläuterungen zu VDE 0875. 3., vollst. neu bearbeitete Auflage. VDE-Schriftenreihe Band 16. Berlin und Offenbach: VDE-VERLAG, 1991

Normenauswahl für die EMV

Seit Sommer 1997 bietet der VDE-VERLAG GmbH eine Normenauswahl zur „Elektromagnetischen Verträglichkeit" sowohl in Papierform (4 Ordner) als auch auf Speichermedium (CD-ROM) an. Diese Normensammlungen werden regelmäßig auf neusten Stand gebracht. Einzelheiten zu diesem Angebot sind vom Verlag zu erfragen: Postfach 12 23 05, D-10591 Berlin

12 Normen und Vorschriften

12.1 Behandelte Normen

DIN EN 50065-1 (**VDE 0808 Teil 1**)	EN 50065-1	–
DIN EN 50199	EN 50199	–
–	prEN 50240	–
DIN EN 55011 (**VDE 0875 Teil 11**)	EN 55011	CISPR 11
DIN EN 55013 (**VDE 0872 Teil 13**)	EN 55013	CISPR 13
DIN EN 55014 (**VDE 0875 Teil 14-1**)	EN 55014	CISPR 14
DIN EN 55014-2 (**VDE 0875 Teil 14-2**)	EN 55014-2	CISPR 14-2
DIN EN 55015 (**VDE 0875 Teil 15-1**)	EN 55015	CISPR 15
DIN EN 61547 (**VDE 0875 Teil 15-2**)	EN 61547	IEC (6)1547
–	–	CISPR 19
DIN EN 55020 (**VDE 0872 Teil 20**)	EN 55020	CISPR 20
DIN EN 55022 (**VDE 0878 Teil 22**)	EN 55022	CISPR 22
E DIN EN 55024 (**VDE 0878 Teil 24**)	prEN 55024	D CISPR 24
– wird Beiblatt zu VDE 0875 Teil 11 –	–	CISPR 28
DIN EN 50081-1 (**VDE 0839 Teil 81-1**)	EN 50081-1	IEC 61000-6-3
DIN EN 50081-2 (**VDE 0839 Teil 81-2**)	EN 50081-2	IEC 61000-6-4
DIN EN 50082-1 (**VDE 0839 Teil 82-1**)	EN 50082-1	D IEC 61000-6-1
DIN EN 50082-2 (**VDE 0839 Teil 82-2**)	EN 50082-2	D IEC 61000-6-2
DIN EN 55103-1 (**VDE 0875 Teil 103-1**)	EN 55103-1	–
DIN EN 55103-2 (**VDE 0875 Teil 103-2**)	EN 55103-2	–
DIN EN 60601-1 (**VDE 0750 Teil 1**)	EN 60601-1	IEC (60)601-1
DIN EN 60601-1-1 (**VDE 0750 Teil 1-1**)	EN 60601-1-1	IEC (60)601-1-1
DIN EN 60601-1-2 (**VDE 0750 Teil 1-2**)	EN 60601-1-2	IEC (60)601-1-2
DIN EN 61000-3-2 (**VDE 0838 Teil 2**)	EN 61000-3-2	IEC (6)1000-3-2
DIN EN 61000-3-3 (**VDE 0838 Teil 3**)	EN 61000-3-3	IEC (6)1000-3-3
		IEC (6)1000-3-5
DIN EN 61000-4-1 (**VDE 0847 Teil 4-1**)	EN 61000-4-1	IEC (6)1000-4-1
DIN EN 61000-4-2 (**VDE 0847 Teil 4-2**)	EN 61000-4-2	IEC (6)1000-4-2
DIN EN 61000-4-3 (**VDE 0847 Teil 4-3**)	EN 61000-4-3	IEC (6)1000-4-3
DIN ENV 50204 (**VDE 0847 Teil 4-204**)	ENV 50204	soll in -4-3 einfließen
DIN EN 61000-4-4 (**VDE 0847 Teil 4-4**)	EN 61000-4-4	IEC (6)1000-4-4
DIN EN 61000-4-5 (**VDE 0847 Teil 4-5**)	EN 61000-4-5	IEC (6)1000-4-5
DIN EN 61000-4-6 (**VDE 0847 Teil 4-6**)	EN 61000-4-6	IEC (6)1000-4-6

DIN EN 61000-4-8 (**VDE 0847 Teil 4-8**)	EN 61000-4-8	IEC (6)1000-4-8
DIN EN 61000-4-11 (**VDE 0847 Teil 4-11**)	EN 61000-4-11	IEC (6)1000-4-11
DIN EN 61000-4-12 (**VDE 0847 Teil 4-12**)	EN 61000-4-12	IEC (6)1000-4-12
E *DIN EN 61000-4-13* (***VDE 047 Teil 4-13***)	pr *EN 61000-4-13*	D *IEC 61000-4-13*
DIN 57873 (**VDE 0873**) mit den Teilen 1 und 2	–	–
DIN VDE 0879-1 (**VDE 0879-1**)	–	–
DIN CISPR 16-1 (***VDE 0876 Teil 16-1***)	–	CISPR 16-1
DIN CISPR 16-2 (***VDE 0877 Teil 16-2***)	–	CISPR 16-2
VDE 0876 Teil 1	–	–
VDE 0876 Teil 2	–	–
VDE 0876 Teil 3	–	–
VDE 0877 Teil 1	–	–
VDE 0877 Teil 2	–	–
VDE 0877 Teil 3	–	–
E *DIN IEC 50-161*	–	IEC (600)50 Teil 161
DIN 57870 Teil 1 (**VDE 0870 Teil 1**)	–	–
E *DIN VDE 0848 Teil 2*	–	–
DIN V **VDE V 0848-4/A3** (**VDE V 0848 Teil 4/A3**)–		–

12.2 Deutsche Gesetze

EMV-Gesetz mit Änderungsgesetz(en)
Medizinprodukte-Gesetz

12.3 Europäische Richtlinien

Richtlinie 73/23/EWG	Niederspannungs-Richtlinie
Richtlinie 89/336/EWG	EMV-Richtlinie
Richtlinie 89/392/EWG	Maschinen-Richtlinie
Richtlinie 90/385/EWG	Richtlinie über aktive implantierbare medizinische Geräte
Richtlinie 91/368/EWG	Ergänzung zur Maschinen-Richtlinie
Richtlinie 92/31/EWG	Änderung der EMV-Richtlinie
Richtlinie 93/42/EWG	Medizinprodukte-Richtlinie
Richtlinie 93/44/EWG	Ergänzung zur Maschinen-Richtlinie
Richtlinie 93/68/EWG	CE-Kennzeichnungs-Richtlinie

Stichwortverzeichnis

A

Abänderung, vereinbarte, gemeinsame 33
Abhilfemaßnahme 19
Ablaufgeschwindigkeit
– der Frequenzänderung 260
Ableitstrom-Grenzwert 49
Ablenkzeit 61
Ablesezeit 146
Absorberhalle 71
Absorberraum 58
Absorptionsmeßwandlerzange 29, 91, 110, 132, 317
Addier- und Rechenmaschine, elektromechanische 138
Aktenvernichter 140
Akzeptanzwert 323
Allesschneider 121
Allgemeine Genehmigung 48, 119, 316, 317, 323, 363, 364, 367, 368
Alterung 139
Ambulatorium 301
Amplitudenmodulation 259
Amtsblatt der Europäischen Gemeinschaften 244, 341, 355, 358, 360
Amtsblatt-Verfügung des Bundesministers für das Post- und Fernmeldewesen 26, 364
Anerkennungsnotiz 170
Anlage 57, 103, 325
–, am Aufstellungsort installierte 66
–, Betrieb 39
–, Festlegung 319
–, medizinische 320
–, numerisch gesteuerte 324
Anlage der Elektrizitätsversorgung 28
Anlage für häusliche, gewerbliche, industrielle, wissenschaftliche und medizinische Anwendungen 27
Anlage, elektrische
–, seriengefertigte 300
Anlage, wissenschaftliche und industrielle 21
Anlasser, eingebauter 137
Anlieferungszustand 135
Anordnung
–, beim Messen 36
–, räumliche 65
Anpassungsklausel 18, 359
Anschluß 284, 293
–, zusätzlicher 105, 114, 130, 131
Anschlußpunkt 105
Anschlußstelle 66
Antenne 59, 62, 326
–, aktive 63
–, Anordnung 74
–, bikonische 261
–, dipolähnliche 51
–, logarithmisch-periodische 62, 261
Antennenanschluß 283
Antennenfaktor 63
Antennenhöhe 63
Antennenpolarisation 72, 73
Antrieb
–, elektromotorischer 27, 29, 47
–, geregelter 76
Anwendungsbereich 170
Anwendungsort 65
Anwendung, professionelle 266
Anzeige
–, bewertende 44
–, maximale 132
–, schwankende 147
Arbeitsfrequenz 38, 40, 78, 207, 242, 255, 308, 335

– oberhalb 100 Hz 176
Arztpraxis 39, 70, 242, 256, 301
Audio- und Videoeinrichtung,
  professionelle 22, 28
Audio-Einrichtung 279, 289, 296
Audiogerät 20, 21, 204
– für professionellen Einsatz 257
Audio-Transformator 296
Audioverstärker 284, 306
Aufschrift 249
Aufstellungsort 40, 45, 54, 57
–, Messung am 53, 55, 56, 58, 89
Aufzug 146, 300
Außenbeleuchtung 182
Aussendung 250
– im Infrarotbereich 286
–, hochfrequente 250
–, niederfrequente 256
Außenleuchte 167, 190, 193
Auswertung, statistische 155, 221
Automat 89, 149
Autostaubsauger 109

B
Backofen 217
Bandbreite 61, 98
Bank 39
Bannbereich
– für bestimmte Störquellen 56
BAPT (s. a. Bundesamt für Post und
  Telekommunikation) 40
Bastlergerät 107
Batterieladegerät 114, 146
Batterieschnelladegerät 114
Batterie, externe 137
Baugruppe 43
Baugruppen und Einschübe 284, 293
Bausatz 218
Baustelle 107
Bauteil 43
Beeinträchtigung des
  Betriebsverhaltens 216
Begleitdokumentation 259, 267, 269

Begleitpapiere 249, 250, 293
Begleitunterlage 238
Begriffe 248
Beharrungszustand 135, 184
Behörde 259, 360
Belastung 135
–, normierte 140
Belastungsbedingung 64
Beleuchtung in Transportmitteln 171,
  182
Beleuchtungseinrichtung 19, 27, 29,
  36, 50, 165, 167, 169, 170, 177, 183,
  194, 225, 228, 251, 305, 306, 307,
  330
– für Flugzeuge und Flughäfen 171
– mit elektronischen Bauteilen 237
– ohne elektronische Bauteile 237
–, Betriebsbedingungen 183
–, elektrische 20
–, professionelle 35
Beleuchtungsregler 303, 306
Beobachtungszeit 152
Bereitschaftsstellung 76
Beschwerde anderer Betreiber 75
besondere Genehmigung 325
Bestimmung, gerätespezifische 119
Bestrahlungsgerät 182
– für Körperpflege 145
Betrieb
–, bestimmungsgemäßer 220
–, intermittierender 249
Betriebsanleitung 70, 71
Betriebsart 46, 65, 67, 70, 118, 134,
  251, 268
–, beim Messen 36
–, normierte 140
Betriebsart, verschiedene 57
Betriebsbedingung 88, 118, 134
– beim Messen 238
–, besondere 67
–, übliche 135
Betriebsdauer 135
Betriebsgebäude, Außenwand 54

Betriebsgerät 173
–, eingebautes 171, 178, 194, 236
Betriebsmittel 15, 18, 29, 86, 89, 103
– mit wiederaufladbarer Batterie 207
–, elektrisches 27, 90
–, gestörtes 39
–, seriengefertigtes 147, 221
Betriebsmittel der Leistungselektronik 300
Betriebsmittel für häusliche, gewerbliche, industrielle, wissenschaftliche und medizinische Anwendungen 27
Betriebsspannung 184
Betriebsstätte 55
–, zusammenhängende 300
Betriebsstätte, Grenze der 54
Betriebsumgebung 281, 291
Betriebsverhalten 214
–, Beurteilung 292
–, Bewertungskriterien 292
Bewertung
–, statistische 65
–, unterschiedliche 31
Bewertungsbandbreite 55
Bewertungskriterium 232, 292, 297
Bewertungskriterium A 215, 232
Bewertungskriterium B 215, 232
Bewertungskriterium C 215, 232
Bezeichnung 249
Bezugsfläche, leitfähige 72, 76
Bezugsmasse 59
bikonische Antenne 261
Binomial-Verteilung 155, 156, 194, 221
Blitzeinschlag 214
Bodenbelegung, leitfähige 63
Bohrmaschine 107, 129, 142, 147, 206, 207
Bratofen 217
Breitbandstörer 299, 319
Breitbandstörgröße 29, 31, 46, 98, 99, 172, 322, 324
–, Grenzwert 299

Breitbandstörquelle 36, 148
Brotröster 149
Bügeleisen 115
Bügelgerät 143, 207
Bundesamt für Post und Telekommunikation
–, Verfügungen des 48
Bundesamt für Post und Telekommunikation (s. a. BAPT) 39
Büromaschine 137, 149, 304
–, elektromechanische 140

C
CE-Konformitätskennzeichnung 18, 19, 26, 354, 358
CENELEC-Annahme 32
CENELEC-Ratifizierung 31
CISPR-Meßempfänger 99
CISPR-Publikation 23
CISPR-Tastkopf 49
CISPR-V-Netznachbildung 61, 68
Computertomograph 77

D
Dämpfung 185
–, zusätzliche 133
Dämpfungsmessung 166, 174, 176, 178
Dauerstörgröße 49, 95, 97, 98, 116, 126, 134, 137, 138, 140, 145, 146, 204
–, Grenzwert für 96
Definitionen 37, 93, 172, 205, 231, 291
Dental-Einrichtung 77, 242
Deutsche Norm 17, 31, 85, 93, 168, 200, 241, 281, 289, 343
Dezimeter- und Mikrowellen-Therapiegerät 70
Diagnostikgerät
–, Ultraschall- 70
Diaprojektor 138
–, Fernbedienung 130
digitales Funktelefon 347

379

Dimmer 169
DIN-Norm 16
Dipol 51, 62, 261
Dipolantenne 62, 74
Diskettenlaufwerk 235
doa 343
dop 32, 87, 170, 202, 228, 247, 281, 343
dow 32, 87, 202, 227, 247, 281, 307, 343
Drehscheibe 73, 74, 75
Drehtisch 73, 74, 75
Drehzahlbeeinflussung 139
Drehzahlsteller 136, 138
–, eingebauter 137
Drehzahl, Variation, elektronische 139
Drossel 173
Drucker 307
Dunstabzugshaube 29, 137, 207
Durchflußerwärmer 121, 123, 143, 206, 307
Durchlaßbereich des Empfängers 98

E
Eckfrequenz 46, 105
EG-Konformitätserklärung 19, 354, 358
EG-Konformitätszeichen 354
EG-Richtlinie 97, 99, 103, 110, 121, 123, 243, 318, 349, 351, 355, 367
Ein- und Ausschalter 120
Einfügungsdämpfung 165, 174, 179, 181, 187
–, Meßverfahren 185, 194
–, Mindestwert 166
Einheit, motorisch betriebene 251
Einlaufzeit 141
Einrichtung 307
– der industriellen Meß-, Steuer- und Regeltechnik 30
– der medizinischen Radiologie 45
– für allgemeine Beleuchtungszwecke 20

– für professionellen Einsatz 282
– zur Computertomographie 57
– zur interventionellen Radiologie 267
– zur Magnetresonanz-Bildgebung 57, 70, 77
– zur Röntgendiagnostik 57
–, audiovisuelle, für professionellen Einsatz 28, 279, 289, 296
–, elektrische, in medizinischer Anwendung 241, 300, 339, 349
–, geschirmte 259
–, informationstechnische 48, 55, 250, 267, 306, 309
s. a. ITE 27
–, radiologische 45
–, seriengefertigte 56
–, sonstige 67
Einsatz
–, gewerblicher 121
Einsatzort der Produkte 301
Einschaltdauer 306
Einschaltstrom
–, Begrenzung 286
–, Ermittlung 285
Eintreibgerät 135, 141
–, s. a. Tacker 142
Einzelgenehmigung 364, 368
Einzelimpuls 117
Einzelprodukt 221
Ein-/Ausschalter 121
Elektrische Bahn 28
elektrische Störgröße, schnelle transiente 345
Elektro-Chirurgiegerät 255
Elektrogerät
–, ähnliches 20, 27, 87, 200
Elektrohaushaltgerät 89, 103, 113, 317, 353, 366
Elektroherd 143
Elektromotor 89
Elektrorasierer 113
Elektrowärmegerät 19, 27, 85, 87, 122, 135, 137, 143, 206, 303

Elektrowärme-Werkzeug 141
Elektrowerkzeug 19, 27, 85, 87, 89, 90, 99, 102, 104, 107, 108, 109, 113, 140, 141, 203, 217, 305
–, handgeführt 103, 107, 108, 317, 366
–, handgeführtes 100
–, motorgetrieben, handgeführt 142
–, motorgetrieben, tragbar 142
–, sonstiges 142
–, tragbares 303, 307
Elektrozaungerät 109, 114, 124, 145
Emissionspegel, Begrenzung 38
Emission, niederfrequente 35
Empfangsantenne 286
Empfangsantennenanlage 165
EMVG 18
EMV-Gesetz 18, 26, 32
–, s. a. EMVG 18
EMV-Norm 18
EMV-Richtlinie 18, 356
Energie
–, hochfrequente 42
–, mechanische 42
Energieregeleinrichtung, Einstellung 71
Entkopplungsdämpfung 48, 97
Entladezeitkonstante 94
–, elektrische 95
Entladung
– statischer Elektrizität 30, 209, 216, 234, 237, 258, 292, 345
– über Luftstrecke 210, 258
Entladungslampe 178, 184, 190, 191, 194, 236, 318
– mit eingebautem Betriebsgerät 179, 181, 237
Entstörbauelement 124
Erd- oder Schutzleiterverbindung 127
Ergänzungsnorm 15, 21, 241, 244, 245, 249, 302
Ermittlung
–, statistische 57
Erwartungswert 38, 41

Europäische Norm 16, 23, 25, 31, 33, 85, 88, 168, 200, 222, 226, 281, 289, 318, 341
Experimentierkasten 218

F
Fabrik 300
Fachgrundnorm 15, 22, 89, 102, 197, 201, 203, 212, 218, 225, 227, 230, 290, 301, 348
Fahrzeug 28
Fahrzeugausrüstung 28
Fehlfunktion, gelegentliche 120
Feld
–, elektromagnetisches 37
–, hochfrequentes elektromagnetisches 234, 259, 292, 347
–, hochfrequentes gestrahltes 212, 345
–, netzfrequentes elektromagn. 235
Feldstärke
–, elektrische 62, 177
–, Grenzwert 178
–, magnetische 44, 62
Feldstärkemessung 29
Fernempfangsanlage 102
Fernfeld 64
Fernmeldeanlage, Beeinflussung 328
Fernmeldewesen 36
Fernsehempfänger 118, 204, 304, 305, 306
Fernsehen 91
Fernsteuerung, manuelle 131
Fertigungsüberwachung 147, 155
Festplatte 235
Fläche, leitende, geerdete 128
Flipper 144
Folgefrequenz 31, 47, 98, 324
Folienschweißgerät 135
Freifeldmeßplatz 58, 71, 72, 74, 76
Frequenz
–, bevorzugte 174
–, diskrete 98
–, kritische 151

381

–, ungünstigste 150
Frequenzbereich 90, 171, 174, 204, 231
–, betrachteter 35
Frequenzmessung 64
Frequenzumrichter 208, 253, 328
FTZ-Serienprüfnummer 369
Funkanlage 366
Funkdienst 38
–, besonderer empfindlicher 56
–, beweglicher 58, 91
–, empfindlicher 78
–, Schutz für 39
–, schützenswerter 56
Funkempfänger 286
Funk-Empfangsanlage 18
Funkempfangsstelle 75
Funkenerosionseinrichtung 34, 42, 77
Funk-Entstördrossel 59
Funkschutzzeichen 89, 119, 166, 316, 352, 365, 367, 369
Funksendeanlage 204
Funkstörgesetz 322
Funkstörgrad 365
Funkstörgrad G 100, 102, 115
Funkstörgrad K 100, 102
Funkstörgrad N 96, 100, 115
Funkstörgröße 51
–, Emission 51
–, Grenzwert 97, 153, 158
–, Messung 110
Funkstörleistung 110
– auf Leitungen, Messung 132
Funkstörmeßempfänger 44, 94, 99, 116
– mit Mittelwertanzeige 45
Funkstörspannung 100
–, Messung 323
Funkstörung, Grenzwert 194
Funktionsausfall, zeitweiliger 216
Funktionserdeanschluß 291
Funktionsminderung 232
Funktionsprüfung, einfache 296
Funktionsschalter 121
Fußschalter 121

G

Gasentladungslampe 183, 229
Gasentladung, instabile 172
Gaszündgerät 149
–, elektronisches 145
Gebäudedämpfung 39, 78, 254
Gebäude, Außenwand 53
Gebrauch
–, bestimmungsgemäßer 76, 121, 258, 292
Gebrauchsanweisung 65, 216, 220, 250, 293, 360
Gefäßmaterial 71
Gefäß, Abmessungen 71
Genehmigung, besondere 40
Generalklausel 218, 234, 239
Gerät
– der Gruppe 2 252
– der Informationstechnik 41
– mit Elektromotor oder magnetischem Antrieb 303
– mit elektromotorischem Antrieb 85, 87, 140
– mit getrennten Stellern 139
– mit Zusatzgerät 133
– zur Behandlung von Kunststoffteilen 107
–, ähnliches 20, 103, 105, 113, 169, 203, 317, 366
–, anderes 206
–, anderes, mit Arbeitsfrequenzen von 1 GHz bis 18 GHz 71
–, audiovisuelles 20
–, batteriebetriebenes 108, 113, 126, 137
–, Betrieb 39
–, Einlaufen 135
–, einzeln gefertigtes 57
–, elektromedizinisches, mit elektromotorischem Antrieb 89, 143
–, elektromotorisches 98
–, halbleitergesteuertes 77
–, handgeführtes 129

382

–, in medizinischer Anwendung 37
–, industrielles 34, 70, 76
–, Klasse A 34, 57, 256
–, Klasse B 34, 58
–, lebenserhaltendes 260
–, medizinisches elektrisches 21, 34, 41, 69, 76, 77, 204, 241, 245, 247, 257, 349
–, mit elektromotorischem Antrieb 19
–, mit Zusatzgerät 130
–, motorisch betriebenes 115, 139, 206
–, patientengekoppeltes 256, 259, 262
–, programmgesteuertes 120, 316
–, rechnendes 242
–, seriengefertigtes 34, 56, 57, 367
–, spezielles 119
–, s. a. ISM-Gerät 34
–, temperaturgeregeltes 98, 115, 316
–, thyristorgesteuertes 77
–, tragbares 71
–, wissenschaftliches 34, 70, 76
–, wissenschaftliches und industrielles 21
Gerät und/oder System
–, lebensunterstützendes 248
–, patientengekoppeltes 248
Geräte
–, Einteilung von 76
Gerät, audiovisuelles 21
Gesamtstörungsdauer 115
Geschäft 39
Geschäfts- und Verwaltungseinrichtung 300
Geschirrspülmaschine 140, 207
Gewerbebetrieb 300
Gleichfeld 268
Gleichrichter 31, 114, 146
Gleichtaktstörgröße 295
Gleichtakt-(stör-)signal
–, niederfrequentes (unsymmetrisches) 295
Glimmstarter 166, 173
Glühlampe 29, 171, 177, 183, 184, 229, 236
Grenzwert 19, 20, 31, 36, 38, 39, 40, 44, 46, 48, 51, 52, 55, 73, 85, 87, 89, 91, 92, 111, 118, 147, 171, 174, 306
– bei zugeteilter Frequenz 177
– für Einrichtungen der Informationstechnik 28
–, Anwendung 177
–, Korrektur 59, 75
–, Oberschwingungsstrom 22
–, Spannungsschwankungen 23
Grenzwerte der vertikalen Komponente der magnetischen Feldstärke 32
Grenzwerte im Frequenzbereich unterhalb 150 kHz 32
Grenzwertklasse 50, 323
Grenzwertklasse A 33
Grenzwertklasse B 325
Grenzwertkurve 46
Grill 29
–, angetriebener 29
Grundfläche, leitfähig, reflektierend 71
Grundfrequenz 40, 98
grundlegende Anforderung 349, 353, 360
Grundnorm 15, 36, 72, 209, 214, 217, 233, 234, 235, 249, 257, 258, 264, 268, 334, 343
Gruppen
–, Aufteilung in 42
GSM-Telefon 347
GTEM-Zelle 213
Gültigkeit 26
–, Beginn 17, 26, 169, 227, 245
–, Ende 18, 169

H
Haartrockner 147, 206, 307
Halbleiterstellglied 89, 90, 98, 100, 103, 105, 107, 109, 114, 126, 130, 136, 138, 139, 300
–, Erd- und Schutzleiteranschluß 130
–, s. a. Dimmer 180

383

–, s. a. Helligkeitssteuergerät 180
Hall-IC 235
Händetrockner 121
Handmischer 206
Handnachbildung 126, 129, 137
Handrührer 135
Hand, menschliche
–, Einfluß 128
Harmonische 98, 114, 196
Harmonisierte Europäische Norm 26, 247, 340, 358, 360
Harmonisierung 103, 110, 318
Harmonisierungs-Dokument 322, 341
Hauptstrahlungsrichtung
–, Ermittlung 73
Haushaltgerät 20, 21, 87, 92, 99, 100, 102, 104, 105, 107, 108, 176, 200, 203, 208, 216, 242, 299, 303, 320, 322, 330, 332
–, elektrisches 197, 201
–, elektromotorisches 102, 103, 110
Hebezeug 149, 300
–, s. a. Elektrozug 146
Heckenschere 141
Heimsonne 182
Heimwerker-Gerät 103
Heißklebepistole 141
Heißluftgebläse 141
Heizelement 107, 203
Heizgerät 303
Helmholtzspule 295
Herd 29, 206, 207, 307
–, konventioneller 29
Hersteller 18, 40, 108, 155, 250, 259, 292, 294, 342, 349, 358, 360, 362
–, Angaben des 220
Herstellererklärung 18
HF-Chirurgiegerät 45, 300, 326
HF-Diathermiegerät 300
H-Feld-Messung 325
HF-Feld, abgestrahltes elektromagnetisches 283
HF-Filter 59

HF-Gerät, industrielles 78
HF-Meßsender 186
HFrGerG 18
HF-Therapiegerät 76, 77
HF-Zündhilfe 142
Hochdruck-Entladungslampe 167, 171
Hochfrequenz 176
–, leitungsgeführte amplitudenmodulierte 292
Hochfrequenz-Chirurgiegerät 42, 46, 77, 255
Hochfrequenzemission 15
Hochfrequenzerzeugung
–, beabsichtigte 34
Hochfrequenzgenerator 186
Hochfrequenzgerät 25, 316, 320, 365, 366
– für industrielle, wissenschaftliche, medizinische (ISM) und ähnliche Zwecke 321
–, häusliches 19
–, industrielles 19, 25, 31
–, medizinisches 19, 25, 31, 320
–, s. a. ISM-Gerät 31
–, wissenschaftliches 19, 25, 31
Hochfrequenzgerät und -anlage
– für Sonderzwecke 321
– zur Wärmeerzeugung 321
Hochfrequenzgerätegesetz 18, 26, 41, 48, 119, 299, 352, 363
–, Anwendung 32
–, s. a. HFrGerG 18
Hornantenne 64, 74
Hybridgenerator 213
Hyperthermie-Einrichtung 77, 249

I

IEC-CENELEC-Parallelabstimmung 88, 169, 202
IEC-Veröffentlichung 23
Importeur 18, 40, 259, 342
Impulspaket (Burst) 262
Inbetriebnahme 354

Induktionskochgerät 32, 34, 36, 48, 50, 52, 53, 54, 71, 144, 203, 217
Induktionskochmulde 29
Induktionskochplatte 306
Industrie 102
Industriegebiet 300
–, Einsatz im 319
Industriegelände 28, 54, 182
Informationstechnik 36, 37
–, Einrichtungen 204
informationstechnische Einrichtung (s. a. ITE) 58, 250
Infrarot-Gerät 182, 190, 191, 194
Infrarotsignal 181
Infrarotstrahlung 296
Innen- und Außenleuchten 190
Innenleuchte 178, 183, 190, 193
Innenrüttler 142
Insektenvernichter 145
Installationsanweisung 54
Institutionen der Heilkunde 301
Interharmonische 214, 328, 336
Internationale Elektrotechnische Kommission 27
–, s. a. IEC 27
Internationale Norm 17, 31, 86, 88, 168, 202, 226, 247
Internationaler Sonderausschuß für Funkstörungen 27
–, s. a. CISPR 27
Inverkehrbringen 18, 26, 86, 354, 358, 360
– von Produkten nach EMVG 360
– von Produkten nach MPG 361
IR-Gerät 229
ISM-Band 35, 60
ISM-Frequenz 33, 38, 46, 50, 55, 178, 260, 262, 325, 363
ISM-Funktion 43
ISM-Gerät 21, 25, 34, 36, 38, 39, 40, 41, 42, 55, 64, 78, 242, 262, 299, 300, 302, 322, 332, 335, 367
– der Gruppe 1 42

– der Gruppe 2 42
–, Grundfrequenzen für 40
–, Kennzeichnung 42

J
Jalousieantrieb 121

K
Kabelaufroller 140
Kaffeemahlwerk 135
Kaffeemühle 121
Kalibrierfehler 47
Kalibrierkurve, programmierbare 63
Kalibrierung
–, Meßzange 132
Kalibrierverfahren 261
Kanzlei 39
Kategorie 206, 218
Kaufhaus 300
Kennzeichnung 327
Klasse A 43, 45, 49, 50, 53, 301, 370
Klasse B 44, 50, 53
Klasse C 43
Klassen, Unterteilung in 43
Klassifikation 16, 19, 226, 319, 337
Klassifizierung 251
–, nach Einsatzort 36
Kleinbetrieb 290
Klimagerät 140
Klinik 301
Knackhäufigkeit 118
Knackrate 95, 96, 115, 116, 118, 121, 122, 123, 124, 137, 140, 143, 146, 149, 150, 151, 253
–, Ermittlung 150
–, Frequenzen zur Ermittlung 149
Knackstörgröße 38, 49, 94, 97, 114, 116, 120, 121, 122, 124, 126, 127, 134, 137, 141, 143, 144, 145, 149, 253, 265, 266
–, Automatisierung der Messung 152
–, bestimmte 119
–, Beurteilung 115, 316

385

–, Dauer 95, 119
–, Grenzwert 96, 117, 151
Knackstörgrößen-Erleichterung 46
Knackstörung, Analysator zur automatischen Erfassung 45
Kochgerät 303
Kochherd 217
Kochstelle 307
Kochzone
–, Größe 71
Kollektorstörung 91
Kombinationsgerät 29
Kommutatormotor 98, 136
Konformität
–, Bewertung 257
–, Ermittlung 34, 221, 238
Kontakt
–, mechanischer 91, 92
Kontaktentladung 210, 258, 267
Konverter 236
–, unabhängiger 181, 190, 193
Kopierer 307
Koppelplatte 210
Koppelstrecke, kapazitive 211
Koppel-/Entkoppelnetzwerk 211, 212, 262
Kraftfahrzeuglampe 229
Krankenhaus 70, 242, 256, 300, 301
Kreissäge 142
Küchenherd 137
Kühlgerät 121, 123, 207
Kühlschrank 123, 129, 206, 307
Kurzwellen-Therapiegerät 249, 326
Kurzzeit-Flickerwert 306
Kurzzeitunterbrechung 214, 263, 346

L
Labor- und Meßgerät 70
Laborgerät 76
Ladebetrieb 208
Ladevorgang (am Netz) 109
Lampe 121, 165, 184
–, Alterung 184, 238

–, Stabilisierung 184, 238
Lampenfassung 229
Lampennachbildung 165, 179, 186, 187
Lampensockel 229
Langwellen-Rundfunk 91
Langzeit-Flickerwert 306
Last- und Steuerleitung 189
Lastenaufzug 146
Lastleitung 189
Lehrmittel 302
Leistungselektronik 300
Leistungshalbleiter
–, steuerbarer 242
Leitung
–, andere 127
–, geschirmte 131
–, nichtaustauschbare 107
–, zusätzliche 126
Leitungslänge 66, 130
–, Bündelung überschüssiger 66
Leitungstyp 66
Leitungsverlegung 193
Leuchte 185, 187, 190, 196, 225, 229, 237, 238, 299, 322, 332, 353
– für Geschäfts- und Industrieräume 167
– für Glühlampen 178
– für Leuchtstofflampen 179, 185
– mit elektronischem Vorschaltgerät 176
–, andere 179
–, batteriebetriebene 167
Leuchtennachbildung 191, 194
Leuchtenzubehör 167
Leuchtröhrenanlage 183
Leuchtstofflampe 19, 90, 137, 155, 165, 177, 317
–, einseitig gesockelte 186
–, ringförmige 186
–, stabförmige 187
Leuchtstofflampen-Leuchte 166, 178
Lichtbogen 31

Lichtbogenschweißeinrichtung 143
Lichtbogen-Schweißgerät
–, HF-erregtes 45
–, s. a. Elektroschweißgerät 142
Lichtschalter 121
Lichtstärke, Änderung 232
Lichtsteuergerät 180, 189
–, s. a. Helligkeitssteuergerät, Dimmer 107, 139
–, unabhängiges 180, 190
–, unabhängiges, mit externen Stellgliedern 180
Linearbeschleuniger 57, 268
–, zur medizinischen Strahlentherapie 77, 252
Lithotripsie-Einrichtung 77
logarithmisch-periodische Antenne 62, 261
Lötgerät 141
Luftfeuchtigkeit 136
Luftreiniger
–, elektrostatischer 145
Luftreiniger, elektrostatischer 145

M
Magnetfeld 235, 295
– mit energietechnischer Frequenz 346
–, gedämpft schwingendes 346
–, impulsförmiges 346
–, Messung 285
–, niederfrequentes 264, 268, 285, 292
Magnetfeld-Aussendung
–, niederfrequente 257
Magnetresonanz-Bildgebung
–, Einrichtung zur 249, 264
Magnetron 55
Marktkontrolle 206
Massebezugsebene 65
Maßnahme
–, organisatorische 41
–, zusätzliche 230
Mast 63
Medizingerät 77

Medizinprodukt
–, aktives 340
Medizinprodukte-Richtlinie 243
Mehrnormengerät 92, 136, 138, 229
Meinungsverschiedenheit 222, 233, 239
Meß- und Analysegerät 76
Meßanordnung 52, 73, 74, 127, 133
Meßantenne 72, 74
–, Höhenvariation 58, 74
–, kalibrierte 74
Meßaufbau 65, 187
Meßaufwand, Beschränkung 147
Meßbandbreite 48, 54
Meßbedingung 57, 283
Meßbericht 66, 67, 70, 71, 72, 174
Meßeinrichtung 60
Meßempfänger 47, 51, 60, 61, 63, 91, 125, 131, 154, 185, 186, 188
–, automatisch ablaufender 48
Messen
–, Betriebsarten 69, 134, 326, 340
–, Betriebsbedingungen 140
Meßentfernung 58, 73
–, Änderung 59
–, Verkürzung 53
Meßergebnis 127, 146
–, Auswertung und Dokumentation 88, 118, 133, 134
–, Beurteilung 151, 326
–, Reproduzierbarkeit 66, 71, 129
Meßfrequenz, niedrigste 132
Meßgerät 44, 60, 91, 125, 131, 192
Meßgleichrichter 47
Meßhilfsmittel 36, 44
Meßkabine 34
Meßmethode 171
Meßmittel 36, 52
Meßplatz 34, 40, 44, 45, 49, 54, 55, 57, 58, 89
– für Feldstärkemessungen 72
–, Messung auf einem 57, 71
–, normgerechter 63

–, Überprüfung 74
Meßplatzdämpfung 58, 59
–, normierte 72
Meßprogramm 65
Meßsender 165, 185
Messung
– am Aufstellungsort 34, 75
– auf Meßplatz 34
–, Betriebsbedingungen 92
–, Durchführung 75, 133
–, Programm zur Optimierung und Beschleunigung 73
Meßunsicherheit 155, 323
Meßverfahren 19, 20, 35, 36, 77, 85, 87, 88, 127, 132, 187, 285, 306
– für die Lichtstärke 233
–, Festlegung 29
Meßwandlerzange 148
Meßwert
–, ermittelter 63
–, Korrektur 59
Meßwerterfassung 52, 60
Meßzeit 47
Meß-, Steuer- und Regeltechnik
–, industrielle 336
Methode, statistische 154, 155
Mikrofon, drahtloses 286
Mikroprozessor 92, 98, 114, 140, 207, 210, 300
Mikrowellengerät 137
Mikrowellenherd 21, 29, 34, 36, 55, 70, 77, 90, 144, 203, 306, 324, 326
Mindestbeobachtungszeit 96, 149
Mindestdämpfung 166
Mischstörer 99
Mittelwert 49
Mittelwert-Gleichrichter 47, 60, 92, 98, 99, 100, 104, 105, 112, 172, 173, 182, 190, 319, 327
Mittelwert-Grenzwert 50
Mittelwert-Meßempfänger 125, 188
Mixer 307
Modulationsfrequenz 268

Momentschalter 122
–, s. a. Sprungschalter 115
Monitor 235, 264
Monitoring-System 77
Motor 31, 89, 332
–, elektrischer 203
–, hochtouriger 104
MR-Einrichtung 267
Multinormengerät 28

N
Nachweisdokumentation 47
Nahfeldphänomen 37
Nähmaschine 137, 138
Nennfrequenz 135
Nennspannung 135
Netzfilter 59
Netzleitung 48, 127, 128, 132, 211
–, Störspannung auf 325
Netznachbildung 49, 61, 62, 125, 126, 186, 188, 189, 286, 308, 323
Netzrückwirkung 22, 266, 303, 335
Netzschalter 120
–, eingebauter 178
Neutralleiter 235
Nichterfüllung der Anforderungen 56
Niederdrucklampe 167
Niederspannung 38
Niederspannungs-Versorgungsnetz
–, öffentliches 39, 266, 300, 303, 309
Norm, harmonisierte europäische 18
Notbeleuchtung
–, Leuchte 236, 237
Notlicht-Leuchte
–, selbstversorgte 191, 194
Nutzfeldstärke 97
Nutzung elektromagnetischer Hochfrequenzenergie, lokale 36

O
Oberschwingung 35, 56, 91, 214, 257, 303, 305, 328, 336, 345, 346
Oberschwingungsspannung 304

Oberschwingungsstrom 267, 283, 306, 344
Oszillatorfrequenz 207
Oszilloskop 123
Ozonbrenner 182

P
Panorama-Meßempfänger 60
Parallelabstimmung bei IEC und CENELEC 244, 350
Patient 256
Patientennachbildung 256
Personenaufzug 146
Phasenanschnittsteuerung 303
Phasenleiter 263
Polarisation 74
Polizeifunk 91
Prellen 91
Produkt- und Produktfamiliennorm 15, 27, 36, 337
Produktdokumentation 222, 239
Produktfamiliennorm 27, 28, 57, 87, 197, 200, 209, 229, 243, 257, 279, 289, 301, 306, 319, 333, 349
Produktnorm 28, 45, 229, 230, 238, 301, 349
Programm zur Optimierung und Beschleunigung der Messungen 73
Programmablauf 149, 153
Programmschalter 120, 124, 157, 303
Projektor 89
Prozeßtechnik, industrielle 76
Prüfadapter 296
Prüfanforderung 236
Prüfanordnung 212
Prüfbedingung 212, 219, 238
Prüfbericht 212, 220, 221, 238, 282, 293, 360
Prüfergebnis, Anerkennung 140
Prüffeldstärke 259
Prüfgerät 209
Prüflabor 216
Prüflauf 120

Prüfling
–, Anordnung 65, 73
–, Aufstellung 127
–, Begrenzung 38
–, Rotation 73
Prüfling, Leitungen
–, Anordnung 127
Prüfpegel 263
Prüfphänomen
–, kurzandauerndes 220
–, langandauerndes 220
Prüfplan 65
Prüfplatz 221
Prüfstelle 29, 57, 120
Prüfstörgröße 209, 257
Prüfung 208, 247, 292
–, Durchführung 234
–, unzutreffende 293
Prüfverfahren 209, 294
Prüfzeichen 352, 366
Pulsfolgefrequenz 47

Q
QL-Lampe 191
Qualitäts-Management-System 221, 362
Qualitätssicherungssystem 155
Quasispitzenwert 49
Quasispitzenwert-Gleichrichter 47, 49, 51, 60, 61, 92, 96, 98, 99, 100, 104, 105, 112, 116, 118, 173, 176, 299, 319, 327
Quasispitzenwert-Grenzwert 50
Quasispitzenwert-Meßempfänger 125, 188

R
radiologische Einrichtung für diagnostische Bildgebung 252
Rahmenantenne 51, 52, 54, 62
–, dreifache große 44, 52, 177, 191, 195
Rasierapparat 135, 217
Raum 74

–, geschirmter 74, 128, 130, 196
–, röntgenstrahlengeschirmter 53
Raumheizgerät 122, 138
Raumthermostat 138
Rechenmaschine, elektronische 138
Referenzmasse 68
Regel- oder Steuergerät 232
Regel- und Steuerelement 105
Regeleinrichtung, elektronische 98
Registrierkasse 138
Reklameleuchte 178
–, andere 183
Reproduzierbarkeit 177, 233, 261
– der Prüfungen 217
–, Meßergebnis 71, 129
Röntgen-Angiographieeinrichtung 261
Röntgen-Anwendungsgerät 253
Röntgenbildverstärker 264
Röntgen-Computertomograph 253, 261
Röntgendiagnostik- und-
  therapieeinrichtung 326
Röntgendiagnostik-Einrichtung 266
Röntgendiagnostik-Generator 46, 49,
  249
Röntgeneinrichtung 77
Röntgenstrahler 252
Rundfunkgerät 90
Rundsteuersignal 214

S
Satelliten-Funkdienst 55
Schalt- oder Regeleinrichtung 89
Schalteinrichtung 31
– in Heizkreisen 121
Schalter
–, dreiphasiger, temperaturgeregelter
  123
–, elektromechanischer 262
–, elektronischer 91, 92, 150
–, schleichender 120
–, thermostatisch betätigter 262
Schaltgerät 170
–, elektronisches 169

Schaltkontakt 114
–, mechanischer 149
Schaltnetzteil 76, 77, 324
Schaltstörgröße 123
–, Dauer 121
Schaltvorgang 47, 95, 96, 98, 124, 138,
  149, 151, 157, 172
–, von Hand ausgelöst 121
Schiedsfall 110
Schirm
– einer Leitung 212
Schirmdämpfung 54, 61, 254
Schirmdämpfungsmaß 55
Schirmmaßnahme 43
Schirmraum, geschlossener 59
Schlagwerk, abschaltbares 141
Schleif- und Poliermaschine 142, 300
Schmalband-Grenzwert 46
Schmalbandstörer 319
Schmalbandstörgröße 29, 31, 47, 92,
  98, 140, 167, 172, 176, 182, 299, 300,
  324
Schmalbandstörquelle 36, 148
Schmalbandstörung 322
Schnittstelle 68, 284
Schränke und Gestelle 284, 294
Schrittweite 48, 261
Schule 300
Schütz 89
Schutzanforderung 18, 353, 358
Schutzleiter 235, 263
Schutzleiteranschluß 127, 129
Schutzleiterdrossel 323
Schutzleiterverbindung 74
Schutzmaßnahme 45
Schutzziel 329, 355, 358
– der Richtlinie 342
Schutzziele
– gemäß EMV-Richtlinie 281
Schweißgerät 45, 326
Schwingschleifer 141
Schwingungspaketverfahren 303
Schwingung, gedämpfte 263, 346

Semi-Leuchte 178, 179, 181, 190, 191, 194
Sendefunkstelle 59
Sensorspule 285
Serienfertigung 154, 155
–, Produkte 34
Sicherheitsfunkdienst 55, 78, 327
Sicherheitsvorkehrung 75
Signalleitung 211
–, Störspannung, Grenzwerte 48
Signalübertragung 50
– auf elektrischen Niederspannungsnetzen 50, 214, 344
Signal-, Steuer- und Gleichspannungs-Netzanschlüsse 286
Simulationsverfahren 256
Simulator 68, 293
Skalenbeleuchtung 229
Solarium 182
Sonderzulassung 40
Spannungsabsenkung, länger andauernde 235
Spannungsänderung, relative 306
Spannungseinbruch 214, 235, 263, 268, 292, 346
Spannungsschwankung 35, 91, 235, 257, 263, 267, 283, 304, 305, 328, 337, 344, 346
–, langsame 214
–, nicht-rechteckförmige 305
–, s. a. Flicker 257
Spannungsunsymmetrie 347
Spannungsunterbrechung 214, 235, 292
Spannungsversorgung, unterbrechungsfreie 76
Spannungswandler 324
Spektrumanalysator 60, 61, 77, 285, 326
Spielzeug 217, 302
–, batteriebetriebenes 144
–, elektrisches 89, 126, 203
–, elektrisches, schienengebunden 144

Spielzeuganlage 128, 144
Spielzeug-Fernlenkung 109
Spitzenwert-Gleichrichter 51
Sprechfunkgerät, tragbares 230
Spritzpistole 142
Sprungschalter 120, 121, 122
Standgerät 72, 74, 128
Standort, röntgengeschirmter 253
Start- und Zündgerät 173
Starter 166, 191, 229, 236, 317
–, austauschbarer 185
Starterkondensator 185
Startgerät 167, 173, 232
Stativ 63
Staubsauger 99, 105, 107, 140, 206, 207, 306, 307
Staubsaugerschlauch mit integrierten Leitungen 131
Stelle, zuständige nationale 39, 57
–, s. a. Behörde 39
Stellglied 107
–, mehrere 139
Steuer- und Regeleinrichtung 303
Steuereinrichtung 89
Steuergerät, eingebaut oder extern 193
Steuerleitung 189, 211
Steuerung
–, automatische 131
–, elektronische 238, 303
Stichprobe 157
–, Umfang 156
Stichprobenprüfung 154, 156
Störabstand 97, 100
Störanalysator für Knackstörgrößen 118, 126
Störaussendung 20, 46, 87, 146, 179, 241, 279, 283, 330, 348
–, Begrenzung der 28, 246
–, Fachgrundnorm 28
–, Fachgrundnorm zur 28
–, Grenzwert 198, 285
–, hochfrequente 15, 21, 28, 89, 90, 203, 328

–, im Industriebereich 22
–, im Wohnbereich, Geschäfts- und Gewerbebereich sowie Kleinbetrieb 22
–, leitungsgeführte 286
–, maximale 66
–, Maximum 65, 67, 251
–, Messung 71, 72
–, niederfrequente 22, 330
–, Norm zur 15, 22
Störaussendungsnorm 28
Störeindruck
–, physiologischer 98
Störemission
–, Maximierung 69
–, Maximum 65
Störempfindlichkeit, größte 220
Störer, motorischer 112
Störfeldstärke 44, 56, 174, 176, 299, 326
–, Anforderungen 36
–, Ermittlung 34, 51, 71
–, Grenzwert 40, 97, 316
–, magnetische Komponente 177
–, Messung 29, 45, 51, 60, 62, 66, 109, 110, 111, 194, 195
–, Meßverfahren 191
Störfestigkeit 21, 41, 146, 197, 199, 208, 225, 236, 241, 256, 257, 279, 289, 301, 330, 348
– gegenüber Funktelefonen 146
–, Anforderungen 294
–, eingeschränkte 257
–, Ermittlung 295
–, hinreichende, Sicherstellung 246
–, im Industriebereich 22
–, im Wohnbereich, Geschäfts- und Gewerbebereich sowie Kleinbetrieb 22
–, Nachweis 72
–, Norm zur 15
–, Prüfung 217, 221, 295
Störfestigkeitsanforderung 20, 41, 203, 227
Störfestigkeitseigenschaft 290

Störfestigkeitsklasse 336
Störfestigkeitsnorm 330
Störfestigkeitsprüfung 245, 296
Störfestigkeitsprüfverfahren 209
Störgrad G 103, 300
Störgrad N 166, 300
Störgrade 300
Störgröße 346
–, Ausbreitung 127
–, Bewertung 99
–, diskontinuierliche 28, 49, 94, 98, 115, 116, 158, 249, 265, 282, 323
–, elektromagnetische 93
–, geleitete 268
–, hochfrequente 89
–, kontinuierliche 28, 49, 97, 282, 323
–, kurzzeitig auftretende 204
–, leitungsgeführte 264, 345
–, leitungsgeführte, hochfrequente 347
–, Messung der Dauer 127
–, sinusförmige 47
–, s. a. Knackstörgröße 28, 115, 148
Störimpulse
–, fortlaufende Folge 117
Störleistung 29, 52, 326
–, Ermittlung 34
–, Grenzwert 97, 103
–, Messung 29, 51, 110, 131, 148, 154, 317
Störleistung auf Leitungen
–, Messen 45
Störleistungsgrenzwert 103
Störleistungsmessung 111
Störmeßempfänger 95
Störpegel
– der Umgebung 58
–, maximaler 139
–, Streuung 105
Störquelle 39
Störschwelle 208
Störsignal 47
Störspannung 44, 49, 50, 116, 174, 175, 179, 185, 299

–, diskontinuierliche 283
–, Ermittlung 34, 71
–, Grenzwert 29, 40, 46, 97, 139, 170, 178
–, kontinuierliche 283
–, Messung 45, 49, 50, 51, 60, 68, 73, 74, 91, 108, 110, 125, 127, 130, 133, 154, 171, 188
Störspannungsgrenzwert 35
Störspannungsmessung
–, Ergebnisse 71
Störspektrum 92
–, breitbandiges 91
Störstrahlung
– in vertikaler Richtung 56
–, Grenzwerte 51, 53, 54
–, Messung 74, 78, 191
–, Richtungsabhängigkeit 75
Störstrahlungsleistung 44, 326
–, Anforderungen 36
–, Ermittlung 74
–, Grenzwert 40
–, Messung 61, 77
Störung
–, elektromagnetische 94
Störungsmeldung 115
Störunterdrückung
–, Maßnahmen zur 56
Störvermögen
–, aktives 46
–, subjektives 47
Stoßspannung 216, 235, 237, 263, 292, 345, 347
–, s. a. Impuls, langsamer energiereicher 213
Stoßstrom 235, 237
–, s. a. Impuls, langsamer energiereicher 213
Strahlentherapie, Einrichtung zur 70
Strahlung
–, elektromagnetische 37
Strahlungsmeßplatz 72
Strahlungsmessung 73

Strahlungsmittelpunkt 73
Strahlungsschwerpunkt 74
Straßenbeleuchtung 165
Strom
–, eingespeister 211, 212, 235
Stromerzeugungs-Aggregat 300
Stromversorgungsgerät, selbständiges 90
Stromversorgungsnetz 105
–, Rückwirkungen 91
Stromwandler 296
Studio-Lichtsteuereinrichtung für professionellen Einsatz 20, 21, 28, 279, 282, 289, 296
Substitutionsmethode 52, 74, 326
Subsystem 65
Symmetrieübertrager 185, 186, 195
System 38, 65, 325
–, flexibel konfigurierbares 57
–, großes festinstalliertes 261, 267
–, in medizinischer Anwendung 37, 41, 249, 349
–, komplexes 45
Systemkomponente 29, 65, 67

T
Taktfrequenz 207
Tastkopf 49, 62, 76, 109, 125, 131, 137, 189
Tastschalter 121
Temperaturregler 143
– für Raumheizgeräte 120
–, s. a. Thermostat 138
Testlabor 261
Therapiegerät
–, Dezimeter- 70
–, Kurzwellen- 70
–, Mikrowellen- 70
–, Ultraschall- 70
Thermostatschalter 139, 206, 303
Tischgerät 71
Ton- und Fernsehrundfunk 309
Ton- und Fernseh-Rundfunkempfänger 28, 41

Tonaufnahme- und -wiedergabe-Gerät 146
Tonfrequenz 292
Tonrundfunkempfänger 204
Tranchiermesser
–, elektrisches 141
Transformator 300
–, unabhängiger 181, 190
Transient 262
–, schneller 204, 210, 216, 235, 292
–, schneller (energiearmer) 292
Trockner 207
t-Verteilung
–, nichtzentrale 155, 194, 221
Typprüfung 34, 57, 67, 154, 221, 238, 251, 252, 258, 265, 300, 352

U
Übereinstimmung, Ermittlung der 29, 75
Übergangsfrist 169, 227, 341, 354
Übergangsfrist, Ende der 32
Übergangsvorschrift 19
Überspannung 214
UHF- und Mikrowellen-Therapiegerät 326
UKW-Bereich 111
UKW-Drossel 103
UKW-Tonrundfunk 91
Ultraschalldiagnostik- und therapiegerät 326
Ultraschall-Diagnostikgerät 70, 77, 324
Ultraviolett-Gerät 190, 191, 194
Umgebungstemperatur 136, 184
Umgebung, elektromagnetische 282, 291
Umrichter 114, 146
–, elektronischer 114
Umwelt, elektromagnetische 199, 337
Universalmotor 89, 100, 114, 206
Unterhaltungsautomat 144
Unterlagen für den Käufer/Benutzer 284, 294
UV-Gerät 229

V
VDE-Bestimmung 16
VDE-Funkschutzzeichen 353
VDE-Prüf- und Zertifizierungsinstitut 140
Verbindung
–, Löt- 66
–, Quetsch- 66
–, Schraub- 66
–, sonstige 66
–, Steck- 66
Verbindungsleitung 38, 65, 68, 131, 251
Verbrennungsmotor 28
Vergleichsmessung 155
Verkaufsautomat 217
Verkaufsverbot 157, 195, 238
Veröffentlichung, Datum der 32
Versorgungsfrequenz 347
Versorgungsleitung
–, bewegliche 262
–, Gleichspannungs- 283
Versorgungsnetz 51, 62
Versorgungsspannung 69
Verträglichkeitspegel 344
Verwaltungs- und Bürogebäude 300
Verweildauer 40
Videoeinrichtung für professionellen Einsatz 28, 279, 289, 296
Videogerät 20, 21, 204
– für professionellen Einsatz 257
Videokassettenrecorder 306
Viertel, oberes
–, Methode des 97, 138, 151, 152, 158
V-Netznachbildung 49, 74, 125, 127, 128, 131, 186, 193
Vorschaltgerät 167, 173, 236
–, elektronisches 177, 182, 191
–, induktives 236
–, unabhängiges 174, 181, 186, 191, 193

Vorschrift, rechtliche 26
Vorselektion 61

W
Wandlungsmaß
– der Antenne 51
Warenverkaufsautomat 144
Wärmedecke 207
Wärmegerät 123, 206
Wäscheschleuder 206
Wäschetrockner 307
Waschgerät 207, 217
Waschmaschine 129, 140, 208, 306, 307
Werkstatt 39, 107
Werkzeug 20, 200, 206
– mit Netztransformator 142
– mit vibrierenden oder schwingenden Massen 141
– mit zwei Drehrichtungen 141
–, Elektrowärme- 142
Widerstandsschweißgerät 143
Wiederholfrequenz 47
Wohnbereich 52, 108, 203
–, Anwendung im 55
Wohngebiet 102
Wohnraum 39, 120
Wohn-, Geschäfts- und Gewerbebereich, Kleinbetrieb 28, 225, 290
Wolfram-Halogen-Lampe 178

Z
Zahnarztpraxis 301
Zahnarztstuhl 242
Zahnbohrmaschine 138
Zahnbohrmaschnine 242
Zaunnachbildung 145
Zeichengenehmigung 155
Zeitschalter, nicht in Geräte eingebaut 144
ZF-Bandbreite 47, 49, 50, 172
Zitruspresse 121
Zubehörartikel 66

Zubehöreinrichtung 65
Zubehör, unabhängiges 170, 180, 237, 238
Zulassung von Geräten 40
Zulassungsverfahren 299
Zurückziehung, Datum zur 32
Zusatzeinrichtung 76
Zusatzgerät 293
Zusatzmaßnahme 41
Zwischenharmonische 345, 346

Numerics
1,2/50 µs-Spannungsimpuls 213
1. EMVG-Änderungsgesetz 360
150-Ω-Netznachbildung 104
1500-Ω-Tastkopf 126
3-Monats-Regel 343
50-Ω/50-µH-V-Netznachbildung 104, 108, 125
8/20 µs-Stromimpuls 213
80/80-Regel 34

Fachzeitschriften 1998
etz · ntz · Elektroinstallation · ETEP · ETT

VDE 50 JAHRE KOMPETENZ VERLAG

Deutschsprachig:

etz – Elektrotechnische Zeitschrift
Elektrotechnik + Automation
Herausgegeben vom VDE Verband Deutscher
Elektrotechniker e.V.; Organ des VDE und der
Energietechnischen Gesellschaft im VDE (ETG)
Die **etz** erscheint 2 x monatlich.
Jahresbezug zzgl. Versandkosten:
228,– DM / 203,– sFr / 1664,– öS

ntz – Nachrichtentechnische Zeitschrift
Informationstechnik + Telekommunikation
Herausgegeben vom VDE Verband Deutscher
Elektrotechniker e.V.; Organ der Informations-
technischen Gesellschaft im VDE (ITG)
Die **ntz** erscheint monatlich.
Jahresbezug zzgl. Versandkosten:
330,– DM / 293,50 sFr / 2409,– öS

Elektroinstallation
Die Produktschau für das Elektro-Handwerk
Die **Elektroinstallation** erscheint viermal
jährlich.
Jahresbezug inkl. Versandkosten:
40,– DM / 37,– sFr / 292,– öS
Diese Publikation befaßt sich ausschließlich
mit innovativen Produkten und technischen
Weiterentwicklungen im Elektrohandwerk.

Fordern Sie ein kostenloses Probeheft an!

Englischsprachig:

ETEP – European Transactions on Electrical Power
Published by VDE in cooperation with
AEI, AIM, FINEL, KIVI, ODE, ÖVE, SER,
SEV/ASE, SRBE/KBVE, with the support of
the European Commission (EC).
Die **ETEP** erscheint zweimonatlich.
Jahresbezug zzgl. Versandkosten:
522,– DM / 464,– sFr / 3811,– öS
Inhaltlicher Schwerpunkt der ETEP ist das ge-
samte Gebiet der elektrischen Energietechnik.
Das gewohnt hohe wissenschaftliche Niveau
der Veröffentlichungen wird durch ein inter-
nationales Mitherausgeber-Gremium aus
namhaften Experten aller an der Herausgabe
beteiligten europäischen elektrotechnischen
Verbände gewährleistet.

ETT – European Transactions on Telecommunications
Published by AEI in cooperation with
AEE, AIM, FINEL, KIVI, ODE, ÖVE, SER,
SEV/ASE, SRBE/KBVE, VDE with the support
of the European Commission (EC).
Die **ETT** erscheint zweimonatlich.
Jahresbezug zzgl. Versandkosten:
507,– DM / 451,– sFr / 3701,– öS
Inhaltlicher Schwerpunkt der ETT ist das
gesamte Gebiet der Telekommunikation und
verwandter informationstechnischer Gebiete
wie Systemtechnik, Übertragungs- und
Vermittlungstechnik, Netze, Antennen und
Wellenausbreitung sowie Halbleitertechnik.

VDE-VERLAG GMBH
Postfach 12 23 05 · D-10591 Berlin
Telefon: (030) 34 80 01-53/-54 · Fax: (030) 341 70 93
Internet: http://www.vde-verlag.de · e-mail: vertrieb@vde-verlag.de

Werb-Nr. 971018

Buchreihe
EDV-PRAXIS

VDE
50 JAHRE KOMPETENZ
VERLAG

Bernstein, H.
PC-Meßbox unter Windows
Messung und Erfassung elektrischer und nichtelektrischer Größen
1996, 384 S., DIN A5, kartoniert
ISBN 3-8007-2038-8
mit CD-ROM
64,– DM / 58,– sFr / 467,– öS

Bernstein, H.
PC-Netze in Theorie und Praxis
1996, 435 S., DIN A5, kartoniert
ISBN 3-8007-2039-6
mit CD-ROM
84,– DM / 76,– sFr / 613,– öS

Bollow, F. / Roloff, D.
PC-Kompaß
Technik-Aspekte für Anwender
1996, 178 S., DIN A5, kartoniert
ISBN 3-8007-2132-5
19,80 DM / 19,– sFr / 145,– öS

Karavas, A./ Mohn, A./ Kamp. D
Simulation mit ACSL
Grundlagen und Anwendungen
1996, 316 S., DIN A5, kartoniert
ISBN 3-8007-1957-6
52,– DM / 47,– sFr / 380,– öS

Pfaff, T.
**Dokumentenmanagement –
Das papierlose Büro?**
Konzepte, Technologien, Tips
1995, 212 S., DIN A5, kartoniert
ISBN 3-8007-2045-0
58,– DM / 52,50 sFr / 423,– öS

Phillippus, Th.
Informationssuche im Internet
Tips für Profis
1997, 112 S., DIN A5, kartoniert
ISBN 3-8007-2214-3
32,– DM / 29,50 sFr / 234,– öS

Sellin, R.
ATM & ATM-Management
Die Basis für das B-ISDN der Zukunft
LAN-Kopplung über ATM WAN
1997, 338 S., DIN A5, kartoniert
ISBN 3-8007-2212-7
68,– DM / 62,– sFr / 496,– öS

Wolmeringer, G.
Das MicroStation-Buch
Ein Wegweiser für den professionellen CAD-Einsatz
1996, 280 S., DIN A5, kartoniert
ISBN 3-8007-2042-6
56,– DM / 51,– sFr / 409,– öS

Wrobel, Ch. P.
FDDI
Überblick und Anwendung
1995, 158 S., DIN A5, kartoniert
ISBN 3-8007-2065-5
28,– DM / 26,– sFr / 204,– öS

Bestellungen über den Buchhandel bzw. direkt beim Verlag.

Persönliche VDE-Mitglieder erhalten bei Bestellung unter Angabe der Mitgliedsnummer 10 % Rabatt.

Preisänderungen und Irrtümer vorbehalten.

VDE-VERLAG GMBH
Postfach 12 23 05 · D-10591 Berlin
Telefon: (030) 34 80 01-0
Fax: (030) 341 70 93
Internet: http://www.vde-verlag.de

Fordern Sie bitte für weitere Informationen zum Programm des VDE-VERLAGs das aktuelle **Verlagsverzeichnis** an.

Novitäten

Elektrotechnik / Informatik / Telekommunikation

VDE 50 JAHRE KOMPETENZ VERLAG

Griese / Müller / Sietmann
Kreislaufwirtschaft in der Elektronikindustrie
Konzepte, Strategien, Umweltkonzepte
1997, 208 S., DIN A5, geb.
ISBN 3-8007-2196-1
55,– DM / 50,– sFr / 402,– öS*

Das Buch enthält eine eingehende Beschreibung der Umweltrelevanz von Produktion und dem Recycling elektronischer Geräte.

Englmeier, G.
Objektstrukturen
Praxisbezogenes Konzept der Attribut-/Methodenvererbung
1997, 232 S., DIN A5, kart.
ISBN 3-8007-2136-8
48,– DM / 44,50 sFr / 350,– öS*

Das Lehrbuch vermittelt eine formale systematische Vorgehensweise nach Regeln der Booleschen Algebra, Datenobjekttypen reproduzierbar zu generalisieren/spezialisieren. Die beschriebene Vorgehensweise kann als „Rezept" zur Erzeugung von Generalisierungs-/Spezialisierungsstrukturen angesehen werden.

Jonas, G.
Berechnen elektrischer Maschinen –
über magnetische Abschnittleitwerte
1997, 352 S., DIN A5, kart.
ISBN 3-8007-2066-3
mit Diskette
48,– DM / 44,50 sFr / 350,– öS*

Die Neuerscheinung verdeutlicht, daß mittels numerischer Integration die Möglichkeit besteht, Systemgleichungen elektrischer Maschinen zu bearbeiten.

Falk, K.
Der Drehstrommotor
Ein Lexikon für die Praxis
1997, 595 S., DIN A5, kart.
ISBN 3-8007-2078-7
96,– DM / 87,– sFr / 701,– öS*

Der Drehstrommotor ist das häufigste Element der elektrischen Antriebstechnik. Mit „ihm" hat jeder auf diesem Gebiet Tätige zu tun. Ziel des neuen Leitfadens ist die umfassende Vermittlung von Informationen über Aufbau, Wirkungsweise, Betriebsverhalten, Nutzen und Pflege des Drehstrommotors.

Sellin, R.
ATM & ATM-Management
Die Basis für das B-ISDN der Zukunft; LAN-Kopplung über ATM WAN
1997, 338 S., DIN A5, kart.
ISBN 3-8007-2212-7
68,– DM / 62,– sFr / 496,– öS*

Ziel der Publikation ist es, einen gut verständlichen Überblick über die weltweiten Aktivitäten zur ATM-Definition zu geben.

Preisänderungen und Irrtümer vorbehalten.

* = Persönliche VDE-Mitglieder erhalten bei Bestellung unter Angabe der Mitgliedsnummer 10 % Rabatt.

Bestellungen über den Buchhandel bzw. direkt beim Verlag.

VDE-VERLAG GMBH
Postfach 12 23 05 · D-10591 Berlin
Telefon: (030) 34 80 01-0
Fax: (030) 341 70 93
Internet: http://www.vde-verlag.de
e-mail: vertrieb@vde-verlag.de

Fordern Sie für weitere Informationen unser kostenloses **Verlagsverzeichnis** (Bestell-Nr. 910092) an.